PHP&MYSQL

網頁伺服器程式
開發之道

JON DUCKETT 著・黃詩涵 譯

目錄

程式碼下載：http://phpandmysql.com

請由以下連結下載程式碼

http://phpandmysql.com

感謝以下人員對本書的貢獻

作者

Jon Duckett

其他素材

Chris Ullman

創意指導

Emme Stone

技術審閱團隊

Roman Schevchenko
Art Bergquist
Jack Shepler
Phil DeGeorge

校閱團隊

Bob Erickson
Chris Dawson
Scott Weaver
Trevor Reynolds

特別感謝

Jim Minatel
Alcwyn Parker
Daniel Morgan
Richard Eskins

導讀

本書會先帶領讀者學習 PHP 這項程式語言，然後教讀者如何利用 PHP 建立網站，以及如何將網站使用的資料儲存在 MySQL 這類的資料庫裡。

PHP 的設計宗旨是發展一個可以在網頁伺服器上執行的程式語言，目的是當有人請求某個網頁時，伺服器會自動根據請求的內容產生 HTML 頁面，再將產生出來的頁面發送回去給指定的使用者，也就是說伺服器在產生網頁時，可以針對個人請求量身制定出不同的內容。這項需求讓所有使用 PHP 語言的網站允許使用者執行以下這些操作：

- **註冊或登入網站**：因為每位使用者的名稱、電子郵件和個人密碼都不一樣。
- **線上購物**：因為每位顧客的訂單、付款和運送細節都是獨一無二的內容。
- **網站搜尋**：對每位使用者來說，每次的搜尋結果都是針對他們的搜尋條件而量身制定的內容。

PHP 的設計考量之一是搭配像 MySQL 這類的資料庫一起運用，目的是儲存資料，例如，網站顯示的網頁內容、網站販售的產品或是網站會員的詳細資訊。本書將帶讀者學習怎麼使用 PHP 語言建立網頁，讓網站會員透過網頁更新資料庫裡儲存的資料。例如：

- **內容管理系統**：允許網站擁有者利用表單更新網站內容，並且將更新內容顯示給網站訪客，但不需要額外寫新的程式碼。
- **網路商店**：允許商店擁有者針對促銷目的和顧客，列出可以購買的產品。
- **社群網路**：允許訪客註冊帳號和登入網站、建立使用者個人資料、上傳使用者自己的內容，以及讓使用者看到針對個人興趣等等需求條件而量身制定的網頁內容。

由於這些網站顯示的資訊是儲存在資料庫裡，通常會說這些是具有**動態資料庫設計的網站**。

本書透過不同的內頁設計傳達幾種不同類型的資訊，此處先帶讀者看看本書會出現的內頁類型。

主題資訊

這種以白底設計呈現的內頁是用於介紹各項主題，解釋這些主題的來龍去脈及其使用方法。

範例程式碼

這種以米褐色底設計呈現的內頁是用於說明如何套用本書展示的各段程式碼。

資訊圖表

這種以暗黑色底設計呈現的內頁是以圖表提供資訊，用來解釋各項觀念。

實作範例

這種內頁會出現在本書前幾章裡，目的是將讀者已經學過的主題結合在一起，展示如何應用這些主題。

重點回顧

這種內頁會出現在每一章的結尾，用意是帶讀者回顧每一章涵蓋的重要主題。

靜態網站 vs. 動態網站

只用 HTML 和 CSS 檔案建立而成的網站，每位訪客看到的網站內容都一樣，因為他們全都收到相同的 HTML 和 CSS 檔案。

1. 當使用者從瀏覽器請求網站上的某個網頁，如果這個網站是以 HTML 和 CSS 檔案建構而成，則這項請求會傳送給架設這個網站的**網頁伺服器**。

2. 網頁伺服器收到請求後，會尋找瀏覽器端要求的 HTML 檔案，然後將找到的檔案傳回給瀏覽器。可能還會傳送其他類型的檔案，例如，用來設定網頁風格的 CSS 檔案、媒體（例如，圖像）、JavaScript 和其他網頁會用到的檔案。

由於所有網站訪客都收到相同的 HTML 檔案，他們當然都會看到相同的網頁內容，因此，這種類型的網站就稱為**靜態網站**。

負責更新靜態網站內容的人必須具備 HTML 和 CSS 方面的知識。如果網站內容的擁有者想更新網頁上的文字，必須先手動更新 HTML 程式碼，再將 HTML 檔案上傳到網頁伺服器。

網頁瀏覽器   網頁伺服器

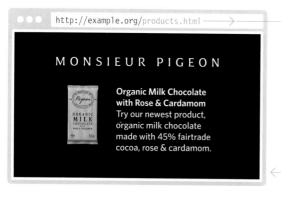
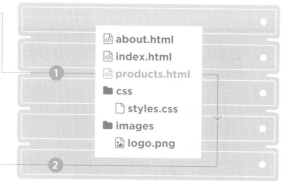

本書預設讀者已具有 HTML 和 CSS 方面的相關知識，若讀者尚未接觸或是不熟悉這方面的知識，建議先閱讀本書姊妹作《HTML&CSS：網站設計建置優化之道》（http://htmlandcssbook.com）。

使用 PHP 建置網站時，每位網站訪客都能看到不同的網頁內容，因為 PHP 網頁的做法是製作 HTML 檔案，再將產生出來的檔案發送給網站訪客。

每當使用者訪問 eBay、Facebook、新聞等等網站時，這些網站通常會顯示新的資訊。如果使用者檢視瀏覽器內的網頁原始碼，會看到 HTML 程式碼，但程式設計師並不會在使用者訪問網站期間手動更新程式碼。

這種類型的網站稱為**動態網站**，因為發送給網站訪客的 HTML 網頁是以像 PHP 這種程式語言所寫的指令製作而成。

1. 當使用者從瀏覽器請求網站上的某個網頁，如果這個網站是以 PHP 建構而成，則這項請求會傳送給網頁伺服器。

2. 網頁伺服器收到請求後會先尋找 PHP 檔案。

3. PHP 檔案裡所有的程式碼都會透過一套稱為 PHP **直譯器**的軟體執行，為該網站訪客製作 HTML 網頁。

4. 網頁伺服器將這個為網站訪客創造出來的 HTML 網頁發送到訪客使用的瀏覽器。網頁伺服器不會保留這個檔案的副本，因此，當該訪客下次要求 PHP 檔案時，伺服器又會為訪客重新製作一個 HTML 網頁。

網頁瀏覽器　　　　　　　　　　　　網頁伺服器

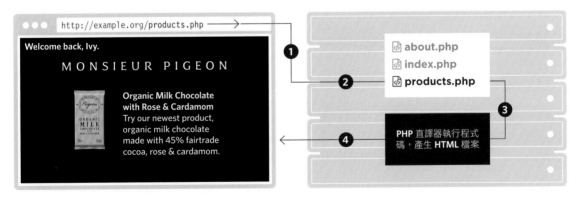

網頁伺服器不會將 PHP 程式碼發送給網頁瀏覽器，這個程式碼只會用於製作 HTML 網頁，並且發送給瀏覽器。由於 PHP 程式碼只會在網頁伺服器上執行，所以被視為**伺服器端的程式設計**。

PHP 可針對每位網站訪客量身制定，製作出**個人化**的 HTML 網頁，內容可能包含顯示訪客名稱、訪客感興趣的主題或是來自訪客好友的貼文。

PHP：程式語言和直譯器

PHP 直譯器是一套在網頁伺服器上執行的軟體，使用者利用 PHP 語言撰寫程式碼，告訴直譯器要做什麼。

軟體是幫助人類利用電腦完成特定的工作任務，但無須深入了解電腦究竟是如何達成任務。例如：

- 你不需要了解電腦如何儲存或傳輸電子郵件，只要利用電子郵件程式就能收發電子郵件。
- 你不必得知電腦究竟怎麼處理圖像，只要利用 Photoshop 這套軟體就能編輯圖片。

使用者每次使用一套軟體時，軟體具備的能力是完成相同的工作，但使用者在執行這些工作時可以帶入不同的資料：

- 電子郵件程式能製作、收發和儲存電子郵件，但每封郵件的內容和收件人可以不同。
- Photoshop 這套軟體可以完成的工作任務有：為圖像加上濾鏡、調整或裁剪大小，而且可以對任意圖像完成相同的工作。

這些軟體都具有圖形化使用者介面，使用者透過介面互動就能完成這些工作。

PHP 直譯器也是一套軟體，這套軟體在網頁伺服器上執行，是伺服器組成的一部分。然而，不同於其他軟體，這套軟體沒有圖形化使用者介面可以使用，當使用者希望 PHP 直譯器做某些事情時，只能利用一項稱為 PHP 的程式語言撰寫程式碼。

以 PHP 製作網頁時，雖然這個網頁永遠都會執行相同的工作任務，但每次要求網頁時，可以帶入不同的資料來執行這些任務。例如，以 PHP 語言撰寫而成的網站可以完成以下這些工作：

- 即使每位會員用來登入網站的電子郵件帳號和密碼不同，但只要一個登入頁面，就能讓所有網站會員同時登入。
- 即使有數百位不同的使用者同時利用使用者帳號這個頁面，但也只需要一個頁面就能讓所有會員都看到帳號的詳細資訊，而且是只能看到自己帳號底下的資訊。

會出現這樣的可能性是因為對每位使用者來說，雖然執行這些工作需要的規則或指令都一樣，但每位使用者可以提供或看到不同的資料。

以不同的資料執行相同的工作

程式語言讓我們創造規則，告訴電腦如何執行一項工作任務，但程式每次執行工作任務時可以帶入不同的資料。

使用任何程式語言都必須對電腦下精準的指令，確實說明你希望電腦做什麼事，這種類型的指令跟你要求人類執行工作時所下的指令大不相同。

請想像一下，現在你想買五根棒棒糖，所以你需要計算購買棒棒糖的總金額，計算總金額的方式是將一根棒棒糖的單價乘上要購買的根數。

以下列這個式子表達前述規則：

總金額 = 商品單價 × 商品數量

計算棒棒糖的總金額：

- 若一根棒棒糖的單價為 1 美金，則買五根棒棒糖花費的總金額是 5 美金。
- 若一根棒棒糖的單價變成 1.5 美金，計算規則不變，則買五根棒棒糖花費的總金額會是 7.5 美金。
- 若你想買十根單價為 2 美金的棒棒糖，計算規則不變，則花費的總金額會是 20 美金。

計算式裡的**總金額**、**商品單價**和**商品數量**可以用不同的值取代，但用於計算棒棒糖花費總金額的規則會一樣。

以 PHP 製作網頁時，首先必須釐清：

- 你要完成的工作任務
- 每次執行工作任務時會改變的資料

然後提供詳細的指令給 PHP 直譯器，說明完成工作任務的方式，以名稱表示會改變的值。假設你提供以下的值給 PHP 直譯器：

商品單價 = 3

商品數量 = 5

使用以下計算規則：

總金額 = 商品單價 × 商品數量

總金額的值會是 15。下次執行網頁時，如果提供不同的值給商品單價或商品數量，網頁會使用相同規則計算出新的總金額值。

因為每次執行程式時，這些值可以改變（或發生變化），程式設計師就將表示這些值的單字稱為**變數**。

總金額 = 商品單價 x 商品數量

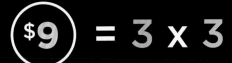

$9 = 3 x 3

PHP 網頁簡介

PHP 網頁通常會由 HTML 和 PHP 程式碼組成，用於發送 HTML 網頁給瀏覽器。

左下方這個 PHP 網頁是由 HTML 和 PHP 程式碼組成。

- 藍色文字是 HTML 程式碼。
- 紫色文字是 PHP 程式碼。

PHP 直譯器開啟這個網頁檔案後：

- 為網站訪客產生 HTML 暫存檔，然後將 HTML 程式碼的部分全部直接複製到這個檔案裡。
- 依照 PHP 程式碼裡寫的指令執行工作（通常是產生 HTML 網頁的內容）。

下方的 PHP 程式碼內容是確認目前的年分，然後將年分資料寫在起始標籤 <p> 和結束標籤 </p> 之間。

PHP 程式碼不僅能執行基本的工作任務，像是算數或取得今天的日期；也能完成更複雜的工作，例如，使用 HTML 表單發送的資訊來更新資料庫裡現存的資料。

PHP 直譯器處理完 PHP 檔案後，會將為網站訪客產生的 HTML 暫存檔發送給訪客使用的瀏覽器，然後刪除這個暫存檔。

PHP 直譯器依照 PHP 程式碼執行工作後，會發送右下方的 HTML 網頁給瀏覽器。

PHP 直譯器確認目前的年分後，將年分資料顯示在直譯器產生出來的 HTML 網頁裡。

PHP

```
<!DOCTYPE html>
<html>
  <body>
    <h1>Current Year</h1>
    <p>It is: <?php echo date('Y'); ?></p>
  </body>
</html>
```

HTML

```
<!DOCTYPE html>
<html>
  <body>
    <h1>Current Year</h1>
    <p>It is 2021</p>
  </body>
</html>
```

PHP 直譯器取得目前的年分，然後將年分資料寫入兩個段落標籤之間。

所有網頁每次收到請求時，通常會執行相同的工作，但可以針對每位網站訪客處理不同的資訊。

PHP 網站是由一組 PHP 網頁組成，每個網頁負責執行特定的工作。例如，網站若要允許會員登入，必須具有：

- 登入頁面：讓會員登入網站。
- 個人資料頁面：顯示會員的個人資料。

每當其中一個頁面收到請求時，都必須針對當前發送請求的會員處理不同的資料，所以這些頁面必須：

- 含有指令，用以指示該頁面本身應該如何完成工作。
- 為每次請求該頁面時會改變的每個資料命名。

PHP 以變數名稱表示每次請求該頁面時可以改變的值，PHP 程式碼負責告訴 PHP 直譯器：

- 每次請求該頁面時可以改變的特定資料要用什麼變數名稱。
- 本次請求該頁面時要使用什麼值。

PHP 直譯器將產生出來的 HTML 網頁發送給使用者後，就會忘記所有原本儲存在變數裡的值，這樣才能為下一位請求該網頁的使用者，以不同的值執行相同的工作。

如果資料需要保留更久的時間，就要放在第 12 頁會介紹到的 MySQL 資料庫裡。

PHP

```
<!DOCTYPE html>
<html>
  <body>
    <h1>My Profile</h1>
    <p>Name: <?php echo $username; ?></p>
  </body>
</html>
```

HTML

```
<!DOCTYPE html>
<html>
  <body>
    <h1>My Profile</h1>
    <p>Name: Ivy Stone</p>
  </body>
</html>
```

PHP 直譯器取得變數 $username 的儲存值，
然後將這個值寫在兩個段落標籤之間。

MYSQL 簡介

MySQL 是一種資料庫，資料庫以結構化方式儲存資料，方便我們能輕鬆存取和更新資料庫保存的資訊。

Excel 等電子試算表程式是將資訊保存在由欄和列組成的儲存格裡，再將電子試算表儲存的資料用於執行計算或以公式處理資料。

MySQL 是一套軟體，以類似電子試算表的方式，將資訊儲存在也是由欄和列組成的**資料表**裡，再利用 PHP 程式存取和更新資料庫儲存的資訊。

一個資料庫能擁有多個資料表，每個資料表通常保存網站需要儲存的一種資料。以下是範例資料庫中的兩個資料表：

- 網站會員（或使用者）。
- 網站上顯示的文章。

每個資料表中的**欄位名稱**是用來說明每個欄位保存的資料類型：

- 資料表「member」：儲存每位會員的名字、姓氏、電子郵件帳號、密碼、加入會員的日期以及個人頭像。
- 資料表「article」：儲存每篇文章的標題、摘要、內容、建立日期及其他下一頁會討論到的資料值。

每一**列**保存的資料是用來描述構成資料表的其中一個項目：

- 資料表「member」：每一列代表一位會員的資料。
- 資料表「article」：每一列代表一篇文章的資料。

資料表名稱　　　　　　欄位名稱　　　　　　　　　　　　　　　　　　　　　欄

member

id	forename	surname	email	password	joined	picture
1	Ivy	Stone	ivy@eg.link	$2y$10$MAdTTCAOMiOw	2021-01-01 20:28:47	ivy.jpg
2	Luke	Wood	luke@eg.link	$2y$10$NN5HEAD3atar	2021-01-02 09:17:21	NULL
3	Emiko	Ito	emi@eg.link	$2y$10$/RpRmiUMStji	2021-01-02 10:42:36	emi.jpg

article

id	title	summary	content	created	category_id	member_id	image_id	published
1	Systemic	Brochure	\<p>This	2021-01-01	1	2	1	1
2	Polite	Poster	\<p>These	2021-01-02	1	1	2	1
3	Swimming	Architect	\<p>This	2021-01-02	4	1	3	1

列

PHP 可以用來：

- **取得資料庫裡的資料**，將獲得的資訊顯示在網頁上。

- **新增資料列**：建立新文章時，需要在資料表「article」裡新增一列資料，並且提供每個資料欄位應該儲存的內容。

- **刪除資料列**：刪除一篇文章時，需要移除代表該篇文章的一整列資料。

- **改變現有資料列的內容**：更新會員電子郵件帳號時，需要從資料表「member」中找出想要更新的那一列資料，然後修改欄位「email」的值。

請注意：這兩個資料表的起始欄位都是 id，資料表中的每一列資料都具有唯一的 id 欄位值（這裡的欄位值是從 1 開始，每一列遞增 1）。利用欄位「id」，你可以告訴資料庫你想處理哪一列資料，例如，你要取得 id 為 2 的會員資料或是 id 為 1 的文章資料。

MySQL 稱為**關聯式資料庫**，因為這種資料庫能針對不同資料表裡儲存的資料類型，解釋它們之間的關係。

例如，在下方的資料表裡，這幾篇文章是由不同的網站會員寫的。資料表「article」裡的「member_id」欄位值表示這篇文章是由哪個使用者撰寫，這個欄位裡保存的數字可以跟資料表「member」裡的「id」欄位值配對。

第一篇文章是由欄位「id」值為 2 的會員寫的（也就是 Luke Wood），第二篇和第三篇文章是由欄位「id」值為 1 的使用者寫的（也就是 Ivy Stone）。

這些關係是為了：

- 資料結構化：確保每個資料表只會保存一種特定類型的資料（會員或文章）。
- 節省資料庫空間：避免資料庫需要在多個資料表裡儲存相同的資料。
- 易於保存最新的資料，若有會員改變名字，則只需要更新資料表「member」，不需要更新他們寫的每篇文章。

member

id	forename	surname	email	password	joined	picture
1	Ivy	Stone	ivy@eg.link	$2y$10$MAdTTCAOMiOw	2021-01-01 20:28:47	ivy.jpg
2	Luke	Wood	luke@eg.link	$2y$10$NN5HEAD3atar	2021-01-02 09:17:21	NULL
3	Emiko	Ito	emi@eg.link	$2y$10$/RpRmiUMStji	2021-01-02 10:42:36	emi.jpg

article

id	title	summary	content	created	category_id	member_id	image_id	published
1	Systemic	Brochure	<p>This	2021-01-01	1	2	1	1
2	Polite	Poster	<p>These	2021-01-02	1	1	2	1
3	Swimming	Architect	<p>This	2021-01-02	4	1	3	1

PHP 發展史

PHP、MySQL 和多數軟體一樣，從問世以來不斷推陳出新，至今已經發展出多個版本。每推出一個新版本就會增加新的特性，執行速度也會比舊版本來得更快。

程式設計師 Rasmus Lerdorf 於 1994 年創造出 PHP 這項程式語言，並且於 1995 年公開釋出 PHP 的原始程式碼，鼓勵使用者共同改善這項程式語言。當時，PHP 這三個字母縮寫是表示「個人首頁」（Personal Home Page），現在則是「PHP：超文字處理器」（PHP: Hypertext Processor）。

現今有 80% 的網站伺服器是使用 PHP 這項程式語言。

Facebook、Etsy、Flickr 和 Wikipedia 等網站最初都是以 PHP 語言開發而成，雖然其中某些網站近年來也使用其他技術。

一些熱門的開放原始碼軟體也都是以 PHP 語言撰寫而成，例如，WordPress、Drupal、Joomla 和 Magento，其中 WordPress 甚至支援全球 35% 以上的網站建置工作，學習 PHP 語言有助於你使用這些軟體。

PHP 語言每發布一個新版本，就會新增幾個特性，本書介紹的特性會包含到 2020 年 11 月釋出的 PHP 8。

PHP 1	1995
	1996
	1997
PHP 2	1998
PHP 3	
	1999
	2000
PHP 4	
	2001
	2002
	2003
	2004
PHP 5	
	2005
PHP 5.1	2006
PHP 5.2	2007
	2008
	2009
PHP 5.3	
	2010
	2011
PHP 5.4	2012
	2013
PHP 5.5	
	2014
PHP 5.6	
	2015
PHP 7	2016
PHP 7.1	2017
PHP 7.2	2018
PHP 7.3	2019
PHP 7.4	2020
PHP 8	2021

MYSQL 發展史

1995	───────── MYSQL 1 ─────────
1996	
1997	───────── MYSQL 3.2 ─────────
1998	
1999	───────── PHPMYADMIN ─────────
2000	
2001	
2002	
2003	───────── MYSQL 4 ─────────
2004	
2005	
2006	───────── MYSQL 5 ─────────
2007	
2008	───────── SUN BUYS MYSQL ─────────
2009	───────── MYSQL 5.1 ─────────
2010	─── MARIADB ───────── ───────── ORACLE BUYS SUN ─────────
2011	───────── MYSQL 5.5 ─────────
2012	
2013	───────── MYSQL 5.6 ─────────
2014	
2015	
2016	───────── MYSQL 5.7 ─────────
2017	
2018	───────── MYSQL 8 ─────────
2019	
2020	
2021	

MySQL 問世於 1995 年，SQL（英文發音為 *ess-queue-el* 或 *sequel*）這三個字母縮寫是表示「結構化查詢語言」（Structured Query Language），SQL 語言是用於存取關聯式資料庫裡的資訊。

MySQL 原本是瑞典一家叫 MySQL AB 的公司開發出來、讓大家免費使用的資料庫，其名稱由來是創始人之一的程式設計師 Michael Widenius 以自己女兒的名字「My」命名。

昇陽電腦（Sun Microsystems）於 2008 年 1 月收購 MySQL AB 這家公司，隨後甲骨文（Oracle）於 2010 年收購了昇陽電腦。

當 MySQL 的這些創始人得知甲骨文要收購昇陽電腦，他們憂心甲骨文擁有 MySQL 的所有權後，不會再讓大家免費使用 MySQL，所以轉而創了另一個開放原始碼資料庫「MariaDB」，這次是以同一位創始人的小女兒名字「Maria」命名。

Facebook、YouTube、Twitter、Neftlix、Spotify 和 Wordpress 等知名網站都是使用 MySQL 或 MariaDB。

phpMyAdmin 這項免費工具於 1998 年釋出，其功能是用於幫忙管理 MySQL 和 MariaDB 的資料庫。

本書使用的程式碼適用 MySQL 5.5 或 MariaDB 5.5 以上的版本，這些版本都能搭配 phpMyAdmin 一起使用。

MySQL 目前釋出的最新版本是 MySQL 8。（註：MySQL 6 未曾釋出，MySQL 7 則沒有出現在個人電腦上，因為這個版本的設計目的是在伺服器叢集上執行。）

本書包含哪些主題？

本書內容共分成四大部分，在每個部分的章節裡，你會學到以下這些主題。

SECTION A：PHP 程式語言入門指導

第一部分的章節會介紹如何使用 PHP 程式碼，寫出 PHP 直譯器可以理解的指令。你將學到：

- 基本的程式設計指令。
- 根據不同的情況執行不同的程式碼，例如，若使用者已經登入，執行某一組程式碼，未登入則執行另一組程式碼。
- 函式如何將執行特定任務需要的所有程式碼組合在一起。
- 類別和物件如何幫助我們表示身邊周遭的事物，並且組織這些程式碼。

SECTION B：動態網頁設計

第二部分的章節會介紹一套 PHP 提供的工具，學習如何建立動態網頁。你將學到：

- 獲取網頁瀏覽器發送的資料。
- 檢查使用者是否已經提供網頁端需要的資料，以及資料格式是否正確。
- 運用任何已經發送的資料。
- 處理使用者上傳的檔案。
- PHP 表示日期與時間的方式。
- 將資料暫存於 Cookie 與 Session。
- 排除程式碼產生的問題。

SECTION C：動態資料庫設計

第三部分的章節會介紹如何獲取來自資料庫的資料、將資料顯示於網頁，以及更新資料庫裡現存的資料。你將學到：

- 將資料儲存於資料庫。
- 利用 SQL 語言獲取或更新資料庫裡的資料。
- 在 PHP 網頁裡顯示資料庫的資料。
- 利用 HTML 表單，讓網站訪客更新資料庫裡現存的資料。

SECTION D：範例網站的延伸應用

第四部分的章節會介紹 PHP 的實務技巧，包含建構網站、網頁應用以及一個應用範例：具有社群功能的陽春版內容管理系統。你將學到：

- 改良程式碼結構。
- 結合其他程式設計師分享的程式碼。
- 利用 PHP 發送電子郵件。
- 讓網站提供會員註冊與登入功能。
- 針對個別會員產生量身制定的網頁內容。
- 使用對搜尋引擎友善的網址。
- 增加社群功能，像是按讚和留言。

A

PHP 程式語言
入門指導

Section A 的章節會帶領讀者學習撰寫 PHP 程式碼所需要的基礎知識。

程式設計的工作包含創造一連串的指令，讓電腦依照指令去執行特定的工作，把這些指令跟你製作料理時參照的食譜步驟比較看看。PHP 程式碼裡的每一個指令，稱為**陳述式**（statement）。

由於 PHP 的設計宗旨是建立網站，針對每位網站訪客動態產生 HTML 網頁，所以本書第一部分的學習焦點會放在學習使用 PHP 語言，製作 HTML 網頁。

完整的網站內容通常是由數千行程式碼組成，因此，謹慎組織程式碼結構非常重要。這個部分的章節會介紹以下兩個觀念，用來整合多組相關的陳述式：

- **函式**（**Functions**）：將執行一項工作時需要的陳述式全部放在一起。
- **物件**（**Objects**）：將一組表示概念的陳述式全部放在一起，例如，網站上顯示的文章、網站銷售的產品或是在網站上註冊的會員。

第一部分裡的各項主題會是讀者之後學習本書其他內容的基石。

深入學習第一章的內容之前，本書會先介紹以下這幾個基礎知識，會在日後學習的過程中派上用場。

安裝軟體和範例程式碼

在桌上型或筆記型電腦上使用 PHP 和 MySQL 這類的資料庫，需要先安裝幾個軟體。安裝好作業環境需要的軟體後，請從網站（http://phpandmysql.com/code/）下載本書提供的範例程式碼。

PHP 檔案是由 HTML 和 PHP 程式碼組成

我們的目的是使用 PHP 製作 HTML 網頁，而 PHP 網頁通常會由 HTML 和 PHP 這兩種程式碼組成，所以必須先了解 PHP 直譯器如何分辨這兩種類型的程式碼。

使用 PHP 製作 HTML 網頁

日後你會發現，最常對 PHP 直譯器下的指令之一是，讓直譯器在發送給網站訪客的 HTML 網頁裡加入內容。在這個部分的章節裡，每個範例程式都會用到這個指令。

在 PHP 程式碼裡加入註解

PHP 直譯器本身不會執行註解部分的文字，但這些註解有助於你和其他人日後看到程式碼時，能理解程式碼應該會做什麼事，因此，學習如何在程式碼裡加入註解很重要。本書會在範例程式碼中，利用註解的形式，輔助說明程式碼範例所做的事。

安裝軟體和檔案

在桌上型或筆記型電腦上建立動態資料庫網站時，以下這些工具會安裝所有需要的軟體。

搭配本書內容，需要安裝：

- **網頁伺服器**：用來執行 PHP 直譯器，本書使用 **Apache**，這是目前最廣泛使用的網頁伺服器。
- **MySQL** 或 **MariaDB**：這兩個都是資料庫軟體。
- **phpMyAdmin**：用來管理資料庫的工具。

讀者不需單獨下載和安裝這些軟體程式，只要下載接下來介紹的工具，就能一次將所有需要的軟體安裝到位。

另外也建議讀者安裝一套程式碼編輯器，請參閱：http://notes.re/php/editors。

在 MAC 環境上安裝

本書建議使用 Mac 環境的讀者，利用工具 MAMP 來安裝需要的軟體，請由此連結下載安裝檔案和使用說明：http://notes.re/php/mamp。

在 MAC 上安裝工具 MAMP 的同時（以預設路徑安裝的情況下），會自動建立資料夾 /Applications/MAMP。

資料夾 /Applications/MAMP 底下會有一個資料夾 htdocs，所有以 PHP 撰寫的網頁都必須放在這個資料夾下，這個資料夾就稱為「**文件根目錄**」（**document root**）。

在 PC/LINUX 環境上安裝

本書建議使用 PC 和 Linux 環境的讀者，利用工具 XAMPP 來安裝需要的軟體，請由此連結下載安裝檔案和使用說明：http://notes.re/php/xampp。

在 PC 上安裝工具 XAMPP 的同時（以預設路徑安裝的情況下），會自動建立資料夾 c:\xampp\。

資料夾 /Applications/MAMP 底下會有一個資料夾 htdocs，所有以 PHP 撰寫的網頁都必須放在這個資料夾下，這個資料夾就稱為「**文件根目錄**」。

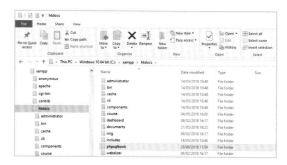

下載範例程式碼

請由此連結下載本書提供的範例程式碼：
`http://phpandmysql.com/code`

範例程式碼存放在資料夾 phpbook 裡面，資料夾底下再根據本書每個部分和每一章細分為各個子資料夾。請將資料夾 phpbook 整個複製到資料夾 htdocs 底下。

若要開啟 PHP 檔案，**必須**在瀏覽器的位址欄中輸入網址（URL）開啟 PHP 檔案時，若以 File 選單的 Open 命令、雙擊 PHP 檔案或是將 PHP 檔案拖曳到瀏覽器裡，這幾種方法都無法執行 PHP 程式碼）。

請試試看，在瀏覽器開啟以下網址，應該會看到瀏覽器顯示下方的測試網頁。在個人電腦上開啟 PHP 檔案時，要輸入 localhost，而非網域名稱，後面跟著的路徑是你想開啟的檔案在資料夾 htdocs 底下的位置。

下面顯示的路徑是告知伺服器進入資料夾 phpbook/section_a/intro 中查看，從中尋找檔案 test.php。

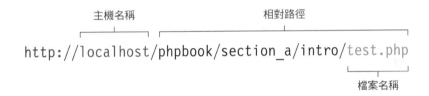

排除問題

開啟 PHP 檔案後，如果沒看到左側網頁，請試試以下連結：

`http://notes.re/php/mamp` for MAMP
`http://notes.re/php/xampp` for XAMPP

MAMP 在本機上開啟檔案時，有時會需要輸入**通訊埠編號**。MAMP 使用的編號是 8888，所以要輸入 `http://localhost:8888/`

安裝在同一台電腦上的程式，透過通訊埠編號的協助，可以共享同一個網際網路的對外連線。類似辦公室裡的電話只有一個對外的代表號碼，在後面加上分機號碼後，就可以打電話給辦公室裡的每個人。

如何以 HTML 和 PHP 程式碼組成 PHP 網頁

許多 PHP 網頁是由 HTML 和 PHP 程式碼組成，PHP 程式碼是寫在 PHP 標籤內。一組起始和結束的 PHP 標籤，再加上標籤內包含的程式碼，就稱為 PHP **程式碼區塊**。

起始標籤

<?php

起始標籤的作用是指示 PHP 直譯器每次將內容發送給瀏覽器之前，必須先開始處理程式碼。

結束標籤

?>

結束標籤的作用是指示 PHP 直譯器遇到另一個起始標籤 **<?php** 時，就可以停止處理程式碼。

PHP 在程式語言的類型裡是歸類為**腳本語言**（scripting language），腳本語言的設計目的是在特定環境中執行。PHP 語言創造出來是要搭配 PHP 直譯器，一起在網頁伺服器上執行，單獨的 PHP 網頁通常也稱為**腳本**。

讀者應該將所有的 PHP 程式碼都視為需要區分大小寫。

雖然 PHP 語言有些部分是不分大小寫，但將所有程式碼都視為需要區分大小寫，有助於減少錯誤。

PHP 網頁跟 HTML 檔案一樣,都是文字檔案。檔案的副檔名是 .php,網頁伺服器收到檔案後就知道要傳給 PHP 直譯器,讓直譯器依照 PHP 語言寫成的指令去執行工作。

從以下的範例可以看出 PHP 網頁的組成,包含:

● **紫色部分是 PHP 標籤內的 PHP 程式碼。**
  PHP 直譯器會處理 PHP 標籤內的所有程式碼。

● **PHP 標籤外的白色部分是 HTML 程式碼。**
  由於 PHP 直譯器不需要對 HTML 程式碼做任何處理,所以傳送 HTML 檔案給瀏覽器時,會自動將這部分的內容加進檔案裡。

PHP 標籤內的每個單獨指令,稱為陳述式。大部分的陳述式都會從新的一行開始,以分號結束。在以下這兩個情況下,陳述式後可以省略分號:

● PHP 程式碼區塊的最後一行

● 如果 PHP 程式碼區塊只有一行陳述式

建議讀者寫每一行陳述式要包含分號,有助於避免錯誤。

以下範例頁面是計算五包糖果的總金額,每包糖果的單價是 3 美金,計算出來的金額會儲存在變數 $total 裡,再將變數值寫進 HTML 網頁裡。後續第一章會學到 PHP 程式碼如何做到這一切。

```php
<?php
  $price    = 3;
  $quantity = 5;
  $total    = $price * $quantity;
?>
<!DOCTYPE html>
<html>
  <head>
    <title>Cost of Candy</title>
  </head>
  <body>
    <p>Total: $ <?php echo $total; ?> </p>
  </body>
</html>
```

...... **PHP 的起始標籤**

...... 陳述式

...... 陳述式   ...... **PHP 程式碼區塊**

...... 陳述式

...... **PHP 的結束標籤**

...... **PHP 程式碼區塊**

PHP 如何傳送文字和 HTML 給瀏覽器

echo 命令的作用是告知 PHP 直譯器,在為瀏覽器製作的 HTML 網頁裡,加入文字或標記。

出現在 echo 命令後面的引號內的所有文字和(或)HTML 內容都會傳送到瀏覽器,才能顯示在網頁裡。echo 命令後面可以用單引號也可以用雙引號,但起始和結束引號必須**一致**。

第一個引號標記是告訴直譯器,應該要加到網頁裡的文字是從哪裡開始,第二個引號則是結束點。這裡所説的文字稱為**字串字面值**(string literal)。每一行結尾的分號是告訴 PHP 直譯器,這一行陳述式已經結束。

echo 'Hello!';

寫入瀏覽器　　　要顯示的文字和標記

傳送到瀏覽器的文字**中**如果要顯示引號,則需要在引號前加上反斜線,其作用是告訴 PHP 直譯器,不要把反斜線後方的引號標記當作程式碼的一部分,程式設計師稱這種做法是**跳脫**引號標記。

下方的 echo 命令在寫入 HTML 連結時使用了雙引號,因為 href 屬性中的網址必須放在引號內,我們希望直譯器執行時避開這些引號,所以程式碼會寫入以下的 HTML 連結:
<a href="http://notes.re/php">PHP</a>

echo "<a href=\"http://notes.re/php\">PHP</a>";

ECHO 命令的起始引號　　以跳脫引號保留屬性　　ECHO 命令的結束引號

將任何你想輸出的文字和 HTML 內容放在單引號內,也可以顯示雙引號。

這個做法可行的原因是因為 PHP 直譯器會尋找對應的單引號,作為輸出文字結束的指示。

echo '<a href="http://notes.re/php">PHP</a>';

ECHO 命令的起始引號　　將 HTML 屬性放在雙引號內　　ECHO 命令的結束引號

範例：將內容寫入網頁

PHP

section_a/intro/echo.php

```php
<!DOCTYPE html>
<html>
  <head>
    <title>echo Command</title>
    <link rel="stylesheet" href="css/styles.css">
  </head>
  <body>
    <h1>The Candy Store</h1>
    <h2><?php echo 'Ivy\'s'; ?> page</h2>
    <?php echo '<p class="offer">Offer: 20% off</p>' ?>
  </body>
</html>
```

① ②

RESULT

在左側的範例程式碼中：

- 右上角的檔案路徑是對應先前下載的程式碼檔案。
- 程式碼旁邊的數字是對應以下的程式碼説明步驟。

1. echo 命令使用單引號來寫出網站訪客名字和加在名字後面的 's，其中的反斜線字元是告訴直譯器跳過訪客名字和字母 s 之間的符號 '。

2. echo 命令在網頁裡加入一段文字，<p> 元素具有 class 屬性。

要寫入網頁的文字和標記在此處是放在單引號裡，所以 HTML 屬性的內容就可以用雙引號括起來。

雖然 echo 命令後面用單引號或雙引號都可以，但最好選擇其中一個，養成固定使用同一種引號的習慣。為了讓寫入網頁的內容能包含 HTML 屬性，本書主要是使用單引號，如此處的範例所示。

注意：讀者如果在 echo 命令後使用雙引號，PHP 直譯器會檢查文字是否包含變數名稱（第 32 ～ 36 頁會介紹這個用法）。若包含變數名稱，直譯器會寫入變數擁有的值，使用單引號時不會做這項檢查（請參見第 52 頁的範例）。

試試看：讀者請將步驟 1 裡的名字 Ivy 改成自己的名字，然後儲存檔案。重新整理網頁後，會改用讀者的名字來問候。

註解

在 PHP 程式碼裡加入註解說明是很好的習慣。中斷一段時間後再回過頭來看程式碼時，註解可以讓你回想起程式碼做了什麼，也能幫助其他人理解你的程式碼。

單行註解有以下兩種起始符號：

- 雙斜線（//），或是
- 一個井字號（#）。

這些字元是告訴 PHP 直譯器忽略那一行的所有程式碼，直到遇到 PHP 的結束標籤 ?> 為止。

```
echo "Welcome";  // 顯示招呼語
echo "Welcome";  #  顯示招呼語
```

單行註解

多行註解在 PHP 檔案裡會橫跨一行以上，能為程式碼加入更詳細的說明和（或）紀錄。

斜線加上星號（/*）是告訴 PHP 直譯器忽略這些字元後的一切內容，直到遇到星號加上斜線（*/）為止。

```
echo "Welcome";
/*
After welcome message:
- 在會員名稱旁加上個人圖片
- 讓兩者都連結到會員的個人資料頁面
*/
```

多行註解

範例：在程式碼裡加入註解

```php
<?php
    /*
    這個網頁會顯示會員名稱
    和目前提供的折扣細節
    */
?>
<!DOCTYPE html>
<html>
  <head>
    <title>Adding Comments to Your Code</title>
    <link rel="stylesheet" href="css/styles.css">
  </head>
  <body>
    <h1>The Candy Store</h1>
    <h2><?php echo 'Welcome Ivy'; // 顯示名稱 ?></h2>
    <?php echo '<p class="offer">Offer: 20% off</p>' ?>
  </body>
</html>
```

① ②

RESULT

這個範例程式碼和前一個非常相似，但有加入註解。

1. 程式碼開頭有多行註解，說明這份程式碼會做什麼。

2. 歡迎訊息後有單行註解，指出顯示的內容是什麼。

發送給瀏覽器的 HTML 檔案不會加入這些註解，只有 PHP 程式碼才能看到。

試試看：請在步驟 1 的註解裡，加入另一行文字。

試試看：請將步驟 2 的雙斜線（//）改成井字號（#）。

注意：本書在範例程式碼中使用了大量的註解，這是為了說明各行程式碼做的事，有經驗的程式設計師很少會像本書這樣逐行說明，使用這麼多的註解。

SECTION A 有哪些章節？

PHP 程式語言入門指導

1 PHP 基本語法：變數、表達式與運算子

PHP 網頁每次執行網頁設計要達成的任務時會用到不同的值，因此，本章的學習重點是：使用**變數**表示程式碼中的資料值，以及如何使用表達式和運算子來處理這些值。

2 PHP 基本語法：控制結構

PHP 網頁不會永遠都以相同的順序來執行同一段程式碼，因此，**控制**結構的作用是撰寫 PHP 直譯器使用的判斷規則，根據這些規則決定接下來要執行哪一行程式碼。

3 PHP 基本語法：函式

利用**函式**，可以將執行一項任務時需要的特別陳述式全部放在一起。這種程式寫法不僅能幫助你組織程式碼，當網頁需要多次執行某一項任務時，還能幫助你省下重複撰寫相同指令的時間與精力。

4 PHP 基本語法：物件與類別

程式碼也可以用來表示某些概念，例如，網站擁有的會員、網站上銷售的產品以及顯示的文章等。程式設計師利用**類別**和**物件**，可以將這些表示不同概念的程式碼全部放在同一個群組裡。

1

PHP 基本語法：
變數、表達式
與運算子

本章將說明變數如何儲存每次請求 PHP 網頁時會改變的資料，以及表達式和運算子如何處理變數裡的值。

變數以名稱來表示每次請求 PHP 網頁時會改變的值：

● **名稱**：描述變數具有的資料型態。

● **值**：每次請求網頁內容時，變數應該擁有的值。

每當網頁執行完畢、將 HTML 的內容傳送回瀏覽器後，PHP 直譯器就會遺忘變數的資料，以便於下次執行該網頁時，變數可以擁有不同的值。

PHP 能區分儲存在變數裡的值（例如，文字和數字）屬於哪些不同型態，以下這些值的類型都是一種**資料型態**：

● 一段文字值屬於**字串**型態（string）。

● 非負整數值屬於**整數**型態（integer）。

● **浮點數**型態（float）用於表示小數值。

● true 或 false 值屬於**布林**型態（boolean）。

● **陣列**型態（array）可以儲存一連串相關的名稱和值。

學會變數的使用後，我們接著會看**表達式**如何把多個值變成一個值。例如，將兩個變數裡的文字連接在一起，就會形成一個句子，或是將一個變數儲存的數字和另一個變數儲存的數字相乘。

表達式是依靠**運算子**來產生單一值，例如，使用運算子「+」將兩個值相加，還有使用運算子「-」將兩個值相減。

變數

變數是用於儲存每次請求 PHP 網頁時會改變（變動）的資料，利用**名稱**來表示這種會改變的**值**。

建立變數和儲存變數值時，我們需要：

- 一個變數**名稱**，這個名稱必須以美金符號「$」開頭，後面跟著一個或一個以上的單字，用來描述變數保存的資訊類型。
- 一個**等號**，此處稱為**指定運算子**，用於指定一個值給變數名稱。
- 一個要讓變數儲存的**值**。

如果變數儲存的值是文字，文字內容要寫在引號之間，單引號或雙引號都可以使用，但兩者必須成對（例如，不能開頭用單引號，結尾用雙引號）。

如果變數儲存的值是數字或布林值（true 或 false），則不需要加上引號。

程式設計師建立變數時的習慣說法是「**宣告**變數」，給變數一個值的時候，會說「**指定**值給變數」。

```
    變數名稱        變數值
    ┌─────┐      ┌───┐
$name    =   'Ivy';
$price   =   5;
             │
          指定運算子
```

完成變數宣告和指定值之後，就可以在 PHP 程式碼裡，透過變數名稱來使用變數目前擁有的值。

PHP 直譯器遇到變數名稱時，會將名稱代換成變數擁有的值。下列這行程式碼是利用 echo 命令，顯示上面宣告過的變數 $name 儲存的值。

```
echo $name;
     └┘  └───┘
     顯示  變數值
```

範例：建立與存取變數

section_a/c01/variables.php

```php
<?php
$name  = 'Ivy';
$price = 5;
?>
<!DOCTYPE html>
<html>
  <head>
    <title>Variables</title>
    <link rel="stylesheet" href="css/styles.css">
  </head>
  <body>
    <h1>The Candy Store</h1>
    <h2>Welcome <?php echo $name; ?></h2>
    <p>The cost of your candy is
       $<?php echo $price; ?> per pack.</p>
  </body>
</html>
```

① `$name  = 'Ivy';`
② `$price = 5;`
③ `<h2>Welcome <?php echo $name; ?></h2>`
④ `$<?php echo $price; ?> per pack.</p>`

RESULT

在左側的範例程式中，網頁會先建立兩個變數和指定變數值。

1. 以變數 $name 儲存目前拜訪網站的訪客名字，因為訪客名字是文字，所以要寫在引號裡。

2. 以變數 $price 儲存糖果的單價，這是數字，所以變數值不需要放在引號裡。

接下來看到的 HTML 程式碼會先完成以下步驟，再將 HTML 網頁發送回去給訪客的瀏覽器：

3. 利用 echo 命令，將網站訪客的名字寫進網頁裡。

4. 將糖果的單價寫進網頁裡。

試試看：請將步驟 1 中變數 $name 的值改成自己的名字。儲存檔案，然後在瀏覽器中重新整理網頁，應該會看到網頁顯示自己的名字。

試試看：請將步驟 2 中的單價修改成 2。儲存檔案，然後重新整理網頁，應該會看到網頁顯示新的單價。

在本章範例中，我們是在 PHP 程式碼裡直接指定變數的值，但到後面的章節裡，指定給變數的值會變成是來自於網站訪客提交的 HTML 表單、附加在 URL 裡的資料和資料庫。

變數命名

變數名稱應該要能描述它所儲存的資料內容，而且需要利用以下規則來產生變數名稱。

1

以美金符號「$」開頭。

✓ $greeting

✗ greeting

利用變數名稱來描述變數儲存的資料，能提升程式碼的易讀性，讓其他人更容易理解我們所寫的程式碼。

如果想使用多個單字來描述變數擁有的資料，通常會以底線將每個單字隔開。

2

符號後面的第一個字元可以是字母或底線，但不能使用數字。

✓ $greeting

✗ $2_greeting

PHP 程式碼對變數名稱會區分大小寫，所以 $Score 和 $score 是兩個不同的變數名稱，不過，通常會避免用同一個單字但不同的大小寫字母組合來產生兩個變數，因為這樣很可能會造成其他人看程式碼的困擾。

3

接下來的字元可以任意組合英文字母 A-Z（大小寫均可）、數字和底線，但不能使用英文中的破折號和句點。

✓ $greeting_2

✗ $greeting-2

✗ $greeting.2

注意：$this 具有特殊意義，所以不能作為變數名稱使用。

✗ $this

從技術面來看，變數名稱是可以使用來自不同字元集的字母（例如，中文或西里爾文），但實務上普遍認為只用英文字母 A-Z、數字和底線會是比較適當的做法（因為支援其他字元還存在某些複雜的議題）。

純量（基本）資料型態

PHP 能區分三種**純量資料型態**，包含文字、數字和布林值。

資料型態：字串

程式設計師將一段文字稱為「**字串**」（string），string 型態的資料是由字母、數字和其他字元所組成，但只能用於表示文字。

$name = 'Ivy';

字串一定要用單引號或雙引號括起來，而且起始和結束引號必須一致。

- ⊘ $name = 'Ivy';
- ⊘ $name = "Ivy";
- ⊗ $name = 'Ivy";
- ⊗ $name = "Ivy";

資料型態：數字

數字型態的資料值可以執行數學運算，例如，加法或乘法。

$price = 5;

數字不需要用引號括起來，如果把數字放進引號裡，數字就會被當成字串，而非數字。

PHP 有兩種數字型態：

int 用於儲存和表示整數，例如，275。

float 儲存浮點數，用於表示小數，例如，2.75。

資料型態：布林

布林（boolean）型態的資料值只會是這兩個的其中一個：true 或 false。在大部分的程式語言裡，這種值相當常見。

$logged_in = true;

true 和 false 使用時會寫成小寫，而且不需要用引號括起來。剛開始可能會覺得布林值很抽象，但我們能用 true 或 false 來表示許多事，例如：

- 訪客是否已經登入？
- 訪客是否同意使用條款？
- 訪客購買的商品是否到達免運門檻？

資料型態：NULL

PHP 還有一種資料型態是 null，而且只有 null 值（空值），用於表示變數尚未指定值。

自動改動型態

PHP 直譯器能把一個值的資料型態轉換成另一種型態，例如，從字串轉換成數字（請見第 60 ～ 61 頁）。

範例：更新變數值

指定一個新的值給變數，會更改或覆蓋掉已經儲存在變數裡的值，做法跟建立變數同時指定值給變數一樣。

1. 對變數 $name 進行**初始化**，也就是宣告變數和指定初始值給變數，如果之後網頁沒有更新變數值，就會使用這個初始值。

在右側範例程式中，初始值是 Guest，因為是文字，所以要用引號括起來。

2. 指定一個新的值 Ivy 給變數 $name。

3. 以變數 $price 儲存糖果的單價。

接下來看到的 HTML 程式碼會先完成以下步驟，再將 HTML 網頁發送回去給訪客的瀏覽器：

4. 利用 echo 命令，將網站訪客的名字寫進網頁裡，會顯示我們在步驟 2 裡指定給變數 $name 的更新值。

5. 將糖果的單價寫進網頁裡。

PHP

section_a/c01/updating-variables.php

```php
<?php
$name  = 'Guest';        ①
$name  = 'Ivy';          ②
$price = 5;              ③
?>
<!DOCTYPE html>
<html>
  <head>
    <title>Updating Variables</title>
    <link rel="stylesheet" href="css/styles.css">
  </head>
  <body>
    <h1>The Candy Store</h1>
    <h2>Welcome <?php echo $name; ?></h2>   ④
    <p>The cost of your candy is
       $<?php echo $price; ?> per pack.</p>  ⑤
  </body>
</html>
```

RESULT

The Candy Store

WELCOME IVY

The cost of your candy is $5 per pack.

試試看：請將步驟 2 中變數 $name 的值改成自己的名字。儲存檔案，然後在瀏覽器中重新整理網頁，應該會看到網頁顯示自己的名字。

試試看：請在步驟 2 之後新增一行程式碼，將變數 $name 的值設定成其他名字。儲存檔案，然後重新整理網頁，應該會看到網頁顯示新的名字。

陣列

變數還能保存**陣列**內容,用於儲存一連串相關的值。陣列屬於**複合資料型態**,因為可以儲存多個值。

陣列就像一個容器,會保存一組相關變數。陣列中的每個項目稱為**元素**(element),跟變數使用名稱表示值的做法一樣,陣列中的每個元素具有:

- **鍵值**(key),作用跟變數名稱一樣。
- **資料值**(value),就是變數名稱所表示的值。

PHP 提供兩種類型的陣列,分別是:

- **關聯式陣列**,陣列中每個元素的鍵值是名稱,用於描敘其所表示的資料內容。
- **索引式陣列**,陣列中每個元素的鍵值是數字,也就是索引值。

關聯式陣列

以下陣列的設計目的是儲存網站會員的資料,這種陣列每次使用時,鍵值名稱會保持不變;鍵值名稱是用於描敘陣列中每個元素儲存的資料。

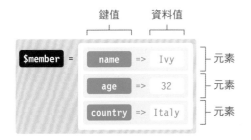

在這兩個範例中,陣列儲存的每個值都是純量資料型態(單一資料)。

本書第 44 頁會帶讀者看另外一個範例,其中的陣列元素會儲存另外一個陣列。

索引式陣列

以下陣列的設計目的是儲存購物清單,每次使用清單時,能儲存不同數量的元素。這種陣列的鍵值不是利用名稱描述清單中的每個項目,而是使用索引值(從 0 開始的正整數)。

注意:索引值是從 0 開始,而不是 1,所以陣列中第一個元素的索引值是 0,第二個元素的索引值會指定為 1,以此類推。索引值通常是用來說明清單裡所有項目的順序。

關聯式陣列

建立關聯式陣列需要為陣列中每個元素（或項目）指定**鍵值**，用於描述元素儲存的資料。

以變數儲存關聯式陣列，會用到：

- 變數名稱，用於描述陣列儲存的一組值。
- 指定運算子。
- 中括號，用於建立陣列。

在中括號或小括號內，會用到：

- 鍵值，用引號括起來。
- 雙箭頭 =>。
- 元素的值（字串值需要放在引號內，數字和布林值則不需要）。
- 在每個元素的內容後加上英文逗號。

```
          變數          建立陣列
           │            │
$member = [
    'name'     => 'Ivy',
    'age'      => 32,
    'country'  => 'Italy',
];
           │          │        │
         鍵值       運算子    資料值
```

使用以下語法也能建立關聯式陣列，在關鍵字 array 後面跟著小括號（取代先前的中括號）。

```
$member = array(
  'name'    => 'Ivy',
  'age'     => 32,
  'country' => 'Italy',
);
```

存取關聯式陣列裡的元素時，會用到：

- 儲存陣列的變數名稱。
- 名稱後面跟著中括號，中括號裡面放成對的引號。
- 引號內是想要取出的元素的鍵值。

```
      變數        鍵值
       │          │
$member['name'];
```

範例：建立與存取關聯式陣列

PHP

```php
<?php
$nutrition = [
    'fat'   => 16,
    'sugar' => 51,
    'salt'  => 6.3,
];
?>
<!DOCTYPE html>
<html>
  <head> ... </head>
  <body>
    <h1>The Candy Store</h1>
    <h2>Nutrition (per 100g)</h2>
    <p>Fat:    <?php echo $nutrition['fat']; ?>%</p>
    <p>Sugar:  <?php echo $nutrition['sugar']; ?>%</p>
    <p>Salt:   <?php echo $nutrition['salt']; ?>%</p>
  </body>
</html>
```

① `$nutrition = [ ... ];`

② `<p>Fat: ... </p>` 等三行

RESULT

The Candy Store

NUTRITION (PER 100G)

Fat: 16%

Sugar: 51%

Salt: 6.3%

1. 左側範例建立了一個關聯式陣列，然後將陣列儲存在變數 $nutrition 裡。

這個以中括號建立的陣列內有三個元素，每個元素都有成對的鍵值和資料值，以運算子 => 為每個鍵值指定其對應的資料值。

2. 顯示陣列中儲存的資料時，會用到：

- echo 命令，指示命令後面的值要寫進網頁裡。
- 命令後面會跟著儲存陣列的變數名稱。
- 名稱後面跟著中括號和引號，引號裡面是想要存取的鍵值名稱。

例如，在網頁裡顯示砂糖成分，要使用這個語法：echo $nutrition['sugar'];

試試看： 請為步驟 1 中建立的陣列，更改以下鍵值對應的值：

- 鍵值 fat：42
- 鍵值 sugar：60
- 鍵值 salt：3.5

儲存檔案，然後重新整理網頁，就會看到更新後的值。

試試看： 請在步驟 1 的陣列裡，新增一個元素，該元素的鍵值是 protein，資料值指定為 2.6。然後在步驟 2，將 protein 的值顯示在網頁裡。

索引式陣列

建立陣列時，如果沒有為陣列中的每個元素提供鍵值，PHP 直譯器就會指定一個數字給該元素，這個數字就是**索引值**。索引值會從 0 開始，而不是 1。

以變數儲存索引式陣列，會用到：

- 變數名稱，用於描述陣列儲存的一組值。
- 指定運算子。
- 中括號，用於建立陣列。

在中括號或小括號內，會用到：

- 陣列要儲存的資料值清單（字串值需要放在引號內，數字和布林值則不需要）。
- 在每個資料值的內容後加上英文逗號。

最後是為每個元素指定一個索引值。

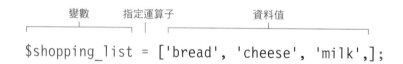

在上面的陣列裡，指定給資料值 bread 的索引值是 0、cheese 是 1、milk 是 2。索引值通常是用來說明清單裡所有項目的順序。

使用以下語法也能建立索引式陣列，在關鍵字 array 後面跟著小括號（取代先前的中括號）。

```
$shopping_list = array('bread',
                       'cheese',
                       'milk');
```

新增到陣列裡的每個值，可以放在同一行，也可以從新的一行開始（如上所示）。

存取索引式陣列裡的項目時，會用到：

- 儲存陣列的變數名稱。
- 名稱後面跟著中括號，中括號裡不需要引號。
- 中括號內是想要存取的那個項目的索引值。

以下範例程式碼是取得陣列中第三個項目的值，也就是 milk。

```
       變數        索引值

$shopping_list[2];
```

範例：建立與存取索引式陣列

section_a/c01/indexed-arrays.php

```php
<?php
$best_sellers = ['Chocolate', 'Mints', 'Fudge',
    'Bubble gum', 'Toffee', 'Jelly beans',];
?>
<!DOCTYPE html>
<html>
  <head> ... </head>
  <body>
    <h1>The Candy Store</h1>
    <h2>Best Sellers</h2>
    <ul>
      <li><?php echo $best_sellers[0]; ?></li>
      <li><?php echo $best_sellers[1]; ?></li>
      <li><?php echo $best_sellers[2]; ?></li>
    </ul>
  </body>
</html>
```

① (指向第 2-3 行)
② (指向 li 三行)

RESULT

1. 左側範例先建立一個變數 $best_sellers，這個變數的值是一個陣列，用於儲存網站上的熱銷商品清單。

以中括號建立陣列，在陣列的括號裡加入商品項目。因為陣列裡的這些項目是文字，所以需要放在引號內（數字和布林值則不需要），最後在每個項目的內容後加上英文逗號。

2. 在網頁上顯示熱銷商品前三名。

- echo 命令會寫出命令後面的值。
- 命令後面會跟著儲存陣列的變數名稱。
- 中括號內是想要取出的那個項目的索引值。請記住：索引值會從 0 開始，而不是 1。

試試看：請在步驟 1 的陣列裡，在項目 Fudge 後新增一個項目 Licorice。接著，在步驟 2 加入陣列裡第四和第五名的商品項目。

更新陣列

陣列建立之後，可以新增項目或是更新陣列裡任何元素的值。

更新關聯式陣列裡儲存的值時，會用到：

- 儲存陣列的變數名稱。
- 名稱後面跟著中括號。
- 用引號將鍵值括起來。
- 指定運算子。
- 想讓元素儲存的新值。

```
$member['name'] = 'Tom';
```
變數　　　鍵值　　　　　新值

在關聯式陣列裡新增一個項目時，做法跟前面的更新步驟完全一樣，但是不能使用陣列裡現有的鍵值，必須新增一個。

當鍵值的名稱是字串時，會用引號括起來；也就是說看到引號時，就表示資料型態是字串。

兩種陣列的使用時機

使用關聯式陣列的最佳時機是：

- 當我們完全清楚陣列會儲存什麼資訊時，因為這樣才能為陣列中的每個元素提供鍵值名稱。
- 當我們需要藉由鍵值名稱取得陣列中的一項資料。

更新索引式陣列裡儲存的值時，會用到：

- 儲存陣列的變數名稱。
- 名稱後面跟著中括號。
- 索引值（不需要加上引號）。
- 指定運算子。
- 想讓元素儲存的新值。

```
$shopping_list[2] = 'butter';
```
變數　　　　索引值　　　　新值

後續第 220 頁會說明如何在索引式陣列中新增項目，新增項目的流程跟更新步驟不同，因為可以指定項目要新增在陣列中的哪個位置。

索引值不會用引號括起來，因為數字資料型態不需要引號。

使用索引式陣列的最佳時機是：

- 在我們不知道陣列會儲存多少資料的情況下（當有越來越多的項目加到清單裡，索引值也會隨之增加）。
- 當我們希望以特定順序儲存一系列的值。

範例：更改陣列值

PHP

```php
<?php
$nutrition = [
    'fat'   => 38,
    'sugar' => 51,
    'salt'  => 0.25,
];
$nutrition['fat']   = 36;
$nutrition['fiber'] = 2.1;
?>
<!DOCTYPE html>
<html>
  <head> ... </head>
  <body>
    <h1>The Candy Store</h1>
    <h2>Nutrition (per 100g)</h2>
    <p>Fat:   <?php echo $nutrition['fat']; ?>%</p>
    <p>Sugar: <?php echo $nutrition['sugar']; ?>%</p>
    <p>Salt:  <?php echo $nutrition['salt']; ?>%</p>
    <p>Fiber: <?php echo $nutrition['fiber']; ?>%</p>
  </body>
</html>
```

1. 左側範例先建立了一個變數 $nutrition，用於儲存陣列內容。

   陣列中組成每個元素的鍵值和資料值其實是不需要從新的一行開始（如左所示），但如果能分行撰寫，會提高程式碼的易讀性。

2. 鍵值 fat 儲存的脂肪含量值從 38 更新為 36。

3. 為陣列新增一個元素，鍵值是 fiber，資料值指定為 2.1。

4. 將陣列裡的值寫到網頁裡。

試試看：在步驟 3 之後新增一個鍵值是 protein，資料值指定為 7.3。

RESULT

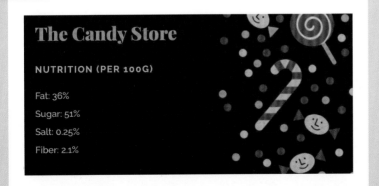

PHP 基本語法：變數、表達式與運算子 (43)

多個陣列儲存為一個陣列

陣列中任何一個元素都可以是另一個陣列，當陣列中的每個元素都儲存了另一個陣列，這種情況就稱為**多維陣列**（multidimensional array），能用來表示我們平常在表格裡看到的資料。

我們有時候會需要將一組相關值儲存在陣列中的元素裡，例如，我們習慣在右表中看到的資料。請花點時間看看右表，這個表中有三個會員的名字、年齡和他們的國籍。

名字	年齡	國籍
Ivy	32	UK
Emi	24	Japan
Luke	47	USA

右表中的每一列代表每一位會員，可以表示成索引式陣列中的一個元素；每個元素分別擁有一個關聯式陣列，用於儲存每位會員的名字、年齡和國籍。

索引式陣列的索引值是由 PHP 直譯器自動指定。每個關聯式陣列後面的英文逗號，代表這個元素儲存的資料值結尾。

```
$members = [
    ['name' => 'Ivy',  'age' => 32, 'country' => 'UK',],
    ['name' => 'Emi',  'age' => 24, 'country' => 'Japan',],
    ['name' => 'Luke', 'age' => 47, 'country' => 'USA',],
];
```

若要取得陣列儲存的會員「Emi」的資料，需要用到：

- 儲存索引式陣列的變數名稱。
- 想要存取的元素索引值，會放在中括號裡（請記住：陣列索引值會從 0 開始，這些數字不需要用引號括起來）。

若要取得會員「Luke」的年齡，需要用到：

- 儲存索引式陣列的變數名稱。
- 元素的索引值（會放在中括號裡），這個元素是儲存會員「Luke」的資料陣列。
- 想要從會員「Luke」的資料陣列中存取的元素鍵值，會放在第二組中括號裡（因為鍵值是字串，所以要寫在引號裡）。

```
$members[1];
```

```
$members[2]['age'];
```

範例：多維陣列

```php
<?php
$offers = [
    ['name' => 'Toffee', 'price' => 5, 'stock' => 120,],
    ['name' => 'Mints',  'price' => 3, 'stock' => 66,],
    ['name' => 'Fudge',  'price' => 4, 'stock' => 97,],
];
?>
<!DOCTYPE html>
<html>
  <head> ... </head>
  <body>
    <h1>The Candy Store</h1>
    <h2>Offers</h2>
    <p><?php echo $offers[0]['name']; ?> -
      $<?php echo $offers[0]['price']; ?> </p>
    <p><?php echo $offers[1]['name']; ?> -
      $<?php echo $offers[1]['price']; ?> </p>
    <p><?php echo $offers[2]['name']; ?> -
      $<?php echo $offers[2]['price']; ?> </p>
  </body>
</html>
```

section_a/c01/multidimensional-arrays.php

RESULT

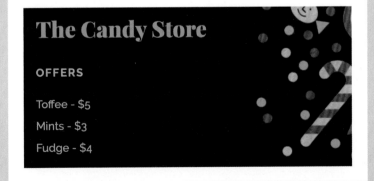

1. 左側範例先建立了一個變數 $offers，用於儲存一個索引式陣列的內容。

這個陣列中的每個元素都擁有一個關聯式陣列，用於儲存供應商品的名稱、售價和庫存程度。

2. 顯示第一個商品的名稱（第一個商品的索引值是 0）。

3. 顯示第一個商品的售價。

4. 顯示第二個商品的名稱和售價。

5. 顯示第三個商品的名稱和售價。

試試看：請在步驟 1 的陣列裡，新增一個商品名稱 Chocolate，售價設定為 2，庫存程度設定為 83 個。

在步驟 5 之後新增程式碼，顯示剛剛才增加的新商品的名稱和售價。下一章會介紹如何利用迴圈來顯示陣列 $offers 中每個商品的名稱和售價，不管陣列中有多少商品都能適用。

ECHO 縮寫

當 PHP 程式區塊只用於對瀏覽器寫值，才能以 echo 縮寫取代 `<?php echo ?>`。

使用 echo 縮寫 `<?= $name ?>` 取代 `<?php echo $name; ?>`，是 PHP 程式裡唯一不需要使用完整起始標籤定義符號 `<?php` 的情況。

使用 echo 縮寫時，**不**需要寫：

- 起始標籤中的字母 php。
- echo 命令。
- 放在結束標籤之前的分號。

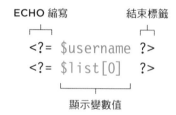

在本書前幾章的許多範例中，我們看到的 PHP 檔會包含兩個部分：

- 一是 PHP 程式碼，作用是將值儲存在變數或陣列裡，也可能是利用變數或陣列儲存的資料來執行工作。
- 二是發送回去給瀏覽器的 HTML 程式碼，這部分產生的網頁會利用上面介紹的縮寫語法，將儲存在變數裡的值顯示在網頁上。

如果我們每次都是先產生網頁需要顯示的值，將值儲存在變數裡，藉此啟動每一個網頁，能幫助我們清楚區別這兩種程式碼：一是在伺服器上執行的 PHP 程式碼，另一個是訪客最終看到的 HTML 程式碼。

PHP 檔案的第二部分，也就是產生 HTML 網頁的部分應該盡可能使用最精簡的 PHP 程式碼。在前幾章的範例中，網頁這部分的 PHP 程式碼只會用來在網頁中顯示變數儲存的值。

範例：使用 ECHO 縮寫

section_a/c01/echo-shorthand.php

```php
<?php
$name     = 'Ivy';
$favorites = ['Chocolate', 'Toffee', 'Fudge',];
?>
<!DOCTYPE html>
<html>
  <head>
    <title>Echo Shorthand</title>
    <link rel="stylesheet" href="css/styles.css">
  </head>
  <body>
    <h1>The Candy Store</h1>
    <h2>Welcome <?= $name ?></h2>
    <p>Your favorite type of candy is:
       <?= $favorites[0] ?>.</p>
  </body>
</html>
```

① ② ③ ④

RESULT

在左側的範例程式中，會看到在 HTML 網頁啟動之前，程式碼最前面已經建立了兩個不同的變數和指定變數值：

1. 以變數 $name 儲存網站會員的名字，因為會員名字是文字，所以要寫在引號裡。

2. 變數 $favorites 儲存的陣列內容是會員偏好的糖果種類。

3. 利用 echo 命令的縮寫，將會員名字顯示在網頁上。

4. 利用 echo 命令的縮寫，將會員偏好的糖果種類顯示在網頁上。

試試看：請將步驟 1 中變數 $name 的值改成自己的名字。請在步驟 2 的陣列裡，將自己偏愛的糖果種類加到陣列的開頭。儲存檔案，然後在瀏覽器中重新整理網頁，應該會看到網頁顯示更改後的內容。

表達式與運算子

表達式通常是用兩個（或以上）值來產生一個新的值，由一個或一個以上的結構組成，**計算**出（產生）單一值；亦即表達式是利用**運算子**來產生一個值。

基本數學（加法、減法、乘法和除法）是用兩個值來產生一個新的值。下面這個表達式是將數字 3 乘以數字 5，產生一個值 15：

```
3 * 5
```

程式設計師會說表達式是**求**出一個值。以下這個表達式是將產生出來的新值，儲存在變數 $total：

```
$total = 3 * 5;
```

符號 +、-、*、/ 都叫做**運算子**（operator）。

利用字串運算子（也稱為**串連運算子**），將兩個或以上的字串連接在一起，產生一段更長的文字。下列這個表達式連接了字串值 Hi 和 Ivy，產生出一個新的字串。

```
$greeting = 'Hi ' . 'Ivy';
```

連接這兩個字串會求出一個值 Hi Ivy，然後儲存在變數 $greeting。

本章後續的其餘內容會看到右頁介紹的這些運算子。

算術運算子

（請見第 50 ～ 51 頁）

算術運算子的功能是讓我們運算數字，執行加、減、乘、除這類的計算工作。

例如，假設有人買了 3 包糖果，每包糖果的花費是 5 美金，我們只要利用乘法運算子，就能算出這 3 包糖果花費的總金額。

字串運算子

（請見第 52 ～ 53 頁）

字串運算子的功能是讓我們處理文字。PHP 支援兩個字串運算子，可以用來將兩塊不同的文字結合成單一字串。

例如，假設我們將會員名字儲存在第一個變數，將會員姓氏儲存在第二個變數，然後將這兩個變數的內容連接在一起，就能產生會員的全名。

比較運算子

（請見第 54 ～ 55、58 頁）

顧名思義，比較運算子的功能是**比較**兩個值，然後回傳布林值（true 或 false）。

例如，假設我們現在拿數字 3 和數字 5 來比較，檢查是否：

- 3 大於 5（false）。
- 3 等於 5（false）。
- 3 小於 5（true）。

還可以比較字串，檢查其中一個值是否大於或小於另外一個值：

- 'Apple' 大於 'Banana'（false）。
- 'A' 等於 'B'（false）。
- 'A' 小於 'B'（true）。

邏輯運算子

（請見第 56 ～ 57、59 頁）

PHP 支援三種邏輯運算子：&&（和）、||（或）以及 !（非），搭配兩個布林值（true 或 false）。為了了解邏輯運算子的原理，請思考以下兩個問題，兩者都以 true 或 false 來回答。

現在氣溫高嗎？天氣晴朗嗎？

- &&（和）運算子會檢查現在是不是高溫**而且**天氣晴朗。
- ||（或）運算子會檢查現在是不是高溫**或是**天氣晴朗。
- !（非）運算子一次只會檢查兩個問題其中之一的答案是否**不**為 true。例如，現在**不是**晴天嗎？

這類運算每次產生的值不是 true 就是 false。

算術運算子

PHP 提供以下算術運算子，讓我們搭配數字或儲存數字的變數一起使用。

名稱	運算子	用途	範例	運算結果
加法	+	兩個值相加	10 + 5	15
減法	–	兩個值相減	10 - 5	5
乘法	*	兩個值相乘 （注意：這裡是用 * 號，不是字母「x」）	10 * 5	50
除法	/	兩個值相除	10 / 5	2
餘數	%	兩個值相除之後所回傳的餘數	10 % 3	1
指數	**	一個值的 n 次方	10 ** 5	100000
遞增	++	對數字加 1，然後回傳新的值	$i = 10; $i++;	11
遞減	--	對數字減 1，然後回傳新的值	$i = 10; $i--;	9

算術運算的順序

單一表達式中可以執行多個算術運算，重點是了解計算的順序：先乘除後加減。

運算順序會影響你實際上看到的數字，例如，從左到右依序計算以下數字，結果是 16：

```
$total = 2 + 4 + 10;
```

然而，以下表達式的計算結果會是 42，而非 60：

```
$total = 2 + 4 * 10;
```

小括號給我們的指示是要先執行哪個部分的計算，因此，以下計算結果的總值會是 60：

```
$total = (2 + 4) * 10;
```

小括號表示我們在乘以 10 **之前**，要先將 2 加上 4。

範例：使用算術運算子

PHP　　　　　　　　　section_a/c01/arithmetic-operators.php

```php
<?php
$items    = 3;
$cost     = 5;
$subtotal = $cost * $items;
$tax      = ($subtotal / 100) * 20;
$total    = $subtotal + $tax;
?>
<!DOCTYPE html>
  <html>
    <head> ... </head>
    <body>
      <h1>The Candy Store</h1>
      <h2>Shopping Cart</h2>
      <p>Items: <?= $items ?></p>
      <p>Cost per pack: $<?= $cost ?></p>
      <p>Subtotal: $<?= $subtotal ?></p>
      <p>Tax: $<?= $tax ?></p>
      <p>Total: $<?= $total ?></p>
    </body>
  </html>
```

(1) (2) (3) (4) (5) (6)

左側範例程式說明數學運算子如何搭配數字，計算出一份訂單的總金額。首先，建立兩個變數，分別儲存：

1. 訂購商品的總數（`$items`）

2. 每包糖果的單價（`$cost`）

接下來是執行計算，將結果儲存在變數，然後產生 HTML 網頁。這種做法能幫助我們將 PHP 程式碼與 HTML 網頁內容切開。

3. 計算訂單總金額，將商品數量乘上一包糖果的售價。

4. 因為需要加上 20% 的稅，所以我們要將前面小計的金額先除以 100（加上小括號是為了確保這部分會先計算），再將結果乘上 20。

5. 最後是將稅額加上前面小計的金額，得出訂單的總金額。

6. 將計算結果儲存在變數裡，然後顯示在 HTML 網頁裡。

RESULT

試試看：請更改步驟 1 的商品數量和步驟 2 的單價。

字串運算子

我們可能會遇到需要連接兩個或多個字串，產出單一字串的情況，這種連接兩個或多個字串的過程，就稱為「**串連**」。

．

串連運算子

串連運算子使用的符號是「英文句點」，作用是連接兩個字串值。在以下範例中，變數 $name 儲存的字串會是 'Ivy Stone'：

```
$forename = 'Ivy';
$surname  = 'Stone';
$name     = $forename . ' ' . $surname;
```

請注意看，變數 $forename 和 $surname 之間加了一個空白，如果沒有加，變數 $name 儲存的字串值就會是 IvyStone。

只要在每個字串之間提供串連運算子，一個陳述式就能串連任意數量的字串。

我們還可以在不使用串連運算子的情況下，連接多個儲存在變數裡的字串。只要改用雙引號（而非單引號）指定變數值，PHP 直譯器就會將雙引號內的變數名稱替換成變數擁有的值。在以下這行範例程式碼中，變數 $name 儲存的值會是 Ivy Stone。

```
$name = "$forename $surname";
```

．=

串連指定運算子

串連指定運算子的作用是在現有變數中擴增文字，可以想成是用比較簡短的語法來更新字串內容：

```
$greeting = 'Hello ';
$greeting .= 'Ivy';
```

在上面的範例中，變數 $greeting 在第一行儲存的字串值是 'Hello '。到了下一行，串連指定運算子把字串 'Ivy' 加到變數 $greeting 儲存的字串值結尾。

變數 $greeting 現在儲存的字串值變成了 'Hello Ivy'。跟左邊的範例程式比較看看，會發現少用了一行程式碼。

範例：連接字串

section_a/c01/string-operator.php

```php
<?php
$prefix  = 'Thank you';
$name    = 'Ivy';
$message = $prefix . ', ' . $name;
?>
<!DOCTYPE html>
<html>
  <head>
    <title>String Operator</title>
    <link rel="stylesheet" href="css/styles.css">
  </head>
  <body>
    <h1>The Candy Store</h1>
    <h2><?= $name ?>'s Order</h2>
    <p><?= $message ?></p>
  </body>
</html>
```

① ② ③

RESULT

左側範例程式碼的作用是顯示個人化訊息。

1. 首先，建立變數 $prefix，儲存訪客歡迎訊息開頭的文字 'Thank you'。

2. 建立第二個變數 $name，儲存訪客名字，範例中的初始值是 Ivy。

3. 將三個字串值串連（或者是說連接）在一起，產生個人化訊息，然後將新的字串值儲存在變數 $message 裡：

- 先將變數 $prefix 儲存的值加到變數 $message 裡。
- 接著，加入一個英文逗號和一個空白。
- 最後加入變數 $name 儲存的值。

試試看：請將步驟 2 中變數 $name 的值改成自己的名字。

試試看：請改用雙引號來指定步驟 3 中變數 $message 的值，不能使用串連運算子：
$message = "$prefix $name";

比較運算子

比較運算子的作用是讓我們比較兩個或兩個以上的值，比較結果會是一個布林值（true 或 false）。

== 相等

這個運算子的作用是比較兩個值，判斷它們是否相等。

'Hello' == 'Hello'：比較結果為 true，因為兩者**是**同一個字串。

'Hello' == 'Goodbye'：比較結果為 false，因為兩者**不是**同一個字串。

遇到上面這種運算子，PHP 直譯器只會判斷兩者的值是否相等；但遇到下面這種運算子，檢查會變得更為嚴格，因為 PHP 直譯器會判斷兩者的值**和**資料型態是否都相等。

!= 或 <> 不相等

這些運算子的作用是比較兩個值，判斷它們是否不相等。

'Hello' != 'Hello'：比較結果為 false，因為兩者**是**同一個字串。

'Hello' != 'Goodbye'：比較結果為 true，因為兩者**不是**同一個字串。

上面這種運算子會把 3（整數）和 3.0（浮點數）視為相等，下面這種運算子則不會。（第 60-61 頁會說明把數字 0 和 1 當作布林值使用的方法，前者為 false，後者為 true。）

=== 完全一致

這個運算子的作用是比較兩個值，判斷它們的值和資料型態是否完全一致。

'3' === 3：比較結果為 false，因為兩者的資料型態**不同**。

'3' === '3'：比較結果為 true，因為兩者的資料型態和值**相同**。

!== 完全不一致

這個運算子的作用是比較兩個值，判斷它們的值和資料型態是否**不同**。

3.0 !== 3：比較結果為 true，因為兩者的資料型態**不同**。

3.0 !== 3.0：比較結果為 false，因為兩者的資料型態和值**相同**。

若使用 echo 命令，在網頁上顯示布林值的結果，true 會顯示 1，
false 則不會顯示任何內容。

＜ 和 ＞

「小於」和「大於」

符號 < 的作用是檢查符號左邊的值是否小於右邊
的值。

4 < 3：比較結果為 false

3 < 4：比較結果為 true

符號 > 的作用是檢查符號左邊的值是否大於右邊
的值。

z > a：比較結果為 true

a > z：比較結果為 false

＜＝ 和 ＞＝

「小於等於」和「大於等於」

符號 <= 的作用是檢查符號左邊的值是否小於等
於右邊的值。

4 <= 3：比較結果為 false

3 <= 4：比較結果為 true

符號 >= 的作用是檢查符號左邊的值是否大於等
於右邊的值。

z >= a：比較結果為 true

z >= z：比較結果為 true

＜＝＞

太空船運算子（SPACESHIP OPERATOR）

太空船運算子的作用是比較符號左邊和右邊的
值，若結果為：

0：表示左邊和右邊的值相等

1：表示左邊的值比較大

-1：表示右邊的值比較大

這是在 PHP 7 才導入的運算子，因此，PHP 7 以
下的版本無法使用。

1 <=> 1：比較結果為 0

2 <=> 1：比較結果為 1

2 <=> 3：比較結果為 -1

邏輯運算子

邏輯運算子只會產生一個值，不是 true 就是 false。邏輯運算子能搭配多個比較運算子一起使用，用以比較多個表達式產生的結果。

以下這行程式碼裡有三個表達式，每一個表達式會產出一個布林值（true 或 false）。

表達式 1（左邊）和表達式 2（右邊）都用了比較運算子，兩者產生的結果值都是 false。

表達式 3 用了邏輯運算子，而非比較運算子。

邏輯運算子 **&&（和）** 的作用是檢查符號兩邊的表達式是否都會回傳 true。在這個範例中，兩邊都不會回傳 true，所以整個表達式的結果值會判定為 false。

判斷表達式 3 之前，會先判斷表達式 1 和表達式 2 的比較結果。

每個表達式都有自己的一組括號，這種寫法能幫助我們看出每一組括號裡的程式碼應該判斷為哪一個結果值。雖然沒有加括號，表達式也能運作，但會提高閱讀程式碼的難度。

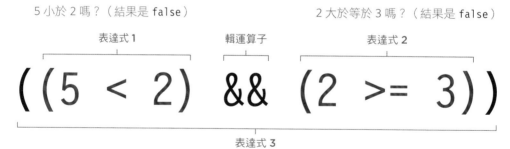

5 小於 2 嗎？（結果是 false）　　　2 大於等於 3 嗎？（結果是 false）

表達式 1　　　輯運算子　　　表達式 2

$$((5 < 2) \ \&\& \ (2 >= 3))$$

表達式 3

表達式 1 和表達式 2 的判斷結果都是 true 嗎？
（兩者的結果都是 false）

&&

邏輯運算子「和」

這個運算子會測試多個條件。

((2 < 5) && (3 >= 2))

產生的值是 true

如果符號兩邊的表達式都判斷為 true，則整個表達式的結果會回傳 true；如果其中一個表達式的結果是 false，則整個表達式的結果會回傳 false。

```
true  && true   結果為 true
true  && false  結果為 false
false && true   結果為 false
false && false  結果為 false
```

符號 && 可以用單字「and」取代。

||

邏輯運算子「或」

這個運算子會測試至少一個條件。

((2 < 5) || (2 < 1))

產生的值是 true

如果符號兩邊的表達式裡，有任何一邊的判斷結果是 true，則整個表達式的結果會回傳 true；如果兩邊表達式的結果都是 false，則整個表達式的結果會回傳 false。

```
true  || true   結果為 true
true  || false  結果為 true
false || true   結果為 true
false || false  結果為 false
```

符號 || 可以用單字「or」取代。

!

邏輯運算子「非」

這個運算子會否定一個布林值。

!(2 < 1)

產生的值是 true

邏輯運算子 ! 會否定一個表達式的結果值。如果一個表達式（不含 !）的判斷結果是 false，則整個表達式的結果會是 true。若陳述式是 true，則結果會是 false。

```
!true   結果為 false
!false  結果為 true
```

符號 ! 不能用單字「not」取代。

短路邏輯判斷

邏輯表達式的判斷方向是從左到右。當 PHP 直譯器判斷完第一個表達式，遇到邏輯運算子之後，可能會出現不需要再判斷第二個條件的情況，請參見右側的範例。

((5 < 2) && (2 >= 2))
↑
發現結果值是 false。

由於整個表達式的結果已經不可能是 true，所以沒有必要繼續測試第二個條件。

((2 < 5) || (2 >= 2))
↑
發現結果值是 true。

因為至少有一個表達式的結果是 true，所以沒有必要繼續測試第二個條件。

範例：使用比較運算子

1. 建立三個變數：
- 第一個變數是儲存顧客想要的糖果種類。
- 第二個變數是顯示還有 5 包庫存。
- 第三個變數是顯示顧客想買 8 包。

2. 利用比較運算子檢查顧客想買的數量是否小於等於庫存的數量，然後將比較結果儲存在變數 $can_buy。

3. 實務上幾乎不會遇到像此處這種需要將布林值顯示在網頁上的情況，最有可能用到布林值的情況會是邏輯判斷條件式，下一章會介紹這個部分。不過，這裡的重點是看看我們在網頁上寫出布林值時，會獲得什麼結果，如果獲得的值是：
- true：網頁上會顯示 1
- false：網頁上不會顯示任何內容

試試看：請交換步驟 1 中變數 $stock 和 $wanted 的值，變數 $can_buy 的值會跟著改變。

第 75 頁會教讀者如何根據表達式使用比較運算子的結果（true 或 false），顯示不同的訊息。

section_a/c01/comparison-operators.php `PHP`

```php
<?php
$item    = 'Chocolate';
$stock   = 5;
$wanted  = 8;
$can_buy = ($wanted <= $stock);
?>
<!DOCTYPE html>
<html>
  <head> ... </head>
  <body>
    <h1>The Candy Store</h1>
    <h2>Shopping Cart</h2>
    <p>Item:    <?= $item ?></p>
    <p>Stock:   <?= $stock ?></p>
    <p>Wanted:  <?= $wanted ?></p>
    <p>Can buy: <?= $can_buy ?></p>
  </body>
</html>
```

`RESULT`

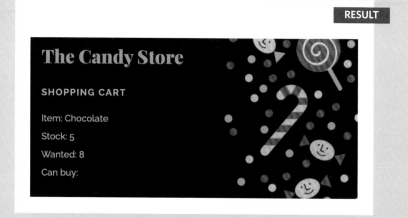

The Candy Store

SHOPPING CART

Item: Chocolate

Stock: 5

Wanted: 8

Can buy:

範例：使用邏輯運算子

PHP   section_a/c01/logical-operators.php

```php
<?php
$item    = 'Chocolate';
$stock   = 5;
$wanted  = 3;
$deliver = true;
$can_buy = (($wanted <= $stock) && ($deliver == true));
?>
<!DOCTYPE html>
<html>
  <head> ... </head>
  <body>
    <h1>The Candy Store</h1>
    <h2>Shopping Cart</h2>
    <p>Item:    <?= $item ?></p>
    <p>Stock:   <?= $stock ?></p>
    <p>Ordered: <?= $wanted ?></p>
    <p>Can buy: <?= $can_buy ?></p>
  </body>
</html>
```

① `$wanted  = 3;`
② `$deliver = true;`
③ `$can_buy = (($wanted <= $stock) && ($deliver == true));`

RESULT

此處的範例程式是延伸左頁的範例。

1. 顧客只想買 3 包糖果。

2. 新增變數 $deliver，儲存一個布林值，表示是否能完成交貨。

3. 這個表達式用了兩個比較運算子：
   - 第一個負責檢查庫存數量是否足夠。
   - 第二個負責檢查商品是否能交貨。

邏輯運算子 && 負責測試兩邊的比較結果是否都為 true。如果是，變數 $can_buy 的值會是 true，網頁會顯示數字「1」；如果兩邊的結果都不是 true，變數 $can_buy 的值會是 false，網頁上不會顯示任何內容。

試試看：請交換步驟 1 中變數 $stock 和 $wanted 的值，變數 $can_buy 的值會跟著改變。

第 75 頁會教讀者如何根據表達式回傳的結果（true 或 false），顯示不同的訊息。

自動改動型態：轉換資料型態

PHP 直譯器會自動將一個值的資料型態轉換成另外一種型態，就是所謂的「**自動改動型態**」（type juggling），可能會導致意想不到的結果。

PHP 是所謂的**鬆散型程式語言**，因為建立變數時不需要指定變數儲存值的資料型態。在以下的程式碼裡，變數 $title 先儲存字串，再儲存整數：

```
$title = 'Ten';  // 字串
$title = 10;     // 整數
```

比較 PHP 提供的方法跟其他**嚴格宣告型態**的程式語言（例如，C++ 或 C#），後者會要求程式設計師在宣告變數時，為每個變數的儲存值指定資料型態。

當 PHP 直譯器發現變數值使用的資料型態和預期接收的不同，就會試圖把值轉換成它想要的資料型態，這個過程就稱為「**自動改動型態**」。

自動改動型態可能會引發令人困擾的情況，因為 PHP 直譯器產生令人驚訝的結果或錯誤。例如，下列表達式以加法運算子將兩個值相加，數字 1 的型態是整數，數字 2 的型態卻是字串（因為有用引號括起來）。

```
$total =  1 + '2';
```

在這種情況下，PHP 直譯器會嘗試轉換型態，自動將字串轉換成數字，以便於執行算術運算，變數 $total 最後得到的值是數字 3。

PHP 直譯器需要為一個值轉換資料型態時，會依照右頁所列的規則。此處連結提供了自動改動型態的範例：http://notes.re/php/type-juggling

當一個值的資料型態「改動」為另一個不同的資料型態時，程式設計師會說這個值從一個型態「**轉換**」成另一個型態。自動改動型態屬於**間接轉換**（implicit casting），因為是 PHP 直譯器自動執行轉換。

程式設計師使用程式碼直接改動變數值的資料型態，這種做法稱為**直接轉換**（explicit casting），因為是程式設計師直接告訴 PHP 直譯器要改動資料型態。

數字

PHP 直譯器執行數學運算時，需要兩個數字。

下表說明 PHP 直譯器遇到以下情況時，會做什麼處理：

- 字串與數字相加。
- 布林值與數字相加。

數字 + 字串	轉換成	結果	說明
1 + '1'	1 + 1	2 (int)	字串值是合法的整數時，會將字串視為整數。
1 + '1.2'	1 + 1.2	2.2 (float)	字串值是合法的浮點數時，會將字串視為浮點數。
1 + '1.2e+3'	1 + 1200	1201 (float)	字串值是具有指數的浮點數時，會將字串視為浮點數。
1 + '5star'	1 + 5	6 (int)	字串值的開頭是整數，後面跟著其他字元時，會將數字部分的字串視為整數，忽略後面的字元。
1 + '3.5star'	1 + 3.5	4.5 (float)	字串值的開頭是浮點數，後面跟著其他字元時，會將數字部分的字串視為浮點數，忽略後面的字元。
1 + 'star9'	1 + 0	1 (int)	字串值的開頭是整數或浮點數以外的內容時，會將字串視為數字 0。

數字 + 布林值	轉換成	結果	說明
1 + true	1 + 1	2 (int)	將布林值 true 視為整數 1。
1 + false	1 + 0	1 (int)	將布林值 false 視為整數 0。

字串

PHP 直譯器串連兩個字串時，會遵守下表這些規則。

下表說明 PHP 直譯器遇到以下情況時，會做什麼處理：

- 串接字串與數字。
- 串接字串與布林值。

字串連接數字	轉換成	結果	說明
'Hi ' . 1	'Hi ' . '1'	Hi 1 (string)	將整數視為字串。
'Hi ' . 1.23	'Hi ' . '1.23'	Hi 1.23 (string)	將浮點數視為字串。

字串連接布林值	轉換成	結果	說明
'Hi ' . true	'Hi ' . '1'	Hi 1 (string)	將布林值 true 視為整數1。
'Hi ' . false	'Hi ' . ''	Hi (string)	將布林值 false 視為空白字串。

布林值

當 PHP 直譯器需要布林值，右表中所有的值都會被視為 false。

除此之外，其他任何值都會被視為 true（所有文字、整數 0 以外的數字和布林值 true）。

值	資料型態	轉換成
false	布林值	false
0	整數	false
0.0	浮點數	false
'0'	字串，值為 0	false
''	空白字串	false
array[]	空白陣列	false
null	空值	false

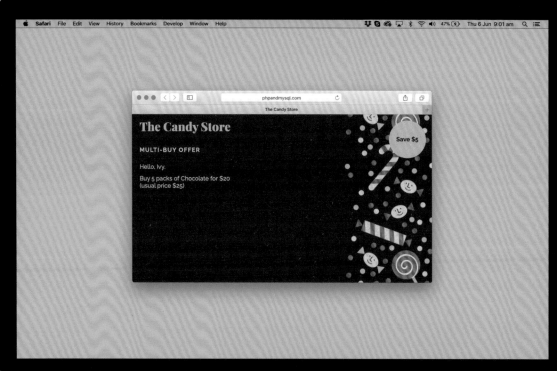

The Candy Store

MULTI-BUY OFFER

Hello, Ivy.

Buy 5 packs of Chocolate for $20
(usual price $25)

Save $5

一個陽春的 PHP 網頁

這個範例網頁結合了幾個本章介紹的技巧。

PHP 檔案會產生 HTML 網頁,告訴網站訪客購買多包糖果時,可以獲得折扣。

從這個範例中,你會看到:

● 資訊儲存在變數和陣列裡。

● 使用串連運算子連接變數裡的文字,針對每一位網站訪客產生個人化的問候語。

● 使用算術運算子執行計算,決定網頁上顯示的價格。

● 將 PHP 直譯器新產生的值,寫入 HTML 網頁的內容裡。

此外,若有更新變數儲存的值,則網頁會自動反映新產品和新價格。

範例：資料的處理與顯示

剛開始寫的 PHP 檔案通常會由 HTML 和 PHP 程式碼組成，請養成好習慣，盡可能將這兩種程式碼切開：

- 一開始先使用 PHP 產生我們要顯示在 HTML 網頁裡的值，並且將這些值儲存在變數裡（在右頁的範例程式中，這部分的程式碼會放在水平虛線的上方）。

- 接著是範例程式的下半部，這部分的重點是 HTML 內容。PHP 程式碼應該只能用在這個部分，目的是顯示已經儲存在變數裡的值。（在右頁的範例程式中，這部分的程式碼會放在水平虛線的下方）。

請看右頁開頭的 PHP 程式碼：

1. 這個範例程式先宣告了一個變數 $username 來儲存網站訪客的使用者名稱，變數名稱一定要以美金符號「$」開頭，後面跟著的名稱是用來描述變數保存的資料類型。

2. 宣告變數 $greeting，用於儲存給網站訪客看的問候語。利用字串運算子，連接字串 Hello 和網站訪客的名字。

3. 建立變數 $offer，儲存特價商品的詳細資料。變數值是一個陣列，具有四個元素：

- 特價商品名稱。
- 必須購買的商品數量。
- 商品定價（打折前）。
- 商品折扣價。

陣列裡第一個元素的資料型態是字串，描述特價商品的名稱，其他元素的值則都是整數。

4. 建立變數 $usual_price，變數值是商品未打折之前的金額，計算方式是將儲存在陣列裡的兩個值相乘：商品購買數量和商品定價。

5. 建立變數 $offer_price，變數值是商品打折之後的金額，計算方式是將儲存在陣列裡的兩個值相乘：商品購買數量和商品折扣價。

6. 建立變數 $saving，儲存顧客省下的金錢，計算方式是將變數 $usual_price 的值（步驟 4）減去變數 $offer_price 的值（步驟 5）。

範例程式碼第二部分（水平虛線下方）的內容是產生發送回去給瀏覽器的 HTML 網頁，程式碼開頭是 HTML 宣告 DOCTYPE，PHP 程式碼只會用來寫出前面步驟儲存的變數值：

7. 利用 echo 命令的縮寫，寫出給網站訪客的問候語：單字 Hello 後面加上訪客的名字。

8. 在黃色底的圓圈裡顯示顧客省下的總金額（步驟 6 建立的變數 $saving），使用 CSS 將這個圓圈放在瀏覽器視窗的右上角。

9. 這段程式碼是說明特價商品的詳細資料，顯示網站訪客必須購買的特價糖果數量和糖果名稱。

10. 跟著變數 $offer_price 儲存的值（商品打折之後的金額）和變數 $usual_price 儲存的值（商品未打折之前的金額）。

```php
<?php
① $username = 'Ivy';                                     // 變數，儲存使用者名稱

② $greeting = 'Hello, ' . $username . '.';               // 問候語，'Hello, ' + 使用者名稱

  $offer = [                                             // 建立陣列，儲存特價商品資訊
      'item'     => 'Chocolate',                         // 特價商品名稱
      'qty'      => 5,                                   // 必須購買的數量
③     'price'    => 5,                                   // 商品定價
      'discount' => 4,                                  // 商品折扣價
  ];

④ $usual_price = $offer['qty'] * $offer['price'];        // 商品未打折之前的總金額
⑤ $offer_price = $offer['qty'] * $offer['discount'];     // 商品打折之後的總金額
⑥ $saving      = $usual_price - $offer_price;            // 顧客省下的總金額
?>
```

```html
<!DOCTYPE html>
<html>
  <head>
    <title>The Candy Store</title>
    <link rel="stylesheet" href="css/styles.css">
  </head>
  <body>
    <h1>The Candy Store</h1>

    <h2>Multi-buy Offer</h2>

⑦    <p><?= $greeting ?></p>

⑧    <p class="sticker">Save $<?= $saving ?></p>

⑨    <p>Buy <?= $offer['qty'] ?> packs of <?= $offer['item'] ?>
⑩        for $<?= $offer_price ?><br>(usual price $<?= $usual_price ?>)</p>
  </body>
</html>
```

試試看：請將步驟 1 中變數 $username 的值改成自己的名字。

將步驟 2 中顯示給網站訪客看的問候語「Hello」改成「Hi」。

更改步驟 3 中陣列 $offer 的內容，將糖果購買數量（鍵值 qty）更改為 3，糖果的單價更改為 6。

本章重點回顧

PHP 基本語法：變數、表達式與運算子

> 變數用於儲存每次執行腳本時會改變的資料。

> 純量資料型態包含文字、非負整數、浮點數和布林值（true 或 false）。

> 陣列屬於複合資料型態，用於儲存一組相關的值。

> 陣列中的每個項目稱為元素。

> 關聯式陣列裡的元素具有鍵值和資料值。

> 索引式陣列裡的元素具有索引值和資料值。

> 字串運算子能結合（串接）多個字串的文字。

> 算術運算子能使用數字執行數學運算。

> 比較運算子用於比較兩個值，判斷其中一個值是相等於、大於或小於另一個值。

> 邏輯運算子利用 &&、|| 和！，組合多個表達式的計算結果。

2

PHP 基本語法：
控制結構

本章將介紹如何指示 PHP 直譯器是否要執行某一段程式碼、何時要重複執行某一組程式碼，以及何時要引入另一個檔案的程式碼。

PHP 直譯器在執行 PHP 檔案裡的陳述式時，有三種控制方法：

- **順序性**：PHP 直譯器依照程式碼撰寫的先後順序，依序執行第 1 行、第 2 行、第 3 行等等，一直執行到最後一行程式碼。截至目前為止，你在本書看到的程式碼都是依照順序執行。

- **選擇性**：PHP 直譯器根據程式碼撰寫的條件，確認是否要執行某些程式碼。例如，假設條件是「使用者是否登入網站？」若情況為「否」，顯示登入網頁連結；若情況為「是」，則顯示使用者個人資料頁面的連結。程式設計師將這些指令稱為**條件陳述式**，因為 PHP 直譯器是依據條件，選擇要執行哪一組陳述式。

- **重複性／迭代性**：PHP 直譯器能多次重複執行相同的程式碼。例如，假設有一個陣列儲存了購物清單，不論這份清單裡有 1 個還是 100 個項目，我們都可以針對這份清單裡的每個項目，執行同一個指令；利用**迴圈**可以重複執行多組陳述式。

當你改變陳述式執行的順序，其實就是在改變程式的**控制流**。

在這一章你還會學到如何使用 **include 檔**，將引入檔案儲存的程式碼重複使用在多個網頁裡，這種做法是在數個網頁裡引入同一個檔案，而非在每個檔案裡一次又一次地複製相同的程式碼。

The Candy Store

HOME | CANDY | ABOUT | CONTACT

Welcome back, Ivy

LOLLIPOP DISCOUNTS

PACKS	PRICE
1 pack	$1.92
2 packs	$3.68
3 packs	$5.28
4 packs	$6.72
5 packs	$8
6 packs	$9.12
7 packs	$10.08
8 packs	$10.88
9 packs	$11.52
10 packs	$12

條件陳述式

條件陳述式會測試**條件式**，判斷是否要執行一個程式碼區塊，近似於：「如果這個情況為真，就執行工作1（否則，就選擇性執行工作2）。」

只有在滿足某個**條件**時，才執行某些工作。假想現在有個使用者能登入的網站，若使用者：

● **已經**登入網站，就顯示個人資料頁面的連結。

● **尚未**登入網站，則顯示登入網頁的連結。

此處的條件是：「**使用者是否登入網站？**」，以此判斷要顯示哪一個連結給使用者。

條件陳述式產生的值不是 true 就是 false，通常會使用比較運算子（請見第 54 ～ 55 頁）來比較兩個值。

如果使用者已經登入，變數 $logged_in 的值就儲存 true，若尚未登入，則儲存 false，以下列陳述式作為條件式：

($logged_in === true)

如果條件式產生的值是：

● true，就執行陳述式「顯示使用者個人資料頁面的連結」。

● false，則執行陳述式「顯示登入網頁的連結」。

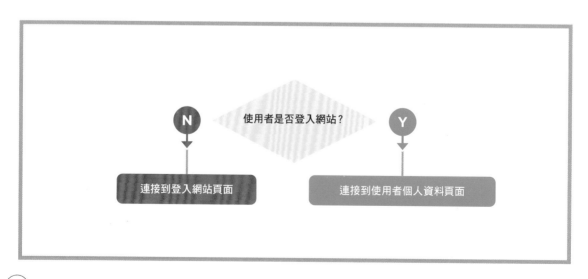

IF

只有在滿足某個條件時，if 陳述式才執行一組陳述式，這些要使用的陳述式會以一組大括號括起來。若條件不滿足，PHP 直譯器會跳過大括號裡的陳述式，直接移到下一行程式碼。

```
if ($logged_in === true) {
    // 如果條件滿足就執行陳述式
}
```

IF... ELSE

if...else 陳述式會檢查條件式。若條件式回傳 true，就執行第一組陳述式；否則，就執行第二組陳述式。之後還會遇到以三元運算子簡寫 if...else 陳述式的情況。

```
if ($logged_in === true) {
    // 如果條件滿足就執行陳述式
} else {
    // 若條件不滿足才執行陳述式
}
```

IF... ELSEIF...

在 if...elseif 陳述式裡，若不滿足第一個條件，可以再加第二個條件。只有在滿足第二個條件時，才會執行其後的陳述式。

當兩個條件都不滿足時，就執行我們用 else 選項提供的預設陳述式。

```
if ($logged_in === true) {
    // 如果條件滿足就執行陳述式1
} elseif ($time > 12) {
    // 如果條件滿足就執行陳述式2
} else {
    // 否則就執行此處的陳述式
}
```

SWITCH

switch 陳述式不靠條件式做判斷，必須指定一個變數，然後提供例項去比對變數值。

若沒有任何一個例項符合，可以執行一組預設的陳述式。

萬一沒有任何一個例項符合，又沒有提供預設的陳述式，PHP 直譯器會直接移到 switch 陳述式後的下一行程式碼。

```
switch ($option) {
    case 'option_1':
        // 符合例項就執行此處的陳述式
        break;
    case 'option_2':
        // 符合例項就執行此處的陳述式
        break;
    default:
        // 符合例項就執行此處的陳述式
}
```

MATCH

match 是 PHP 8 才加入的表達式，是 switch 陳述式的變形版。如果發現變數完全符合例項（也就是變數的值和資料型態都跟例項一樣），就執行表達式，然後回傳表達式產生的值。同一行可以指定多個例項，也可以提供預設情況下（萬一沒有變數符合）要執行的表達式。但是，如果變數沒有符合任何一個例項，又沒有提供預設表達式，就會引發錯誤。

```
$result = match($option) {
    'option_1'             => // 表達式,
    'option_2', 'option_3' => // 表達式,
    'default'              => // 表達式,
};
```

以成對的大括號
構成程式碼區塊

PHP 使用成對的大括號，將一組相關的陳述式括起來，大括號和其中的陳述式會形成一個**程式碼區塊**。

程式碼區塊的起始點

```
{

    // 以一組成對的大括號指示
    // 程式碼區塊
    // 的起始和結束。

}
```

程式碼區塊的結束點

大括號是讓 PHP 直譯器知道程式碼區塊的起始點和結束點：

- 大括號的左半邊表示程式碼區塊的起始點。
- 大括號的右半邊表示程式碼區塊的結束點。

程式碼區塊的大括號內可以出現任意數量的陳述式，沒有限制。

PHP 直譯器能執行、跳過或重複執行程式碼區塊內的陳述式。

程式碼區塊結束點的大括號 } 後不用寫分號，因為程式碼區塊只是用來指示一組相關陳述式的起始點和結束點，並非 PHP 直譯器要執行的指令。

條件陳述式的結構

條件式一定會產生或**求出**一個布林值，這個值不是 **true** 就是 **false**，再根據結果值判斷要執行哪一塊程式碼。

以下的條件式會檢查變數 **$logged_in** 的值是否為 **true**：

- 如果是，條件式產生的值會是 **true**。
- 如果不是，條件式產生的值會是 **false**。

測試條件

```
if ($logged_in === true) {

    $link = '<a href="member.php">My Profile</a>';

} else {               如果值是 TRUE 就執行此處的程式碼

    $link = '<a href="login.php">Login</a>';

}                      如果值是 FALSE 就執行此處的程式碼
```

當條件式產生的值是 **true**，就執行第一個程式碼區塊。PHP 直譯器會忽略關鍵字 **else**，跳過第二個程式碼區塊，然後移動到條件陳述式後的第一行程式碼。

當條件式產生的值是 **false**，PHP 直譯器會忽略第一個程式碼區塊，直接移動到關鍵字 **else**，執行其後程式碼區塊內的陳述式，然後移動到條件陳述式後的第一行程式碼。

範例：使用「IF」陳述式

右側範例程式的作用是在訪客登入網站時，顯示顧客問候語。首先，建立兩個變數，分別指定儲存值：

1. $name 負責保存訪客名字。

2. $greeting **初始化**，也就是指定一個初始值給這個變數，若步驟 3 和步驟 4 沒有更新變數值，將使用這裡指定的初始值。變數 $greeting 的初始值是 Hello。

3. if 陳述式利用條件式檢查：變數 $name 是否**不是**一個空字串。若變數**不是**空值，就執行後面的程式碼區塊。

4. 將變數 $greeting 的值更新為「Welcome back」，後面接訪客名字。

5. 寫入變數 $greeting 的值。

試試看：請將步驟 1 中變數 $name 的值儲存為一個空字串。重新整理網頁後，問候語會顯示成「Hello」。

注意：一個條件式只能有一個變數名稱，例如：

```php
if ($name) {
 $greeting = 'Hi, ' + $name;
}
```

section_a/c02/if-statement.php `PHP`

```php
<?php
$name     = 'Ivy';
$greeting = 'Hello';

if ($name !== '') {
    $greeting = 'Welcome back, ' . $name;
}
?>
<!DOCTYPE html>
<html>
  <head> ... </head>
   <body>
     <h1>The Candy Store</h1>
     <h2><?= $greeting ?></h2>
   </body>
</html>
```

`RESULT`

左側的條件式會在發生自動改動型態後，檢查變數 $name 的儲存值是否會被視為 true。

如同我們在第 60 ～ 61 頁看過的規則，任何儲存文字的字串、整數 0 以外的數字都會視為布林值 true。

範例：使用「IF...ELSE」陳述式

```php
<?php
$stock = 5;

if ($stock > 0) {
    $message = 'In stock';
} else {
    $message = 'Sold out';
}
?>
<!DOCTYPE html>
<html>
  <head> ... </head>
  <body>
    <h1>The Candy Store</h1>
    <h2>Chocolate</h2>
    <p><?= $message ?></p>
  </body>
</html>
```

① $stock = 5;
② if ($stock > 0) {
③ $message = 'In stock';
④ } else {
⑤ $message = 'Sold out';
⑥ <p><?= $message ?></p>

RESULT

左側範例程式的作用是檢查商品庫存程度，根據結果顯示相對應的訊息。

1. 建立變數 $stock，儲存商品的庫存數量。

2. if 陳述式利用條件式檢查：變數 $stock 具有的商品數量是否大於 0。

3. 如果條件式的判斷結果為 true，將變數 $message 的值指定為「In stock」，PHP 直譯器會跳過關鍵字 else 後面的程式碼區塊。

4. 如果步驟 2 中的條件式回傳 false，則會通知 PHP 直譯器執行關鍵字 else 後面的程式碼區塊。

5. 將變數 $message 的值指定為「Sold out」。

6. 寫入變數 $message 的值。

試試看：請將步驟 1 中變數 $stock 的儲存值改成 0。

將步驟 5 中變數 $message 的值改成「More stock coming soon」。

三元運算子

三元運算子會檢查條件式，根據條件式產生的值是 true 或 false，提供相對應的使用值，通常是作為 if...else 陳述式的簡化版。

在右邊的程式碼裡，陳述式 if...else 的條件式會檢查使用者的年齡是否小於 16。如果條件式產生的值是：

- true，變數 $child 的值會指定為 true。
- false，變數 $child 的值會指定為 false。

以下範例程式說明三元運算子如何只用一行程式碼，就能完成上面這個程式碼所做的事。

```
if ($age < 16) {
    $child = true;
} else {
    $child = false;
}
```

問號分開的前後部分是：三元運算子要測試的條件式和回傳時要使用的值。

冒號分開的前後部分是：條件式結果為 true 要回傳的值，跟條件式結果為 false 要回傳的值。

三元運算子回傳的結果會儲存在變數 $child 裡。

條件式有時會用小括號括起來（請見右頁的範例程式），表示結果只會產生一個值，但不是一定要加。

範例：使用三元運算子

```php
<?php
$stock = 5;

$message = ($stock > 0) ? 'In stock' : 'Sold out';
?>
<!DOCTYPE html>
<html>
  <head> ... </head>
  <body>
    <h1>The Candy Store</h1>
    <h2>Chocolate</h2>
    <p><?= $message ?></p>
  </body>
</html>
```

① 標示於 `$stock = 5;` 行
② 標示於 `$message` 行
③ 標示於 `<p><?= $message ?></p>` 行

RESULT

左側範例程式是重複利用前面的範例，以三元運算子取代 if...else 陳述式。

1. 建立變數 $stock，儲存商品的庫存數量。

2. 改用三元運算子來指定變數 $message 的值，此處的條件式會檢查：變數 $stock 的值是否大於 0。如果條件式求出的值是：

- true，變數 $message 會儲存字串「In stock」。

- false，變數 $message 會儲存字串「Sold out」。

3. 寫入變數 $message 儲存的值。

試試看：請將步驟1中變數 $stock 的儲存值改成 0。

將步驟 2 中變數 $message 的值改成「More stock coming soon」。

範例：
使用「IF...ELSEIF」陳述式

此處的範例程式是延伸前面的範例。

1. 變數 $ordered 表示商店已經訂購要補充庫存的商品數量。

2. if 陳述式利用條件式檢查：變數 $stock 的值是否大於 0。如果大於 0，變數 $message 會儲存字串「In stock」，PHP 直譯器移動到 if...elseif 陳述式的結尾。

3. 若不滿足第一個條件，elseif 陳述式會檢查第二個條件式：變數 $ordered 的值是否大於 0。如果大於 0，變數 $message 會儲存字串「Coming soon」，PHP 直譯器移動到 if...elseif 陳述式的結尾。

4. 若前面兩個條件式的檢查結果都不為 true，PHP 直譯器會執行 else 子句後面的程式碼區塊，將變數 $message 的訊息儲存為「Sold out」。

5. 寫入變數 $message 儲存的值。

PHP

section_a/c02/if-else-if-statement.php

```php
<?php
$stock   = 5;
$ordered = 3;

if ($stock > 0) {
    $message = 'In stock';
} elseif ($ordered > 0) {
    $message = 'Coming soon';
} else {
    $message = 'Sold out';
}
?>
<!DOCTYPE html>
<html>
  <head> ... </head>
  <body>
    <h1>The Candy Store</h1>
    <h2>Chocolate</h2>
    <p><?= $message ?></p>
  </body>
</html>
```

RESULT

試試看：請將步驟 1 中變數 $stock 儲存的值改成 0。

重新整理網頁後，訊息會顯示為「Coming soon」。

範例：使用「SWITCH」陳述式

section_a/c02/switch-statement.php

```php
<?php
$day = 'Monday';

switch ($day) {
    case 'Monday':
        $offer = '20% off chocolates';
        break;
    case 'Tuesday':
        $offer = '20% off mints';
        break;
    default:
        $offer = 'Buy three packs, get one free';
}
?>
<!DOCTYPE html>
<html>
  <head> ... </head>
  <body>
    <h1>The Candy Store</h1>
    <h2>Offers on <?= $day; ?></h2>
    <p><?= $offer ?></p>
  </body>
</html>
```

RESULT

1. 建立變數 $day，儲存一星期裡的某一天。

2. switch 陳述式的開頭是命令字 switch 和加上小括號的變數名稱，這裡的變數值稱為**轉換值**（switch value）。

   後面跟著一組大括號，底下包含要跟轉換值比對的例項。

3. 這個範例有兩個例項，兩者的語法都是：
   - 從關鍵字「case」開始。
   - 後面接一個值。
   - 最後是冒號。

4. 轉換值和某個例項比對一致時，會執行該例項後面的陳述式（設定變數 $offer 的值）。

5. break 的作用是指示 PHP 直譯器移動到 switch 陳述式的結尾處。

6. 最後一個例項是 default（預設）。如果前面列出的例項都不符合，就會執行這個例項後面的陳述式，不需要加 break。

7. 顯示變數 $offer 的值。

試試看：請將步驟 1 中變數 $day 的值改成 Wednesday。在步驟 5 之後，為 switch 陳述式新增一個例項 Wednesday。

範例：使用「MATCH」表達式

注意：這個範例僅適用於 PHP 8 以上的版本。

1. 建立變數 $day，儲存一星期裡的某一天。

2. 用 match 表達式來指定變數 $offer 的值。表達式以關鍵字 match 開頭，後面是一組小括號，小括號裡放變數名稱，然後加上一個大括號的左半邊。

3. 大括號裡有幾個分支，每個分支開頭的值是用來跟變數 $day 的值進行比對，檢查兩者是否一致。

若比對成功，會執行表達式右邊的雙箭頭運算子。

每個分支只會執行一個表達式，以英文逗號結尾。還有一點必須注意：match 表達式在比較時是採用嚴格資料型態，不會執行自動改動型態。

4. 最後一個分支是預設值，若比對失敗，就會執行這個分支後面的表達式。萬一變數值沒有符合任何一個分支，**又**沒有提供預設分支，就會引發錯誤。

5. 顯示變數 $offer 的值。

```
section_a/c02/match.php                                    PHP

  <?php
① $day = 'Monday';

② $offer = match($day) {
③    'Monday'              => '20% off chocolates',
      'Saturday', 'Sunday' => '20% off mints',
④    default               => '10% off your entire order',
  }
  ?>
  <!DOCTYPE html>
  <html>
    <head> ... </head>
    <body>
      <h1>The Candy Store</h1>
      <h2>Offers on <?= $day ?></h2>
⑤    <p><?= $offer ?></p>
    </body>
  </html>
```

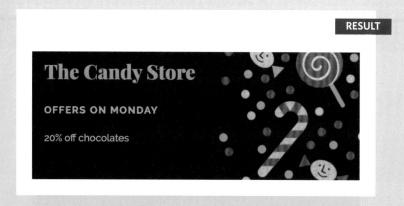

RESULT

試試看：請將步驟 1 中變數 $day 的值改成 Tuesday。在步驟 3 中為分支 Tuesday 提供 match 表達式。

試試看：請將步驟 1 中變數 $day 的值改成 Wednesday，然後移除預設例項，應該會出現錯誤。

迴圈

迴圈（loop）提供的功能是，一組指令只要寫一次就可以重複執行，直到執行一定的次數或是滿足某個條件為止。

我們如果希望某個人做相同的工作十次，不會把同一個工作指令寫十次，我們只會寫一次，然後告訴他們重複這個工作十次。PHP 迴圈提供的功能有：

- 在一組大括號建立的程式區塊裡，我們執行工作時需要的陳述式只要寫一次即可。

- 以條件式判斷是否要執行程式區塊裡的陳述式（如同第 74 頁「if 陳述式」的做法）。若條件式回傳 true，就執行程式碼區塊；若回傳 false，則不執行。

- 陳述式每次執行完畢後，會再次測試條件式。若條件式回傳 true，就重複執行陳述式，然後再次測試條件式。

當條件式回傳回傳 false，PHP 直譯器才會移動到迴圈區塊**之後**的下一行程式碼。

當我們要執行一個工作十次，會需要一個變數作為計數器，並且指定變數初始值為 **1**，然後：

1. 檢查計數器的值是否小於 10。
2. 如果是，就執行程式碼區塊內的陳述式。
3. 計數器儲存的值加 1。
4. PHP 直譯器回到步驟 1。

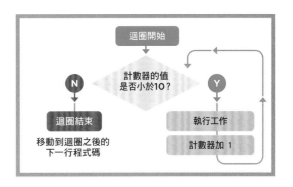

WHILE 迴圈　　　　　　　　第 82 ～ 83 頁
只要條件式產生的值是 true，while 迴圈就會重複執行迴圈內的陳述式。

DO WHILE 迴圈　　　　　　第 84 ～ 85 頁
do...while 迴圈類似 while 迴圈，差異在於 do...while 迴圈會在執行陳述式**之後**檢查條件式，即使條件式判斷的結果是 false，至少也會執行一次迴圈內的陳述式。

FOR 迴圈　　　　　　　　　第 86 ～ 89 頁
for 迴圈的作用是，以指定次數重複執行程式碼區塊。跟在條件式後面的指令是用來建立計數器，每處裡完一次迴圈就會更新計數器。

FOREACH 迴圈　　　　　　第 90 ～ 93 頁
foreach 迴圈的作用是遍巡處理陣列中的每個元素，對每個元素值重複執行同一系列的陳述式（也能用於處理物件屬性，後續第四章會遇到）。

「WHILE」迴圈

while 迴圈會檢查條件式，若回傳 true，就執行程式碼區塊；然後再次檢查條件式，若回傳 true，就再次執行程式碼區塊，重複執行迴圈直到條件式回傳 false 為止。

迴圈類型

所有迴圈的開頭都會加上一個關鍵字，目的是告訴 PHP 直譯器，我們要使用哪一種類型的迴圈 **while 迴圈**開頭的關鍵字是 while。

條件式

條件式的作用是檢查程式碼中的變數值。以下範例是檢查變數 $counter 的值是否小於 10，若條件評估為 true，就會執行大括號裡的陳述式。

執行陳述式

迴圈會重複執行大括號裡用來完成工作的陳述式，直到條件式回傳 false 為止。

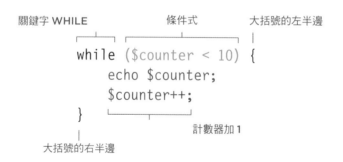

關鍵字 WHILE　　　　　條件式　　　　大括號的左半邊

```
while ($counter < 10) {
    echo $counter;
    $counter++;
}
```

大括號的右半邊　　　　　　　計數器加 1

以上範例程式表示：當變數 $counter 的值小於 10，就重複執行大括號內的指令。

大括號內的程式碼會執行：

1. 輸出變數 $counter 的儲存值。

2. 使用 ++ 運算子，讓變數 $counter 的值加 1。

如果程式碼開始執行時，變數 $counter 的初始值是 1，程式會顯示 123456789，也就是輸出變數 $counter 的內容，直到 $counter 的值到達 10 為止。

範例：使用「WHILE」迴圈

section_a/c02/while-loop.php

PHP

```php
<?php
$counter = 1;
$packs   = 5;
$price    = 1.99;
?>
...
<h2>Prices for Multiple Packs</h2>
<p>
  <?php
  while ($counter <= $packs) {
      echo $counter;
      echo ' packs cost $';
      echo $price * $counter;
      echo '<br>';
      $counter++;
  }
  ?>
</p>
```

左側範例程式的作用是顯示購買多包糖果的情況下，各需要花費多少金額。

1. 建立變數 $counter，設定變數為 1。

2. 變數 $packs 儲存要顯示價錢的糖果包數。

3. 變數 $price 是每包糖果的單價。

4. while 迴圈從條件式開始，檢查變數 $counter 的值是否小於等於變數 $packs 的儲存值。如果是，就執行大括號裡的陳述式。

5. 輸出計數器的數字。

6. 顯示文字 packs cost $（第 100 頁會說明遇到購買一包時，如何使用單字「pack」的單數型）。

7. 將變數 $price 的值乘上變數 $counter 的值，然後輸出結果。

8. 加入換行符號。

9. 使用遞增運算子，讓變數 $counter 的值加 1（請見第 50 頁）。

步驟 9 之後，PHP 直譯器會再次檢查步驟 4 的條件式，重複這個過程直到條件式回傳 false 為止。

RESULT

試試看：將步驟 2 的糖果包數改成 10。

試試看：將步驟 4 中使用的運算子 <= 改成 <。

「DO WHILE」迴圈

do while 迴圈在檢查條件式**之前**，會先執行大括號內的一組陳述式，也就是說程式碼區塊至少會執行一次。

迴圈類型

do while 迴圈開頭的關鍵字是 do，關鍵字 while 出現在大括號的右半邊，大括號內是要執行的陳述式。

執行陳述式

需要重複執行大括號內的陳述式，這些陳述式至少會執行一次，因為條件式出現在大括號後面。

條件式

條件式的作用是檢查程式碼現在擁有的值。若條件式的結果判斷為 true，PHP 直譯器會回到迴圈起始處，重複執行大括號內的陳述式。

```
        關鍵字 DO    大括號的左半邊
            |      |
        do {
            echo $counter;
            $counter++;
        } while ($counter < 10);
        |       |         |
    大括號的右半邊   關鍵字    條件式
                  WHILE
```

在上面的範例程式中，迴圈裡的陳述式會輸出變數 $counter 的值，然後使用 ++ 運算子，讓變數 $counter 的值加 1。

檢查條件式之前先執行陳述式，所以變數 $counter 的值一定會輸出至少一次，而且加 1。

如果變數 $counter 的值是 3，程式碼會輸出 3456789；若變數 $counter 的值是 1，則程式碼會輸出 123456789。

範例：使用「DO WHILE」迴圈

section_a/c02/do-while-loop.php

`PHP`

```php
<?php
$packs = 5;
$price = 1.99;
?>
...
<h2>Prices for Multiple Packs</h2>
<p>
  <?php
  do {
      echo $packs;
      echo ' packs cost $';
      echo $price * $packs;
      echo '<br>';
      $packs--;
  } while ($packs > 0);
  ?>
</p>
```

① `$packs = 5;` `$price = 1.99;`
② `do {`
③ `echo $packs;` `echo ' packs cost $';`
④ `echo $price * $packs;` `echo '<br>';`
⑤ `$packs--;`
⑥ `} while ($packs > 0);`

`RESULT`

The Candy Store

PRICES FOR MULTIPLE PACKS

5 packs cost $9.95
4 packs cost $7.96
3 packs cost $5.97
2 packs cost $3.98
1 packs cost $1.99

試試看：請將步驟 1 中變數 $packs 的值改成 10，變數 $price 的值改成 2.99。

注意：右半邊大括號的後面（也就是關鍵字 while 前面）不會放分號，但條件式後面要放分號。

左側範例程式在檢查條件式之前，會先執行大括號內的程式碼，即使條件式回傳 false，至少也會執行一次程式碼區塊。

1. 建立兩個變數，變數 $packs 儲存糖果包數，變數 $price 儲存每包糖果的單價。

2. do while 迴圈的開頭是關鍵字 do 和大括號的左半邊。條件式出現在程式碼區塊前，所以不論是否滿足條件式，都至少會執行一次程式碼區塊。

3. 輸出糖果包數（儲存在變數 $packs），後面跟著文字 packs cost $（第 100 頁會說明遇到購買一包時，如何使用單字「pack」的單數型）。

4. 將變數 $packs 的值乘上變數 $price 的值，然後輸出金額，再加上換行符號。

5. 使用遞減運算子 --，讓變數 $packs 儲存的數字減 1。

6. 程式碼區塊的結尾是大括號的右半邊，後面是關鍵字 while 和條件式。此處的條件式會檢查：變數 $packs 儲存的數字是否大於 0。

「FOR」迴圈

for 迴圈的作用是，以指定次數重複執行一組陳述式。為此，我們需要建立計數器，每執行一次迴圈就更新計數器的值。

迴圈類型

for 迴圈開頭的關鍵字是 for。

條件式

for 迴圈的條件式會跟建立與更新計數器的程式碼放在一起，詳細說明請見右頁。

執行陳述式

必須重複執行工作的陳述式要寫在大括號裡，會重複執行固定的次數。

關鍵字 FOR　　　條件式和表達式（運作原理請見右頁）　　　大括號的左半邊

```
for ($i = 0; $i < 10; $i++) {
    echo $i;
}
```
迴圈要執行的程式碼

大括號的右半邊

通常會使用 $i 或 $index 作為計數器的變數名稱。

大括號裡的陳述式會輸出變數 $i 的值。

上面的範例程式會輸出 0123456789。

「FOR」迴圈的三個表達式

除了條件式，for 迴圈還需要用到另外兩個表達式；一個負責產生計數器，另一個負責更新計數器的值。

表達式 1：初始化

只有在第一次執行迴圈時才會執行這個表達式，也就是說這個表達式只會執行一次，其作用是產生給計數器用的變數，指定變數初始值為 0。

表達式 2：條件式

第二個表達式是條件式，重複執行 for 迴圈裡的陳述式，直到條件式回傳 false 為止。

表達式 3：更新

大括號內的陳述式執行完畢後，第三個表達式會將計數器儲存的數字加 1。

$$(\$i = 0; \quad \$i < 10; \quad \$i++)$$

初始化　　　　　條件式　　　　　更新

以上範例程式是使用變數 $i 作為計數器，指定變數初始值為 0。

條件式會檢查變數 $i 的值是否小於 10，只要小於 10，就會執行程式碼區塊內的陳述式。

我們還可以使用變數值來取代數字 10，像是這種寫法：$i < $max;

每執行完一次迴圈，計數器就會使用遞增運算子 ++，將變數 $i 的值加 1。

範例：使用「FOR」迴圈

右側範例程式的作用是使用 for 迴圈，重複執行一項工作十次。

1. 以變數 $price 儲存一包糖果的單價。

2. 關鍵字 for 是指這個迴圈的類型，後面的括號裡放了三個表達式。

● 表達式 1：$i = 1;
設定計數器的初始值為 1。

● 表達式 2：$i <= 10;
這個條件式的作用是：只要計數器的值小於等於 10，就會重複執行程式碼。

● 表達式 3：$i++
每執行一次迴圈就將計數器的數字加 1。

3. 大括號內是每次執行迴圈時需要的陳述式。跟前面的範例程式一樣，這些陳述式會輸出糖果包數（計數器的值）和花費的金額（計數器的值乘上變數 $price 的值）。

大括號內的陳述式執行完畢後，第三個表達式（步驟 2）會更新計數器的值（將變數 $i 儲存的數字加 1）。

section_a/c02/for-loop.php `PHP`

```php
<?php
$price = 1.99;
?>
...
<h2>Prices for Multiple Packs</h2>
<p>
  <?php
  for ($i = 1; $i <= 10; $i++) {
      echo $i;
      echo ' packs cost $';
      echo $price * $i;
      echo '<br>';
  }
  ?>
</p>
```

① `$price = 1.99;`
② `for ($i = 1; $i <= 10; $i++) {`
③

`RESULT`

試試看：將步驟 1 中的價格從 1.99 改成 2.99。

試試看：讓步驟 2 的迴圈重複執行 20 次。

section_a/c02/for-loop-higher-counter.php

```php
<?php
$price = 1.99;
?>
...
<h2>Prices for Large Orders</h2>
<p>
  <?php
  for ($i = 10; $i <= 100; $i = $i + 10) {
      echo $i;
      echo ' packs cost $';
      echo $price * $i;
      echo '<br>';
  }
  ?>
</p>
```

① `$price = 1.99;`

② `for ($i = 10; $i <= 100; $i = $i + 10) {`

③ `echo $i; ... echo '<br>';`

RESULT

第 216 頁會學到數字格式化,了解如何顯示小數點後兩位的數字,以常見的方式輸出價格。

左側範例程式的作用是顯示購買多包糖果時的折扣價。

1. 以變數 $price 儲存單包糖果的價格。

2. 關鍵字 for 是指這個迴圈的類型,後面的括號裡放了三個表達式。

- 表達式 1:$i = 10;
  設定計數器的初始值為 10。
- 表達式 2:$i <= 100;
  這個條件式的作用是:只要計數器的值小於等於 100,就會重複執行程式碼。
- 表達式 3:$i = $i + 10
  每執行一次迴圈就將計數器的值加 10。

3. 大括號內是每次執行迴圈時需要執行的陳述式,這些陳述式跟前面範例一樣。

試試看:更新步驟 2 中的條件式,顯示購買 200 包糖果以下的折購價。

「FOREACH」迴圈

foreach 迴圈的設計目的是處理複合資料型態（例如，陣列），迴圈會逐一處理陣列中的每個元素，每個元素都執行相同的程式碼區塊。

複合資料型態（例如，陣列）擁有一系列相關元素，每個元素由一組成對的鍵值和資料值組成。在關聯式陣列裡，鍵值就是字串；在索引式陣列裡，鍵值是索引值。

foreach 迴圈會逐一處理陣列中的每個元素，當一個元素執行完程式碼區塊內的陳述式，再移動到下一個元素。

每次執行程式碼區塊時，會存取目前處理的陣列元素的鍵值和資料值，在程式碼區塊內使用這兩個值。為此，我們需要在關鍵字 foreach 後面的括號裡指定：

- 儲存陣列的變數名稱。
- 變數名稱，表示目前處理的元素鍵值。
- 變數名稱，表示目前處理的元素資料值。

迴圈類型

foreach 迴圈開頭的關鍵字是 foreach。

變數名稱

括號內有三個變數名稱（詳細說明請見右頁）。

執行陳述式

重複執行工作的陳述式要寫在大括號裡。

```
          儲存陣列的變數名稱      儲存鍵值的變數名稱
    關鍵字                                   儲存資料值的變數名稱

foreach ($array as $key => $value) {
    echo $key;
    echo ' - $';
    echo $value;
}
```

大括號內有三個陳述式，分別輸出：

- 元素的鍵值。
- 破折號和美金符號（$）。
- 元素的資料值。

如果只想用陣列裡的資料值，還可以省略鍵值，如以下所示：

```
foreach ($array as $value) {
    // 執行此處的陳述式
}
```

陣列中每個元素都重複執行完相同的陳述式後，PHP 直譯器會移動到迴圈之後的下一行程式碼。

以下這個陣列變數 $products 裡，儲存了幾個產品的名稱和價格。

foreach 迴圈能顯示陣列中每個產品項目的名稱和價格。

不論陣列中有多少項目，迴圈都能處理。

```
$products = ['toffee' => 2.99, 'mints' => 1.99, 'fudge' => 3.40,];
```
變數　　　　鍵值　　　資料值　　鍵值　　　資料值　　鍵值　　　資料值

請看以下這個範例程式，迴圈開頭的關鍵字是 foreach。

再來是一個括號，括號內有：

- 變數名稱 $products，這個變數是儲存陣列。
- 後面會加關鍵字 as。

- 變數名稱 $item，儲存迴圈目前處理的陣列元素的**鍵值**。
- 後面會加一個雙箭頭運算子。
- 變數名稱 $price，儲存迴圈目前處理的陣列元素的**資料值**。

在程式碼區塊裡，變數名稱 $item 和 $price 會視為迴圈目前處理的陣列元素的鍵值和資料值。以下程式碼是先輸出產品名稱（變數 $item 儲存的值），加上美金符號（$）和破折號，再來是輸出產品價格（變數 $price 儲存的值）。

關鍵字 AS　　　　　雙箭頭運算子

儲存陣列的　　儲存鍵值的　儲存資料值
變數　　　　　變數名稱　　的變數名稱

```php
foreach ($products as $item => $price) {
    echo $item;
    echo ' - $';
    echo $price;
}
```

迴圈經常會用在產生 HTML 網頁的程式碼裡（請見下一頁的範例）。

在這種情況下，上面迴圈裡的第一行和最後一行程式碼，可以放在 HTML 網頁的程式碼裡。

利用 echo 命令的縮寫型，輸出陣列的鍵值和資料值。

```php
<?php foreach ($products as $item => $price) { ?>
  <li>
    <b><?= $item ?></b> - $<?= $price ?>
  </li>
<?php } ?>
```

範例：透過鍵值和資料值來使用迴圈

右側範例程式的作用是，以表格顯示陣列儲存的產品名稱和價格。

1. 變數 $products 儲存的關聯式陣列裡，有產品清單和價格。

2. 這部分的 HTML 程式碼是輸出 HTML 表單的標題和起始欄位名稱。

3. 建立 foreach 迴圈，關鍵字 foreach 後面的括號裡有：

- 變數名稱 $products，這個變數是儲存陣列。
- 關鍵字 as。
- 變數名稱 $item，表示迴圈目前處理的陣列元素的鍵值。
- 雙箭頭 =>。
- 變數名稱 $price，表示迴圈目前處理的陣列元素的資料值。

小括號後面是大括號的左半邊，也就是程式碼區塊的起始點。

4. HTML 表單中的每一列是輸出陣列中每個元素儲存的產品名稱和價格。

5. 程式碼區塊的結尾。

試試看：請在步驟1的陣列裡，多增加兩個產品項目。

section_a/c02/foreach-loop.php `PHP`

```php
<?php
$products = [
    'Toffee' => 2.99,
    'Mints'  => 1.99,
    'Fudge'  => 3.49,
];
?>
...
<h2>Price List</h2>
<table>
  <tr>
    <th>Item</th>
    <th>Price</th>
  </tr>
  <?php foreach ($products as $item => $price) { ?>
    <tr>
      <td><?= $item ?></td>
      <td>$<?= $price ?></td>
    </tr>
  <?php } ?>
</table> ...
```

① $products = ['Toffee' => 2.99, 'Mints' => 1.99, 'Fudge' => 3.49,];
② `<h2>Price List</h2> <table> <tr> <th>Item</th> <th>Price</th> </tr>`
③ `<?php foreach ($products as $item => $price) { ?>`
④ `<td><?= $item ?></td> <td>$<?= $price ?></td>`
⑤ `<?php } ?>`

`RESULT`

section_a/c02/foreach-loop-just-accessing-values.php

```php
<?php
$best_sellers = ['Toffee', 'Mints', 'Fudge',];
?>
...
<h2>Best Sellers</h2>
<?php foreach ($best_sellers as $product) { ?>
  <p><?= $product ?></p>
<?php } ?>
```

① ② ③ ④

RESULT

在索引式陣列裡，索引值通常是表示一個項目在陣列裡的順序。左側範例程式利用 foreach 迴圈，依序輸出陣列裡的儲存值。

1. 建立變數 $best_sellers，儲存索引式陣列，用於表示暢銷商品。

2. 利用 foreach 迴圈，顯示所有暢銷商品的名稱。關鍵字 foreach 後面的括號裡有：

- 變數名稱 $best_sellers，這個變數是儲存陣列。
- 關鍵字 as。
- 變數名稱 $product，表示迴圈目前處理的陣列元素的資料值。
- 此處沒有表示鍵值的變數，因為是使用索引值。

小括號後面是大括號的左半邊，也就是程式碼區塊的起始點。

3. 將迴圈目前處理的陣列元素的值顯示在 <p> 標籤裡。

4. 程式碼區塊的結尾。

試試看：請在步驟 1 的陣列裡，多增加兩個產品項目。然後，在步驟 2 和步驟 3，將變數名稱 $product 改成 $candy。

引入檔案以重複使用程式碼

大部分的網站都需要在多個網頁上重複執行相同的程式碼，例如，每個頁面的標題和頁腳都一樣。**引入檔案**能讓我們避免在多個檔案中，重複撰寫相同的程式碼。

與其在網站上的每個網頁裡都複製標頭要用的程式碼，我們還可以：

- 將標頭使用的程式碼切出去，放在獨立的 PHP 檔案裡，這種做法稱為引入檔案（include file）。
- 利用 PHP 提供的 include 陳述式，將標頭要用的程式碼加到每個網頁裡。

PHP 直譯器遇到 include 陳述式，會自動取得引入檔案的內容，執行其中的程式碼，就像是把程式碼放在 include 陳述式的位置使用。

左下角的檔案 candy.php 引入了兩個檔案：

- 檔案 header.php 的內容是網站標頭。
- 檔案 footer.php 的內容是網站頁腳。

兩行 include 陳述式之間的程式碼是網頁主要內容。引入檔案可以：

- 避免複製或重複撰寫相同的程式碼。
- 提高程式碼的維護性，因為，每當引入檔案的內容有更動，每個使用引入檔案的網頁就會隨之更新。

---

candy.php

```php
<?php include 'includes/header.php'; ?>

<h1>The Candy Store</h1>
<h2>Welcome</h2>
<p>A wide selection of delicious candy
    handmade in our kitchen...</p>

<?php include 'includes/footer.php'; ?>
```

includes/header.php

```php
<h1>The Candy Store</h1>
<nav>
  <a href="index.php">Home</a> |
  <a href="candy.php">Candy</a> |
  <a href="about.php">About</a> |
  <a href="contact.php">Contact</a>
</nav>
```

includes/footer.php

```php
<footer>
  &copy; <?php echo date('Y')?>
</footer>
```

引入檔案：INCLUDE 和 REQUIRE 的差異

從 include 檔案引入程式碼時，有四個關鍵字可以使用。每個關鍵字的作用略有差異，但使用語法相同。

關鍵字 include 的作用是告訴 PHP 直譯器：從伺服器取得另一個檔案，當作是把那個檔案的內容寫在 include 陳述式的地方。

關鍵字後面的檔案路徑要用引號括起來，有時候會看到檔案名稱不僅加上引號，還放進括號裡，但括號並非必要。include 檔案的副檔名是 .php。

INCLUDE 陳述式

```
<?php include 'includes/filename.php'; ?>
```

檔案的相對路徑

include / require

關鍵字 include 和 require 都會從檔案引入程式碼，檔案路徑寫在關鍵字後面。

兩者之間的差異在於，找不到 include 檔或無法讀取檔案時，PHP 直譯器會做什麼處理。

- include：PHP 直譯器會產生錯誤，但仍然繼續處理其餘部分的網頁。
- require：PHP 直譯器會產生錯誤，然後停止處理其餘部分的網頁。

include_once / require_once

關鍵字 include_once、require_once 執行的工作和 include、require 完全一樣，差異在於任何網頁只要使用前兩個關鍵字，PHP 直譯器一定只會引入一次程式碼。

網頁利用關鍵字 include_once 和 require_once 引入某個檔案後，如果又使用相同的關鍵字引入相同的檔案，PHP 直譯器不會再次引入這個檔案。

在這種情況裡，PHP 直譯器會使用額外的資源來檢查檔案是否已經引入，所以，應該只有在會發生重複引入風險時，才會選擇這種關鍵字。

範例：產生 INCLUDE 檔

右側範例程式是兩個 include 檔案的內容：

- header.php 包含每個網頁都需要的 HTML 起始標籤、網站名稱，以及出現在網站上每個網頁最上面的導覽列。

- footer.php 包含每個網頁都需要的網站版權宣告、當前的年分和 HTML 結尾標籤。

這兩個 include 檔案的副檔名都是 .php，確保 PHP 直譯器一定會執行檔案內的 PHP 程式碼。

include 檔案通常會存在資料夾 includes 裡（請參見這兩個檔案的資料夾名稱）。

如同範例所示，假使發生必須更新導覽列的情況，我們只要更新 header.php，每一個引入這個檔案的網頁都會自動更新。

注意：header.php 內的連結主要是用來示範如何建立導覽列，本書提供下載的程式碼內，並沒有為每個連結提供對應的網頁。

```
section_a/c02/includes/header.php                              PHP

<!DOCTYPE html>
<html>
  <head>
    <title>The Candy Store</title>
    <link rel="stylesheet" href="css/styles.css" />
  </head>
  <body>
    <h1>The Candy Store</h1>
    <nav>
      <a href="index.php">Home</a> |
      <a href="candy.php">Candy</a> |
      <a href="about.php">About</a> |
      <a href="contact.php">Contact</a>
    </nav>
```

```
section_a/c02/includes/footer.php                             PHP

    <footer>&copy; <?php echo date('Y')?></footer>
  </body>
</html>
```

若引入檔案的最後一行程式碼是 PHP 陳述式，通常會省略 PHP 結束標籤 ?>，因為結束標籤之後的空白會導致瀏覽器出現不需要的空白字元。此外，還可能導致 HTTP 標頭太早傳送到瀏覽器端（請見第 180 ～ 182 頁）。

你可能會看到引入檔案的最後是空行。有時候會加入空行，是為了協助工具分析不同版本檔案之間的差異，開發團隊通常會用在程式碼資源庫裡，例如，GitHub。

範例：使用 INCLUDE 檔

section_a/c02/include-and-require-files.php

```php
<?php
$stock = 25;

if ($stock >= 10) {
    $message = 'Good availability';
}
if ($stock > 0 && $stock < 10) {
    $message = 'Low stock';
}
if ($stock == 0) {
    $message = 'Out of stock';
}
?>

<?php require_once 'includes/header.php'; ?>

<h2>Chocolate</h2>
<p><?= $message ?></p>

<?php include 'includes/footer.php'; ?>
```

① ② ③ ④

RESULT

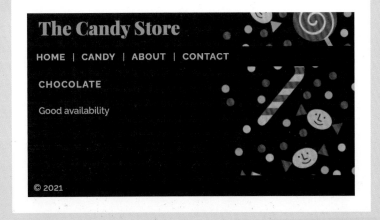

左側範例程式是示範如何使用
左頁的引入檔案。

1. 程式碼一開始先建立訊息
   （顯示庫存程度），將訊息
   儲存在變數 $message 裡。
   如果庫存程度：

   - 大於等於 10，訊息會顯示
     Good availability。

   - 介於 1 到 9 之間，顯示 **Low
     stock**。

   - 0，則顯示 **Out of stock**。

2. HTML 部分的程式碼，一
   開始先引入標頭檔案，其
   中包含每個網頁最上方會
   用到的程式碼。

此處的 require_once 陳述式
表示，陳述式後面引號內的檔
案只會引入一次。這一行要放
在網頁應該顯示標頭的位置，
視同 PHP 直譯器複製引入檔
案內的程式碼，然後貼在此
處。

3. 引入檔案後的程式碼內容
   是一段訊息，用於顯示庫
   存程度。

4. 此處的 include 陳述式是
   告訴 PHP 直譯器，加入檔
   案 footer.php 內 的 程 式
   碼。

試試看：在 檔 案 header.php
內，為導覽列新增一個連結。

PHP 基本語法：控制結構　**97**

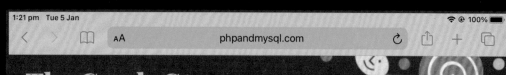

The Candy Store

HOME | CANDY | ABOUT | CONTACT

Welcome back, Ivy

LOLLIPOP DISCOUNTS

PACKS	PRICE
1 pack	$1.92
2 packs	$3.68
3 packs	$5.28
4 packs	$6.72
5 packs	$8
6 packs	$9.12
7 packs	$10.08
8 packs	$10.88
9 packs	$11.52
10 packs	$12

© 2021

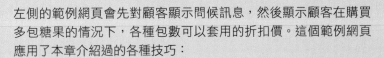

範例網頁

左側的範例網頁會先對顧客顯示問候訊息，然後顯示顧客在購買多包糖果的情況下，各種包數可以套用的折扣價。這個範例網頁應用了本章介紹過的各種技巧：

- 建立變數，儲存網站訪客的名字。

- 應用條件運算子，為訪客產生問候訊息。

- 應用 for 迴圈，建立索引式陣列來儲存折扣價，當顧客購買多包糖果時，根據數量套用其中的價格。

- 標頭和頁腳的程式碼會放在引入檔案內。

- 利用 foreach 迴圈，顯示陣列內的所有折扣價。購買一包糖果可以獲得 4% 的折扣，兩包是 8%，三包是 12%，以此類推。

- 應用三元運算子，確保程式碼在顯示單包糖果的價格時，會用單字「pack」；顯示多包糖果的價格時，則會改用單字「packs」。

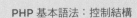

範例網頁程式說明

右頁範例程式一開始是先產生網頁需要顯示的值，並且將這些值儲存在變數裡。

1. 建立變數 $name，儲存使用者名稱。

2. 初始化變數 $greeting，儲存所有訪客都會看到的訊息「Hello」。

3. if 陳述式的條件是檢查變數 $name 是否有值。

4. 如果有值，就更新變數 $greeting 的值，儲存有加訪客名字的個人化訊息。

5. 建立變數 $product，儲存產品名稱。

6. 建立變數 $cost，儲存產品單價。

7. 以 for 迴圈產生陣列，儲存購買各種包數的糖果時需要付出的價格。以計數器表示糖果包數，後面的括號內有：

- 計數器的值設定為 1，表示一包糖果。
- 條件式用於檢查計數器的值是否小於等於 10（表示 10 包糖果）。
- 每執行一次迴圈就將計數器的數字加 1。

迴圈內會執行：

8. 變數 $subtotal 儲存的值是將糖果單價乘上計數器的值（表示目前計算的糖果包數）。

9. 變數 $discount 儲存的值是購買該數量的糖果時，會獲得的折扣金額。計算方式：將原價除以 100，再乘上計數器的數字，最後再乘以 4。

10. 變數 $totals 用於儲存陣列，陣列的鍵值是計數器目前的值（表示糖果包數），資料值是將購買該數量糖果時需要付出的原價減去折扣金額。

11. 結束 for 迴圈。

第二部分的程式碼會產生 HTML 網頁，然後發送回去給瀏覽器：

12. 為了正確顯示網頁其餘部分的內容，需要使用關鍵字 require，引入標頭的程式碼（標頭檔案請見第 96 頁）。

13. 輸出變數 $greeting 的值到網頁上。

14. 輸出產品名稱到網頁上。

15. 產生 HTML 表格，在表格第一列加入欄位標題。

16. 利用 foreach 迴圈，顯示陣列儲存的資料（步驟 7 到 11 建立的陣列）。新增一列資料到表格裡，內容是陣列中每個元素的資料。後面的括號內有：

- 儲存陣列的變數 $totals。
- 儲存陣列鍵值的變數 $quantity。
- 儲存陣列資料值的變數 $price。

17. 輸出陣列元素的鍵值，也就是糖果包數。

18. 輸出文字 pack。利用三元運算子的條件式，檢查變數 $quantity 的值是否為 1。如果是 1，pack 後面不會再加上任何文字；如果不是 1，pack 後面會加上 s，也就是 packs，而非單數的 pack。

19. 輸出購買該數量糖果時需要付的價錢（已打折）。

20. 結束 foreach 迴圈。

21. 使用關鍵字 include，引入頁腳的程式碼（頁腳檔案請見第 96 頁）。

試試看：請將步驟 6 中變數 $cost 的值改成 10。將步驟 7 的迴圈更新為執行 20 次，顯示購買各個包數（最多購買 20 包）糖果時能獲得的折購價。

```php
    <?php
①  $name = 'Ivy';                                   // 儲存使用者名稱

②  $greeting = 'Hello';                             // 為變數 greeting 產生初始值
③  if ($name) {                                     // 若變數 $name 有值
④      $greeting = 'Welcome back, ' . $name;        // 產生個人化問候訊息
    }

⑤  $product = 'Lollipop';                           // 產品名稱
⑥  $cost    = 2;                                    // 產品單價

⑦  for ($i = 1; $i <= 10; $i++) {
⑧      $subtotal  = $cost * $i;                     // 以原價購買該數量要花費的金額
⑨      $discount  = ($subtotal / 100) * ($i * 4);  // 購買該數量能獲得的折扣金額
⑩      $totals[$i] = $subtotal - $discount;         // 將打折之後的金額儲存到索引式陣列內
⑪  }
    ?>

⑫  <?php require 'includes/header.php'; ?>

⑬    <p><?= $greeting ?></p>
⑭    <h2><?= $product ?> Discounts</h2>
     <table>
       <tr>
⑮       <th>Packs</th>
         <th>Price</th>
       </tr>
⑯     <?php foreach ($totals as $quantity => $price) { ?>
       <tr>
         <td>
⑰         <?= $quantity ?>
⑱         pack<?= ($quantity === 1) ? '' : 's'; ?>
         </td>
         <td>
⑲         $<?= $price ?>
         </td>
       </tr>
⑳     <?php } ?>
     </table>

㉑  <?php include 'includes/footer.php' ?>
```

本章重點回顧

PHP 基本語法：控制結構

> 將一組相關的陳述式包在成對的大括號裡，構成程式碼區塊。

> 程式碼區塊裡的條件陳述式是否執行，是以條件式作為判斷依據。

> 條件式產生的值為 true 或 false。

> PHP 支援五種類型的條件陳述式：if、if...else、if...elseif、switch 和 match。

> 當迴圈條件式產生的值為 true，迴圈會重複執行相同的程式碼。

> PHP 支援四種類型的迴圈：while、do...while、for 和 foreach。

> 將引入檔案儲存的程式碼重複使用在多個網頁裡，可以省下必須不斷複製相同程式碼的精力。

3

PHP 基本語法：函式

單單一個網頁通常就需要執行很多工作，函式（function）的作用是將執行一項工作時需要的陳述式全部放在一起，幫助我們組織程式碼。

單一個 PHP 網頁就會包含數百行程式碼，執行明顯不同的工作任務。因此，謹慎組織程式碼結構非常重要，如此一來，我們自己或是其他人都會比較容易理解程式碼在做什麼。

上一章介紹過程式碼區塊是將一組相關陳述式放在一組大括號裡，藉此幫助我們組織程式碼結構。這些成對的大括號是告訴 PHP 直譯器，一組相關的陳述式會從哪裡開始，然後在何處結束。意味著 PHP 直譯器能跳過一個程式區塊不予執行（利用條件陳述式），或是重複執行一個區塊的程式碼（利用迴圈）。

函式的作用是將執行一項工作時需要的陳述式全部放在同一個程式區塊裡，還能為這個程式區塊指定**函式名稱**，描述程式碼執行的工作，幫助我們找出執行某項工作時要用到的程式碼。左半邊的大括號是告訴 PHP 直譯器，執行工作的陳述式由此開始，另一個相對應的右半邊大括號，則是表示陳述式在此結束。

PHP 直譯器遇到函式時，不會立刻執行其中的程式碼，會等 PHP 網頁中有另一個陳述式以函式名稱**呼叫**函式，通知要執行這項工作，唯有透過這個方式，PHP 直譯器才會執行程式區塊中的陳述式。當我們需要執行某一項工作不只一次時，還可以告訴 PHP 直譯器多次使用一個函式，幫助我們省下重複撰寫程式碼的時間。

使用函式

PHP 網頁執行每一項工作時，可能會用到很多 PHP 陳述式。因此，先將執行一項工作時需要的陳述式放在同一個函式裡，等需要使用的時候再呼叫。

定義與呼叫函式

（請見第 108 ～ 111 頁）

指定一個名稱來描述函式執行的工作，就稱為建立函式。在函式名稱後面的程式區塊中建立執行工作需要的陳述式，程式設計師稱這樣程序是**定義函式**。

等網頁需要執行工作時，再使用函式名稱通知 PHP 直譯器，讓直譯器去執行程式區塊中的陳述式，程式設計師稱此程序為**呼叫**函式。

取得函式回傳的資料

（請見第 112 ～ 113 頁）

函式完成工作之後，通常會有**回傳**值，表示工作執行的結果。例如：

- 假設函式的用途是讓使用者登入網站，當使用者成功登入時，函式會回傳 true，登入失敗則回傳 false。
- 若函式的功能是計算一份訂單的總成本，那麼總成本就會是這個函式的回傳值。

定義函式需要的資料

（請見第 114 ～ 116 頁）

函式通常需要資訊才能執行工作。

若函式的工作是讓使用者登入網站，函式會需要兩項資料：使用者的電子郵件帳號和密碼。

參數（parameter）類似變數名稱，用於表示函式執行工作時需要的每一項資料。實際上用來呼叫函式的值，則稱為**引數**（argument）。

為了說明如何建立和使用函式，本章帶讀者看的函式只會執行非常簡單的工作，後續章節裡介紹的函式會執行更複雜的工作。

變數如何搭配函式

（請見第 118 ～ 121 頁）

函式內的程式碼無法存取在函式外宣告的變數，因此，必須利用參數將任何函式需要的資料傳進函式裡。

同樣地，函式外的程式碼一樣無法存取函式內宣告的變數。這也就是為什麼設計函式時通常會有回傳值，因為要在函式執行完畢後，將執行結果提供給呼叫函式的程式碼。

指定資料型態

（請見第 124 ～ 127 頁）

宣告資料型態的目的是告訴 PHP 直譯器，我們需要將資料型態：

● 傳給函式（作為引數）。

● 從函式回傳。

宣告資料型態能幫助我們確保函式收到的資料可以用來執行工作，當程式碼發生意外情況時，還可以幫忙追蹤程式碼裡出現的問題。

選擇性參數和預設值

（請見第 130 ～ 131 頁）

函式建立時可以指定一個或一個以上的參數（函式執行工作時需要的資訊），而且可以選擇性傳入值給參數，不需要設定。

若要表示某個參數可以選擇性傳入值，就必須先為這個參數提供預設值。呼叫函式時，在沒有傳入參數值的情況下，腳本會使用預設值。

定義與呼叫函式

函式定義是將執行工作的陳述式儲存在一組大括號內，構成程式碼區塊，並且為函式命名，描述陳述式執行的工作內容，然後等需要執行工作時再**呼叫**函式。

定義（或建立）函式時會用到：

- 關鍵字 function，表示定義一個新函式。
- 函式名稱，用來描述這個函式執行的工作，名稱後面會跟著一組括號。
- 大括號，用來放執行工作用的程式碼。

右半邊大括號的後面不會放分號。

以下函式包含兩個陳述式：

- 第一個陳述式是將現在的年分儲存在變數 $year，後續第八章會介紹運作原理。
- 第二個陳述式是將變數 $year 儲存的值用來輸出網頁需要的網站版權宣告。

定義函式時不會執行程式碼，這個階段只是儲存函式定義，留待日後使用。

```
               關鍵字              函式名稱
           ┌───┴───┐   ┌──────────┴──────────┐
           function write_copyright_notice()
大括號的左半邊─ {
                   $year = date('Y');
                   echo '&copy; ' . $year;
大括號的右半邊 ─ }
```

需要執行函式內定義的工作時，使用方法是指定函式名稱，名稱後面跟著括號。這是告訴 PHP 直譯器，我們想執行函式內的陳述式。

我們可以在同一個 PHP 檔案內，任意呼叫同一個函式多次。等函式完成工作之後，PHP 直譯器會移動到呼叫函式的下一行程式碼。

```
                      函式名稱
              ┌─────────┴─────────┐
              write_copyright_notice();
```

範例：函式的基本用法

section_a/c03/basic-functions.php

```php
<?php
function write_logo()
{
    echo '<img src="img/logo.png" alt="Logo">';
}

function write_copyright_notice()
{
    $year = date('Y');
    echo '&copy; ' . $year;
}
?> ...
  <header>
    <h1><?php write_logo(); ?> The Candy Store</h1>
  </header>
  <article>
    <h2>Welcome to the Candy Store</h2>
  </article>
  <footer>
    <?php write_logo(); ?>
    <?php write_copyright_notice(); ?>
  </footer>
```

① function write_logo()
② echo '<img src="img/logo.png" alt="Logo">';
③ function write_copyright_notice()
④ $year = date('Y');
⑤ echo '© ' . $year;
⑥ <h1><?php write_logo(); ?> The Candy Store</h1>
⑦ <?php write_logo(); ?>
⑧ <?php write_copyright_notice(); ?>

RESULT

左側範例網頁用了兩個函式，第一個是用來顯示 LOGO，第二個是用來產生版權宣告。

1. 定義函式 write_logo()。

2. 大括號內只有一行陳述式，用來顯示 LOGO。

3. 定 義 函 式 write_copyright_notice()， 大括號內有兩個陳述式。

4. 將現在的年分儲存在變數 $year，後續第八章會學到運作原理。

5. 在網頁上顯示版權符號 ©，符號後面是年分。

6. 呼叫第一個函式，在網頁最上方加上 LOGO。

7. 同樣地，也是呼叫第一個函式，不過這次是在頁腳加上 LOGO。

8. 呼叫第二個函式，在網頁下方的頁腳處加上網站版權宣告。

試試看：在函式內新增程式碼，寫在步驟 5 之後，目的是在版權宣告後加上公司名稱（The Candy Store）。

程式碼不一定會依照順序執行

函式定義負責儲存執行工作需要用到的陳述式，只有呼叫函式，才會執行這些陳述式，也就是説程式碼執行的順序不一定會跟寫的順序一樣。

許多人看到 PHP 程式碼的第一眼，通常會以為這些陳述式會依照撰寫的順序執行，但實際上並非如此，PHP 直譯器執行陳述式的順序完全不同。

函式一般會定義在靠近程式碼最上面的地方。（如果在程式碼最上面宣告變數，這些變數通常會出現在函式定義前面。）

之後就等需要執行工作時再呼叫函式。

請看右側這兩個程式碼，雖然函式是寫在靠近程式碼最上面的地方，但函式定義只會**儲存**在程式碼區塊的陳述式裡，而且會指定函式名稱，以便於辨別函式功能。等之後有其他指令呼叫函式，PHP 直譯器才會執行這些函式內的程式碼，也就是説陳述式執行的順序和出現在程式碼內的順序完全不同。

```php
<?php
function write_logo()                                    (1)
{
    echo '<img src="img/logo.png" alt="Logo" />';        (2)
}


function write_copyright_notice()                        (3)
{
    $year = date('Y');        // 取得現在的年分，儲存在變數裡   (4)
    echo '&copy; ' . $year;   // 輸出版權宣告               (5)
}
?>
<!DOCTYPE html>
<html>
  <header>
    <h1><?php write_logo(); ?> The Candy Store</h1>      (6)
  </header>
  <article>
    <p>Welcome to The Candy Store</p>
  </article>
  <footer>
    <?php write_logo(); ?>                               (7)
    <?php write_copyright_notice(); ?>                   (8)
  <footer>
</html>
```

左頁範例程式是之前就出現過的程式碼，下表列出這個範例程式中陳述式執行的順序，PHP 直譯器實際上運作的第一行是步驟 6。

步驟	PHP 直譯器執行的內容
6	步驟 6 是直譯器執行的第一行，執行內容是呼叫函式 `write_logo()`。
1, 2	PHP 直譯器前往步驟 1，這裡是定義函式的地方，接著執行步驟 2。
6	函式執行完成後，直譯器回到呼叫函式的那一行程式碼。
7	現在移動到下一行 PHP 程式碼，步驟 7 會再次呼叫函式 `write_logo()`。
1, 2	PHP 直譯器前往步驟 1，這裡是定義函式的地方，接著執行步驟 2。
7	函式執行完成後，直譯器回到呼叫函式的那一行程式碼。
8	現在移動到下一行 PHP 程式碼，步驟 8 呼叫函式 `write_copyright_notice()`。
3, 4, 5	移動到步驟 3，這裡是宣告函式的地方，接著執行步驟 4 到 5。
8	函式執行完成後，直譯器回到呼叫函式的那一行程式碼。

讀者可能會看到有些程式碼是在函式定義**之前**就先呼叫函式，但最好還是先定義函式再呼叫。

如果有好幾頁程式碼都需要使用同一個函式，函式定義就要另外獨立儲存在引入檔案裡。

取得函式回傳的資料

表達式通常是用來產生新的值，使用關鍵字 return 可以將這些值送回去給呼叫函式的陳述式。

跟前面的範例程式一樣，函式幾乎不會直接將資料寫到網頁裡。多數情況是函式產生新的值，然後回傳給呼叫函式的陳述式。回傳值的時候會使用關鍵字 return，後面跟著我們要回傳的值。

以下函式類似前四頁出現的函式，雖然也是用來產生版權宣告，儲存到變數 $message 裡，但會回傳變數 $message 儲存的值，而非直接輸出到 HTML 網頁裡。

```php
function create_copyright_notice()
{
    $year    = date('Y');
    $message = '&copy; ' . $year;
    return $message;
}
```

關鍵字　　回傳值

如果想將函式回傳值顯示在網頁裡，可以使用 echo 命令（或 echo 縮寫）呼叫函式。

實務上比較好的寫法是從函式回傳值，將值寫到網頁，而非直接在函式內使用 echo 命令。

```php
<?= create_copyright_notice() ?>
```

我們還可以將函式回傳值儲存在某個變數裡。

做法是利用變數加上指定運算子，然後呼叫函式。

```php
$copyright_notice = create_copyright_notice();
```

範例：函式回傳值

```php
<?php
function create_logo()
{
    return '<img src="img/logo.png" alt="Logo" />';
}

function create_copyright_notice()
{
    $year    = date('Y');
    $message = '&copy; ' . $year;
    return $message;
}
?> ...
    <header>
      <h1><?= create_logo() ?>The Candy Store</h1>
    </header>
    <article>
      <h2>Welcome to The Candy Store</h2>
    </article>
    <footer>
      <?= create_logo() ?>
      <?= create_copyright_notice() ?>
    </footer>
```

左側範例改寫成可以回傳值。

1. 定義函式 create_logo()。

2. 使用關鍵字 return，後面加上 HTML 網頁需要建立的圖像。

3. 定義函式 create_copyright_notice()。大括號內有三個陳述式，分別是：

4. 取得目前的年分，然後儲存在變數 $year 裡。

5. 建立變數 $message，儲存版權符號 ©，後面加上年分。

6. 回傳變數 $message 儲存的值。

7. 呼叫前面定義的第一個函式，並且利用 echo 命令的縮寫，將函式回傳值顯示在網頁上。

8. 再次呼叫第一個函式，顯示重複的 LOGO。

9. 呼叫前面定義的第二個函式，並且利用 echo 命令的縮寫，將函式回傳值顯示在網頁上。

試試看：請在步驟 5 的變數 $message 裡，加入公司名稱。

RESULT

定義函式需要的資料

參數類似變數名稱，用於表示函式執行工作時需要的值，每次呼叫函式時都可以改變參數值。

如果我們定義的函式需要資料才能完成工作時：

- 列出函式需要的資訊。

- 為每項資訊指定一個變數名稱（名稱要以美金符號「$」開頭），用以描述變數表示的資料類型。

- 把這些變數名稱放進函式名稱後面的括號內。

- 以英文逗號分隔每個變數名稱。

- 這些變數名稱就稱為**參數**（parameter）。

參數的作用跟變數一樣，但只有函式定義的大括號內的陳述式才能使用，函式定義外的程式碼不能存取這些參數。

當使用者購買一個或多個相同的商品時，下面的函式 calculate_cost() 會計算花費的總金額。為了完成這項工作，函式需要兩個參數：

- 參數 $price，表示商品單價。

- 參數 $quantity，表示商品數量。

參數 $price 和 $quantity 在函式內的作用跟變數一樣，呼叫函式的時候，會將參數值傳進函式裡。

函式定義內部的程式碼會將商品單價乘上使用者購買的商品數量，計算出使用者花費的總金額。然後使用關鍵字 return，將值送回去給呼叫函式的程式碼。

```
                        參數              參數

function calculate_cost($price, $quantity)
{
    return $price * $quantity;
}
          參數名稱的作用   參數名稱的作用
```

PHP 直譯器執行到右半邊大括號時，就會遺忘所有儲存在函式內的值。這個特性很重要，因為同一頁的程式碼每次會以不同的值呼叫函式很多次。

注意：PHP 8 的函式定義可以在最後一個參數名稱後面加入英文逗號（不只是加在兩個參數之間），讓程式碼更加整齊劃一。在 PHP 8 以前的版本使用這個寫法會引起錯誤。

呼叫需要資訊的函式

呼叫具有參數的函式時，要在函式名稱後面的括號內指定每個參數需要的值，這些實際上用來呼叫函式的值稱為**引數**（argument）。

引數值

以下程式碼呼叫 calculate_cost() 函式時，會給函式應該使用的值，提供引數值的順序跟函式定義時指定參數的順序相同。

以數字 3 作為商品單價，數字 5 作為購買數量，calculate_cost() 函式會回傳數字 15，然後將這個值儲存在變數 $total 裡。

$$\$total = calculate\_cost(3, 5);$$

以變數作為引數

這次我們改成在呼叫 calculate_cost() 函式時，使用變數名稱而非值：

- 變數 $cost，表示商品單價。
- 變數 $units，表示購買數量。

若使用變數名稱作為引數，變數名稱不需要跟參數名稱一樣。

以下程式碼呼叫函式時，PHP 直譯器會將變數 $cost 和 $units 儲存的值傳送給函式。

在函式內部，這些值會以參數名稱 $price 和 $quantity 表示，也就是函式定義第一行括號內指定的名稱。

```
$cost  = 4;
$units = 6;
$total = calculate_cost($cost, $units);
```

參數 vs. 引數

許多人經常將專業術語參數（parameter）和引數（argument）交互使用，但兩者之間其實存在微妙的差異。左頁定義函式時看到的名稱是 $price 和 $quantity，這些放在函式大括號內的單字就像變數一樣，我們稱這些名稱為**參數**。

回來看本頁呼叫函式的程式碼，換成指定執行計算用的數字或是存有數字的變數，這些傳進程式碼的值就稱為**引數**，也是購買指定種類糖果時，計算花費金額時需要的資訊。

範例：使用具有參數值的函式

1. 在右側程式碼的最上方定義 calculate_total() 函式。當某個消費者購買一個或多個相同的商品時，這個函式會計算花費的總金額，然後加上 20% 消費稅。計算時需要兩項資料，因此，這個函式有兩個參數：

- 參數 $price，表示商品單價。
- 參數 $quantity，表示消費者購買商品的數量。

2. 函式定義內的變數 $cost 儲存的值，是消費者購買所需商品數量時要花費的總金額。計算方法是將參數 $price 的值乘上參數 $quantity 的值。

3. 接著是為購買的商品計算消費稅，儲存在變數 $tax 裡。計算方法是將步驟 2 產生的 $cost 的值乘上 0.2。

4. 花費總金額的值是將 $cost 和 $tax 的值相加。

5. 將 $total 的值回傳給呼叫函式的程式碼。

6. 呼叫函式三次，每次都使用不同的單價和數量，然後將函式回傳值輸出到網頁上。

試試看：在步驟 6 中再次呼叫函式，顯示消費者購買 4 包泡泡糖的總金額，每包單價 $1.50。

section_a/c03/function-with-parameters.php `PHP`

```php
<?php
① function calculate_total($price, $quantity)
{
②     $cost  = $price * $quantity;
③     $tax   = $cost * (20 / 100);
④     $total = $cost + $tax;
⑤     return $total;
}
?> ...
<h1>The Candy Store</h1>
  <p>Mints:  $<?= calculate_total(2, 5) ?></p>
⑥ <p>Toffee: $<?= calculate_total(3, 5) ?></p>
  <p>Fudge:  $<?= calculate_total(5, 4) ?></p>
```

`RESULT`

函式命名

函式名稱應該要清楚描述出函式所執行的工作內容，通常由英文單字組成，描述函式作用和函式處理或回傳的資訊類型。

函式命名規則和變數一樣，第一個字元必須是英文字母，接下來的字元可以任意組合英文字母、數字或底線。在同一個 PHP 程式頁內，不能存在兩個名稱相同的函式。

本書使用的所有函式名稱都是小寫。如果函式名稱需要一個以上的單字來表示，要以底線隔開每個單字。（讀者以後會看到函式使用不同的命名規則，重點是在整個專案中使用前後一致的命名策略。）

為了產生一個有助於描敘函式功能的名稱，需要：

● 說明函式作用，例如，計算、取得或更新等等。

● 函式要回傳或處理的資訊類型，例如，資料、總金額或訊息等等。

以兩個本章先前已經看過的函式為例，說明具有描述性的函式名稱：

● calculate_total() 函式，計算銷售商品的總金額。

● create_copyright_notice() 函式，產生**版權宣告**。

函式作用

calculate_total()

回傳資料

函式作用

create_copyright_notice()

回傳資料

函式作用範圍

呼叫函式之後，程式碼只能在函式本身的**作用範圍**內運作，不能存取或更新函式外部儲存的變數值。

函式內部的程式碼跟同一頁其餘部分的程式碼是各自獨立運作。

- 函式執行工作時需要的任何資訊，都必須利用參數傳進函式，參數的作用跟函式內的變數一樣。

- 呼叫函式時，函式內的陳述式會建立變數，並且提供變數值。

- 然後，函式會將回傳值提供給呼叫函式的程式碼。

- 函式執行完畢後，會消滅所有函式內產生出來的參數和變數。

由於函式內部的程式碼跟同一頁其餘部分的程式碼分開運作，所以：

- 函式不能存取或更新函式外部的變數，這也就是為什麼函式需要的資訊必須作為參數傳入的原因。

- 隨後的程式碼不能存取函式內部產生的變數，因為只要函式完成工作後，就會消滅這些變數。

程式設計師的說法是，每次呼叫函式，PHP 直譯器是在函式的**區域範圍**（local scope）內運作程式碼，函式外部的主程式碼則屬於**全域範圍**（global scope）。

變數是在區域還是全域範圍宣告，會決定其他程式碼是否能存取變數。

下圖的程式碼裡，有兩個變數都叫 $tax，各自在不同的作用範圍內運作。

A: 第一個 $tax 變數是建立在全域範圍，也就是函式外部。

B: 第二個 $tax 變數是建立在函式定義內，也就是區域範圍。

```
<?php
$tax = 20;
function calculate_total($price, $quantity)
{
    $cost  = $price * $quantity;
    $tax   = $cost  * (20 / 100);
    $total = $cost  + $tax;
    return $total;
}
?>
```
Ⓐ 指 `$tax = 20;`
Ⓑ 指 `$tax = $cost * (20 / 100);`

函式作用範圍　　● 全域　　　　區域

在理想情況下，同一個腳本裡的兩個變數不應該共享同一個名稱，不過，此處的範例正好說明變數如何完全獨立看待彼此。

範例：證明作用範圍

PHP　　　　　　　　section_a/c03/global-and-local-scope.php

```php
<?php
$tax = '20';

function calculate_total($price, $quantity)
{
    $cost  = $price * $quantity;
    $tax   = $cost  * (20 / 100);
    $total = $cost  + $tax;
    return $total;
}
?> ...
<h1>The Candy Store</h1>
<p>Mints:  $<?= calculate_total(2, 5) ?></p>
<p>Toffee: $<?= calculate_total(3, 5) ?></p>
<p>Fudge:  $<?= calculate_total(5, 4) ?></p>
<p>Prices include tax at: <?= $tax ?>%</p>
```

（1）～（8）為程式碼標註

RESULT

試試看：請將步驟 1 中變數 $tax 的值改成 25。網頁下方處顯示的稅率會隨之改變，但步驟 7 中輸出的總金額值不會改變。

步驟 7 輸出的總金額值會維持不變，原因在於步驟 4 中函式使用的稅率還是 20%。這個範例程式顯示出兩個名稱都是 $tax 的變數，兩者如何獨立運作的情況。

1. 這個變數 $tax 是宣告在全域作用範圍，所以函式外部的其他程式碼都能使用。

2. 定義函式 calculate_total()，這個函式需要兩個參數來表示商品單價和數量。函式內部建立的變數屬於區域作用範圍。

3. 花費總金額的計算方法是將商品單價乘上需要購買的數量，然後將計算結果儲存在變數 $cost 裡。

4. 計算應該付的消費稅，是將變數 $cost 的值乘上稅率（此處是乘上 20 再除以 100），然後將計算結果儲存在變數 $cost 裡。**注意**：對於步驟 1 中產生的變數 $tax，此處的處理不會覆蓋掉變數儲存的值。

5. 花費總金額的值是將 $cost 的值和步驟 4 中儲存的 $tax 值相加。

6. 回傳變數 $total 的值。函式執行完畢後，PHP 直譯器會刪除所有由函式產生出來的參數和變數。

7. 每次都以新的引數值呼叫函式，共呼叫三次。

8. 顯示變數 $tax 儲存的值，此處是步驟 1 中宣告在全域作用範圍的 $tax。

全域和靜態變數

只有在極少數的情況下，才會允許函式內的程式碼存取或更新全域變數，並且在函式執行完畢後，記下函式內變數儲存的值。

從函式內部存取或更新全域變數

若有事先告知 PHP 直譯器可以存取在全域範圍內宣告的變數，則函式內部的程式碼就可以存取或更新全域變數儲存的值。

只要在函式程式碼區塊的開頭（也就是使用變數之前），先在變數名稱前加上關鍵字 global，就能允許函式內部的程式碼存取或更新全域變數的值。

雖然實務上認為最好的做法是利用參數將值傳進函式，但此處會提到能這樣做，是因為讀者日後或許有機會看到其他程式碼利用這項技巧來存取全域變數

在函式執行完畢後繼續保有變數值

函式執行完畢後，通常會刪除所有函式內部產生的區域變數，但如果函式建立的是**靜態變數**，PHP 直譯器會記下變數的儲存值。

建立靜態變數時要使用：

- 關鍵字 static。
- 後面接變數值。
- 第一次呼叫函式時應該具有的初始值。

函式執行完畢後，不會刪除靜態變數及其儲存的值，但只有函式內部的程式碼可以使用。

```
global $cost;
```
關鍵字　　變數

```
static $quantity = 10;
```
關鍵字　　變數　　初始值

範例：存取函式外部的變數

PHP section_a/c03/global-and-static-variables.php

```php
<?php
$tax_rate = 0.2;

function calculate_running_total($price, $quantity)
{
    global $tax_rate;
    static $running_total = 0;
    $total = $price * $quantity;
    $tax   = $total * $tax_rate;
    $running_total = $running_total + $total + $tax;
    return $running_total;
}
?> ...
<h1>The Candy Store</h1>
<table>
  <tr><th>Item</th><th>Price</th><th>Qty</th>
    <th>Running total</th></tr>
  <tr><td>Mints:</td><td>$2</td><td>5</td>
    <td>$<?= calculate_running_total(2, 5); ?></td></tr>
  <tr><td>Toffee:</td><td>$3</td><td>5</td>
    <td>$<?= calculate_running_total(3, 5); ?></td></tr>
  <tr><td>Fudge:</td><td>$5</td><td>4</td>
    <td>$<?= calculate_running_total(5, 4); ?></td></tr>
</table>
```

① ② ③ ④ ⑤ ⑥ ⑦ ⑧ ⑨

RESULT

1. 建立全域變數 tax_rate。

2. 建立 calculate_running_total() 函式，用於計算總金額。

3. 關鍵字 global 允許函式存取/更新全域變數 tax_rate 的值。

4. 關鍵字 static 表示函式執行完畢後，絕對不能刪除變數 $running\_total$ 及其變數值（建立變數時，指定初始值為 0。）

5. 變數 $total$ 的值是產品單價乘上顧客想要購買的數量。

6. 變數 tax 的值是購買產品時應該付的消費稅，使用的稅率是步驟1建立的全域變數 tax_rate。

7. 變數 $running\_total$ 的值包含：
   - 變數 $running\_total$ 的初始值。
   - 加上變數 $total$ 的值。
   - 再加上變數 tax 的值。

8. 回傳變數 $running\_total$ 的值，但不會刪除這個變數，因為它是靜態變數。

9. 呼叫 calculate_running_total() 函式三次。每次呼叫函式，該次購買產品的總金額會加上前一次計算的總金額。

PHP 基本語法：函式　121

函式與複合資料型態

複合資料型態（例如，陣列）能儲存多個值，函式接受複合資料型態作為引數，也能回傳複合資料型態。

使用複合資料型態作為引數

定義函式時可以寫入參數，函式參數接受純量資料型態或複合資料型態。

- 純量資料型態：用於儲存單一種類的資料，例如，字串、數字或布林值。

- 複合資料型態：用於儲存多種類型的資料。我們已經在第一章看過陣列，第四章會再學到另外一種複合資料型態，稱為物件（object）。

右頁範例程式中會看到一個陣列裡存有三種不同的匯率，但能作為一個參數傳進函式裡。

使用複合資料型態作為回傳值

函式只能執行一項工作，但一項工作能產生多個回傳值。

如果希望函式一次能回傳多個值，必須先在函式內建立一個陣列或物件才能回傳，因為一個函式只能回傳一個純量資料型態或複合資料型態。

PHP 直譯器只要執行到以關鍵字 return 開頭的陳述式，就會停止運作函式內的程式碼，然後回到呼叫函式的那一行（就算函式定義內有多個陳述式尚未執行）。

在右頁範例程式中，`calculate_prices()` 函式會以三種匯率計算出一項商品的三個價格，然後以陣列回傳這些價格。

範例：接受和回傳多個值

PHP　　section_a/c03/functions-with-multiple-values.php

```php
<?php
$us_price = 4;
$rates = [
    'uk' => 0.81,
    'eu' => 0.93,
    'jp' => 113.21,
];

function calculate_prices($usd, $exchange_rates)
{
    $prices =  [
        'pound' => $usd * $exchange_rates['uk'],
        'euro'  => $usd * $exchange_rates['eu'],
        'yen'   => $usd * $exchange_rates['jp'],
    ];
    return $prices;
}
$global_prices = calculate_prices($us_price, $rates);
?> ...
<h2>Chocolates</h2>
<p>US $<?= $us_price ?></p>
<p>(UK &pound; <?= $global_prices['pound'] ?> |
    EU &euro;  <?= $global_prices['euro'] ?> |
    JP &yen;   <?= $global_prices['yen'] ?>)</p>
```

RESULT

1. 變數 $us_price 儲存的值是商品的美金價格。

2. 變數 $rates 是關聯式陣列，儲存了三種匯率。

3. calculate_prices() 函式以三種匯率計算一項商品的三個價格，然後以陣列回傳這些價格。這個函式有兩個參數：美金價格和具有三種匯率的陣列。

4. 建立陣列，然後儲存在變數 $prices 裡。這個陣列裡的第一個元素是英磅價格，計算方式是將美金價格乘上英鎊匯率，接著是計算歐元和日幣價格，然後加入陣列。

5. 函式回傳包含這三個新價格的陣列。

6. 呼叫函式 calculate_prices()，將函式回傳的陣列儲存在變數 $global_prices。

7. 利用步驟 1 建立的變數，輸出美金價格。

8. 利用步驟 6 產生的陣列，顯示其他價格。

試試看：新增澳幣匯率 1.32。

宣告引數和回傳型態

定義函式時，可以對每個引數和函式回傳值指定資料型態。

函式執行某些工作時會要求特定型態的資料，例如，執行算術運算的函式會要求數字作為引數，處理文字的函式則需要字串。

函式定義內可以指定每個參數需要的資料型態，以及函式應該回傳的資料型態。幫助程式設計師從函式定義的第一行，清楚看到每個引數應該是什麼樣的資料型態，以及函式應該回傳什麼資料型態。

請看以下函式定義的第一行：

- 在括號內的每個參數名稱前指定**引數型態**，表示引數應該使用的資料型態。

- 括號後面是冒號加上**回傳型態**，表示函式應該回傳的資料型態。

此處的兩個引數型態都是整數，回傳值也是整數型態。

```
                    引數資料型態        引數資料型態        回傳型態

function calculate_total(int $price, int $quantity): int
{
                              參數        參數      冒號
    return $price * $quantity;
}
```

右表顯示的資料型態能用於宣告引數和回傳型態。PHP 8 新增：

- **聯合型態**（union type）可以指定引數或回傳值的型態為一組型態中的一個，其中每個型態要以符號 | 分隔，例如，int|float 表示整數或浮點數。

- **混合型態**（mixed）表示引數或回傳值的型態可以指定為任何資料型態，稱為**偽型態**（pseudo-type），因為變數不是真的具有這種型態。

資料型態	說明
string	字串
int	整數（非負整數）
float	浮點數（小數）
bool	布林值（true或false/0或1）
array	陣列
className	類別與物件（請見第四章）
mixed	混合使用以上資料型態（PHP 8以上版本）

範例：宣告型態

PHP   section_a/c03/type-declarations.php

```php
<?php
$price    = 4;
$quantity = 3;

function calculate_total(int $price, int $quantity): int
{
    return $price * $quantity;
}

$total = calculate_total($price, $quantity);
?>
<h1>The Candy Store</h1>
<h2>Chocolates</h2>
<p>Total $<?= $total ?></p>
```

RESULT

注意： 如果允許引數或回傳型態是 null（空值，而非具體存在的值），可以在資料型態前加上問號。

例如，?int 是指這個值會是整數或 null。PHP 8 還可以使用聯合型態 int|null。

1. 左側範例程式中，函式定義的第一行指定：

- 宣告參數 $price 和 $quantity 的引數型態，表示這兩個參數的值是整數。
- 宣告回傳型態，表示函式回傳值是整數。

宣告型態不會影響範例程式的運作，只是用來指出引數和回傳值會是什麼型態的資料。下一頁會説明如何強制這些值使用正確的資料型態。

試試看： 將變數 $price 儲存值的型態從整數改為字串，例如：

`$price = '1';`

重新整理網頁後，應該會看到相同的結果，因為我們需要打開嚴格資料型態（請見下一頁的説明）。

試試看： 若讀者執行的版本是 PHP 8，請使用聯合型態來表示參數值可以指定為整數或浮點數。

啟用嚴格資料型態

函式定義宣告完引數和／或回傳型態之後，萬一呼叫函式時用了錯誤的資料型態或是回傳錯誤的資料型態，可以命令 PHP 直譯器引發錯誤。

函式引數用了錯誤的純量資料型態時，PHP 直譯器會試圖轉換成它想要接收的資料型態。

例如，PHP 直譯器為了處理資料，會嘗試：

- 將字串 '1' 轉換成整數 1。
- 將布林值 true 轉換成整數 1。
- 將布林值 false 轉換成整數 0。
- 將整數 1 轉換成布林值 true。
- 將整數 0 轉換成布林值 false。

以上這些例子都是先前第 60 ～ 61 頁介紹過的自動改動型態。

我們還可以命令 PHP 直譯器啟用**嚴格資料型態**，如果函式發生以下情況就提出錯誤：

- 呼叫函式時引數是否用了錯誤的資料型態（也就是宣告引數時使用的型態）。
- 回傳值用了錯誤的資料型態（也就是宣告時提供的回傳型態）。

讓 PHP 直譯器提出錯誤，能幫助我們追蹤 PHP 程式碼發生問題的來源，但我們要先命令 PHP 直譯器使用以下的 declare 結構，直譯器才會檢查**呼叫**函式那一頁程式碼使用的型態。

這個陳述式**一定**要放在程式碼頁的第一行，而且只有在這一頁程式碼內呼叫的函式才會啟用嚴格資料型態。

嚴格資料型態　　啟用

```
declare(strict_types = 1);
```

後續第十章會學到錯誤處理和排除問題的方法，但讀者或許已經注意到了，先前下載的程式碼裡有好幾個名稱是 .htaccess 的檔案。這些檔案是用於控制網頁伺服器的偏好設定，例如，當網頁伺服器發送 HTML 網頁回去給瀏覽器時，是否要回報網頁發生的錯誤。如果讀者無法看到這些檔案，應該是因為作業系統將這些檔案視為隱藏檔案（請見第 196 頁的說明）。

函式定義有時候會放在引入檔案裡，這樣才能讓網站上多個程式碼頁呼叫，後續第六章會介紹這個部分。如果想在程式碼用了錯誤的資料型態時，讓 PHP 直譯器提出錯誤，就一定要在**呼叫**函式的程式碼頁裡啟用嚴格資料型態；若程式碼檔案裡只有定義函式，就不需要啟用。

範例：使用嚴格資料型態

section_a/c03/strict-types.php

PHP

```php
<?php
declare(strict_types = 1);

$price    = 4;
$quantity = 3;

function calculate_total(int $price, int $quantity): int
{
    return $price * $quantity;
}

$total = calculate_total($price, $quantity);
?>
<h1>The Candy Store</h1>
<h2>Chocolates</h2>
<p>Total $<?= $total ?></p>
```

①②③④⑤⑥

RESULT

左側範例程式跟之前的範例幾乎一樣，只差在第一行陳述式啟用了嚴格資料型態。所以，如果引數或回傳值用了錯誤的資料型態，PHP 直譯器就會顯示錯誤。

1. 使用 declare 結構，在這一頁程式碼啟用嚴格資料型態。

2. 宣告兩個變數，用於儲存產品單價和數量。

3. 定義 calculate_total() 函式，其中：

- 引數型態宣告是表示兩個參數都需要整數。
- 回傳型態宣告是指定函式要回傳整數。

4. 函式會將產品單價乘上數量，然後回傳計算值。

5. 以步驟 2 建立的變數來呼叫函式 calculate_total()，將函式回傳的結果儲存在變數 $total。

6. 輸出變數 $total 的值。

試試看：將步驟 2 建立的變數 $price 的值設定為字串：

```php
$price = '4';
```

重新整理網頁後，應該會看到錯誤訊息。

試試看：若讀者執行的版本是 PHP 8，請將步驟 2 的產品單價改為 4.5，在步驟 3 使用聯合型態來指定引數和回傳值可以是 int 或 float。

使用多個 RETURN 陳述式

根據函式內條件陳述式的結果，函式會回傳不同的值。

函式使用條件陳述式來判斷應該要回傳的值，以下函式就會根據傳進函式的引數值，回傳不同的訊息。

函式處理完一個 return 陳述式後，PHP 直譯器會回到呼叫函式的那一行程式碼，其後的所有陳述式都不會執行。

以下這個函式有三個 return 陳述式。

1. 條件式檢查參數 $stock 的值是否大於等於 10。如果是，就處理第一個 return 陳述式，而且不繼續執行後面的陳述式。

2. 如果參數 $stock 的值大於 0 且小於 10，就處理第二個 return 陳述式，而且不繼續執行後面的陳述式。

3. 如果函式繼續執行，表示參數 $stock 的值一定是 0，才會處理最後一個 return 陳述式。

```php
function get_stock_message($stock)
{
    if ($stock >= 10) {
        return 'Good availability';
    }
    if ($stock > 0 && $stock < 10) {
        return 'Low stock';
    }
    return 'Out of stock';
}
```
① ② ③

範例：在函式內使用數個 RETURN 陳述式

section_a/c03/multiple-return-statements.php

```php
<?php
$stock = 25;

function get_stock_message($stock)
{
    if ($stock >= 10) {
        return 'Good availability';
    }
    if ($stock > 0 && $stock < 10) {
        return 'Low stock';
    }
    return 'Out of stock';
}
?>
<h1>The Candy Store</h1>
<h2>Chocolates</h2>
<p><?= get_stock_message($stock) ?></p>
```

RESULT

The Candy Store

CHOCOLATES

Good availability

1. 建立變數 $stock，儲存商品的庫存程度。

2. get_stock_message() 函式會檢查商品庫存程度，從三個訊息中回傳一個。

3. 條件陳述式檢查商品庫存數量是否大於等於 10。如果是，就處理第一個 return 陳述式，回傳訊息 Good availability，而且不繼續執行函式內的其他程式碼。

4. 如果商品庫存數量不足 10，函式會繼續執行，然後檢查下一個條件式，確認商品庫存數量是否大於 0 且小於 10。如果是，就處理第二個 return 陳述式，回傳訊息 Low stock，而且不繼續執行函式內的其他程式碼。

5. 如果函式繼續執行，表示商品沒有任何庫存，才會處理最後一個 return 陳述式，回傳訊息 Out of stock。

6. 呼叫 get_stock_message() 函式，將回傳值輸出到網頁上。

試試看： 請將步驟 1 中的商品庫存數量改成 8，應該會看到訊息變成 Low stock。

選擇性參數和預設值

我們可以讓函式擁有選擇性參數，為此，我們要提供參數預設值，在沒有提供參數值給函式的時候使用，選擇性參數通常會出現在必要參數的後面。

有些工作可以選擇性提供資訊，函式執行工作時**不需要**這個資料，但**可以**在呼叫函式時提供值。

要讓參數具有選擇性，就要給參數一個**預設值**。呼叫函式時，如果沒有提供參數值，函式就會使用這個預設值。

在函式定義中的參數名稱後面提供預設值，跟指定變數值時用的語法一樣。

以下函式在呼叫時會用到兩個引數，最後一個參數有使用預設值 0。

選擇性參數會放在必要參數**後面**，因為，在 PHP 8 以前的版本裡，呼叫函式時，引數的順序必須依照函式定義中列出的參數順序。

雖然我們之後會學到 PHP 8 的命名參數，不過，開發人員可能還是會繼續將選擇性參數放在必要參數後面。

```php
function calculate_cost($cost, $quantity, $discount = 0)
{
    $cost = $cost * $quantity;
    return $cost - $discount;
}


$cost = calculate_cost(5, 3);
```

選擇性參數

PHP 文件裡記錄函式運作原理時，將所有選擇性參數都放在中括號裡，但實際呼叫函式時，**請不要使用中括號**，這只是用來表示中括號裡是選擇性參數。

注意：選擇性參數和參數前面的英文逗號放在中括號裡，是因為在 PHP 8 以前的版本裡，如果在最後一個引數後面放英文逗號，呼叫函式時就會引發錯誤（PHP 8 以後的版本允許最後一個引數後面尾隨英文逗號）。

```php
calculate_cost($cost, $quantity[, $discount])
```

中括號裡的是選擇性參數

範例：使用有預設值的參數

```php
<?php
function calculate_cost($cost, $quantity, $discount = 0)
{
    $cost = $cost * $quantity;
    return $cost - $discount;
}
?>
<h1>The Candy Store</h1>
<h2>Chocolates</h2>
<p>Dark chocolate $<?= calculate_cost(5, 10, 5) ?></p>
<p>Milk chocolate $<?= calculate_cost(3, 4) ?></p>
<p>White chocolate $<?= calculate_cost(4, 15, 20) ?></p>
```

① function calculate_cost($cost, $quantity, $discount = 0)
② `<p>Dark chocolate $<?= calculate_cost(5, 10, 5) ?></p>`
③ `<p>Milk chocolate $<?= calculate_cost(3, 4) ?></p>`
④ `<p>White chocolate $<?= calculate_cost(4, 15, 20) ?></p>`

RESULT

The Candy Store

CHOCOLATES

Dark chocolate $45

Milk chocolate $12

White chocolate $40

1. `calculate_cost()` 函式會根據以下三個資訊，計算購買一個或多個商品時需要花費的金額：

   - 單價。
   - 數量。
   - 折扣。

   呼叫函式時，最後一個引數是選擇性參數，因為參數有指定預設值為 0。步驟 1 會呼叫 `calculate_running_total()` 函式三次。

2. 第一次呼叫函式時，傳入的單價是 5、數量是 10、折扣是 5，所以函式會將計算出來的總金額 50 減去 5，回傳 45。

3. 第二次呼叫函式時，傳入的單價是 3、數量是 4，但沒有提供折扣的引數值，所以函式會套用預設值 0，函式最後回傳的總金額是 12。

4. 第三次呼叫函式時，傳入的單價是 4、數量是 15、折扣是 20。跟步驟 2 一樣，這次是將總金額 60 減去折扣 20，回傳值是 40。

試試看：請將步驟 1 中的折扣預設值改成 2，將步驟 2 中的折扣值改成 7。

命名引數

PHP 8 呼叫函式時，可以將參數名稱放在引數前，也就是説，提供引數值的順序不需要跟函式定義中出現的參數名稱相同。

有些函式具有許多參數。PHP 8 呼叫函式時，可以將參數名稱加在引數前，稱為**命名引數**（named argument）或是命名參數（named parameter），這些引數或參數可以：

- 清楚表示出每個引數的作用。
- 讓我們跳過選擇性引數，不需要指定預設值，也不需要使用空引號（請見以下範例）。

函式定義不會改變，改變的是呼叫函式時，提供引數的方式。以右頁的程式為例，函式具有四個參數：

- $cost（必要參數），表示商品單價。
- $quantity（必要參數），表示商品數量。
- $discount（選擇性參數），表示折扣。
- $tax（選擇性參數），表示稅率。

呼叫函式時如果沒有用命名引數，引數出現的順序就**必須**跟函式裡定義參數的順序相同。

因為參數 $discount 出現在 $tax 之前，所以如果想讓參數 $discount 使用預設值，指定 $tax 的值，$discount 就必須指定預設值**或**使用空引號作為引數。

```
calculate_cost(5, 10, 0, 5);  or  calculate_cost(5, 10, '', 5);
```

使用命名引數時，要以冒號將名稱和引數隔開，命名引數可以依照任意順序排列。

如果引數要使用預設值（在函式定義中指定），就不需要提供值或空引號：

```
calculate_cost(quantity: 10, cost: 5, tax: 5);
```

沒有參數名稱的引數，如果出現順序跟函式定義中的參數一樣，可以出現在命名引數之前。

在以下函式中，前兩個值是給 $cost 和 $quantity 用，接著提供 $tax 的值，注意：此處沒有指定 $discount 的值。

```
calculate_cost(5, 10, tax: 5);
```

範例：使用命名引數

section_a/c03/named-arguments-in-php-8.php

`PHP`

```php
<?php
function calculate_cost($cost, $quantity, $discount = 0, $tax = 20,)
{
    $cost = $cost * $quantity;
    $tax  = $cost * ($tax / 100);
    return ($cost + $tax) - $discount;
}
?>
<h1>The Candy Store</h1>
<h2>Chocolates</h2>
<p>Dark chocolate $<?= calculate_cost(quantity: 10, cost: 5, tax: 5, discount: 2); ?></p>
<p>Milk chocolate $<?= calculate_cost(quantity: 10, cost: 5, tax: 5); ?></p>
<p>White chocolate $<?= calculate_cost(5, 10, tax: 5); ?></p>
```

① ② ③ ④

1. `calculate_cost()` 函式會根據以下四個資訊，計算購買一個或多個商品時需要花費的金額：

- 商品單價（必要參數）。
- 商品數量（必要參數）。
- 折扣（選擇性參數，預設值為 0）。
- 稅率（選擇性參數，預設值為 20%）。

本頁範例程式是使用 PHP 8，所以函式定義中最後一個參數的**尾端可以加上英文逗號**（不只有兩個參數之間可以加），能提升程式碼整體的統一性（因為每個參數後面都有出現一個英文逗號）。

calculate_cost() 函式定義完成後，會呼叫三次函式。

`RESULT`

2. 以四個命名引數呼叫函式，因為全部的引數都有命名，就能以任意順序出現。

3. $cost、$quantity 和 $tax 使用命名引數，$discount 使用預設值。

4. 前兩個值沒有使用命名引數，依照函式定義的參數順序，這兩個值是 $cost 和 $quantity。此處沒有指定 $discount 的值，所以最後一個一定要是命名引數，才能使用參數 $tax。

如何以循序漸進的方式寫出函式

依照以下四個步驟能幫助我們撰寫函式。

1: 簡短描述工作內容

將函式功能（例如，計算、取得、更新或儲存等等）和函式要處理的資料型態組合在一起，就會變成函式名稱。

函式名稱宣告之後就不能改變。

2: 處理工作時需要的資料

每一項資料會變成一個參數。

每次呼叫函式，都可以改變傳給參數（也就是引數）的值。

3: 執行工作時必須遵循的指令

把陳述式放在大括號內，用來表示指令。

每次呼叫函式，都會遵循相同的指令。

4: 期望的工作結果

就是從函式回傳的值。一般認為利用函式回傳值會是比較適當的做法，如果執行的工作不會計算新的值或是取得新的資訊，函式通常會回傳 true 或 false，表示函式是否運作成功。

每次指定新的值給函式，會改變函式回傳值。

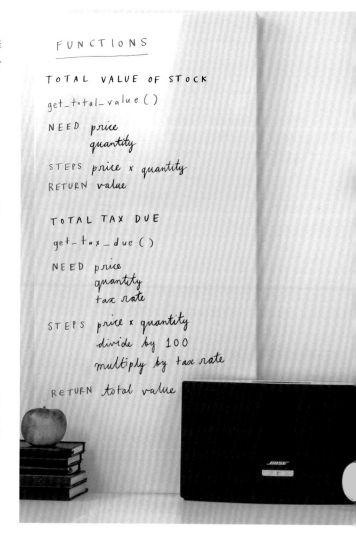

FUNCTIONS

TOTAL VALUE OF STOCK
get_total_value()
NEED price
      quantity
STEPS price x quantity
RETURN value

TOTAL TAX DUE
get_tax_due()
NEED price
     quantity
     tax rate
STEPS price x quantity
      divide by 100
      multiply by tax rate
RETURN total value

使用函式的理由

將執行工作的程式碼寫成函式，能帶來許多好處。

重複利用性

這項好處我們已經在本章看過很多次了。如果一個網頁需要執行相同的工作很多次（例如，計算商品金額），我們只需要撰寫一次程式碼，就能重複執行這項工作。網頁需要執行工作時會呼叫函式，將函式完成工作需要的值指定給函式。

可維護性

如果我們發現執行工作的指令需要改變，此時只需要修改函式定義內的程式碼，不需要在每次執行工作時都修改程式碼。函式定義一旦更新之後，任何時候呼叫函式，都會使用更新後的程式碼。

組織性

將執行每項工作的程式碼放進函式裡，能讓我們更輕鬆找出所有執行工作需要的陳述式。

易測性

將程式碼拆解成各別執行的工作，不僅能單獨測試每項獨立的工作，也更容易隔離出問題所在之處。

函式說明文件

程式設計師經常需要使用不是自己寫的函式，例如，在負責大型網站的程式團隊裡工作時。因此，說明文件能幫助程式設計師學習如何使用這些函式。

在 PHP 程式頁裡使用某個函式時，我們不需要了解大括號裡的陳述式**如何**完成工作，只需要知道：

- 函式功能。
- 函式名稱。
- 函式需要的參數。
- 函式回傳值。

右頁是網站「PHP.net」上某個網頁的內容。「PHP.net」是 PHP 的官方網站，負責管理 PHP 語言的規格說明文件。對於正在學習 PHP 語言的人，這是非常好用的資源。

右邊這個網頁顯示的函式，其作用是判斷一個字串裡有多少字元。這個網頁是非常典型的範例，示範如何寫函式說明文件，文件通常會包含：

1. 函式名稱和說明。
2. 呼叫函式和使用參數的語法，有些還會顯示引數和回傳型態。
3. 參數說明。
4. 函式回傳值。
5. 範例程式碼，示範如何使用函式。

區分以下兩種類型的函式很重要：

- **使用者自行定義的函式**，是程式設計師使用 PHP 語言自行定義在 PHP 檔案裡（本章出現的所有函式，都是使用者自行定義的函式）。
- **內建函式**，是由開發 PHP 語言的人所定義，在 PHP 直譯器內實作函式定義。也就是說，任何呼叫內建函式的人，不需要在程式碼頁引入函式定義。

內建函式執行的工作，通常是程式設計師需要寫 PHP 程式碼來完成的工作。因此，內建函式能省下開發人員的時間，不必每次都重新寫程式碼來執行這些工作。後續第五章會學到更多內建函式的知識。

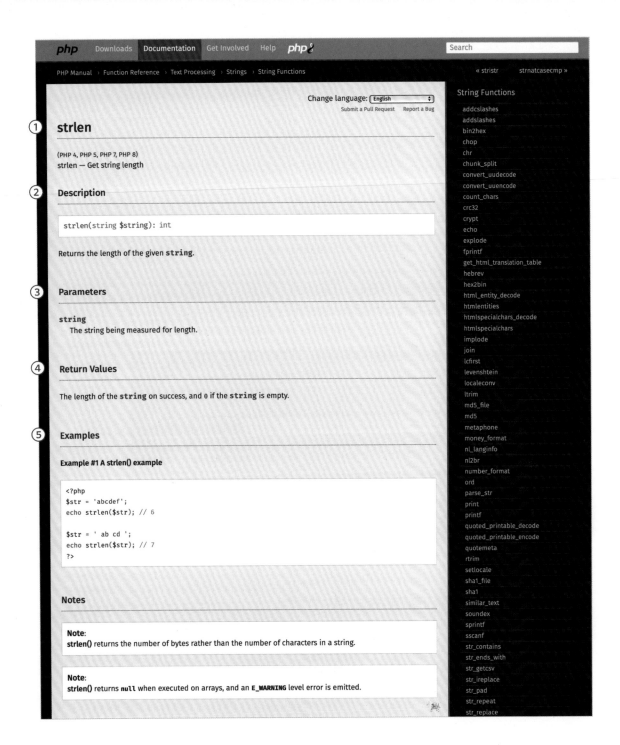

PHP Manual › Function Reference › Text Processing › Strings › String Functions

« stristr   strnatcasecmp »

Change language: [English ▼]

Submit a Pull Request   Report a Bug

① strlen

(PHP 4, PHP 5, PHP 7, PHP 8)
strlen — Get string length

② Description

```
strlen(string $string): int
```

Returns the length of the given **string**.

③ Parameters

string
    The string being measured for length.

④ Return Values

The length of the **string** on success, and 0 if the **string** is empty.

⑤ Examples

Example #1 A strlen() example

```php
<?php
$str = 'abcdef';
echo strlen($str); // 6

$str = ' ab cd ';
echo strlen($str); // 7
?>
```

Notes

Note:
strlen() returns the number of bytes rather than the number of characters in a string.

Note:
strlen() returns **null** when executed on arrays, and an **E_WARNING** level error is emitted.

String Functions

addcslashes
addslashes
bin2hex
chop
chr
chunk_split
convert_uudecode
convert_uuencode
count_chars
crc32
crypt
echo
explode
fprintf
get_html_translation_table
hebrev
hex2bin
html_entity_decode
htmlentities
htmlspecialchars_decode
htmlspecialchars
implode
join
lcfirst
levenshtein
localeconv
ltrim
md5_file
md5
metaphone
money_format
nl_langinfo
nl2br
number_format
ord
parse_str
print
printf
quoted_printable_decode
quoted_printable_encode
quotemeta
rtrim
setlocale
sha1_file
sha1
similar_text
soundex
sprintf
sscanf
str_contains
str_ends_with
str_getcsv
str_ireplace
str_pad
str_repeat
str_replace

The Candy Store

STOCK CONTROL

PRODUCT	STOCK	RE-ORDER	TOTAL VALUE	TAX DUE
Toffee	12	No	$36	$7.2
Mints	26	No	$52	$10.4
Fudge	8	Yes	$32	$6.4

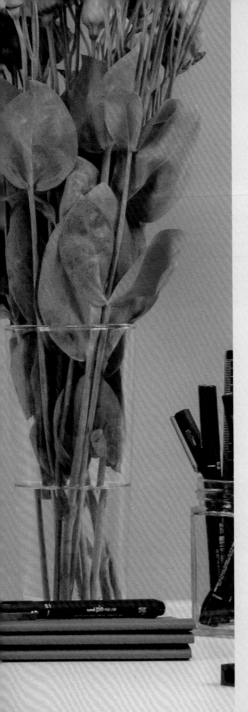

範例網頁

左側範例網頁的作用是監控一家糖果商店的商品庫存量。

這個範例會建立一個關聯式陣列，儲存商店銷售的商品名稱，和每一項商品的庫存量，然後將這些值顯示在表格中的前兩欄裡。

接著，建立三個函式，分別產生表格中另外三個欄位要顯示的值：

● 第一個函式會檢查商品庫存量和顯示訊息，指示店家是否應該訂購更多庫存量。

● 第二個函式是計算每項銷售商品的庫存總值。

● 第三個函式是計算所有剩餘庫存都賣出時，應該付的稅額。

```php
<?php
① declare(strict_types = 1);
② $candy = [
       'Toffee' => ['price' => 3.00, 'stock' => 12],
       'Mints'  => ['price' => 2.00, 'stock' => 26],
       'Fudge'  => ['price' => 4.00, 'stock' => 8],
   ];
③ $tax = 20;

④ function get_reorder_message(int $stock): string
   {
⑤     return ($stock < 10) ? 'Yes' : 'No';
   }

⑥ function get_total_value(float $price, int $quantity): float
   {
⑦     return $price * $quantity;
   }

⑧ function get_tax_due(float $price, int $quantity, int $tax = 0): float
   {
⑨     return ($price * $quantity) * ($tax / 100);
   }
?>
```

1. 啟用嚴格資料型態。

2. 建立多維陣列（請見第 44 ～ 45 頁），將陣列內容儲存在變數 $candy：

- 鍵值是販售糖果的種類名稱。
- 資料值是陣列，儲存商品單價和可以銷售的庫存量。

3. 宣告全域變數，儲存稅率。

4. 定義函式 get_reorder_message()，具有一個參數，表示商品目前的庫存量（型態是 int）。函式回傳訊息（型態是 string），表示商品是否需要重新訂購。

5. 使用三元運算子來回傳訊息，其中條件式會檢查商品庫存量是否小於 10：

- 如果是，函式會回傳 Yes。
- 如果不是，函式會回傳 No。

6. 定義函式 get_total_value()，具有兩個參數：

- 商品單價（型態是 float）。
- 可以銷售的商品數量（型態是 int）。

函式回傳值型態是 float，表示庫存商品的總值（型態 int 在此處也是有效的數字）。

7. 函式會將商品單價乘上可以銷售的商品數量，然後回傳。

8. 定義函式 get_tax_due()，具有三個參數：

- 商品單價（型態是 float）。
- 可以銷售的商品數量（型態是 int）。
- 稅率（%），預設值為 0%（型態是 int）。

函式回傳值型態是 float，表示售出這些商品時，應該付的總稅額。

```php
<!DOCTYPE html>
<html>
  <head> ... </head>
  <body>
    <h1>The Candy Store</h1>
    <h2>Stock Control</h2>
    <table>
      <tr>
        <th>Candy</th><th>Stock</th><th>Re-order</th><th>Total value</th><th>Tax due</th>
      </tr>
      <?php foreach ($candy as $product_name => $data) { ?>
        <tr>
          <td><?= $product_name ?></td>
          <td><?= $data['stock'] ?></td>
          <td><?= get_reorder_message($data['stock']) ?></td>
          <td>$<?= get_total_value($data['price'], $data['stock']) ?></td>
          <td>$<?= get_tax_due($data['price'], $data['stock'], $tax) ?></td>
        </tr>
      <?php } ?>
    </table>
  </body>
</html>
```

⑩ ⑪ ⑫ ⑬ ⑭ ⑮ ⑯

9. 回傳應付稅額。計算方式是，將庫存商品總值（商品單價乘上可以銷售的商品數量）乘上稅率百分比（稅率除以 100）。

10. foreach 迴圈處理儲存在陣列 $candy 中的商品，關鍵字後面的括號內有：

- 變數 $candy 是儲存步驟 2 的陣列。
- 變數名稱 $product_name，儲存迴圈目前處理的陣列元素的鍵值（商品名稱：toffee、mints 和 fudge）。
- 變數 $data，表示目前處理的陣列元素的資料值。這個陣列是儲存該商品的單價和可以銷售的庫存量。

11. 建立表格中的一列，使用 <td> 元素輸出商品名稱（迴圈目前處理的陣列元素）。

12. 變數 $data 儲存的陣列內有該項商品的單價和庫存量，將庫存量輸出到下一個表格儲存格裡。

13. 呼叫 get_reorder_message() 函式。將商品庫存量作為引數，傳進函式裡，然後在表格裡顯示回傳值。

14. 呼叫 get_total_value() 函式。第一個參數是商品單價，第二個參數是可以銷售的商品數量，然後將回傳值輸出到表格。

15. 呼叫 get_tax_due() 函式。第一個參數是商品單價，第二個參數是可以銷售的商品數量，第三個參數是步驟 3 儲存的稅率，然後將回傳值輸出到表格。

16. 大括號的右半邊表示程式碼區塊結束，以及迴圈完成重複處理陣列中的每個元素。

PHP 基本語法：函式　⑭⑴

本章重點回顧

PHP 基本語法：函式

> 函式定義是為函式命名，將執行工作的陳述式儲存在程式碼區塊裡。

> 呼叫函式是命令 PHP 直譯器去執行程式碼區塊裡的陳述式，完成需要執行的工作。

> 關鍵字 return 會送回函式產生的值。

> 參數是用於表示函式執行工作時需要的資料，其作用跟函式內的變數一樣。

> 函式執行完畢後，會刪除所有函式內部宣告的參數和變數。

> 這些實際上用來呼叫函式的參數值稱為引數。

> 宣告型態是指定引數的資料型態。

> 回傳型態是指定函式回傳的資料型態。

> 選擇性參數要指定預設值。

4

PHP 基本語法：物件與類別

物件是將一組變數和函式全部放在同一個群組裡，用
來表示我們在日常生活中會遇到的各種事物，例如，
新聞文章、促銷商品或網站使用者等等。

- 我們在第二章已經看過變數如何儲存各別資訊，在物件裡使用的變數，稱為物件的**屬性**（property）。
- 第三章我們看到函式如何表示程式碼需要執行的工作，在物件裡使用的函式，則稱為物件的**方法**（method）。

網站經常需要表示多個相同類型的事物，例如，新聞網站會發布許多新聞文章、線上商店會銷售許多商品、一般網站則允許使用者註冊網站會員等等，而這些事物中的每一項都能在程式碼中以**物件**（object）表示。

PHP 使用**類別**（class）作為建立物件的樣板，用以表示某種類型的事物。例如，使用某一個類別來建立物件，用以表示商品；再用另外一個類別來建立物件，用以表示網站會員。利用類別建立的每個物件都會自動將類別中定義的屬性和方法指定給物件。

物件和類別能幫助我們組織程式碼，讓程式碼更容易理解。另一個重點是了解物件運作原理，PHP 直譯器具有幾個內建物件，本書 Section B 會開始學到這個部分。

本章前幾頁的內容會先介紹物件背後的觀念以及物件的使用方法，隨後則會學到建立和使用物件、類別時需要用到的程式碼。

網站模型

模型可以幫助我們表示身邊周遭的事物,程式設計師利用資料建立模型之後,再使用程式碼執行工作,處理儲存在模型中的資料。

網站利用資料建立模型,表示日常生活中會遇到的各種事物。程式設計師經常會將這些生活中的**事物**,視為不同**類型的物件**,例如:

- 人,像是顧客或網站會員。
- 網站訪客會購買的商品或服務,像是書籍、汽車、銀行帳戶或是訂閱電視頻道。
- 傳統印刷的文件,像是新聞報紙、月曆或票券。

舉個例子,銀行可能會需要以下這些資料來表示每位顧客:

- 名字。
- 姓氏。
- 電子郵件帳號。
- 密碼。

針對每位顧客,銀行需要的資料項目雖然都一樣,但每位顧客個人的名字、姓氏、電子郵件帳號和密碼均不相同。

銀行還需要知道每位顧客的銀行帳戶,雖然資料項目一樣,但每個帳戶底下的值會不同,例如:

- 銀行帳戶號碼。
- 銀行帳戶類型。
- 銀行帳戶餘額。

銀行利用這些資料執行工作,例如,執行跟銀行帳戶有關的工作,包含:

- 檢查銀行帳戶餘額。
- 存款。
- 提款。

諸如此類的工作都會取得或更新變數儲存的資料,例如,當我們提款或存款時,銀行帳戶餘額的值也會隨之變動。同樣地,銀行還會執行跟顧客有關的工作,包含:

- 查驗使用者提供的電子郵件和密碼,是否跟儲存的資料一致,藉以驗證使用者身分(確認使用者身分是否如他們所宣稱的)。
- 取得顧客全名(組合顧客的名字和姓氏)。

物件將所有工作組合在一起:

- 變數負責儲存建立概念模型時需要的資料,例如,顧客或帳號。
- 函式負責表示該類型的物件能執行的工作。

即使刪除右頁的照片,我們依舊可以從表格中了解許多資訊:物件型態、表示每個物件時需要的資料、物件能執行的工作。

物件型態：**CUSTOMER**

資料	值
名字	Ivy
姓氏	Stone
電子郵件	ivy@eg.link
密碼	$2y$10$MAdTTCA0Mi0whewg...

工作	用途
取得全名	取得顧客全名
查驗	查驗電子郵件和密碼是否一致

物件型態：**ACCOUNT**

資料	值
號碼	20489446
類型	Checking
餘額	1000.00

工作	用途
存入	存款
提出	提款
餘額	取得帳戶餘額

NEO BANK

NAME: **IVY STONE**

ACCOUNT NUMBER	ACCOUNT TYPE	BALANCE
20489446	Checking	-$20
20148896	Savings	$380

上表提供的資訊顯示兩種類型的物件：客戶（customer）和銀行帳戶（account）。針對每種類型的物件，網站都必須做兩件事：

1. 儲存表示物件的資料

每位客戶或帳戶下儲存的各個資料項目都一樣，但表示的值不同。

2. 同一類型的物件會執行相同的工作

我們可以為每位客戶執行相同的工作，也可以對每個帳戶都做相同的處理。

這些工作會存取或更改每位客戶或帳戶下儲存的值，例如，將錢存入某個帳戶時，會更新帳戶餘額的值。

屬性和方法

出現在物件裡的變數稱為**屬性**，函式則稱為**方法**。屬性負責儲存建立概念模型時需要的資料，方法則負責表示該類型的物件能執行的工作。

變數：物件屬性

第一章介紹過變數的作用是儲存資料，每次請求網頁時，變數資料都會隨之改變。在物件內使用的變數，就稱為物件屬性。

建立物件時，程式設計師必須針對網站要完成的工作，決定某個類型的物件需要知道哪些資料。

例如，如果物件代表客戶，每個客戶物件應該具有：

- **相同**的屬性，儲存客戶的名字、姓氏、電子郵件和密碼。
- 以**不同**的屬性值表示每個客戶。

如果物件代表銀行帳戶，每個帳戶物件應該具有：

- **相同**的屬性，儲存帳戶號碼、類型和餘額。
- 以**不同**的屬性值表示每個帳戶。

物件屬性就是一組變數，作用是描述所有物件的共同**特徵**；每個物件彼此之間的差異在於，每個物件屬性儲存的值。

函式：物件方法

本書第三章已經帶讀者看過函式，函式可以將執行一項任務時需要的陳述式全部放在一起。在物件內使用的函式，就稱為物件方法。

建立物件時，程式設計師必須針對網站使用者，決定他們會利用每種類型的物件執行哪些工作。這些工作通常有：

- 利用物件屬性儲存的資料，提出跟物件有關的問題。
- 更動一個或多個物件屬性的儲存值。

對某個銀行帳戶執行的工作（例如，存款、提款或確認餘額），同樣適用於每個帳戶，因此，所有帳戶物件都具有相同的方法。

同樣地，我們也會需要為每個客戶完成相同的工作（驗證客戶身分、取得客戶全名等等），因此，每個客戶物件也都具有相同的方法。

右頁的圖表和前面類似，這次是顯示兩個客戶物件和帳戶物件的屬性名稱和方法名稱。

物件型態：CUSTOMER	
資料	**值**
名字	Ivy
姓氏	Stone
電子郵件	ivy@eg.link
密碼	$2y$10$MAdTTCA0Mi0whewg...
工作	**用途**
getFullName()	回傳屬性 **forename** 和 **surname** 的值
authenticate()	查驗電子郵件和密碼是否一致

物件型態：CUSTOMER	
資料	**值**
名字	Emiko
姓氏	Ito
電子郵件	emi@eg.link
密碼	$2y$10$NN5HEAD3atarECjRiir...
工作	**用途**
getFullName()	回傳屬性 **forename** 和 **surname** 的值
authenticate()	查驗電子郵件和密碼是否一致

物件型態：ACCOUNT	
資料	**值**
號碼	20489446
類型	Checking
餘額	1000.00
工作	**用途**
deposit()	增加屬性 **balance** 的值
withdraw()	減少屬性 **balance** 的值
getBalance()	回傳屬性 **balance** 的值

物件型態：ACCOUNT	
資料	**值**
號碼	10937528
類型	Savings
餘額	2346.00
工作	**用途**
deposit()	增加屬性 **balance** 的值
withdraw()	減少屬性 **balance** 的值
getBalance()	回傳屬性 **balance** 的值

物件資料型態

物件是複合資料型態的例子之一，因為物件能儲存多種型態的值。

先前我們已經看過 PHP 提供的資料型態：

- 純量資料型態，用於儲存單一種類的值：字串、整數、浮點數、布林值。

- 複合資料型態，用於儲存多種類型的值：陣列和物件。

以下圖表中有兩個物件，分別代表客戶及其銀行帳戶。

儲存物件的變數名稱，跟其他變數的命名規則一樣（以小寫表示，如果想使用多個單字，要以底線將每個單字隔開）。例如：

- 變數 $customer 儲存的物件代表客戶。
- 變數 $account 儲存的物件代表銀行帳戶。

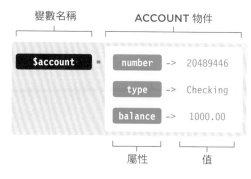

一般會說物件儲存在變數裡，但之後第 530 ～ 531 頁會學到，變數實際上是儲存在所謂的**引用位址**（reference）裡，也就是物件在 PHP 直譯器裡建立的記憶體位置。

當程式碼頁執行完畢，PHP 直譯器將 HTML 網頁發送回去給瀏覽器後，直譯器就會遺忘物件，也就是將物件從記憶體移除，就跟遺忘變數儲存值一樣。

類別是建立物件的樣板

建立物件時使用的樣板，稱為**類別**。類別定義會指定物件具有的屬性名稱和方法。

類別定義會設定：

- 屬性名稱，用於描述該種物件需要儲存的資料。
- 方法，用於定義該種物件可以執行的工作。

每次使用類別產生物件時：

- 提供屬性值，這些值是物件彼此之間形成差異的原因。
- 物件會自動取得類別定義的所有方法。

使用指定類別產生出來的物件，會引用該物件的**實體**。

假設我們產生一個物件來代表銀行帳戶，會提供以下屬性值：

- $number。
- $type。
- $balance。

而且，物件會自動取得以下三個方法：

- deposit()。
- withdraw()。
- getBalance()。

有些程式設計師會將專業術語類別（class）和物件（object）交互使用，但嚴格來講，類別是建立物件時使用的樣板。

建立和使用物件的方法

建立和使用物件之前，我們需要先學習以下步驟：

定義類別作為物件樣板

（請見第 154 頁）

使用類別作為樣板，建立某一種類型的物件。類別定義包含：

- 屬性，負責儲存資料，用來表示某一種類型的物件。
- 方法，內含陳述式，實現該種物件可以完成的工作。

網站需要處理各種類型的物件，針對這些物件建立新的類別。

建立物件，然後儲存為變數

（請見第 155 頁）

建立物件時需要：

- 指定要用來作為樣板的類別名稱。
- 提供屬性值。

物件會自動取得類別定義的方法。

物件建立後，通常會儲存在變數裡，讓其他程式碼也能一起使用。

設定與存取屬性值

（請見第 156 ～ 157 頁）

物件建立完成後，可以：

- 設定屬性值。
- 存取屬性值，應用在其他程式碼裡。

每個物件的實體會儲存不同的屬性值，因為各自表示不同種類物件的實體，例如，不同的客戶或銀行帳戶。

定義與呼叫物件方法

（請見第 158 ～ 159 頁）

方法內定義的陳述式，是為了實現某種物件可以完成的工作。寫法跟函式定義一樣，只是存放的位置變成在類別裡，通常也跟函式一樣有回傳值。

呼叫物件方法時，通常會需要存取或更新物件屬性的值。

PHP 支援的特殊變數 $this，能讓**這個**物件方法搭配屬性值一起使用。

同時建立物件與指定屬性值

（請見第 160 ～ 163 頁）

前面介紹的做法是先建立物件，再設定每個物件各別的屬性值，但我們也可以只用一行程式碼，同時建立物件和指定屬性值。為此，需要在類別裡附加**建構函式**（constructor function）。

PHP 8 以上的版本，還可以在建構函式裡定義物件屬性，如此一來，就不需要在建構函式設定屬性值之前先定義屬性。

控制屬性的存取權限

（請見第 164 ～ 165 頁）

在某些情況下，我們不希望 PHP 網頁直接存取或更新物件屬性值，此時，我們可以建立方法，間接取得或更新這些物件的屬性值。

例如，隱藏 ACCOUNT 物件下的 balance 屬性，使用 getBalance()、deposit() 和 withdraw() 方法，間接處理 balance 屬性儲存的值。

類別：物件樣板

建立**類別定義**時，物件屬性和方法會存放在大括號裡。

建立類別定義時會用到：

- 關鍵字 class。

- 類別名稱，描述我們要建立的物件類型。名稱須採用駝峰式命名法（UpperCamelCase），其中每個單字開頭的第一個字母要大寫，而且不能使用底線。

- 一組大括號，用於建立程式區塊。以括號表示類別定義的起始／結束，每個括號都要從新的一行開始。

- **注意**：表示類別定義結束的右半邊大括號後面不會放分號。

在類別定義的大括號內，列出物件屬性時會用到：

- 表示屬性能見度的關鍵字（請見第 164 頁），以下範例中使用關鍵字 public。

- 屬性具有的資料型態（PHP 7.4 以後版本新增的用法，可以選擇性使用）。

- 屬性名稱，要以美金符號「$」開頭。

撰寫類別方法的語法跟函式定義一樣，差別在於前面要加上表示能見度的關鍵字（請見第 164 頁），以下範例中使用關鍵字 public。

```php
class Account
{
        public int    $number;
        public string $type;
        public float  $balance;

        public function deposit(float $amount): float
        {
            // 執行存款功能的程式碼
        }
        public function withdraw(float $amount): float
        {
            // 執行提款功能的程式碼
        }
}
```

屬性

方法

使用類別建立物件

建立物件需要使用關鍵字 new，後面加上類別名稱和一組小括號。

建立物件時，需要使用：

- 關鍵字 new。
- 作為樣板的類別名稱。
- 小括號，括號裡面可以放參數名稱，做法跟函式一樣，將參數放在小括號裡。建立物件的同時，可以將資料傳給物件。

物件引用位址通常會儲存在變數裡（請見第 150 頁），讓 PHP 網頁其餘部分的程式碼也能使用。為此，我們需要：

- 建立變數來儲存物件，名稱要能描述變數儲存的物件類型。
- 加上指定運算子 =。
- 建立物件（如左側內容所述）。

在上面的範例中，我們用 Account 類別（如左頁所示）建立了一個物件，再用變數 $account 儲存這個物件的引用位址。

這個物件具有三個屬性：$number、$type 和 $balance，都還沒有設定值，下一頁會說明如何指定這些屬性的值。

這個物件還會自動擁有類別定義下的兩個方法。

若要建立第二個物件來表示另一個帳戶，寫法同上，但必須創另一個不同的變數名稱，否則，第二個物件會覆蓋掉第一個物件的內容。

類別定義必須跟使用類別建立的物件，放在同一個網頁程式碼裡。因此，類別定義若需要讓多個網頁程式碼使用，就要放在獨立的檔案裡，才能讓其他網頁引用。檔名要跟類別名稱一樣，例如，Account.php。

存取和更新屬性

存取和更新物件屬性的方法跟變數一樣。如果物件是儲存在變數裡，要先指定變數名稱，然後使用物件運算子，指定我們想要處理的屬性。

存取屬性

存取屬性值時需要使用：

- 儲存物件的變數名稱。
- 物件運算子 ->，運算子兩側不能加空格。
- 屬性名稱（注意：此處使用的屬性名稱開頭不用加符號 $）。

物件運算子表示：運算子右側的屬性屬於運算子左側變數中儲存的物件。

以下範例程式碼的作用是在網頁上顯示帳戶餘額的值。

```
echo $account->balance;
```

當屬性的資料型態是設定在類別裡，如果在指定屬性值之前存取屬性，則 PHP 直譯器會產生錯誤，停止運作網頁程式碼。

設定和更新屬性

更新屬性值需要使用：

- 儲存物件的變數名稱。
- 物件運算子 ->，運算子兩側不能加空格。
- 要更新值的屬性名稱。
- 指定運算子 =。
- 更新值（字串值要放在引號內，數字和布林值則不需要）。

如果在設定屬性值的時候，發現該屬性不存在類別定義裡，會將屬性加到物件裡，但只限這個物件有效，其他用相同類別建立的物件則不會加入這個屬性。

```
$account->number  = 20148896;
$account->type    = 'Checking';
$account->balance = 1000.00;
```

後續第 161 頁會說明如何在 __construct() 方法中指定屬性的預設值，以確保使用類別產生物件時，每個屬性都有值。

範例：使用物件屬性

section_a/c04/objects-and-properties.php

```php
<?php
class Customer
{
    public string $forename;
    public string $surname;
    public string $email;
    public string $password;
}

class Account
{
    public int      $number;
    public string   $type;
    public float    $balance;
}

    $customer = new Customer();
    $account  = new Account();
    $customer->email  = 'ivy@eg.link';
    $account->balance = 1000.00;
?>
<?php include 'includes/header.php'; ?>
<p>Email: <?= $customer->email ?></p>
<p>Balance: $<?= $account->balance ?></p>
<?php include 'includes/footer.php'; ?>
```

①
②
③
④
⑤
⑥
⑦
⑧
⑨

1. 定義 Customer 類別及其屬性。

2. 定義 Account 類別及其屬性。

3. 產生 Customer 類別的實體，然後儲存在變數 $customer。

4. 產生 Account 類別的實體，然後儲存在變數 $account。

5. 指定 Customer 物件下 email 屬性的值。

6. 指定 Account 物件下 balance 屬性的值。

7. 引入檔案，將標頭要用的程式碼加到網頁裡。

8. 顯示前面步驟中設定好的兩個屬性值。

9. 引入檔案，將頁腳要用的程式碼加到網頁裡。

試試看：在步驟 5 之後新增程式碼，設定 Customer 物件下顧客名字（forename）與姓氏（surname）的屬性值。

然後在步驟 8 的電子郵件前，顯示顧客姓名。

RESULT

定義與呼叫函式

類別方法是寫在函式定義內的函式。呼叫方法時，需要使用儲存物件的變數名稱、物件運算子和方法名稱。

定義方法

加入類別方法時，需要使用表示能見度的關鍵字（請見第 164 頁，以下範例中使用關鍵字 public），後面跟著函式定義。如果類別方法需要存取或更新物件屬性，就要使用：

- 特殊變數 $this（稱為「**偽變數**」），指出我們想要存取**這個**物件的屬性。
- 物件運算子 ->。
- 想要存取的屬性名稱。

以下範例中的 deposit() 方法具有參數 $amount，呼叫這個方法時，會將屬性 balance 和參數 $amount 兩者的值相加，回傳新的 balance 屬性值。

```php
class Account
{
  public int     $number;
  public string $type;
  public float   $balance;

  public function deposit($amount)
  {
    $this->balance += $amount;
    return $this->balance;
  }
}
```
偽變數

呼叫方法

呼叫方法時需要使用：

- 儲存物件的變數名稱。
- 物件運算子 ->。
- 方法名稱。
- 給方法參數使用的引數值。

以下範例是將 50 元美金存入帳戶。deposit() 方法負責將增加的存款和 balance 屬性值相加，然後回傳新的 balance 屬性值。

使用 echo 命令，將新的帳戶餘額輸出到網頁上。

物件　　　　方法名稱

```php
echo $account->deposit(50.00);
```
物件運算子　　　引數

範例：使用物件方法

section_a/c04/objects-and-methods.php

```php
<?php
class Account
{
    public int     $number;
    public string  $type;
    public float   $balance;

    public function deposit(float $amount): float
    {
        $this->balance += $amount;
        return $this->balance;
    }
    public function withdraw(float $amount): float
    {
        $this->balance -= $amount;
        return $this->balance;
    }
}

$account = new Account();
$account->balance = 100.00;
?>
<?php include 'includes/header.php'; ?>
<p>$<?= $account->deposit(50.00) ?></p>
<?php include 'includes/footer.php'; ?>
```

RESULT

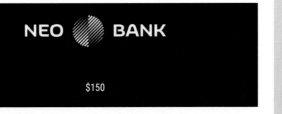

1. 定義 Account 類別及其屬性（同第 157 頁）。

2. 加入 deposit() 方法，其中參數 $amount 是帳戶餘額的值。

3. 傳進函式的值會跟 balance 屬性現存的值相加：
   - $this->balance 負責取得**這個**物件的 balance 屬性。
   - 運算子 += 是將 $amount 的值加到帳戶餘額裡。

4. 回傳新的 balance 屬性值。

5. withdraw() 方法和 deposit() 作用一樣，差別在於 withdraw() 方法是將帳戶餘額減掉 $amount 的值。

6. 使用類別 Account 產生物件，然後儲存在變數 $account 裡。

7. 將物件的 balance 屬性值設定為 100.00。

8. 呼叫 deposit() 方法，將 50.00 元美金存到帳戶裡。回傳更新後的帳戶餘額，然後使用 echo 縮寫，將這個值輸出到網頁上。

試試看：在步驟 8 之後新增程式碼，使用 withdraw() 方法提領出 75 元美金。

建構方法

`__construct()` 方法稱為**建構函式**，使用類別產生物件時，會自動執行這個方法。

在類別定義中加入 `__construct()`（方法名稱的開頭一定是**兩個**底線），使用類別建立物件時，會自動執行方法內的陳述式。

如果使用 `__construct()` 方法，只要一行程式碼，就能建立物件和加入物件的屬性值，不需要使用多行陳述式建立物件，再設定每個物件各別的屬性值（如同第 156 ～ 157 頁的做法）。

以下範例程式使用類別 Account 產生物件，然後儲存在變數 $account 裡。建立物件時，PHP 直譯器會查看類別的 `__construct()` 方法。

將類別名稱後面括號內的引數傳給 `__construct()` 方法（如右頁所示）。在 `__construct()` 方法內，這些值會用來設定物件屬性。

注意：自行定義的函式名稱開頭不能加兩個底線，這個命名慣例是 PHP 專門用來呼叫**魔術方法**（magic method）。

我們不需要在自己寫的程式碼中呼叫這些魔術方法，PHP 直譯器會自動呼叫。

在以下範例中，Account 類別裡的 __construct() 方法具有三個參數：$type、$number 和 $balance，分別對應類別的屬性。

__construct() 方法裡有三行陳述式，這些陳述式會取出參數值，然後用這些值來設定物件屬性。

偽變數 $this 讓我們能存取或更新**這個**物件的屬性（請見第 158 頁）。

如果用左頁的程式碼建立物件，下方的 __construct() 方法會自動執行並且指定以下參數的值：

- 參數 $number 的值是 20148896。
- 參數 $type 的值是 'Checking'。
- 參數 $balance 的值是 100.00。

下一頁的範例會看到如何為這些物件屬性指定預設值。

```php
class Account
{
    public int    $number;
    public string $type;
    public float  $balance;

    public function __construct($number, $type, $balance)
    {
        $this->number  = $number;
        $this->type    = $type;
        $this->balance = $balance;
    }

    function deposit($amount) {...}
    function withdraw($amount) {...}
    function getBalance() {...}
}
```

PHP 8 版本針對類別定義的撰寫方法，加入了更精簡的語法，讓我們在 __construct() 方法的括號內宣告類別屬性。

使用類別產生物件時，提供給 __construct() 方法的引數，會自動作為這些屬性的值，這種做法就稱為「**拔擢建構函式屬性**」（constructor property promotion）。

如果屬性是選擇性參數，還可以指定預設值（請見右側範例的 $balance 屬性），在沒有指定引數的情況下就會使用這個值。

```php
class Account
{
    public function __construct(
        public int    $number,
        public string $type,
        public float  $balance = 0.00,
    ) {}

    function deposit($amount) {...}
    function withdraw($amount) {...}
    function getBalance() {...}
}
```

範例：搭配建構函式的類別

1. 這個 PHP 網頁程式碼一開始就啟用嚴格資料型態，因為方法已經加入型態宣告（請見第 126 ～ 127 頁）。

2. 定義類別名稱及其屬性。

3. 加入前一頁介紹過的 __construct() 方法，設定屬性值，在參數部分加入引數型態宣告。建立物件時如果沒有指定餘額，就會使用預設值 0.00。

4. withdraw() 和 deposit() 這兩個方法負責更新 balance 屬性的值，宣告兩個方法的引數和回傳值型態為 float。（當資料型態宣告為 float，傳入 int 型態的資料時不會引發錯誤。）

section_a/c04/constructor-methods.php `PHP`

```php
<?php
declare(strict_types = 1);
class Account
{
    public int    $number;
    public string $type;
    public float  $balance;

    public function __construct(int $number, string $type, float $balance = 0.00)
    {
        $this->number  = $number;
        $this->type    = $type;
        $this->balance = $balance;
    }

    public function deposit(float $amount): float
    {
        $this->balance += $amount;
        return $this->balance;
    }

    public function withdraw(float $amount): float
    {
        $this->balance -= $amount;
        return $this->balance;
    }
}
```

```php
⑤ $checking = new Account(43161176, 'Checking', 32.00);
   $savings  = new Account(20148896, 'Savings', 756.00);
   ?>

   <?php include 'includes/header.php'; ?>
   <h2>Account Balances</h2>
   <table>
     <tr>
       <th>Date</th>
⑥     <th><?= $checking->type ?></th>
       <th><?= $savings->type  ?></th>
     </tr>
     <tr>
       <td>23 June</td>
⑦     <td>$<?= $checking->balance ?></td>
       <td>$<?= $savings->balance  ?></td>
     </tr>
     <tr>
       <td>24 June</td>
⑧     <td>$<?= $checking->deposit(12.00)  ?></td>
       <td>$<?= $savings->withdraw(100.00) ?></td>
     </tr>
     <tr>
       <td>25 June</td>
⑨     <td>$<?= $checking->withdraw(5.00)  ?></td>
       <td>$<?= $savings->deposit(300.00) ?></td>
     </tr>
   </table>
   <?php include 'includes/footer.php'; ?>
```

RESULT

5. 建立兩個物件，分別表示活期存款帳戶和儲蓄帳戶。

建構函式將括號中的引數值，指定給每個物件的屬性。

6. 在網頁上繪製 HTML 表格，使用兩個物件的 type 屬性，在表格第一列顯示標題。存取屬性時需要使用：

- 儲存物件的變數名稱。
- 物件運算子。
- 屬性名稱。

7. 在表格第二列顯示物件的 balance 屬性值。

8. 呼叫 deposit() 和 withdraw() 方法更新每個帳戶的餘額，然後顯示在表格第三列。

這些方法會回傳新的 balance 屬性值，將值輸出到網頁上。呼叫方法時需要使用：

- 儲存物件的變數名稱。
- 物件運算子。
- 方法名稱，名稱後的括號內帶入引數值。

9. 使用不同引數值，重複步驟 8 的操作，然後將新的值顯示在第四列。

試試看：在步驟 6 建立新的物件，表示高利息帳戶。

重複步驟 7～9，在表格新增列數，顯示更新後的帳戶餘額。

設定屬性和方法的能見度

我們不僅可以防止物件外部的程式碼取得或設定物件內部的屬性值，還可以禁止物件外部的程式碼呼叫物件的方法。

類別的屬性和方法都稱為類別的**成員**，對於使用這個類別建立的物件，我們可以指定物件外部的程式碼是否可以：

● 存取或更新物件的屬性值。

● 呼叫物件的方法。

做法是在宣告屬性或定義方法時，設定屬性和方法的**能見度**。

到目前為止，本章出現的所有屬性和方法名稱前面都是加上單字 public（公開），意思是所有其他程式碼都能使用該物件的屬性和方法。

然而，有時候我們只想讓物件內部的程式碼存取或更新屬性，或者是呼叫物件的方法。我們只要將單字 public 改成 protected（受到保護），就能達到這個目的。

假設 Account 類別具有 balance 屬性，如果這個屬性宣告時使用的能見度關鍵字是 public，表示任何使用 Account 類別建立物件的程式碼，都能取得或更新屬性值。

但如果是為了防止其他程式碼更新 balance 屬性儲存的值，就需要將能見度關鍵字設成 protected。如果類別外部的程式碼試圖存取設為受到保護的屬性，PHP 直譯器就會產生錯誤。

若物件外部的程式碼需要取得受到保護的屬性值，就要在類別裡增加方法來回傳屬性值，這種方法就稱為 **getter**（因為是取得類別裡的值）。

右頁的範例程式在 Account 類別裡，新增了一個方法 getBalance()，功能是回傳 $balance 屬性儲存的值。

若想更新受到保護的屬性值，就要在類別裡增加一個方法來更新這個值，這種方法就稱為 **setter**（因為是設定類別裡的值）。

Account 類別裡的 deposit() 和 withdraw() 這兩個方法，已經用來更新 $balance 屬性儲存的值。

這些修改是確保只有 deposit() 或 withdraw() 方法可以更新帳戶餘額，其他程式碼都不能更新。

如果類別定義沒有指定屬性或方法的能見度，預設是 public，但一般認為比較好的做法是，明確說明屬性或方法的能見度是 public 還是 protected，有助於提升程式碼的理解性。

其實能見度還能設定為 private（私有），使用於更進階的物件導向程式碼裡，不過，這已經超出初學者書籍的範圍。這些設定能見度的關鍵字也稱為**存取修飾詞**（access modifier）。

範例：使用 GETTER 和 SETTER 方法

section_a/c04/getters-and-setters.php

```php
<?php
declare(strict_types = 1);

class Account {
    public    int    $number;
    public    string $type;
    protected float  $balance;

    public function __construct() {...}
    public function deposit() {...}
    public function withdraw() {...}

    public function getBalance(): float
    {
        return $this->balance;
    }
}

$account = new Account(20148896, 'Savings', 80.00);
?>

<?php include 'includes/header.php'; ?>
<h2><?= $account->type ?> Account</h2>
<p>Previous balance: $<?= $account->getBalance() ?></p>
<p>New balance: $<?= $account->deposit(35.00) ?></p>
<?php include 'includes/footer.php'; ?>
```

① protected float $balance;

② public function __construct() {...}
   public function deposit() {...}
   public function withdraw() {...}

③ public function getBalance(): float

④ $account = new Account(20148896, 'Savings', 80.00);

⑤ <h2><?= $account->type ?> Account</h2>

⑥ <p>Previous balance: $<?= $account->getBalance() ?></p>

⑦ <p>New balance: $<?= $account->deposit(35.00) ?></p>

RESULT

SAVINGS ACCOUNT

Previous balance: $80

New balance: $115

1. balance 屬性之前設為 public，現在改為 protected，這樣類別外部的程式碼就看不見這個屬性了。

2. 將現有的方法 deposit() 和 withdraw() 作為 setter 方法使用，用以更新帳戶餘額（程式碼和前面的範例程式一樣）。

3. 在類別裡新增 getter 方法 getBalance()。如果需要顯示 balance 屬性的值，可以利用這個 getter 方法取得受到保護的屬性值。

4. 使用類別 Account 類別產生物件，然後儲存在變數 $account 裡。

5. 顯示帳戶類型。因為這個屬性的能見度是 public，所以能直接存取。

6. 呼叫 getBalance() 方法，顯示 $balance 屬性的值。

7. 呼叫 deposit() 方法，為 $balance 屬性的值增加 35 元美金。這個方法還會回傳新的帳戶餘額，將餘額值輸出到網頁上。

試試看：在步驟 6 之後新增程式碼，使用 withdraw() 方法，從帳戶取出 50 元美金。

將陣列儲存於物件屬性

物件屬性可以儲存陣列，然後利用陣列語法，存取陣列中各別元素。

目前為止我們看到的物件屬性，都是儲存為純量資料型態，例如，字串、數字和布林值。物件屬性還可以儲存為複合資料型態，例如，陣列。在以下範例程式中，Account 物件儲存在變數 $account 裡面，同時還設定了 number 屬性的值。

範例中指定給 number 屬性的值是一個關聯式陣列，包含兩個獨立的值：

- 銀行帳戶號碼。

- 收款銀行代碼（某種銀行用的代碼，在某些國家稱為 BSB）。

```
   物件        屬性              屬性值是陣列
$account->number = ['account_number' => 12345678,
                    'routing_number' => 987654321,];
```

對於已經儲存在物件 number 屬性裡的陣列，若要存取陣列中的值，需要使用：

- 儲存物件的變數名稱。

- 物件運算子。

- 儲存陣列的屬性名稱。

- 要存取的那個陣列項目的鍵值。

由於銀行帳戶號碼和收款銀行代碼是儲存在一個關聯式陣列裡，而這個陣列本身又儲存在 Account 物件的 number 屬性裡，因此，以下範例程式先使用鍵值取出這兩個元素的值，再使用 echo 命令，將值輸出到網頁上（若陣列屬於索引式陣列，鍵值就是想要存取的那個元素的索引值）。

```
        物件        屬性         鍵值
echo $account->number['account_number'];
echo $account->number['routing_number'];
```

範例：將陣列儲存於物件屬性

section_a/c04/array-in-object.php

```php
<?php
declare(strict_types = 1);

class Account {...}
//同第165頁的範例，但此處number屬性的型態
//  是陣列，不是整數
//建立陣列，然後儲存在number屬性裡
$numbers = ['account_number' => 12345678,
            'routing_number' => 987654321,];

//產生類別的實體，同時設定類別屬性值
$account = new Account($numbers, 'Savings', 10.00);
?>
<?php include 'includes/header.php'; ?>
<h2><?= $account->type ?> account</h2>
Account <?= $account->number['account_number'] ?><br>
Routing <?= $account->number['routing_number'] ?>
<?php include 'includes/footer.php'; ?>
```

RESULT

NEO ● BANK

SAVINGS ACCOUNT

Account 12345678
Routing 987654321

左側範例程式的作用是建立一個物件來表示銀行帳戶，將銀行帳戶號碼和收款銀行代碼儲存在物件的 $number 屬性。

1. 此處使用的 Account 類別和前面範例一樣（請見第 165 頁），差異在於 __construct() 方法裡 $number 參數宣告引數型態宣告時，表示參數值會是陣列。

2. 宣告變數 $number，儲存關聯式陣列，包含兩個鍵值：
   - account_number（銀行帳戶號碼）。
   - routing_number（收款銀行代碼）。

3. 使用 Account 類別產生物件。第一個引數是步驟 2 產生的變數 $number，把陣列指定給物件的 $number 屬性。

4. 將帳戶類型輸出到網頁上。

5. 顯示銀行帳戶號碼。

6. 顯示收款銀行代碼。

試試看：請更改步驟 2 中銀行帳戶號碼和收款銀行代碼的值。

將物件儲存於物件屬性

物件屬性可以儲存另一個物件，我們可以分別存取或更新這兩個物件的屬性，以及呼叫物件的方法。

前一頁我們看到物件屬性可以儲存陣列，此處要介紹的是物件屬性可以儲存另一個物件。

在以下範例程式中，指定給 $number 屬性的值是由 AccountNumber 類別產生的新物件（如右頁所示）。

AccountNumber 類別是物件樣板，用於表示銀行帳戶號碼，具有兩個屬性：

- $accountNumber 屬性儲存銀行帳戶號碼。
- $routingNumber 屬性儲存收款銀行代碼（某種銀行用的代碼，在某些國家稱為 BSB）。

範例中的物件是儲存在 Account 物件的 $number 屬性裡，要存取這個物件的屬性或方法，需要使用：

- 儲存 Account 物件的變數名稱。
- 物件運算子。
- 存銀行帳戶號碼的屬性名稱。
- 物件運算子（存取屬性裡的**那個**物件）。
- 想要使用的屬性或方法。

下面的變數 $account 儲存的物件代表銀行帳戶。

第二個物件是使用 AccountNumber 類別產生，儲存在 $number 屬性裡。

使用 echo 命令輸出第二個物件的屬性：$accountNumber 和 $routingNumber。

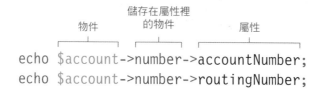

範例：將物件儲存於物件屬性

section_a/c04/object-in-object.php

```php
<?php
declare(strict_types = 1);
class Account {...}
// As p165, but the data type of the number property
// is the class name AccountNumber

class AccountNumber
{
    public int $accountNumber;
    public int $routingNumber;

    public function __construct(int $accountNumber,
                                int $routingNumber)
    {
        $this->accountNumber = $accountNumber;
        $this->routingNumber = $routingNumber;
    }
}

$numbers = new AccountNumber(12345678, 987654321);
$account = new Account($numbers, 'Savings', 10.00);
?>
<?php include 'includes/header.php';?>
<h2><?= $account->type ?> Account</h2>
Account <?= $account->number->accountNumber ?><br>
Routing <?= $account->number->routingNumber ?>
<?php include 'includes/footer.php'; ?>
```

RESULT

SAVINGS ACCOUNT

Account 12345678
Routing 987654321

1. 此處使用的 Account 類別和前面範例一樣（請見第 165 頁），差異在於 __construct() 方法裡 $number 參數宣告引數型態時，表示參數值會是物件（使用 AccountNumber 類別產生）。

2. 為 AccountNumber 類別增加兩個類別定義，具有兩個公有屬性：
   - $accountNumber。
   - $routingNumber。

3. 使用這個類別建立物件時，以建構方法指定值給這些屬性。

4. 使用 AccountNumber 類別產生物件，儲存為變數 $numbers。

5. 使用 AccountNumber 類別建立一個物件，表示銀行帳戶。其中第一個引數是儲存物件的變數，表示銀行帳戶號碼。

6. 將帳戶類型輸出為網頁標題。

7. 顯示銀行帳戶號碼。

8. 顯示收款銀行代碼。

使用物件帶來的好處

使用物件能幫助我們組織程式碼，省下時間，不必再為不同網頁重複撰寫相同的程式碼，更易於維護和共享程式碼。

提升組織性

一個又一個擁有數百行程式碼的 PHP 網頁，實在很難讓人搞清楚每一行程式碼在做什麼。

若能將變數和函式放在同一個類別群組裡，用來表示一個概念，例如，客戶或客戶擁有的帳戶，有助於我們將所有相關程式碼集中於一處。

使用類別產生物件時，程式設計師可以查看類別定義，從中了解：

● 類別屬性中有哪些資料可以使用。

● 使用類別方法能完成哪些工作。

如同本章最後一個範例所示（請見第 171 頁），類別定義通常會單獨儲存在各別的檔案裡（也就是**類別檔案**），方便我們能找出每個類別的程式碼。

提升重複利用性

網站通常會有數個網頁需要表示相同事物的情況，例如，可能會有多個網頁程式碼需要表示客戶或網站會員。

類別定義可以作為建立物件（代表客戶）的樣板，不需要每個網頁都重複宣告變數（儲存代表客戶的資料）和定義函式（代表客戶可以執行的工作）。

所有需要表示客戶的網頁，只需要在網頁程式碼中引入類別檔案，就能使用類別定義作為樣板來建立物件。

程式設計師有時會稱這種做法是遵守 **DRY 原則**（Don't Repeat Yourself，**不要重複自己寫過的程式碼**）。根據這項原則，如果發現自己有重複撰寫程式碼的情況，應該檢查看看是否有函式或物件方法可以代替我們完成工作。

程式設計師有時還會提到**單一功能原則**（single responsibility principle），意思是說每一個函式或方法都應該單獨負責一項工作（而非多工）。有助於將程式碼的重複利用性發揮到最大，提升程式碼的理解性。

提升維護性

謹慎組織程式碼並且盡可能努力重複利用程式碼，能幫助我們更容易維護程式碼。例如：

- 假設我們需要額外儲存一些跟網站客戶有關的資訊，可以在類別定義裡新增屬性來代表客戶，如此一來，每個物件都能使用這項資訊代表客戶。

- 如果需要改變程式碼執行特定工作的方式（例如，計算帳戶利息的方式），我們只需要更新一個類別裡的程式碼，所有使用這個類別建立的物件都會隨之更新。

提升共享性

想想看類別的寫法，就會發現我們只需要知道類別的名稱及其擁有的屬性和方法，不需要了解類別在執行所有工作時，究竟是如何辦到的。使用類別時我們只需要知道：

- 如何以類別建立物件。

- 可以從類別屬性中取得哪些資料。

- 使用類別方法能完成哪些工作。

這樣的做法有助於同一個團隊裡的程式設計師能協力工作，讓不同的程式設計師負責不同的類別定義。

本書下一部分的章節裡，我們會帶讀者看 PHP 直譯器內建的函式和類別，幫助我們建立網頁。不需要知道這些函式和類別如何完成工作，只需要知道如何使用它們。

PHP 基本語法：物件與類別

範例網頁

這個範例網頁會顯示銀行客戶的使用者資訊,及其所擁有的多個帳戶下的餘額。

使用兩個類別定義:

- Customer 類別建立物件,表示銀行客戶。
- Account 類別建立物件,表示每位銀行客戶所擁有的不同帳戶。

這兩個類別會分開放在兩個檔案裡:Customer.php 和 Account.php,儲存在資料夾 classes 裡。

所有使用類別建立物件的網頁程式碼,都會引入類別定義,做法跟每個網頁引入標頭和頁腳檔案一樣。

左側範例網頁:

- 使用 Customer 類別建立 Customer 物件。
- 為 Customer 類別新增屬性 $accounts。
- $accounts 屬性會儲存一個陣列。
- 這個陣列會儲存兩個 Account 物件(使用新的 Account 類別建立),分別表示客戶所擁有的兩種帳戶。

示範如何建立物件階層,讓一個物件包含另一個物件。

這個範例網頁會顯示客戶名稱,使用 foreach 迴圈來處理客戶所擁有的每個帳戶。迴圈內部的陳述式負責顯示每個銀行帳戶的號碼、類型和餘額。

利用條件陳述式檢查使用者的帳戶是否透支,如果是,帳戶餘額會以橘色數字顯示,否則就顯示為白色數字。

範例網頁程式說明

```php
section_a/c04/classes/Account.php                                    PHP

  <?php
① class Account {...} // See p165
```

```php
section_a/c04/classes/Customer.php                                   PHP

  <?php
  class Customer
  {
      public  string $forename;
      public  string $surname;
      public  string $email;
      private string $password;
②     public  array  $accounts;

      function __construct(string $forename, string $surname, string $email,
③                           string $password, array $accounts)
      {
          $this->forename = $forename;
          $this->surname  = $surname;
          $this->email    = $email;
          $this->password = $password;
④         $this->accounts = $accounts;
      }
      function getFullName()
      {
⑤         return $this->forename . ' ' . $this->surname;
      }
  }
```

分別在 Customer.php 和 Account.php 建立兩個
類別定義，儲存在資料夾 classes 裡。所有需要
建立這兩種類型物件的網頁，需要使用 PHP 的
include 陳述式，引入這些類別（請見步驟 5）。

1. 建立 Account 類別（請見第 162 ～ 167 頁）。

2. 以第 157 頁的 Customer 類別為基礎，新增
   $accounts 屬性，儲存物件陣列，陣列中的
   每個物件代表客戶的銀行帳戶。

3. 在建構方法裡加入 $accounts 屬性。

4. 同步驟 3。

5. 新增一個方法，用以回傳客戶的全名。

6. 在需要顯示使用者帳戶資訊的網頁內，引入
   Account 和 Customer 的類別定義，建立物件。

7. 建立索引式陣列，儲存在變數 $accounts。
   陣列內有兩個以 Account 類別產生的物件，
   每個物件代表客戶的銀行帳戶。

8. 建立 Customer 類別的物件，儲存在變數
   $customer，代表客戶。最後一個引數是步驟
   7 產生的銀行帳戶陣列。

```php
<?php
include 'classes/Account.php';
include 'classes/Customer.php';

$accounts = [new Account(20489446, 'Checking', -20),
             new Account(20148896, 'Savings', 380),];

$customer = new Customer('Ivy', 'Stone', 'ivy@eg.link', 'Jup!t3r2684', $accounts);
?>
<?php include 'includes/header.php'; ?>
<h2>Name: <b><?= $customer->getFullName() ?></b></h2>

<table>
  <tr>
    <th>Account Number</th>
    <th>Account Type</th>
    <th>Balance</th>
  </tr>

    <?php foreach ($customer->accounts as $account) { ?>
    <tr>
      <td><?= $account->number ?></td>
      <td><?= $account->type ?></td>
      <?php if ($account->getBalance() >= 0) { ?>
        <td class="credit">
      <?php } else { ?>
        <td class="overdrawn">
      <?php } ?>
      $ <?= $account->getBalance() ?></td>
    </tr>
  <?php } ?>

</table>
<?php include 'includes/footer.php'; ?>
```

⑥ ⑦ ⑧ ⑨ ⑩ ⑪ ⑫ ⑬ ⑭ ⑮

9. Customer 物件新增的 getFullName() 方法回傳客戶的全名，顯示為網頁標題。

10. foreach 迴圈處理的陣列是儲存在 Customer 物件的 $accounts 屬性裡，迴圈內的程式碼負責將每個帳戶儲存在變數 $accounts。

11. 將帳戶號碼和帳戶類型輸出到網頁上。

12. if 陳述式會檢查帳戶餘額是否大於等於 0。

13. 如果是，就使用 CSS 的 class 選擇器樣式 credit，建立 <td> 元素。

14. 如果不是，就使用 CSS 的 class 選擇器樣式 overdrawn，建立 <td> 元素。

15. 輸出銀行帳戶餘額的值。

試試看：請在步驟 7 的陣列裡，新增第三個帳戶資料。

本章重點回顧

PHP 基本語法：物件與類別

❯ 物件將變數和函式放在同一個群組裡，用以表示我們身邊周遭的事物。

❯ 出現在物件裡的變數稱為屬性，函式則稱為方法。

❯ 使用類別作為建立物件的樣板。

❯ 使用類別建立的每個物件，都會具有類別定義所設定的屬性和方法。

❯ 建立物件時會執行 __construct() 方法，作用是設定屬性值。

❯ 特殊變數 **$this** 可以存取**這個**物件本身的屬性或方法。

❯ 屬性可以宣告為 public 或 protected，前者允許物件外部的程式碼存取屬性，後者只允許物件內部的程式碼使用。

❯ 類別和物件能幫助我們更有效率地組織、重複利用、維護和共享程式碼。

B

動態網頁設計

Section B 的章節會介紹如何使用 PHP 來建立動態網頁，這類網頁不需要程式設計師手動更改，使用者就能看到改變過後的網頁內容。

Section A 介紹了 PHP 語言的基礎語法，PHP 如何：

- 利用變數和陣列儲存資料。
- 利用運算子從多個資訊產生一個值。
- 利用條件式和迴圈判斷程式碼執行的時機。
- 利用函式和類別整合多組相關陳述式。

這部分的章節將學習，如何應用先前學過的這些基礎觀念來產生動態網頁。電腦本質上就是機器，要利用程式設計才能：

- 接受資料，也就是**輸入**。
- **處理**資料，然後使用資料執行工作。
- 產生使用者能看到或聽到的**輸出**內容。
- 還能選擇性**儲存**資料，留待日後使用。

在這個部分的章節裡，讀者要學習撰寫的 PHP 網頁跟基礎程式一樣，會接受來自網頁瀏覽器輸入的資料，處理資料，然後利用資料輸出為每位網站訪客量身制定的 HTML 網頁。這個部分的內容將帶領讀者學習：

- 使用一組 PHP 的函式和類別。
- 蒐集和處理瀏覽器發送過來的資料。
- 處理使用者上傳的圖像和其他檔案。
- 利用 Cookie 和 Session 來儲存網站訪客的資料。
- 處理錯誤和排除程式碼產生的問題。

閱讀這部分的章節內容時，需要了解 PHP 直譯器如何處理和回應收到的請求。

伺服器會依照傳輸協定和編碼模式制定的規則，處理網頁的請求。

HTTP 請求和回應

超文本傳輸協定（HyperText Transfer Protocol，簡稱 **HTTP**）這套規則是用於控制瀏覽器和伺服器之間的溝通方式，也是造成網站位址開頭為什麼會有 http:// 或 https:// 的原因。HTTP 負責指定：

- 當瀏覽器請求某個檔案時，要發送給伺服器的資料。
- 當伺服器要回應檔案請求時，要發送給瀏覽器的資料。

編碼模式

電腦表示文字、圖像和聲音時是使用二進位資料，這是由 0 和 1 組成的一連串資料。

為了將我們看到和聽到的東西轉換成這種電腦能處理的 0 和 1，電腦使用的轉換規則就是**編碼模式**。如果不告訴 PHP 電腦是使用哪一種編碼模式，就無法以正確的方式來處理或顯示資料。

PHP 直譯器搭配以下數種工具，幫助我們建立動態網頁：

陣列、函式和類別

PHP 直譯器搭配多組：

- **超全域性陣列**：每次請求某個檔案時就會產生這些陣列。
- **內建函式**：用於執行程式設計師經常需要完成的工作。
- **內建類別**：用於產生程式設計師經常需要處理的物件。

錯誤訊息

PHP 直譯器遇到問題時會產生**錯誤訊息**，學習怎麼讀懂這些訊息，有助於將來修正程式碼發生的問題。

偏好設定

跟其他許多軟體一樣，PHP 直譯器和網頁伺服器也都能控制偏好設定。後續會說明如何使用文字檔案，為這兩個軟體改變偏好設定。

HTTP 請求和回應

超文本傳輸協定（HyperText Transfer Protocol，簡稱 HTTP）這套規則是用於指定瀏覽器**請求**網頁的方式和伺服器**回應**請求的格式，有助於理解發送資料過程中的每個步驟。

網頁瀏覽器**請求** PHP 網頁時，瀏覽器的位址欄中會顯示網址，指出瀏覽器要如何找到該網頁。每個網址都具有：

- **傳輸協定**（protocol）：網頁使用 HTTP 或 HTTPS。
- **主機**（host）：將請求發送到這個伺服器。
- **路徑**：指出瀏覽器請求的檔案。
- 選擇性附加**查詢字串**：附加網頁可能會需要的額外資料。

查詢字串會加在網址尾端，每一個發送資料跟變數一樣，都具有：

- **名稱**：用於說明發送資料的內容，每次使用網址時，這個名稱會一樣。
- **資料值**：每次請求網頁時都可以改變值。

瀏覽器請求網頁時，還會發送 **HTTP 請求標頭**（HTTP request header）給伺服器，這些內容不會顯示在瀏覽器的主視窗裡（跟網址一樣），但可以在開發工具裡檢視，多數瀏覽器都會附加這項工具（請參見以下螢幕截圖）。

標頭內含伺服器可能會用到的資料，類似變數，標頭具有：

- **名稱**：用於說明發送了什麼資料，每次使用網址時，這個名稱會一樣。
- **資料值**。

在下方的螢幕截圖裡，標頭內含：

- 網站訪客使用的語言，此處是美語，提供多語言環境的網站會讓訪客選擇正確顯示的語言。
- 使用者請求是來自哪一個網址的網頁。
- 瀏覽器資訊，此處是 Mac 版的 Chrome，執行環境是 OSX。用於判斷要將網站訪客傳送到桌機版還是行動版網站。

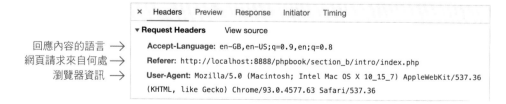

網頁伺服器收到 PHP 網頁的請求，會以下列步驟**回應**：

- 尋找網址所請求的 PHP 檔案。
- 讓 PHP 直譯器去處理 PHP 檔案內的所有 PHP 程式碼。
- 將網址請求的 HTML 網頁發送回去給瀏覽器。

伺服器將 HTML 網頁發送回去給瀏覽器時，同時還會夾帶 **HTTP 回應標頭**給瀏覽器，標頭內含伺服器可能需要知道的資料，跟本次回傳的檔案有關。HTTP 回應標頭跟請求標頭一樣，每個標頭都具有名稱和資料值（跟變數一樣），可以用瀏覽器的開發工具檢視。在以下的螢幕截圖裡，伺服器發送 HTTP 回應標頭，目的是讓瀏覽器知道：

- 本次回傳檔案的媒體類型和編碼模式，確保瀏覽器能正確顯示檔案。
- 檔案的發送日期和時間。
- 發送檔案的網頁伺服器類型。

更新 HTTP 回應標頭的做法有：

- 使用 PHP 直譯器的偏好設定（請參見第 196 ～ 199 頁）。
- 使用內建函式 header()（請參見第 226 ～ 227 頁）。

瀏覽器收到 HTML 檔案後，顯示方法跟所有 HTML 網頁一樣。

伺服器還會送回兩項資料，用於表示這次的請求是否成功：

- 三位數的**狀態碼**是供軟體判讀。
- **狀態說明**是供人類閱讀。

請求成功時，回傳的狀態碼是「200」，狀態說明是「OK」（成功）。如果伺服器沒找到檔案，會回傳狀態碼「404」，狀態說明是「Not found」（找不到檔案）。瀏覽網頁時，你可能曾經看過以下這樣的內容，表示伺服器沒找到你要求的網頁。

Not Found

The requested URL /code/section_b/c5/test.php was not found on this server.

下表列出幾個常用的 HTTP 狀態碼及其說明。例如，狀態碼「301」和「404」分別表示「檔案所在位置已永久改變」以及「找不到檔案」，其作用是幫助搜尋引擎在發現網頁連結已經刪除或移到新的網址時，從索引中尋找網站。

狀態碼	狀態說明
200	成功
301	檔案所在位置已永久改變
307	重新導向檔案的暫存位置
403	禁止使用檔案
404	找不到檔案
500	伺服器內部發生錯誤

× Headers Preview Response Timing
▼ **Response Headers**　　view source

媒體類型和編碼模式 →　**Content-Type:** text/html; charset=UTF-8
發送日期 →　**Date:** Fri, 15 Jan 2021 15:47:46 GMT
伺服器類型 →　**Server:** Apache/2.4.46 (Unix) OpenSSL/1.0.2u PHP/8.0.0

利用 HTTP GET 和 HTTP POST 發送資料

瀏覽器要發送資料給伺服器時，可以利用 HTTP 指定的兩種方法：HTTP GET 是把資料放在查詢字串裡，然後加在 URL 的結尾；HTTP POST 則是將資料加進 HTTP 標頭。

透過 **HTTP GET** 發送資料給網頁伺服器時，瀏覽器是將資料放在查詢字串裡，再將查詢字串加到該網頁網址的結尾，需以問號隔開網頁網址和查詢字串。

一個查詢字串可以具有多組查詢名稱和值，每個名稱和值之間需以等號隔開。

若查詢字串中有多組名稱和值，則每一組之間要以 & 隔開。

透過 **HTTP POST** 發送資料時，瀏覽器是將多組查詢名稱和值另外加到 HTTP 請求標頭裡。瀏覽器可以在一次請求裡，發送多組查詢名稱和值給伺服器。

標頭的內容不會顯示在瀏覽器的主視窗裡，但可以在開發工具裡檢視，多數瀏覽器都會附加這項工具。從以下截圖可以看到三個標頭及其對應的值。

利用連結和表單發送資料

HTML 在請求網頁的同時，可以利用連結和表單發送額外的資料給伺服器。

連結（link）是使用查詢字串來發送額外的資料給伺服器。放進查詢字串裡的資料通常是要求伺服器取得指定資訊，然後在伺服器要回傳的網頁裡顯示資料。

瀏覽器要從伺服器取得資訊時，通常會使用 HTTP GET，而且，每位網站訪客取得的資訊都一樣。例如，當網站訪客：

- 點擊連結時，網頁會顯示指定的資訊。
- 在表單裡輸入想要搜尋的項目。

程式設計師有時會稱這類的請求是**安全互動**（safe interaction），因為使用者不需要對他們執行的操作行為負責，例如，使用者不需要同意使用條款或是購買產品。

表單（form）則是讓使用者輸入文字或數字、選擇清單裡的其中一個項目，或是選擇核取方塊。發送表單資料時，可以加到查詢字串或是 HTTP 標頭裡。

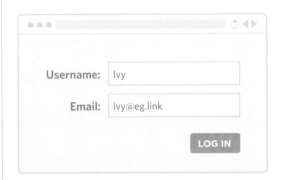

當使用者發送（或發布）資訊給伺服器時，通常是利用 HTTP POST，用於辨識使用者身分，或是更新使用者儲存在伺服器上的資料。例如，當網站訪客：

- 登入個人帳號。
- 購買產品。
- 訂閱服務。
- 同意使用條款。

在這些情況下，使用者必須為自己的操作行為負責，因為他們要填寫表單內容，然後提交出去。

保障伺服器收發資料的安全性

具有敏感性的資料在瀏覽器和伺服器之間相互傳送時，應該先進行加密。**加密**（Encryption）是將資料編碼，使資料內容無法任意讀取，**解密**（Decryption）則是將資料轉換回可以讀取的格式。

透過網際網路發送資料時，資料在發送過程中會跨越不同的網路，通過許多路由器和伺服器，最後才能抵達目的地。資料在旅行途中，任何未經授權的對象都可能會存取和嘗試讀取資料內容。

任何網站若有蒐集會員資訊或是在網頁中顯示會員個人資料，都要負起責任確保資料能在瀏覽器和伺服器之間安全傳輸。

為了在瀏覽器和伺服器之間安全收發資料，網站會使用**加密版** HTTP（HyperText Transfer Protocol Secure，簡稱 **HTTPS**）。HTTPS 是另外在原本的 HTTP 裡加入其他規則，負責控管資料如何在瀏覽器和伺服器之間安全傳輸。

透過網際網路發送資料時，必須對資料加密，這涉及到改變資料，即使資料在傳送途中遭到攔截，攔截資料的人也無法讀取內容。

加密訊息的做法是以不同的字元集來取代訊息裡原本的字元，並且使用一組稱為**密碼**（cipher）的規則。

接收訊息的人需要解密訊息，才能讓訊息重新變回可以讀取的狀態。想要解密訊息，接收者就必須知道訊息的加密方式。

解密訊息需要的資料就稱為**金鑰**，因為這是用來「解鎖」訊息的鑰匙。

1. 使用者提交表單，瀏覽器會加密資料。

2. 傳輸過程中，無法讀取已經加密的資料。

3. 伺服器使用金鑰來解密資料。

NKFAyGCNYKdbNCDTA+XIwR698oP
pAdN1ghyUmRPtkE8y2evzf8LEMe
rOQ89N6XJN2AFt919bAr+qk/qSv
C6b/dRAbb6NqIYXqc6sOIZta/VZ
lUwJTUJHOIo6Qj68+paMgZX/6wX
XOf2VWLxxBM7XwU7ufVZ53VLQA+
mz/wA4jbAFevz8y2f8dbNCBW2wA

在瀏覽器和伺服器之間傳送的資料若要使用 HTTPS 加密和解密，必須先在網頁伺服器上安裝**憑證**（certificate），用以說明瀏覽器發送給伺服器的資訊是以何種方式加密。

網頁伺服器要獲得憑證，必須依照以下步驟安裝：

1. 建立**憑證簽署要求**（certificate signing request，簡稱 CSR）。這項要求是由建置網站的網頁伺服器產生，內容看起來就像一連串的隨機字元。

2. 從**憑證授權機構**（certificate authority，簡稱 CA）購買憑證。購買時，這些機構會要求提供憑證簽署要求，以及網站和網站擁有者的相關資訊，每年會收取憑證費用。以下網頁羅列出幾家熱門的憑證授權機構：http://notes.re/certificate-authorities/。

3. 在運行網站的伺服器上安裝憑證（實際上是一個文字檔）。

請注意：由於憑證申請之後不會立即發行，必須在網站正式上線前先行獲得。

利用 MAMP 或 XAMPP 在本機上開發網站時，若設置網頁伺服器運行時使用 HTTPS，不需要購買憑證。請參見以下網頁的操作說明：http://notes.re/local-certificates/ 若要取得憑證簽署要求（CSR），請在主機代管公司的伺服器上安裝憑證，並且檢視這些公司提供的支援文件。

網頁伺服器安裝好憑證後，瀏覽器請求網站時，網址就要改用 https://，而非 http://，而且：

- 瀏覽器會加密請求內容和請求標頭。
- 伺服器會加密回傳的網頁內容和 HTTP 回應標頭。

在使用 https:// 的情況下，瀏覽器通常會在位址欄中顯示掛鎖圖示。

根據過去的使用方式，HTTPS 對 HTTP 請求和 HTTP 回應進行加密時，使用過兩種不同的通訊協定（一組規則）：

- **安全通訊協定**（Secure Sockets Layer，簡稱 **SSL**）。
- **傳輸層安全性協定**（Transport Layer Security，簡稱 **TLS**）。

常常會聽到有些人將專業術語「SSL」和「TLS」交互使用，但就技術面來看，這兩者是不同的協定。

讀者可以將 TLS 視為更新版的 SSL，所以應該在網站上使用 TLS 通訊協定。

編碼模式

電腦表示文字、圖像和聲音時是使用**二進位資料**，這是由 0 和 1 組成的一連串資料。**編碼模式**負責把我們看到或聽到的內容，轉換成電腦能處理的 0 和 1。

了解編碼模式所扮演的角色很重要，原因在於，當電腦將我們所看到文字、圖像以及聽到的聲音和二進位資料相互轉換時，若使用錯誤的編碼模式，就無法正確顯示／撥放這些資料內容。

電腦處理和儲存所有資料時都是用**位元**（bit，也就是**二進位數字**）表示，一個位元代表 0 或 1。所以，電腦裡的一切都是以 0 和 1 表示，包含我們輸入的字母、看到的圖像、聽到的聲音等等。從下圖可以看到，單字「HELLO」中的每一個字母都相當於一串二進位數字：

H	E	L	L	O
01001000	01000101	00101100	00101100	01001111

如上圖所示，即使是簡單的資料也需要大量的位元，一連串的八位元就稱為**位元組**（byte）。

編碼模式是一套電腦使用的規則，用於將我們所看到文字、圖像以及聽到的聲音轉換成二進位資料（由 0 和 1 組成的），電腦才能對這些資料進行處理和加以儲存。

- 輸入文字、上傳圖像或錄音，都會使用編碼模式將這些內容轉換成 0 和 1。
- 電腦顯示文字和圖像或是撥放聲音檔時，也會使用編碼模式將 0 和 1 轉換成我們能看懂或聽懂的內容。

圖像編碼模式是指定位元表示圖像的方法，電腦圖像由許多正方形組成，稱為像素（pixel）。下圖這個愛心圖示是由基本的黑白正方形組成，分別以 0 表示每個白色正方形，以 1 表示每個黑色正方形。

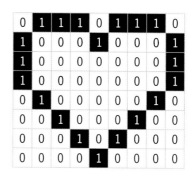

若電腦要重現彩色圖像，必須知道哪個像素是哪個顏色，這會需要更多資料。此外，不同圖像格式（例如，GIF、JPEG、PNG 和 WebP）以 0 和 1 來表示每個像素的顏色時，還會使用不同的編碼模式。

電腦處理圖像時，會改變每個像素儲存的資料，例如，使用濾鏡能讓圖像裡的每個像素變深或變淺、裁剪圖像時會移除圖像邊緣等等。

字元編碼模式是指定如何以位元表示文字的方法，某些字元編碼模式能比其他模式支援更多字元。當編碼模式支援越多字元，處理這些字元時，資料就需要越多位元組。

建立網站時為了支援國際使用者，網站使用的字元編碼模式就需要支援網站訪客使用的語言。

ASCII（美國標準資訊交換碼）

ASCII 是早期發展出來的字元編碼模式，使用 7 個位元資料來表示每個字元。因為只用 7 個位元資料表示 0 和 1，最多只有 128 種可能的組合，這也成為 ASCII 碼的缺點，無法產生足夠的組合來支援每種語言使用的所有字元。ASCII 碼實際上只有支援 95 個文字字元。

ISO 8859-1

ISO 8859-1 使用 8 個位元（1 個位元組）的資料來表示每個字元，多了一個位元意味著能產生足夠的 0 與 1 組合，不僅能表示跟 ASCII 一樣的字元，還能表示西歐語言裡使用的重音符號字元。可是，不支援使用不同字元集的語言，例如，中文、日文或俄文。

UTF-8

UTF-8 能表示每一種語言的所有字元，是目前建置網站時最佳的字元編碼模式。

為了支援這些語言，UTF-8 表示每個字元時，需要的資料量高達 4 個位元組（每個位元組有八個 0 與 1 組成的二進位數字）。表示字元時若使用一個以上的位元組資料，稱為**多位元組字元**（**multi-byte characters**）。例如，下表裡有三種不同的貨幣符號，每一個符號都相當於一串二進位數字：

符號	二進位資料	位元組
$	00100100	1
£	11000010 10100011	2
€	11100010 10000010 10101100	3

了解字元編碼模式的運作原理很重要，因為：

- 許多地方都必須指定字元編碼模式。
- 影響到我們能使用哪些字元。
- 決定有哪些內建函式可以使用。

內建函式

有些 PHP 直譯器的內建函式具有參數，可以指定要使用的字元編碼模式。

某些內建函式還能搭配特定的字元編碼模式一起使用。例如，PHP 有個函式的作用是計算字串的字元數，如果預設的字元編碼模式是 ISO 8859-1，PHP 就加入這個函式，讓這個函式幫忙計算字串使用的位元數（因為一個字元會用到一個位元組資料）。可是，PHP 開始支援 UTF-8 之後，這個函式給出了不正確的計算結果，因為 UTF-8 的每個字元可能會使用一個以上的位元組。為此，PHP 加入新的內建函式，計算多位元組字元。

PHP 直譯器的偏好設定

PHP 直譯器將產生的網頁發送回瀏覽器的同時，會告訴瀏覽器該網頁使用的字元編碼模式，瀏覽器才能正確顯示資料。PHP 直譯器的偏好設定可以設定產生 HTML 網頁時使用的編碼模式，如果瀏覽器沒有設定正確的編碼模式，遇到不認識的字元，可能會顯示 � 符號或是完全無法顯示網頁內容。

程式碼編輯器

因為 PHP 檔案本身是文字，通常可以用程式碼編輯器來指定 PHP 儲存檔案時使用的字元編碼模式。在幾個熱門的程式碼編輯器裡，要如何設定字元編碼模式，請參見以下連結的說明：`http://notes.re/editors/set-encoding`。

如果程式碼編輯器的選項裡有「UTF-8 without BOM」（UTF-8 但不使用位元組順序標記），應該要選這個選項。

後續在 Section C 的章節內容裡會提到，資料庫也需要知道網站使用的編碼模式。

PHP 直譯器的內建工具

Section B 整體內容是認識 PHP 內建工具，了解這些工具如何幫助我們產生動態網頁。

本書先前提過 PHP 直譯器是一套在網頁伺服器上執行的軟體。我們平常在桌上型或筆記型電腦上開啟的軟體（例如，文書處理或圖像編輯軟體），大多會有「圖形化使用者介面」（graphical user interface，簡稱 GUI）。所謂的 GUI 是使用者利用軟體提供的工具列、選單的選項等等圖形設計介面，以軟體專門提供的功能完成工作，然後將工作結果顯示在螢幕上。

PHP 直譯器雖然沒有支援 GUI 設計，但有支援一套內建陣列、函式和類別。PHP 檔案裡的 PHP 程式碼使用這些內建工具，執行平常處理資料和產生要送回給 HTML 網頁時需要執行的工作。

PHP 直譯器還支援使用文字檔，控制使用者偏好設定，記錄可能發生的錯誤。

超全域性陣列

（請見第 190 ～ 191 頁）

瀏覽器每次請求 PHP 網頁時，PHP 直譯器會產生一組**超全域性陣列**，讓網頁裡的 PHP 程式碼可以存取和使用這組陣列內的資料。

超全域性陣列都屬於關聯式陣列，所以使用陣列時需要知道：

● 陣列名稱。

● 陣列中的所有鍵值。

● 每個鍵值對應的儲存內容。

PHP 直譯器產生完 HTML 網頁，將網頁發送回瀏覽器後，就會遺忘這些陣列內的資料，因為這些資料僅適用於該網頁的單次請求使用。

下次執行檔案時又能存取一組超全域性陣列，陣列會內含和**那次**特定請求相關的資料。

內建函式

（第 192 ～ 193 頁、第 5 章）

跟具有 GUI 設計的軟體比較，**內建函式**的作用相當於軟體選單上可以找到的命令。例如，某個函式的作用是把從字串裡搜尋出來的字元，取代為其他字元，跟文書處理軟體中的「尋找」和「取代」功能一樣。PHP 程式碼則是以呼叫函式的做法來取代 GUI 的選單功能。

本書第三章已經介紹過如何定義函式和呼叫函式，內建函式的呼叫方法也是一樣，只不過網頁不需要引入函式定義，因為這些函式都已經內建在 PHP 直譯器裡。

使用內建函式時，需要知道：

● 函式名稱。

● 函式需要的參數。

● 函式回傳值（或是網頁上會顯示的內容）。

內建類別

（請見第 318 ～ 327 頁）

內建類別的作用是產生程式設計師經常需要處理的物件。例如，`DateTime` 類別產生的物件可以表示日期和時間，類別提供的屬性和方法能讓我們使用物件的日期和時間進行一些操作。

本書第四章已經介紹過如何定義類別，以及使用類別來產生物件。網頁使用內建類別產生物件時，不需要引入類別定義，因為這些類別已經內建在 PHP 直譯器裡。

使用內建類別時，需要知道以類別產生物件的方法以及：

- 類別的屬性。
- 類別的方法。
- 每個方法的參數。
- 每個方法的回傳值 。

錯誤訊息

（請見第 194 ～ 195 頁、第 10 章）

PHP 直譯器在執行程式碼的過程中，如果遇到錯誤，會產生錯誤訊息。

網站還在開發階段時，PHP 直譯器會將錯誤訊息顯示在發送回去給瀏覽器的網頁裡，讓開發人員立刻看到執行網頁時發生的任何錯誤。

網站正式上線後，就會隱藏錯誤訊息，不讓網站訪客看到。由於開發人員無法在錯誤發生的當下立即得知（開發人員不可能一直緊張兮兮地盯著每位使用者），所以會先將錯誤訊息儲存在文字檔裡，也就是伺服器上的**紀錄檔**（log file），開發人員再檢查紀錄檔，確認是否遇到任何網站開發過程中遺漏的錯誤。

偏好設定

（請見第 196 ～ 199 頁）

桌面應用軟體通常會搭配選單選項，這些選項會跳出視窗，讓使用者控制使用偏好或軟體如何操作的選項。例如，文書處理軟體的偏好設定，可能是讓使用者選擇文件的紙張大小或預設語言。

PHP 直譯器和網頁伺服器因為沒有支援 GUI，所以會用文字檔來控制各種設定。例如，有些設定是控制 PHP 直譯器是否應該在螢幕上顯示錯誤訊息，或是將錯誤訊息儲存至紀錄檔，以及記錄錯誤的檔案應該放在伺服器的何處。

產生 PHP 網頁的程式碼編輯器也可以用來編輯這些文字檔。

超全域性陣列

每次請求網頁時，PHP 直譯器都會產生超全域性陣列，$_SERVER 是其中一個例子，每個超全域性陣列都提供了 PHP 程式碼可以使用的資料。

超全域性陣列都屬於關聯式陣列，所以使用陣列時需要知道：陣列名稱、每個陣列的鍵值以及每個鍵值儲存的內容。

超全域性陣列 $_SERVER 儲存的資料內容包含：

- 瀏覽器（由 HTTP 標頭發送）。
- HTTP 請求的類型（GET 或 POST）。
- 瀏覽器請求的網址。
- 檔案在伺服器上的位置。

取出超全域性陣列儲存的資料時，使用方法跟所有關聯式陣列一樣。下列命令是將使用者瀏覽器的 IP 位址儲存到變數 $ip：

超全域性陣列

$ip = $_SERVER['REMOTE_ADDR'];

鍵值

鍵值	用途
$_SERVER['REMOTE_ADDR']	瀏覽器的 IP 位址。
$_SERVER['HTTP_USER_AGENT']	請求網頁的瀏覽器類型。
$_SERVER['HTTP_REFERER']	當訪客透過某個連結拜訪這個網頁，瀏覽器會發送導向這個網頁的連結網址，但不是所有瀏覽器都會發送這個資料。
$_SERVER['REQUEST_METHOD']	HTTP 請求的類型：GET 或 POST。
$_SERVER['HTTPS']	如果網頁是透過 HTTPS 存取，才會將回傳值 true 加入陣列。
$_SERVER['HTTP_HOST']	主機名稱（網域名稱、IP 位址、本機名稱等等）。
$_SERVER['REQUEST_URI']	統一資源標識符（Uniform Resource Identifie，簡稱 URI），跟在主機名稱**後**，用於請求網頁。
$_SERVER['QUERY_STRING']	查詢字串的資料內容。
$_SERVER['SCRIPT_NAME']	目前執行檔案的相對路徑（從文件根目錄到檔案所在位置）。
$_SERVER['SCRIPT_FILENAME']	目前執行檔案的絕對路徑（從系統根目錄到檔案所在位置）。
$_SERVER['DOCUMENT_ROOT']	從系統根目錄到目前執行檔案的文件根目錄。

文件根目錄和系統根目錄之間的差異，請參見此處連結的說明：http://notes.re/php/filepaths

超全域性陣列 $_SERVER 的資料

超全域性陣列 $_SERVER 中每個元素各自儲存不同的資訊，這些資訊都跟 HTTP 請求或想要請求的檔案有關。

以下範例程式選取了幾個超全域性陣列 $_SERVER 中的鍵值，寫出不同鍵值儲存的資料內容。

PHP   section_b/intro/server-superglobal.php

```
<table>
  <tr><th colspan="2" class="title">Data About Browser Sent in HTTP Headers  </th></tr>
  <tr><th>Browser's IP address     </th><td><?= $_SERVER['REMOTE_ADDR'] ?>       </td></tr>
  <tr><th>Type of browser          </th><td><?= $_SERVER['HTTP_USER_AGENT'] ?></td></tr>
  <tr><th colspan="2" class="title">HTTP Request                               </th></tr>
  <tr><th>Host name                </th><td><?= $_SERVER['HTTP_HOST'] ?>         </td></tr>
  <tr><th>URI after host name      </th><td><?= $_SERVER['REQUEST_URI'] ?>       </td></tr>
  <tr><th>Query string             </th><td><?= $_SERVER['QUERY_STRING'] ?>      </td></tr>
  <tr><th>HTTP request method      </th><td><?= $_SERVER['REQUEST_METHOD'] ?>    </td></tr>
  <tr><th colspan="2" class="title">Location of the File Being Executed         </th></tr>
  <tr><th>Document root            </th><td><?= $_SERVER['DOCUMENT_ROOT'] ?>     </td></tr>
  <tr><th>Path from document root  </th><td><?= $_SERVER['SCRIPT_NAME'] ?>       </td></tr>
  <tr><th>Absolute path            </th><td><?= $_SERVER['SCRIPT_FILENAME'] ?></td></tr>
</table>
```

RESULT

DATA ABOUT BROWSER SENT IN HTTP HEADERS	
BROWSER'S IP ADDRESS	::1
TYPE OF BROWSER	Mozilla/5.0 (Macintosh; Intel Mac OS X 10_15_7) AppleWebKit/605.1.15 (KHTML, like Gecko) Version/14.0.2 Safari/605.1.15
HTTP REQUEST	
HOST NAME	localhost:8888
URI AFTER HOST NAME	/phpbook/section_b/intro/server-superglobal.php
QUERY STRING	
HTTP REQUEST METHOD	GET
LOCATION OF THE FILE BEING EXECUTED	
DOCUMENT ROOT	/Users/Jon/Sites/localhost
PATH FROM DOCUMENT ROOT	/phpbook/section_b/intro/server-superglobal.php
ABSOLUTE PATH	/Users/Jon/Sites/localhost/phpbook/section_b/intro/server-superglobal.php

利用內建函式顯示變數資料

此處舉一個 PHP 內建函式的例子 var_dump()。在網站開發過程中，這個函式能幫助我們確認變數保存的值和變數的資料型態。

使用（或呼叫）內建函式時，只需要知道函式名稱、參數和回傳值（或是網頁上會顯示的內容）。

var_dump() 這個函式只有一個參數：變數名稱，沒有回傳值，函式作用是將變數儲存的值顯示在程式碼產生的 HTML 網頁裡。

```
var_dump($variable);
```

如果變數儲存的內容是陣列，會先顯示單字「array」，後面跟著的括號裡會顯示陣列的元素個數。

如果變數儲存的內容是純量值（字串、數字或整數），會顯示變數的資料型態和值。

如果變數值是字串，資料型態後面的括號裡會顯示字串的字元數。

```
資料型態   字串長度   值
string(3) "Ivy"
```

再來是成對的大括號，顯示每個陣列元素的鍵值、資料型態和資料值。

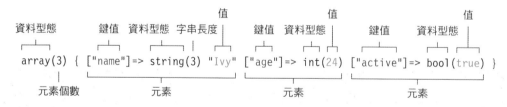

如果變數儲存的內容是物件，會顯示單字「object」、物件所屬的類別名稱和屬性數量。

再來是每個屬性的名稱、資料型態和資料值（方法則不會顯示）。

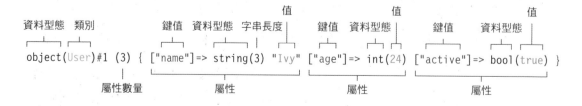

範例：顯示變數內容

section_b/intro/var-dump.php

```php
<?php
$username   = 'Ivy';

$user_array = [
    'name'   => 'Ivy',
    'age'    => 24,
    'active' => true,
];

class User
{
    public $name;
    public $age;
    public $active;
    public function __construct($name, $age, $active) {
        $this->name   = $name;
        $this->age    = $age;
        $this->active = $active;
    }
}

$user_object = new User('Ivy', 24, true);
?>
...
<p>Scalar:  <?php var_dump($username); ?></p>
<p>Array:   <?php var_dump($user_array); ?></p>
<p>Object:  <?php var_dump($user_object); ?></p>
```

① ② ③ ④ ⑤

左側範例程式是先產生變數，將純量資料、陣列和物件儲存在變數裡，然後利用 var_dump() 函式，顯示每個變數儲存的內容。

1. 變數 $username 將網站會員名稱儲存為字串。

2. 變數 $user_array 儲存的陣列內容有：會員姓名、年齡和會員帳號是否仍在使用中。

3. 建立類別 User，作為物件樣板，用於表示網站會員。這個類別具有三個屬性：使用者姓名、年齡和會員帳號是否仍在使用中。

4. 使用類別 User 產生物件，然後儲存在變數 $user_object 裡。

5. 使用 var_dump() 函式，顯示這些變數儲存的值。

注意： 在 PHP 程式碼區塊前後加上 HTML 標籤 <pre>，可以將資料分散成好幾行顯示，提升程式碼的可讀性。

```
<pre>
<?php var_dump($username) ?>
</pre>
```

RESULT

```
Scalar: string(3) "Ivy"

Array: array(3) { ["name"]=> string(3) "Ivy" ["age"]=> int(24) ["active"]=> bool(true) }

Object: object(User)#1 (3) { ["name"]=> string(3) "Ivy" ["age"]=> int(24) ["active"]=> bool(true) }
```

錯誤訊息

PHP 程式碼出現任何問題時，PHP 直譯器會產生錯誤訊息，幫助我們修正錯誤。

PHP 直譯器在執行程式碼的過程中，如果遇到問題，會產生錯誤訊息。檢視訊息的方法有兩種：

- 發送給瀏覽器的 HTML 網頁會顯示錯誤訊息。
- 文字檔 **error log**（錯誤紀錄）會儲存錯誤訊息。

每一項錯誤訊息都會包含以下四塊資訊，幫助我們找出問題所在之處，進而修正錯誤：

- **錯誤等級**，也就是錯誤的嚴重程度，各等級的錯誤說明請參見下表。
- 描述錯誤。
- 發生錯誤的檔案名稱。
- 發生錯誤的行數。

網站還在開發階段時，PHP 直譯器會將錯誤訊息顯示在發送回去給瀏覽器的網頁裡，讓開發人員能立刻看到當下發生的錯誤。網站正式上線後，錯誤訊息會先儲存在伺服器上的文字檔 error log，不讓網站訪客看到，本書後續內容（第 352 ～ 353 頁）會教讀者如何改變這項設定。

Section B 的範例程式碼是將錯誤訊息顯示在 HTML 網頁裡。讀者嘗試練習 Section B 的範例程式時，如果看到錯誤訊息，請不要感到沮喪。這些訊息是幫助你找出程式碼存在的問題，提點你該如何解決問題，後續第十章會學到更多處理錯誤的技巧。

錯誤等級	說明
PARSE	PHP 程式碼發生語法錯誤，會阻止 PHP 直譯器執行網頁。
FATAL	PHP 程式碼發生致命錯誤，錯誤所在位置之後的所有程式碼會停止運作。
WARNING	某一行程式碼**可能**會引起問題，但 PHP 直譯器會嘗試繼續執行網頁的其餘部分。
NOTICE	指出某一行程式碼**或許**有問題，但 PHP 直譯器會嘗試繼續執行網頁的其餘部分。
DEPRECATED	PHP 未來的版本可能會移除這一行 PHP 程式碼。
STRICT	這一行 PHP 程式碼有更好的寫法，而且更能相容於未來的版本。

範例：錯誤訊息

第一次看到錯誤訊息時，會覺得這些文字很神祕，但這些文字裡包含的資訊能幫助我們找出程式碼究竟出了什麼問題。

```
PHP                                    section_b/intro/error1.php

<?php
① echo $name;
② echo ' welcome to our site.';
?>
```

```
RESULT

Warning: Undefined variable $name in
/Users/Jon/Sites/localhost/phpbook/section_b/intro/error1.php on line 2
welcome to our site.
```

```
PHP                                    section_b/intro/error2.php

<?php
③ echo 'Hello ';
   username = 'Ivy';
?>
```

```
RESULT

Parse error: syntax error, unexpected token "=" in
/Users/Jon/Sites/localhost/phpbook/section_b/intro/error2.php on line 3
```

1. 網頁試圖寫出不存在的變數時，警告訊息表示 error1.php 檔案裡第二行程式碼出現問題：Undefined variable $name（變數 $name 未定義）。由於錯誤等級屬於警告（WARNING），PHP 直譯器會繼續執行。

（在 PHP 7.4 以下的版本裡，這種錯誤是產生通知，而非警告訊息。）

2. 網頁上會寫出文字「welcome to our site.」（請見左側 RESULT 畫面中的最後一行）。

3. echo 陳述式**想要**寫出單字「Hello」，但下一行程式碼發生解析錯誤，因而阻止 PHP 直譯器繼續執行網頁的所有程式碼。

會引起這個錯誤的原因是，變數 $username 的開頭缺少符號 $。

後續第十章會了解更多排除問題的技巧和錯誤訊息。

PHP 直譯器的偏好設

桌上型電腦軟體的偏好設定通常是透過使用者介面上的選單控制，PHP 直譯器和 Apache 網頁伺服器的偏好設定則是使用文字檔案來控制。

Apache 網頁伺服器和 PHP 直譯器都有提供偏好設定，可以控制的項目包含預設使用的字元編碼、發生問題時是否要顯示錯誤訊息給使用者、每一個網頁允許消耗多少記憶體等等，這些控制偏好設定的文字檔可以透過程式碼編輯器編輯。

PHP.INI

文字檔 php.ini 是用於控制 PHP 直譯器偏好設定的預設值，可以改變這個檔案裡的設定內容，但絕對不能移除這個檔案。更動檔案內容後，必須重新啟動網頁伺服器，這些更新值才能生效。

若要找出 php.ini 檔的位置，請呼叫 PHP 內建函式 phpinfo()，這個函式的作用是以 HTML 表顯示 PHP 直譯器的設定內容，請見右頁。出現的第一張 HTML 表裡，標題「**Loaded configuration file**」（載入配置檔案）旁邊的文字就是 php.ini 檔案所在位置的路徑。

有些主機代管公司不允許使用者存取 php.ini 檔，因為這個檔案通常是控制網頁伺服器上所有 PHP 檔案的執行方式，因此，一旦更動設定，可能會影響到同一台伺服器上的其他網站。如果使用者沒有存取 php.ini 檔的權限，可以改用 .htaccess 檔，許多跟 php.ini 檔裡一樣的設定項目都可以透過這個檔案設定。

如果網頁伺服器上有某個檔案需要跟其他 PHP 檔案不同的設定，可以呼叫內建函式 ini_set()，就能覆蓋掉 php.ini 檔裡某些設定項目的內容。

HTTPD.CONF

文字檔 httpd.conf 是用於控制 Apache 網頁伺服器偏好設定的預設值，其中幾個設定跟 php.ini 檔裡的設定相同，必須重新啟動 Apache 伺服器，更動內容才能生效。同樣地，主機不一定會提供 httpd.conf 檔的存取權限給顧客，因為這個檔案通常也是控制整個網頁伺服器的設定。

.HTACCESS

Apache 伺服器允許使用者在網站文件根目錄下的任何資料夾，加入 .htaccess 檔。.htaccess 檔中的規則只能套用在跟 .htaccess 檔同一個目錄及其子目錄下的檔案，會覆蓋掉 httpd.conf 檔和 php.ini 檔裡偏好設定的內容。

.htaccess 檔儲存之後，更動的內容就會立即生效。如果使用者沒有權限使用 httpd.conf 檔或 php.ini 檔，應該就只能使用 .htaccess 檔來執行工作，雖然這會比修改偏好設定的預設值來得慢。

大多數的主機代管公司都允許使用者建立 .htaccess 檔，但會限制使用者能使用的偏好設定（例如，上傳檔案大小的上限）。

作業系統會將 .htaccess 檔視為隱藏檔案，所以需要在檔案總管或 FTP 程式環境下進行設定，才能顯示這些檔案。讀者若想知道如何檢視隱藏檔案，請參見此處連結的說明：
http://notes.re/hidden_files。

本書的範例程式碼使用了多個 .htaccess 檔，不同章節的範例程式會有不同的設定。

檢視 PHP 直譯器的偏好設定

跟多數軟體一樣，PHP 直譯器的偏好設定是控制 PHP 直譯器的運作方式。從 PHP 內建函式 phpinfo() 顯示的表格，可以看到使用者能設置的偏好項目和目前的設定值。

section_b/intro/phpinfo.php

```php
<?php phpinfo(); ?>
```

RESULT

phpinfo() 函式的作用是產生一長串的表格，顯示 PHP 直譯器的偏好設定及其預設值，這些偏好設定會影響 PHP 直譯器執行的每個 PHP 檔案。

左側範例網頁中列出的這些文字檔案，可以用來改變這些偏好設定的內容。

下表說明的設定項目是閱讀 Section B 章節內容時，需要知道如何控制的偏好設定。除非另有註明，否則 Section B 章節裡出現的設定項目都可以在標題「**Core**」底下找到。

設定項目	說明
default_charset	預設的字元編碼（預設值應該是 UTF-8）。
display_errors	HTML 網頁顯示／不顯示錯誤訊息；On：網站開發階段，Off：網站正式上線後。
log_errors	將錯誤訊息儲存／不儲存到紀錄檔；On：網站正式上線後。
error_log	網站正式上線後，寫入錯誤訊息的紀錄檔會存放的路徑。
error_reporting	要記錄哪些錯誤（E_ALL：設定為顯示所有錯誤）。
upload_max_filesize	對瀏覽器上傳到伺服器上的檔案，限制單一檔案大小的上限。
max_execution_time	PHP 直譯器執行腳本執行的最大秒數，超過之後就會停止執行。
date.timezone	伺服器使用的預設時區，顯示在標題「Date」底下。

更動 PHP 直譯器的偏好設定：php.ini

我們可以編輯 php.ini 檔內含的 PHP 直譯器偏好設定，但只限於編輯設定值的內容，無法刪除任何一個偏好設定項目。

php.ini 檔的內容很長，包含 PHP 直譯器所有的偏好設定，以及大量用來解釋偏好設定的註解，分號後的所有內容都是註解。

偏好設定的控制方法是使用**指令**，類似變數的用法，但只能編輯各個指令的值，不能刪除任何指令。開啟 php.ini 檔，透過搜尋，就能找出想要控制的偏好設定。

此處連結列出完全的指令內容：http://php.net/manual/en/ini.list.php

每個指令都會從新的一行開始，由以下內容組成：

- 能更動的選項名稱。
- 指定運算子。
- 設定值。

當設定值是：

- 字串值會放在引號裡。
- 數字值不會加上引號。
- 布林值不會加上引號。

```
date.timezone  = "Europe/Rome"
display_errors = On
```
選項名稱　　　　　　　設定值

---

php.ini（不包含在本書提供的下載檔案裡）　　　　　　　　　　　　　　　**PHP**

```
; php.ini 檔中能自由更動的設定值及註解
default_charset     = "UTF-8"         ; 預設的字元集
display_errors      = On              ; 是否要在螢幕上顯示錯誤訊息
log_errors          = On              ; 是否要將錯誤訊息寫入紀錄檔
error_reporting     = E_ALL           ; 顯示所有錯誤訊息
upload_max_filesize = 32M             ; 上傳檔案大小的上限
post_max_size       = 32M             ; HTTP POST 能傳送的最大資料量
max_execution_time  = 30              ; 每個腳本的最大執行時間（秒）
memory_limit        = 128M            ; 每個腳本能消耗的最大記憶體
date.timezone       = "Europe/Rome"   ; 預設時區
```

更動伺服器偏好設定：
.htaccess

Apache 網頁伺服器上的所有目錄下都能加入 .htaccess 檔，能覆蓋掉 .htaccess 檔所在資料夾下檔案的 PHP 直譯器偏好設定， 連帶也會影響其子資料夾下所包含的檔案。

.htaccess 檔案裡只要放 php.ini 檔裡想要覆蓋掉的設定項目，設定項目的名稱和值跟 php.ini 檔一樣，除了前面會加上：

- php_flag：加在布林型態的指令值前，表示這個設定可以開啟或關閉。
- php_value：加在選項有兩個以上的指令前，例如，數字、位置或編碼模式。

註解要以符號 # 開頭，必須從新的一行開始，不能跟指令同一行。

本書提供的下載程式碼裡有包含以下的 .htaccess 範例檔，其作用是讓許多範例程式一定會將錯誤訊息顯示 HTML 網頁上。

讀者如果沒有看到這個檔案（或是檔案以灰色文字顯示），原因可能是作業系統把它視為隱藏檔案。

若想知道如何顯示隱藏檔案，請參見此處連結的說明：http://notes.re/hidden_files

.htaccess 檔還能控制 Apache 網頁伺服器的選項，這是 php.ini 檔案無法控制的部分。

```
php_value date.timezone  "Europe/London"
php_flag  display_errors On
```

指令值型態   選項名稱   設定值

PHP   section_b/intro/.htaccess

```
# 範例程式使用的 .htaccess 檔（選項說明請見 php.ini 範例檔案）
php_value   default_charset      "UTF-8"
php_flag    display_errors       On
php_flag    log_errors           Off
php_value   error_reporting      -1
php_value   upload_max_filesize  32M
php_value   post_max_size        32M
php_value   max_execution_time   30
php_value   memory_limit         128M
php_value   date.timezone        "Europe/London"
```

SECTION B 有哪些章節？

動態網頁設計

5 內建函式

PHP 裡的每個內建函式都是為了執行某個特定任務而存在，這些任務是程式設計師在處理資料時經常必須完成的工作，會先介紹內建函式是因為本書接下來的每個章節都會用到。

6 獲取來自瀏覽器端的資料

本章介紹 PHP 直譯器如何獲取瀏覽器端發送出來的資料、檢查瀏覽器是否已經提供網頁端需要的資料，以及確認得到的資料格式是否正確。此外，你還會學到如何確定網頁可以安全地顯示網站訪客提供的資料。

7 圖像與檔案

如果你提供的服務允許使用者提交圖像或其他檔案給網站，你就必須先了解 PHP 直譯器處理這類檔案的做法。此外，本章還會介紹幾個技巧，幫助你完成跟圖像有關的工作，例如，調整圖像大小、產生更小版本的圖像（也就是縮圖）。

8 日期與時間

日期與時間有多種不同的寫法，所以你必須先了解 PHP 如何幫助你將日期與時間的格式保持一致。你還會學到如何執行經常出現的工作，像是表示時間間隔和處理週期性出現的事件等等。

9 COOKIE 與 SESSION

本章會教你如何將網站訪客的資訊儲存成文字檔（也就是 Cookie 檔），並且存放在訪客使用者的瀏覽器裡；還會說明 Session 的使用方式，如何暫時將資訊儲存在網頁伺服器上，例如，單次造訪網站。

10 錯誤處理

每個人寫程式時都會犯錯，因而導致 PHP 直譯器產生錯誤訊息。本章會教你如何看懂這些錯誤訊息，並且介紹幾個有用的技巧，幫助你找出程式碼裡的錯誤，然後加以解決。

5

內建函式

本章會介紹一組內建於 PHP 直譯器中的函式，每個函式負責執行一項特定的工作。

內建函式的函式定義已經建置於 PHP 直譯器中，也就是說 PHP 網頁的程式碼不需要引入函式定義，就能呼叫這些內建函式。PHP 內建函式的設計目的是為了幫網頁開發人員完成他們在產生動態網頁時經常必須執行的工作，節省他們執行這些工作時必須自己撰寫函式的時間。

使用內建函式時，我們需要知道函式名稱、函式有哪些參數，以及函式會回傳什麼資料。因此，本章納入幾個表格，介紹這些內建函式的名稱、參數、用途說明以及回傳值。

第一組函式是根據函式處理的資料型態進行分類，有：字串、數字和陣列。本章後續還會帶讀者了解：

- 如何建立常數，常數跟變數一樣，差異在於常數值一旦設定之後，就不能改變。
- 當 PHP 直譯器回傳瀏覽器請求的網頁時，我們能使用函式控制發送給瀏覽器的 HTTP 標頭。
- 一組函式，讓我們能取得伺服器檔案的資訊。

本章介紹的函式能適用於本書其餘部分的內容。

轉換大小寫與計算字串長度

這些內建函式的作用是將文字轉換成小寫或大寫字元，以及計算字串裡的字元數或單字數。

以下是專為處理文字（字串資料型態）而設計的函式，以字串作為引數，更新並且回傳更改過後的字串。

例如，strtolower() 函式接受字串作為引數，將字串中的所有文字轉換成小寫，然後回傳更新後的字串值。

改變字元的大小寫

函式	說明
strtolower($string)	回傳字串值，其中所有字元都是小寫。
strtoupper($string)	回傳字串值，其中所有字元都是大寫。
ucwords($string)	回傳字串值，其中每個單字的第一個字母都是大寫。

計算字元數和單字數

函式	說明
strlen($string)	回傳字串的字元數，空白和標點符號也會計入字元（另請參見第 210 ～ 211 頁，mb_strlen() 函式能計算多位元組字元）。
str_word_count($string)	回傳字串的單字數。

範例：轉換大小寫與計算字元數

section_b/c05/case-and-character-count.php

```php
<?php
$text = 'Home sweet home';
?>
<?php include 'includes/header.php'; ?>
<p>
  <b>Lowercase:</b>
  <?= strtolower($text) ?><br>
  <b>Uppercase:</b>
  <?= strtoupper($text) ?><br>
  <b>Uppercase first letter:</b>
  <?= ucwords($text) ?><br>
  <b>Character count:</b>
  <?= strlen($text) ?><br>
  <b>Word count:</b>
  <?= str_word_count($text) ?>
</p>
<?php include 'includes/footer.php'; ?>
```

RESULT

```
Lowercase: home sweet home
Uppercase: HOME SWEET HOME
Uppercase first letter Home Sweet Home
Character count: 15
Word count: 3
```

1. 將字串 Home sweet home 儲存在變數 $text。左側範例程式會以這個字串作為引數，呼叫每個函式。

2. 呼叫 strtolower() 函式，將文字轉換成小寫，並且回傳字串值。利用 echo 命令的縮寫，將函式回傳值顯示在網頁上。

3. 呼叫 strtoupper() 函式，將字串轉換為大寫並且回傳。

4. 呼叫 ucwords() 函式，將字串中每個單字的第一個字母轉換成大寫並且回傳。

5. 呼叫 strlen() 函式，計算字串的字元數並且回傳。

6. 呼叫 str_word_count() 函式，計算字串的單字數並且回傳。

試試看：將步驟 1 的字串文字改為 PHP and MySQL，儲存檔案，然後重新整理網頁。

內建函式 (205)

搜尋字串字元

這些內建函式的作用是在字串中搜尋一個或多個字元。如果找到比對一致的字元，就回傳該字元的位置，否則就回傳 `false`。

字串中每個字元都能以數字表示**位置**，從 0 開始。所以第一個字元是位置 0，第二個字元是位置 1，以此類推。

```
Home sweet home
0 1 2 3 4 5 6 7 8 9 10 11 12 13 14
```

在一個字串中搜尋一組字元時，這些字元就稱為**子字串**（substring）。

有些函式會**區分大小寫**，所以只有當字串和子字串的大小寫字母組合完全相同，才會出現比對一致的結果。

函式	說明
strpos(*$string, $substring[, $offset]*)	比對成功時，回傳子字串第一個字元對應原始字串裡的字元位置（會區分大小寫）。若有使用位移字元（offset），函式會從這個字元之**後**開始搜尋子字串。
stripos(*$string, $substring[, $offset]*)	功能同 strpos() 函式，但不會區分大小寫。
strrpos(*$string, $substring[, $offset]*)	比對成功時，回傳子字串對應原始字串裡最後一次出現字元的位置（會區分大小寫）。
strripos(*$string, $substring[, $offset]*)	功能同 strrpos() 函式，但不會區分大小寫。
strstr(*$string, $substring*)	回傳文字（包含子字串本身），文字從子字串第一次出現在原始字串中的字元開始到原始字串結尾（會區分大小寫）。
stristr(*$string, $substring*)	功能同 strstr() 函式，但不會區分大小寫。
substr(*$string, $offset[, $characters]*)	回傳字元，字元從指定位移字元（$offset）在原始字串中的位置開始到原始字串結尾。若有使用 $characters 參數，會指定位移字元（$offset）後回傳的字元數。更多參數選擇，請見：http://notes.re/php/substr。
* str_contains(*$string, $substring*)	檢查原始字串中是否包含子字串，回傳值為 true∕false。
* str_starts_with(*$string, $substring*)	檢查原始字串是否以子字串開頭，回傳值為 true∕false。
* str_ends_with(*$string, $substring*)	檢查原始字串是否以子字串結尾，回傳值為 true∕false。

最後三個有「*」標記的函式是 PHP 8 才加入的函式，都會區分大小寫。

注意：出現在中括號裡的是選擇性參數，處理多位元組字元的函式請參見第 210 頁。

範例：檢查字串中的字元

section_b/c05/finding-characters.php

```php
<?php
$text = 'Home sweet home';
?> ...
<b>First match (case-sensitive):</b>
<?= strpos($text, 'ho') ?><br>
<b>First match (not case-sensitive):</b>
<?= stripos($text, 'me', 5) ?><br>
<b>Last match (case-sensitive):</b>
<?= strrpos($text, 'Ho') ?><br>
<b>Last match (not case-sensitive):</b>
<?= strripos($text, 'Ho') ?><br>
<b>Text after first match (case-sensitive):</b>
<?= strstr($text, 'ho') ?><br>
<b>Text after first match (not case-sensitive):</b>
<?= stristr($text, 'ho') ?><br>
<b>Text between two positions:</b>
<?= substr($text, 5, 5) ?><br>
```

RESULT

```
First match (case-sensitive): 11
First match (not case-sensitive): 13
Last match (case-sensitive): 0
Last match (not case-sensitive): 11
Text after first match (case-sensitive): home
Text after first match (not case-sensitive): Home sweet home
Text between two positions: sweet
```

試試看：將步驟 1 的字串文字改為 Home and family。

在步驟 8 使用 substr() 函式，回傳單字 and。

1. 將字串 Home sweet home 儲存在變數 $text。

2. 呼叫 strpos() 函式，找出子字串 ho 第一次出現在原始字串中的位置，回傳值為 11。

3. 呼叫 stripos() 函式，從原始字串中第 5 個位置之後開始搜尋，找出子字串 me 第一次出現的位置，回傳值為 13。

4. 呼叫 strrpos() 函式，找出子字串 Ho 最後一次出現在原始字串中的位置。因為這個函式會區分大小寫，所以回傳值是 0。

5. 呼叫 strripos() 函式，找出子字串 Ho 最後一次出現在原始字串中的位置。這個函式沒有區分大小寫，所以回傳值是 11。

6. 呼叫 strstr() 函式，取出子字串 ho 第一次出現在原始字串中的文字，回傳值為 home。

7. 呼叫 stristr() 函式，取出子字串 ho 第一次出現在原始字串中的文字。這個函式沒有區分大小寫，所以回傳值是 Home sweet home。

8. 呼叫 substr() 函式，從原始字串中第 5 個位置開始算起，回傳五個字元。

刪除和替換字元

這些內建函式的作用是移除指定字元（包括空白字元）、替換字元（類似尋找和取代工具），還有以指定次數重複字串。

trim 函式的作用是從字串中刪除指定字元。函式會檢查字串頭尾處是否存在指定字元，如果存在就刪除字元。

如果沒有指定想要刪除的字元，trim 函式會自動移除字串頭尾處的所有空白字元，包含空格、return 和換行字元。

replace 函式的作用是從字串中搜尋指定字元，如果找到比對一致的字元，就以新字元取代這些找到的字元。**repeat** 函式的作用是以固定次數重複字串。

函式	說明
ltrim(*$string*[, *$delete*])	刪除字串左側的空白字元。如果 $delete 參數有提供一組指定字元，當字串起始處發現這些字元時，會刪除指定字元，這個函式有區分大小寫。
rtrim(*$string*[, *$delete*])	刪除字串右側的空白字元。
trim(*$string*[, *$delete*])	刪除字串左右兩側的空白字元。
str_replace(*$old*, *$new*, *$string*)	以新的子字串（$new）取代舊的子字串（$old），這個函式有區分大小寫。
str_ireplace(*$old*, *$new*, *$string*)	以新的子字串（$new）取代舊的子字串（$old），這個函式沒有區分大小寫。
str_repeat(*$string*, *$repeats*)	以指定次數重複字串。

範例：刪除和替換字串裡的字元

　　　　section_b/c05/removing-and-replacing-characters.php

```php
<?php
$text = '/images/uploads/';
?> ...
<b>Remove '/' from both ends:</b><br>
<?= trim($text, '/') ?><br>
<b>Remove '/' from the left of the string:</b><br>
<?= ltrim($text, '/') ?><br>
<b>Remove 's/' from the right of the string:</b><br>
<?= rtrim($text, 's/') ?><br>
<b>Replace 'images' with 'img':</b><br>
<?= str_replace('images', 'img', $text) ?><br>
<b>As above but case-insensitive:</b><br>
<?= str_ireplace('IMAGES', 'img', $text) ?><br>
<b>Repeat the string:</b><br>
<?= str_repeat($text, 2) ?></p>
```

① ② ③ ④ ⑤ ⑥ ⑦

RESULT

Remove '/' from both ends:

images/uploads

Remove '/' from the left of the string:

images/uploads/

Remove 's/' from the right of the string:

/images/upload

Replace 'images' with 'img':

/img/uploads/

As above but case-insensitive:

/img/uploads/

Repeat the string:

/images/uploads//images/uploads/

1. 將路徑字串 '/images/uploads/' 儲存在變數 $text。

2. trim() 函式回傳的字串會刪除原始文字左右兩側的 /。

3. ltrim() 函式回傳的字串會刪除原始文字左側的 /。

4. rtrim() 函式回傳的字串會刪除原始文字右側的 s/。

5. str_replace() 函式回傳的字串，是將原始文字中的 images 替換成 img，這個函式有區分大小寫。

6. str_ireplace() 函式回傳的字串，是將原始文字中的 IMAGES 替換成 img。不過，因為這個函式沒有區分大小寫，所以搜尋子字串時，不管是找到 IMAGES 還是 images，都會替換成 img。

7. str_repeat() 函式回傳的字串，是將所有字元重複兩次。

試試看：將步驟 1 的檔案路徑字串前後都加上空格，然後重新整理網頁。會發現步驟 2、3、4 的執行結果沒有刪除 /，因為字串前後有空格。

多位元組字串函式

截至目前為止看到的字串函式，有些如果用來處理多位元組字元，會回傳錯誤的結果。下表列出的多位元組字串函式，支援所有 UTF-8 字元。

使用 UTF-8 編碼的文字時，其中某些字元會使用一個以上的位元組資料，例如，£ 符號占兩個位元組，€ 符號則是占三個位元組。

某些字串函式若使用多位元組字元作為引數，會產生不正確的結果（如右頁所示）。

下表所列的多位元組函式名稱跟本章到目前為止介紹過的函式一樣，差別在於此處的函式名稱前面會加上字元 mb_。

有些字串函式沒有提供對等的函式來支援多位元組，例如，trim() 和 str_replace()。不過，只要在 php.ini 或 .htaccess 檔案中，將 UTF-8 設定為預設的字元編碼，這些字串函式就能處理多位元組。

函式	說明
mb_strtoupper($string)	回傳字串值，其中所有字元都是大寫。
mb_strtolower($string)	回傳字串值，其中所有字元都是小寫。
mb_strlen($string)	回傳字串的字元數。
mb_strpos($string, $substring[, $offset])	在原始字串裡發現子字串時，回傳第一個字元的位置（會區分大小寫）。若有使用位移字元（$offset），函式只會從這個字元之**後**開始搜尋子字串。
mb_stripos($string, $substring[, $offset])	功能同 mb_strpos() 函式，但不會區分大小寫。
mb_strrpos($string, $substring[, $offset])	回傳子字串對應原始字串裡最後一次出現字元的位置（會區分大小寫）。
mb_strripos($string, $substring[, $offset])	功能同 mb_strrpos() 函式，但不會區分大小寫。
mb_strstr($string, $substring)	回傳文字（包含子字串本身），文字從子字串第一次出現在原始字串中的字元開始到原始字串結尾（會區分大小寫）。
mb_stristr($string, $substring)	功能同 mb_strstr() 函式，但不會區分大小寫。
mb_substr($string, $start[, $characters])	回傳字元，字元從指定位移字元（$start）在原始字串中的位置開始到原始字串結尾。< 表 > 若有指定 $characters 參數，會回傳位移字元（$start）後的字元數。

範例：多位元組字串函式

section_b/c05/multibyte-string-functions.php

```php
<?php
① $text = 'Total: £444';
?> ...
<b>Character count using <code>strlen()</code>:</b>
② <?= strlen($text) ?><br>
<b>Character count using <code>mb_strlen()</code>:</b>
③ <?= mb_strlen($text) ?><br>
<b>First match of 444 <code>strpos()</code>:</b>
④ <?= strpos($text, '444') ?><br>
<b>First match of 444 <code>mb_strpos()</code>:</b>
⑤ <?= mb_strpos($text, '444') ?><br>
```

RESULT

```
Character count using strlen(): 12
Character count using mb_strlen(): 11
First match of 444 strpos(): 9
First match of 444 mb_strpos(): 8
```

左側範例程式利用字串函式處理帶有 £ 符號的字串，使用 UTF-8 時，這個符號需要兩個位元組資料。

1. 將帶有 £ 符號的字串儲存在變數 $text，字元長度為 11。

2. strlen() 函式是計算字串所占的位元組數，而非字串的字元數。因此，strlen() 函式的計算結果是 12 個字元，而非 11 個字元。

3. mb_strlen() 函式計算時會納入 PHP 直譯器使用的編碼，因此，會顯示正確的字元數為 11 個字元。

4. strpos() 函式搜尋 444 在原始字串中的第一個位置時，是使用找到子字串之前的字串位元組數來計算位置，並非字元數。因此，函式回傳的位置是 9，而非 8。

5. mb_strpos() 函式搜尋 444 在原始字串中的第一個位置時，會回傳正確的數字 8。

試試看：請將步驟 1 的符號 £ 改成 €。

規則運算式

信用卡號、郵遞區號和電話號碼使用的字元都具有特定模式。規則運算式的作用就是描述一種字元模式，我們可以用 PHP 內建函式來檢查是否能在字串內找到這個模式。

規則運算式會放在兩個斜線之間，以下表達式內的模式意義為：

[A-z]：英文字母 A 到 z（大寫 / 小寫）

{3,9}：出現 3 到 9 次

/[A-z]{3,9}/

如果用左側的表達式來檢查這個字串 Thomas was 1st!，PHP 直譯器會從字串裡找出**第一個**符合 3 到 9 個、使用大小寫英文字母（A 到 z）的一連串字元。

直譯器找到的這些字元以特別的顏色標示如下：

Thomas was 1st!

規則運算式的語法可以寫得相當複雜，甚至有整本書都在討論如何撰寫規則運算式，這幾頁的內容只是介紹一些基礎知識。

以下例子示範如何比對特定字元、落在某個範圍內的字元，以及字串開頭或結尾的字元。

表達式	說明	範例
/1st/	符合字元 1st。	Thomas was 1st!
/[abcde]/	符合中括號內的字元，此處範例是任何符合 a、b、c、d 或 e 的字母。	Thomas was 1st!
/[K-Z]/	中括號裡的連字號是建立符合的字元範圍，此處範例是符合 K 到 Z 之間的任何大寫字母。	Thomas was 1st!
/[a-e]/	此處範例是符合 a 到 e 之間的任何小寫字母。	Thomas was 1st!
/[0-9]/	此處範例是符合 0 到 9 之間的任何數字。	Thomas was 1st!
/[A-z0-9]/	此處範例是符合 A 到 z 之間的任何大、小寫字母，以及 0 到 9 之間的任何數字。	Thomas was 1st!
/^[A-Z]/	比對模式開頭是 ^ 字元，表示符合條件的字串必須以指定字元開頭。此處範例是字串的第一個字元必須符合 A 到 Z 之間的字母。	Thomas was 1st!
/1st\!$/	比對模式結尾是 $ 字元，表示符合條件的字串必須以指定字元結尾。此處範例是字串最後的字元必須符合 1st!。	Thomas was 1st!
/\s/	符合空白字元。	Thomas was 1st!

以下這些字元在規則運算式裡具有特殊意義：\ / . | $ ( ) ^ ? { } + *。

若建立的比對模式裡有包含這些字元，就要在字元前加上**反斜線**。

表達式	說明		範例
/[\!\?\(\)]/	符合驚嘆號、問號或括號。		Thomas was 1st!

規則運算式還可以加入**量詞**，指定模式在字串中出現的次數。

以下範例說明如何指定字元出現的次數。

表達式	說明	範例
/[a-z]+/	符號 + 表示指定字元出現一次以上。	Thomas was 1st!
/[a-z]{3}/	大括號裡的數字是確實指定出比對模式必須出現的次數。	Thomas was 1st!
/[A-Z]{3,5}/	大括號裡兩個以英文逗號分隔的數字，表示比對模式必須出現的最小與最大次數。	Thomas was 1st!
/[a-z]{3,}/	大括號裡是一個數字跟著一個英文逗號，表示比對模式必須出現的最小次數。	Thomas was 1st!

若要比對一連串的模式，可以在一個模式後再加另一個模式。

以下範例會先比對第一個模式，再比對後面的第二個模式。

表達式	說明	範例
/[0-9][a-z]/	符合 0 到 9 之間的任何數字，後面跟著 a 到 z 之間的任何小寫字母。	Thomas was 1st!

用括號將表達式括起來，可以建立**一組**比對模式。例如，在一組比對模式後加量詞，表示這組模式要出現的次數。

若尋找條件是符合一組選項的其中一個，可以在一組模式內指定多個選項，以字元 || 分隔每個選項。

表達式	說明	範例
/[0-9]([a-z]{2})/	[0-9] 表示符合 0 到 9 之間的任何數字，後面([a-z]{2}) 表示符合 a 到 z 之間的任何小寫字母，必須出現兩次。	Thomas was 1st!
/[1-31](st|nd|rd|th)/	[1-31] 表示符合 1 到 31 之間的任何數字，(st|nd|rd|th) 表示符合字元 st、nd、rd 或 th。	Thomas was 1st!

規則運算式函式

這些內建函式的作用是檢查字串是否包含規則運算式指定的字元模式，若找到符合條件的字元，會執行不同的工作。

以下這些函式都會使用規則運算式，在字串中尋找指定的字元模式。

這些函式執行的工作有：

- 檢查是否找到模式。
- 計算找到模式的次數。
- 尋找字元模式，然後以一組新的字元取代，就像文書處理軟體中的尋找與取代功能。

每個函式都具有以下參數：

- 規則運算式，描述要尋找的字元模式（因為是字串，所以要放在引號裡）。
- 字串，從中尋找字元模式。

如果函式功能是找到一組符合的字元，再以一組新字元替換，就還需要知道以什麼內容來取代這些符合條件的字元。

函式	說明
preg_match($regex, $string)	從字串中尋找符合模式字元。若有找到符合的字元，就回傳 1，沒有就回傳 0；若發生錯誤會回傳 false。
preg_match_all($regex, $string)	從字串中尋找符合模式字元。回傳找到符合字元的次數，沒找到就回傳 0；若發生錯誤會回傳 false。
preg_split($regex, $string)	從字串中尋找符合模式字元。每當找到符合模式的字元就拆分字串，將每個部分儲存在索引式陣列裡，然後回傳。
preg_replace($regex, $replace, $string)	以替代字串取代指定字元，類似文書處理軟體中的尋找與取代工具。 回傳替換成新字元的字串，若發生錯誤會回傳 null。若想刪除字元，可以用空白字串取代。

注意：以上這些函式名稱都是以 preg 開頭，因為 PHP 的規則運算式是套用另一個程式語言 Perl 的做法；preg 是取自「Perl regular expressions」，代表 Perl 語言的規則運算式。

範例：使用規則運算式

section_b/c05/regular-expression-functions.php

```php
<?php
$text = 'Using PHP\'s regular expression functions';
$path = 'code/section_b/c05/';

$match = preg_match('/PHP/', $text);
$path  = preg_split('/\//', $path);
$text  = preg_replace('/PHP/', '<em>PHP</em>', $text);
?> ...
<b>Was a match found?</b><br>
<?= ($match === 1) ? 'Yes' : 'No' ?><br><br>

<b>Parts of a path:</b><br>
<?php foreach($path as $part) { ?>
    <?= $part ?><br>
<?php } ?>

<b>Updated text:</b><br>
<?= $text ?>
```

① ② ③ ④ ⑤ ⑥ ⑦ ⑧

RESULT

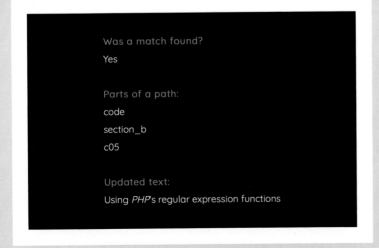

Was a match found?
Yes

Parts of a path:
code
section_b
c05

Updated text:
Using *PHP*'s regular expression functions

1. 將文字儲存在變數 $text。

2. 將檔案路徑儲存在變數 $path。

3. 利用 preg_match() 函式，確認是否能從儲存在變數 $text 裡的文字（步驟1）中找到字串 PHP。 如果有找到，就將變數 $match 的值儲存為 1。

4. 利用 preg_split() 函式，拆分變數 $path 儲存的路徑（步驟2），每遇到一個斜線就拆成一個部分，將每個部分新增為陣列的一個元素。

5. 利用 preg_replace() 函式，從儲存在變數 $text 裡的文字（步驟1）中尋找字串 PHP。如果有找到，就替換成跟 HTML<em> 元素內相同的字母。

6. 使用三元運算子，檢查變數 $match 的值是否為1。如果是，就在網頁上顯示單字 Yes，否則就顯示單字 No。

7. 使用迴圈顯示陣列 $path 的內容，每個元素一行。

8. 顯示變數 $text 儲存的更新後的文字，其中字母 PHP 會放在 <em> 標籤裡。

處理數字

除了我們在第一章看過的數學運算，php 還有提供一些內建函式給程式設計師使用，完成平常需要處理數字的工作。

函式	說明
round($number, $places, $round)	對浮點數進行四捨五入運算：
	$number：要四捨五入的數字。
	$places：要四捨五入到小數點後第幾位。
	$round：指定四捨五入的模式，可以選擇的模式說明如下：

模式選項	用途
PHP_ROUND_HALF_UP	無條件進入（例如，3.5 變 4）。
PHP_ROUND_HALF_DOWN	無條件捨去（例如，3.5 變 3）。
PHP_ROUND_HALF_EVEN	四捨五入到最近的偶數。
PHP_ROUND_HALF_ODD	四捨五入到最近的奇數。

函式	說明
ceil($number)	無條件進位到整數位。
floor($number)	無條件捨去到整數位。
mt_rand($min, $max)	從最小值（$min）到最大值（$max）之間，隨機產生一個數字。
rand($min, $max)	PHP 7.1 版本之後，rand() 函式已經與 mt_rand() 函式相同。在以前的版本裡，rand() 函式使用的演算法隨機性較低，而且速度較慢。
pow($base, $exponent)	回傳底數的指數次方值（例如，3^4 會回傳 81）。
sqrt($number)	回傳一個數字的平方根。
is_numeric($number)	檢查一個值是否為數字（整數或浮點數）。如果是數字，就回傳 true，否則就回傳 false。
number_format($number [, $decimals] [, $decimal_point] [, $thousand_separator])	指定數字格式。如果只有給 $number 參數，格式化後的數字沒有小數，以英文逗號分隔千分位。 指定 $decimals 參數，格式化後的數字以小數點分隔小數位，以英文逗號分隔千分位。 $decimal_point 和 $thousand_separator 參數可以指定用來分隔小數位和千分位的字元。 $decimal_point 和 $thousand_separator 兩者必須同時使用。

範例：數值函式

1. 以各種方式對數字進行四捨五入運算。

2. 隨機產生一個 0 到 10 之間的數字。

3. 顯示 4 的 5 次方。

4. 顯示 16 的平方根。

5. 檢查一個值是否為數字（int 或 float），如果是，就回傳 true（網頁上會顯示數字 1），否則就回傳 false（不會顯示任何內容）。

6. 數字格式化到小數點後第二位，以空白字元分隔千分位，英文逗號分隔小數位。

試試看：修改步驟 2 的程式碼，隨機產生一個 50 到 100 之間的數字。

PHP　　　　　　　　　　　　　　　　　　　　section_b/c05/numeric-functions.php

```
  ⎡ <b>Round:</b>                        <?= round(9876.54321) ?><br>
  ⎜ <b>Round to 2 decimal places:</b>   <?= round(9876.54321, 2) ?><br>
① ⎜ <b>Round half up:</b>               <?= round(1.5, 0, PHP_ROUND_HALF_UP) ?><br>
  ⎜ <b>Round half down:</b>             <?= round(1.5, 0, PHP_ROUND_HALF_DOWN) ?><br>
  ⎜ <b>Round up:</b>                     <?= ceil(1.23) ?><br>
  ⎣ <b>Round down:</b>                   <?= floor(1.23) ?><br>
② <b>Random number:</b>                 <?= mt_rand(0, 10) ?><br>
③ <b>Exponential:</b>                    <?= pow(4, 5) ?><br>
④ <b>Square root:</b>                    <?= sqrt(16) ?><br>
⑤ <b>Is a number:</b>                    <?= is_numeric(123) ?><br>
⑥ <b>Format number:</b>                  <?= number_format(12345.6789, 2, ',', ' ') ?><br>
```

RESULT

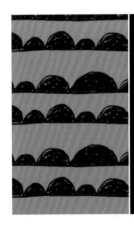

```
Round: 9877
Round to 2 decimal places: 9876.54
Round half up: 2
Round half down: 1
Round up: 2
Round down: 1
Random number: 8
Exponential: 1024
Square root: 4
Is a number: 1
Format number: 12 345,68
```

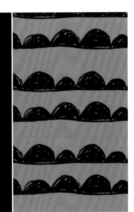

處理陣列

這些內建函式的作用是搜尋陣列內容、計算陣列項目數，以及隨機從陣列中選出鍵值，還可以讓陣列和字串之間互相轉換。

我們在前面章節裡介紹過，陣列是由一組成對的鍵值和資料值組成，儲存在單一變數裡。

在索引式陣列裡，鍵值是索引值，表示項目在陣列中的位置。

關聯式陣列比較像是相關變數的集合，其中每個鍵值是一個字串。

取得陣列資訊

函式	說明
array_key_exists($key, $array)	確認陣列鍵值是否存在，如果存在就回傳 true，否則回傳 false。
array_search($value, $array[, $strict])	在陣列儲存值中搜尋指定值，回傳第一個成功比對項目的鍵值。若參數 $strict 的值為 true，表示指定值和比對項目兩者的資料型態必須相同。
in_array($value, $array)	確認陣列值是否存在，如果存在就回傳 true，否則回傳 false。
count($array)	回傳陣列中的項目總數。
array_rand($array[, $number])	隨機選取陣列中的一個項目，然後回傳鍵值。若第二個參數有指定數字，回傳陣列會包含指定數量的隨機鍵值。

陣列與字串互相轉換

函式	說明
implode([$separator,]$array)	將陣列值轉換成字串（不包含鍵值）。若有指定分隔符號（參數 $separator），則會在每個值之間插入分隔符號。
explode($separator, $string[, $limit])	將字串轉換成索引式陣列。分隔符號（參數 $separator）是一個字元，用來分隔字串中的每個項目。選擇性參數 $limit 是設定可以加到陣列裡的最大項目數。

範例：陣列函式

PHP

```php
<?php
// 建立陣列，儲存問候語；從中隨機選取值
$greetings     = ['Hi ', 'Howdy ', 'Hello ', 'Hola ',
                  'Welcome ', 'Ciao ',];
$greeting_key = array_rand($greetings);
$greeting      = $greetings[$greeting_key];
// 建立陣列，儲存暢銷商品；計算陣列項目總數；列出前幾名的商品項目
$bestsellers      = ['notebook', 'pencil', 'ink',];
$bestseller_count = count($bestsellers);
$bestseller_text  = implode(', ', $bestsellers);
// 建立陣列，儲存客戶詳細資訊
$customer      = ['forename' => 'Ivy',
                  'surname'  => 'Stone',
                  'email'    => 'ivy@eg.link',];
// 如果客戶名字存在，就附加到問候語裡
if (array_key_exists('forename', $customer)) {
    $greeting .= $customer['forename'];
}
?> ...
<h1>Best Sellers</h1>
<p><?= $greeting ?></p>
<p>Our top <?= $bestseller_count ?> items today are:
   <b><?= $bestseller_text ?></b></p>
```

RESULT

Best Sellers

Welcome Ivy

Our top 3 items today are: notebook, pencil, ink

1. 建立陣列 $greetings，儲存數個問候語。

2. 從陣列隨機選取鍵值，儲存在變數 $greeting_key。

3. 使用產生出來的隨機鍵值，從陣列中選取問候語，然後儲存在變數 $greeting。

4. 建立陣列變數 $bestsellers，儲存暢銷商品。

5. 利用 count() 函式，計算陣列元素的總數，儲存在變數 $bestseller_count。

6. 利用 implode() 函式，將陣列轉換成字串，以英文逗號分隔每個項目，儲存為變數 $bestseller_text。

7. 建立關聯式陣列，儲存客戶詳細資訊。

8. 利用 array_key_exists() 函式，檢查客戶名字的值是否存在，如果存在，就附加到問候語 $greeting 裡。

9. 顯示問候語。

10. 顯示暢銷商品的項目數及商品名稱。

試試看：請在步驟 4 的暢銷商品陣列裡，多增加兩個商品項目。

新增與移除陣列元素

這些內建函式的作用是對陣列新增元素和移除元素，還可以指定要將新元素加在陣列開頭或結尾。

對陣列新增元素時，要指定新增元素的值。

從陣列移除元素時，只要指定移除元素的鍵值。

下圖顯示新增和移除項目在陣列中的位置。

函式	說明
array_unshift($array, $items)	在陣列開頭新增一個或多個項目，回傳陣列項目總數（關聯式陣列的相關說明，請見第 42 頁）。
array_push($array, $items)	在陣列結尾新增一個或多個項目，回傳陣列項目總數（關聯式陣列的相關說明，請見第 42 頁）。
array_shift($array)	移除陣列的第一個項目，回傳已經移除的項目。
array_pop($array)	移除陣列的最後一個項目，回傳已經移除的項目。
array_unique($array)	移除陣列中重複的項目，回傳新陣列。
array_merge($array1, $array2)	連結兩個或多個陣列，然後回傳新陣列。 如果連結的陣列都是索引式陣列，新陣列的索引值一樣會從 0 開始。 連結兩個陣列時也可以用運算子「+」：$array1 + $array2。

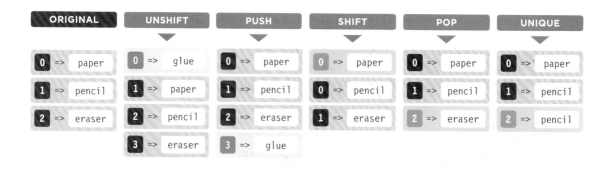

範例：利用函式更新陣列

```php
<?php
// 陣列中的項目已經排序
$order = ['notebook', 'pencil', 'eraser',];
array_unshift($order, 'scissors'); // 新增元素到陣列開頭
array_pop($order);                 // 移除最後一個元素
$items = implode(', ', $order);    // 轉換成字串

// 陣列 $classes
$classes = ['Patchwork' => 'April 12th',
            'Knitting'  => 'May 4th',
            'Lettering' => 'May 18th',];
array_shift($classes);             // 移除第一個元素
$new     = ['Origami'   => 'June 5th',
            'Quilting'  => 'June 23rd',]; // 產生新項目
$classes = array_merge($classes, $new);  // 新增元素到陣列結尾
?>
<h1>Order</h1>
<?= $items ?>
<h1>Classes</h1>
<?php foreach($classes as $description => $date) { ?>
  <b><?= $description ?></b> <?= $date ?><br>
<?php } ?>
```

RESULT

1. 建立索引式陣列，儲存在變數 $order。

2. 利用 array_unshift() 函式，在陣列開頭新增一個元素。第一個參數是陣列，第二個參數是新增項目（只適用索引式陣列）。

3. 利用 array_pop() 函式，移除陣列的最後一個項目。

4. 利用 implode() 函式，將陣列轉換成字串，儲存在變數 $items，其中每個元素會以英文逗號和空白字元分隔。

5. 建立關聯式陣列，儲存在變數 $classes。

6. array_shift() 函式移除陣列的第一個項目。

7. 建立另一個關聯式陣列，儲存新元素。

8. 利用 array_merge() 函式，將步驟 7 產生的新項目加到陣列 $classes 裡。

9. 輸出變數 $items 的內容。

10. 使用 foreach 迴圈，輸出關聯式陣列的鍵值和資料值。

試試看：將步驟 4 中字串的每個項目改用分號分隔。

陣列排序（改變順序）

排序函式會改變項目在陣列中排列的順序，升序排列是將值從低排到高（例如，A 到 Z 或 0 到 9），降序排列則是從高排到低（例如，Z 到 A 或 9 到 0）。

將陣列值排序且更改鍵值

利用以下函式為陣列排序，鍵值是從 0 開始的索引值（索引式陣列和關聯式陣列都一樣）。rsort() 函式中的 r 表示反向排序。

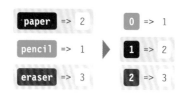

函式	說明
sort(*$array*)	依照陣列值遞增排序
rsort(*$array*)	依照陣列值遞減排序

將陣列值排序且鍵值不變

利用以下函式為陣列排序，鍵值會隨值移動。

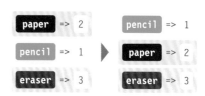

函式	說明
asort(*$array*)	依照陣列值遞增排序
arsort(*$array*)	依照陣列值遞減排序

將陣列值排序且值不變

利用以下函式為陣列排序，陣列值會隨鍵值移動。

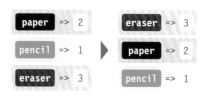

函式	說明
ksort(*$array*)	依照陣列值遞增排序
krsort(*$array*)	依照陣列值遞增排序

範例：利用函式排序陣列

```php
<?php
// 已經排序的陣列
$order = ['notebook', 'pencil', 'scissors',
          'eraser', 'ink', 'washi tape',];
sort($order);                    // 升序排序
$items = implode(', ', $order);  // 轉換成文字

// 建立並儲存陣列 $classes
$classes = ['Patchwork' => 'April 12th',
            'Knitting'  => 'May 4th',
            'Origami'   => 'June 8th',];
ksort($classes);                 // 依照鍵值排序
?>

<h1>Order</h1>
<?= $items ?>
<h1>Classes</h1>
<?php foreach($classes as $description => $date) { ?>
  <b><?= $description ?></b> <?= $date ?><br>
<?php } ?>
```

1. 建立索引式陣列，儲存在變數 $order。

2. 利用 sort() 函式，依照字母遞增排序陣列值，為陣列中每個項目指定新的索引值（從 0 開始）。

3. 利用 implode() 函式，將陣列轉換成字串，其中每個元素會以英文逗號後面加一個空白字元分隔，將產生的字串儲存在變數 $items。

4. 建立關聯式陣列，儲存在變數 $classes。

5. 利用 ksort() 函式，依照字母順序排列陣列中的鍵值（陣列值會隨鍵值移動）。

6. 輸出變數 $items 儲存的字串。

7. 使用 foreach 迴圈，將陣列 $classes 的鍵值和資料值顯示在網頁上。

試試看：將步驟 5 的陣列 $classes 反向排序。

RESULT

Order

eraser, ink, notebook, pencil, scissors, washi tape

Classes

Knitting May 4th

Origami June 8th

Patchwork April 12th

常數

常數是一組成對的名稱／值，作用跟變數一樣，但常數的值一旦指定後，就不能更新。

常數（constant）是一組成對的名稱／值，作用跟變數一樣，但：

- 需要使用 define() 函式建立常數。
- 常數值一旦設定後，就不能更新。
- 所有 PHP 網頁程式碼都能使用常數（包含函式內部的程式碼）。

常數名稱要能描述其所具有的資料型態，以英文字母或底線開頭，而非美金符號「$」。常數值可以是純量資料型態或陣列。

define() 函式的參數有：

- 常數名稱，通常以大寫表示。
- 常數值，若為字串就需要放在引號內，數字和布林值則不需要。
- 第三個是選擇性參數（布林值），表示常數名稱是否有分大小寫；true 表示有區分，false 表示沒有。如果沒有提供參數值，常數名稱會有大小寫之分。

```
define('SITE_NAME', 'Mountain Art Supplies');
```
常數名稱　　　　　常數值

常數通常用於儲存網站工作所需的資訊，但只有在架設網站時，才會改變常數值；多半是在移動到新的伺服器時第一次安裝網站，或是使用相同的程式碼支持不同的網站時。

還可以使用關鍵字 const 建立常數，在關鍵字後面加上常數名稱、指定運算子和常數值。這種做法可以用於類別內定義常數，但 define() 函式則不行。

```
const SITE_NAME = 'Mountain Art Supplies';
```
常數名稱　　　　　常數值

範例：使用常數

PHP section_b/c05/includes/settings.php

```php
<?php
define('SITE_NAME', 'Mountain Art Supplies');
const ADMIN_EMAIL = 'admin@eg.link';
```

① ②

PHP section_b/c05/includes/constants.php

```php
<?php
include 'includes/settings.php';
include 'includes/header.php';
?>

<h1>Welcome to <?= SITE_NAME ?></h1>
<p>To contact us, email <?= ADMIN_EMAIL ?></p>

<?php include 'includes/footer.php'; ?>
```

③ ④ ⑤

RESULT

左側範例的 include 檔案 settings.php 會建立兩個常數，分別儲存網站資訊。

1. 利用 define() 函式建立常數 SITE_NAME，常數值是網站名稱。

2. 利用關鍵字 const 建立常數 ADMIN_EMAIL，常數值是網站擁有者的電子郵件。

左側範例的第二個檔案 constants.php，會使用以上定義的兩個常數。

3. 引入檔案 settings.php，讓網頁程式碼能使用常數。

4. 利用 echo 命令的縮寫，輸出常數值的內容（此處為網站名稱）。

5. 顯示網站擁有者的電子郵件。

新增與更新 HTTP 標頭

header() 函式的作用是更新 PHP 直譯器發送給瀏覽器的 HTTP 標頭，也能新增標頭。函式引數是要設定的標頭名稱，後面加冒號和設定值。

使用者請求網頁時，有時候會發生我們需要將他們傳送到另一個網頁的情況。例如：

- 網頁已經不存在。
- 網頁已經移到新的網址。
- 網頁缺少需要的資料。

在這個例子裡，header() 函式的引數由以下三個部分組成：

- 標頭名稱 Location。
- 冒號。
- 新網址。

瀏覽器收到 Location 標頭時，會請求新的網址。函式後面會接著 exit 命令，阻止直譯器繼續執行後續的 PHP 程式碼（請見右頁的範例程式）。

```
header('Location: http://www.example.com/');
```
標頭　　　　　新網址

大部分的 PHP 檔案都是產生 HTML 網頁，然後發送給瀏覽器，但 PHP 也能產生其他類型的檔案，例如，JSON、XML 或 CSS。

為此，header() 函式需要：

- 標頭名稱 Content-type。
- 冒號。
- 發送內容的媒體類型。

這個範例產生的 HTTP 標頭，會告訴瀏覽器檔案的媒體類型。有關媒體類型的詳細資訊，請參見：http://notes.re/media-types。

```
header('Content-type: application/json');
```
標頭　　　　　媒體類型

瀏覽器可以暫存（儲存）使用者檢視過的網頁。如果使用者再次請求網頁，瀏覽器會顯示已經儲存的網頁，而非重新請求檔案，這會讓網頁看起來好像更快載入。

若要告訴瀏覽器一個頁面要暫存多久的時間，需要使用：

- 標頭名稱 Cache-Control。
- 冒號。
- max-age= 後面加頁面暫存時間（毫秒）。

ISP（Internet Service Provider，網際網路服務供應商）和一般網路是使用**代理伺服器**來暫存網頁。如果網頁含有個人資料，在毫秒數之後加英文逗號、空白字元和單字 private，可以防止代理伺服器暫存資料；如果沒有個資，就設定成 public。

```
header('Cache-Control: max-age=3600, public');
```
標頭　　　　適用於　暫存時間　　代理
　　　　　　　　　　（毫秒）　　伺服器

範例：利用標頭
將使用者重新導向網頁

section_b/c05/redirect.php

PHP

```php
<?php
$logged_in = true;

if ($logged_in == false) {
    header('Location: login.php');
    exit;
}
?>
<?php include 'includes/header.php'; ?>
<h1>Members Area</h1>
<p>Welcome to the members area</p>
<?php include 'includes/footer.php'; ?>
```

① ② ③ ④

PHP

section_b/c05/login.php

```php
<h1>Login</h1>
<b>You need to log in to view this page.</b>
<p>(You create a full login system in Chapter 16.)</p>
```

RESULT

左側範例程式的作用是利用 **header()** 函式，將使用者重新導向另一個網頁。使用 **header()** 函式之前不能發送任何標記或文字給瀏覽器，甚至連空白或 return 字元都不行。

1. 建立變數 $logged_in 儲存布林值，表示使用者是否已經登入。

2. if 陳述式利用條件式檢查：變數 $logged_in 的值是否為 false。

3. 如果變數值為 false，就呼叫 header() 函式，將使用者重新導向網頁 login. php（後續第 16 章會學到，如何建立具有登入功能的會員網頁）。

4. 呼叫 header() 函式將網站訪客重新導向其他網頁後，使用 exit 命令，阻止直譯器繼續執行檔案裡後續的 PHP 程式碼。

若變數 $logged_in 的值為 true，會跳過前面的程式碼區塊，直接顯示其餘部分的網頁程式碼。

試試看：請將步驟 1 中變數 $logged_in 的值改為 false，應該會重新導向登入頁面。

檔案資料與刪除檔案

檔案函式以檔案路徑作為參數，然後回傳檔案相關資訊或是刪除檔案。

下表所列的檔案函式，其中有些函式會回傳組成檔案路徑的不同部分，這些部分的說明如右圖所示。

PHP 還有提供內建常數，儲存當前網頁的路徑：

__FILE__：儲存目前的檔案路徑。
__DIR__：儲存目前的檔案目錄。

函式	說明
file_exists(*$path*)	檢查檔案是否存在，如果存在就回傳 true，否則回傳 false。
filesize(*$path*)	回傳檔案大小（位元組）。
mime_content_type(*$path*)	回傳檔案的媒體類型（媒體類型請參見：http://notes.re/media-types）。
unlink(*$path*)	嘗試刪除檔案，如果刪除成功就回傳 true，否則回傳 false。
pathinfo(*$path*[, *$part*])	回傳檔案路徑的組成部分。可以指定要取出路徑的哪個部分（$part），如果沒有指定，函式回傳的陣列會包含以下四個鍵值： 組成部分 — 說明 PATHINFO_DIRNAME — 檔案路徑的完整目錄。 PATHINFO_BASENAME — 單純檔名的部分（包含副檔名）。 PATHINFO_FILENAME — 檔案名稱（不包含副檔名）。 PATHINFO_EXTENSION — 檔案副檔名。
basename(*$path*)	回傳路徑中完整檔名的部分。
dirname(*$path*[, *$levels*])	回傳指定檔案路徑的完整目錄。若有指定參數 $levels 的值，表示目錄要往上幾層。
realpath(*$path*)	回傳檔案的絕對路徑。

絕對路徑和相對路徑兩者間的差異說明，請參見：http://notes.re/paths

範例：取得檔案資訊

```php
<?php
$path = 'img/logo.png';
?>
<?php include 'includes/header.php'; ?>
<?php if (file_exists($path)) { ?>
  <b>Name:</b>      <?= pathinfo($path, PATHINFO_BASENAME) ?><br>
  <b>Size:</b>      <?= filesize($path) ?> bytes<br>
  <b>Mime type:</b> <?= mime_content_type($path) ?><br>
  <b>Folder:</b>    <?= pathinfo($path, PATHINFO_DIRNAME) ?><br>
<?php } else { ?>
  <p>There is no such file.</p>
<?php } ?>
<?php include 'includes/footer.php'; ?>
```

①②③④⑤⑥⑦

RESULT

1. 變數 $path 儲存檔案路徑。

2. if 陳述式使用 file_exists() 函式，檢查檔案是否存在。如果存在，就輸出檔案資訊。

3. pathinfo() 函式檔案名稱，包含副檔名，也就是單純檔名的部分。

4. filesize() 函式回傳檔案大小（位元組）。

5. mime_content_type() 函式顯示檔案的媒體類型。

6. pathinfo() 函式檔案路徑的完整目錄。

7. 如果檔案不存在，會通知使用者沒有這個檔案。

試試看：將步驟1的變數 $path 改為 img/pattern.png。應該會看到網頁顯示新的檔案名稱和大小，MIME 型態和資料夾保持不變。

試試看：將步驟1的變數 $path 改為 img/nologo.png。因為檔案不存在，所以應該會看到步驟 7 的錯誤訊息。

本章重點回顧

內建函式

> PHP 內建函式是用於實現許多程式設計師建置網站時需要完成的工作。

> 呼叫內建函式的方法跟所有其他函式一樣，只不過我們不需要在網頁程式碼裡加入函式定義。

> 字串函式的作用有：搜尋、計算和替換字元，以及改變字串大小寫。

> 數值函式的作用有：對數字四捨五入、隨機選取數字以及執行數學運算。

> 陣列函式的作用有：新增和移除元素、排序陣列內容、檢查鍵值或資料值，以及陣列與字串互相轉換。

> 常數跟變數一樣，但常數值一旦設定之後，就不能更改。

> `header()` 函式的作用是更新 PHP 直譯器發送給瀏覽器的 HTTP 標頭，還能將使用者重新導向另一個網頁。

6

獲取來自瀏覽器端的資料

本章將帶領讀者學習：存取瀏覽器發送給 PHP 直譯器的資料、確保資料準備就緒，並且能在動態網頁中安全顯示。

先前在 Section B 的導論中，我們已經看過 HTML 網頁發送資料給伺服器時有兩種機制：一種是將資訊加在連結裡，另一種則是提供表單填寫。我們還看到資料如何透過 HTTP GET 或 HTTP POST 發送；HTTP GET 是放在查詢字串裡，HTTP POST 則是放在跟每個網頁請求一起發送的 HTTP 標頭裡。

本章學習重點是存取瀏覽器發送的資料，使用在網頁程式碼裡，過程包含四個主要步驟：

- **蒐集**查詢字串或 HTTP 標頭內含的每一項資料。

- **驗證**每一項資料，檢查是否已經提供資料值，而且資料值的格式是否正確，例如，網頁程式碼需要數字，就檢查是否提供數字而非文字。

- **判斷**網頁程式碼是否能處理訪客提供的資料，如果無法處理，可能需要向訪客顯示錯誤訊息。

- **脫淨**或**淨化**資料，目的是確保資料能安全使用在網頁裡，因為某些字元會妨礙網頁正確顯示，甚至對網站造成損害。

這四個步驟沒有標準的執行方法，不同開發人員有各自不同的做法。本章會介紹許多不同的方法，讀者可以就蒐集資料和確保資料安全使用上，從中選擇適合的做法。

蒐集與使用資料的四步驟

從網站訪客蒐集資料，並且確保這些資料能安全使用，這個過程分為四個步驟。

1. 蒐集資料

首先要蒐集瀏覽器發送給伺服器的資料，方法有：

- 每次請求 PHP 檔案時，PHP 直譯器會產生兩個超全域性陣列。

- 兩個內建的**篩選函式**。

我們以後會看到這種情況，網頁程式執行工作時，不一定每次都能收到資料值，沒有資料時就會導致錯誤。

如果資料是選擇性參數，萬一沒有提供值，網頁程式可以使用事先指定的預設值。

如果資料不是選擇性參數，在資料缺失的情況下，會需要通知網站訪客沒有提供足夠的資訊（請見下一個步驟）。

2. 驗證資料

PHP 網頁程式從瀏覽器蒐集到資料後，通常會先**驗證**收到的每項資料，確保網頁程式執行時不會引發錯誤。驗證資料包含檢查：

- 網頁程式是否收到執行工作時需要的資料，稱為**必要資料**。

- 資料是否為正確格式。例如，網頁程式需要數字才能執行計算，就要檢查已經收到的資料是不是數字；若希望收到電子郵件位址，就檢查文字格式是否為正確有效的電子郵件位址。

PHP 提供兩種驗證資料的方法：

- 使用者自行定義函式。

- 使用一組內建的篩選函式，每個篩選條件會驗證不同型態的資料。

每個步驟都有不同的實現方法，本章會介紹其中幾種做法。

3. 決定行動

網頁程式對其所需的各項資料完成蒐集與驗證後，就能判斷擁有的資料是否足以執行工作：

- 如果所有資料都有效，網頁程式就可以進行處理。
- 如果有任何資料無效或缺失，就不能使用，反而要向使用者顯示錯誤訊息。

當資料無效時，表單和查詢字串在顯示錯誤的處理上，兩者略有不同。

- 如果表單資料無效，可以重新顯示表單，然後在提供無效資料的表單控制項旁邊顯示訊息，向使用者說明如何以正確格式提供資料。
- 如果是查詢字串具有不正確的資料，就不會預期使用者能編輯查詢字串。

反而會提供訊息向使用者解釋，說明他們要如何以正確的方式請求資料。

4. 脫淨或淨化資料

每次在網頁中顯示訪客提供的資料時，都需要**脫淨資料**，確保資料能安全顯示，包括以「**字元實體**」取代瀏覽器視為程式碼的一組字元，例如，< 和 > 符號。字元實體的作用是告訴瀏覽器單純顯示這些字元，而非把這些字元當作 HTML 程式碼來執行。

在網頁顯示資料前，如果沒有執行這個步驟，駭客可能會利用網頁執行惡意的 JavaScript 檔案。

如果使用者提供的資料隨後會用於網址，還需要脫離任何具有特殊意義的字元，例如，斜線和問號。如果不脫離這些字元，網頁伺服器可能會無法處理網址。

獲取透過 HTTP GET 發送的資料

將資料加進網址結尾的查詢字串時，PHP 直譯器會把收到的資料加到超全域性陣列 $_GET，讓網頁程式碼使用。

以下程式碼是 HTML 連結，其中 href 屬性的內容是要連結的網頁網址。

這個網址的結尾有加查詢字串，字串內容包含兩組查詢名稱 / 值，網站訪客點擊連結時會一起發送給伺服器。

```
網址                              查詢字串
<a href="http://eg.link/hotel.php?location=Tokyo&year=2021">Tokyo</a>
                                  查詢名稱  查詢值 查詢名稱  查詢值
```

PHP 直譯器收到查詢請求後，會將查詢字串內含的資料加到超全域性陣列 $_GET 裡。PHP 直譯器產生的陣列 $_GET 跟所有超全域性陣列一樣，也是關聯式陣列，陣列中的每個元素是查詢字串提供的一組查詢名稱 / 值：

- 陣列鍵值是跟著連結一起發送的查詢字串內的名稱。

- 陣列值是跟著名稱一起發送的查詢值。

PHP 檔案裡的程式碼可以使用超全域性陣列 $_GET 內的值，使用方法跟存取關聯式陣列裡的值一樣：

```
$location = $_GET['location'];
    鍵值              變數
```

通常只會用一個 PHP 檔案來顯示網站上數個網頁的內容，查詢字串內的資料就是用來判斷哪個資料要顯示在哪個網頁裡。

右頁範例程式中的陣列具有三個元素，每個元素負責儲存一組城市名稱和地址。範例中查詢字串內的值是選擇要顯示哪家商店的資料，PHP 檔案為網站產生三個頁面，分別顯示不同的商店。陣列中的資料也會用來產生連結，目的是請求這三個頁面。

```
$_GET =  location => 'Tokyo'
         year     => '2021'
         陣列鍵值      陣列值
```

範例：利用查詢字串來選擇內容

```php
<?php
$cities  = [
    'London' => '48 Store Street, WC1E 7BS',
    'Sydney' => '151 Oxford Street, 2021',
    'NYC'    => '1242 7th Street, 10492',
];
$city    = $_GET['city'];
$address = $cities[$city];
?>
...
<?php foreach ($cities as $key => $value) { ?>
  <a href="get-1.php?city=<?= $key ?>"><?= $key ?></a>
<?php } ?>

<h1><?= $city ?></h1>
<p><?= $address ?></p>
```

RESULT

London Sydney NYC

LONDON

48 Store Street, WC1E 7BS

左側範例程式從查詢字串收到城市名稱後，會顯示該城市的商店地址。

1. 建立變數 $cities，儲存關聯式陣列。陣列中每個鍵值分別為不同的城市名稱，對應的陣列值是位於該城市的分店地址。

2. 從超全域性陣列 $_GET 蒐集來的城市名稱會存在變數 $city（注意：此處有區分大小寫）。

3. 從步驟 1 產生的陣列收集來的城市名稱，會用來選擇該城市的分店地址，然後儲存在變數 $address。

4. foreach 迴圈會逐一處理陣列 $cities 中的每個元素。

5. 迴圈內是為每個城市產生連結，城市名稱會寫進查詢字串裡，重新作為連結文字的一部分。此處示範 PHP 如何產生連結，以及這些連結如何指向單一檔案（用以顯示不同的資料）。

6. 在網頁上顯示變數 $city（步驟 2）和 $address（步驟 3）儲存的值。

試試看：將瀏覽器網址列中的網址刪除查詢字串，然後重新載入網頁，應該會顯示兩個錯誤。

這是因為刪除查詢字串後，沒有城市名稱可以加到超全域性陣列 $_GET 裡。

超全域性陣列缺失資料的問題處理

如果我們要存取的鍵值還沒加到超全域性陣列裡，PHP 直譯器就會產生錯誤。為了防止這種錯誤發生，我們可以在存取前，先檢查鍵值是否已經存在超全域性陣列裡。

當某個人分享網頁連結時，可能會不小心缺失一部分或全部的查詢字串。

在前面的範例中，最後有看到一個情況是查詢字串缺失資料，此時就沒有資料可以加進超全域性陣列 $_GET。如果 PHP 檔案還企圖存取這個資料，PHP 直譯器就會產生錯誤訊息 Undefined array key 或 Undefined index，因為這個資料的鍵值（或索引值）尚未加進超全域性陣列 $_GET。

為了防止這種錯誤發生，網頁程式碼應該在存取值之前，先檢查值是否已經加到超全域性陣列 $_GET 裡。

PHP 的內建函式 isset() 接受變數名稱、陣列鍵值或物件屬性作為引數。如果傳進函式的變數、鍵值或屬性存在而且不為空值，函式會回傳 true；否則就回傳 false。這個檢查的重要性在於，萬一指定的變數、鍵值或參數不存在，也不會引發錯誤。

以下這行程式碼宣告了一個變數 $city，然後以三元運算子檢查：鍵值 city 及其對應的陣列值是否存在超全域性陣列 $_GET 裡，而且不為空值（if... else 陳述式的縮寫，請見第 76 ～ 77 頁）。如果值存在，就會儲存在變數 $city 裡；否則，變數 $city 會儲存空白字串。

```
$city = isset($_GET['city']) ? $_GET['city'] : '';
```

變數　　　鍵值是否存在？　　　存在：　　　　不存在：
　　　　　　　　　　　　　　儲存這個值　　　儲存空白字串

PHP 7 導入空值合成運算子 ??，作為內建函式 isset() 搭配三元運算子的縮寫。

如果空值合成運算子 ?? 左側的值不存在，就使用右側提供的替代值。

```
$city = $_GET['city'] ?? '';
```

變數　　　嘗試儲存這個值　　　如果值不存在：儲存空白字串

範例：利用查詢字串來選擇內容

PHP
section_b/c06/get-2.php

```php
<?php
$cities  = [
    'London' => '48 Store Street, WC1E 7BS',
    'Sydney' => '151 Oxford Street, 2021',
    'NYC'    => '1242 7th Street, 10492',
];
$city = $_GET['city'] ?? '';
if ($city) {
    $address = $cities[$city];
} else {
    $address = 'Please select a city';
}
?>
...
<?php foreach ($cities as $key => $value) { ?>
  <a href="get-2.php?city=<?= $key ?>"><?= $key ?></a>
<?php } ?>

<h1><?= $city ?></h1>
<p><?= $address ?></p>
```

① ② ③ ④ ⑤

RESULT

London Sydney NYC

Please select a city

左側範例程式是延伸先前的範例，差異之處以特別的顏色標出。

1. 使用空值合成運算子 **??**，指定變數 **$city** 的儲存值。如果超全域性陣列 **$_GET** 裡：

   - 鍵值 city 存在且其對應的陣列值不為空值，就將陣列值儲存到變數 **$city**。
   - 鍵值 city 不存在，或是其對應的陣列值是空值，則變數 **$city** 會儲存空白字串。

2. **if** 陳述式的條件會檢查變數 **$city** 的值。如果變數值不是空字串，PHP 直譯器會將值視為 **true**，然後執行後續的程式區塊。

3. 將查詢字串中城市名稱的分店地址儲存在變數 **$address**。

4. 相反地，如果變數 **$city** 的值是空白字串，就執行第二個程式區塊。

5. 變數 **$address** 儲存訊息，告訴網站訪客要選擇一個城市。

試試看：查詢字串內的城市名稱使用 Tokyo，網頁會顯示錯誤訊息，因為陣列 $city 裡面找不到這個鍵值。

為步驟 1 的陣列新增元素：鍵值是 Tokyo，對應的陣列值是地址，然後重新在查詢字串內使用這個鍵值。

驗證資料

PHP 網頁程式蒐集到資料後，會先驗證資料再使用，確保網頁程式執行時不會引發錯誤。

驗證網頁程式碼收到的資料，包括檢查 PHP 檔案是否有：

- 執行工作時需要的資料，稱為**必要資料**。
- **格式正確**的資料，例如，網頁程式需要數字才能執行計算，就要檢查已經收到的資料是不是數字，而非字串。

在前一頁的範例程式檔中，查詢字串需要：

- 指定要顯示的商店名稱及其對應的值。
- 值與城市陣列裡的鍵值會互相配對。

如果查詢字串提供的值不在城市陣列裡，則 PHP 直譯器會產生錯誤。因此，在網頁上顯示城市名稱前，網頁程式碼要先確認查詢字串中的值是否存在城市陣列裡。

本章接下來的內容會學習數種方法，用於驗證不同型態的資料。右頁範例程式使用 PHP 內建函式 array_key_exists()（請見第 218 頁），確認查詢字串中的值是否符合城市陣列中的某個鍵值。如果有發現與值相符的鍵值，函式會回傳 true，否則就回傳 false；函式回傳值會儲存在變數 $valid。

完成資料驗證後，網頁需要判斷是否應該繼續執行剩餘的程式碼。

右頁程式碼是延伸應用本章截至目前為止的範例。if 陳述式的條件會檢查變數 $valid，判斷網頁程式碼是否能處理資料：

- 如果資料有效，網頁會取出陣列中的商店位置，儲存在變數 $address，準備稍後顯示在網頁上。
- 如果資料無效，變數 $address 儲存訊息，告訴網站訪客要選擇一個城市。向網站訪客提供有用的回饋，告訴他們如何利用網頁，取得他們正在搜尋的資訊。

本章稍後會學到網頁如何從瀏覽器蒐集多個資料值，以及如何檢查所有蒐集來的值是否有效。

範例：驗證查詢字串中的資料

PHP

```php
<?php
$cities  = [
    'London' => '48 Store Street, WC1E 7BS',
    'Sydney' => '151 Oxford Street, 2021',
    'NYC'    => '1242 7th Street, 10492',
];
$city  = $_GET['city'] ?? '';
$valid = array_key_exists($city, $cities);

if ($valid) {
    $address = $cities[$city];
} else {
    $address = 'Please select a city';
}
?>
...
<?php foreach ($cities as $key => $value) { ?>
  <a href="get-3.php?city=<?= $key ?>"><?= $key ?></a>
<?php } ?>

<h1><?= $city ?></h1>
<p><?= $address ?></p>
```

① `$city  = $_GET['city'] ?? '';`
② `$valid = array_key_exists($city, $cities);`
③ `if ($valid) {`
④ `    $address = $cities[$city];`
⑤ `} else {`
⑥ `    $address = 'Please select a city';`

RESULT

London Sydney NYC

Please select a city

左側範例程式是延伸先前的範例，作用是利用驗證方法來確認查詢字串中是否包含有效的位置資料。

1. 如果查詢字串內含城市名稱，會儲存在變數 $city；否則，變數 $city 會儲存空白字串。

2. `array_key_exists()` 函式會檢查變數 $city 的值是否存在於 $cities 陣列裡。如果是，變數 $valid 的值會儲存 true；若否，則變數 $valid 會儲存 false。

3. if 陳述式的條件會檢查變數 $valid 的值。如果儲存值是 true，會執行第一個程式碼區塊。

4. 從陣列 $cities 取得查詢城市的分店地址，然後儲存在變數 $address。

5. 如果變數 $valid 的值是 false，則執行第二個程式碼區塊。

6. 變數 $address 儲存訊息，告訴網站訪客要選擇一個城市。

試試看：修改瀏覽器網址列中的網址，在查詢字串中輸入城市名稱「Shanghai」：
get-3.php?city=Shanghai。

缺失資料時，網頁顯示錯誤訊息

若網頁運作必須從查詢字串取得資料，但該資料卻發生缺失或無效的情況，則 PHP 直譯器會通知瀏覽器，請求含有錯誤訊息的檔案。

驗證查詢字串中的資料是很重要的一步，因為一般人連結到網站時，很容易不小心就漏掉查詢字串中的資料。

我們不能期望網站訪客可以編輯查詢字串內的資料，所以，當資料不合法時，我們能提供的協助有：

● 在訪客連結的網頁顯示訊息，告訴訪客我們沒有找到他們請求的網頁，或是請他們從清單中選擇其他選項（請參見前一頁的範例）。

● 將網站訪客發送到含有錯誤訊息的不同網頁。

在以下的程式碼中，請注意條件式檢查資料是否有效的做法，是檢查變數 $valid 的值**不**為 true。

先前第 226 頁已經說明過，PHP 內建函式 header() 可以設定 Location 標頭，讓 PHP 直譯器發送給瀏覽器，通知瀏覽器請求不同的網頁。

當網頁因為資料無效而無法顯示時，實務上比較好的做法是更新回應碼，讓 PHP 直譯器發送回去給瀏覽器（請見第 181 頁）。這樣的做法能避免搜尋引擎在搜尋結果中加入不正確的網址。PHP 內建函式 http_response_code() 的作用則是設定 HTTP 回應碼，這個函式只有一個引數，就是應該使用的回應碼。當發送回去給瀏覽器的回應碼是 404，表示無法找到瀏覽器請求的網頁。

回應碼和標頭都設定完成後，exit 命令是阻止直譯器繼續執行網頁後續的程式碼（繼續執行可能會導致錯誤發生）。

```
如果資料無效 ──→ if (!$valid) {
    設定回應碼 ────→ http_response_code(404);
重新導向含有錯誤訊息的網頁 ────→ header('Location: page-not-found.php');
    停止執行程式碼 ────→ exit;
                      }
```

範例：將網站訪客發送到含有錯誤訊息的網頁

section_b/c06/get-4.php

PHP

```php
<?php
$cities  = [
    'London' => '48 Store Street, WC1E 7BS',
    'Sydney' => '151 Oxford Street, 2021',
    'NYC'    => '1242 7th Street, 10492',
];
$city  = $_GET['city'] ?? '';
$valid = array_key_exists($city, $cities);            ①

if (!$valid) {                                        ②
    http_response_code(404);                          ③
    header('Location: page-not-found.php');           ④
    exit;                                             ⑤
}
$address = $cities[$city];
?>
...
<?php foreach ($cities as $key => $value) { ?>
  <a href="get-4.php?city=<?= $key ?>"><?= $key ?></a>
<?php } ?>

<h1><?= $city ?></h1>
<p><?= $address ?></p>
```

RESULT

PAGE NOT FOUND

Sorry, we could not find the page you were looking for.

注意：RESULT 畫面是顯示檔案 page-not-found.php，因為查詢字串中的城市不存在。

在左側範例程式中，若查詢字串裡的資料不是有效的城市名稱，就會將網站訪客發送到含有錯誤訊息的網頁。

1. PHP 內 建 函 式 array_key_exists() 會確認查詢字串中的城市名稱，檢查是否為城市陣列中的某個鍵值。如果存在就回傳 true，否則回傳 false，這個值會儲存在變數 $valid。

2. if 陳述式的條件會檢查變數 $valid 的值**不**為 true（運算子 ! 表 示 值 **不** 是 true），如 果 $valid 的值是 false，會繼續執行後面的程式碼區塊。

3. PHP 內建函式 http_response_code() 的作用，是命令 PHP 直譯器將回應碼 404 發送回去給瀏覽器，表示無法找到網頁。

4. PHP 內建函式 header() 是命令 PHP 直 譯 器 增 加 Location 標頭，指示瀏覽器改請求檔案 page-not-found.php。

5. exit 命令是告訴 PHP 直譯器不要再繼續執行檔案裡的任何程式碼。

當變數 $valid 的值為 true，會跳過步驟 3 到 5，直接顯示網頁。

輸出資料脫淨

在網頁上顯示已經發送給伺服器的資料值必須先**脫淨**，確保駭客無法利用這些資料值執行惡意腳本。

資料脫淨包含移除（或是替換掉）任何不應該出現在資料值裡面的字元。例如，HTML 有五個**保留字元**，瀏覽器會將這些字元視為程式碼：

< 和 > 是給 HTML 標籤用的字元。

" 和 ' 是用於儲存屬性值的字元。

& 的作用是產生字元實體。

為了在網頁上顯示這五個字元，我們必須將這些字元替換成**實體名稱**，或是以表示字元的**實體編碼**取代。瀏覽器才會顯示相對應的字元，而非將這些字元視為程式碼。

<	>	&	"	'
< <	> >	& &	" "	' '

當網頁需要顯示網站訪客提供的值，應該先確認其中是否有包含這五個保留字元，如果有，就要以字元實體取代。PHP 內建函式 `htmlspecialchars()` 可以完成這項處理（請見第 246 頁）。

如果我們沒有以字元實體取代這些 HTML 的保留字元，駭客可能會藉此送出值，載入帶有惡意程式碼的 JavaScript 檔案，稱為**跨站腳本攻擊**（cross-site scripting，簡稱 XSS）。

例如，假設現在有一名網站訪客提供以下這樣的使用者名稱，網頁收到之後會執行腳本來顯示這個使用者名稱。

```
Luke<script src="http://eg.link/bad.js">
</script>
```

當保留字元替換成字元實體，網站訪客會看到以上的文字，但網頁不會執行腳本。此時在網頁的 HTML 原始程式碼裡，使用者名稱看起來會像這樣：

```
Luke&lt;script src=&quot;http://eg.link/bad.
js&quot;&gt;&lt;/script&gt;
```

使用者提供的資料應該只能出現在網頁可以看見的 HTML 標記裡（或是出現在 <title> 或 <meta> 元素裡）。以下這些地方都**不**應該顯示使用者提供的資料：

- 程式碼註解。
- CSS 規則（這裡也可以引入網頁內含的腳本）。
- <script> 元素。
- 標籤名稱。
- 屬性名稱。
- HTML 事件的屬性值，例如，onclick 和 onload。
- HTML 屬性值，例如，src 屬性。

稍後第 280 頁會帶讀者看，網址或查詢字串使用的值必須先脫淨。

範例：輸出資料沒有脫淨的風險

section_b/c06/xss-1.php

```
①  <a class="badlink" href="xss-1.php?msg=<script
    src=js/bad.js></script>">LINK TO DEMONSTRATE XSS</a>

    <?php
②  $message = $_GET['msg'] ?? 'Click link at top of page';
    ?>
    ...
    <h1>XSS Example</h1>
③  <p><?= $message ?></p>
```

RESULT

注意：下一頁會提到，脫淨查詢字串內的文字，表示網頁會將文字顯示為腳本標籤，瀏覽器不會將文字視為程式碼。

此處以左側範例程式說明，輸出資料前如果沒有脫離，會發生什麼後果。

1. 針對範例程式的目的，這個網頁上顯示的連結也是連到這個相同的網頁。連結中的查詢字串包含 `<script>` 標籤（在實際發生的 XSS 攻擊裡，指向這個網頁的連結會出現在其他網站、電子郵件或任何形式的訊息）。

2. PHP 網頁檢查超全域性陣列 `$_GET`，確認查詢字串是否內含名稱 msg。

- 若有，就將相對應的值儲存在變數 `$message`。
- 如果沒有，變數 `$message` 會儲存指令，告訴使用者點擊連結。

3. 在網頁上顯示變數 `$message` 的值。

點擊網頁最上方的連結，網頁會執行腳本，因為查詢字串的值沒有脫淨。

脫淨 HTML 保留字元

PHP 內建函式 htmlspecialchars() 會把保留字元替換成相對應的字元實體,讓網頁顯示這些字元,不要作為程式碼執行。

htmlspecialchars() 函式具有四個參數,第一個是必要參數,其餘都是選擇性參數。

- $text:需要進行脫淨處理的文字。

- $flag:選擇性控制哪些字元要編碼(常用選項如下表所示)。

- $encoding:字串使用的編碼模式;如果沒有指定,預設編碼是 UTF-8。

- $double_encode:HTML 字元實體是以 & 字元開頭,因此,如果字串內有字元實體,則將 & 編碼,在網頁上顯示字元實體,而非保留字元。當參數值設定為 false,就是告訴 PHP 直譯器,不要編碼字串內的字元實體。

如果進行脫淨處理的字串,其組成字元全都使用有效的編碼模式,則函式回傳的字串會以字元實體取代其中的保留字元。

如果字串含有無效字元,函式會回傳空白字串(除非有使用旗標 ENT_SUBSTITUTE,如下表所示)。

由於 htmlspecialchars() 函式名稱相當長,又有四個參數,有些程式設計師會建立使用者自訂函式作為這個函式的縮寫,作用是脫淨字串值,並且回傳編碼完成的版本(如右頁所示)。

```
htmlspecialchars($text[, $flag][, $encoding][, $double_encode]);
```

旗標	說明
ENT_COMPAT	轉換雙引號,只留下單引號(若沒有提供旗標,就會將這個旗標作為預設值)。
ENT_QUOTES	轉換雙引號和單引號。
ENT_NOQUOTES	不管是雙引號還是單引號都不要轉換。
ENT_SUBSTITUTE	為了防止函式回傳空字串,將無效字元換成替代字元:� (在 UTF-8 編碼裡,這個符號是 U+FFFD,其他編碼模式則是 &#xFFFD)。
ENT_HTML401	將程式碼視為 HTML 4.01。
ENT_HTML5	將程式碼視為 HTML 5。
ENT_XHTML	將程式碼視為 XHTML。

若要指定多個旗標,須以符號 | 分隔每個旗標,例如,ENT_QUOTES|ENT_HTML5。

範例：脫淨處理使用者提供的內容

PHP

```php
<a class="badlink" href="xss-2.php?msg=<script
src=js/bad.js></script>">ESCAPING MARKUP</a>

<?php
$message = $_GET['msg'] ?? 'Click the link above';
?> ...
<h1>XSS Example</h1>
<p><?= htmlspecialchars($message) ?></p>
```
①

PHP

```php
<a class="badlink" href="xss-3.php?msg=<script
src=js/bad.js></script>">ESCAPING MARKUP</a>

<?php
function html_escape(string $string): string
{
    return htmlspecialchars($string,
        ENT_QUOTES|ENT_HTML5, 'UTF-8', true);
}
$message = $_GET['msg'] ?? 'Click the link above';
?> ...
<h1>XSS Example</h1>
<p><?= html_escape($message) ?></p>
```
② ③

RESULT

XSS EXAMPLE

`<script src=js/bad.js></script>`

1. 左側第一個範例程式和前面範例相比，只更動了一個地方：變數 $message 的值輸出時，會利用函式 htmlspecialchars() 把 HTML 的保留字元替換成相對應的字元實體。因此，點擊連結之後，螢幕上會顯示 HTML 的 <script> 標籤，而非由瀏覽器執行腳本。

2. 以同一個範例程式修改第二版，新增使用者自訂函式 html_escape()。這個函式以字串作為引數，回傳的字串會以字元實體取代其中的保留字元。自訂函式的程式區塊中會呼叫 PHP 內建函式 htmlspecialchars()，提供四個參數值給這個內建函式。

3. 呼叫自訂函式 html_escape()，輸出查詢字串內含的訊息。

左側上下兩個範例程式的輸出結果，看起來會完全相同。

注意：在本書提供下載的程式碼裡，本章用到的自訂函式 html_escape()，其函式定義是另外寫在引入檔案 functions.php。

試試看：將步驟 2 的函式定義替換成 include 陳述式，引入檔案 functions.php。

如何將表單資料傳送給伺服器

表單是讓網站訪客輸入文字和選擇選項之用。瀏覽器可以針對每個表單控制項，將名稱、值連同網頁請求一起發送給伺服器。

HTML 的 `<form>` 標籤需要設定兩個屬性：

- `action` 屬性的值是設定表單資料應該要發送給哪一個 PHP 檔案。
- `method` 屬性的值是表示要用什麼方法將表單資料發送給伺服器。

`method` 屬性的值須為下列兩者其中一個：

- GET 是利用 HTTP GET 傳送表單資料，將含有表單資訊的查詢字串加在網址結尾。
- POST 是利用 HTTP POST 傳送資料，將含有資料的 HTTP 標頭從瀏覽器發送到伺服器。

資料會發送給這個 **PHP** 網頁　　　　發送資料時使用的 **HTTP** 方法

```
<form action="join.php" method="POST">
    <p>Email: <input type="email" name="email"></p>
    <p>Age:   <input type="number" name="age"></p>
    <p><input type="checkbox" name="terms" value="true">
        I agree to the terms and conditions.</p>
    <input type="submit" value="Save">
</form>
```

網站訪客提交表單後，瀏覽器會請求 action 屬性指定的網頁。

action 屬性的值可以是相對路徑（從產生表單的網頁到處理表單的網頁），也可以是完整的網址。

表單通常會提交給用來顯示表單的同一個 PHP 網頁。

上面的範例程式碼是透過 HTTP POST 發送表單，所以瀏覽器會將表單控制項的名稱和值加入 HTTP 標頭；標頭會跟 join.php 的請求一起發送。每個標頭裡的：

- **名稱**是表單控制項裡 name 屬性的值。
- **值**是使用者輸入的文字或使用者選擇的項目值。

HTML 表單控制項（如下表所示）會落在下列兩類之一：文字輸入類型的控制項是讓網站訪客輸入文字，選項型的則是讓訪客選擇選項。

如果使用者是填寫表單，發送給伺服器的名稱是 name 屬性的值，值就是使用者輸入的文字。若使用者沒有在表單控制項裡輸入任何文字，則名稱依舊會發送給伺服器，但值會是空白字串。

如果使用者是從選項中選擇，名稱就是該選項的 name 屬性的值，值就是 value 屬性的資料。若使用者沒有選擇任何選項，瀏覽器就不會發送任何表單控制項的資料給伺服器。

文字輸入	範例程式	用途
輸入文字	`<input type="text" name="username">`	輸入單行文字。
輸入數字	`<input type="number" name="age">`	輸入數字。
輸入電子郵件	`<input type="email" name="email">`	輸入電子郵件。
密碼	`<input type="password" name="password">`	輸入密碼。
文字區域	`<textarea name="bio"></textarea>`	輸入較長的文字。

選項	範例程式	用途
單選按鈕	`<input type="radio" name="rating" value="good">` `<input type="radio" name="rating" value="bad">`	眾多選項中只能選擇一個。

單選框	`<select name="preferences">`
	`  <option value="email">Email</option>`
	`  <option value="phone">Phone</option>`
	`</select>`
		眾多選項中只能選擇一個。

複選框	`<input type="checkbox" name="terms" value="true">`	選擇一個選項，可複選。

為了示範伺服器端的驗證方法，本書只會驗證伺服器上的資料，但實際上線的網站將瀏覽器提供的資料發送給伺服器之前，會先利用 JavaScript 和使用者輸入的數字、電子郵件來驗證資料，伺服器收到資料後會再次驗證資料（因為瀏覽器驗證有被繞過不執行的疑慮）。

注意：PHP 直譯器將瀏覽器資料加到超全域性陣列裡的時候，即使值的型態是數字或布林，也一定會變成字串資料型態。

下一章會介紹如何利用上傳檔案的控制項，將檔案發送給伺服器。

取得表單資料

PHP 直譯器收到經由 HTTP POST 發送過來的資料後，會將資料加進超全域性陣列 $_POST。

網站訪客提交的表單經由 HTTP POST 送出後，PHP 直譯器收到網頁請求，會將 HTTP 標頭內含的表單資料加進超全域性陣列 $_POST。

- **鍵值**是表單控制項的名稱。
- **資料值**是使用者輸入的文字或使用者選擇的項目。

鍵值　　　資料值

如果經由 HTTP GET 發送表單，PHP 直譯器從查詢字串取得表單資料後，會將資料加進超全域性陣列 $_GET。

PHP 檔案裡的程式碼可以使用超全域性陣列 $_POST 內的值，使用方法跟存取關聯式陣列裡的值一樣。如果表單控制項是文字輸入型，一定會有值，除非禁用控制項：

```
$email = $_POST['email'];
```
　變數　　　　　　鍵值

如果表單控制項是選項型，只有在網站訪客選擇選項時，才會將名稱和值加到 HTTP 標頭裡。所以，使用空值合成運算子取得超全域性陣列 $_POST 內的選項，其做法跟取得查詢字串的值一樣。

```
$age = $_POST['age'] ?? false;
```
　變數　　　　　　鍵值　　　　預設值

右頁範例程式顯示網頁使用表單時，超全域性陣列內會儲存什麼資料。這個範例程式利用 var_dump() 函式（請見第 192 頁）顯示超全域性陣列裡的內容，這樣我們就能看到是哪些元素加到陣列裡，還可以看到超全域性陣列裡的所有資料一定是字串資料型態，即使原本的資料是數字或布林型態。

這個範例的重點是希望讀者動手嘗試，看看超全域性陣列裡的資料在以下情況中會如何變化：

- 發送表單之前先載入網頁。
- 不填寫任何資料，然後提交表單。
- 完成表單欄位內容。

範例：接收表單資料的方法

```php
<form action="collecting-form-data.php" method="POST">
  <p>Name:      <input type="text" name="name"></p>
  <p>Age:       <input type="text" name="age"></p>
  <p>Email:     <input type="text" name="email"></p>
  <p>Password:  <input type="password" name="pwd"></p>
  <p>Bio:       <textarea name="bio"></textarea></p>
  <p>Contact preference:
    <select name="preferences">
      <option value="email">Email</option>
      <option value="phone">Phone</option>
    </select></p>
  <p>Rating:
  1 <input type="radio" name="rating" value="1"> 
  2 <input type="radio" name="rating" value="2"> 
  3 <input type="radio" name="rating" value="3"></p>
  <p><input type="checkbox" name="terms" value="true">
    I agree to the terms and conditions.</p>
  <p><input type="submit" value="Save"></p>
</form>
<pre><?php var_dump($_POST); ?></pre>
```

① ② ③

RESULT

1. 五個文字控制項，用於詢問使用者的姓名、年齡、電子郵件、密碼和個人經歷。

2. 三個表單控制項，用於提供選項給網站訪客。

3. 利用 var_dump() 函式，輸出超全域性陣列 $_POST 的內容。

載入網頁時若表單尚未提交，則超全域性陣列 $_POST 的內容會是空的。

若表單已經提交出去，但沒有輸入任何內容，此時超全域性陣列 $_POST 內的元素會包含所有輸入文字，元素值是空字串。載入網頁時，會將單選框顯示的預設值發送給伺服器；若是單選按鈕和複選框的情況，名稱和值不會發送給伺服器。

如果所有的選單控制項都已經填寫完畢，會將表單裡的每個控制項儲存為超全域性陣列 $_POST 裡的元素。所有發送給伺服器的值都是字串。

試試看：請將 <form> 標籤的 method 屬性值改為 GET，表單資料會以 HTTP GET 發送。然後，將步驟 3 改成顯示超全域性陣列 $_GET 的內容。

檢查表單是否已經提交

表單必須先提交出去，後續才能取得資料，加以處理。根據表單發送的方法是 HTTP POST 還是 HTTP GET，有不同的技巧可以檢查表單是否已經提交出去。

HTTP POST

超全域性陣列 $_SERVER（請見第 190 頁）的鍵值 REQUEST_METHOD，其對應的儲存值是請求網頁時使用的 HTTP 方法。當表單是經由 HTTP POST 發送時，對應的值就是 POST。

若要檢查表單是否已經利用 HTTP POST 提交出去，if 陳述式的條件會檢查鍵值 REQUEST_METHOD 對應的值是否為 POST。處理表單資料的程式碼要寫在 if 陳述式之後的程式碼區塊裡。

```
if ($_SERVER['REQUEST_METHOD'] == 'POST') {
    // 取得和處理表單資料的程式碼會寫在這裡
}
```

HTTP GET

使用者點擊連結，或是在瀏覽器位址欄中輸入網址，這些請求一定會經由 HTTP GET 發送。因此，無法利用超全域性陣列 $_SERVER 來檢查表單是否經由 HTTP GET 提交出去。反而應該利用以下其中一個方式：

- 隱藏的表單輸入
- 負責提交的按鈕名稱和值

表單提交出去後，隱藏輸入或負責提交的那個按鈕的名稱和值會加進超全域性陣列 $_GET。

if 陳述式的條件會檢查超全域性陣列 $_GET 裡面，是否有提交表單時發送的值。如果有，就執行程式碼，取得和處理資料。

```
$submitted = $_GET['submitted'] ?? '';
if ($submitted === 'true') {
    // 取得和處理表單資料的程式碼會寫在這裡
}
```

範例：檢查表單是否已經提交

```php
<?php
if ($_SERVER['REQUEST_METHOD'] == 'POST') {
    $term = $_POST['term'];
    echo 'You searched for ' . htmlspecialchars($term);
} else { ?>
    <form action="check-for-http-post.php" method="POST">
      Search for: <input type="text" name="term">
      <input type="submit" value="search">
    </form>
<?php } ?>
```

① if ($_SERVER['REQUEST_METHOD'] == 'POST') {
② $term = $_POST['term'];
③ <form action...

```php
<?php
$submitted = $_GET['sent'] ?? '';
if ($submitted === 'search') {
    $term = $_GET['term'] ?? '';
    echo 'You searched for ' . htmlspecialchars($term);
} else { ?>
    <form action="check-for-http-get.php" method="GET">
      Search for: <input type="search" name="term">
      <input type="submit" name="sent" value="search">
    </form>
<?php } ?>
```

④ $submitted = $_GET['sent'] ?? '';
⑤ $term = $_GET['term'] ?? '';
⑥ <form action...

RESULT

1. if 陳述式的條件是檢查變數 $_SERVER 的鍵值 REQUEST_METHOD，其對應的值是否為 POST。

2. 如果是，會經由 HTTP POST 發送搜尋表單，以訊息顯示搜尋詞。

3. 否則就跳過處理，直接顯示表單。在這個範例程式裡，提交按鈕的名稱是 sent，值是 search。如果表單已經提交出去，名稱和值都會加進超全域性陣列 $_GET 裡。

4. 以空值合成運算子檢查超全域性陣列 $_GET 裡面，是否有鍵值的名稱是 sent。如果該鍵值存在，變數 $submitted 會儲存對應的值；如果不存在，就會儲存空白字串。

5. if 陳述式的條件檢查變數 $submitted 的值是否為 search。如果是，表單會經由 HTTP GET 發送，然後顯示搜尋詞。

6. 否則就顯示表單。

試試看：利用隱藏的表單輸入，表示表單已經提交出去。

驗證數字

取得表單資料時，應該要驗證資料，目的是確保所有需要的值都已經提供，而且格式正確，以防止網頁執行時因為損壞的資料而引發錯誤。

若要檢查一個值是否為數字，可以利用 PHP 內建函式 is_numeric()（請見第 216 頁），或者需要檢查一個數字是否落在指定的數字範圍內，可以自訂函式來執行這項工作。以下這個自訂函式的作用是利用比較運算子，檢查一個數字是否落在指定的最小值和最大值的範圍內。這個自訂函式具有三個參數：

- $number 是需要檢查的值。
- $min 是容許範圍內的最小數字值。
- $max 是容許範圍內的最大數字值。

函式的條件包含兩個表達式，檢查數字是否：

- 大於或等於最小數字。
- 小於或等於最大數字。

如果兩個表達式都判斷為 true，函式會回傳 true；若有任一表達式的結果判斷為 false，則函式會回傳 false。

網頁程式碼接收到數字後，呼叫以下函式可以檢查值是否為有效數字。

```
function is_number($number, int $min = 0, int $max = 100): bool
{
    return ($number >= $min and $number <= $max);
}
```

數字大於等於最小值嗎？　　數字小於等於最大值嗎？

如果表單資料無效，通常會重新顯示表單，讓使用者再試一次。在這種情況下，會以 `<input>` 標籤的 value 屬性輸出數字，將使用者提供的數字顯示在表單控制項內。顯示值的時候搭配 htmlspecialchars() 函式一起使用，能防止跨站腳本攻擊。

只有在表單提交出去後，網頁程式碼才能接收到使用者輸入的值，因此，變數 $age 一定要宣告在程式碼頁的起始處，指定初始值為空白字串。如果變數沒有宣告在程式碼頁的起始處，當表單控制項 value 屬性要顯示變數時，文字輸入就會引發錯誤 Undefined variable（變數未定義）。

```
<input type="text" name="age" value="<?= htmlspecialchars($age) ?>">
```

範例：檢查數字是否有效

section_b/c06/validate-number-range.php

```php
<?php
declare(strict_types = 1);
$age     = '';
$message = '';

function is_number($number, int $min = 0, int $max = 100): bool
{
    return ($number >= $min and $number <= $max);
}

if ($_SERVER['REQUEST_METHOD'] == 'POST') {
    $age   = $_POST['age'];
    $valid = is_number($age, 16, 65);
    if ($valid) {
        $message = 'Age is valid';
    } else {
        $message = 'You must be 16-65';
    }
}
?> ...
<?= $message ?>
<form action="validate-number-range.php" method="POST">
  Age: <input type="text" name="age" size="4"
        value="<?= htmlspecialchars($age) ?>">
  <input type="submit" value="Save">
</form>
```

① ② ③ ④ ⑤ ⑥ ⑦ ⑧ ⑨

RESULT

1. 建立兩個變數 $age 和 $message，指定初始值為空白字串。

2. 定義 is_number() 函式（如左頁所示）。

3. 程式碼檢查表單是否已經提交，如果已經提交出去，則：

4. 從超全域性陣列 $_POST 取得年齡的值。資料來自於文字輸入，所以表單提交出去後，一定會送出值。

5. 呼叫 is_number() 函式。函式的第一個引數是使用者提交的值，數字 16 和 65 是最小和最大的有效數字值，將函式回傳的布林值存在變數 $valid。

6. if 陳述式的條件會檢查變數 $valid 的值是否為 true。如果是，變數 $message 儲存的訊息會說明輸入的年齡值無效。

7. 否則，變數 $message 會儲存錯誤訊息。

8. 顯示訊息。

9. 使用 htmlspecialchars() 函式，在數字輸入框內顯示使用者輸入的數字（或是顯示步驟1的初始值）。

驗證文字長度

網站通常會限制可以出現在網頁內容的字元數，例如，使用者名稱、貼文、文章標題和個人資料等等。網站接收到的任何字串都可以利用函式來檢查長度。

若想檢驗使用者提供的文字是否介於最小和最大字元數之間，可以利用以下做法：

- PHP 內建函式 mb_strlen()（請見第 210 頁）先計算字串字元數，將計算出來的數字儲存在變數裡。

- 接著是利用條件式，以兩個表達式檢查字元數是否落在容許的範圍內（做法跟前一頁檢查數字是否落在允許範圍內一樣）。

如果字元數落在有效範圍內，函式回傳 true，否則就回傳 false。

將驗證資料的程式碼放在函式內，就可以用函式來驗證多個表單控制項，省下為了執行相同的工作而重複撰寫程式碼的時間。

以下函式跟前面的範例一樣，都有使用參數，所以每次呼叫函式會有不同的最小和最大值。

當有多個程式頁需要執行相同的驗證工作時，應該將函式定義單獨放在引入檔案裡。然後在程式頁引入該檔案，而非在每個網頁程式碼裡複製相同的函式定義。在本書提供下載的程式碼裡，本章用到的引入檔案 validate.php 內包含三個函式定義。

```php
function is_text($text, int $min = 0, int $max = 100): bool
{
    $length = mb_strlen($text);
    return ($length >= $min and $length <= $max);
}
```

　　　　　　　　　　數字大於等於　　　　　　數字小於等於
　　　　　　　　　　最小值嗎？　　　　　　　最大值嗎？

範例：檢查文字長度

```php
<?php
declare(strict_types = 1);
$username = '';
$message  = '';

function is_text($text, int $min = 0, int $max = 1000): bool
{
    $length = mb_strlen($text);
    return ($length >= $min and $length <= $max);
}
if ($_SERVER['REQUEST_METHOD'] == 'POST') {
    $username = $_POST['username'];
    $valid    = is_text($username, 3, 18);
    if ($valid) {
        $message = 'Username is valid';
    } else {
        $message = 'Username must be 3-18 characters';
    }
}
?> ...
<?= $message ?>
<form action="validate-text-length.php" method="POST">
  Username: <input type="text" name="username"
    value="<?= htmlspecialchars($username) ?>">
  <input type="submit" value="Save">
</form>
```

1. 變數 $username 和 $message 初始化。

2. 定義使用者自訂函式 is_text() (如左頁所示)。

3. 程式碼檢查表單是否已經提交，如果已經提交出去，則：

4. 從超全域性陣列 $_POST 取得文字。

5. 呼叫 is_text() 函式，檢查使用者輸入的文字長度是否介於 3 到 18 個字元之間，將函式回傳的值存在變數 $valid。

6. if 陳述式的條件會檢查變數 $valid 的值是否為 true。如果是，變數 $message 儲存的訊息會說明輸入的使用者名稱長度有效。

7. 否則，變數 $message 儲存的訊息會告訴使用者：使用者名稱長度必須介於 3 到 18 個字元之間。

8. 顯示變數 $message 的值。

9. 在文字輸入框中顯示變數 $username 的值。這個值會是使用者發送出來的值，或是初始化設定的空白字串 (步驟1)。

RESULT

Username: Ivy　　　SAVE

利用規則運算式驗證資料

利用規則運算式，檢查網站訪客提供的值是否符合指定的字元模式。

規則運算式（請見第 214 ～ 217 頁）可以描述許可的字元模式，例如，信用卡號、郵遞區號和電話號碼。以下函式利用規則運算式，檢查使用者輸入的密碼強度。

函式以密碼為參數，然後檢查密碼的字元長度是否大於等於 8。然後利用規則運算式，檢查密碼是否包含：

- 大寫字元。
- 小寫字元。
- 數字。

使用 and 運算子分隔每項檢查，若所有條件均判斷為 true，函式會回傳 true，否則就回傳 false（我們也可以只用一個規則運算式，一口氣完成所有檢查工作，但這樣會讓規則運算式比較難懂）。

右側範例函式的判斷條件裡有四個表達式：

第一個表達式是利用 mb_strlen() 函式，檢查值的字元長度是否大於等於 8。

接著呼叫 PHP 內建函式 preg_match() 三次，檢查密碼中是否能找到符合規則運算式描述的字元模式。

如果所有表達式的判斷結果都是 true，則條件式後的程式碼區塊會回傳 true（因為滿足條件式的要求）；否則，函式會繼續執行，然後回傳 false。

```php
function is_password(string $password): bool
{
    if (
        mb_strlen($password) >= 8
        and preg_match('/[A-Z]/', $password)
        and preg_match('/[a-z]/', $password)
        and preg_match('/[0-9]/', $password)
    ) {
        return true;     // 通過所有測試
    }
    return false;        // 無效
}
```

注意：雖然瀏覽器會隱藏我們輸入的密碼，但 HTTP 標頭還是以純文字發送密碼。因此，所有個人資料都應該要經由 HTTPS 發送（請參見第 184 ～ 185 頁）。

範例：檢查密碼強度

　　　　　　　　　　　section_b/c06/validate-password.php

```php
<?php
declare(strict_types = 1);
$password = '';
$message  = '';
function is_password(string $password): bool
{
    if (
        mb_strlen($password) >= 8
        and preg_match('/[A-Z]/', $password)
        and preg_match('/[a-z]/', $password)
        and preg_match('/[0-9]/', $password)
    ) {
        return true;  // Passed all tests
    }
    return false;     // Invalid
}
if ($_SERVER['REQUEST_METHOD'] == 'POST') {
    $password = $_POST['password'];
    $valid    = is_password($password);
    $message  = $valid ? 'Password is valid' :
        'Password not strong enough';
}
?> ...
<?= $message ?>
<form action="validate-password.php" method="POST">
  Password: <input type="password" name="password">
  <input type="submit" value="Save">
</form>
```

RESULT

Password: ●●●●●●●●●●●●●●　　SAVE

1. 變數 $password 和 $message 初始化。

2. 定義 is_password() 函式，函式帶有一個參數：要檢查的密碼。

3. if 陳述式用了四個表達式，每一個表達式的判斷結果為 true 或 false。使用 and 運算子分隔每個表達式，只有當**所有**的表達式結果均為 true，才會執行後續的程式碼區塊。

4. 程式碼區塊回傳 true，函式停止執行。

5. 否則，只要其中任何一個條件失敗，函式會回傳 false。

6. 表單提交出去後，會繼續執行後面的程式碼區塊。

7. 從超全域性陣列 $_POST 取得密碼。

8. 呼叫 is_password() 函式，檢查使用者的密碼，然後將結果儲存在變數 $valid。

9. 三元運算子檢查變數 $valid 的儲存值是否為 true。如果是，變數 $message 會儲存成功的訊息，否則就儲存錯誤訊息。

10. 顯示變數 $message 的值。

單選框和單選按鈕

單選框和單選按鈕的功能是讓使用者從選項清單中選擇其中一個，只有在使用者選擇之後，瀏覽器才會將選項的名稱和值發送給伺服器。伺服器驗證值的方法是檢查收到的值是否符合其中一個選項。

表單使用單選框或單選按鈕時，我們可以建立索引式陣列儲存所有選項，讓使用者從中選擇一個，然後儲存在變數裡。以下陣列儲存五星評價：1 到 5。

然後，利用陣列：

- 建立單選框或單選按鈕的選項
- 檢查使用者是否選擇了其中一個選項

```
$star_ratings = [1, 2, 3, 4, 5,];
```

為了確認使用者選擇的選項是否有效，此時我們可以使用 PHP 內建函式 in_array()。

如果儲存選項的陣列裡有找到使用者提交的值，in_array() 函式會回傳 true，否則就回傳 false。

```
$valid = in_array($stars, $star_ratings);
```
已經提交的值　　　有效的選項

建立表單控制項時，利用迴圈循環處理所有選項，為每個選項加一個元素。若是重新顯示表單給使用者看，則使用三元運算子，特別標示出已經選擇的選項。

利用三元運算子的條件式，檢查變數 $stars 的值是否符合迴圈目前的值。如果符合，就增加 checked 屬性，否則就輸出空白字串。

```php
<?php foreach ($option as $star_ratings) { ?>
  <?= $option ?>
  <input type="radio" name="stars" value="<?= $option ?>"
    <?= ($stars == $option) ? 'checked' : '' ?>>
<?php } ?>
```

注意：這個範例需要已經完成初始化的變數 $stars（如右頁步驟 1 所示）。

範例：驗證選項

PHP section_b/c06/validate-options.php

```php
<?php
$stars   = '';
$message = '';
$star_ratings = [1, 2, 3, 4, 5,];

if ($_SERVER['REQUEST_METHOD'] == 'POST') {
    $stars   = $_POST['stars'] ?? '';
    $valid   = in_array($stars, $star_ratings);
    $message = $valid ? 'Thank you' : 'Select an option';
}
?> ...
<?= $message ?>
<form action="validate-options.php" method="POST">
  Star rating:
  <?php foreach ($star_ratings as $option) { ?>
    <?= $option ?> <input type="radio" name="stars"
          value="<?= $option ?>"
          <?= ($stars == $option) ? 'checked' : '' ?>>
  <?php } ?>
  <input type="submit" value="Save">
</form>
```

① 變數 $stars 和 $message 初始化。

② 變數 $star_ratings 儲存索引式陣列，其中的值會用來建立一組單選按鈕。

③ if 陳述式會檢查表單是否已經提交出去。

④ 如果已經提交，從超全域性陣列 $_POST 取得已經選擇的選項。

⑤ PHP 內建函式 in_array() 會檢查使用者選擇的值，是否為允許的有效選項之一。

⑥ 利用三元運算子產生訊息，用以表示資料是否有效。

⑦ 顯示變數 $message 的值。

⑧ foreach 迴圈建立 HTML 表單裡的選項，迴圈會逐一處理 $star_ratings 陣列裡的值，針對每個選項：

⑨ 顯示選項名稱，名稱後跟著單選按鈕，將選項名稱加到 value 屬性。

⑩ 利用三元運算子，檢查該選項是否已經被選擇。如果是，就增加 checked 屬性。

RESULT

獲取來自瀏覽器端的資料

如何判斷複選框是否已經核取

複選框的狀態只有兩種：已經核取或未核取，但只有核取複選框之後，才會將選項的名稱和值發送給伺服器。

若要判斷複選框是否已經核取，有以下兩個步驟：

- 首先是利用 PHP 內建函式 isset()，檢查複選框的值是否有在超全域性陣列裡。

- 如果有，接著檢查發送過來的值是否跟我們預期的一樣。

左側提到的這兩項檢查都可以利用三元運算子的條件式完成。如果兩項檢查的結果值都是 true，就能知道使用者已經核取了複選框，所以指定布林值為 true。

請看以下這行範例程式碼，如果兩項檢查的結果值都是 true，變數 $terms 儲存值為 true，否則就儲存 false。

```
$terms = (isset($_POST['terms']) and $_POST['terms'] == true) ? true : false;
```
　　　　　如果值已經加進超全域性陣列　　　　　　　　而且提供的值正確

若是重新顯示表單給使用者看，則檢查已經核取的複選框，只需要檢查複選框的值是否為 true。

如果是，就在控制項中增加 checked 屬性；若否，就輸出空白字串。

```
<input type="checkbox" name="terms" value="true"
    <?= $terms ? 'checked' : '' ?>>
```
　　　若複選框已經核取　　　　增加　　　　否則就加入空白字串
　　　　　　　　　　　　　CHECKED 屬性

範例：驗證複選框

PHP

```php
<?php
$terms   = '';
$message = '';

if ($_SERVER['REQUEST_METHOD'] == 'POST') {
    $terms   = (isset($_POST['terms']) and $_POST['terms'] == true) ? true : false;
    $message = $terms ? 'Thank you' : 'You must agree to the terms and conditions';
}
?> ...
<?= $message ?>
<form action="validate-checkbox.php" method="POST">
  I agree to the terms and conditions: <input type="checkbox" name="terms" value="true"
    <?= $terms ? 'checked' : '' ?>>
  <input type="submit" value="Save">
</form>
```

① $terms、$message
② if
③ $terms
④ $message
⑤ <?= $message ?>
⑥ <?= $terms ? 'checked' : '' ?>

RESULT

1. 變數 $terms 和 $message 初始化。

2. 如果表單已經提交出去 ......

3. 三元運算子的條件式用了兩個表達式，判斷複選框是否已經核取。首先是利用 PHP 內建函式 isset()，檢查複選框的值是否已經送出。如果已經送出，第二個表達式會檢查複選框的值是否為 true。如果兩個表達式都判斷為 true，指定變數 $terms 的值為 true；若否，則指定值為 false。

4. 如果變數 $terms 的值為 true，$message 會儲存單字「Thank you」；如果不是，變數儲存的訊息會通知使用者，請他們同意使用條款。

5. 在網頁上顯示訊息。

6. 使用三元運算子，檢查變數 $terms 的值是否為 true（表示複選框已經核取）。如果是，就為複選框增加 checked 屬性，否則就輸出空白字串。

檢查多個值是否有效

網頁程式碼通常會在處理多個資料前，先檢查資料是否有效。例如，有多個表單要求網站訪客提供多項資訊時。

請看看以下這個表單，要求網站訪客提供以下資料（使用三種資料型態）：

- 名稱（字串，長度介於 2 到 10 字元）。
- 年齡（整數，介於 16 到 65）。
- 同意使用條款（布林值，true 或 false）。

使用者提交表單時，如果有任何資料無效，網頁程式碼會：

- 不處理資料。
- 產生錯誤訊息，向使用者說明如何更正每個問題。
- 顯示使用者輸入的值。

這個網頁除了顯示表單，還會顯示錯誤訊息和使用者輸入的任何值。為此，網頁程式碼一開始就要宣告兩個陣列：

- 一個陣列的元素是儲存使用者提供的每一項值。
- 另一個陣列的元素是儲存網頁顯示的每項錯誤訊息。

網頁初次載入時（表單提交出去之前），這兩個陣列都一定要初始化，設定每個元素的名稱和要顯示的值。如果沒做這項處理，當 PHP 直譯器嘗試存取陣列元素卻發現沒有值的時候，就會引發錯誤。

儲存錯誤訊息用的陣列會先將每個可能發生的表單錯誤儲存為空白字串，這樣網頁初次載入時才不會發生錯誤。

1. 如果表單已經提交出去，則取得使用者提供
的資料。

這些資料會覆蓋掉陣列（為了儲存使用者資料而
產生）原本儲存的初始值。

```
儲存
使用者資料的陣列                              取得值
$user['name']  = $_POST['name'];
$user['age']   = $_POST['age'];
$user['terms'] = (isset($_POST['terms']) and $_POST['terms'] == true) ? true : false;
```

2. 接下來是驗證每項資料。如果資料無效，會
將錯誤訊息儲存在 $errors 陣列相對應的元
素裡。利用本章介紹過的驗證函式來驗證資
料，如果使用者提供有效值，就回傳 true，
否則就回傳 false。

這表示我們可以在三元運算子的條件式中，呼叫
驗證函式。如果資料：

● 有效，陣列元素會儲存空白字串。

● 無效，陣列元素會儲存錯誤訊息，告訴使用
者為什麼資料無效。

```
儲存錯誤訊息的陣列        驗證表單資料值         空白字串        錯誤訊息
$errors['name']  = is_text($user['name'], 2, 20)   ? '' : 'Name must be 2-20 characters';
$errors['age']   = is_number($user['age'], 16, 65) ? '' : 'You must be 16-65';
$errors['terms'] = $user['terms']                  ? '' : 'You must agree to the terms';
```

3. 為了檢查陣列值是否有錯誤，使用 PHP 內建
函式 implode()，將 $errors 陣列內所有的
值連接成一個字串。

將結果儲存在變數 $invalid 裡，若變數
$invalid 儲存的內容是空白字串，表示資料有
效；如果不是，表示至少有發生一個錯誤。

```
$invalid = implode($errors);
```
儲存所有錯誤的變數   儲存錯誤的陣列

4. 利用 if 陳述式檢查變數 $invalid 是否含有
任何文字。如果有，變數值會視為 true，以
表單顯示錯誤訊息。

如果沒有錯誤，變數 $invalid 儲存空白字串
（視為 false），網頁程式碼就會處理接收到的
資料。

```
if ($invalid) {
    // 顯示錯誤訊息，而且不會處理資料
} else {
    // 資料有效時，網頁程式碼會處理資料
}
```

範例：驗證表單資料

右頁範例程式示範如何驗證多個表單控制項的資料，結果如前一頁所示。

1. 在程式碼頁引入檔案 validate.php，內含本章用到的三個驗證函式的定義。這些驗證函式單獨放在引入檔案裡，可以讓所有程式碼頁引入這個檔案，然後使用檔案中的函式。

2. 變數 $user 用於儲存陣列，其中每個元素負責一個表單控制項，並且指定網頁初次載入時表單要用的初始值。

3. 變數 $errors 用於儲存陣列，其中每個元素負責一個要驗證的資料。

4. 指定變數 $message 的值為空白字串。資料驗證完成後，會根據結果儲存驗證成功或錯誤的訊息。

5. if 陳述式會檢查表單是否已經提交出去。

6. 如果已經提交，就收集表單裡的三項資料，讓這些使用者提供的資料覆蓋掉原本儲存在 $user 陣列裡的初始值。

7. 利用 is_text() 函式，驗證使用者提供的名稱。如果資料有效，函式會回傳 true，否則就回傳 false。若資料有效，在 $errors 陣列（步驟 3）裡相對應的元素儲存空白字串；若資料無效，就儲存訊息，告訴使用者如何修正錯誤情況。

8. 利用 is_number() 函式，驗證使用者年齡。如果資料有效，函式會回傳 true，否則就回傳 false。若資料有效，在 $errors 陣列裡相對應的元素儲存空白字串；若資料無效，就儲存驗證錯誤的訊息。

9. 如果使用者核取複選框 terms，就在 $errors 陣列裡相對應的元素儲存空白字串。若資料無效，就儲存驗證錯誤的訊息，提示使用者需要同意使用者條款。

10. 利用 implode() 函式，將 $errors 陣列裡所有元素的值連接成一個字串，然後將結果儲存在變數 $invalid 裡。

11. if 陳述式的條件會檢查變數 $invalid 的值是否為 true。如果內含任何文字，就會視為 true；如果是空白字串，則會視為 false。

12. 如果資料無效，變數 $message 儲存驗證錯誤的訊息，提示使用者要更正表單錯誤。

13. 否則，變數 $message 會儲存驗證成功的訊息，表示資料有效。若資料有效，網頁程式碼會處理資料（程式碼頁收到有效資料後，表單通常會需要重新顯示）。

14. 顯示變數 $message 儲存的值。

15. 如果使用者已經提交表單，就將使用者輸入的名稱輸出到表單控制項裡，作為 value 屬性的值（利用 PHP 內建函式 htmlspecialchars()，脫淨文字）。如果表單沒有提交出去，就顯示空白字串（步驟 2 初始化 $user 陣列時，儲存在相對應的鍵值裡）。

16. 根據表單控制項，顯示 $errors 陣列裡相對應的元素值。

17. 如果使用者提供年齡，就顯示為表單控制項裡 value 屬性的值，後面接 $errors 陣列裡相對應的值。

18. 如果網站訪客核取複選框，同意使用者條款，就為複選框增加 checked 屬性，後面接 $errors 陣列裡的相關值。

```php
<?php
declare(strict_types = 1);                              // 啟用嚴格資料型態
require 'includes/validate.php';                        // 驗證函式

$user = [
    'name'  => '',
    'age'   => '',
    'terms' => '',
];                                                      // $user陣列初始化
$errors = [
    'name'  => '',
    'age'   => '',
    'terms' => '',
];                                                      // $errors陣列初始化
$message = '';                                          // 變數$message初始化

if ($_SERVER['REQUEST_METHOD'] == 'POST') {             // 若表單已經提交出去
    $user['name']  = $_POST['name'];                    // 取得名稱
    $user['age']   = $_POST['age'];         // 取得年齡，然後檢查是否同意使用者條款
    $user['terms'] = (isset($_POST['terms']) and $_POST['terms'] == true) ? true : false;

    $errors['name']  = is_text($user['name'], 2, 20)   ? '' : 'Must be 2-20 characters';
    $errors['age']   = is_number($user['age'], 16, 65) ? '' : 'You must be 16-65';
    $errors['terms'] = $user['terms']                  ? '' : 'You must agree to the
        terms and conditions';                          // 驗證資料

    $invalid = implode($errors);                        // 連接錯誤訊息
    if ($invalid) {                                     // 如果有錯誤存在
        $message = 'Please correct the following errors:';  // 不處理
    } else {                                            // 否則
        $message = 'Your data was valid';               // 可以處理資料
    }
}
?> ...
<?= $message ?>
<form action="validate-form.php" method="POST">
    Name: <input type="text" name="name" value="<?= htmlspecialchars($user['name']) ?>">
    <span class="error"><?= $errors['name'] ?></span><br>
    Age:  <input type="text" name="age" value="<?= htmlspecialchars($user['age']) ?>">
    <span class="error"><?= $errors['age'] ?></span><br>
    <input type="checkbox" name="terms" value="true" <?= $user['terms'] ? 'checked' : '' ?>>
        I agree to the terms and conditions
    <span class="error"><?= $errors['terms'] ?></span><br>
    <input type="submit" value="Save">
</form>
```

利用篩選函式收集資料

PHP 還有兩個內建函式，分別用於收集瀏覽器發送出來的資料，以及將資料儲存在變數裡。這兩個函式稱為篩選函式，因為可以將篩選器套用在瀏覽器發送的資料。

filter_input() 函式的作用是取得發送到伺服器的一個值，這個函式需要兩個引數。第一個引數是設定**輸入來源**（不需要用引號括起來），可以使用的類型有：

- INPUT_GET，取得經由 HTTP GET 發送的資料。
- INPUT_POST，取得經由 HTTP POST 發送的資料。
- INPUT_SERVER，取得跟超全域性陣列 $_SERVER 一樣的使用資料。

第二個引數是名稱，來自於發送給伺服器的一組成對的名稱／值，需要用引號括起來。像這樣使用 filter_input()，函式會回傳：

- 發送給伺服器的值。
- null，表示資料未發送給伺服器。

了解如何使用這個函式之後，就要學習如何套用篩選器作為第三個參數。

$$\$data = filter\_input(\textit{INPUT\_SOURCE}, \textit{'name'});$$

輸入來源　　　變數名稱

filter_input_array() 函式收集所有經由 HTTP GET 或 HTTP POST，發送給伺服器的值，然後將每個值儲存為陣列中的一個元素。

由於這個函式是取得所有的值，所以只需要一個引數，就是輸入來源。輸入來源可以設定的值，跟 filter_input() 函式一樣。

$$\$data = filter\_input\_array(\textit{INPUT\_SOURCE});$$

輸入來源

資料收到之後，會儲存為字串資料型態。套用某些篩選器，就可以利用這些篩選函式來轉換資料型態。

接下來幾頁的內容會使用 PHP 內建函式 var_dump()，將利用這些函式收集來的值顯示在網頁上，重點是檢視每個值的資料型態。

範例：利用篩選函式收集資料

PHP　　　　　　　　　　　　　section_b/c06/filter_input.php

```php
① <?php $location = filter_input(INPUT_GET, 'city'); ?> ...
② <a href="filter_input.php?city=London">London</a> |
   <a href="filter_input.php?city=Sydney">Sydney</a>
③ <pre><?php var_dump($location); ?></pre>
```

RESULT

```
London | Sydney

string(6) "London"
```

PHP　　　　　　　　　　section_b/c06/filter_input_array.php

```php
④ <?php $form = filter_input_array(INPUT_POST); ?> ...
⑤ <form action="filter_input_array.php" method="POST">
     Email: <input type="text" name="email" value=""><br>
     I agree to terms and conditions:
     <input type="checkbox" name="terms" value="true"><br>
     <input type="submit" value="Save">
   </form>
⑥ <pre><?php var_dump($form); ?></pre>
```

RESULT

```
Email: 
I agree to terms and conditions: ☐
                          SAVE

array(2) {
  ["email"]=>
  string(11) "ivy@eg.link"
  ["terms"]=>
```

左側兩個範例程式初次載入時，會顯示 NULL 值，因為查詢字串是空的。

1. filter_input() 函式從經由 HTTP GET 發送的查詢字串裡取得唯一值，名稱 city 是來自於發送給伺服器的一組成對的名稱 / 值。收集來的值會儲存在變數 $location。

2. 這兩個連結是利用查詢字串，發送 city 的值，值的內容是不同的城市名稱。

3. 使用 var_dump() 函式，顯示變數 $location 儲存的值及其資料型態（此處為字串）。

4. filter_input_array() 函式是用來取得所有經由 HTTP POST，發送給伺服器的表單資料值。這個函式產生的陣列會儲存在變數 $form。

5. 表單經由 HTTP POST，發送文字輸入和複選框的資料。

6. 使用 var_dump() 函式，顯示變數 $form 儲存的名稱和值，以及每個值的資料型態。

試試看：提交沒有填寫資料的表單，陣列會為文字輸入儲存空白字串，複選框則不儲存任何內容。

驗證篩選器

篩選函式取得瀏覽器發送出來的資料時，會將資料儲存為字串。下表有三個驗證篩選器，分別用於檢查值的型態是布林、整數或浮點數。每個篩選器都有各自的篩選器 ID，用來識別篩選器。

如果網頁程式有設定希望接收的值是布林、整數或浮點數型態，可以利用下表這三個篩選器，檢查發送方提供的值是否為正確的資料型態。

這些篩選器在確認值的型態是布林、整數或浮點數的時候，篩選函式會先將值的型態從字串轉換成篩選器指定的資料型態。後續第 273 頁會介紹篩選器的使用方法。

篩選器 ID	說明
FILTER_VALIDATE_BOOLEAN	檢查接收到的值是否為 true。數字 1、單字 on 和 yes 都會視為 true，沒有區分大小寫。如果是 true，函式會回傳布林值 true，否則就回傳 false。
FILTER_VALIDATE_INT	檢查數字是否為整數（0 不是有效的整數）。若為有效數字，就會以 int 型態回傳數字，否則就回傳 false。
FILTER_VALIDATE_FLOAT	檢查數字是否為浮點數（也就是小數）。整數能通過篩選，0 則不行，因為不是有效的整數。若為有效資料值，就會以 float 型態回傳數字，否則就回傳 false。

每個篩選器都具有兩種設定，用來控制篩選器的作用方式：

- **旗標**，設定要開啟還是關閉。
- **選項**，必須設定一個值。

例如，整數和浮點數篩選器具有的選項可以讓我們指定最小和最大的數字，使用者只能提供這個設定範圍內的數字。所以，假設我們要求網站訪客提供年齡，而且必須介於 16 到 65 歲之間，則篩選器會檢查使用者提供的數字是否落在這個範圍內。若使用者沒有提供數字，或是提供的數字太小、太大，都會視為無效數字。

所有驗證篩選器都有可以設定預設值的選項，若接收到無效的資料時，就使用這個預設值。

選項類的旗標只能設定開啟，例如，整數篩選器的旗標設定為開啟，是為了讓網站訪客提供數字時，除了標準數字 0 到 9，還可以使用 16 進位表示法來提供數字（16 進位表示法利用數字 0 到 9 和英文字母 A 到 F，表示數字 10 到 15，讀者或許在 HTML 和 CSS 指定顏色時，看過這種用法）。

驗證篩選器的完整清單，及其各自搭配的旗標和選項，請見第 278 到 279 頁。

下表所列的驗證篩選器，其作用是收集文字。我們還可以利用規則運算式，撰寫自訂的篩選器。

資料通常會遵守以下規則：

- 資料包含的字元數。
- 允許資料使用的字元。
- 這些字元出現的順序。

例如，有些規則是用來控制如何將字元使用在電子郵件位址、網址、網域名稱和 IP 位址。下表所列的四個篩選器，是用於檢查某個值是否遵守這些規則。

篩選器 ID	說明
FILTER_VALIDATE_EMAIL	檢查一個字串的結構是否符合電子郵件位址。
FILTER_VALIDATE_URL	檢查一個字串的結構是否符合網址。
FILTER_VALIDATE_DOMAIN	檢查一個字串的結構是否符合有效的網域名稱。
FILTER_VALIDATE_IP	檢查一個字串的結構是否符合有效的 IP 位址。

規則運算式可以撰寫其他篩選器，用於檢查某一個值是否含有某種字元模式。

指定規則運算式時，篩選器的選項要設定為 FILTER_VALIDATE_REGEXP。

篩選器 ID	說明
FILTER_VALIDATE_REGEXP	檢查一個字串是否包含某種以規則運算式表達的字元模式（請見第 212 ～ 215 頁）。

利用篩選器驗證單一值

使用篩選函式檢查資料時，必須設定要使用的篩選器 ID，以及篩選器要遵守的任何旗標或選項。

利用 filter_input() 函式取得單一資料時，第三個參數是函式要使用的篩選器 ID，第四個（選擇性）參數是儲存篩選器可以使用的設定。

這個函式會回傳：

- 若函式接收到的值有通過篩選，就回傳值。
- 如果沒有通過篩選，就回傳 false。
- 如果變數名稱沒有傳給伺服器，就回傳 null。

```
$data = filter_input(INPUT_SOURCE, 'name', FILTER_ID[, $settings]);
```
　　　　　　　　　　　　　　　輸入來源　　變數名稱　　篩選器 ID　　旗標 / 選項

篩選器使用旗標和選項時，會以下列兩個鍵值，將旗標和選項的設定值儲存在關聯式陣列裡：

- flags，儲存可以開啟的設定。
- options，儲存需要值的設定。

以下是由旗標和選項組成的陣列，儲存在變數 $settings。

鍵值 flags 的值是我們要開啟的旗標名稱（不需要用引號括起來）。若要使用多個旗標，每個旗標名稱要以 | 字元分隔。

鍵值 options 的值是另一個關聯式陣列，陣列中每個元素的鍵值是要設定的選項名稱，元素的值是該選項要使用的值。

```
　　　　　　　　　　　　　　　　旗標
$settings['flags'] = FLAG_NAME1 | FLAG_NAME2;
$settings['options']['option1'] = value1;
$settings['options']['option2'] = value2;
```
　　　　　　　　　　　　　　　　選項　　　　設定值

當陣列中某個元素是儲存另一個陣列時，上面這種語法會比較好懂。先前的範例中有介紹過，這種做法能用於更新陣列（請見第 42 頁）。

注意：filter_input() 函式收集到無效資料時，會回傳 false，也就是說使用者提供的值無法顯示於表單中。

範例：利用篩選器收集值

PHP

```php
<?php
$settings['flags']                    = FILTER_FLAG_ALLOW_HEX;  // 旗標：允許使用16進位數字
$settings['options']['min_range'] = 0;                          // 選項：最小值
$settings['options']['max_range'] = 255;                        // 選項：最大值

$number = filter_input(INPUT_POST, 'number', FILTER_VALIDATE_INT, $settings);
?> ...
<form action="validate-input.php" method="POST">
  Number: <input type="text" name="number" value="<?= htmlspecialchars($number) ?>">
  <input type="submit" value="Save">
</form>
<?php var_dump($number); ?>
```

RESULT

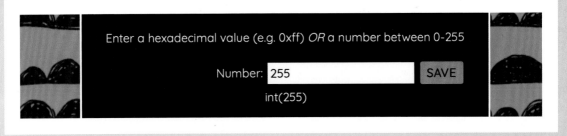

Enter a hexadecimal value (e.g. 0xff) *OR* a number between 0-255

Number: 255   SAVE

int(255)

1. 建立變數 $settings，儲存由旗標和選項組成的陣列，用於驗證數字。範例中設定的旗標，允許使用 16 進位表示法來指定數字。選項表示允許的最小數字是 0，最大數字是 255。

2. filter_input() 函式取得表單控制項經由 HTTP POST 發送的值，number 是控制項的名稱。第三個參數是篩選器 ID，第四個參數是變數名稱，內含由旗標和選項組成的陣列，搭配篩選器一起使用。

3. 在表單控制項中顯示變數 $number 儲存的值。如果 $number 的值是 null（因為表單沒有提交出去）或 false（因為資料無效），就不會顯示在表單控制項裡。原因在於 PHP 遇到 false 或 null 值，就不會顯示任何內容。

4. 使用 var_dump() 函式，顯示變數 $number 儲存的值，不過，因為 $number 的值是 false 或 null，所以瀏覽器不會顯示任何內容。還會顯示資料型態，因為所有有效數字都會從數字轉換成整數。

利用篩選器驗證多個輸入值

若要同時收集與驗證一組值，可以利用 filter_input_array() 函式，針對收集到的每個資料，指定要使用的篩選器。

當我們希望網頁程式碼接收多個值，就要建立關聯式陣列，陣列裡的每個元素就是網頁程式碼想要接收的值，每個元素的鍵值是表單控制項的名稱或是查詢字串內的名稱。

每個元素的值會是下列兩者之一：

- 資料收集後要使用的篩選器名稱（如果沒有旗標或選項）。

- 陣列，用於儲存篩選器名稱**以及**篩選器使用的任何旗標或選項。

```
$filters['name1'] = FILTER_ID;
$filters['name2']['filter'] = FILTER_ID;
$filters['name2']['options']['option1'] = value1;
$filters['name2']['options']['option2'] = value2;
```

呼叫 filter_input_array() 函式時需要兩個參數：

- 輸入來源（INPUT_GET 或 INPUT_POST）。

- 篩選器陣列，搭配網頁程式碼想要接收的每個輸入值一起使用。

函式會回傳一個新的關聯式陣列，其中每個元素的鍵值就是輸入項的名稱，輸入值是：

- 已經提供的有效值。

- false，雖然已經提供值但無效。

- 如果沒有提供輸入項的名稱，就回傳 null。

```
$data = filter_input_array(INPUT_SOURCE, $filters);
```
　　　　　　　　　　　　　　　　　　輸入來源　　　篩選器陣列

如果網頁程式碼接收到的其他資料**尚未**在篩選器陣列裡指定，就不會將收到的資料加到 filter_input_array() 函式回傳的陣列裡。

缺少的資料會指定為 null 值，因此，為了防止遺失的資料被加進陣列裡，要指定第三個引數值為 false。

範例：利用篩選器驗證多個輸入值

PHP

```php
<?php
$form['email'] = '';                                    // 儲存電子郵件的變數初始化
$form['age']   = '';                                    // 儲存年齡的變數初始化
if ($_SERVER['REQUEST_METHOD'] == 'POST') {             // 如果已經提交出去
    $filters['email']                        = FILTER_VALIDATE_EMAIL;  // 篩選電子郵件
    $filters['age']['filter']                = FILTER_VALIDATE_INT;    // 篩選整數
    $filters['age']['options']['min_range'] = 16;                      // 最小值 16
    $form = filter_input_array(INPUT_POST, $filters);                  // 驗證資料
}
?> ...
<form action="validate-multiple-inputs.php" method="POST">
  Email: <input type="text" name="email" value="<?= htmlspecialchars($form['email']) ?>">
  Age: <input type="text" name="age" value="<?= htmlspecialchars($form['age']) ?>"><br>
  I agree to the terms and conditions: <input type="checkbox" name="terms" value="1"><br>
  <input type="submit" value="Save">
</form>
<pre><?php var_dump($form); ?></pre>
```

RESULT

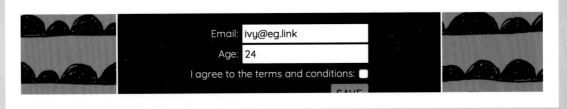

1. 為 $form 陣列裡的元素 email 和 age 設定初始值。

2. 如果表單已經提交出去，將 $filters 儲存為陣列。其中每個元素的鍵值就是輸入項的名稱，元素的值是準備使用的函式篩選器／選項：

- email，必須遵守電子郵件位址的格式。
- age，必須是大於等於 16 的整數。

3. filter_input_array() 函式收集與驗證資料後，會覆寫 $form 陣列的儲存值。

4. 使用 var_dump() 函式顯示資料。

注意：發送表單資料時，就算已經核取複選框，這個控制項不會加進 $form 陣列，名稱也不會儲存在 $filters。此外，無效資料也不會顯示在表單控制項裡。

利用篩選函式來處理變數

PHP 支援兩個內建的篩選函式，用於篩選變數值。filter_var() 函式的作用是將篩選器套用在單一的變數值上，filter_var_array() 函式則可以將篩選器套用在一組陣列值上。

filter_var() 函式需要的參數有：

- 變數名稱，函式會檢查變數的資料。
- 篩選器 ID。

函式設定選項或旗標值的方式跟 filter_input() 函式一樣。函式回傳值也一樣：如果變數值有效，就回傳變數值；如果無效，就回傳 false；如果值遺失，就回傳 null。

$$\text{filter\_var(\$variable, } FILTER\_ID[, \$settings]);$$

儲存資料的變數　　　篩選器　　旗標 / 選項

filter_var_array() 函式也具有兩個參數：

- 陣列變數的名稱，函式會檢查這個陣列中的資料。
- 篩選器陣列及其選項 / 旗標。

函式設定選項或旗標值的方式跟 filter_input_array() 函式一樣，回傳值的方式也一樣。

如果只有指定一個篩選器，則陣列中所有的值都會套用同一個篩選器。

$$\text{filter\_var\_array(\$array, \$filters);}$$

儲存陣列的變數　　函式使用的篩選器

利用 filter_input() 或 filter_input_array() 函式驗證資料時，只要資料無效，就會回傳 false（會取代使用者提交出去的值）。

也就是說，如果表單含有無效資料，使用者不會看到他們在表單中輸入的無效值。

若有需要顯示不正確的值，請先將收集到的資料儲存在變數或陣列裡。

利用 filter_var() 或 filter_var_array() 函式驗證資料後，再將結果儲存在新的變數裡。如果資料：

- 有效：網頁程式碼會使用新變數儲存的資料。
- 無效：表單會顯示最初收集到的資料，也就是尚未驗證過的資料。

範例：驗證變數資料

```php
<?php
$form['email'] = '';                                                    // 變數初始化
$form['age']   = '';
$form['terms'] = 0;
$data          = [];
if ($_SERVER['REQUEST_METHOD'] == 'POST') {                             // 如果已經提交出去
    $filters['email']                       = FILTER_VALIDATE_EMAIL;    // 篩選電子郵件
    $filters['age']['filter']               = FILTER_VALIDATE_INT;      // 篩選整數
    $filters['age']['options']['min_range'] = 16;                       // 年齡最小值
    $filters['terms']                       = FILTER_VALIDATE_BOOLEAN;  // 篩選布林值
    $form = filter_input_array(INPUT_POST);                    // 取得陣列中全部的資料值
    $data = filter_var_array($form, $filters);                          // 套用篩選器
}
?> ...
<form action="validate-variables.php" method="POST">
  Email: <input type="text" name="email" value="<?= htmlspecialchars($form['email']) ?>">
  Age: <input type="text" name="age" value="<?= htmlspecialchars($form['age']) ?>"><br>
  I agree to the terms and conditions: <input type="checkbox" name="terms" value="1"><br>
  <input type="submit" value="Save">
</form>
<pre><?php var_dump($data); ?></pre>
```

① ② ③ ④ ⑤ ⑥

此處的範例結果看起來跟前面的範例一樣。

1. 為 $form 和 $data 陣列裡的元素設定初始值，表單尚未提交之前會顯示初始值。

2. 若表單已經提交出去，$filters 陣列會儲存篩選器和選項的值，作為驗證資料之用。

3. filter_input_array() 函式收集表單資料，覆寫之前步驟 1 儲存在 **$form** 陣列裡的值。

4. filter_var_array() 函式驗證表單資料（利用 $filters 陣列裡指定的篩選器），將函式產生的陣列儲存在變數 $data。

5. 將使用者提供的值顯示在文字輸入框裡（驗證之前，資料會儲存在 $form 陣列）。

6. 使用 var_dump() 函式，顯示 $data 陣列裡已經完成驗證的資料；若表單未送出，則顯示 null。

試試看：請移除輸入年齡的控制項，然後重新顯示表單。呼叫 var_dump() 函式依舊會顯示控制項裡的年齡值（如步驟 6 所示），這是因為年齡值已經列入 $filters 陣列，但若是呼叫 filter_var_array() 函式就不會提供值。

驗證資料用的篩選器、旗標和選項

下表所列的篩選器、旗標和選項，用於處理布林值和數字；右頁表格所列的篩選器、旗標和選項，則用於處理字串。

default 也是所有驗證篩選器都具有的選項。

當資料無效時，這個選項會提供預設值。

FILTER_VALIDATE_BOOLEAN

檢查接收到的值是否為 true（數字 1、單字 on 或 yes 都會視為 true）。如果是 true，函式會回傳布林值 true，若否則回傳 false，如果控制項名稱不存在，就回傳 null。沒有區分大小寫。

旗標	說明
FILTER_NULL_ON_FAILURE	若資料無效，回傳 null（非 false）。

FILTER_VALIDATE_INT

檢查數字是否為整數（0 不是有效的整數），若為有效數字，就會以 int 型態回傳數字。

旗標	說明
FILTER_FLAG_ALLOW_HEX	允許使用 16 進位數字。
FILTER_FLAG_ALLOW_OCTAL	允許使用 8 進位數字。
選項	說明
min_range	允許的最小數字。
max_range	允許的最大數字。

FILTER_VALIDATE_FLOAT

檢查數字是否為浮點數（也就是小數）。整數有效，但 0 不是有效的整數；若為有效數字，就會以 float 型態回傳值。

旗標	說明
FILTER_FLAG_ALLOW_THOUSAND	允許浮點數使用千分位分隔 若資料無效，回傳 null（非 false）。

FILTER_VALIDATE_REGEXP

檢查一個字串是否包含某種以規則運算式表達的字元模式（請見第 214 ～ 217 頁）。

選項	說明
regexp	使用規則運算式。

FILTER_VALIDATE_EMAIL

檢查一個字串的結構是否符合電子郵件位址。

旗標	說明
FILTER_FLAG_EMAIL_UNICODE	允許電子郵件位址的名稱部分可以使用 Unicode 字元（指 @ 符號之前的部分）。

FILTER_VALIDATE_URL

檢查一個字串的結構是否符合有效的網址。

旗標	說明
FILTER_FLAG_SCHEME_REQUIRED	一定要包含的模式，例如，http:// 或 ftp://。
FILTER_FLAG_HOST_REQUIRED	一定要包含主機名稱。
FILTER_FLAG_PATH_REQUIRED	一定要包含指向檔案或目錄的路徑。
FILTER_FLAG_QUERY_REQUIRED	一定要包含查詢字串。

FILTER_VALIDATE_DOMAIN

檢查一個字串的結構是否符合網域名稱。

旗標	說明
FILTER_FLAG_HOSTNAME	驗證主機名稱。

FILTER_VALIDATE_IP

檢查一個字串的結構是否符合有效的 IP 位址。

旗標	說明
FILTER_FLAG_IPV4	檢查字串是否為有效的 IPV4 位址。
FILTER_FLAG_IPV6	檢查字串是否為有效的 IPV6 位址。
FILTER_FLAG_NO_RES_RANGE	禁用保留範圍內的 IP 位址（指區域網路的 IP 位址，而非透過網際網路傳送的 IP 位址）。
FILTER_FLAG_NO_PRIV_RANGE	禁用私有範圍內的 IP 位址（為保留 IP 位址的其中一部分）。

淨化篩選器

淨化資料包含移除（或是選擇性置換）任何不應該出現在資料值裡面的字元，PHP 的四個篩選函式都可以使用一組內建篩選器來淨化資料。

PHP 內建的篩選函式除了驗證篩選器，還可以使用一組內建的 **淨化篩選器**（sanitization filter），用以移除（有時是置換）任何不應該出現在資料值裡面的字元。

下表中第一個篩選器執行的工作和 `htmlspecialchars()` 函式一樣（請見第 246 頁），其功能是以字元實體取代 HTML 視為程式碼的五個保留字元。

第二個篩選器是對網址進行編碼，將不能出現在網址中的字元置換成這些字元的編碼版。

其餘篩選器會移除不能出現在文字、數字、電子郵件位址和網址中的字元，但不會置換這些字元。

應該在使用資料時（而非在收集到資料時）先脫淨或淨化資料，因為資料有可能會改變。例如，假設網站訪客提供了文字 Fish & Chips。

若要在網頁中顯示這個文字，必須先對 & 符號做脫淨處理：Fish & Chips。但是，如果是在收集到文字時做脫淨處理，搜尋功能可能就無法找到文字 Fish & Chips，因為 & 符號已經從文字中脫離。

此外，根據資料使用的方式，會有不同的字元脫淨方法，也就是資料要怎麼使用的 **背景環境**。相同的文字若改成以查詢字串顯示，空白字元要以 %20 取代，& 符號則要以 %26 取代，所以會變成：http://eg.link/search.php?FishFish%20%26%20Chips。

篩選器 ID	說明
FILTER_SANITIZE_FULL_SPECIAL_CHARS	作用等同於 htmlspecialchars() 函式，搭配 ENT_QUOTES 一起使用。
FILTER_SANITIZE_ENCODED	將同一個網址轉換成編碼版。
FILTER_SANITIZE_STRING	移除字串裡的標籤。
FILTER_SANITIZE_NUMBER_INT	移除 0 到 9、+ 或 - 以外的字元。
FILTER_SANITIZE_NUMBER_FLOAT	移除 0 到 9、+ 或 - 以外的字元。設定旗標，允許使用千分位和小數的分隔符號，以 e 或 E 表示科學記號。
FILTER_SANITIZE_EMAIL	移除不能出現在網址的字元 允許使用的字元：A-z 0-9 ! # $ % & ' * + - = ? ^ _ ` { | } ~ @ . [ ] 。
FILTER_SANITIZE_URL	移除不能出現在網址的字元 允許使用的字元：A-z 0-9 $ - _ . + ! * ' ( ) , { } | \ \ ^ ~ [ ] ` < > # % " ; / ? : @ & = 。

範例：對變數套用淨化篩選器

section_b/c06/sanitization-filters.php

```php
<?php
$user['name']  = 'Ivy<script src="js/bad.js"></script>';   // 使用者名稱
$user['age']   = 23.75;                                     // 使用者年齡
$user['email'] = '£ivy@eg.link/';                           // 使用者電子郵件

$sanitize_user['name']  = FILTER_SANITIZE_FULL_SPECIAL_CHARS; // 篩選器：HTML脫淨
$sanitize_user['age']   = FILTER_SANITIZE_NUMBER_INT;         // 篩選整數
$sanitize_user['email'] = FILTER_SANITIZE_EMAIL;             // 篩選電子郵件

$user = filter_var_array($user, $sanitize_user);            // 淨化輸出結果
?> ...
<p>Name:  <?= $user['name'] ?></p>
<p>Age:   <?= $user['age'] ?></p>
<p>Email: <?= $user['email'] ?></p>
<pre><?php var_dump($user); ?></pre>
```

① ② ③ ④ ⑤

1. 建立陣列變數 $user，儲存使用者資料。

2. 建立陣列變數 $sanitize_user，儲存三個鍵值，名稱跟 $user 陣列的鍵值一樣。$sanitize_user 裡鍵值對應的值是篩選器名稱，是用來淨化 $user 陣列裡相對應的值。

3. 呼叫 filter_var_array() 函式，對 $user 陣列的儲存值套用淨化篩選器；淨化名稱，移除年齡和電子郵件中不需要的字元。

4. 顯示淨化後的資料。

RESULT

```
Name: Ivy<script src="js/bad.js"></script>

Age: 2375

Email: ivy@eg.link
```

5. 利用 PHP 內建函式 var_dump()，顯示淨化後的 $user 陣列（並非上圖顯示的結果）。

試試看：回到步驟 2，移除 $user 陣列裡的 age 元素。因為篩選器陣列裡有指定這個元素，所以 $user 陣列裡會將元素指定為 null 值。

注意：在這個範例中，年齡值的小數點符號被移除，變成 2375。所以淨化時必須小心，不能改變我們收到的值。若要允許使用小數點、千分位分隔符號或是科學記號，要為數字篩選器加旗標，旗標說明請見：http://notes.re/php/sanitize。

範例：利用篩選器來驗證表單資料

右頁範例程式是利用驗證篩選器來驗證多個表單控制項裡的資料，並且使用淨化篩選器，確保使用者提供的任何資料都能安全顯示在網頁上。此處的範例結果看起來跟前面的範例一樣（請見第 264 頁）。

1. 陣列 $user、$error 和變數 $message 初始化。初次載入網頁時（提交表單前），網頁底部的表單會使用這些初始值。

2. if 陳述式會檢查表單是否已經提交出去。

3. 變數 $validation_filters 儲存篩選器陣列，用來驗證表單資料。

4. filter_input_array() 函式收集表單裡的值，將驗證篩選器套用在這些值上，然後將函式產生的結果覆寫 $user 陣列的值（步驟 1 儲存的值）。如果函式收集到的值：
   - 有效，將值儲存在陣列裡。
   - 無效，儲存 false。
   - 有缺失，指定為 null 值。

5. 利用三元運算子，設定 $error 陣列裡的每一個值，運算子的條件是檢查每項資料是否有效。如果值被視為：
   - true，會將值儲存為空白字串。
   - false 或 null，值會儲存為錯誤訊息，向使用者說明如何更正每項資料。

6. 利用 implode() 函式，將 $errors 陣列裡所有元素的值連接成一個字串，然後將結果儲存在變數 $invalid。

7. if 陳述式的條件會檢查變數 $invalid 的值是否包含文字，如果有文字，就會判斷為 true，空白字串會視為 false。

8. 如果資料無效，變數 $message 儲存驗證錯誤的訊息，提示網站訪客要更正表單錯誤。

9. 否則，變數 $message 儲存的訊息會向使用者說明資料有效。同時，網頁會處理接收到的資料，而且不需要重新顯示表單。

10. $user 陣列裡儲存的名字和年齡會先經過淨化，確保這些值都能安全顯示在網頁上。做法是利用 PHP 內建函式 filter_var()：
    - 經過淨化的名字會將其中的 HTML 保留字元全部置換為字元實體。
    - 數字淨化之後，只會包含允許使用的整數字元。

11. 顯示變數 $message 的值。

12. 顯示表單。若使用者提供的資料：
    - 有效，在表單控制項裡顯示這些值。
    - 無效，表單控制項會顯示空白。

如果使用者沒有提交表單，表單控制項會使用初始值（在步驟 1 為 $user 陣列中每個元素指定的值）。

若有任何資料無效，會在相對應的表單控制項之後顯示錯誤訊息。

```php
<?php
$user    = ['name' => '', 'age' => '', 'terms' => '', ];        // 變數初始化
$errors  = ['name' => '', 'age' => '', 'terms' => false, ];
$message = '';

if ($_SERVER['REQUEST_METHOD'] == 'POST') {                      // 若表單已經提交出去
    // 驗證篩選器
    $validation_filters['name']['filter']                = FILTER_VALIDATE_REGEXP;
    $validation_filters['name']['options']['regexp']     = '/^[A-z]{2,10}$/';
    $validation_filters['age']['filter']                 = FILTER_VALIDATE_INT;
    $validation_filters['age']['options']['min_range']   = 16;
    $validation_filters['age']['options']['max_range']   = 65;
    $validation_filters['terms']                         = FILTER_VALIDATE_BOOLEAN;

    $user = filter_input_array(INPUT_POST, $validation_filters); // 驗證資料

    // 產生錯誤訊息
    $errors['name']  = $user['name']  ? '' : 'Name must be 2-10 letters using A-z';
    $errors['age']   = $user['age']   ? '' : 'You must be 16-65';
    $errors['terms'] = $user['terms'] ? '' : 'You must agree to the terms & conditions';
    $invalid = implode($errors);                                 // 連接錯誤訊息

    if ($invalid) {                                              // 如果有錯誤存在
        $message = 'Please correct the following errors:';       // 不處理
    } else {                                                     // 否則
        $message = 'Thank you, your data was valid.';            // 可以處理資料
    }

    // 淨化資料
    $user['name'] = filter_var($user['name'], FILTER_SANITIZE_FULL_SPECIAL_CHARS);
    $user['age']  = filter_var($user['age'],  FILTER_SANITIZE_NUMBER_INT);
}
?> ...
<?= $message ?>
<form action="validate-form-using-filters.php" method="POST">
  Name: <input type="text" name="name" value="<?= $user['name'] ?>">
  <span class="error"><?= $errors['name'] ?></span><br>
  Age: <input type="text" name="age" value="<?= $user['age'] ?>">
  <span class="error"><?= $errors['age'] ?></span><br>
  <input type="checkbox" name="terms" value="true"
        <?= $user['terms'] ? 'checked' : '' ?>> I agree to the terms and conditions
  <span class="error"><?= $errors['terms'] ?></span><br>
  <input type="submit" value="Save">
</form>
```

本章重點回顧

獲取來自瀏覽器端的資料

> 透過查詢字串和表單發送資料時，會將資料加進超全域性陣列 $_GET 和 $_POST，把所有接收到的資料儲存為字串。

> 如果超全域性陣列裡有缺少值，可以先利用內建函式 isset()，檢查值是否存在；或者利用空值合成運算子，提供預設值。

> 也可以利用 filter_input() 或 filter_input_array() 函式來收集資料。

> 處理資料之前要先驗證，檢查是否已經提供必要的資料，以及資料格式是否正確。

> 顯示使用者提供的資料前要先淨化，防止跨站腳本攻擊。以字元實體取代保留字元。

> 在篩選函式中使用驗證篩選器，驗證值並且將值轉換成正確的資料型態。

> 在篩選函式中使用淨化篩選器，取代或移除不需要的字元。

7

圖像與檔案

本章將介紹如何讓網站訪客上傳圖像到伺服器，以及如何以安全的方式，將這些圖像顯示在我們的網頁裡。這些技巧也能用於處理其他類型的檔案。

首先，讀者會學到使用者如何上傳圖像，以及伺服器如何接收圖像。了解：

- 在 HTML 表單中使用 HTML 檔案上傳控制項，讓使用者上傳檔案。
- PHP 直譯器會將檔案相關資料加進超全域性陣列 $_FILES 裡。
- 將上傳的檔案暫存於伺服器上的某個資料夾。
- 上傳的檔案必須移動到之後要儲存的資料夾。

接著，讀者會學到如何驗證已經上傳的檔案，檢查：

- 檔案名稱只包含允許使用的字元。
- 沒有相同名稱的檔案已經存在。
- 檔案的媒體和副檔名是允許使用的類型。
- 檔案大小不會過大。

最後，讀者還會學到如何處理圖像，產生：

- 縮圖。
- 裁剪圖像。

本章會遇到更多內建函式，幫助我們處理這些工作。同時以圖像為範例來示範這些技巧，除了圖像，還可以讓網站訪客上傳聲音、影像、PDF 檔等其他類型的檔案。

從瀏覽器上傳檔案

HTML 表單支援檔案上傳控制項，讓網站訪客上傳檔案到伺服器。

若要建立可以讓網站訪客上傳檔案的 HTML 表單，起始標籤 <form> 必須包含以下三個屬性：

- method 屬性，屬性值為 POST，指定表單要經由 HTTP POST 發送（因為不能以 HTTP GET 傳送）。

- enctype 屬性，屬性值為 multipart/form-data，指定瀏覽器發送資料時要使用的編碼類型。

- action 屬性，屬性值為 PHP 檔案，指定表單資料要發送給哪個 PHP 檔案。

使用 HTML<input> 元素建立檔案上傳控制項的時候，type 屬性值一定要是 file。這會讓瀏覽器產生按鈕，開啟新視窗允許使用者選擇想要上傳的檔案：

```
<input type="file" name="image">
```

跟其他表單控制項一樣，檔案輸入控制項也會發送一組成對的名稱和值給伺服器：

- 名稱是檔案輸入控制項 name 屬性的值（在以上範例中是 image）。

- 值則是使用者發送的檔案。

檔案輸入控制項的 accept 屬性能幫助我們限制使用者可以上傳的檔案類型，屬性值是網站接受的媒體類型清單，以英文逗號分隔每種檔案類型；媒體類型通常是指 MIME 型態，詳細說明請見：http://notes.re/media-types。

```
<input type="file" name="image"
       accept="image/jpeg, image/png">
```

若有搭配 accept 屬性一起使用，當網站訪客點擊按鈕上傳檔案時，如果檔案類型不在瀏覽器可以接受的清單裡，現今的瀏覽器會停用檔案，讓訪客無法選擇。

這種作法雖然有用，但我們不能只依賴 accept 屬性來限制訪客上傳的檔案類型，因為訪客可以覆蓋掉設定，而且較舊的瀏覽器也不支援這項功能（首次支援這項功能的主要瀏覽器版本有 Chrome 10、IE 10、Firefox 10 和 Safari 6）。 因此，我們應該使用 PHP 來驗證伺服器上的媒體類型（請見第 295 頁）。

如果允許使用所有媒體類型的子類型，可以加「*」字元取代子類型。以下這行程式碼是允許使用所有格式的圖像，包含 BMP、GIF、JPEG、PNG、TIFF 和 WebP：

```
<input type="file" accept="image/*">
```

1. 以下表單允許網站訪客上傳圖像，本章所有範例都會用到這個表單。起始標籤 `<form>` 必須包含：

- `method` 屬性，屬性值為 POST。
- `enctype` 屬性，屬性值設定為 `multipart/form-data`。
- `action` 屬性，指定表單資料要發送給哪個 PHP 檔案（這個值會隨每個範例改變）。

2. 建立檔案上傳控制項，`<input>` 元素搭配 `type` 屬性，屬性值是 `file`。

由於本章範例是示範如何讓網站訪客上傳圖像，所以控制項中 `name` 屬性的值是 `image`。

3. `submit` 按鈕的作用是提交表單。

HTML

```
① <form method="post" action="filename.php" enctype="multipart/form-data">
     <label for="image"><b>Upload file:</b></label>
② <input type="file" name="image" accept="image/*" id="image"><br>
③ <input type="submit" value="Upload">
   </form>
```

下方第一個執行結果顯示：表單建立檔案上傳控制項。選擇要上傳的圖像之後，按鈕旁邊的文字會置換成檔案名稱。

第二個執行結果顯示：使用者點擊 Choose File（選擇檔案）之後，會開啟視窗。文字檔和壓縮檔都會停用，也就是不能選取，因為這些檔案不是圖像。

RESULT

RESULT

使用者選擇檔案時跳出來的視窗外觀會因為瀏覽器和作業系統而異，這個部分無法利用 CSS 來控制視窗外觀。

伺服器接收檔案

經由網頁上傳檔案，網頁伺服器會將檔案先放在暫存資料夾，PHP 直譯器將檔案詳細資訊儲存在超全域性陣列 $_FILES。

表單支援多個檔案上傳控制項，因此，PHP 直譯器會在超全域性陣列 $_FILES 裡，為表單發送過來的每個檔案上傳控制項建立一個元素。

元素名稱跟檔案上傳控制項的名稱一致，元素的值是陣列，內容是經由表單控制項上傳的檔案資料。

超全域性陣列 $_FILES 為每個上傳檔案儲存的資訊，如下表所示。

本章利用檔案上傳控制項上傳圖像，控制項的名稱是 image，所以 $_FILES 陣列裡會有一個叫 image 的元素，這個元素的值是陣列，負責儲存圖像資訊。

鍵值	鍵值對應的資料值	如何存取資料值
name	檔案名稱。	$_FILES['image']['name']
tmp_name	檔案暫存位置（由 PHP 直譯器設定）。	$_FILES['image']['tmp_name']
size	檔案大小（位元組）。	$_FILES['image']['size']
type	媒體類型（根據瀏覽器而定）。	$_FILES['image']['type']
error	如果檔案上傳成功，值會是 0；若上傳出現問題，則值會是錯誤編號。	$_FILES['image']['error']

檔案上傳完成後，PHP 程式碼應該確認 PHP 直譯器有沒有發現任何上傳錯誤。

為上傳檔案建立的陣列裡，若鍵值 error 的值是 0，就表示 PHP 直譯器沒有遇到任何錯誤。

```
if ($_FILES['image']['errors'] === 0) {
    // 處理圖像
} else {
    // 顯示錯誤訊息
}
```

範例：
確認檔案是否已經上傳完畢

1. 建立變數 $message，指定初始值為空白字串。表單提交出去後，會用來儲存相對應的訊息。

2. 若表單已經由 HTTP POST 提交......

3. if 陳述式檢查是否沒有錯誤發生。

4. 若沒有發生任何錯誤，將檔案名稱和大小儲存在變數 $message。

5. 否則，變數 $message 會儲存錯誤訊息。

6. 顯示變數 $message 的值。

PHP　　　　　　　　　　　　　　　　　　section_b/c07/upload-file.php

```php
<?php
$message = '';                                          // 變數初始化
if ($_SERVER['REQUEST_METHOD'] == 'POST') {             // 若表單已經發送出去
    if ($_FILES['image']['error'] === 0) {             // 如果沒有錯誤存在
        $message  = '<b>File:</b> ' . $_FILES['image']['name'] . '<br>';   // 儲存檔案名稱
        $message .= '<b>Size:</b> ' . $_FILES['image']['size'] . ' bytes'; // 儲存檔案大小
    } else {                                            // 否則
        $message  = 'The file could not be uploaded.';  // 顯示錯誤訊息
    }
}
?> ...
<?= $message ?>
<form method="POST" action="upload-file.php" enctype="multipart/form-data">
    <label for="image"><b>Upload file:</b></label>
    <input type="file" name="image" accept="image/*" id="image"><br>
    <input type="submit" value="Upload">
</form>
```

RESULT

File: stargazer-mascot.jpg
Size: 66993 bytes
Upload file: [Choose File] no file selected
UPLOAD

將檔案移動到目的地

PHP 內建函式 move_uploaded_file() 的作用是將檔案從暫存位置移動到我們想在伺服器上儲存的位置。

檔案上傳到伺服器時,會先指定為暫用的檔案名稱,然後放在暫存資料夾裡(暫用的檔案名稱是由 PHP 直譯器產生)。

腳本執行完畢後,PHP 直譯器會從這個暫存資料夾刪除暫存檔案,因此,為了將已經上傳的檔案儲存在伺服器上,我們必須呼叫 move_uploaded_file() 函式,將檔案移動到另一個資料夾。這個內建函式有兩個參數:

- 檔案暫存的位置。
- 檔案要儲存的目的地位置。

若能將檔案移動到新位置,函式回傳 true,不能則回傳 false。

儲存檔案的目的地位置由以下兩個部分組成:

- 指向資料夾的路徑,已經上傳的檔案會儲存在這個資料夾裡,而且在將檔案移動到資料夾之前,一定要先產生資料夾。
- 檔案名稱(原本的檔案名稱或是新的檔案名稱)。

已上傳的檔案若要使用原始檔名,可以從 PHP 直譯器為檔案產生的陣列中存取名稱,鍵值是 name。

以下範例是將存放檔案的目的地路徑儲存在變數 $destination,產生的路徑是指定資料夾 uploads,後面加我們上傳圖像時要使用的原始檔名。

檔案權限

目的地目錄的權限要:

- 允許網頁伺服器讀寫檔案,也就是允許儲存和顯示圖像。
- 停用執行權限,防止執行惡意腳本。

檢查上傳的檔案

在移動上傳的檔案之前,PHP 內建函式 move_uploaded_file() 透過 HTTP POST 檢查上傳的檔案。移動檔案之前如果需要使用檔案,可以利用 PHP 內建函式 is_uploaded_file() 完成這項檢查(有助於防止某個人存取其他檔案)。

範例：移動已上傳的檔案

section_b/c07/move-file.php

`PHP`

```php
<?php
$message = '';                                  // 變數初始化
$moved    = false;                              // 變數初始化

if ($_SERVER['REQUEST_METHOD'] == 'POST') {// 若檔案已發送，而且
    if ($_FILES['image']['error'] === 0) { // 沒有錯誤存在
        // 儲存暫存路徑和新的目的地
        $temp = $_FILES['image']['tmp_name'];
        $path = 'uploads/' . $_FILES['image']['name'];
        // 移動檔案，將結果儲存在變數 $moved
        $moved = move_uploaded_file($temp, $path);
    }

    if ($moved === true) { // 若移動成功，顯示圖像
        $message = '<img src="' . $path . '">';
    } else {                    // 否則就儲存錯誤訊息
        $message = 'The file could not be saved.';
    }
}
?> ...
<?= $message ?>
```

① ② ③ ④ ⑤ ⑥ ⑦ ⑧ ⑨

`RESULT`

1. 建立變數 $moved，指定初始值為 false。若圖像成功移動，變數值會改成 true。

2. 若表單提交之後沒有發生錯誤……

3. 變數 $temp 用於儲存 PHP 直譯器暫存檔案的位置。

4. 變數 $path 用於儲存檔案的儲存路徑（檔案上傳時，維持跟原本一樣的檔名）。

5. move_uploaded_file() 函式會將檔案從暫存位置（$temp）移動到新的位置（$path）。若移動成功會回傳 true，失敗則回傳 false，這個值會取代變數 $moved 在步驟 1 儲存的值。

6. 條件陳述式測試變數 $moved 的值是否為 true，若為 true，表示檔案已經成功移動。

7. 若移動成功，變數 $message 儲存 HTML <img> 標籤，顯示已上傳的圖像。

8. 否則，變數 $message 會儲存錯誤訊息。

9. 向使用者顯示變數 $message 儲存的值。

淨化檔案名稱和檔案副本

將檔案從暫存位置移出之前，需要：
a) 移除檔案名稱中可能引發問題的字元
b) 確保不會覆蓋其他相同名稱的檔案

會引起問題的字元應該從檔案名稱中移除，例如，&、冒號、英文句點和空白字元。為此，除了 A-Z、a-z 和 0-9，其餘字元應該置換成破折號。

1. 利用 PHP 內建函式 pathinfo()（請見第 228 頁），取得檔案名稱和副檔名。

2. 利用 PHP 內建函式 preg_replace()（請見第 214 頁），將檔案名稱中除了 A-Z、a-z 和 0-9 以外的任何字元置換成破折號。

3. 產生檔案存放的目的地路徑：將上傳檔案的目錄、單純檔名、英文句點和檔案副檔名連接在一起，然後將這個值儲存在變數裡。

```
① ┌ $basename  = pathinfo($filename, PATHINFO_FILENAME);
   └ $extension = pathinfo($filename, PATHINFO_EXTENSION);
② $basename  = preg_replace('/[^A-z0-9]/', '-', $basename);
③ $filepath  = 'uploads/' . $basename . '.' . $extension;
```

呼叫 move_uploaded_file() 函式，若發現有相同名稱的檔案存在，新檔案會覆蓋舊檔案。因此，為了防止這種情況發生，每個檔案都需要唯一檔名：

4. 設定計數器為 1，儲存在變數 i。

5. while 迴圈的條件式利用 PHP 內建函式 file_exists()（請見第 228 頁），檢查是否已經有相同檔名存在。

6. 若存在，則將計數器的儲存值加 1。

7. 更新檔案名稱：在檔案名稱和副檔名之間加上計數器的值，例如，若檔名「upload.jpg」已經存在，則將上傳檔案命名為「upload1.jpg」。

然後再次執行迴圈條件式，檢查新的檔案名稱是否已經存在。迴圈重複執行步驟 5 到 7，直到出現唯一檔名。

```
④ $i = 1;
⑤ while (file_exists('uploads/' . $filename)) {
⑥     $i = $i + 1;
⑦     $filename = $basename . $i . '.' . $extension;
   }
```

驗證檔案大小和檔案類型

移動檔案之前，為了確保網站能處理已上傳的檔案，需要確認：
a) 檔案大小不會過大（檔案太大會需要花較長的時間下載或處理）
b) 網站能處理檔案的媒體類型和檔案副檔名

我們可以在 php.ini 或 .htaccess（請見第 196 ～ 199 頁）設定上傳檔案大小的上限，或是建立驗證程式碼，限制網頁上傳時可以接受的檔案大小。

若想知道檔案大小是否超過上傳的上限（在檔案 php.ini 或 .htaccess 設定），請查詢 $_FILES 陣列。如果超過，該檔案陣列中的鍵值 error 對應的值會是 1。

$_FILES 陣列也可以確認檔案的實際大小，該檔案陣列中的鍵值 size 對應的值就是檔案大小（位元組）。 以下兩個三元運算子的作用是完成這兩項檢查，使用的條件式說明如下：

- 第一個三元運算子負責檢查錯誤編碼是否為 1。
- 第二個則是負責檢查檔案大小是否超過 5MB。

```
$error = ($_FILES['image']['error'] === 1)      ? 'Too large' : '';
$error = ($_FILES['image']['size'] <= 5242880) ? '' : 'Too large';
```

驗證檔案的媒體類型和副檔名，有助於確保網站能安全處理檔案，做法如下：

1. 陣列 $allowed_types 儲存網站允許使用的媒體類型。
2. PHP 內建函式 mime_content_type() 偵測檔案的媒體類型，然後儲存在變數 $type。
3. PHP 內建函式 in_array() 的作用是檢查這個檔案的媒體類型是否有在陣列允許的媒體類型中。
4. 陣列 $allowed_exts 儲存網站允許使用的副檔名。
5. 將檔案名稱轉換成小寫，儲存在變數 $filename。
6. 取得檔案副檔名，儲存在變數 $ext。
7. PHP 內建函式 in_array() 的作用是檢查這個檔案的副檔名是否有在陣列允許的副檔名中。

```
① $allowed_types = ['image/jpeg', 'image/png', 'image/gif',];
② $type  = mime_content_type($_FILES['image']['tmp_name']);
③ $error = in_array($type, $allowed_types) ? '' : 'Wrong file type ';
④ $allowed_exts = ['jpeg', 'jpg', 'png', 'gif',];
⑤ $filename = strtolower($_FILES['image']['name']);
⑥ $ext  = pathinfo($filename, PATHINFO_EXTENSION));
⑦ $error .= in_array($ext, $allowed_exts) ? '' : 'Wrong extension ';
```

範例：驗證檔案上傳

這個範例是將前面介紹的程式碼整合在一起，說明上傳、驗證和儲存檔案的完整步驟。

1. 首先，建立六個變數，分別儲存：

- 檔案是否已經成功上傳的結果。
- 要給使用者看的上傳成功／失敗訊息。
- 若上傳圖像有問題時要顯示的錯誤訊息。
- 指向資料夾的路徑，已經上傳的檔案會儲存在這個資料夾裡。
- 上傳檔案大小的上限（位元組）。
- 允許使用的媒體類型。
- 允許使用的副檔名。

2. 定義 create_filename() 函式，利用第 294 頁的程式碼來淨化檔案名稱，以確保檔案名稱的唯一性，然後回傳新的檔名。這個函式具有兩個參數：

- 檔案名稱。
- 相對路徑，指向檔案預定要儲存的資料夾。

3. if 陳述式會檢查表單是否已經提交出去。

4. 使用三元運算子，檢查上傳圖像時是否因為檔案大小超過限制（設定於 php.ini 或 .htaccess）而發生錯誤。若發生錯誤，就將錯誤訊息儲存在變數 $error。

5. 再以另一個 if 陳述式檢查檔案是否上傳成功，沒有發生任何錯誤。

6. 檔案大小驗證完畢。若小於等於上傳檔案大小的上限（步驟 1 儲存的變數 $max_size），變數 $error 儲存空白字串；若大於允許大小的上限，則變數 $error 儲存訊息 'too big'。

7. 利用 PHP 內建函式 mime_content_type() 取得媒體類型，然後儲存在變數 $type。

8. 利用 PHP 內建函式 in_array()，檢查變數 $type 儲存的媒體類型是否有在 $allowed_types 陣列裡。若有，就在變數 $error 裡加入空白字串；沒有的話，就將錯誤訊息加到變數 $message 裡。

9. 利用 PHP 內建函式 pathinfo()，取得已上傳圖像的檔案副檔名。以 PHP 內建函式 strtolower() 呼叫這個函式，確保檔案副檔名一定會是小寫，然後將結果儲存在變數 $ext。

10. 利用 PHP 內建函式 in_array()，檢查這個檔案的副檔名是否允許使用。若允許使用，就在變數 $error 裡加入空白字串；如果不允許，就加入錯誤訊息，表示副檔名錯誤。

11. if 陳述式的條件是檢查變數 $error 的值是否**不**為 true，如果是空白字串，則視為 false（表示沒有錯誤發生）。

12. 若沒有錯誤發生，呼叫步驟 2 定義的 create_filename() 函式，確保檔案名稱乾淨而且唯一。

13. 變數 $destination 儲存指向新檔案的路徑。

14. 呼叫 PHP 內建函式 move_uploaded_file()，將檔案從暫存位置移動到要上傳的資料夾。如果移動成功就回傳 true，否則回傳 false，然後將結果儲存在變數 $moved 裡。

15. 若變數 $moved 的值為 true，表示圖像已經上傳、通過檢查而且儲存在資料夾裡，則變數 $message 儲存 HTML<img> 標籤，顯示已上傳的圖像。

16. 若發生錯誤，則將錯誤訊息儲存在變數 $message。

17. 在上傳表單之前，顯示變數 $message 儲存的值。

```php
<?php
$moved          = false;                                      // 變數初始化
$message        = '';                                         // 變數初始化
$error          = '';                                         // 變數初始化
$upload_path    = 'uploads/';                                 // 上傳路徑
$max_size       = 5242880;                          // 上傳檔案大小的上限（位元組）
$allowed_types  = ['image/jpeg', 'image/png', 'image/gif',];  // 允許使用的檔案類型
$allowed_exts   = ['jpeg', 'jpg', 'png', 'gif',];             // 允許使用的檔案副檔名

function create_filename($filename, $upload_path)             // 產生檔案名稱的函式
{
    $basename   = pathinfo($filename, PATHINFO_FILENAME);     // 取得單純檔名
    $extension  = pathinfo($filename, PATHINFO_EXTENSION);    // 取得副檔名
    $basename   = preg_replace('/[^A-z0-9]/', '-', $basename);// 淨化單純檔名
    $i          = 0;                                          // 計數器
    while (file_exists($upload_path . $filename)) {           // 如果檔案存在
        $i          = $i + 1;                                 // 更新計數器
        $filename = $basename . $i . '.' . $extension;        // 產生新的檔案路徑
    }
    return $filename;                                         // 回傳檔案名稱
}
if ($_SERVER['REQUEST_METHOD'] == 'POST') {                   // 若表單已經提交
    $error = ($_FILES['image']['error'] === 1) ? 'too big ' : '';  // 檢查檔案大小是否有錯

    if ($_FILES['image']['error'] == 0) {                          // 如果沒有發生上傳錯誤
        $error .= ($_FILES['image']['size'] <= $max_size) ? '' : 'too big '; // 檢查檔案大小
        // 檢查媒體類型是否有在 $allowed_types 陣列裡
        $type   = mime_content_type($_FILES['image']['tmp_name']);
        $error .= in_array($type, $allowed_types) ? '' : 'wrong type ';
        // 檢查檔案副檔名是否有在 $allowed_exts 陣列裡
        $ext    = strtolower(pathinfo($_FILES['image']['name'], PATHINFO_EXTENSION));
        $error .= in_array($ext, $allowed_exts) ? '' : 'wrong file extension ';
        // 如果沒有錯誤發生，產生新的檔案路徑並且移動檔案
        if (!$error) {
            $filename    = create_filename($_FILES['image']['name'], $upload_path);
            $destination = $upload_path . $filename;
            $moved       = move_uploaded_file($_FILES['image']['tmp_name'], $destination);
        }
    }
    if ($moved === true) {                                    // 若檔案成功移動
        $message = 'Uploaded:<br><img src="' . $destination . '">'; // 顯示圖像
    } else {                                                  // 否則
        $message = '<b>Could not upload file:</b> ' . $error; // 顯示錯誤訊息
    }
}
?> ... <?= $message ?> <!-- 顯示表單 -->
```

圖像與檔案　(297)

調整圖像大小

使用者上傳圖像時，網站通常會調整圖像的大小，讓所有圖像看起來都差不多大，保持網頁整潔，加快載入速度。調整圖像大小時需要圖像的比例：寬度除以高度。

上傳圖像時通常需要調整大小的理由有二：

- 當一組圖像看起來都差不多大，會比圖像大小不一時來得更整齊。
- 當上傳檔案大小超過顯示大小時，會拖慢網頁載入的速度。

調整圖像大小時必須保持相同的比例（寬度除以高度），否則調整大小之後的圖像會變形（如右頁所示）。若希望所有圖像大小**完全**一致，可以裁剪圖像（也就是選取部分圖像），然後調整選取部分的大小，並且維持圖像原來的比例（請見第 300 ～ 301 頁）。

橫向

橫向圖像的寬度會大於高度，所以圖像比例大於 1。

以下圖為例，寬度是 2000，高度是 1600，所以寬高比是：

2000 ÷ 1600 = 1.25

正方形

正方形的圖像則是高度與寬度相同，所以圖像比例等於 1。

以下圖為例，寬度是 2000，高度是 2000，所以寬高比是：

2000 ÷ 2000 = 1

縱向

縱向圖像的寬度一定會小於高度，所以圖像比例小於 1。

以下圖為例，寬度是 1600，高度是 2000，所以寬高比是：

1600 ÷ 2000 = 0.8

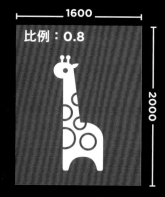

以下步驟說明調整圖像大小時，如何計算圖像的新寬度和高度。維持圖像原始比例，調整大小之後的圖像看起來才不會變形。

必須定義容器的寬度和高度，也就是圖像可以調整的最大寬度和高度。在此處的範例中，容器的最大寬度和高度設定為 1000。

若要讓一組圖像在調整大小之後看起來更一致，就要在一個有設定最大寬度和高度的正方形容器盒子（或是有邊界的盒子）裡調整大小。

圖像調整大小之後，較長那一邊（寬度**或**高度）要設定為符合容器大小，較短的那一邊以圖像比例計算。

橫向

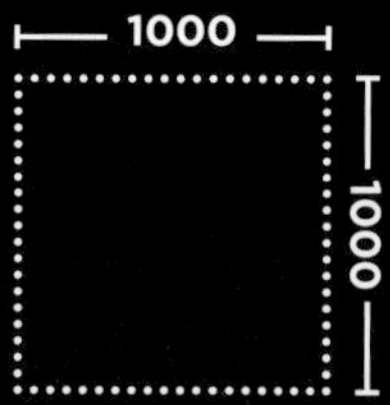

縱向

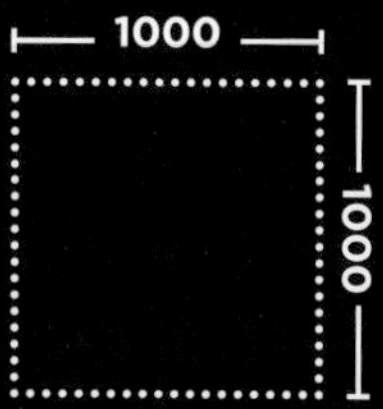

1

取得已上傳圖像的原始寬度和高度。
計算圖像的寬高比（寬度除以高度）。

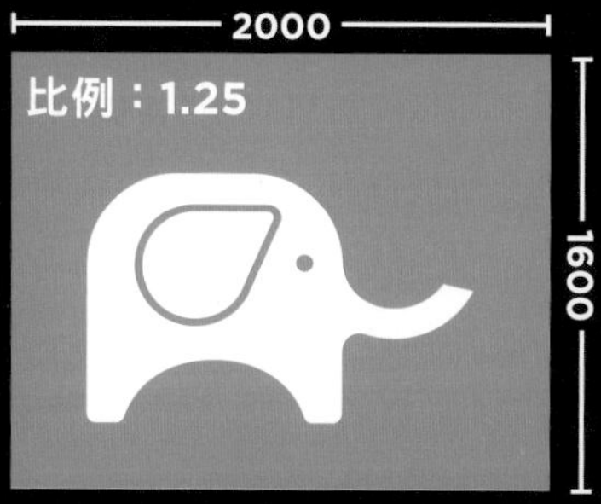

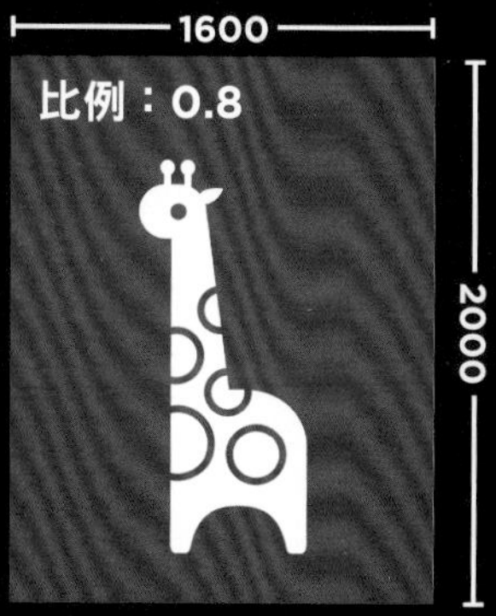

2

若圖像的寬度大於高度，則為橫向圖像，否則就是縱向。
將圖像較長的那一邊設定為符合容器的大小。

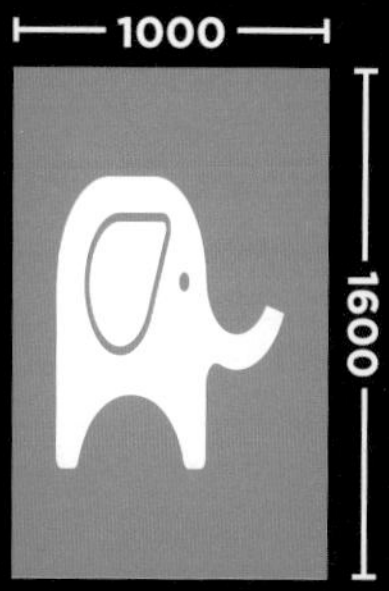

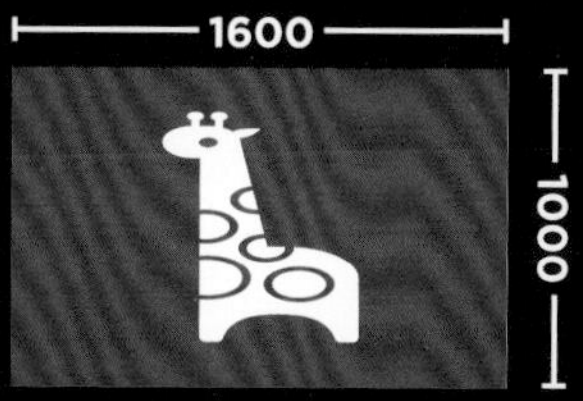

3

圖像調整大小之後，計算較短那一邊的長度。
若為**橫向**：將容器高度**除**以圖像原始比例
若為**縱向**：將容器寬度**乘**上圖像原始比例

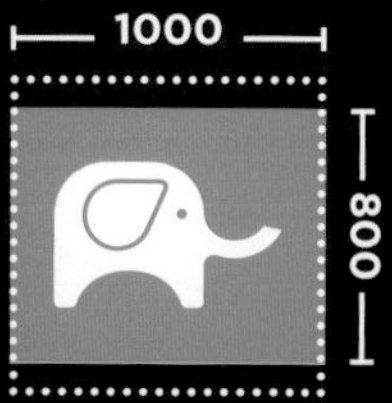

橫向圖像無法完全填滿容器的高度。

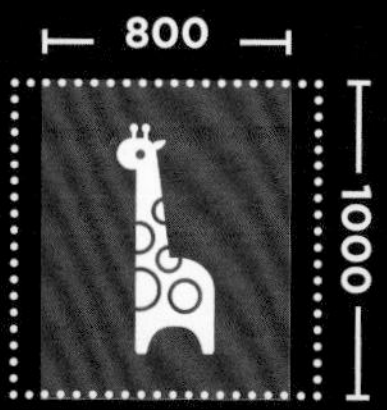

縱向圖像無法完全填滿容器的寬度。

裁剪圖像

裁剪圖像讓我們能產生一組大小完全相同的圖像，並且使新的圖像符合容器盒子。裁剪圖像時，會移除部分原始圖像。

裁剪圖像時，我們必須選擇原始圖像中想要保留的部分。

為了讓一組圖像的形狀一致，每個圖像的裁剪部分要符合相同的比例。

選好要裁剪的區域後，我們就可以調整圖像大小，以確保所有圖像都有相同的大小。

為了選取我們想要裁剪的區域，需要四個資料：

- 選取區域的寬度：圖像中我們想要保留區域的寬度（從 X 向位移之後起算）。

- 選取區域的高度：圖像中我們想要保留區域的高度（從 Y 向位移之後起算）。

- X 向位移：從圖像左側到選取區域起始處之間的距離。

- Y 向位移：從圖像頂部到選取區域起始處之間的距離。

我們也可以使用一些現成的 JavaScript 工具，讓使用者在上傳圖像之前，先在瀏覽器裡裁剪圖像。請參見此處連結：

http://notes.re/php/images/crop-javascript

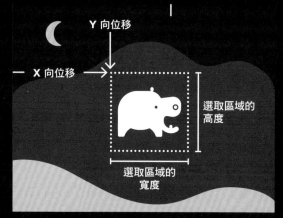

為了確保所有已上傳的圖像都有相同的大小，需要指定我們想要的圖像寬度和高度。這些值會用來計算新圖像的比例（寬度除以高度）。

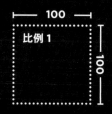

已上傳圖像的原始寬度和
，計算圖像的寬高比（寬
以高度）。

比例 1.25

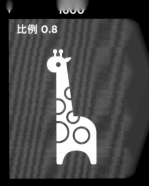

比例 0.8

取圖像中要保留的適當
。

選取區域的圖像比例跟新圖像
的比例一樣。

選取區域和位移的計算
說明如下。

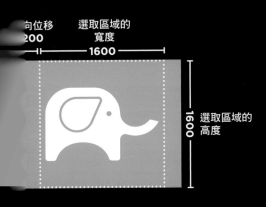

X 向位移
200

選取區域的
寬度

1600

選取區域的
高度

1600

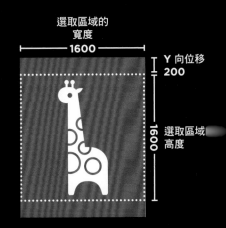

選取區域的
寬度

1600

Y 向位移
200

選取區域的
高度

1600

圖像的比例小於已上傳圖像的比例：

選取區域的寬度 = 原始高度 × 新的比例。

選取區域的高度 = 原始高度。

向位移 =（原始寬度 - 選取區域的寬度）/2。

向位移 = 0。

否則就依照以下方式計算：

- 選取區域的寬度 = 原始寬度。
- 選取區域的高度 = 原始寬度 x 新的比例
- X 向位移 = 0。
- Y 向位移 =（原始高度 - 選取區域的高度

後的圖像區域已調整為新
的大小（如左頁定義的大
。

100

100

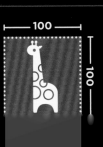

100

100

利用擴充功能編輯圖像

為 PHP 直譯器**擴充功能**，可以執行更多工作。GD 和 Imagick 這兩個受歡迎的擴充套件是讓 PHP 直譯器調整圖像大小和裁剪圖像。

在網頁伺服器上安裝擴充套件，通常是為了提供更多函式或類別給 PHP 網頁使用，使用方法跟之前程式碼使用 PHP 內建函式和類別一樣。

擴充套件 GD 和 Imagick 執行的工作類似 Photoshop 的基本功能，只是改為利用 PHP 程式碼來編輯圖形，而非透過圖形化使用者介面。

本章後面剩下的內容會說明如何利用 GD 套件調整圖像大小，以及利用 Imagick 套件調整大小和裁剪圖像。利用 GD 套件裁剪圖像的範例，請見此處連結：`http://notes.re/php/gd-crop`。

GD 套件的用法雖然比 Imagick 套件複雜，但是從 PHP 4.3 版之後，PHP 直譯器預設環境會安裝這個套件，Imagick 套件則需要先在網頁伺服器上安裝才能使用。

GD 套件的使用方法

若讀者是在 MAC 上安裝「MAMP」工具，預設環境會啟用 GD 套件。

若是在 PC 上安裝 XAMPP 工具，使用套件之前，視情況可能需要自行啟用 GD 擴充套件，請參見此處連結的說明：`http://notes.re/php/enable-gd`

使用 GD 套件調整圖像大小和裁剪圖像時，一定會呼叫五個 GD 套件的函式（如下表所示）。GD 套件這組函式是用來開啟和儲存各種不同的媒體類型，例如，GIF、JPEG、PNG、WEBP 等等類型的圖像（下表中函式名稱裡斜體字 *mediatype* 要置換成圖像的媒體類型，如右頁所示）。

函式	說明
`getimagesize()`	取得圖片尺寸和媒體類型。
`imagecreatefrom`*mediatype*`()`	開啟圖像，函式名稱中的 *mediatype* 要置換成圖像的媒體類型。
`imagecreatetruecolor()`	利用圖像調整大小或裁剪後的尺寸，產生一個新的空白圖像。
`imagecopyresampled()`	將原始圖像中已選取的部分調整大小，然後貼進前一個步驟產生的新圖像裡。
`image`*mediatype*`()`	儲存圖像，函式名稱中的 *mediatype* 要置換成圖像的媒體類型。

判斷媒體類型

開啟或儲存圖像時，為了選出正確的函式，必須先知道圖像的媒體類型。

GD 套件的 `getimagesize()` 函式需要參數：指向圖像的路徑，函式回傳值是陣列，內含圖像相關資料，包括圖像的媒體類型。陣列中儲存的各項資料如右表所示，鍵值部分混合使用數字和英文單字。

鍵值	說明
0	圖像寬度（像素）。
1	圖像高度（像素）。
2	常數，說明圖像類型。
3	以字串表示圖像尺寸，用於 `<img>` 標籤：`height="yyy" width="xxx"`。
mime	圖像媒體類型。
channels	3 表示圖像是 RGB，4 表示 CMYK。
bits	每個顏色使用的位元數。

開啟和儲存圖像

為了呼叫正確的函式來開啟或儲存圖像，我們可以將圖像媒體類型搭配 `switch` 陳述式一起使用（如下頁範例所示）。

GD 套件提供一些函式用於開啟和儲存圖像，支援格式如右表所示。

格式	開啟	儲存
GIF	`imagecreatefromgif()`	`imagegif()`
JPEG	`imagecreatefromjpeg()`	`imagejpeg()`
PNG	`imagecreatefrompng()`	`imagepng()`
WEBP	`imagecreatefromwebp()`	`imagewebp()`

調整圖像大小和裁剪圖像

`imagecopyrempled()` 函式是將圖像的部分（或全部）區域複製到一張新的空白圖像裡。

為此，函式具有 10 個參數，不過，把它們看成 5 組參數會比較容易思考：

- `$new`、`$orig`
  新的和原始圖像（呼叫函式之前會先儲存在變數裡，請見第 304 頁）。
- `$new_x`、`$new_y`
  這組 X 向位移和 Y 向位移是用於表示複製區域要放在新圖像裡的位置。
- `$orig_x`、`$orig_y`
  這組 X 向位移和 Y 向位移是用於表示原始圖像中要選取的位置。
- `$new_width`、`$new_height`
  新圖像中選取區域的寬度和高度。
- `$orig_width`、`$orig_height`
  原始圖像中選取區域的寬度和高度。

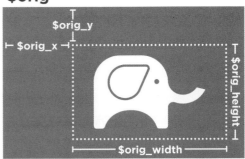

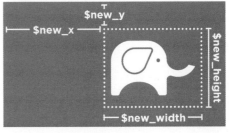

```
imagecopyresampled($new, $orig, $new_x, $new_y, $orig_x, $orig_y,
                   $new_width, $new_height, $orig_width, $orig_height);
```

範例：利用 GD 套件調整圖像大小

在右頁範例程式碼中，函式作用是利用 GD 套件產生縮圖，縮圖會維持跟原始圖像一樣的寬高比。新的圖像大小是根據引數指定的最大寬度和高度。

下載程式碼中的完整範例是延伸第 297 頁的範例，唯一的差異是，此處的範例是為調整大小之後的縮圖產生路徑，在圖像成功上傳而且移動完畢後（步驟 14 ~ 15），再呼叫右頁的函式產生縮圖。

1. `resize_image_gd()` 函式有四個參數，分別是：

- 路徑，指向已經上傳的圖像。
- 路徑，儲存調整大小之後的圖像。
- 新圖像的最大寬度。
- 新圖像的最大高度。

2. GD 套件的 `getimagesize()` 函式回傳值是陣列，儲存圖像相關資料，包括圖像的尺寸和媒體類型（請見前一頁的說明）。

3. 從陣列取得圖像的寬度、高度和媒體類型，然後儲存在相對應的變數裡。

4. 設定變數 `$new_width` 和 `$new_height` 的初始值，也就是縮圖的最大寬度和高度。

5. 變數 `$orig_ratio` 儲存上傳圖像的比例。

6. 若圖像的寬度大於高度，則為橫向圖像。

7. 對於橫向圖像，圖像調整後的寬度會是最大寬度（也就是步驟 4 設定的變數初始值），但是圖像的新高度一定要重新計算，計算方式：圖像寬度除以圖像比例。

8. 否則，圖像就是縱向或正方形。圖像高度會維持步驟 4 設定的最大高度，新寬度的計算方式：圖像新高度乘上圖像比例。

9. 搭配 `switch` 陳述式一起使用，選擇正確的函式來開啟圖像（如同前一頁的程式碼，GD套件是分別使用不同的函式來開啟不同媒體類型的圖像）。以圖像的媒體類型（步驟 3儲存的變數 `$media_type`）作為 `switch` 陳述式的判斷條件，圖像開啟之後會儲存在變數 `$orig`。

10. 以 GD 套件提供的 `imagecreatetruecolor()`函式，產生空白圖像，然後儲存在變數 `$new`。函式提供兩個引數，分別是新圖像需要的寬度和高度。

11. GD 套件的 `imagecopyresampled()` 函式會複製原始圖像、調整大小，然後貼進步驟 10 產生的新圖像，需要為前一頁說明的 10 個參數指定引數值。

12. 另一個 `switch` 陳述式是選擇正確的函式，儲存調整大小之後的圖像。這裡使用的是`switch` 陳述式的縮寫（這樣範例程式碼才能放進一頁內）。若圖像成功儲存，負責儲存圖像的函式會回傳 `true`；若否則回傳 `false`，將這個回傳值儲存在變數 `$result`。

13. 回傳變數 `$result` 儲存的值。

14. 圖像成功上傳而且移動完畢後，產生新的縮圖儲存路徑：將指向上傳資料夾的路徑、文字 `thumb_` 和檔案名稱連接在一起。

15. 呼叫 `resize_image_gd()` 函式。

```php
<?php
function resize_image_gd($orig_path, $new_path, $max_width, $max_height)
{
    $image_data    = getimagesize($orig_path);              // 取得圖像資料
    $orig_width    = $image_data[0];                        // 圖像寬度
    $orig_height   = $image_data[1];                        // 圖像高度
    $media_type    = $image_data['mime'];                  // 媒體類型
    $new_width     = $max_width;                           // 新圖像的最大寬度
    $new_height    = $max_height;                          // 新圖像的最大高度
    $orig_ratio    = $orig_width / $orig_height;           // 原始圖像比例

    // 計算新的圖像大小
    if ($orig_width > $orig_height) {                      // 為橫向圖像
        $new_height = $new_width / $orig_ratio;            // 使用圖像比例設定高度
    } else {                                              // 否則
        $new_width  = $new_height * $orig_ratio;          // 使用圖像比例設定寬度
    }

    switch($media_type) {                                 // 檢查媒體類型
        case 'image/gif' :                                // 若圖像為 GIF 格式
            $orig = imagecreatefromgif($orig_path);       // 使用這個函式開啟圖像
            break;                                        // 結束 switch 陳述式
        case 'image/jpeg' :                               // 若圖像為 JPG 格式
            $orig = imagecreatefromjpeg($orig_path);      // 使用這個函式開啟圖像
            break;                                        // 結束 switch 陳述式
        case 'image/png' :                                // 若圖像為 PNG 格式
            $orig = imagecreatefrompng($orig_path);       // 使用這個函式開啟圖像
            break;                                        // 結束 switch 陳述式
    }

    $new = imagecreatetruecolor($new_width, $new_height); // 產生空白圖像

    imagecopyresampled($new, $orig, 0, 0, 0, 0, $new_width, $new_height,
        $orig_width, $orig_height);                       // 將變數 orig 複製到新圖像

    // 儲存圖像，一定要先產生資料夾 thumbs，而且有正確的權限
    switch($media_type) {
        case 'image/gif' : $result = imagegif($new, $new_path);  break;
        case 'image/jpeg': $result = imagejpeg($new, $new_path); break;
        case 'image/png' : $result = imagepng($new, $new_path);  break;
    }
    return $result;
} ... // 此處為上傳和驗證圖像的程式碼，同第296～297頁
$moved     = move_uploaded_file($_FILES['image']['tmp_name'], $destination); // 移動檔案
$thumbpath = $upload_path . 'thumb_' . $filename;             // 產生縮圖路徑
$resized   = resize_image_gd($destination, $thumbpath, 200, 200); // 產生縮圖
```

調整圖像大小和裁剪圖像

PHP 的 Imagick 擴充套件是讓我們利用 PHP 程式碼，控制開放原始碼圖像編輯軟體「ImageMagick」。Imagick 擴充套件：

- 需要的程式碼比 GD 套件更少。
- 會計算調整圖像大小時需要的比例和尺寸（我們不需要在程式碼裡計算這些值）。
- 所有圖像格式都使用相同的方法。
- 比 GD 套件支援更多圖像格式。

但是要使用這個套件，需要先在網頁伺服器上安裝擴充套件「Imagick」和軟體「ImageMagick」，這兩個並不是預設安裝的選項，所以我們必須：

- 在 MAC 的「MAMP」工具裡啟用 Imagick。
- 在 PC 上為「XAMPP」工具安裝 Imagick 和 ImageMagick，請參見：http://notes.re/php/install-imagick。
- 檢查主機託管服務商是否支援。

Imagick 套件儲存檔案時使用的路徑，在 PC 上**一定**是絕對路徑（非相對路徑）；PC 上的絕對路徑和 Mac、Unix 上的不同。

- PC 上的絕對路徑開頭是磁碟字母，例如，C:/。
- 在 Mac 和 Unix 上，絕對路徑的開頭是反斜線（\）。

目錄分隔符號也不一樣：PC 是斜線，Mac 和 Unix 則是反斜線。以下程式碼會產生指向上傳目錄的正確路徑，並且將路徑儲存在變數裡。

Imagick 套件的用法是以 Imagick 類別，產生物件來代表圖像，然後將指向這個圖像的路徑傳入建構函式。

以 Imagick 類別產生的物件具有一組方法，用於處理和儲存圖像。

方法	說明
thumbnailImage()	調整圖像大小。
cropThumbnailImage()	裁剪和調整圖像大小。
writeImage()	儲存圖像。

以下陳述式使用：

- PHP 內建函式 dirname() 回傳的路徑是引數指定檔案的儲存目錄。
- 常數 __FILE__ 儲存的路徑是指向目前執行的檔案。
- 常數 DIRECTORY_SEPARATOR 是執行 PHP 檔案的作業系統所使用的正確的目錄分隔符號。

以下範例是兩個使用者自行定義的函式，其作用是利用 Imagick 套件，調整圖像大小和裁剪圖像。

在上傳檔案移動到目的地之後，呼叫這些自訂函式的陳述式才會出現，跟前面第 305 頁的範例一樣。

上傳、驗證和移動圖像的程式碼跟第 296 ～ 297 頁一樣。

1. create_thumbnail() 函式利用 Imagick 套件，產生縮圖。這個函式具有兩個參數：

- 路徑，指向圖像上傳後所在位置。
- 路徑，指向 Imagick 套件產生的新縮圖。

2. 使用 Imagick 類別產生新物件，需要用到圖像上傳後所在位置的路徑。

3. 以 Imagick 物件的 thumbnailImage() 方法，調整圖像大小。為此，會用到三個引數：

- 新圖像的最大寬度。
- 新圖像的最大高度。
- 布林值 true 是告訴 Imagick 物件：寬度和高度的**最大值**，以及縮圖比例要跟原始圖像一樣。

4. 以 Imagick 物件的 writeImage() 方法，將圖像儲存到參數 $destination 保存的位置。

5. 函式回傳 true，表示成功產生縮圖。

6. 檔案移動完畢後，變數 $thumbpath 儲存的路徑是新的縮圖要存放的位置。

7. 呼叫 create_thumbnail()，將圖像上傳的路徑和縮圖路徑指定給函式。

PHP　　　　　　　　　　　　　　　　　　　　　　　section_b/c07/resize-im.php

```
① function create_thumbnail($temporary, $destination)
  {
②     $image = new Imagick($temporary);                    // 表示圖像的物件
③     $image->thumbnailImage(200, 200, true);             // 產生縮圖
④     $image->writeImage($destination);                   // 儲存檔案
⑤     return true;                                         // 回傳 true，表示成功產生縮圖
  } ... // 檔案完成驗證並且移動後，建立縮圖路徑，然後產生縮圖
  $moved     = move_uploaded_file($_FILES['image']['tmp_name'], $destination); // 移動檔案
⑥ $thumbpath = $upload_path . 'thumb_' . $filename;      // 產生縮圖路徑
⑦ $thumb     = create_thumbnail($destination, $thumbpath);  // 產生縮圖
```

---

8. create_cropped_thumbnail() 函式的作用是為已經上傳的圖像產生正方形的圖像副本，確保所有縮圖大小相同。

9. 跟上面範例程式碼相比，差異之處只有：以下程式碼使用 Imagick 物件的 cropThumbnailImage() 方法，產生裁剪過的縮圖。

PHP　　　　　　　　　　　　　　　　　　　　　　　section_b/c07/crop-im.php

```
⑧ function create_cropped_thumbnail($temporary, $destination)
  {
      $image = new Imagick($temporary);                    // 表示圖像的物件
⑨     $image->cropThumbnailImage(200, 200, true);         // 產生縮圖
      $image->writeImage($destination);                   // 儲存檔案
      return true;                                         // 回傳 true，表示成功產生縮圖
  }
```

本章重點回顧

圖像與檔案

> HTML 表單支援檔案上傳控制項,用於上傳檔案。

> 超全域性陣列 $_FILES 儲存已上傳檔案的資訊。

> 檔案上傳之後,會先放在暫存位置,接著必須移動到不同資料夾,才能儲存檔案。

> 處理檔案之前,要先檢查檔案是否經由 HTTP 上傳,而且沒有發生錯誤。

> 確定檔案名稱只有用到允許使用的字元。

> 檔案上傳之後要儲存前,會先驗證檔案大小和媒體類型。

> 調整圖像大小時要維持原始比例,否則圖像看起來會拉長和變形。

> GD 和 Imagick 這兩個擴充套件讓我們可以在伺服器上,利用 PHP 直譯器調整圖像大小和裁剪圖像。

8

日期與時間

日期與時間有許多不同的寫法，PHP 提供內建函式和類別，幫助我們以各種格式處理和顯示日期與時間。

本章將學習各種不同的方法，讓 PHP 直譯器輸入日期和時間，再以需要的格式輸出，顯示給網站訪客。PHP 處理日期和時間時會用到以下幾個要素：

- 元件：例如，年、月、日、小時、分鐘和秒。
- 格式：例如，1st June 2001、1/6/2001 或 next Tuesday。
- Unix 時間戳記（timestamp）：計算從 1970 年 1 月 1 日開始到現在的總秒數（毫秒），以這個方式表示日期 / 時間似乎很奇怪，但確實有許多程式語言仍在使用。

了解 PHP 如何處理日期與時間格式之後，本章會帶讀者看一組內建函式，作用是產生 Unix 時間戳記，然後轉換回人類可以看得懂的格式。

讀者還會學到如何以下列四個內建類別產生物件，再以物件來表示日期和時間：

- DateTime：產生的物件是用於表示指定的日期和時間。
- DateInterval：產生的物件是用於表示時間間隔，例如，一小時或一週。
- DatePeriod：產生的物件是用於表示定期發生重複事件的時間間隔，例如，每天、每月或每年。
- DateTimeZone：產生的物件是用於表示時區。

日期格式

日期有許多不同的顯示方法，PHP 利用一組格式化字元，描述日期的寫法。

日期由以下幾個元件組成：

- 週間的星期幾。
- 月間的每一天。
- 月。
- 年。

PHP 以格式化字元來表示這些元件，例如，m-d-Y 表示的日期格式是「04-06-2022」。格式化字元的作用是指示 PHP 直譯器：

- 收到日期之後的處理方式。
- 顯示日期時要使用什麼格式。

各個格式化字元之間可以加空白、斜線、破折號和英文句點，以視覺化方式分隔每一個元件。

以下範例說明格式化字元如何以不同的寫法來表達同一個日期：

格式化字元	日期格式
l m j Y	Saturday April 6 2022
D jS F Y	Sat 6th April 2022
n/j/Y	4/6/2022
m/d/y	04/06/22
m-d-Y	04-06-2022

週間的星期幾

字元	說明	範例
D	單字的前三個英文字母	Sat
l	整個單字	Saturday

月間的每一天

字元	說明	範例
d	以數字「0」開頭	09
j	不以數字「0」開頭	9
S	字尾	th

月

字元	說明	範例
m	以數字「0」開頭	04
n	不以數字「0」開頭	4
M	單字的前三個英文字母	Apr
F	整個單字	April

年

字元	說明	範例
Y	四個數字	2022
y	兩個數字	22

時間格式

利用這些格式化字元，能以不同的方式來顯示時間。

小時

字元	說明	範例
h	12 小時制且以數字「0」開頭	08
g	12 小時制但不以數字「0」開頭	8
H	24 小時制且以數字「0」開頭	08
G	24 小時制但不以數字「0」開頭	8

分鐘

字元	說明	範例
i	以數字「0」開頭	09

秒

字元	說明	範例
s	以數字「0」開頭	04

AM/PM

字元	說明	範例
a	小寫	am
A	大寫	AM

時間由以下幾個元件組成：

- 小時。
- 分鐘。
- 秒。
- am/pm（在不是使用 24 小時制的情況時）。

以上每個元件都可以用格式化字元表示。例如，g:i a 表示的時間格式為「8:09 am」。利用這些格式化字元，指示 PHP 直譯器：

- 收到時間之後的處理方式。
- 顯示時間時要使用什麼格式。

各個格式化字元之間可以加空白、冒號和小括號，以視覺化方式分隔每一個元件。

以下範例說明格式化字元如何以不同的寫法來表達同一個時間：

格式化字元	時間格式
g:i a	8:09 am
h:i(A)	08:09(AM)
G:i	08:09

利用字串指定日期和時間

有些函式和方法的作用是讓我們以字串指定日期和時間，但使用的字串只接受以下所列的格式。

PHP 直譯器可以接受以下字串格式表示的日期。如果格式中有用到斜線，PHP 直譯器會認為月在日之前；如果格式中有用到破折號或英文句點，PHP 直譯器就會認為日在月之前。

日期格式	範例
d F Y	04 September 2022
jS F Y	4th September 2022
F j Y	September 4 2022
M d Y	Sep 04 2022
m/d/Y	09/04/2022
Y/m/d	2022/09/04
d-m-Y	04-09-2022
n-j-Y	9-4-2022
d.m.y	04.09.22

右側關鍵字可以用來表示相對時間，例如：

```
+ 1 day
+ 3 years 2 days 1 month
- 4 hours 20 mins
next Tuesday
first Sat of Jan
```

「First／Last」只適用於表示月間的第幾天，如果沒有指定時間，就會設定為午夜十二點。

PHP 直譯器除了可以用下表的格式來表示時間，還接受以下三個格式：

- am 和 pm 大小寫均可。
- 可以用字母 t 分隔日期和時間。
- 在後面加時區。

時間格式（12小時制）	範例
ga	4am
g:i a	4:08 am
g:i:s a	4:08:37 am
g.i.s a	4.08.37 am

時間格式（24小時制）	範例
H:i	04:08
H:i:s	04:08:37
His	040837
H.i.s	04.08.37

類型	相對時間
加號／減號	+ -
數量	0 - 9
時間單位 （可為複數）	day, fortnight, month, year, hour, min, minute, sec, second
星期幾	Monday - Sunday and Mon - Sun
相對詞	next, last, previous, this
順序詞	first - twelfth

UNIX 時間戳記

Unix 時間戳記是計算從 1970 年 1 月 1 日午夜十二點開始到現在經過的秒數，使用這個秒數表示日期和時間。

日期		時間		UNIX 時間戳記
31 DEC 1969	+	23:59:00	=	-60
1 JAN 1970	+	00:02:00	=	120
11 APR 1975	+	11:00:00	=	166878000
30 AUG 2000	+	14:00:00	=	967644000
31 DEC 2020	+	15:00:00	=	1609426800

PHP 直譯器利用 Unix 時間戳記，讓我們指定和取出日期和時間。

左側是幾個特定日期和時間的範例，後面是相對應的 Unix 時間戳記。

若是 1970 年 1 月 1 日之前的日期，秒數的寫法會使用負數。

後續會介紹幾個 PHP 內建函式和類別，幫助我們處理 Unix 時間戳記。這些內建函式和類別是使用我們剛剛看過的格式化字元，將 Unix 時間戳記轉換成人可以閱讀的內容。

Unix 時間戳記可以表達的最大日期是 2038 年 1 月 19 日。

Unix 是 1970 年代開發出來的作業系統。

PHP 內建的日期與時間函式

PHP 有內建函式可以產生 Unix 時間戳記，用以表示日期和時間，還有內建函式可以將這些 Unix 時間戳記轉換成易於閱讀的格式。

以下三個函式都能產生 Unix 時間戳記。

若函式無法產生時間戳記，會回傳 false。

strtotime() 或 mktime() 函式若沒有指定時間作為引數，函式會將時間設定為午夜十二點。

函式	說明
time()	回傳當前的日期和時間，以 Unix 時間戳記表示。
strtotime($string)	將字串轉換為 Unix 時間戳記（接受格式請見第 314 頁）。

範例
strtotime('December 1 2020');
strtotime('1/12/2020');

函式	說明
mktime(H, i, s, n, j, Y)	將日期 / 時間元件（引數）轉換成 Unix 時間戳記。

範例	相當於
mktime(17, 01, 05, 2, 1, 2001);	February 1 2001 17:01:05
mktime(01, 30, 45, 4, 29, 2020);	April 29 2020 01:30:45

date() 將 Unix 時間戳記轉換為人可以閱讀的格式。

使用格式化字元（請見第 312 ～ 313 頁）指定格式。

若沒有提供時間戳記，就會顯示當前的日期和時間。

函式	說明
date($format[, $timestamp])	傳 Unix 時間戳記（以人可以閱讀的格式）：第一個參數是指定日期格式，第二個參數則是要格式化的 Unix 時間戳記。

範例	輸出結果
date('Y');	Current year
date('d-m-y h:i a', 1609459199);	31-12-20 11:59 pm
date('D j M Y H:i:a', 1609459199);	Thu 31 Dec 2020 23:59:59

範例：日期函式

```php
<?php
$start      = strtotime('January 1 2021');
$end        = mktime(0, 0, 0, 2, 1, 2021);
$start_date = date('l, d M Y', $start);
$end_date   = date('l, d M Y', $end);
?>
<?php include 'includes/header.php'; ?>

<p><b>Sale starts:</b> <?= $start_date ?></p>
<p><b>Sale ends:</b> <?= $end_date ?></p>

<?php include 'includes/footer.php'; ?>
```

① $start
② $end
③ $start_date / $end_date
④ `<p><b>Sale starts:` ...

```php
⑤ <footer>&copy; <?php echo date('Y')?></footer> ...
```

RESULT

Sale starts: Friday, 01 Jan 2021

Sale ends: Monday, 01 Feb 2021

© 2021

1. `strtotime()` 函式產生 Unix 時間戳記，表示前面的日期，儲存在變數 $start。

2. `mktime()` 函式產生 Unix 時間戳記，表示一個月後的日期，儲存在變數 $end。

3. `date()` 函式將前面步驟產生的這些 Unix 時間戳記轉換為可以閱讀的格式，包含：

- 星期幾。
- 日（以數字「0」開頭）。
- 月（英文單字的前三個字母）。
- 年（四個數字）。

分別儲存在變數 $start_date 和 $end_date。

4. 顯示每個日期（以人可以閱讀的版本）。

5. 引入頁腳需要的檔案，用以加上版權宣告。使用 `date()` 函式顯示年分。若無指定時間戳記，就使用當前的日期。

試試看：請將步驟 2 的日期和時間更改為下一週的中午十二點。將步驟 3 中的日期格式調整為「Mon 1st February 2021」。

注意：若時間晚了幾小時，請檢查檔案 php.ini 裡設定的預設時區（請見第 198 頁）。

利用物件表示日期和時間

PHP 內建類別 DateTime 產生的物件能表達日期和時間，類別擁有的方法則是回傳物件表達的日期和時間，以人可以閱讀的格式或是 Unix 時間戳記顯示。

產生 DateTime 物件時，需要使用：

- 變數，用於儲存物件。
- 指定運算子。
- 關鍵字 new。
- 類別名稱 DateTime。
- 一組括號。

括號裡要加入以物件表達的日期 / 時間。

先前第 314 頁介紹過的日期和時間格式全部都可以使用，帶入括號裡的值要放在引號裡。

在沒有指定日期和時間的情況下，物件會使用程式執行當下的日期和時間。

如果有指定日期但沒有指定時間，物件會設定時間為指定日期當天的午夜十二點。

```
$date = new DateTime('2001-02-01 15:01:05');
```
變數　　　　類別名稱　　　　日期與時間

我們還可以使用 date_create_from_format() 函式來產生 DateTime 物件。

函式的第一個引數是提供日期和時間的格式。

第二個引數是指定格式的日期和時間，兩個引數都必須放在引號裡。

```
$date = date_create_from_format('j-M-Y', '15-Jan-2020');
```
變數　　　　函式　　　　格式　　　日期 / 時間

以下是 DateTime 物件提供的方法，作用是回傳物件表示的日期和時間。

format() 方法是用於取得日期 / 時間，並且以人可以閱讀的格式顯示。

getTimestamp() 方法則是用於取得日期 / 時間，以 Unix 時間戳記表示。

方法	說明
format($format[, $DateTimeZone])	取得日期 / 時間，以指定格式顯示。第二個是選擇性參數，用於設定時區（請見第 326 頁）。
getTimestamp()	回傳物件表達的日期和時間，以 Unix 時間戳記顯示。

範例：DATETIME 物件

section_b/c08/datetime-object.php

```php
<?php
$start = new DateTime('2021-01-01 00:00');
$end   = date_create_from_format('Y-m-d H:i',
    '2021-02-01 00:00');
?>
<?php include 'includes/header.php'; ?>

<p><b>Sale starts:</b>
  <?= $start->format('l, jS M Y H:i') ?></p>
<p><b>Sale ends:</b>
  <?= $end->format('l, jS M Y') ?> <b>at</b>
  <?= $end->format('H:i') ?></p>

<?php include 'includes/footer.php'; ?>
```

① `$start = new DateTime('2021-01-01 00:00');`
② `$end   = date_create_from_format('Y-m-d H:i', '2021-02-01 00:00');`
③ `<?= $start->format('l, jS M Y H:i') ?></p>`
④ `<?= $end->format('l, jS M Y') ?> <b>at</b>`
⑤ `<?= $end->format('H:i') ?></p>`

RESULT

1. 左側範例先使用 DateTime 類別建立物件，儲存在變數 $start。

2. 以 date_create_from_format() 函式建立第二個 DateTime 物件。函式第一個參數是指定日期提供時用的格式，第二個參數是設定日期和時間。這個物件會儲存在變數 $end。

3. 使用 DateTime 物件的 format() 方法，將促銷活動的起始日期和時間寫進網頁，這個方法的引數是指定日期和時間的輸出格式。

4. 使用 DateTime 物件的 format() 方法，將促銷活動的結束日期（非時間）寫進網頁，這個方法的參數是指定日期的輸出格式。

5. 結束時間會單獨輸出，也是使用 format() 方法，這裡的寫法是為了說明如何只輸出物件裡的日期或時間。

試試看：將步驟 1 中的日期設定為昨天的日期。將步驟 2 中的日期改成促銷開始的七天後。

更新 DATETIME 物件
保存的日期與時間

以 DateTime 類別產生物件之後，利用下表所列的方法，可以設定或更新物件代表的日期 / 時間。

我們可以用設定日期 / 時間的方法，覆蓋物件目前代表的任何日期 / 時間。

add() 和 sub() 方法使用的 DateInterval 物件請見第 322 頁的介紹。

方法	說明
setDate($year, $month, $day)	設定物件的日期。
setTime($hour, $minute [, $seconds][, $microseconds])	設定物件的時間。
setTimestamp($timestamp)	使用 Unix 時間戳記設定日期 / 時間。
modify($DateFormat)	使用字串更新日期 / 時間。
add($DateInterval)	使用 DateInterval 物件增加時間間隔（請見第 322 頁）。
sub($DateInterval)	使用 DateInterval 物件縮短時間間隔（請見第 322 頁）。

PHP 直譯器產生變數時，會將純量資料或陣列儲存**在**變數裡；PHP 直譯器產生物件時，則是將物件儲存在獨立的記憶體位置。所以，如果將物件儲存在變數裡，變數儲存的是物件在 PHP 直譯器記憶體中的位置，而非物件本身。

意思是說，如果我們產生物件並且將物件儲存在變數裡，然後宣告第二個變數，再將同一個物件指定為這個變數的值，那麼這兩個變數都會儲存同一個物件的記憶體位置。

因此，如果更新其中一個變數儲存的物件，另一個變數也會跟著更新：

```
$start = new DateTime('2020/12/1');
$end   = $start;
// 兩個變數指向同一個物件
$end->modify('+1 day');
```

若要避開這個情況，可以使用關鍵字 clone 來產生物件副本：

```
$start = new DateTime('2020/12/1');
$end   = clone $start;
// 只會更改變數 $end 儲存的物件
$end->modify('+1 day');
```

範例：設定 DATETIME 物件保存的日期與時間

PHP
section_b/c08/datetime-object-set-date-and-time.php

```php
<?php
$start = new DateTime();
$start->setDate(2021, 12, 01);
$start->setTime(17, 30);
$end = clone $start;
$end->modify('+2 hours 15 min');
?>
<?php include 'includes/header.php'; ?>

<p><b>Event starts:</b>
  <?= $start->format('g:i a - D, M j Y') ?></p>

<p><b>Event ends:</b>
  <?= $end->format('g:i a - D, M j Y') ?></p>

<?php include 'includes/footer.php'; ?>
```

RESULT

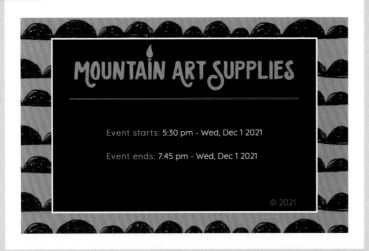

1. 使用 DateTime 類別產生新物件，物件保存的內容是目前的日期和時間，然後將物件儲存在變數 $start。

2. 使用 DateTime 物件的 setDate() 方法，設定物件的日期。

3. 使用 DateTime 物件的 setTime() 方法，設定物件的時間。

4. 使用關鍵字 clone，複製儲存在變數 $start 裡的物件，再將複製的物件儲存在變數 $end。

5. 使用 DateTime 物件的 modify() 方法，更新變數 $end 儲存的物件，如此一來，這個物件代表的日期和時間就會比變數 $start 裡的物件晚 2 小時 15 分鐘。

6. 使用 format() 方法，輸出兩個物件代表的日期和時間。

試試看：修改步驟 5 的活動結束時間，改成比活動開始的日期晚兩天。

使用 DateInterval 類別表示時間間隔

DateInterval 類別產生的物件是用於表示時間間隔，以年、月、週、日、小時、分鐘和秒為衡量單位。

DateTime 物件提供的 add() 和 sub() 方法是使用 DateInterval 物件，為當前的日期 / 時間指定要增加或縮減的時間間隔。指定時間間隔的持續期間時，需使用右表所列的格式。

表示每個時間間隔的格式開頭為字母 P，表示一段時間時，格式開頭為字母 T。

時間間隔	格式
持續一年	P1Y
持續二個月	P2M
持續三天	P3D
持續一年二個月又三天	P1Y2M3D
持續一小時	PT1H
持續 30 分鐘	PT30M
持續 15 秒	PT15S
持續一小時 30 分鐘又 15 秒	PT1H30M15S
持續一年一天一小時又 30 分鐘	P1Y1DT1H30M

```
$interval = new DateInterval('P1M');
```
變數　　　　　類別名稱　時間間隔

DateTime 物件提供的 diff() 方法是比較兩個 DateTime 物件，然後回傳 DateInterval 物件，表示兩個物件之間的時間間隔。

利用 DateInterval 物件提供的 format() 方法，顯示物件儲存的時間間隔 format() 方法的引數是字串，字串中時間間隔出現的位置要以格式化字元表示（如右表所示）。

時間間隔	說明
%y	年
%m	月
%d	天
%h	小時
%i	分鐘
%s	秒
%f	微秒

要顯示的字串
```
$interval->format('%h hours %i minutes');
```
時間間隔　　時間間隔

範例：DateInterval 物件

section_b/c08/dateinterval-object.php

```php
<?php
① $today     = new DateTime();
② $event     = new DateTime('2025-12-31 20:30');
③ $countdown = $today->diff($event);

④ $earlybird = new DateTime();
⑤ $interval  = new DateInterval('P1M');
⑥ $earlybird->add($interval);
?>
<?php include 'includes/header.php'; ?>

<p><b>Countdown to event:</b><br>
⑦  <?= $countdown->format('%y years %m months %d days') ?>
</p>
<p><b>50% off tickets bought by:</b><br>
⑧  <?= $earlybird->format('D d M Y, g:i a') ?>
</p>

<?php include 'includes/footer.php'; ?>
```

RESULT

1. 以 DateTime 物件表示當前的日期和時間，儲存在變數 $today。

2. 以 DateTime 物件表示活動日期，儲存在變數 $event。

3. 使用 DateTime 物件提供的 diff() 方法，取得當下時間與活動日期之間的時間間隔，然後將回傳的 DateInterval 物件儲存在變數 $countdown。

4. 將當下的日期和時間儲存在變數 $earlybird。

5. 以 DateInterval 物件表示時間間隔為一個月，儲存在變數 $interval。

6. 以 DateTime 物件提供的 add() 方法，為目前的日期（儲存在變數 $earlybird）增加時間間隔（儲存在 DateInterval 物件）。

7. 輸出變數 $countdown 儲存的時間間隔。注意：表示時間間隔的格式化字元前面要加上符號 %。

8. 輸出變數 $earlybird 儲存的日期。

試試看：請將步驟 2 的活動日期更改到三個月後，步驟 5 的時間間隔改為 12 小時。

利用 DatePeriod 類別表示重複發生的事件

DatePeriod 類別產生的物件是用於儲存一組 DateTime 物件，物件會在開始和結束日期之間定期發生。利用迴圈循環處理每一個產生出來的 DateTime 物件。

產生 DatePeriod 物件時，需要做三件事：

- 起始日期（DateTime 物件）。
- 活動發生的頻率（DateInterval 物件）。
- 活動期間的結束日期。

活動期間的結束日期會是下列兩者之一：

- DateTime 物件，或是
- 整數，指定從起始日期之後，活動應該發生的次數。

DatePeriod 物件產生之後，會用來儲存一連串的 DateTime 物件，每個物件代表開始和結束日期之間的一個時間點，物件之間的時間間隔是以 DateInterval 物件指定。

```
$period = new DatePeriod($start, $interval, $end);
```
變數　　　　類別名稱　開始日期/時間　時間間隔　結束日期/時間

以下範例使用 foreach 迴圈，存取 DatePeriod 物件裡的每個 DateTime 物件。

跟所有迴圈一樣，我們可以在迴圈循環處理的過程中，使用變數名稱來儲存每一個 DateTime 物件。

以下的程式碼區塊裡，使用 DateTime 物件提供的方法，處理日期/時間。

DatePeriod 物件，用於儲存 DateTime 物件　　　變數名稱，表示每個 DateTime 物件

```
foreach($period as $occurrence) {
    echo $occurrence->format('Y jS F');
}
```

範例：DatePeriod 物件

section_b/c08/dateperiod-object.php

```php
<?php
$start    = new DateTime('2025-1-1');
$end      = new DateTime('2026-1-1');
$interval = new DateInterval('P1M');
$period   = new DatePeriod($start, $interval, $end);
?>
<?php include 'includes/header.php'; ?>

<p>
  <?php foreach ($period as $event) { ?>
    <b><?= $event->format('l') ?></b>,
    <?= $event->format('M j Y') ?></b><br>
  <?php } ?>
</p>

<?php include 'includes/footer.php'; ?>
```

RESULT

```
Wednesday Jan 1 2025
Saturday Feb 1 2025
Saturday Mar 1 2025
Tuesday Apr 1 2025
Thursday May 1 2025
Sunday Jun 1 2025
Tuesday Jul 1 2025
Friday Aug 1 2025
Monday Sep 1 2025
Wednesday Oct 1 2025
Saturday Nov 1 2025
Monday Dec 1 2025
```

1. 變數 $start 儲存 DateTime 物件，表示 2025 年 1 月 1 日。

2. 變數 $end 儲存 DateTime 物件，表示 2026 年 1 月 1 日。

3. 變數 $interval 儲存 DateInterval 物件，表示時間間隔為一個月。

4. 變數 $period 儲存 DatePeriod 物件，產生物件時需要三個參數（步驟 1 到 3 已經先定義參數值）：
   - 開始日期。
   - 時間間隔。
   - 結束日期。

共儲存 12 個 DatePeriod 物件，分別表示 2025 年的每一個月分。

5. 利用 foreach 迴圈循環處理每一個 DateTime 物件，迴圈內以變數 $event 表示每個 DateTime 物件，針對每個物件：

6. 使用 format() 方法，輸出活動那天是星期幾、月分、日期和年分。

試試看：請將步驟 3 的時間間隔更改為三個月（P3M）。

利用 DateTimeZone 類別管理時區

產生 DateTime 物件的同時，還可以指定時區，以 DateTimeZone 類別產生的物件表示。

DateTimeZone 類別產生的物件是用於表示時區，儲存時區相關資訊。

以下括號中指定的時區是使用 IANA 時區，完整的時區清單請見：`http://notes.re/timezones`

產生 DateTime 物件時，可以使用 DateTimeZone 物件指定時區，還可以控制日光節約時間。

方法	說明
getName()	回傳時區名稱。
getLocation()	回傳索引式陣列，內含以下資訊：

鍵值	鍵值對應的資料值
country_code	國家代碼
latitude	位置的緯度
longitude	位置的經度
comments	位置相關註解

方法	說明
getOffset()	回傳這個時區跟 UTC 時間的時差，以秒為單位。 （UTC 時間和 GMT 時間一樣，但 UTC 是標準時間，而且和國家／地域無關）。
getTransitions()	回傳陣列，表示指定時區何時會使用日光節約時間。

範例：DateTimeZone 物件

section_b/c08/datetimezone-object.php

PHP

```php
<?php
$tz_LDN    = new DateTimeZone('Europe/London');
$tz_TYO    = new DateTimeZone('Asia/Tokyo');
$location = $tz_LDN->getLocation();

$LDN       = new DateTime('now', $tz_LDN);
$TYO       = new DateTime('now', $tz_TYO);
$SYD       = new DateTime('now',
                 new DateTimeZone('Australia/Sydney'));
?> ...
<p><b>LDN: <?= $LDN->format('g:i a') ?></b>
  (<?= ($LDN->getOffset() / (60 * 60)) ?>)<br>
  <b>TYO: <?= $TYO->format('g:i a') ?></b>
  (<?= ($TYO->getOffset() / (60 * 60)) ?>)<br>
  <b>SYD: <?= $SYD->format('g:i a') ?></b>
  (<?= ($SYD->getOffset() / (60 * 60)) ?>)<br></p>

<h1>Head Office</h1>
<p><?= $tz_LDN->getName() ?><br>
  <b>Longitude:</b> <?= $location['longitude'] ?><br>
  <b>Latitude:</b>  <?= $location['latitude'] ?></p>
```

RESULT

1. 產生兩個 DateTimeZone 物件，分別表示倫敦和東京這兩個時區。

2. 使用 getLocation() 方法，回傳倫敦時區的位置資料，儲存在陣列 $location。

3. 利用步驟1產生的 DateTimeZone 物件，建立兩個 DateTime 物件，分別表示兩個時區目前的時間。

4. 建立第三個 DateTime 物件，時間跟前兩個物件相同，目的是示範如何在建立 DateTime 物件的同時，產生 DateTimeZone 物件。

5. 針對每一個 DateTime 物件：
   - 以 format() 方法，顯示該位置目前的時間。
   - 以 getOffset() 方法，顯示該位置與 UTC 時間之間的時差。回傳的時差是以秒為單位，所以要除以 60 * 60，才能以小時顯示時差。

6. 以 getName() 方法，取出時區的名稱。

7. 輸出時區的經度和緯度。

試試看：建立物件，顯示 LA（洛杉磯）當地辦公室的時間。

日期與時間　(327)

本章重點回顧

日期與時間

❯ 格式化字元，是讓我們指定日期或時間的格式化方法。

❯ Unix 時間戳記是使用從 1970 年 1 月 1 日到現在經過的秒數
來表示日期和時間。

❯ time()、strtotime() 和 mktime() 函式的作用是產生 Unix
時間戳記。date() 函式的作用是將 Unix 時間戳記轉換為人
可以閱讀的格式。

❯ DateTime 類別產生的物件可以表示日期和時間，類別具有
的方法能更改日期和時間，並且以人可以閱讀的格式顯示。

❯ DateInterval 類別產生的物件是用於表示時間間隔，例如，
一個月或一年。

❯ DatePeriod 類別會產生一組 DateTime 物件，用於表示重複
發生的事件。

❯ DateTimeZone 類別產生的物件是用於表示時區和儲存時區
資訊。

9

COOKIE 與 SESSION

當網站產生的網頁內容包含個人資料（例如，使用者名稱、個人頭像或近期瀏覽網頁清單），網站就必須知道請求每一個網頁的對象是誰。

HTTP 通訊協定提供了一套規則，用於指定瀏覽器應該如何請求網頁，以及伺服器應該如何回應，但每一項請求和回應都會單獨處理，而且，HTTP 並沒有為網站提供機制，所以網站也無從判斷現在是哪一位網站訪客正在請求網頁。

因此，若網站需要判斷當下請求網頁的對象是誰，或者是顯示任何個人化資訊，可以混合使用 Cookie 和 Session，便能追蹤每位網站訪客及儲存訪客個人的偏好資訊。

- **Cookie**：是一個文字檔案，儲存在使用者的瀏覽器端。網站可以指示瀏覽器要將什麼資料儲存在 Cookie，日後每當瀏覽器從該網站請求網頁時，就會連同 Cookie 資料一起送回給網站。
- **Session**：允許網站將使用者相關資料暫存在伺服器上。當網站訪客請求其他網頁時，PHP 直譯器就能使用個別使用者的 Session 資料。

Cookie 和 Session 都只能暫存少量的資料，不保證能長期保存資料，因為使用者可以自行刪除 Cookie（或是從不同的瀏覽器使用網站，此時該瀏覽器不會有之前產生過的 Cookie），而且根據 Session 的設計，Session 存在的時間只會持續在單次訪問網站期間（不同的訪問連線之間不會儲存資料）。

當使用者資料必須長期保存時，就需要儲存在資料庫裡，後續第 13 章中會學到。在此之前，我們要先了解 Cookie 和 Session 的運作原理。

何謂 COOKIE？

當網站指示瀏覽器將使用者資料儲存在文字檔案裡，這個文字檔就稱為 **cookie**。日後每當瀏覽器請求該網站的其他網頁時，瀏覽器就會將 Cookie 檔的資料送回去給伺服器。

COOKIE 簡介

當網站指示瀏覽器產生 Cookie 檔，就會產生一個文字檔，然後儲存在瀏覽器端。

每個 Cookie 檔的名稱都應該具體表達檔案內擁有的資訊類型，瀏覽器為每位網站訪客產生的 Cookie 檔名都一樣。

每位使用者的 Cookie 儲存值都可以更改，所以 Cookie 就像是一個變數，儲存在使用者瀏覽器端的文字檔案裡。

產生 COOKIE

瀏覽器請求網頁時，網站將網頁送回去給瀏覽器的同時還會額外傳送 HTTP 標頭。

HTTP 標頭會指示瀏覽器產生 Cookie，包含 Cookie 名稱以及要儲存在 Cookie 裡面的值。

Cookie 裡的儲存值是文字，長度不能超過 4,096 個字元，但一個網站能產生多個 Cookie。

取得 COOKIE 資料

如果瀏覽器請求的其他網頁是來自於先前產生 Cookie 的網站，則請求網頁時會連同 Cookie 名稱及其儲存值一起傳送給伺服器。

PHP 直譯器接著會將收到的 Cookie 資料加到超全域性陣列 `$_COOKIE`，讓該網頁的 PHP 程式碼使用。鍵值是 Cookie 名稱，對應的資料值是 Cookie 儲存的值。

誰能使用 COOKIE

只有當瀏覽器請求的網頁跟產生 Cookie 的網域相同時，才會傳送 Cookie 資料給伺服器。例如，假設某個 Cookie 是由 google.com 產生，只有當瀏覽器從 google.com 請求網頁時，才會傳送這個 Cookie，也就是說這個 Cookie 永遠不會傳送給 facebook.com。

如果發送 JavaScript 的網域跟產生 Cookie 的網域一樣，則 JavaScript 也能使用 Cookie。

COOKIE 會綁定瀏覽器

由於是瀏覽器負責產生和儲存 Cookie，所以：

- 若同一個裝置上安裝了多個瀏覽器，只有儲存 Cookie 的那個瀏覽器才能發送，裝置上安裝的其他瀏覽器則不會發送 Cookie。

- 當使用者取得新裝置時，該裝置就無法將其他裝置產生的 Cookie 傳送給伺服器。

COOKIE 能存在多久

伺服器可以指定 Cookie 到期的日期和時間，也就是說過了這個日期和時間之後，瀏覽器就不會再將 Cookie 資料傳送給伺服器。如果沒有提供到期日，使用者關閉瀏覽器時，瀏覽器就會停止傳送 Cookie 資料給伺服器。

使用者也能拒絕或刪除 Cookie，在沒有 Cookie 的情況下，網站也應該要正常運作。

第一次請求網頁時

- 瀏覽器以 HTTP 請求網頁。

瀏覽器請求： page.php

- 伺服器送回瀏覽器請求的網頁。
- 加入 HTTP 標頭，指示瀏覽器產生 Cookie，包含 Cookie 的名稱及其儲存值。

伺服器回應 page.php
HTTP 標頭： counter = 1

- 瀏覽器顯示網頁。
- 根據 HTTP 標頭提供的資料產生 Cookie。

COOKIE: counter = 1

Cookie 不應該用於儲存具有敏感性的資料，因為只要用瀏覽器的開發者工具就能檢視 Cookie 的內容，而且瀏覽器和伺服器之間是以純文字的方式傳送 Cookie。

後續請求網頁時 REQUESTS

- 瀏覽器以 HTTP 請求網頁。
- 瀏覽器傳送 HTTP 標頭，內含 Cookie 名稱及其儲存值。

瀏覽器請求： page.php
HTTP 標頭： counter = 1

- 伺服器將 Cookie 資料加進陣列 $_COOKIE。
- 使用陣列 $_COOKIE 內的資料產生網頁。
- 伺服器送回瀏覽器請求的網頁。
- 可以更新 Cookie 內的儲存值。

伺服器回應 page.php
HTTP 標頭： counter = 2

- 瀏覽器使用 Cookie 資料產生和顯示網頁。
- 根據 HTTP 標頭提供的資料更新 Cookie。

COOKIE: counter = 2

瀏覽器和伺服器之間傳送 HTTP 標頭時，為了防止有心人士讀取其中的內容，網站運行時要採用 HTTPS，而非 HTTP（請見第 184 頁），目的是加密標頭內的資訊。

產生和使用 COOKIE 的方法

PHP 內建函式 setcookie() 的作用是產生 Cookie，若要存取 Cookie，則可以使用超全域性陣列 $_COOKIE 或是 filter_input() 函式和 filter_input_array() 函式。

PHP 內建函式 setcookie() 會產生 HTTP 標頭，隨網頁一起發送，同時指示瀏覽器產生 Cookie。這個函式允許我們設定 Cookie 名稱和值。

在網頁內容傳送給瀏覽器**之前**，就必須先以 setcookie() 函式產生 HTTP 標頭（請參見第 226 頁所介紹的 header() 函式）。就算起始標籤 <?php 前只有一個空白字元，也會被視為網頁內容。

如果 Cookie 沒有提供到期日，當使用者關閉瀏覽器時，瀏覽器就會停止傳送 Cookie 資料給伺服器。後續第 336 頁會學到如何為 Cookie 設定到期日。

```
setcookie($name, $value);
```

一旦瀏覽器有儲存 Cookie，日後如果瀏覽器又跟同一個網站請求另一個網頁時，Cookie 的名稱和值就會隨請求一起發送給伺服器。PHP 直譯器收到請求後，會將 Cookie 內的資料加到超全域性陣列 $_COOKIE 裡。

如果想在陣列中為每個 Cookie 新增一個元素，則：

- **鍵值**是 Cookie 名稱。
- **鍵值對應的資料值**是 Cookie 要儲存的值（儲存為字串）。

這項資料彙整後，通常會儲存在一個變數裡。

若程式碼想要存取的鍵值不存在陣列 $_COOKIE 裡，就會產生錯誤。為了防止這個情況發生，我們會使用空值合成運算子，檢查某個鍵值是否存在於陣列裡。若存在，就將 Cookie 內的值儲存在變數裡；若否，則變數會儲存 null 空值。

```
$preference = $_COOKIE['name'] ?? null;
```

PHP 還提供了 filter_input() 函式和 filter_input_array() 函式，作用是收集 Cookie 資料（請見第 268 頁）。函式的輸入型態要設定為 INPUT_COOKIE。

函式的第二個參數是 Cookie 名稱，第三和第四個參數是選擇性參數，用於指定函式要使用的篩選器 ID，以及篩選器要使用的任何選項。

在尚未發送 Cookie 的情況下，使用這兩個函式不會引發錯誤。此外，若函式設定的型態是整數、浮點數或布林，函式會自動將 Cookie 內的值轉換成相對應的資料型態。

```
$preference = filter_input(INPUT_COOKIE, $name[, $filter[, $options]]);
```

範例：產生和使用 COOKIE

PHP

```php
<?php
$counter = $_COOKIE['counter'] ?? 0;   // 取得資料
$counter = $counter + 1;                // 計數器加 +1
setcookie('counter', $counter);         // 更新 cookie

$message = 'Page views: ' . $counter; // 訊息
?>
<?php include 'includes/header.php'; ?>

<h1>Welcome</h1>
<p><?= $message ?></p>
<p><a href="sessions.php">Refresh this page</a> to see
the page views increase.</p>

<?php include 'includes/footer.php'; ?>
```

① ② ③ ④ ⑤

RESULT

左側範例程式的作用是使用 Cookie 來計算網站訪客瀏覽過的網頁數。

1. 建立變數 $counter，用於儲存網站訪客瀏覽過的網頁數。若瀏覽器發送給伺服器的資料是來自於 counter 這個 Cookie 檔案，則利用變數 $counter 儲存 Cookie 提供的值；若否，則使用空值合成運算子，變數 $counter 的儲存值為 0。

2. 只要網站訪客瀏覽網頁，變數 $counter 的值就會加 1。

3. setcookie() 函式的作用是指示瀏覽器產生或更新 counter 這個 Cookie，將變數 $counter 的值儲存在這個 Cookie 裡。

4. 建立變數 $message 儲存訊息內容，表示網站訪客瀏覽過的網頁數。

5. 顯示訊息內容。

試試看：瀏覽過網頁後，請重新整理網頁，觀察計數器值增加的情況。

試試看：請將自己的名字儲存在 name 這個 Cookie 裡，在瀏覽網頁之後顯示名字。

保障 COOKIE 的安全性

setcookie() 函式是以參數來控制瀏覽器如何使用 Cookie。此外，還需要驗證接收到的 Cookie 資料，若資料是顯示在網頁裡，可以利用 htmlspecialchars() 函式來處理。

更新 Cookie 的儲存值時，要以新的 Cookie 值重新呼叫 setcookie() 函式。若要讓瀏覽器停止發送 Cookie，也可以重新呼叫 setcookie() 函式，做法是將新的 Cookie 值設定為空白字串，到期日則設定為過去的時間。在更新 Cookie 值或到期日的情況裡，函式最後四個引數**一定**要跟當初產生 Cookie 時使用的引數值一樣。

原因在於函式可能趁請求網頁時，發送 HTTP 標頭來模仿 Cookie：

- 使用 Cookie 資料前，伺服器應該先驗證資料（請利用先前第六章介紹的技巧）。

- 若 Cookie 值是顯示在網頁裡，應該使用 htmlspecialchars() 函式，以防止跨站腳本攻擊（XSS）。

setcookie($name[, $value, $expire, $path, $domain, $secure, $httponly])

參數	說明
$name	Cookie 名稱。
$value	Cookie 要儲存的值（Cookie 不會儲存資料型態，取得的值會視為字串）。
$expire	過了這個日期和時間之後，瀏覽器會停止傳送 Cookie 資料給伺服器（做法跟 Unix 時間戳記一樣）。

<table>
<tr><td rowspan="2">若要設定時間戳記，請利用 PHP 內建函式 time()，然後加上你希望 Cookie 持續存在多久的期間。</td><td>期間</td><td>目前時間　　秒　　　分　　　時　　　日</td></tr>
<tr><td>1 天</td><td>time() + 60 * 60 * 24</td></tr>
<tr><td></td><td>30 天</td><td>time() + 60 * 60 * 24 * 30</td></tr>
</table>

$path	若網站上只有部分網頁需要用到 Cookie，可以指定應該給哪個目錄使用；預設路徑是根目錄 /，也就是所有的目錄均可使用。假設目錄設定為 /members，表示 Cookie 只會傳送給網站上 members 資料夾內的網頁。
$domain	若只有子網域需要用到 Cookie，則將網址會設定為子網域；預設值是設定為網站上全部的子網域。假設子網域設定為「members.example.org」，Cookie 只會傳送給「members.example.org」網域裡的檔案。
$secure	這個參數值若指定為 true，瀏覽器會產生 Cookie；若請求網頁時是使用安全性連線 HTTPS，瀏覽器只會將 Cookie 傳送回去給伺服器（請見第 184 頁）。
$httponly	這個參數值若指定為 true，Cookie 只會傳送給伺服器（JavaScript 無法使用）。

範例：控制 COOKIE 的偏好設定

section_b/c09/cookie-preferences.php

```php
<?php
$color   = $_COOKIE['color'] ?? null;        // 取得資料
$options = ['light', 'dark',];               // 允許選項

if ($_SERVER['REQUEST_METHOD'] == 'POST') {  // 若已提交
    $color = $_POST['color'];                // 取得顏色
    setcookie('color', $color, time() + 60 * 60,
        '/', '', false, true);               // 設定 cookie
}

// 若顏色選項合法，就使用，否則就使用 dark
$scheme = (in_array($color, $options)) ? $color : 'dark';
?>
<?php include 'includes/header-style-switcher.php'; ?>
  <form method="POST" action="cookie-preferences.php">
    Select color scheme:
    <select name="color">
      <option value="dark">Dark</option>
      <option value="light">Light</option>
    </select><br>
    <input type="submit" value="Save">
  </form>
<?php include 'includes/footer.php'; ?>
```

① ② ③ ④ ⑤ ⑥ ⑦

1. 建立變數 $color，用於儲存 color 這個 Cookie 傳送的值（如果沒有傳送就儲存為 null 值）。

2. 陣列保存色彩模式允許選擇的項目。

3. if 陳述式檢查表單是否已經提交出去。

4. 如果表單已經提交，就將單選框「color」的值儲存在變數 $color，覆寫步驟 1 設定的值。

5. 呼叫 setcookie() 函式，設定 color 這個 Cookie 的內容。Cookie 值包含使用者從單選框選擇的項目，以及：
   - 一小時後過期。
   - 傳送給網站上的所有網頁。
   - 經由 HTTP 或 HTTPS 發送。
   - 在 JavaScript 下會隱藏。

6. 利用三元運算子的條件式，檢查變數 $color 的值是否存在於 $options 陣列。若存在，就將值儲存在變數 $scheme；若否，則變數 $scheme 的值會儲存為 dark。

7. 引入新的標頭檔，將變數 $color 的值寫入 <body> 標籤的 class 屬性，目的是確保網頁的 CSS 規則能使用正確的顏色模式。

section_b/c09/includes/header-style-switcher.php

```php
<body class="<?= htmlspecialchars($scheme) ?>">
```

Select color scheme: Dark

SAVE

何謂 SESSION？

Session 負責將使用者資訊及偏好儲存在伺服器上，之所以稱為「Session」（單次連線），是因為只有在使用者單次造訪網站期間才會暫時儲存資料。

SESSION 簡介

啟動 Session 之後，PHP 直譯器會產生以下三個內容：

- **Session ID**：這是字串，作用是識別每一位網站訪客。
- **Session 檔案**：這是文字檔案，會儲存在伺服器上，用於儲存使用者相關資料，檔名包含 Session ID。
- **Session Cookie**：儲存於瀏覽器內，Cookie 名稱是 PHPSESSID，對應值是使用者的 session ID。

取得 SESSION 資料

若瀏覽器有 Session Cookie，每當使用者請求同一個網站上的其他網頁，就會將這個 Cookie 傳送給伺服器。Session ID 的作用是識別每一位使用者，這樣伺服器才能：

- 找到 Session 檔案，檔案名稱包含 Cookie 傳送的 Session ID。
- 從 Session 檔案取得資料，然後將資料儲存到超全域性陣列 $_SESSION，讓網頁可以使用。

儲存 SESSION 資料

產生 Session 之後，將新資料儲存到這個使用者的 Session 裡，然後加入超全域性陣列 $_SESSION。

當程式碼頁執行完畢，PHP 直譯器會取得超全域性陣列 $_SESSION 裡的所有資料，再儲存到使用者的 Session 檔案。儲存資料到 Session 檔案時，會更新檔案的最後修改時間，PHP 直譯器檢查這個時間，以分辨這個 Session 最近使否用過。

SESSION 能存在多久

Session 存在需要瀏覽器內的 Session Cookie 和伺服器上的 Session 檔案。

- 當使用者關閉瀏覽器時，Session Cookie 就會過期。
- Session 檔案若一段時間內沒有修改（預設時間是 24 分鐘），伺服器就會刪除 Session 檔案。

如何啟動 SESSION

當網站使用 Session 時，每個網頁都應該呼叫內建函式 session_start()。呼叫函式時，若瀏覽器請求的網頁沒有傳送 Session Cookie 或沒有找到符合條件的 Session 檔案，PHP 直譯器會為該次的使用者啟動新的 Session。

其他使用 SESSION 的方法

除了使用 Session Cookie，還可以將 Session ID 加到網址裡，但這種連線方式會降低安全性。也可以將 Session 資料儲存在資料庫裡，但這個主題超出本書範圍（這種做法通常只會用在流量非常大而且需要數個伺服器處理流量負載的網站）。

第一次請求網頁時

- 瀏覽器以 HTTP 請求網頁

瀏覽器請求： `page.php`

伺服器上的 PHP 網頁呼叫 session_start()，因為瀏覽器沒有傳送 Session Cookie，所以：

- 為這次的使用者產生 **Session ID**。
- 產生 **Session 檔案**，用以儲存使用者資料（檔名包含 Session ID）。

網頁將資料加入超全域性陣列 $_SESSION，等網頁執行完畢後，陣列值會加到先前為使用者產生的 Session 檔案裡。

- 伺服器送回瀏覽器請求的網頁。
- 傳送 HTTP，產生 **Session Cookie**，以儲存 Session ID。

伺服器回應： `page.php`
標頭： `PHPSESSID = 1234567`

- 瀏覽器顯示網頁。
- 產生 Session Cookie，以儲存 Session ID。

COOKIE: `PHPSESSID = 1234567`

後續請求網頁時

- 瀏覽器以 HTTP 請求網頁
- 傳送 HTTP 標頭（包含 Session ID）

瀏覽器請求： `page.php`
標頭： `PHPSESSID = 1234567`

伺服器上的 PHP 網頁呼叫 session_start()，PHP 直譯器根據 Session Cookie 指定的 Session ID，尋找需要的 Session 檔案。

- 從 Session 檔案取得資料，然後將資料加到超全域性陣列 $_SESSION，讓網頁可以使用這項資料。
- 使用從陣列取得的資料，產生網頁。
- 更新陣列資料。

網頁執行完畢後，陣列 $_SESSION 的值會儲存到 Session 檔案，並且更新 Session 檔案的最後修改時間。

- 伺服器送回瀏覽器請求的網頁。

伺服器回應： `page.php`

- 瀏覽器顯示網頁。
- 每次請求網頁時會發送 Session Cookie 到同一個網站，直到使用者關閉瀏覽器視窗為止。

COOKIE: `PHPSESSID = 1234567`

產生和使用 SESSION 的方法

每個有用到 Session 的網頁都應該會呼叫 session_start() 函式。若使用者端沒有 Session 存在，就會啟用新的 Session；若存在，則取得現有的 Session 資料，然後加進超全域性陣列 $_SESSION 裡。

當訪客初次請求網頁時會呼叫 session_start() 函式，產生新的 Session ID、Session Cookie 和 Session 檔案。

一定要在傳送任何內容給瀏覽器之前就呼叫這個函式，因為要傳送 HTTP 標頭，才能產生 Session Cookie。

必須在網頁取得 Session 資料前呼叫函式還有一個原因，就是要先從 Session 檔案取得資料，然後將資料轉移到超全域性陣列 $_SESSION。

```
session_start();
```

若將資料加入超全域性陣列 $_SESSION，當網頁執行完畢後，PHP 直譯器會將資料加入使用者的 Session 檔案。

加入資料到陣列時，使用的語法跟所有關聯式陣列一樣，鍵值是表達該元素要儲存的資料。

每個鍵值對應的資料值可以是純量值（字串、數字或布林）、陣列或物件。跟只儲存字串的 Cookie 不同，這個陣列會保留資料型態。

```
$_SESSION['name'] = 'Ivy';
$_SESSION['age']  = 27;
```

從超全域性陣列 $_SESSION 取得資料時，萬一會出現資料值

缺失的情況，請搭配使用空值合成運算子，或是使用 PHP

內建的篩選函式（輸入型態要設定為 INPUT_SESSION）。

```
$name = $_SESSION['username'] ?? null;
$age  = $_SESSION['age']      ?? null;
```

函式	說明
session_start()	產生新的 Session 或是從現有的 Session 取得資料。
session_set_cookie_params()	產生 Session Cookie 時使用的設定，使用參數跟第 336 頁一樣。
session_get_cookie_params()	回傳陣列，內含設定 Cookie 用的引數。
session_regenerate_id()	產生新的 Session ID，以及更新 Session 檔案和 Cookie。
session_destroy()	刪除伺服器上的 Session 檔案。

範例：儲存與使用 SESSION 資料

```php
<?php
session_start();                           // 產生或是重新取得
$counter = $_SESSION['counter'] ?? 0;      // 取得資料
$counter = $counter + 1;                   // 計數器加 1
$_SESSION['counter'] = $counter;           // 更新 session

$message  = 'Page views: ' . $counter;     // 訊息
?>
<?php include 'includes/header.php'; ?>

<h1>Welcome</h1>
<p><?= $message ?></p>
<p><a href="sessions.php">Refresh this page</a> to see
the page views increase.</p>

<?php include 'includes/footer.php'; ?>
```

左側標註圈碼：① session_start() ② $counter = $_SESSION ③ $counter = $counter + 1 ④ $_SESSION['counter'] ⑤ $message ⑥ `<p><?= $message ?></p>`

RESULT

左側範例程式的作用跟第 335 頁的範例一樣，差異在於此處的計數器是儲存在 Session 裡。

1. 呼叫 PHP 內建的 session_start() 函式，PHP 直譯器會取出 Session 檔案的資料，然後儲存在超全域性陣列 $_SESSION 裡。如果沒有找到資料，就會為訪客產生新的 Session。

2. 如果超全域性陣列 $_SESSION 裡的鍵值 counter 具有相對應的值，就儲存在變數 $counter 裡；否則，變數 $counter 的值會儲存為 0。

3. 只要網站訪客瀏覽網頁，計數器的值就會加 1。

4. 更新超全域性陣列 $_SESSION 裡鍵值 counter 對應的資料值。

5. 建立變數 $message 儲存訊息內容，表示網站訪客瀏覽過的網頁數。

6. 顯示訊息內容。

當網頁程式碼執行完畢後，PHP 直譯器會取得超全域性陣列 $_SESSION 裡的資料，然後儲存到使用者的 Session 檔案裡。儲存資料的同時還會更新伺服器上 Session 檔案的最後修改時間，延長 Session 資料的存活時間。

試試看：瀏覽過網頁後，請重新整理網頁，觀察計數器值增加的情況。

試試看：請將自己的名字儲存在超全域性陣列 $_SESSION 裡，然後顯示在網頁上。

SESSION 的生命週期

瀏覽器是在視窗關閉後才會刪除 Session Cookie；伺服器則是執行**垃圾回收機制**，刪除伺服器上的 Session 檔案。因此，Session 存在的時間會比我們預期得還久。

讀者如果尚未開啟過前面的範例，請先在瀏覽器中打開，接著再開啟：

- 瀏覽器的開發工具，這樣才能顯示 Cookie
- 網頁伺服器儲存 Session 檔案的資料夾

開啟工具和資料夾時，若需要協助，請參見此處連結：http://notes.re/php/session-locations

讀者應該會在瀏覽器中看到一個 Cookie 的名稱為 PHPSESSID，Cookie 值是 Session ID。

在網頁伺服器儲存 Session 檔案的資料夾下，會看到一個檔案的名稱包含這個 Session ID。請注意 Session 檔案最後的修改日期和時間，然後在瀏覽器中重新整理網頁，顯示前面的範例，這項操作會更新 Session 檔案最後的修改時間。

若改用不同的網頁瀏覽器這個範例（例如，改用 Chrome 和 Firefox 開啟），則會產生新的 Session，因為 Session 是跟瀏覽器綁在一起。

網頁呼叫 session_start() 函式時，如果 PHP 直譯器沒有收到 Session Cookie 或沒有找到跟這個 Session Cookie 相對應的 Session 檔案，就會產生新的 Session。

呼叫 session_start() 的網頁執行完畢後，會取得超全域性陣列 $_SESSION 裡的資料，然後儲存到 Session 檔案，並且更新 Session 檔案的最後修改時間。

PHP 直譯器會以 Session 檔案最後的修改日期和時間，判斷何時要刪除 Session 檔案（也就是結束 Session）。

因此，網站使用 Session 時，每個網頁呼叫 session_start() 這一步就變得很重要。否則，如果使用者正在網站上瀏覽的網頁沒有更新這項設定，就會發生使用者還在瀏覽網站 Session 卻終止的情況。

網頁伺服器會執行所謂的「**垃圾回收機制**」流程，目的是刪除最後修改日期超過指定時間的 Session 檔案（預設時間是 24 分鐘）。Session 檔案刪除之後，Session 就結束了，就算瀏覽器還繼續發送 Session Cookie，也找不到具有 Session 資料的檔案。

檢查每個 Session 檔案最後的存取時間和刪除 Session 檔案都會占用伺服器資源，所以伺服器不會**頻繁**執行這些操作。執行垃圾回收機制的頻率取決於 Session 存取次數，因此，在網站閒置的情況下，可能會持續數小時或數天沒有執行垃圾回收機制。

下一個範例我們會看到，Session 通常是用來記下使用者何時登入網站。在這種情況下，使用者應該能選擇登出網站。

若使用者沒有關閉瀏覽器視窗（所以瀏覽器還在持續發送 Session Cookie）而且伺服器閒置（伺服器尚未執行垃圾回收機制），Session 存活的時間就會比設想的時間還長。

在使用者共享電腦的情況下，這個問題會變得很大，因為使用者如果沒有登出網站，其他人就可能會用他們的帳號拜訪網站。

終止 Session 包含以下四個步驟：

---

1. 將超全域性陣列 $_SESSION 設定為空白陣列，藉此移除所有取自 Session 檔案的資料，還可以避免相同網頁的程式碼之後繼續存取這些值。

```
$_SESSION = [];
```

2. 步驟 3 會使用 setcookie() 函式來更新 Session Cookie，但使用這個函式時，引數 path、domain、secure 和 httponly parameters 的值都要跟當初產生 Cookie 時使用的引數值一樣。

PHP 內建的 session_get_cookie_params() 函式能回傳先前產生 Session Cookie 時，這些參數所用的值，回傳值會儲存在變數 $params 這個陣列裡。

```
$params = session_get_cookie_params();
```

3. 使用 PHP 內建的 setcookie() 函式（請見第 334 頁），更新 Session Cookie。

參數 value 要設定為空白字串，目的是刪除之前取自 Session Cookie 的 Session ID。

參數 expires 會設定為過去的日期，如果瀏覽器繼續請求網頁，這項設定會讓瀏覽器停止發送 Cookie 給伺服器。其他所有參數的設定值則是使用步驟 2 取得的值，這些值已經先儲存在變數 $params 這個陣列裡。

```
setcookie('PHPSESSID', '', time() - 3600, $params['path'],
    $params['domain'], $params['secure'], $params['httponly']);
```

4. 呼叫 PHP 內建的 session_destroy() 函式，指示 PHP 直譯器要刪除 Session 檔案。

PHP 直譯器收到指示後會立刻刪除檔案，不會等垃圾回收機制來處理。

```
session_destroy();
```

範例：基本的登入系統

網站通常會要求使用者登入，才能檢視某些網頁。在這個範例中，使用者必須先登入，才能檢視「My Account」這個頁面。當使用者登入時：

- 要記下使用者登入時使用的 Session。

- 使用者能檢視個人帳號頁面。

- 最後一次連結網站時，導覽列顯示的文字要從「Log In」（登入）改成「Log Out」（登出）。

請注意：此處範例只會介紹如何使用 Session 記下使用者何時登入的資訊，後續第 16 章才會介紹如何建立完整的登入系統，讓每位會員都擁有自己的詳細登入資訊（儲存在資料庫裡）。

網站使用 Session 時，每個網頁在傳送任何內容給瀏覽器之前，都應該先呼叫 session_start() 函式。目的是確保每一位使用者都擁有 Session，而且每當使用者檢視新網頁時，就會更新 Session 檔案的最後修改時間。

在這個範例中，每個網頁都會引入 sessions.php（請見右頁的網頁程式碼），這個引入檔可以呼叫 session_start() 函式以及整合所有 Session 相關程式碼。

1. session_start() 函式指示 PHP 直譯器從訪客的 Session 檔案中取得資料，然後放進超全域性陣列 $_SESSION，如果無法取得資料就產生新的 Session。

2. 若超全域性陣列 $_SESSION 裡已經記錄使用者登入資料，則變數 $logged_in 的值會儲存為 true，否則空值合成運算子會將值指定為 false。

3. 使用者登入時必須輸入的詳細資料會儲存在變數 $email 和 $password。

接著是定義三個函式：

4. 定義登入頁面要呼叫的 login() 函式，若使用者輸入正確的電子郵件和密碼就會呼叫這個函式。

5. 使用者登入時，請養成這個好習慣，就是重新設定 Session ID。PHP 內建的 session_regenerate_id() 函式會產生新的 Session ID，以及更新使用這個 Session ID 的 Session 檔案和 Cookie（傳入引數值 true 是指示 PHP 直譯器移除所有已經存在於 Session 裡的資料）。

6. 在 Session 陣列裡加入鍵值 logged_in，對應的值是 true，表示訪客已經登入。

7. 定義 logout() 函式，作用是結束 Session。

8. 將超全域性陣列 $_SESSION 設定為空陣列，目的是清空取自 Session 檔案的資料，阻止其他網頁繼續使用 Session 資料。

9. 更新 Session Cookie、將 Session ID 換成空白字串以及將 Cookie 到期日設定為過去的時間（讓瀏覽器不再傳送）。

10. 刪除伺服器上的 Session 檔案。

11. 定義 require_login() 函式，讓所有要求訪客登入的網頁呼叫。

12. if 陳述式會檢查變數 $logged_in 的值是否為 false，如果是，表示使用者尚未登入或 Session 已經結束。

13. 將使用者重新導向登入網頁。

14. exit 命令會停止執行後續所有的程式碼。

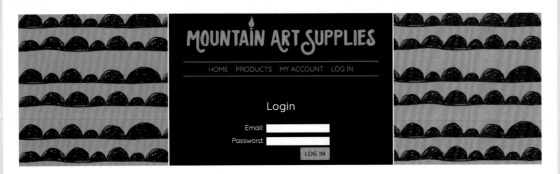

```php
<?php
session_start();                                      // 啟動 / 恢復 session
$logged_in = $_SESSION['logged_in'] ?? false;         // 使用者是否登入？

$email     = 'ivy@eg.link';                           // 登入用的電子郵件位址
$password  = 'password';                               // 登入用的密碼

function login()                                      // 記下使用者已經登入
{
    session_regenerate_id(true);                      // 更新 Session ID
    $_SESSION['logged_in'] = true;                    // 將鍵值 logged_in 設定為 true
}

function logout()                                     // 終止 Session
{
    $_SESSION = [];                                   // 清除陣列內容

    $params = session_get_cookie_params();            // 取得 Session Cookie 參數
    setcookie('PHPSESSID', '', time() - 3600, $params['path'], $params['domain'],
        $params['secure'], $params['httponly']);      // 刪除 Session Cookie

    session_destroy();                                // 刪除 Session 檔案
}

function require_login($logged_in)                    // 檢查使用者是否登入
{
    if ($logged_in == false) {                        // 如果尚未登入
        header('Location: login.php');                // 傳送給登入頁面
        exit;                                         // 停止其餘網頁繼續執行
    }
}
```

範例：確定使用者登入之後才能檢視網頁

所有要求訪客登入的網頁一開始都會呼叫 require_login() 函式。在這個範例中，訪客必須登入才能檢視 account.php 這個網頁。

1. 引入檔案 sessions.php。

2. require_login() 函式是定義在 sessions.php 裡，作用是檢查使用者是否已經登入。如果：

● 已經登入，顯示其餘的網頁。

● 尚未登入，將 login.php 傳送給使用者。

此處傳入函式的引數是變數 $logged_in，已經先在 sessions.php 的步驟 2 宣告。

3. 引入新的標頭檔案（請見右頁第三個範例程式碼）。

4. 接下來說明 login.php，網頁程式碼一開始會引入檔案 sessions.php。

5. if 陳述式會檢查變數 $logged_in（在 sessions.php 建立）的值，判斷使用者是否已經登入。

6. 若使用者已經登入，會傳送到網頁 account.php，因為不需要再登入（也有可能已經在這個頁面，例如，使用者點擊連結或是按下瀏覽器的「回上一頁」按鈕）。

7. exit 命令會停止執行其餘的網頁程式碼。

8. 如果網頁繼續執行，檔案會檢查使用者是否已經提交表單（請見網頁底部的程式碼）。

9. 若已提交，會收集使用者在表單控制項裡輸入的電子郵件和密碼，然後儲存在變數 $user_email 和 $user_password。

10. if 陳述式會檢查使用者輸入的電子郵件位址和密碼是否與變數 $email 和 $password 儲存的值一致（請見前一頁檔案 sessions.php 的步驟 3）。

11. 若一致，表示使用者提供了正確的詳細資訊，會呼叫 login() 函式（已經定義於 sessions.php）。重新產生 Session ID，以及在超全域性陣列 $_SESSION 裡加入鍵值 logged_in，對應的值是 true，表示使用者已經登入。

12. 將使用者傳送到網頁 account.php，exit 命令會停止執行後續所有的程式碼。

13. 若表單沒有提交出去或是登入的詳細資訊錯誤，範例程式會引入這個標頭檔案。

14. 登入表單裡有兩個輸入項目，讓使用者輸入電子郵件位址和密碼。

15. 在新的標頭裡，導覽列會檢查使用者是否已經登入。若已登入，就顯示登出頁面的連結；若未登入，則顯示登入頁面的連結。

請注意：Session ID 會隨每次請求網頁時的 HTTP 標頭一起發送。若某個人掌握了 Session ID，就能自行產生 HTTP 請求，然後將 Session ID 加入請求，假冒產生該 Session 的使用者，這種行為就稱為「**連線劫持**」（session hijacking）。

為了防止連線劫持，所有使用 Session 的網頁都應該只用 HTTPS 連線存取，因為 HTTPS 會加密所有的資料（包含有 Session ID 的標頭）。

此處範例並沒有要求讀者安裝 SSL 憑證，但只要是正式上線的網站都應該要有這項憑證。

```php
<?php
① include 'includes/sessions.php';                    // 引入 sessions.php 檔案
② require_login($logged_in);                           // 如果尚未登入，重新導向使用者
?>
③ <?php include 'includes/header-member.php'; ?> ...
```

```php
<?php
④ include 'includes/sessions.php';

⑤ if ($logged_in) {                                    // 若已登入
⑥     header('Location: account.php');                 // 重新導向帳號頁面
⑦     exit;                                            // 停止繼續執行後續的程式碼
}

⑧ if($_SERVER['REQUEST_METHOD'] == 'POST') {           // 若表單已經提交
⑨     $user_email    = $_POST['email'];                // 使用者傳送的電子郵件
       $user_password = $_POST['password'];            // 使用者傳送的密碼

⑩     if ($user_email == $email and $user_password == $password) { // 若詳細資訊正確
⑪         login();                                     // 呼叫登入用的函式
⑫         header('Location: account.php');             // 重新導向帳號頁面
           exit;                                       // 停止繼續執行後續的程式碼
       }
}
?>
⑬ <?php include 'includes/header-member.php'; ?>
<h1>Login</h1>
<form method="POST" action="login.php">
⑭   Email: <input type="email" name="email"><br>
    Password: <input type="password" name="password"><br>
    <input type="submit" value="Log In">
</form>
<?php include 'includes/footer.php'; ?>
```

```php
<a href="home.php">Home</a>
<a href="products.php">Products</a>
<a href="account.php">My Account</a>
⑮ <?= $logged_in ? '<a href="login.php">Log In</a>' : '<a href="logout.php">Log Out</a>' ?>
```

本章重點回顧

COOKIE 與 SESSION

> Cookie 負責儲存網站訪客瀏覽器裡的資料。

> 透過超全域性陣列 $_COOKIES，PHP 網頁程式碼可以使用 Cookie 儲存的資料。

> 可以為 Cookie 設定到期日，但使用者也能提早刪除。

> Session 資料儲存在伺服器上。

> 利用超全域性陣列 $_SESSIONS，可以存取和更新 Session 資料。

> 網站上每個有用到 Session 的網頁，一開始都要先呼叫 session_start() 函式。

> Session 檔案只會在單次造訪網站期間暫時儲存資料，而且如果一段時間後沒有使用就會刪除。

> 若想長期儲存資料或是保留個人資訊，就要儲存在資料庫裡，後續第 16 章會介紹這個部分。

10

錯誤處理

如果 PHP 直譯器在執行程式碼時遇到問題，就會產生
訊息，幫助我們找出問題出在哪裡。

產生新的 PHP 網頁時，請不要預期第一次就能寫出完美的程式碼，就連經驗豐富的程
式設計人員在測試新網頁時，也經常會收到錯誤訊息。雖然看到錯誤會感到挫折，但
PHP 產生的訊息能幫助我們找出問題，提供修正問題的資訊。PHP 直譯器遇到問題時，
會有兩種處理機制：錯誤和例外情況。

- **錯誤（error）**：PHP 直譯器執行程式碼時若遇到問題，就會產生錯誤訊息。感覺就像
  PHP 直譯器舉起手，告訴你「這裡發生問題囉」。有些錯誤會阻止網頁程式碼繼續執
  行，有些則不會。

- **例外情況（exception）**：這是由 PHP 直譯器或程式設計人員產生出來的物件。當程
  式碼因為例外情況而無法正常執行時，就會產生這些物件。PHP 直譯器產生例外情
  況的物件時，會先停止執行程式碼，然後找出事先寫好的替代程式碼區塊來處理當
  前的例外情況，目的是提供程式碼處理問題的機會，並且恢復執行程式碼。

  例外情況的處理方式比較像是 PHP 直譯器或程式設計人員對我們說，「這裡發
  生問題囉，是否要下指令來處理這個情況呢？」如果沒有寫替代程式碼來處理
  這個情況，就會引發錯誤，停止繼續執行網頁。

錯誤和例外情況兩者都會產生訊息，協助我們了解問題為何以及在哪裡發生問題。這
些訊息會顯示在傳送給瀏覽器的網頁裡，也會儲存成文字檔案，保存為伺服器上的紀
錄檔（log file）。

除了 PHP 直譯器會產生錯誤訊息，網頁伺服器本身也會產生錯誤訊息，傳送給瀏覽
器，用於網頁伺服器找不到瀏覽器請求的檔案時，或是發生其他問題讓伺服器停止運
作的情況。

控制 PHP 顯示錯誤的方式

PHP 直譯器在執行程式碼的過程中，如果遇到問題，會產生錯誤訊息來說明遇到的問題。這些訊息會顯示在傳送給瀏覽器的網頁裡，或是儲存在伺服器上的檔案裡。

網站還在開發階段時，PHP 直譯器產生錯誤訊息後，會顯示在發送回去給瀏覽器的網頁裡，讓程式設計人員能盡快看到網頁執行時發生的任何錯誤，然後修正錯誤。

網站正式上線後，萬一遇到開發過程中**沒有**抓出來的錯誤，這些錯誤訊息也不應該顯示在網頁裡，因為：

- 網站訪客很難理解這些訊息。
- 會提供線索給駭客，讓他們知道網站建立的方式。

因此，PHP 網頁要改用其他對訪客比較友善的訊息顯示方法，錯誤訊息則加到文字檔案裡，保存為伺服器上的**紀錄檔**，讓開發人員去檢查網站上線後是否引發任何錯誤。

PHP 直譯器提供三項設定讓我們自行決定：

- 錯誤訊息是否要顯示在螢幕上。
- 錯誤訊息是否要寫入紀錄檔裡。
- 引發了哪些錯誤（讀者在學習 PHP 的過程中或是開發網站時，應該顯示**所有**錯誤）

利用 php.ini 或 .htaccess 檔案（請見第 196 ～ 199 頁）可以控制這三項設定。

- php.ini 檔案：保存網頁伺服器上所有檔案設定的預設值，若有更新，就必須重新啟動伺服器，這些更動的內容才能生效。
- .htaccess 檔案：可以放在網頁伺服器上的任何目錄之下，能控制所在資料夾及其子資料夾下的所有檔案。.htaccess 檔案的內容有所更動時，不需要重新啟動伺服器。

---

php.ini

以下是 php.ini 檔案裡會用到的設定，作用是告訴 PHP 直譯器回報所有錯誤、將錯誤顯示在螢幕上，以及寫入紀錄檔裡：

```
display_errors  = On
log_errors      = On
error_reporting = E_ALL
```

網站正式上線後，display_errors 就必須設定為 Off，避免錯誤訊息顯示在螢幕上。

```
display_errors  = Off
```

.htaccess

以下設定會加入 .htaccess 檔案裡，作用是告訴 PHP 直譯器回報所有錯誤、將錯誤顯示在螢幕上，以及寫入紀錄檔裡：

```
php_flag   display_errors  On
php_flag   log_errors      On
php_value  error_reporting -1
```

網站正式上線後，display_errors 就必須設定為 Off，避免錯誤訊息顯示在螢幕上。

```
php_flag   display_errors  Off
```

本書提供下載的程式碼是使用 .htaccess 檔來控制 PHP 直譯器的設定項目。

幾個資料夾下都有自己的 .htaccess 檔，各自控制該組範例需要的設定。

本章的程式碼範例分為兩個資料夾：一個給開發站用，另一個給正式上線的網站用。

PHP　　　　　　　　　　　section_b/c10/development/.htaccess

```
① php_flag    display_errors  On
   php_flag    log_errors      On
   php_value   error_reporting -1
```

PHP　　　　　　　　　　　section_b/c10/live/.htaccess

```
② php_flag    display_errors  Off
   php_flag    log_errors      On
   php_value   error_reporting -1
```

PHP　　　　　　　section_b/c10/development/find-error-log.php

```
  Your error log is stored here:
③ <?= ini_get('error_log') ?>
```

PHP　　　　　　section_b/c10/development/sample-error.php

```
  <?php
④ echo 'Finding an error";
  ?>
```

RESULT

Parse error: syntax error, unexpected string content "Finding an error";" in
/Users/Jon/Sites/localhost/phpbook/section_b/c10/development/sample-error.php
on line **2**

RESULT

```
[27-Jan-2021 14:41:13 UTC] PHP Parse error:  syntax error,
unexpected string content "Finding an error";" in
/Users/Jon/Sites/localhost/phpbook/section_b/c10/
development/sample-error.php on line 2
```

注意：紀錄檔應該儲存在「文件根目錄」的上層（請見第 526 頁），防止駭客猜到紀錄檔存放的路徑，進而經由網址請求這些紀錄檔。

1. 這些設定是用在開發站上，作用是告訴 PHP 直譯器回報所有錯誤、將錯誤顯示在螢幕上，以及寫入紀錄檔裡。

2. 網站正式上線後，錯誤訊息就不應該顯示在瀏覽器裡，要改寫到紀錄檔裡，讓開發人員檢視訪客是否經歷任何錯誤。

3. 網頁伺服器能將紀錄檔放在不同的資料夾下，因此，若要找出錯誤紀錄檔放**在伺服器上**的哪個位置，可以使用 PHP 內建的 ini_get() 函式。

4. 左側這個基本的 PHP 網頁會產生錯誤，因為程式碼裡使用的引號標記沒有成對。當 PHP 直譯器執行這個檔案時，會產生並且顯示下方的錯誤訊息。

左側第一個 RESULT 畫面是將錯誤訊息顯示在瀏覽器上。我們可以看到，這段訊息對使用者來說並不友善，很難理解，本書接下來幾頁的內容會協助讀者理解這些錯誤訊息代表的意義。

左側第二個 RESULT 畫面則是顯示錯誤紀錄檔的內容。讀者可以利用文字編輯器或程式碼編輯器來開啟這個紀錄檔，檔案裡的錯誤訊息跟螢幕上顯示的一樣，但訊息前會加上錯誤回報的日期和時間。

理解錯誤訊息的意義

PHP 直譯器產生的錯誤訊息乍看之下似乎很難理解，但其實都是相同的結構，訊息內容包含了四項資訊，協助開發人員找出發生錯誤的來源。

PHP 直譯器找到錯誤時，程式設計人員的說法是「PHP 直譯器**發生**錯誤」。錯誤訊息內容的結構如下方所示，共包含四項資料：

- 前兩項資料是錯誤層級和說明，作用是描述遇到的錯誤。

- 後兩項資料是檔案路徑和程式碼行數，作用是告訴我們從哪裡開始下手去尋找問題。

錯誤層級是描述 PHP 直譯器遇到的問題屬於何種類型，也可以說是問題層級。

說明是更詳盡地解釋錯誤。

檔案路徑是發現錯誤的檔案放在哪個路徑下。

行數是指錯誤發生在檔案的哪一行。

我們可能會遇到的錯誤主要分為右頁這幾個**類型**，接下來幾頁會以 PHP 檔案包含的範例來說明這幾種類型的錯誤，告訴讀者如何找出與修復每種類型的錯誤。

某些錯誤會發生在 PHP 直譯器回報之前，但只要從檔案名稱和行數就能知道從哪裡開始下手去尋找。

錯誤層級 / 類型

PHP 發生的錯誤主要分為以下幾種類型。有些錯誤會讓 PHP 直譯器停止執行，這種錯誤必須修正才能讓網頁繼續運行；其他類型的錯誤比較像是建議，但最好還是修正。

解析

（請見第 356 ～ 357 頁）

出現「**parse error**」（解析錯誤）表示 PHP 程式碼存在錯誤的語法。這種類型的錯誤會阻止 PHP 直譯器解讀或**解析**檔案，所以無法繼續執行**任何**程式碼。

如果 PHP 直譯器設定為將錯誤顯示在螢幕上，網頁內容就只會顯示錯誤訊息；若設定為不顯示在螢幕上，則網站訪客會看到空白網頁。

相較於其他錯誤訊息，「parse error」必須修正才能讓網頁繼續執行和顯示任何內容。

注意：錯誤層級和訊息內容會隨 PHP 的版本而有所不同，本章顯示的錯誤訊息來自 PHP 8。

嚴重

（請見第 358 ～ 359 頁）

出現「**fatal error**」（嚴重錯誤）表示 PHP 直譯器認為 PHP 程式碼語法有效，但執行程式碼時遇到某種情況，因而無法正確執行。

PHP 直譯器會停在發生「fatal error」的那一行程式碼，意思是說使用者可能會看到 PHP 直譯器發現錯誤前產生出來的部分網頁內容。

在 PHP 7 以後的版本，多數「fatal error」會產生例外情況物件，讓程式設計人員有機會使網頁從錯誤中恢復執行。

若讀者看到錯誤層級名稱前出現「Deprecated（不再支援），表示 PHP 未來會移除這項功能。

非嚴重

（請見第 360 ～ 361 頁）

出現「**non-fatal** error」（非嚴重錯誤）表示程式碼**可能**有問題，但會繼續執行。

- 「**warning**」（警告）屬於非嚴重錯誤，PHP 直譯器提出建議，認為目前遇到的錯誤**可能**會引發問題。

- 「**notice**」（注意）屬於非嚴重錯誤，PHP 直譯器對目前**可能**遇到的問題提出建議。

在 PHP 8 版本裡，以往許多屬於「notice」層級的錯誤都升級為「warning」。

若讀者看到錯誤層級名稱前出現「Strict」（嚴格），表示 PHP 建議程式碼改成其他更適合的寫法。

解析錯誤

解析錯誤是程式碼語法發生問題而引起的錯誤。這種錯誤會阻止網頁繼續顯示，因為 PHP 直譯器無法理解程式碼。解析錯誤必須修正，程式碼才能繼續執行。

解析錯誤通常是由拼寫錯誤所引起，例如，引號標記不一致、缺少分號、小括號或中括號等。這些錯誤雖然簡單，卻會造成 PHP 直譯器無法解讀程式碼。

修正解析錯誤的方法是先找到回報錯誤的那一行程式碼，然後從左到右看一次，檢查其中每一項指令。如果看不出那一行有什麼問題，請看前一行的程式碼執行了什麼。

當旗標 display_errors 設定為 Off，發生解析錯誤時，使用者只會看到螢幕上的網頁呈現一片空白。必須先找出錯誤並且修正之後，網頁才能繼續顯示內容。

請見右側範例的第二行，變數使用的引號標記前後不一致，一個是單引號，另一個是雙引號。

然而，錯誤訊息卻表示第三行遇到問題，這是因為 PHP 直譯器要等到發現另一個單引號**後**，才會意識到發生錯誤。

由於 PHP 直譯器是在第三行遇到另一個單引號，所以會將這個引號標記視為第二行變數的結束。

錯誤訊息顯示第三行遇到「unexpected identifier 'pencil'」（非預期的結束標記 'pencil'），因為第二個單引號**後**的文字是英文單字「pencil」。

section_b/c10/development/parse-error-1.php `PHP`

```php
1  <?php
2  $username = 'Ivy";
3  $order    = ['pencil', 'pen', 'notebook',];
4  ?>
5  <h1>Basket</h1>
6  <?= $username ?>
7  <?php foreach ($order as $item) { ?>
8      <?= $item ?><br>
9  <?php } ?>
```

`RESULT`

Parse error: syntax error, unexpected identifier "pencil" in **/Users/Jon/Sites/localhost/phpbook/section_b/c10/development/parse-error-1.php** on line **3**

注意：讀者使用的程式碼編輯器如果會特別標示出語法，程式碼的顏色通常會提供線索，提示我們是哪個位置出現語法錯誤。

section_b/c10/development/parse-error-2.php

```php
1  <?php
2  $username = 'Ivy'
3  $order    = ['pencil', 'pen', 'notebook',];
4  ?> ...
```

RESULT

Parse error: syntax error, unexpected variable "$order" in
/Users/Jon/Sites/localhost/phpbook/section_b/c10/development/parse-error-2.php on line **3**

PHP   section_b/c10/development/parse-error-3.php

```php
1  <?php
2  $username = 'Ivy';
3  $order    = ['pencil', 'pen', 'notebook',);
4  ?> ...
```

RESULT

Parse error: Unclosed '[' does not match ')' in
/Users/Jon/Sites/localhost/phpbook/section_b/c10/development/parse-error-3.php on line **3**

PHP   section_b/c10/development/parse-error-4.php

```php
1  <?php
2  $username = 'Ivy';
3  order    = ['pencil', 'pen', 'notebook',];
4  ?> ...
```

RESULT

Parse error: syntax error, unexpected identifier "order" in
/Users/Jon/Sites/localhost/phpbook/section_b/c10/development/parse-error-4.php on line **3**

找出解析錯誤時，可以先將網頁程式碼的後半部註解掉。如果還是看到相同的錯誤，就表示問題出現在程式碼的前半部；如果沒有，就能確定問題是出現在後半部。重複這樣的流程，可以一步步縮小問題來源的範圍。

在左側範例中，第二行程式碼的結尾應該要有分號。下方的錯誤訊息顯示第三行遇到「unexpected variable '$order'」，因為前一行陳述式的結尾不是分號。

如同前兩個範例所示，解析錯誤通常是出現在指出發生錯誤的行數的前一行。如果無法看出回報錯誤的那一行有什麼問題，請看前一行執行的程式碼。

在左側範例中，第三行程式碼建立了一個陣列，但陣列左邊是中括號，右邊是小括號。

此處出現的錯誤訊息顯示第三行遇到「unclosed '[' does not match ')'」，確實指出發生問題的正確行數。

在左側範例中，第三行程式碼的變數開頭沒有加上美金符號「$」。

下方的錯誤訊息顯示第三行遇到「unexpected identifier 'order'」，這是因為 order 並非 PHP 直譯器能夠了解的關鍵字或指令；當變數名稱前面沒有加上美金符號「$」，PHP 直譯器就無法知道 order 應該是變數名稱。

試試看：讀者若想確認自己是否已經理解本節介紹的問題，請嘗試修正這些檔案裡的錯誤，然後重新執行範例。

嚴重錯誤

當程式碼出現的問題會阻止 PHP 直譯器繼續處理後續的程式碼，就會引發嚴重錯誤。意思是說使用者只會看到嚴重錯誤發生前的部分網頁。

讀者若看到程式碼出現嚴重錯誤，表示 PHP 直譯器認為語法正確，但發現問題阻止 PHP 直譯器繼續執行後續的程式碼。

請見右側範例的第四行，這行程式碼想將一個整數（第二行儲存的 $price）乘上一個字串（第三行儲存的 $quantity）。

下方的錯誤訊息顯示「Unsupported operand types int * string」（不支援的運算型態），指出整數無法乘上字串。由於尚未顯示任何內容前就發現這個問題，所以網頁標題「Basket」和文字「Total:」都無法顯示給網站訪客。

為了防止這種錯誤再次發生，網頁應該在相乘之前先驗證這兩個值。

在 PHP 7.4 版本以前，這個範例產生的錯誤訊息是警告，而非嚴重錯誤。

若發生錯誤前已經產生出部分的 HTML 網頁，使用者可能會看到錯誤出現前的部分網頁內容；如果沒有，就可能會看到空白網頁。

發生嚴重錯誤時，必須追蹤出 PHP 直譯器無法處理程式碼的原因，然後修正問題，才能顯示全部的網頁內容。

```
section_b/c10/development/fatal-error-1.php          PHP

1  <?php
2  $price    = 7;
3  $quantity = 'five';
4  $total    = $price * $quantity;
5  ?>
6  <h1>Basket</h1>
7  Total: $<?= $total ?>
```

RESULT

Fatal error: Uncaught TypeError: Unsupported operand types: int * string in
/Users/Jon/Sites/localhost/phpbook/section_b/c10/development/fatal-error-1.php:4 Stack trace: #0 {main}
thrown in **/Users/Jon/Sites/localhost/phpbook/section_b/c10/development/fatal-error-1.php** on line **4**

注意：在 PHP 7 以前的版本，若網頁發生嚴重錯誤，就無法再恢復執行。從 PHP 7 以後的版本開始，發生嚴重錯誤時會產生例外情況的物件，提供程式碼有機會處理問題（請見第 372 ～ 373 頁）。若無法處置（攔截）例外情況，**就會**變成嚴重錯誤，這也就是為什麼這類錯誤訊息的開頭文字會是「Uncaught error」的原因（意指無法攔截的錯誤）。

section_b/c10/development/fatal-error-2.php

```php
1 <?php
2 function total(int $price, int $quantity) {...}
6 ?>
7 <h2>Basket</h2>
8 <?= totals(3, 5) ?>
```

RESULT

Basket

Fatal error: Uncaught Error: Call to undefined function totals() in
/Users/Jon/Sites/localhost/phpbook/section_b/c10/development/fatal-error-2.php:8 Stack trace: #0 {main}
thrown in **/Users/Jon/Sites/localhost/phpbook/section_b/c10/development/fatal-error-2.php** on line **8**

PHP

section_b/c10/development/fatal-error-3.php

```php
1 <?php
2 function total(int $price, int $quantity) {...}
6 ?>
7 <h2>Basket</h2>
8 <?= total(3) ?>
```

RESULT

Basket

Fatal error: Uncaught ArgumentCountError: Too few arguments to function total(), 1 passed in
/Users/Jon/Sites/localhost/phpbook/section_b/c10/development/fatal-error-3.php on line 8 and exactly 2
expected in /Users/Jon/Sites/localhost/phpbook/section_b/c10/development/fatal-error-3.php:2 Stack trace: #0
/Users/Jon/Sites/localhost/phpbook/section_b/c10/development/fatal-error-3.php(8): total(3) #1 {main} thrown
in **/Users/Jon/Sites/localhost/phpbook/section_b/c10/development/fatal-error-3.php** on line **2**

PHP

section_b/c10/development/fatal-error-4.php

```php
1 <?php $basket = new Basket(); ?><h2>Basket</h2>
```

RESULT

Fatal error: Uncaught Error: Class 'Basket' not found in
/Applications/MAMP/htdocs/phpbook/section_b/c10/development/fatal-error-4.php:1 Stack trace: #0 {main}
thrown in **/Applications/MAMP/htdocs/phpbook/section_b/c10/development/fatal-error-4.php** on line **1**

注意：函式或方法內產生（或拋出）例外情況的物件時，**追蹤堆疊**
（stack trace，如錯誤訊息所示）會指出是哪個檔案名稱和哪一行程
式碼呼叫這個函式或方法。

在左側範例中，第二行程式碼
宣告 total() 函式（完整的函
式定義請見下載的程式碼），
第八行程式碼則是呼叫
totals() 函式。

下方的錯誤訊息顯示「Call
to undefined function
totals()」，這是因為根本沒
有 totals() 這個函式，應該
呼叫 total() 函式。在這個範
例中，網頁會顯示標題
Basket，因為 PHP 直譯器剛
好在發現錯誤之**後**停止執行程
式碼。

在左側範例中，第八行程式碼
呼叫 total() 函式，但只有傳
入一個引數（而非兩個）。

下方的錯誤訊息顯示「Too
few arguments to function
total()」，因為這個函式需要
兩個引數。

訊息中還說明已經傳入一個引
數，實際上是需要兩個引數。
為了修正這個問題，呼叫函式
時必須傳入正確數量的引數。

在左側範例中，第一行程式碼
使用 Basket 類別來產生物件，
但這個網頁程式碼並沒有引入
這個類別定義，所以下方的錯
誤訊息顯示「Class 'Basket'
not found」。既然無法產生物
件，也就不能繼續顯示其餘的
網頁內容。為了修正這個錯
誤，必須一開始就引入類別定
義。

非嚴重錯誤（警告或注意）

當 PHP 直譯器認為遇到問題，但仍舊企圖繼續執行其餘的程式碼，此時就會引發非嚴重錯誤。

「警告」是指當前發現的錯誤可能會引發問題，「注意」則是指當前發現的情況**有可能**會變成錯誤。

右側範例中宣告了三個變數：

- 第二行程式碼宣告變數 $price，變數值是數字 7。

- 第三行程式碼宣告變數 $quantity，變數值是字串 'Oa'。

- 第四行程式碼宣告變數 $total，變數值應該是 $price 的值乘上 $quantity 的值。

第四行程式碼產生的警告訊息顯示「A non-numeric value encountered」（遇到非數字的值），因為變數 $quantity 儲存的值是字串。

由於字串的第一個字元是數字 0，PHP 直譯器就想使用第一個字元 0，然後忽略字串的其餘字元（請見第 61 頁）。網頁繼續執行之後，會顯示 $total 儲存的值。

這兩種情況都稱為非嚴重錯誤，當 PHP 直譯器發現這類情況，雖然會產生訊息但不會停止執行網頁。

只要有發現錯誤都應該修正，因為這些錯誤有可能對其餘網頁程式碼造成嚴重的影響（如以下範例所示）。

section_b/c10/development/warning-1.php `PHP`

```
1 <?php
2 $price    = 7;
3 $quantity = 'Oa';
4 $total    = $price * $quantity;
5 ?>
6 <h1>Basket</h1>
7 Total: $<?= $total ?>
```

`RESULT`

Warning: A non-numeric value encountered in
/Users/Jon/Sites/localhost/phpbook/section_b/c10/development/warning-1.php on line **4**

Basket

Total: $0

這種處理方式最後會造成網站很大的問題，因為總金額顯示為 0 美元。

此處可以利用 PHP 內建的 var_dump() 函式（請見第 193 頁），檢查變數值**及**其資料型態。

section_b/c10/development/warning-2.php

```php
1 <?php $list = false; ?>
2 <h1>Basket</h1>
3 <?php foreach ($list as $item) { ?>
4     Item: <?= $item ?><br>
5 <?php } ?>
```

Basket

Warning: foreach() argument must be of type array|object, bool given in
/Users/Jon/Sites/localhost/phpbook/section_b/c10/development/warning-2.php on line **3**

在左側範例中，第一行程式碼的變數 $list 原本應該儲存陣列，卻指定為布林值 false。接著是第三行程式碼的 foreach 迴圈，打算遍巡處理 $list 陣列裡的所有項目。

下方的錯誤訊息顯示「foreach() argument must be of type array|object」，因為迴圈無法循環處理一個布林值。

注意：若使用 foreach 迴圈處理的陣列裡完全沒有元素或是處理的物件沒有屬性，也不會引發錯誤。

section_b/c10/development/warning-3.php

```php
1 <?php include 'header.php'; ?>
2 <h1>Basket</h1>
```

Warning: include(header.php): Failed to open stream: No such file or directory in
/Users/Jon/Sites/localhost/phpbook/section_b/c10/development/warning-3.php on line **1**

Warning: include(): Failed opening 'header.php' for inclusion
(include_path='.:/Applications/MAMP/bin/php/php8.0.0/lib/php') in
/Users/Jon/Sites/localhost/phpbook/section_b/c10/development/warning-3.php on line **1**

Basket

在左側範例中，第一行程式碼引入標頭檔，但沒有找到檔案，結果會顯示兩個錯誤訊息：

- 「Failed to open stream: No such file or directory...」，表示沒有找到檔案。

- 「Failed opening ... for inclusion」，意指無法引入檔案。

PHP 直譯器發現缺失引入檔後，依舊會嘗試顯示剩餘的程式碼。

section_b/c10/development/warning-4.php

```php
1 <?php $list = ['pencil', 'pen', 'notebook',]; ?>
2 <?= $list ?>
```

Warning: Array to string conversion in
/Users/Jon/Sites/localhost/phpbook/section_b/c10/development/warning-4.php on line **2**
Array

在左側範例中，第一行程式碼的變數 $list 會儲存陣列。第二行程式碼則是利用 echo 命令的縮寫，輸出變數 $list 的內容。

此處產生的錯誤是「Array to string conversion」，指出網頁程式碼嘗試將陣列轉換成字串，但無法成功轉換，所以沒有顯示內容。（在 PHP 8 以前的版本裡，這類的錯誤屬於「注意」，而非「警告」。）

範例：偵錯 ─ 追蹤錯誤

網站正式上線前應該徹底測試，並且更正所有的錯誤。如果有錯誤沒有透過錯誤訊息的建議揪出，以下這幾個技巧可以幫助我們追蹤。

1. 在螢幕上輸出說明文字，顯示發生錯誤之前，直譯器已經執行了多少程式碼。右頁範例程式碼的第 2、9、17 和 24 行，是利用 echo 命令顯示說明文字。

   呼叫 total() 函式的時候（同第 18 行），才會顯示第 9 行的訊息。

2. 為部分程式碼加上註解，可能會減少程式碼出現問題的數量。第 20 和 23 行註解掉標頭和頁腳這兩個檔案，確認錯誤**沒有**出現在這些檔案裡。此外，還可以註解掉呼叫函式的程式碼（以及硬寫入值讓函式回傳），測試錯誤是否產生自函式內。

3. 利用 PHP 內建的 var_dump() 函式，輸出變數的儲存值及其資料型態，檢查變數儲存的值是否如我們所預期。第 26 行是檢查變數 $basket 的值，顯示 $basket 這個陣列裡第三個元素的值是字串，而非數字。

RESULT

1: Start of page

2: Before function called

3: Inside total() function

Warning: A non-numeric value encountered in **/Applications/MAMP/htdocs/phpbook/section_b/c10/development/tracking-down-errors.php** on line **12**

Basket

Total: $2.00

4: End of page

$basket: array(3) { ["pen"]=> float(1.2) ["pencil"]=> float(0.8) ["paper"]=> string(3) "two" }

Test total() function:

3: Inside total() function

4

```php
 1  <?php
 2  echo '<p><i>1: Start of page</i></p>';
 3  $basket['pen']    = 1.20;
 4  $basket['pencil'] = 0.80;
 5  $basket['paper']  = 'two';
 6
 7  function total(array $basket): int
 8  {
 9      echo '<p><i>3: Inside total() function</i></p>';
10      $total = 0;
11      foreach ($basket as $item => $price) {
12          $total = $total + $price;
13      }
14      return $total;
15  }
16
17  echo '<p><i>2: Before function called</i></p>';
18  $total = total($basket);
19  ?>
20  <?php // include 'header.php' ?>
21  <h3>Basket</h3>
22  <p><b>Total: $<?= number_format($total, 2) ?></b></p>
23  <?php // include 'footer.php' ?>
24  <?php echo '<p><i>4: End of page</i></p>'; ?>
25  <hr><!-- All remaining code is test code -->
26  <p><b>$basket:</b> <?= var_dump($basket) ?></p>
27  <b>Test total() function:</b>
28  <?php
29  $testbasket['pen']    = 1.20;
30  $testbasket['pencil'] = 0.80;
31  $testbasket['paper']  = 2;
32  ?>
33  <?= total($testbasket) ?>
```

注意：大括號內的程式碼縮排使用了四個空白字元，這樣比較容易發現問題，例如，缺少右側括號。

左側範例中編號為步驟 1 的程式碼是利用 echo 命令輸出值，這些程式碼都沒有縮排，所以更容易看出這行命令是加在何處。

有些 PHP 編輯器可以逐行執行程式碼，稱為**逐步執行**。檢查每一行的值，找出可能是哪一行程式碼出錯。還可以設定**中斷點**，也就是程式碼停止執行的位置，檢查該行程式碼的變數內容。

4. 撰寫測試案例來檢查函式和方法，確認是否有執行我們想要完成的工作任務。

當腳本有使用函式或方法，比較好的做法是單獨測試每一個函式和方法（而非在完整的網頁環境中檢查），藉此檢查它們是否有正常運作。

從左側範例中，可以看到網頁程式碼最後有測試 total() 函式。使用測試值產生 $testbasket 陣列，然後以這個陣列呼叫 total() 函式，檢查函式是否回傳正確的值。

注意：當第 33 行再次呼叫 total() 函式的時候，第 9 行又會再利用 echo 命令顯示訊息。

有些程式設計人員會撰寫一個陽春版的網頁，用來測試每個函式（而非在有問題的環境下對程式碼進行偵錯）。如果知道函式能獨立運作，就表示函式內的陳述式應該不會引發問題，這樣就能把焦點放在傳入函式的值。

如果發現傳入函式的值似乎不正確，就追蹤這些值來自何處，找出錯誤來源。

網站即將上線

當網站準備發布時就應該改變設定，讓 PHP 直譯器不要將錯誤訊息顯示在網頁上，改為將錯誤訊息儲存到**紀錄檔**，然後定期檢查檔案裡的訊息。

即使網站上線前已經仔細測試過，仍舊可能會出現漏網之魚，或是主機代管服務出現問題。因此，在正式上線的伺服器上，會使用 php.ini 或 .htaccess 檔案，設定：

- 停止將錯誤訊息出現在螢幕上
- 將錯誤訊息儲存到紀錄檔

讀者可以利用文字編輯器或程式碼編輯器來開啟紀錄檔，紀錄檔裡面的每個訊息開頭是發生錯誤的日期和時間，後面的訊息內容會跟顯示在螢幕上的內容一致。如果本章到目前為止介紹過的範例，讀者都有執行的話，紀錄檔裡應該會包含以下錯誤訊息。

我們應該在**開發站**上（或是在本機的測試伺服器上）更正錯誤，而非在正式上線的網站上。針對紀錄檔裡的每項錯誤：

1. 嘗試重現每項錯誤，了解是什麼原因導致這些訊息被記錄下來。

2. 利用前幾頁介紹過的技巧，找出引發錯誤的程式碼。

3. 修正引發錯誤的程式碼。

問題修正完畢後，應該在開發站上重新測試，再將新版本的程式碼上傳到正式站上，因為一項修正有可能會產生新的問題。

```
[27-Jan-2021 14:56:44 UTC] PHP Parse error:  syntax error, unexpected string
content "Finding an error";" in /Users/Jon/Sites/localhost/phpbook/section_b/c10/
development/sample-error.php on line 2
[27-Jan-2021 14:56:51 UTC] PHP Parse error:  syntax error, unexpected identifier
"pencil" in /Users/Jon/Sites/localhost/phpbook/section_b/c10/development/parse-
error-1.php on line 3
[27-Jan-2021 14:57:02 UTC] PHP Parse error:  syntax error, unexpected variable
"$order" in /Users/Jon/Sites/localhost/phpbook/section_b/c10/development/parse-
error-2.php on line 3
[27-Jan-2021 14:57:04 UTC] PHP Parse error:  Unclosed '[' does not match ')' in /
Users/Jon/Sites/localhost/phpbook/section_b/c10/development/parse-error-3.php on
line 3
[27-Jan-2021 14:57:06 UTC] PHP Parse error:  syntax error, unexpected identifier
"order" in /Users/Jon/Sites/localhost/phpbook/section_b/c10/development/parse-
error-4.php on line 3
```

PHP 直譯器還可以將錯誤訊息儲存到資料庫裡，但這已經超出本書範圍，初學者（和多數網站）只要學習將錯誤訊息儲存到紀錄檔裡。

紀錄檔會占掉網頁伺服器上大量的硬碟空間，所以伺服器管理人員一定要定期歸檔或刪除檔案。

錯誤處理函式

PHP 直譯器產生嚴重或非嚴重錯誤時，都可以呼叫使用者自行定義的函式來處理，稱為「**錯誤處理函式**」。在正式上線的網站上，採用這類函式能避免使用者看到空白或是意外中斷的網頁內容。

處理非嚴重錯誤

PHP 直譯器引發非嚴重錯誤時，檔案裡剩餘的程式碼還是會繼續執行，這會引起嚴重的問題。在第 360 頁的範例中，程式碼出現的錯誤使訂單成本變成 0 美元。

通常一定會修改程式碼，修正出現的錯誤，但修正之前，我們可以先使用**錯誤處理函式**，嘗試處理非嚴重性的錯誤。

PHP 內建的 set_error_handler() 函式會告訴 PHP 直譯器發生非嚴重性的錯誤時，要呼叫使用者自訂函式的名稱。利用 set_error_handler() 函式設定錯誤處理函式的名稱時，名稱後面不需要加小括號。

假設有個錯誤處理函式會以友善的方式顯示訊息，然後停止執行後續的程式碼。

我們可以在函式的第二個參數中指定錯誤層級，表示發生哪個層級的錯誤才用錯誤處理函式，但在學習階段，最好是所有的非嚴重錯誤都採用錯誤處理函式。

處理嚴重錯誤

發生嚴重錯誤時，網頁會停止執行，而且不會執行 set_error_handler() 函式指定的錯誤處理函式。

從 PHP 7 開始，PHP 直譯器會將多數的嚴重錯誤轉換成例外情況，下一個範例會學到例外情況以及處理例外情況的方法。然而，如果嚴重錯誤轉換成例外情況之後卻沒有獲得適當的處置，則會再變回嚴重錯誤。

我們還可以自行定義「**關機函式**」（shutdown function），在以下時機呼叫：網頁執行完畢，使用 exit 命令時，或是發生嚴重錯誤讓網頁停止執行時。

關機函式可以檢查網頁執行過程中是否有錯誤存在，若有錯誤，就以使用者易懂的方式顯示訊息，並且記錄錯誤。PHP 內建的 register_shutdown_function() 函式會告訴 PHP 直譯器發生嚴重錯誤時，要呼叫使用者自訂函式的名稱（請見第 376 ～ 377 頁）。指定關機函式名稱時，請注意名稱後面不要加小括號。

set_error_handler('*name*')

錯誤處理函式
用於處理非嚴重錯誤

register_shutdown_function('*name*')

錯誤處理函式
用於處理嚴重錯誤

範例：錯誤處理函式 — 非嚴重錯誤

任何沒有被發現的非嚴重錯誤都可能會導致正式站出現問題，萬一發生這種情況，錯誤處理函式能確保錯誤一定會記錄下來、使用者會看到比較容易理解的錯誤訊息，而且程式碼會停止執行。

在這個範例中，PHP 內建的 set_error_handler() 函式會指定 PHP 直譯器遇到非嚴重錯誤時，應該呼叫 handle_error() 函式。

若網站使用自行定義的函式來處理非嚴重錯誤，PHP 直譯器就不會執行本身內建的錯誤處理程式碼，除非該函式回傳值為 false。而且，若 PHP 直譯器沒有執行錯誤處理程式碼，當時發生的錯誤就不會加到 PHP 的錯誤紀錄檔中，開發人員也就無從得知有發生過這項錯誤。

此處範例中的錯誤處理函式不會回傳 false，因為這個函式的做法是停止執行剩餘的網頁程式碼（在對使用者顯示比較容易理解的錯誤訊息後）。因此，函式必須在網頁程式碼停止執行前，先將錯誤訊息儲存到紀錄檔裡。

PHP 直譯器呼叫錯誤處理函式時，會將四個引數傳入函式，這些引數值都是跟錯誤有關的資料，而且會出現在錯誤訊息裡，如下所示：

- 錯誤層級（整數）。
- 錯誤訊息（字串）。
- 發生錯誤的檔案名稱。
- 在哪一行程式碼發現錯誤。

handle_error() 函式定義必須為參數命名，才能使用以上這些值。

此處範例在錯誤發生後，會以相關資料來產生錯誤訊息，並且將訊息儲存到紀錄檔裡，格式會跟 PHP 直譯器產生的錯誤訊息類似。

PHP 內建函式 error_log() 的作用是將錯誤訊息加入紀錄檔裡，只會用到一個參數，就是錯誤訊息。

由於網頁出現錯誤，這個函式還會將 HTTP 回應的狀態碼設定為 500，意指伺服器上出現錯誤。可以利用 PHP 內建的 http_response_code() 函式來完成這項設定（必須在任何內容輸出到網頁**之前**呼叫，才會執行這項設定），這個函式只會用到一個參數，就是 HTTP 回應的狀態碼。

將錯誤訊息顯示給網站訪客之前，網頁會先使用 require_once 命令，引入標頭檔案，目的是確保錯誤網頁的設計會跟網站上其他網頁一樣。此處以 require_once 命令來取代 include，是為了確保只有在標頭尚未加進網頁時才會引入這個檔案。

當網頁將比較容易理解的錯誤訊息顯示給使用者之後，就會再次使用 require_once 命令，為網頁引入頁腳檔案。

這個錯誤處理函式最後會使用 exit 命令，讓 PHP 直譯器停止執行後續所有的網頁程式碼。

```php
    <?php
①  set_error_handler('handle_error');

②  function handle_error($level, $message, $file = '', $line = 0)
    {
③      $message = $level . ' ' . $message . ' in ' . $file . ' on line ' . $line;
④      error_log($message);
⑤      http_response_code(500);

⑥      require_once 'includes/header.php';
        echo "<h1>Sorry, a problem occurred</h1>
⑦          The site's owners have been informed. Please try again later.";
⑧      require_once 'includes/footer.php';
⑨      exit;
    }
⑩  $username = $_GET['username'];
    ?>
    <?php include 'includes/header.php'; ?>
    <h1>Welcome, <?= $username ?></h1>
    <?php include 'includes/header.php'; ?>
```

Sorry, a problem occurred
The site's owners have been informed. Please try again later.

1. PHP 內建的 `set_error_handler()` 函式告訴 PHP 直譯器遇到非嚴重錯誤時,要呼叫 `handle_error()` 函式(函式名稱後不用加上小括號)。

2. 定義 `handle_error()` 函式,使用四個參數來表示 PHP 直譯器要傳送給函式的資料,包含:錯誤層級、錯誤訊息、發生錯誤的檔案名稱以及行數。

3. 使用步驟 2 的四個參數資訊來產生錯誤訊息。

4. 使用 PHP 內建的 `error_log()` 函式,將錯誤訊息寫入 PHP 的紀錄檔裡。

5. 使用 PHP 內建的 `http_response_code()` 函式,將 HTTP 回應碼設定為 500,意指出現伺服器錯誤。

6. 引入標頭檔案(若尚未引入),確保網頁一定會引入網站標頭和 CSS 風格設計。

7. 利用 `echo` 命令,將使用者易懂的錯誤訊息輸出到網頁上。

8. 引入頁腳檔案。

9. 使用 `exit` 命令,停止執行後續所有程式碼。

10. 當網頁想存取的鍵值**不存在**超全域性陣列 `$_GET` 裡,就會發生非嚴重錯誤。

例外情況

程式碼運行過程中因為例外情況而無法正常執行時，
可以產生**例外情況物件**，讓程式碼有機會從問題中恢復執行。

PHP 直譯器產生例外情況物件時，會先停止執行網頁，然後找出事先寫好的程式碼來處理當前的例外情況，讓程式有機會從問題中恢復執行：

- PHP 直譯器找到可以處理該情況的程式碼並且執行，然後從引發例外情況的陳述式**之後**繼續執行程式碼。

- PHP 直譯器沒有找到可以處理該情況的程式碼時，就會引發嚴重錯誤，錯誤訊息開頭是「Uncaught exception」，然後停止執行網頁。

程式設計人員稱這樣的情況是**拋出**例外情況，負責處理例外情況的程式碼則是**攔截**到例外情況。

例外情況物件擁有的屬性會儲存檔案名稱以及是哪一行遇到問題，做法跟錯誤訊息一樣。

若問題出自函式或方法，例外情況物件還會儲存**追蹤堆疊**的內容，用於記錄是哪幾行程式碼呼叫了這個函式或方法。

尋找問題來源時，追蹤堆疊這種做法非常有用，因為許多不同網頁或不同行的程式碼都可以呼叫同一個函式或方法，而且，如果引起問題的原因是因為把不正確的資料傳給函式或方法，那麼要找出問題，重點就會是知道程式碼的哪個位置呼叫了函式或方法。

產生例外情況物件的方法有二：

- 從 PHP 7 開始的版本，PHP 直譯器在發生嚴重錯誤後，多數錯誤會使用內建的 Error 類別來產生**例外情況物件**，讓程式從嚴重錯誤中恢復執行或是對使用者顯示比較容易理解的訊息（而非意外中斷的網頁內容）。

- 程式設計人員使用自行定義的類別（以內建的 Exception 類別為基礎），拋出**自訂的例外情況**物件。

只有當程式設計人員清楚程式碼**應該**執行卻因為**例外情況**而無法運作，此時才應該使用例外情況。

例外情況是我們預料可能會出現但無法利用程式碼避免發生的問題，例如：

- 以動態資料庫設計的網站如果無法連接資料庫，**就會發生**例外情況。

- 收集表單資料時，使用者經常會輸入無效的值，雖然**不是**例外情況，但應該以驗證程式碼來處理這種情況。

處理例外情況的程式碼可用於讓網站從錯誤中恢復執行或是對使用者顯示有用的訊息。

當程式設計人員預料某個情況可能會妨礙程式碼執行工作（但無法以驗證程式碼這類的做法來防止情況發生），就可以在該情況發生時，拋出自訂的例外情況物件。這種做法能讓程式恢復執行或是記錄特定問題的說明（以及追蹤堆疊）。

產生自訂例外情況物件前，要先自行定義例外情況類別。由於所有自訂例外情況都能利用 PHP 內建的 Exception 類別**擴展**，所以只要一行程式碼就能完成。

當一項類別擴展出其他類別時，就是**繼承**原本類別的屬性和方法，所以自訂例外情況類別時，也會擁有 Exception 類別所有屬性和方法。

Exception 類別和內建的 Error 類別兩者都會實作 Throwable **介面**。介面是描述一個物件會實作的屬性和方法名稱，以及屬性和方法應該回傳的資料。下表說明 Throwable 介面擁有的方法，所有例外情況物件也都會具有這些方法。

方法	回傳
getMessage()	回傳例外情況訊息。因為錯誤而發生例外情況時，由 PHP 直譯器產生嚴重錯誤的訊息；若發生自訂的例外情況，就由程式設計人員產生自訂訊息。
getCode()	回傳用來識別例外情況類型的程式碼。因為錯誤而發生例外情況時，由 PHP 直譯器產生；若發生自訂的例外情況，會回傳程式設計人員定義的程式碼。
getFile()	回傳發生例外情況的檔案名稱。
getLine()	回傳發生例外情況的程式碼是哪一行。
getTraceAsString()	以字串型態回傳追蹤堆疊的內容。
getTrace()	以陣列回傳追蹤堆疊的內容。

自訂例外情況類別時會需要用到：

- 關鍵字 class。
- 類別名稱，通常是用來識別遇到例外情況時程式碼的目的。
- 關鍵字 extends，表示這個類別是從其他現有類別擴展。
- 指示這個自訂類別是從哪個名字的類別擴展，此處為 PHP 內建的 Exception 類別，也就是說自訂類別會繼承擴展類別的屬性和方法。
- 一組大括號。

寫好例外情況類別後，若要產生或拋出例外情況時會需要用到：

- 關鍵字 throw（不僅會產生例外情況物件，同時還會指示 PHP 直譯器尋找能攔截物件的程式碼）。
- 關鍵字 new（建立新物件）。
- 自訂的例外情況類別名稱。

然後在小括號裡加入：

- 描述問題的錯誤訊息。
- 選擇性參數，可傳入識別問題的代碼。

自訂的例外情況類別名稱

```
class CustomExceptionName extends Exception {};
throw new CustomExceptionName($message[, $code]);
```

例外情況類別的名稱　　　　訊息　　　　代碼

利用陳述式 TRY...CATCH 處理例外情況

如果我們知道某些程式碼可能會引發例外情況，就能利用陳述式 try...catch 處理，讓程式從問題中恢復執行。

在 try...catch 這個陳述式裡，關鍵字 try 後面是接程式碼區塊，裡面是放 PHP 直譯器應該執行的陳述式，但這些陳述式有可能會引起例外情況。如果 try 後面的程式碼區塊拋出例外情況，PHP 直譯器會：

- 停止執行程式碼。
- 尋找出現在後面的 catch 程式碼區塊。
- 檢查 catch 程式碼區塊是否能處理例外情況（因為有指定類別名稱，這是用於建立例外情況物件或實作介面）。
- 若能處理，就執行 catch 程式碼區塊裡的陳述式。

關鍵字 catch 後面的括號裡要指定：

- 類別，用於建立例外情況物件或實作介面（後續第 374 ～ 375 頁會說明如何指定更多 catch 區塊，分別處理不同類別產生的例外情況）。
- 變數名稱，負責儲存 catch 程式碼區塊裡的例外情況物件（通常稱為 $e）。

如果 try 後面的程式碼區塊沒有拋出例外情況，PHP 直譯器會跳過 catch 程式碼區塊。

catch 程式碼區塊後面還可以選擇性加上 finally 區塊，不論是否拋出例外情況，finally 程式碼區塊裡的陳述式都會執行。

處理完例外情況後，PHP 直譯器會繼續執行出現在 catch 區塊後的程式碼，不會將觸發例外情況的詳細資訊加到 PHP 錯誤紀錄檔。也就是說，程式設計人員通常不會知道發生了例外情況。

若想將處理例外情況的細節記錄在錯誤紀錄檔，可以使用 PHP 內建的 error_log() 函式。這個函式只需要一個引數：程式拋出的例外情況物件。PHP 直譯器會從例外情況物件儲存的內容裡取得問題資料，轉換成字串再加入錯誤紀錄檔。

```
try {
    // 此處執行的內容可能會拋出例外情況
} catch (ExceptionClassName $e) {
    // 若拋出例外情況，則執行某些內容來處理
} finally () {
    // 不論是否發生例外情況，都會執行某些內容
}
```

預設的錯誤處理函式

對於無法以 catch 程式碼區塊處理的例外情況（因為 try 區塊沒有拋出例外情況或是無法使用 catch 區塊指定的例外情況類別），PHP 直譯器可以執行使用者自行定義的函式來處理。

程式設計人員可以指定使用者自行定義的函式名稱作為**預設的例外情況處理函式**，當 catch 程式碼區塊無法處理例外情況時，PHP 直譯器就會呼叫預設的函式。

以 PHP 內建的 set_exception_handler() 函式指定使用者自行定義的函式名稱，之後發生例外情況時可以呼叫。這個函式只有一個參數，就是函式名稱，函式名稱後面要加上一組小括號。

$$set\_exception\_handler('name')$$

函式名稱

以下是一個基本的例外處理函式：

- 在錯誤紀錄檔案裡加入問題細節。
- 設定正確的 HTTP 回應碼為 500。
- 顯示訊息給使用者。
- 停止執行後續的網頁程式碼。

第 376 ～ 377 頁的範例會介紹如何使用預設的錯誤處理函式。

更複雜的例外情況處理函式還會檢查產生例外情況的類別，以不同的方式回應每一個例外情況。

```
function handle_exception($e)
{
    error_log($e);
    http_response_code(500);
    echo '<h1>Sorry, an error occurred please try again later.</h1>';
    exit;
}
```

範例：利用陳述式 TRY...CATCH 處理例外情況

1. 在右側的範例程式中，try 這個區塊裡的程式碼可能會引起例外情況。

2. 假想引入檔案中的程式碼是用來顯示廣告，在一般情況下均能正常運作，但程式碼中隱含的問題偶而會導致例外情況。

3. 如果 try 後面的程式碼區塊拋出例外情況，PHP 直譯器會尋找可以處理這個情況的 catch 區塊。

關鍵字 catch 後面會加一組大括號，大括號裡有：

- 類別名稱，表示所有以 Exception 類別產生的例外情況物件都會執行 catch 區塊的程式碼。

- 變數名稱 $e，負責儲存例外情況物件，讓 catch 區塊裡的程式碼可以使用物件資料。

4. 顯示為廣告預留的位置。遇到例外情況時，比起讓網頁停止執行，這樣的結果會比較好。

5. PHP 內建函式 error_log() 會將錯誤資訊加入 PHP 的錯誤紀錄檔裡，這個函式只需要一個引數，傳入引入檔案產生的例外情況物件。

```
section_b/c10/live/try-catch.php                          PHP

  <?php include 'includes/header.php'; ?>

  <?php
① try {
②     include 'includes/ad-server.php';
③ } catch (Exception $e) {
④     echo '<img src="img/advert.png" alt="Newsletter">';
⑤     error_log($e);
  }
  ?>
  <h1>Latest Products</h1>
  ...
  <?php include 'includes/footer.php'; ?>
```

RESULT

注意：根據這個範例的目的，下載程式碼中引入的檔案 ad-server.php 會拋出例外情況，確保一定會執行 catch 區塊的程式碼。

後續第 374 頁會學到，如何使用一組 catch 區塊裡不同的程式碼，處理不同類別產生的例外情況物件。

範例：拋出自訂的例外情況

以下範例中的 ImageHandler 類別是利用 GD 套件來處理圖像，若使用不正確就會拋出自訂的例外情況，下一頁會介紹如何使用這個類別。

1. 建立自訂的例外情況類別 ImageHandlerException，這個類別會繼承 PHP 內建的 Exception 類別的屬性和方法。

2. 以 ImageHandler 類別產生物件時，__construct() 方法會檢查圖像是否為允許使用的媒體類型。如果不允許使用，就會以 ImageHandlerException 類別拋出例外情況。

   錯誤訊息會顯示不接受這個圖像格式，指定錯誤代碼為 1。

3. 呼叫 resizeImage() 方法時，如果使用者想要產生的圖像比原本上傳的圖像大，就會拋出例外情況，因為會產生品質更糟的圖像。

   錯誤訊息會顯示原圖太小，指定錯誤代碼為 2。

PHP   section_b/c10/live/classes/ImageHandler.php

```php
<?php
class ImageHandlerException extends Exception {};          // ①

class ImageHandler
{
    public    $fileTypes  = ['image/jpeg', 'image/png',];       // 允許使用的媒體類型
    ...
    public function __construct(string $filepath, string $filename)
    {
        ...
        if (!in_array($this->mediaType, $this->fileTypes)) {  // 若為不允許使用的媒體類型
            throw new ImageHandlerException('File not an accepted image format', 1);
        }
    ...
    }
    public function resizeImage(int $newWidth, int $newHeight, string $uploadPath)
    {
        if (($this->origWidth < $newWidth)
        or ($this->origHeight < $newHeight)) {                // 若原圖太小
            throw new ImageHandlerException('Original image too small', 2);
        }
        // 這裡的程式碼是負責重新調整圖像大小並且儲存
    }
}
```

範例：攔截不同類型的例外情況

這個範例網頁是讓使用者在網站上註冊，提交他們的電子郵件位址以及上傳個人頭像。在一般情況下均能正常運作，但發生例外情況時，可能會沒有儲存到圖像。為了處理這種例外情況，程式碼會繼續執行，並且儲存網站訪客輸入的電子郵件位址（即使是在沒有儲存到圖像的情況下）。針對使用者上傳圖像時可能會發生的例外情況，這個範例使用了兩個 catch 區塊來處理不同類型的例外情況。

1. 引入前一頁的 ImageHandler.php 檔案。這個檔案儲存了 ImageHandlerException 和 ImageHandler 兩個類別的定義，作用是重新調整圖像大小和儲存上傳的圖像。

2. try 區塊裡的陳述式會產生 ImageHandler 物件來表示使用者上傳的個人頭像，重新調整圖像大小、儲存然後顯示圖像。後面會接兩個 catch 區塊。

3. 第一個 catch 區塊的小括號裡包含 ImageHandlerException 類別的名稱。意指當 try 區塊裡的程式碼以 ImageHandlerException 類別產生例外情況物件，PHP 直譯器就會執行這個 catch 區塊，區塊內的例外情況物件會儲存在變數 $e。

4. ImageHandler 類別產生的例外情況很方便，這個例外情況物件的 getMessage() 方法（繼承自內建的 Exception 類別）會取得錯誤訊息，然後儲存在變數 $message。這個訊息會告訴使用者圖像的媒體類型錯誤或是圖像太小。

如果是第一個 catch 區塊處理了例外情況，PHP 直譯器會繼續執行後續的網頁程式碼，跳過其他 catch 區塊。

5. 如果第一個 catch 區塊沒有執行（因為 try 區塊拋出的例外情況不是用 ImageHandler 類別產生），就會執行第二個 catch 區塊。

第二個 catch 區塊的括號裡是放 Throwable 介面的名稱，意指會攔截**所有**以 Throwable 介面實作的例外情況。因此，try 區塊裡發生的例外情況中，**任何**還沒獲得處理的都會由這個 catch 區塊處理，包含 PHP 直譯器可能會拋出的嚴重錯誤，例如，因為硬碟空間滿了而沒有儲存到圖像。

catch 區塊通常會攔截特定類別產生的例外情況，而非像範例這樣攔截所有例外情況，但如果出現以下情況就會視為合理的做法：

- 攔截所有妨礙關鍵操作的例外情況，例如，讓使用者無法順利註冊（至少能拿到使用者的電子郵件位址，總比什麼資料都沒拿到來得好）。

- 在判定問題的確切原因之前，先作為暫時的處置方法。

6. 這個 catch 區塊是以不同的方法來處理例外情況。變數 $message 儲存的訊息是告訴使用者圖像沒有存到，不會顯示例外情況物件提供的錯誤訊息，以免這些資訊造成使用者的困擾或是提供敏感資訊給駭客。

7. 呼叫 PHP 內建的 error_log() 函式，將例外情況的資訊加到 PHP 的錯誤紀錄檔。

catch 區塊裡的程式碼執行完畢後，會繼續執行後續的網頁程式碼，例如，將網站訪客的電子郵件位址儲存到資料庫裡。若例外情況沒有獲得處理，所有使用者提供的資料都不會儲存。

```php
<?php
include 'classes/ImageHandler.php';                          // 引入類別
$message = '';                                               // 變數初始化
$thumb   = '';
$email   = '';

if ($_SERVER['REQUEST_METHOD'] == 'POST') {                  // 若表單已經發送出去
    $email = $_POST['email'] ?? '';                          // 取得使用者的電子郵件
    if ($_FILES['image']['error'] == 0) {                    // 如果沒有發生上傳錯誤
        $file = $_FILES['image']['name'];                    // 取得檔案名稱
        $temp = $_FILES['image']['tmp_name'];                // 取得暫存位置

        try {                                                // 嘗試調整圖像大小
            $image = new ImageHandler($temp, $file);         // 產生物件
            $thumb = $image->resizeImage(300, 300, 'uploads/'); // 調整圖像大小
            $message = '<img src="uploads/' . $thumb . '">'; // 將圖像儲存在變數 $message
        } catch (ImageHandlerException $e) {        // 如果有使用 ImageHandlerException 類別
            $message = $e->getMessage();                     // 取得錯誤訊息
        } catch (Throwable $e) {                             // 如果發生其他原因
            $message = 'We were unable to save your image';  // 通用訊息
            error_log($e);                                   // 記錄錯誤
        }
    }
    // 這裡寫的程式碼是給網頁儲存電子郵件位址用的
}
?>
<?php include 'includes/header.php' ?>
<h1>Join Us</h1>
<?= $message ?>
...
```

① ② ③ ④ ⑤ ⑥ ⑦

RESULT

範例：預設的錯誤與例外處理處理函式

這個範例是介紹如何用一致的方法來處理每個錯誤和未處理的例外情況。

範例程式一開始是利用 PHP 內建的 `set_exception_handler()` 函式，指定使用者自行定義的 `handle_exception()` 函式，當 catch 區塊拋出例外情況而且無法處理時，就會呼叫這個自訂函式：

- 記錄問題。
- 設定 HTTP 回應的狀態碼。
- 顯示容易理解的錯誤訊息。
- 停止執行程式碼。

接著是利用 PHP 內建的 `set_error_handler()` 函式，指定 `error_handler()` 函式作為引發非嚴重錯誤時要呼叫的函式。

`error_handler()` 函式會將非嚴重錯誤轉換成例外情況，這樣就能用跟嚴重錯誤一樣的方法來處理（因為嚴重錯誤也會拋出例外情況）。

最後是利用 PHP 內建的 `register_shutdown_function()` 函式，指定使用者自行定義的 `handle_shutdown()` 函式，**任何**網頁執行完畢後都會呼叫這個自訂函式。萬一有任何嚴重錯誤沒有轉換成例外情況，或是沒被預設的錯誤處理函式處置，也會呼叫這個函式。

網頁執行 PHP 內建的 `error_get_last()` 函式時，`handle_shutdown()` 函式會檢查是否引發錯誤。若引發錯誤，就將錯誤轉換成例外情況，然後呼叫例外情況處理函式進行處理。

未攔截的例外情況

1. 利用 PHP 內建的 `set_exception_handler()` 函式，指定使用者自行定義的 `handle_exception()` 函式，當 catch 區塊拋出例外情況而且無法處理時，就會呼叫這個自訂函式。

2. 定義 `handle_error()` 函式，這個函式只有一個參數，就是被拋出的例外情況物件。

3. 將例外情況記錄在 PHP 的錯誤紀錄檔裡。

4. 將 HTTP 回應的狀態碼設定為 500。

5. 若標頭檔尚未引入，則引入檔案。

6. 對使用者顯示容易理解的錯誤訊息。

7. 若頁腳檔尚未引入，則引入檔案。

完成這些工作後，直譯器不會繼續執行任何程式碼。

非嚴重錯誤

9. `set_error_handler()` 函式是指定 PHP 直譯器發生非嚴重錯誤時要呼叫的自訂函式。

10. 預設的錯誤處理函式負責傳送跟錯誤有關的資訊（請見第 366 頁，包括錯誤類型、錯誤訊息和發生錯誤的檔案和程式碼行數）。

11. 錯誤發生後，以相關資料產生新的例外情況。這種做法是讓網站對所有非嚴重錯誤、嚴重錯誤和例外情況一視同仁（利用同一個 `handle_exception()` 函式）。

然後以 PHP 內建的 `ErrorException` 類別拋出例外情況物件，將非嚴重錯誤轉換成例外情況，其中第二個參數是選擇性參數，以錯誤代碼（整數）表示例外情況（此處為 0）。

```php
<?php ...
① set_exception_handler('handle_exception');                    // 設定例外情況處理函式
② function handle_exception($e)
   {
③     error_log($e);                                           // 記錄錯誤
④     http_response_code(500);                                 // 設定回應代碼
⑤     require_once 'header.php';                                // 確保一定會引入標頭檔
⑥     echo "<h1>Sorry, a problem occurred</h1>
           <p>The site's owners have been informed. Please try again later.</p>";
⑦     require_once 'footer.php';                                // 加入頁腳
⑧     exit;                                                    // 停止執行程式碼
   }

⑨ set_error_handler('handle_error');                            // 設定錯誤處理函式
⑩ function handle_error($type, $message, $file = '', $line = 0)
   {
⑪     throw new ErrorException($message, 0, $type, $file, $line); // 拋出 ErrorException 物件
   }

⑫ register_shutdown_function('handle_shutdown');                // 設定關機函式
⑬ function handle_shutdown()
   {
⑭     $error = error_get_last();                               // 執行腳本時是否發生錯誤？
⑮     if ($error) {                                            // 若有拋出例外情況
⑯         $e = new ErrorException($error['message'], 0, $error['type'],
                                  $error['file'], $error['line']);
⑰         handle_exception($e);                                // 呼叫例外情況處理函式
       }
   }
```

嚴重錯誤

12. PHP 內建的 `register_shutdown_function()` 函式會告訴 PHP 直譯器在網頁停止執行時，要呼叫使用者自訂的 `handle_shutdown()` 函式。採取這種做法的原因是嚴重錯誤沒有轉換成例外情況，而且預設的錯誤處理函式也沒有進行處理。

13. 定義 `handle_shutdown()` 函式。

14. PHP 內建的 `error_get_last()` 函式會檢查網頁執行時是否引發錯誤。若有錯誤，會以陣列回傳最後一次引發錯誤的詳細資訊；若無，則會回傳 null。回傳值會儲存在變數 `$error`。

15. `if` 陳述式的條件是檢查變數 `$error` 是否有值，用以表示是否發生錯誤。

16. 若有發生錯誤，就將錯誤轉換成例外情況。

注意： 此處**沒有**使用關鍵字 `throw`，因為預設的例外情況處理函式不會攔截關機函式拋出的例外情況，反而是以跟其他物件相同的方式來產生例外情況物件。

17. 呼叫 `handle_exception()` 函式，將步驟 16 產生的例外情況物件作為引數傳入函式。

試試看： 在本書提供下載的檔案裡，example.php 有幾行程式碼被註解掉，是為了測試錯誤與例外情況處理函式。請一次取消一個註解。

範例：
如何顯示網頁伺服器的錯誤

假使網頁伺服器找不到瀏覽器請求的檔案，或者是因為伺服器發生錯誤而無法處理瀏覽器的請求，網頁伺服器會將錯誤代碼和說明網頁發送回去給瀏覽器。

先前第 180 ～ 181 頁介紹過伺服器如何傳送 HTTP 標頭給瀏覽器，連同瀏覽器請求的檔案。標頭其中之一是 HTTP **回應的狀態碼**，用以表示請求是否成功。

- 伺服器成功處理請求時，會隨請求檔案一起回傳狀態碼 200。
- 若伺服器無法找到檔案，會回傳錯誤問題的說明網頁和狀態碼 404。
- 若伺服器因為發生錯誤而無法顯示網頁，會回傳狀態碼 500 和錯誤說明網頁，表示伺服器發生內部錯誤。

網頁伺服器因為無法回應請求而產生的錯誤說明網頁並不是非常容易理解，但有其他替代方案，我們可以讓網頁伺服器傳送**自訂的錯誤說明網頁**。

自訂錯誤說明網頁是讓我們能提供更清楚的問題說明給網站訪客，還可以使用跟網站其餘網頁一樣的外觀設計和氛圍。

若 想 傳 送 自 訂 的 錯 誤 說 明 網 頁 ， 需 要 在 `.htaccess` 檔案裡加入 `ErrorDocument` 指令，並且指定：

- 錯誤說明網頁的檔案要使用的狀態碼
- 要顯示這個狀態碼的檔案路徑

ErrorDocument *code* *replacement-page.php*

| 指令 | 狀態碼 | 要顯示的替代網頁 |

Apache 伺服器找不到檔案時，會發送以下的預設錯誤網頁：

Not Found

The requested URL /phpbook/section_b/c10/missing.php was not found on this server.

Apache 伺服器因為發生內部錯誤而無法顯示網頁時，會發送以下的預設錯誤網頁：

Internal Server Error

The server encountered an internal error or misconfiguration and was unable to complete your request.

```
① ErrorDocument 404 /code/section_b/c10/live/page-not-found.php
  ErrorDocument 500 /code/section_b/c10/live/error.php
```

```
  <?php require_once 'includes/header.php'; ?>
  <h1>Sorry! We cannot find that page.</h1>
② <p>Try the <a href="index.php">home page</a> or email us at
    <a href="mailto:hello@eg.link">hello@eg.link</a>.</p>
  <?php require_once 'includes/footer.php'; ?>
```

```
  <?php include 'includes/header.php'; ?>
  <h1>Sorry! An error occurred.</h1>
③ <p>The site owners have been informed. Please try again soon.</p>
  <?php include 'includes/footer.php'; ?>
```

RESULT

RESULT

1. .htaccess 檔 案 利 用 ErrorDocument 指令，設定發生以下情況時要顯示的自訂錯誤網頁路徑：

a) 無法找到檔案時。

b) 伺服器發生錯誤時。

2. page-not-found.php 檔 案以更容易理解的方式，解釋伺服器無法找到檔案。

3. error.php 檔案是告訴網站訪客目前發生錯誤。

試試看：請求本章「live」資料夾下不存在的網頁，例如，missing.php。

注意：錯誤說明網頁不要納入會與資料庫連結的程式碼，因為萬一資料庫發生錯誤，就無法顯示錯誤說明網頁。

本章重點回顧

錯誤處理

❯ 錯誤訊息能協助我們判斷問題是什麼。

❯ 在開發網站的環境下,錯誤訊息可以顯示在螢幕上。

❯ 網站正式上線後,就不能將錯誤訊息顯示在螢幕上,要改為將相同的錯誤訊息儲存到紀錄檔。

❯ 發生非嚴重錯誤時,可以執行錯誤處理函式。

❯ 發生異常情況時會產生例外情況物件,避免網頁繼續正常執行。

❯ 產生(或拋出)例外情況物件時,直譯器會找出替代程式碼區塊,並且執行。

❯ 攔截例外情況時要使用陳述式 try... catch 或是例外處理函式。

❯ 錯誤可以轉換成例外情況,讓所有問題都能以相同方式處理。

C

動態資料庫設計

在動態資料庫網站上，多數網頁顯示的內容以及其他資料（例如，網站會員相關資訊）會儲存在資料庫。

由於 PHP 可以存取和更新資料庫內的資料，所以動態資料庫網站可以：

- 讓不懂技術的使用者利用網頁表單，建立或更新網站內容（這些使用者不需要知道如何撰寫程式碼，或是使用 FTP 更新伺服器上的檔案）。

- 利用資料庫內的資料，為每位會員量身制定網頁內容。

本書是利用 **MySQL** 這套軟體來建立與管理網站資料庫，資料庫是將資料儲存在一連串的表格裡（每一個資料表類似電子試算表）。由於一個表格裡的資料通常會與另一個表格裡的資料有關，所以稱為**關聯式資料庫**（relational database）（本書提到的 MySQL 資訊也適用於第 15 頁介紹的 MariaDB）。

PHP 本身有搭配一套內建類別，稱為 **PHP 資料物件**（PHP Data Object，簡稱 **PDO**），用於存取和更新資料庫內的資料。

因此，為了建立動態資料庫網站，我們需要學習：

- 使用「**結構化查詢語言**」（Structured Query Language，簡稱 **SQL**，英文發音為 **sequel** 或 **ess-queue-elle**），請求和更新資料庫儲存的資料。

- 使用 PHP 資料物件來執行 SQL 命令，請求資料庫內的資料，讓 PHP 程式碼使用這些資料。

- 使用 PHP 資料物件來執行 SQL 命令，更新資料庫儲存的資料。

MySQL 這套軟體沒有搭載圖形使用者介面，但有一項免費工具「**phpMyAdmin**」可以讓我們管理資料庫和檢視資料庫內容，本書會在 Section C 的導論裡帶讀者學習如何使用這項工具。

繼續看 Section C 的章節內容前，我們需要先了解資料庫如何儲存網站資料，以及如何使用 phpMyAdmin 這項工具來管理資料庫。

範例網站

本書後半部的整體內容會圍繞在範例應用程式的開發上，示範如何建立動態資料庫網站以及使用其他即將學到的觀念。本書會從介紹範例網站開始，幫助讀者了解之後要使用的範例資料庫。

資料庫如何儲存資料

接下來是了解資料庫如何儲存資料，這裡的資料是由一連串的表格構成。此外，本書還會介紹 MySQL 使用的資料型態（不同於 PHP 使用的資料型態）。

「PHPMYADMIN」的使用方法

phpMyAdmin 是一套在網頁伺服器上執行的工具，就像是一個用來管理 MySQL 資料庫的網站。我們需要了解這套工具如何：

- 建立新的資料庫。
- 檢視資料庫內的資料。
- 備份資料庫。

如何建立資料庫

再來是學習如何設定範例應用程式要用的資料庫，本書後續內容都會圍繞在這個範例應用程式的開發上。這裡的資料庫是用來儲存網站內容和會員相關資料。

首先會學習如何建立一個空白資料庫，然後執行一些 SQL 程式碼（在本書提供下載的程式碼內）：

- 建立範例資料庫用的資料表。
- 將資料加到每個表格裡。

注意：本書接下來的所有範例都需要用到這個資料庫，為了進行後續內容，請讀者一定要先建立資料庫並且加入資料。

建立資料庫使用者帳號

最後要學的是如何建立資料庫使用者帳號。PHP 程式碼需要使用者帳號才能連結資料庫，就像電子郵件程式需要電子郵件帳號才能傳送與接收郵件。

範例網站簡介

本書後續內容會圍繞在範例網站的開發上，這個網站是一個陽春版的**內容管理系統**（content management system，簡稱 CMS），是一套讓使用者不需撰寫程式碼就能更新網站內容的工具。

貫穿本書後續內容的主軸是開發一套內容管理系統，展示群眾的創意作品，這套系統也能應用在許多不同類型的網站上。

每個網頁最上方的網站名稱「Creative Folk」後是導覽列，顯示網站的各個部分或**類別**。

網站首頁（如下所示）的檔案是「index.php」，首頁導覽列下方會顯示近期六篇文章的資訊。只要使用者上傳新文章，就會出現在首頁，已經推薦過的舊文章就不再顯示。

每篇**文章**都會展示一件創意作品，所有文章都是用同一個檔案「article.php」來顯示，這個檔案的工作就是每次從資料庫取出一篇文章，然後將該篇文章的資料插入網頁。

在展示個別文章的網頁上，不僅會顯示作品圖片，還包含標題、文章新增到網站上的日期、作品描述、所在類別以及創作者姓名。

每篇文章還有一個選項是「published」（已發布），要等作者選擇之後，該篇文章才會公開顯示。

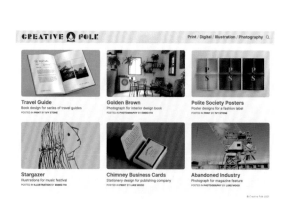

在後續章節裡，網站會發展為允許大眾上傳自己的作品、表明自己喜愛哪些作品，以及對文章發表評論。

文章會進行**分類**，就跟網站的各個部分一樣。所有類別都是用同一個網頁「category.php」顯示，除了類別名稱與描述，後面還會顯示該類別裡每篇文章的摘要。

點進每篇文章，還能看到作品的圖片、標題、簡短說明、所屬類別以及作者（跟首頁上最近六篇文章顯示的資料一樣）。

每個類別還有一個選項，指示類別名稱是否要出現在主導覽列還是要隱藏。

網站上每篇文章都是由**會員**撰寫而成，會員就是文章的**作者**。每位會員的個人資料都是用同一個檔案「member.php」顯示。

會員個資網頁上會顯示姓名、加入網站的日期以及個人圖片，然後列出該會員寫過的所有文章。每篇文章的資訊跟類別網頁、首頁上顯示的資訊一樣，均包含圖片、標題、簡短說明、所屬類別名稱和作者。

本書內容結束前，網站會發展為允許大眾上傳自己的作品、表明自己喜愛哪些作品，以及對文章發表評論。

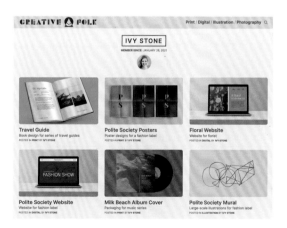

關聯式資料庫儲存資料的方法

關聯式資料庫是將資料儲存在表格裡，單一資料庫可以由多個表格組成。以下是本書範例網站使用的資料庫表格，後續內容都會圍繞在這個範例網站的開發上。

關聯式資料庫管理系統（relational database management system，簡稱 **RDBMS**）是一種能同時擁有多個資料庫的軟體（就跟網頁伺服器能同時支援多個網站一樣），例如，MySQL 或 MariaDB。

資料庫軟體可以安裝在：

- 跟網頁伺服器相同的電腦上（MAMP 和 XAMPP 會在我們的電腦上安裝 MySQL 或 MariaDB）。
- 一台獨立的電腦上，讓伺服器去存取（跟電子郵件程式連接郵件伺服器的做法一樣）。

資料表

這個範例網站建立的資料庫擁有四個**資料表**（table），以下每一個資料表各自代表應用程式要處理的一個概念：

- article：表示每一篇文章的相關資料，例如，標題與建立日期。
- category：網站內容的各個部分，將相關文章放在同一個群組裡。
- image：儲存文章裡出現的圖片資料。
- member：包含每位網站會員的相關資訊。

article

id	title	summary	content	created	category_id	member_id	image_id	published
1	Systemic	Brochure...	This...	2021-01-26	1	2	1	1
2	Forecast	Handbag...	This...	2021-01-28	3	2	2	1
3	Swimming	Photos...	This...	2021-02-02	4	1	3	1

category

id	name	description	navigation
1	Print	Inspiring graphic design	1
2	Digital	Powerful pixels	1
3	Illustration	Hand-drawn visual...	1

關聯式資料庫的名稱由來，是因為資料庫內各個資料表包含的資訊彼此之間互有關聯。

列

資料表中的每一**列**（row，也稱為「紀錄」或「值組」）是儲存該表格代表的資料項目之一。article 資料表中每一列代表一篇文章，member 資料表中的每一列則代表一個人。

欄

資料表中每一**欄**（column，也稱為「屬性」）是儲存該表格代表的資料項目擁有的其中一個特性。例如，member 資料表中各欄內容分別儲存會員的名字、姓氏、電子郵件帳號、密碼、加入會員的日期以及個人頭像的檔案名稱。

欄位

欄位（field）是一列資料項目的其中一塊資訊。

主要索引鍵

每個資料表的第一欄都稱為 id，因為這一欄是用來**識別**該表格中的每一列資料項目，例如，識別一篇文章、一個類別、一位會員或一張圖片。為了識別，資料表中每一列資料項目在 id 這一欄的值都是唯一。這些資料表是利用 MySQL 的「**自動遞增**」（對前一列的數字加 1）功能產生 id 值，這一欄也稱為資料表的「**主要索引鍵**」（primary key）。

image

id	file	alt
1	systemic-brochure.jpg	Brochure for Systemic Science Festival
2	forecast.jpg	Illustration of a handbag
3	swimming-pool.jpg	Photography of swimming pool

列 —

member

id	forename	surname	email	password	joined	picture
1	Ivy	Stone	ivy@eg.link	c63j-82ve-...	2021-01-26 12:04:23	ivy.jpg
2	Luke	Wood	luke@eg.link	saq8-2f2k-...	2021-01-26 12:15:18	*NULL*
3	Emiko	Ito	emi@eg.link	sk3r-vd92-...	2021-02-12 10:53:47	emi.jpg

│
行

資料庫支援的資料型態

所有資料表中的每一欄都必須指定資料型態，以及指定每個欄位能儲存的最大字元數。

MySQL 支援的資料型態比 PHP 多，但本書的範例資料庫只會用到以下五種。**請注意**：MySQL 沒有布林資料型態，而是以資料型態 tinyint 來表示布林型態，當值為 0 時代表 false，1 代表 true。

資料型態	說明
int	整數
tinyint	整數，最大值為 255（作為布林型態使用）
varchar	文數字字元，最大值為 65,535
text	文數字字元，最大值為 65,535
timestamp	日期與時間

資料型態裡除了文字（text）以外，都必須指定：

● 每一欄能容納的位元組數。
● 每一欄能儲存的最大數字。

$$int(5)$$

資料型態　　資料大小的上限

指定每一欄的資料大小上限，能縮小資料庫的大小，提升資料庫的執行速度。在下表中，顯示在欄位名稱下方的是資料型態，接在後面的小括號裡是那一欄的資料可以儲存的最大數字或位元組數。

article

id int(11)	title varchar(254)	summary varchar(1000)	content text	created timestamp	category_id int(11)	member_id int(11)	image_id int(11)	published tinyint(1)
1	Systemic	Brochure...	This...	2021-01-26	1	2	1	1
2	Forecast	Handbag...	This...	2021-01-28	3	2	2	1
3	Swimming	Photos...	This...	2021-02-02	4	1	3	1

category

id int(11)	name varchar(24)	description varchar(254)	navigation tinyint(1)
1	Print	Inspiring graphic design	1
2	Digital	Powerful pixels	1
3	Illustration	Hand-drawn visual...	1

避免資料庫重複資料

為了避免資料庫重複相同的資料，可以利用**主要索引鍵**和**外部索引鍵**，讓一個表格的資料跟另一個表格的資料建立關係。

在下方每一個表格裡，第一欄儲存的值是**主要索引鍵**，用於識別表格裡的每一列資料。

請見左頁下方的 article 資料表：

- category_id 欄：顯示該篇文章屬於哪一種類別，這個值會對應 category 資料表裡的主要索引鍵。
- member_id 欄：顯示每一篇文章是誰寫的，這個值會對應 member 資料表裡的主要索引鍵。
- image_id 欄：顯示該篇文章要顯示哪一張圖片，這個值會對應 image 資料表裡的主要索引鍵。

article 資料表裡的 category_id、member_id 和 image_id 這幾欄都稱為**外部索引鍵**，分別顯示：

- 第一篇文章屬於 Print 類別。
- 第二和第三篇文章是 Luke Wood 寫的。
- 第三篇文章使用的圖片是 image 資料表裡的 swimming-pool.jpg。

這些值是描述不同表格資料之間的關係，省下 article 資料表內多列資料重複使用類別和作者名稱的空間。避免資料重複能讓資料庫更小、執行速度更快，若資料改變時只會在同一個地方更新，能降低發生錯誤的風險。

image

id int(11)	file varchar(254)	alt varchar(1000)
1	systemic-brochure.jpg	Brochure for Systemic Science Festival
2	polite-society-posters.jpg	Posters for Polite Society
3	swimming-pool.jpg	Photography of swimming pool

member

id int(11)	forename varchar(254)	surname varchar(254)	email varchar(254)	password varchar(254)	joined timestamp	picture varchar(254)
1	Ivy	Stone	ivy@eg.link	c63j-82ve-...	2021-01-26 12:04:23	ivy.jpg
2	Luke	Wood	luke@eg.link	saq8-2f2k-...	2021-01-26 12:15:18	*NULL*
3	Emiko	Ito	emi@eg.link	sk3r-vd92-...	2021-02-12 10:53:47	emi.jpg

PHPMYADMIN 搭配 MYSQL 的使用方法

在動態資料庫網站上，通常是透過使用者與網站上的網頁互動來更新資料庫，但有時也需要使用 phpMyAdmin 來執行其他任務。

PHPMYADMIN 的用法

動態資料庫網站運行時，需要執行一些**管理**工作，包括：

- 建立新的資料庫。
- 備份現有資料庫。
- 為資料庫新增資料表和資料欄。
- 新增功能時，檢查網站是否正確新增或更新資料。
- 建立使用者帳號，控制誰可以存取／編輯資料庫內容。

MySQL 本身沒有提供視覺化介面，所以在執行這些管理工作時，我們可以搭配一套開放原始碼工具「**phpMyAdmin**」。

phpMyAdmin 是以 PHP 語言撰寫而成的工具，在網頁伺服器上執行，就像是一個用來管理資料庫的網站。接下來幾頁會介紹 phpMyAdmin 的用法，說明如何執行一些管理工作。

如何叫出 PHPMYADMIN

在電腦上安裝 MAMP 或 XAMPP 這兩項工具的同時，也會安裝 phpMyAdmin，使用方法是在瀏覽器的網址列輸入「`http://localhost/phpmyadmin/`」。

如果讀者先前執行範例程式碼時，有在網址裡加上通訊埠編號，那麼使用 phpMyAdmin 時也必須加上相同的通訊埠編號。例如，`http://localhost:8888/phpmyadmin/`

各家主機代管公司支援 MySQL 的做法不同，所以讀者必須先確認這些公司允許執行管理工作的方式。主機代管公司通常不會讓我們使用完整版的 phpMyAdmin，而是：

- 利用主機代管公司自身的工具來建立資料庫／使用者帳號。
- 使用限制版的 phpMyAdmin 來備份、檢查和更新資料庫內容。
- 透過主機代管公司提供的網址來使用 phpMyAdmin。

使用 PHPMYADMIN 來管理資料庫

phpMyAdmin 的畫面主要分為三個區域，不同版本的外觀可能會稍有差異，但頁面上的功能和項目位置應該都一樣。

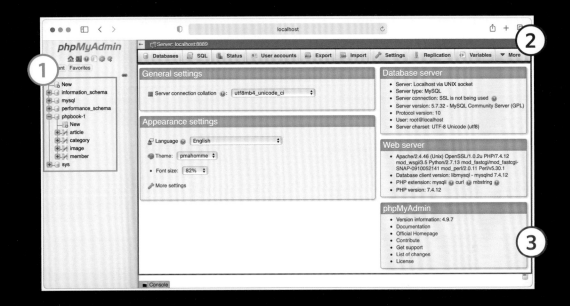

1: 資料庫 & 資料表

只要安裝一個 MySQL 就能同時保有多個資料庫，就跟網頁伺服器能同時支援許多網站一樣。

資料庫名稱會顯示在左側選單裡，點擊資料庫名稱時，列表裡的符號「+」會展開該資料庫底下的所有資料表名稱。

2: 功能分頁

分頁上會顯示我們能利用介面執行的功能，當我們：

- 開啟 phpMyAdmin，分頁上會顯示我們能利用 MySQL 這套軟體完成的工作。
- 點擊左側選單裡的資料庫，分頁就會變成可以對該資料庫執行的工作。

3: 主視窗

這裡是執行管理工作的區域，例如，顯示資料庫內容，讓我們更新資料欄或新增資料列。

MySQL 通常會建立幾個自己的資料庫，例如，information_schema、mysql、performance_schema 和 sys，初學者請不要編輯這些資料庫。

設定範例資料庫

為了使用本書後續的範例，我們要先建立一個新的資料庫，並且匯入一些資料到資料庫裡。

建立一個空的資料庫

首先，利用 phpMyAdmin 建立一個空的資料庫：

1. 點擊資料庫列表最上方的「New」（新增）。

2. 輸入資料庫名稱「phpbook-1」。

3. 在下拉選單中選擇「utf8mb4_unicode_ci」，指定資料庫要使用的字元集。

4. 按下「Create」（建立）按鈕。

讀者如果是利用主機代管公司，可能需要使用他們提供的工具來建立空的資料庫；如果是，請跳過這一步。

新增資料到資料庫

建立資料庫後，接下來就是新增資料。

1. 點擊資料庫列表中的資料庫名稱。

2. 按一下「Import」（匯入）分頁。

3. 在「File to import」（匯入檔案）底下，點擊按鈕「Choose file」（選擇檔案），從下載的範例程式碼資料夾「section_c/intro」裡選擇檔案「phpbook-1.sql」。

4. 按下「Go」（右圖中沒有顯示，在頁面最下方），即可將範例資料匯入資料庫。

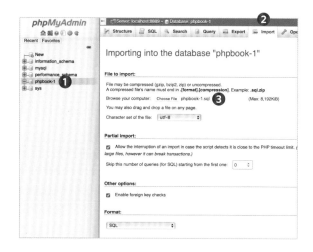

瀏覽範例資料庫

匯入資料後，讓我們來看看剛剛建立的資料表，瀏覽一下其中的內容和結構。

瀏覽資料庫內容

點擊資料庫名稱就能瀏覽資料庫內容。

1. 點擊資料庫列表中的資料庫名稱。

2. 選擇「article」資料表。

3. 按一下「Browse」（瀏覽）分頁。

4. 資料表中的每一列代表一篇文章。

資料表結構

檢視每一個資料表的資料欄名稱、資料型態和欄位大小。

1. 點擊資料庫名稱。

2. 選擇「article」資料表。

3. 按一下「Structure」（結構）分頁。

左圖表中的每一列是列出每個資料欄的詳細資訊。

讀者若想知道如何手動增加資料表和資料欄，請見：
http://notes.re/mysql/create-manually

從上圖中可以看到每個資料欄名稱後面是資料型態，括號裡是資料大小的上限。定序規則（collation）是用於保存字元編碼。

「Null」則是指資料欄位的值是否能為空值。如果資料欄位沒有指定值，就會使用「Default」指定的預設值。

建立資料庫使用者帳號

MySQL 這套軟體可以讓我們建立各種不同的**使用者帳號**，每個帳號都有自己的使用者名稱和密碼，用來登入資料庫。我們還能控制每個使用者帳號可以存取和更新哪些資料內容。

我們可以指定每個 MySQL 使用者帳號的權限：

- 每個使用者帳號可以存取哪些資料庫。
- 每個使用者帳號可以存取或更新哪些資料表。
- 每個使用者帳號可以執行哪些其他工作。

MySQL 安裝完成後，會搭配一個管理者**帳號**「root」，具有建立和刪除使用者帳號與資料庫的權限。

基於安全性理由，請勿在 PHP 程式碼裡使用 root 帳號，反而要在建立使用者帳號時，限制他們：

- 只能存取用於特定網站的資料庫，而非同一個伺服器上的所有資料庫。
- 只能執行應用程式需要完成的工作，若網站沒有要求就不能執行功能強大的工作，例如，建立或刪除資料表。

請見右頁，可以看到如何在 phpMyAdmin 裡，以 root 帳號（在伺服器上安裝工具時就會建立這個帳號）檢視和建立使用者帳號。

如果讀者是使用網頁主機代管公司提供的服務，因而無法看到這些選項時，請查詢他們提供的協助文件。各家主機的操作方法不同，可能是：

- 由主機代管公司來建立使用者名稱和密碼。
- 透過主機代管公司的工具來建立與更新使用者。

1. 從視窗左欄中選擇想要建立使用者帳號的資料庫名稱。

2. 點擊「Privileges」（權限）分頁，會顯示使用者及其存取資料庫權限的列表。

3. 點擊「Add user」或「Add user account」（新增使用者或使用者帳號）。

4. 指定使用者名稱。

5. 輸入密碼或使用「Generate」選項（產生密碼）。

6. 請檢視「Database for user account」底下的選項，若有勾選「Grant all privileges on database phpbook-1」，請取消這個選項。

7. 「Global privileges」底下的選項是用於控制使用者能對整體資料庫進行哪些操作。本書範例網站只需要「Data」這一欄底下已經勾選的四個選項：Select、Insert、Update 和 Delete（選擇、插入、更新和刪除），其他沒有用到的功能就不啟用。

在右頁截圖中，底下還有許多選項，請保留這些設定。

8. 按下頁面最下方的「Go」按鈕（右頁截圖中沒有顯示），儲存使用者的詳細資料。

我們還可以從視窗左欄中選擇每一個資料表，針對資料表設定使用者權限。

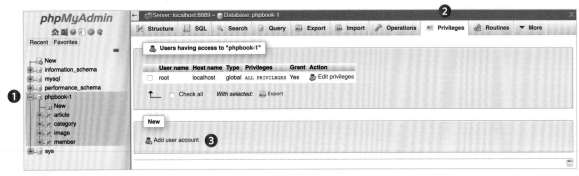

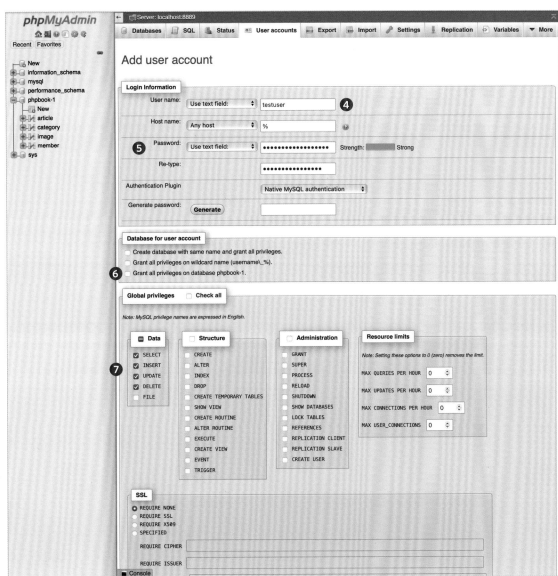

SECTION C 有哪些章節？

動態資料庫設計

重要說明：

配合本書後續章節的學習內容，必須先下載程式碼（下載連結：**http://phpandmysql.com/code/**），在閱讀這些章節的過程中，開啟相關範例程式碼並且在本機上執行，有助於提升學習效率。

11 結構化查詢語言

SQL 語言能讓你指定要從資料庫中取出什麼資料，還有更新資料庫中的哪些資料。本章將帶你在 phpMyAdmin 介面裡輸入 SQL 指令，透過這樣的做法一步步說明 SQL 語言的運作方式。

12 獲取與顯示來自資料庫的資料

本章將利用前一章學過的 SQL 語言，帶你了解 PHP 資料物件（PDO）如何傳送 SQL 陳述式給資料庫，以及 PHP 如何取得資料庫回傳的資料，再將這些資料提供給 PHP 程式碼，作為陣列或物件使用。

13 為資料庫更新資料

本章將學習如何取得網站訪客提供給網站的資料，並且驗證這些資料的有效性，進而使用有效的資料來更新資料庫。還會學到處理問題的技巧，避免資料庫更新到錯誤的資料。

11

結構化查詢語言

「結構化查詢語言」（Structured Query Language，簡稱 SQL）是一種用來跟資料庫溝通的語言，可以請求資料、新增資料、編輯現有資料以及刪除資料。

本章會學到如何使用 SQL，完成以下工作：

- **選擇**資料庫內的資料。
- 為資料庫表格**建立**新的資料列。
- **更新**已經儲存在資料庫內的資料。
- **刪除**資料庫表格內的資料列。

取得或更改資料庫內儲存的資料時，使用的指令就稱為 **SQL 陳述式**。只會要求資訊的 SQL 陳述式，還可以稱為 **SQL 查詢**，因為是向資料庫**要求**資料。在我們學習如何建立、更新或刪除資料庫內的資料之前，要先學如何撰寫 SQL 查詢指令。

本章會搭配 phpMyAdmin 這項工具來學習 SQL 語言，帶讀者了解 SQL 語言的運作方式後，接下來兩章的內容會介紹 PHP 網頁如何利用 PHP 資料物件（PHP Data Object，簡稱 PDO），執行 SQL 陳述式以取得或更新資料庫內的資料。

出現在本章的某些範例會更新資料庫內儲存的資料，這些範例是形成本書主要範例網站的基礎，因此讀者應該依照這些範例在本章出現的順序執行一次。如果沒有依照書中出現的順序執行這些範例，後續的範例可能會無法運作。萬一發生這種情況或是想重新執行一次範例，請刪除資料庫後利用 Section C 提供的指令，重新設定資料庫。

獲取來自資料庫的資料

向資料庫要求資料時，要使用 SQL 指令 SELECT，然後指定我們希望資料庫回傳的資料。資料庫收到指令後會產生**結果集**（result set），內含我們請求的資料。

SELECT 指令表示我們想從資料庫取得資料，指令後要加上我們想取得資料的資料欄名稱，每個資料欄名稱要以英文逗號隔開。

FROM 子句後加上我們想從中取得資料的資料表名稱。SQL 陳述式結尾**要加**分號（雖然許多開發人員都忽略這一步，而且陳述式通常也能正常執行）。

選擇的資料欄名稱 ⟶ `SELECT column1, column2`
資料欄所屬的資料表 ⟶ `FROM table;`

下方的 SQL 陳述式是向 member 資料表請求 forename 和 surname 這兩個資料欄的資料，回傳結果是資料表裡面每個資料列的資料。從字面上來看，下方陳述式的意義是我們希望：

- SELECT（選取）forename 和 surname 資料欄。
- FROM（從）member 資料表。

資料欄1　　　資料欄2

```
SELECT forename, surname
   FROM member;
```

資料表

執行 SQL 查詢指令時，資料庫會取出使用者請求的資料，然後放入結果集裡。資料欄加入結果集的順序，會跟查詢指令裡面資料欄名稱的順序相同。若要控制資料列加入結果集的順序，請使用 ORDER BY 子句（請見第 406 頁）。

結果集

forename	surname
Ivy	Stone
Luke	Wood
Emiko	Ito

撰寫 SQL 指令時，大小寫都可以。本書統一採用大寫，以區分指令和資料表與資料欄名稱，而且資料表與資料欄名稱使用的大小寫一定要跟資料庫一樣。

如右頁所示，可以看到如何在 phpMyAdmin 工具裡輸入 SQL 查詢指令，以及查詢指令產生的結果集會如何顯示。

1. 開啟 phpMyAdminand，選擇資料庫 phpbook-1。讀者若尚未建立這個資料庫，請見第 392 頁。

2. 選擇「SQL」分頁。

3. 在左側頁面的文字區域內，輸入 SQL 查詢指令。

4. 點擊「Go」。

5. 點擊「Go」之後會執行 SQL 查詢指令，MySQL 再將結果集回傳給 phpMyAdmin，並且顯示在 phpMyAdmin 頁面上的表格裡。

本章後續其餘內容不會再顯示 phpMyAdmin 截圖，而是採左頁表格的方式來顯示 SQL 查詢指令及其結果集。

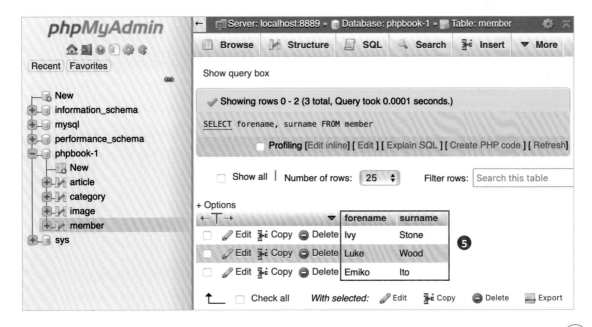

回傳資料表裡的特定資料列

若想從資料表的特定資料列中取得資料（而非取得所有資料列），
要加上 WHERE 子句，後面接**搜尋條件**。

當我們指定好要從資料表中取出哪些資料列後，就可以加入搜尋條件來控制哪幾列要加入結果集裡。在搜索條件中設定資料表的資料欄名稱，及其資料值是否要等於（=）、大於（>）或小於（<）我們指定的值。

資料庫會逐一搜尋資料表中的各個資料列，若符合條件結果（true），就在結果集中新增一列，將 SELECT 指令後的資料欄名稱複製到結果集裡。

若搜尋條件中指定的值是文字，就要將文字放在單引號內。

若搜尋條件中指定的值是數字，則不須放在引號內。

MySQL 沒有布林資料型態，但可以用資料型態 tinyint 來表示，當布林值為 1 代表 true，0 則代表 false。由於這些值都是數字，所以不用放在引號內。

選擇的資料欄名稱 ⟶ SELECT *column(s)*
資料欄所屬的資料表 ⟶   FROM *table*
將資料列加入結果集 ⟶   WHERE *column = value*;
                           運算子

利用右表這三個邏輯運算子，我們還可以結合多個搜尋條件。運作原理跟 PHP 的邏輯運算子一樣，請參見第 56 ～ 57 頁。每個搜尋條件都要放在各自的小括號內，以確保每個條件都能獨立執行。

運算子	說明
AND	所有條件都必須符合（回傳 true）。
OR	只要其中一個條件符合（回傳 true）。
NOT	反轉條件，也就是檢查判斷結果不為 true。

選擇的資料欄名稱 ⟶ SELECT *column(s)*
資料欄所屬的資料表 ⟶   FROM *table*
將資料列加入結果集 ⟶   WHERE *(column < value)* AND *(column > value)*;
             條件 1   邏輯運算子   條件 2

範例：使用 SQL 的比較運算子

section_c/c11/comparison-operator-1.sql

```sql
SELECT email
  FROM member
 WHERE forename = 'Ivy';
```

結果集
email
ivy@eg.link

這個範例是從 member 資料表的 forename 資料欄中，選出名字值是 Ivy 的所有會員電子郵件位址。在 phpMyAdmin 介面中輸入 SQL 指令（請見第 401 頁）。

試試看：找出所有名字為 Luke 的會員電子郵件位址。

section_c/c11/comparison-operator-2.sql

```sql
SELECT email
  FROM member
 WHERE id < 3;
```

結果集
email
ivy@eg.link
luke@eg.link

這個範例是從 member 資料表的 id 資料欄中，找出 id 值小於 3 的會員電子郵件位址。

試試看：找出 id 值小於等於 3 的會員電子郵件位址。

section_c/c11/logical-operator.sql

```sql
SELECT email
  FROM member
 WHERE (email > 'E') AND (email < 'L');
```

結果集
email
emi@eg.link
ivy@eg.link

這個範例是利用 && 運算子，找出符合以下兩個條件的會員電子郵件位址，開頭字母是：

1. E 以後的字母。

2. L 以前的字母。

試試看：找出所有電子郵件帳號開頭字母落在 G 到 L 之間的會員電子郵件位址。

搜尋結果：利用 LIKE 運算子和萬用字元

設定搜尋條件時可以使用 LIKE 運算子，搜尋指定資料欄的值，從中找出起始、結尾或中間有包含特定字元的資料列。

LIKE 運算子會搜尋資料欄包含的字元，從中找出符合指定**模式**（pattern）的資料列。例如，搜尋指定資料欄中的值，從中找出符合下列模式的資料列：

- 開頭字元為指定字母。
- 結尾字元為指定數字。
- 內含指定單字或一組字元（通常是用來建立搜尋特徵）。

模式還可以使用**萬用字元符號**，指定其他字元的位置（如右表所示）。

- 「%」表示沒有字元或多個字元。
- 「_」表示恰好只有一個字元。

資料值	比對資料欄的值
To%	開頭是 To。
%day	結尾是 day。
%to%	只要有包含 to，任何位置都可以。
h_ll	底線位置只能以一個字元取代（例如，hall、hell、hill、hull）。
%h_ll%	包含一個英文字母「h」，後面加一個任意字元，再加兩個英文字母「ll」（例如，hall、hell、chill、hilly、shellac、chilled、hallmark、hullabaloo）。
1%	開頭是 1。
%!	結尾是 !。

搜尋資料值沒有分大小寫，也就是說尋找「Ivy」這個名字，也會找出「IVY」和「ivy」。

選擇的資料欄名稱 $\longrightarrow$ SELECT *column(s)*
資料欄所屬的資料表 $\longrightarrow$ FROM *table*
將資料列加入結果集 $\longrightarrow$ WHERE *column* LIKE *'%value%'*;

LIKE 運算子　　　萬用字元符號

範例：搜尋資料值

```
SQL                                    section_c/c11/like-1.sql

  SELECT email
    FROM member
   WHERE forename LIKE 'I%';
```

結果集
email
ivy@eg.link

這個範例是搜尋出所有名字開頭字母為 I（大小寫均可）的會員電子郵件位址。

試試看：找出名字開頭字母為 E 的會員。

```
SQL                                    section_c/c11/like-2.sql

  SELECT email
    FROM member
   WHERE forename LIKE 'E_I%';
```

結果集
email
emi@eg.link

這個範例是取得所有名字符合下列條件的會員電子郵件：

- 開頭字母為 E。
- 再來是其他字元。
- 接著是字母 I。
- 然後接任何其他字元。

（可能回傳的名字有 Eli、Elias、Elijah、Elisha、Emi、Emiko、Emil、Emilio、Emily、Eoin 和 Eric。）

試試看：找出名字符合 'L_K%' 的會員。

```
SQL                                    section_c/c11/like-3.sql

  SELECT email
    FROM member
   WHERE forename LIKE 'Luke';
```

結果集
email
luke@eg.link

這個範例是找出所有名字為 Luke 的會員電子郵件位址。由於搜尋條件中沒有使用萬用字元，所以只會回傳名字完全符合的會員。

試試看：找出名字是 Ivy 的會員。

結構化查詢語言 (405)

控制結果集裡的資料列順序

若要控制資料列加入結果集的順序，請使用 ORDER BY 子句，後面加資料欄名稱（結果集會依據其資料值進行排序），然後是指令 ASC 或 DESC（前者是遞增排序，後者為遞減排序）。

在查詢指令的結尾加 ORDER BY，能控制資料列加入結果集的順序。這是利用指定資料欄的值來控制結果排列的順序。

這個子句後面要接這兩個關鍵字的其中一個：ASC 或 DESC（前者是遞增排序，後者為遞減排序）。（如果沒有指定，預設排序方式是遞增排序；但如果可以指定 ASC 或 DESC，會比較方便 SQL 判讀。）

我們還可以利用多個資料欄的值，為加入結果集的資料列進行排序，其中每個資料欄名稱要以英文逗號隔開。如果第一個資料欄在排序時發現有相同的值，就會引用指令清單裡面第二個資料欄的值來排序。

例如，假設我們是根據會員姓名來排序，而且有多位會員名字相同（儲存在「forename」資料欄裡），就可以再依照會員姓氏排序（儲存在「surname」資料欄裡）。

範例：結果集排序

section_c/c11/order-by-1.sql

```
    SELECT email
      FROM member
  ORDER BY email DESC;
```

結果集
email
luke@eg.link
ivy@eg.link
emi@eg.link

這個範例是取得全部的電子郵件位址，然後遞減排序。

試試看：將 DESC 改成 ASC，反轉排序的結果。

section_c/c11/order-by-2.sql

```
    SELECT title, category_id
      FROM article
  ORDER BY category_id ASC, title ASC;
```

結果集（顯示 **24** 個資料列中的前 **10** 列）

title	category_id
Chimney Business Cards	1
Milk Beach Album Cover	1
Polite Society Posters	1
Systemic Brochure	1
The Ice Palace	1
Travel Guide	1
Chimney Press Website	2
Floral Website	2
Milk Beach Website	2
Polite Society Website	2

這個範例是從 article 資料表裡取得 title 和 category_id 資料欄的值，先依照 category_id 遞增排序，title 則依照字母排序。

整個結果集的內容不只左側顯示的這三列，但礙於篇幅有限，所以無法顯示全部內容。

試試看：請從 article 資料表裡選取 title 和 member_id 資料欄，先依照 member_id 排序，title 再依照字母排序。

計算與分組結果集

在 SELECT 指令後面呼叫 COUNT() 函式，會將符合查詢條件的資料列數加入結果集。將結果集分組是計算含有同一個值的資料共有幾列。

在 SELECT 指令後面呼叫 COUNT()，可以計算指定資料表內共有幾列資料；右側 COUNT() 函式是以「*」號（稱為萬用字元）作為引數。

函式

```
SELECT COUNT(*)
    FROM table;
```

如果在查詢指令加入搜尋條件，COUNT() 函式只會回傳查詢結果中符合搜尋條件的資料列數。

```
SELECT COUNT(*)
    FROM table
  WHERE column LIKE '%value%';
```

若指定資料欄名稱作為 COUNT() 函式的引數，會計算出指定資料欄裡面不是 NULL 的資料共有幾列。

```
SELECT COUNT(column)
    FROM table;
```

SQL 的 COUNT() 函式搭配 GROUP BY 子句一起使用，能判斷一個資料欄裡面有多少資料列具有相同的值。例如，計算一位會員寫了多少篇文章或一個類別裡有多少篇文章。請見右側的 SELECT 陳述式：

資料欄裡面
可能會有相同的值

```
SELECT column, COUNT(*)
    FROM table
GROUP BY column;
```

資料欄裡面
可能會有相同的值

1. 選擇資料欄名稱（例如，member_id 或 category_id），其中可能會有相同的值。

2. 使用 COUNT(*) 來計算資料列數。

3. 指定資料欄所屬的資料表。

4. 使用 GROUP BY 子句，後面加資料欄名稱（可能會有一樣的值），作用是將這個資料欄裡面共享同一個值的資料列集合在一起，然後計算出數量。

範例：計算比對結果集的資料數

section_c/c11/count-1.sql

SQL

```
SELECT COUNT(picture)
  FROM member;
```

結果集

COUNT(picture)
2

這個範例是利用 SQL 的 COUNT() 函式，回傳已經提供個人頭像的會員數。若 **picture** 資料欄的值為 NULL，就不會計算。

試試看：計算有提供電子郵件位址的會員數。

section_c/c11/count-2.sql

SQL

```
SELECT COUNT(*)
  FROM article
 WHERE title LIKE '%design%' OR content LIKE '%design%';
```

結果集

COUNT(*)
9

這個範例會找出 title 或 content 資料欄有包含名詞 design 的文章，利用 SQL 的 COUNT() 函式，回傳文章數。

試試看：找出含有名詞 photo 的文章數。

section_c/c11/count-3.sql

SQL

```
SELECT member_id, COUNT(*)
  FROM article
 GROUP BY member_id;
```

結果集

member_id	COUNT(*)
1	10
2	8
3	6

左側查詢是計算每位會員的文章數。利用 SELECT 陳述式取得 member_id 資料欄，以 COUNT() 函式計算比對的資料列數。FROM 子句表示會從 article 資料表中尋找。GROUP BY 子句會將 member_id 資料欄的值分組，如此一來，就能看到會員 ID 及各個會員寫過的文章數。

試試看：計算每個類別的文章數。

限制與跳過結果

LIMIT 是限制加入結果集的結果數量，OFFSET 則是告訴資料庫要跳過指定數量的紀錄資料，將後續的紀錄加入結果集。

利用 LIMIT 子句，能限制加入結果集的資料列數。

下方陳述式只會將前五個查詢結果加入結果集。

選擇的資料欄名稱 ⟶ SELECT *column(s)*
資料欄所屬的資料表 ⟶ FROM *table*
資料列的限制數 ⟶ LIMIT 5;

LIMIT 子句　　最大結果數

在 LIMIT 子句後加上 OFFSET 子句，會跳過前幾個本來要加入結果集的比對資料。

下方陳述式會跳過前六個符合查詢的結果，然後將接在後面的三個查詢結果加入結果集。

選擇的資料欄名稱 ⟶ SELECT *column(s)*
資料欄所屬的資料表 ⟶ FROM *table*
限制與跳過資料列 ⟶ LIMIT 3 OFFSET 6;

OFFSET 子句　　要跳過的結果數

LIMIT 和 OFFSET 通常是用在查詢會產生大量結果的情況。將查詢結果分散到各個單獨網頁裡，這項技巧就稱為「**分頁**」（pagination），常見的例子就是 Google 查詢結果。

顯示第一頁的查詢結果後，會有連結指向其他網頁，用以顯示更多符合相同查詢條件的結果。下一章會學到如何利用這些命令來增加分頁。

範例：限制比對結果集的資料數

```sql
SELECT title
  FROM article
 ORDER BY id
 LIMIT 1;
```

結果集

title
Systemic Brochure

左側範例是請求文章標題，依照 id 資料欄的值排序，然後使用 LIMIT 子句，只將第一個符合條件的資料加入結果集。

試試看：取得 print 這個類別裡的前五篇文章。

```sql
SELECT title
  FROM article
 ORDER BY id
 LIMIT 3 OFFSET 9;
```

結果集

title
Polite Society Mural
Stargazer Website and App
The Ice Palace

左側範例是請求文章標題，依照 id 資料欄的值排序，然後使用 OFFSET 子句，跳過前九個符合查詢條件的結果，再以 LIMIT 子句限制只將接下來三個符合查詢條件的資料加入結果集。

試試看：跳過前六個符合查詢的結果，回傳接下來的六個結果。

合併兩個資料表內取出的資料

JOIN 是讓我們從兩個資料表請求資料，然後一起加在結果集的同一列裡。

設計資料庫時，應該為網站要表示的每個概念各建一個資料表，並且避免多個表格裡出現重複的資料。

在本書的範例網站中，文章、類別、會員和圖像資料都存放在不同的資料表裡。在下方這些表格裡，第一欄儲存的值是用於識別資料表裡的每一列資料。例如，在 category 資料表中，id 資料欄的值可以識別每一種類別，這個值就稱為**主要索引鍵**。

article 資料表必須儲存每篇文章所屬的類別，因此這個資料表具有一個資料欄 category_id，而非每篇文章都重複儲存類別名稱。這個值就稱為**外部索引鍵**，會對應到文章所屬類別的主要索引鍵。

主要索引鍵和外部索引鍵，是用來描述一個表格的資料列跟另一個表格的資料列如何**建立關係**。在下方資料表內，可以看到第二篇文章及其所屬類別之間的關係。

當我們撰寫 SQL 查詢指令，以收集文章資訊並且想從其他資料表引入資訊時（例如，文章所屬的類別名稱），文章就是查詢的主題。因此，article 資料表就稱為**左側資料表**（left table）。

當我們從第二個資料表（例如，category）取得文章的其他資料時，第二個資料表就稱為**右側資料表**（right table）。

JOIN 子句的作用是描述資料值之間的關係。

article

id	title	summary	content	created	category_id	member_id	image_id	published
1	Systemic Bro...	Brochure...	This bro...	2021-01-26	1	2	1	1
2	Forecast	Handbag...	This dra...	2021-01-29	3	2	2	1
3	Swimming Pool	Architec...	This pho...	2021-02-02	4	1	3	1

category

id	name	description	navigation
1	Print	Inspiring graphic design	1
2	Digital	Powerful pixels	1
3	Illustration	Hand-drawn visual storytelling	1

本章截至目前為止介紹的查詢，一次都只會從資料庫的一個表格裡收集資料。利用 JOIN 從多個資料表取得資料時，必須指定資料欄名稱及其所屬的資料表名稱。為此，需要用到：

- 資料表名稱。
- 後面加英文句點。
- 然後加資料欄名稱。

下方查詢是選擇 article 資料表中所有文章標題和摘要，以及從 category 資料表取得每篇文章所屬的類別名稱。

1. 在 SELECT 指令後加上我們想取得資料的資料欄名稱。

2. FROM 命令後面是加左側資料表名稱（也就是查詢主題），在這個範例中，是指 article 資料表。

3. JOIN 子句後面會跟著右側資料表名稱（保存其他資訊的表格），在這個範例中，是指 category 資料表。

然後，JOIN 會告訴資料庫左側資料表與右側資料表中的資料欄名稱，而且兩邊的值會一致。

為此，需要用到關鍵字 ON，後面接：

- 左側資料表的資料欄名稱（保存外部索引鍵）。
- 符號 =。
- 右側資料表的資料欄名稱（保存主要索引鍵）。

```
SELECT article.title, article.summary, category.name
  FROM article
  JOIN category ON article.category_id = category.id;
```
外部索引鍵　　　　　　　　主要索引鍵

下表顯示結果集的前三列資料（完整版的結果集會有全部文章的資料）。

注意：結果集裡的資料欄名稱不使用資料表名稱，因為資料已經從這些表格裡取出，合併到另一個獨立的結果集裡。

結果集（顯示 24 個資料列中的前 3 列）		
title	summary	name
Milk Beach Website	Website for music series	Digital
Wellness App	App for health facility	Digital
Stargazer Website and App	Website and app for music festival	Digital

在 JOIN 子句後加搜尋條件，可以選取單獨一列或一組資料列。例如，下方查詢只會回傳「print」這個類別裡文章的詳細資訊。

搜尋條件也可以接在其他子句後面，在搜尋結果加入結果集時，進行資料列排序、限制資料列數和跳過指定的資料列數（請參見本章前面介紹的範例）。

```
SELECT article.title, article.summary, category.name
  FROM article
  JOIN category ON article.category_id = category.id
 WHERE category.id = 1;
```

在資料缺失的情況下如何合併查詢

當資料庫對一列資料使用 JOIN，發現缺失其中一些資料時，可以指定是否要將其他可以取得的資料加進結果集，或是要跳過該資料列，不要加進結果集。

假設我們想取得每篇文章上傳的圖像資料，此時就可以使用 JOIN 子句，做法跟前面取得文章標題及其所屬類別名稱一樣。

article 資料表內的 image_id 是外部索引鍵，因為這個資料欄的值是 image 資料表的主要索引鍵；image 資料表負責保存文章具有的圖像。

然而，兩者之間有一個關鍵差異。每一篇文章**一定**會屬於某一個類別（資料庫會利用某種條件約束強制設定，後續第 431 頁會介紹），但不一定會有圖像。

如果文章沒有上傳圖像，article 資料表的 image_id 資料欄就會儲存 NULL 值。

請見下方的 article 資料表，有一篇文章在 image_id 那一欄的值是 NULL，因為該篇文章沒有圖像，意味著 JOIN 子句完全無法在 image 資料表裡找到對應的圖像資料。

右頁會介紹兩種類型的 JOIN，在沒有找到對應的圖像時，可以指定查詢是否要繼續將能找到的其餘資料都加入結果集，或者是跳過所有資料列。

article

id	title	summary	content	created	category_id	member_id	image_id	published
4	Walking Birds	Artwork …	The brie…	2021-02-12	3	3	4	1
5	Sisters	Editoria…	The arti…	2021-02-27	3	3	*NULL*	1
6	Micro-Dunes	Photogra…	This pho…	2021-03-03	4	1	6	1

image

id	file	alt
4	birds.jpg	Collage of two birds
6	micro-dunes.jpg	Photograph of tiny sand dunes

內部合併查詢

執行**內部合併**查詢（inner join）時，如果資料庫有合併所需的**全部**資料，才會將資料加入結果集。建立內部合併需要使用 JOIN 或 INNER JOIN 子句。

如果對左頁資料表進行下方的查詢，則 id 為 5 的文章不會加進結果集，因為該篇文章在 image_id 資料欄的值是 NULL（所以無法合併查詢資料）。

```
SELECT article.id, article.title, image.file
  FROM article
  JOIN image ON article.image_id = image.id;
```

結果集（顯示 **23** 個資料列中的前 **5** 列）

id	title	file
1	Systemic Brochure	systemic-brochure.jpg
2	Forecast	forecast.jpg
3	Swimming Pool	swimming-pool.jpg
4	Walking Birds	birds.jpg
6	Micro-Dunes	micro-dunes.jpg

左側外部合併查詢

左側外部合併查詢（left outer join）是將從左側資料表請求到的所有資料都加進結果集裡。若發生無法從右側資料表取得值的情況，就設定為 NULL。建立左側外部合併需要使用 LEFT JOIN 或 LEFT OUTER JOIN 子句。

如果對左頁資料表進行下方的查詢，則 id 為 5 的文章標題會加進結果集，但 file 資料欄的值會指定為 NULL，因為找不到相對應的圖像。

```
    SELECT article.id, article.title, image.file
      FROM article
LEFT JOIN image ON article.image_id = image.id;
```

結果集（顯示 **24** 個資料列中的前 **5** 列）

id	title	file
1	Systemic Brochure	systemic-brochure.jpg
2	Forecast	forecast.jpg
3	Swimming Pool	swimming-pool.jpg
4	Walking Birds	birds.jpg
5	Sisters	*NULL*

獲取來自多個資料表的資料

SELECT 指令後面可以接多個 JOIN 子句，從兩個以上的資料表中收集資料。

若想從多個資料表收集資料，可以加入多個 JOIN 子句：

- 在 SELECT 陳述式後面，指定所有想從中取得資料的資料欄名稱（使用資料表名稱加英文句點，然後是資料欄名稱）。

- 利用 JOIN 子句，說明每個資料表內資料之間的關係。

下方查詢是從三個資料表收集一篇文章的資料：article、category 和 image。

article 資料表是左側資料表，負責保存文章摘要。

category 資料表是提供每篇文章所屬的類別名稱，由於每篇文章一定會屬於一個類別，所以能用 JOIN 子句。

image 資料表會提供每篇文章使用的檔案名稱和圖像替代文字。由於每篇文章不一定會需要圖像，所以此處要用 LEFT JOIN 子句，確保所有可以使用的資料還是能加進結果集。

```sql
SELECT article.title, article.summary,
       category.name,
       image.file, image.alt
  FROM article
  JOIN category   ON article.category_id = category.id
  LEFT JOIN image ON article.image_id    = image.id
  ORDER BY article.id ASC;
```

結果集（顯示 24 個資料列中的前 3 列）

title	summary	name	file	alt
Systemic Brochure	Brochure design for…	Print	systemic-brochure.jpg	Brochure…
Forecast	Handbag illustration…	Illustration	forecast.jpg	Illustrati…
Swimming Pool	Architecture magazine…	Photography	swimming-pool.jpg	Photograph…

範例：合併查詢多個資料表

```
SQL                          section_c/c11/joins.sql

① ⌈ SELECT article.id, article.title,
  │        category.name,
  └        image.file, image.alt

② ⌈ FROM article
③ │ JOIN category   ON article.category_id = category.id
④ └ LEFT JOIN image ON article.image_id    = image.id

⑤ ⌈ WHERE article.category_id = 3
  └   AND article.published    = 1
⑥ ORDER BY article.id DESC;
```

結果集

id	title	name	file	alt
21	Stargazer	Illustration	stargazer-masc...	Illustrat...
17	Snow Search	Illustration	snow-search.jpg	Illustrat...
10	Polite Society...	Illustration	polite-society...	Mural for...
5	Sisters	Illustration	NULL	NULL
4	Walking Birds	Illustration	birds.jpg	Collage...
2	Forecast	Illustration	forecast.jpg	Illustrat...

試試看：取得類別 id 同樣為 2 的文章資料。

試試看：加入 member 資料表裡的作者姓名。

左側的查詢範例是收集指定類別裡的多篇文章資料。

1. **SELECT** 陳述式後面是接要加入結果集的資料欄名稱，會從 article、category 和 image 這三個資料表收集資料。

2. **FROM** 子句表示左側資料表是 article 資料表。

3. 第一個 **JOIN** 子句表示合併查詢條件是 category 資料表內資料欄 id 的值要跟 article 資料表內資料欄 category_id 的值一樣。

4. 第二個 **JOIN** 子句表示從 image 資料表內選擇資料的條件是，資料欄 id 的值要跟 article 資料表內資料欄 image_id 的值一樣。此處是 **LEFT JOIN**，所以只要有資料缺失，就會使用 NULL 值。

5. **WHERE** 子句是限制結果集的資料列要符合搜尋條件：article 資料表內資料欄 category_id 的值為 3，published 的值為 1。

6. **ORDER BY** 子句是控制查詢結果加入結果集的順序，根據文章 id 遞減排序。

別名

資料表別名的作用是提高合併查詢陳述式的易讀性，結果集的資料欄名稱也可以指定為資料欄別名。

在複雜的 SQL 查詢裡，經常會利用合併查詢從多個資料表選取資料，所以會幫每個資料表取別名。

資料表別名就像是資料表名稱的縮寫，目的是減少查詢時要寫的文字量。

建立資料表別名的做法是在 FROM 或 JOIN 命令後面加資料表名稱，然後使用 AS 命令，指定資料表別名。之後撰寫查詢指令時，任何有用到資料表名稱的地方都能以別名取代。

```
SELECT t1.column1, t1.column2, t2.column3
   FROM table1 AS t1
   JOIN table2 AS t2 ON t1.column4 = t2.column1;
```
建立別名　　　資料表 1 的別名　　　資料表 2 的別名

結果集的資料欄名稱通常是取自我們收集資料的資料表。

資料欄別名能讓我們改變結果集的資料欄名稱，還可以指定別名給儲存 count() 函式運算結果的資料欄。

建立資料欄別名的做法是先指定我們取得資料的資料欄名稱，然後使用 AS 命令，指定結果集要用的資料欄別名。

或是在 COUNT() 函式後面加上 AS 命令，指定結果集內儲存計數結果的資料欄別名。

資料庫的資料欄名稱　　結果集的資料欄別名
```
SELECT column1 AS newname1
   FROM table;
```

COUNT() 函式　　結果集的資料欄別名
```
SELECT COUNT(*) AS members
   FROM members;
```

範例：為資料欄名稱指定別名

section_c/c11/table-alias.sql

```sql
SELECT a.id, a.title,
       c.name,
       i.file, i.alt

  FROM article      AS a
  JOIN category     AS c  ON a.category_id = c.id
  LEFT JOIN image   AS i  ON a.image_id    = i.id

  WHERE a.category_id = 3
    AND a.published   = 1
  ORDER BY a.id DESC;
```

結果集

id	title	name	file	alt
21	Stargazer	Illustration	stargazer-masc…	Illustrat…
17	Snow Search	Illustration	snow-search.jpg	Illustrat…
10	Polite Society…	Illustration	polite-society…	Mural for…
5	Sisters	Illustration	NULL	NULL
4	Walking Birds	Illustration	birds.jpg	Collage…
2	Forecast	Illustration	forecast.jpg	Illustrat…

section_c/c11/column-alias.sql

```sql
SELECT forename AS firstname, surname AS lastname
  FROM member;
```

結果集

firstname	lastname
Ivy	Stone
Luke	Wood
Emiko	Ito

左側查詢範例取得的資料跟前面範例相同，差異在於 FROM 和 JOIN 命令後面有指定資料表別名：

a 是 article 資料表的別名。
c 是 category 資料表的別名。
i 是 image 資料表的別名。

原本在 SELECT 指令和 WHERE、AND、ORDER BY 子句後面的資料表全名，現在改以別名取代。

試試看：請更改以下別名：

- 將「article」資料表的別名改為 art。
- 將「category」資料表的別名改為 cat。
- 將「image」資料表的別名改為 img。

左側範例是從 member 資料表中選出 forename 和 surname 這兩個資料欄的值，然後以別名為結果集指定新的資料欄名稱。

試試看：計算 article 資料表內的文章篇數，使用別名呼叫儲存文章篇數的資料欄

合併資料欄與 NULL 替代值

CONCAT() 函式是將兩欄資料合併在一起,加進結果集裡的一個資料欄;若資料欄的值含有 NULL,就使用 COALESCE() 函式指定的值。

SQL 的 CONCAT() 函式是用於從兩個以上的資料欄取出值,然後將這些值合併(或串接)到結果集裡面的一個資料欄裡。

通常是為了將兩個資料欄的值分開,而在兩者之間插入一個字串。當兩個資料欄的值合併時,會以別名指定資料欄在結果集裡的名稱。

CONCAT() 函式跟其他函式一樣,也是以英文逗號分隔傳入函式的引數,其作用是將引數合併在一起,產生新的值。以下程式碼是將兩個資料欄的值合併在一起,使用空白字元分隔這兩欄的資料。

若其中一個資料欄的值是 NULL,則其他資料欄的值也會被視為 NULL。

```
SELECT CONCAT(column1, ' ', column2) AS newname
    FROM table;
```
資料欄 1 的值　　連接用文字　　資料欄 2 的值
英文逗號　　英文逗號　　別名

若知道資料欄的值會是 NULL,可以利用 SQL 的 COALESCE() 函式指示:

- 在出現 NULL 值的欄位使用其他資料欄名稱的值(若這個值不為 NULL 才能用來取代)。
- 若所有指定資料欄都是 NULL 值,就使用預設值。

當資料列加入結果集時,若第一選擇的資料欄是 NULL 值,就會檢查第二選擇的資料欄內的值。若所有候選資料欄的值都是 NULL,就使用預設值。

使用 COALESCE() 函式時,必須為結果集的資料欄名稱提供別名,因為資料可能會來自於數個資料欄。

```
SELECT COALESCE(column1, column2, default) AS newname
    FROM table;
```
第一選擇的資料　　第二選擇的資料　　預設值　　別名

範例：使用 CONCAT() 與 COALESCE() 函式

section_c/c11/concat.sql

```
SELECT CONCAT(forename, ' ', surname) AS author
  FROM member;
```

結果集
author
Ivy Stone
Luke Wood
Emiko Ito

左側範例是利用 CONCAT() 函式，將 forename 和 surname 這兩個資料欄的值合併成一個新的資料欄 author，然後加入結果集。

在兩個資料欄的值之間加入空白字元，用以確保名字和姓氏之間一定會出現空格。

試試看：在先前選擇的值裡面加入電子郵件位址，然後將資料欄別名指定為 author_details。

section_c/c11/coalesce.sql

```
SELECT COALESCE(picture, forename, 'friend') AS profile
  FROM member;
```

結果集
profile
ivy.jpg
Luke
emi.jpg

左側範例是利用 COALESCE() 函式指定替代值，若 member 資料表的 profile 資料欄出現 NULL 值就可以使用（因為使用者沒有上傳個人頭像）。此處範例中的 SELECT 陳述式會尋找：

- member 資料表內 picture 資料欄的值。

- 若第一個尋找的資料值為 NULL，就使用 forename 資料欄的值。

- 若第二個尋找的資料值也是 NULL，則使用替代文字 friend。

為結果集要用的資料欄名稱指定別名，此處稱為 profile。

試試看：若使用者沒有提供圖片，就使用預設值 placeholder.png 來代替。

範例：CMS 系統查詢文章

CMS 使用 SQL 查詢來顯示單篇文章的相關資訊，以及一組文章的摘要。這些查詢結合了本章先前已經介紹過的技巧。

1. 下方的 SQL 查詢是從四個資料庫表格裡分別取得單篇文章的相關資料，SELECT 陳述式後面是加我們要從中取得資料的資料欄名稱。

2. 為結果集內新增的資料欄（類別名稱、圖像檔名和替代文字）指定別名。

3. CONCAT() 函式的工作是將撰寫文章的會員名字和姓氏串接在一起，然後指定資料欄別名，表示結果集會儲存一個名稱為 author 的資料欄。

4. 左側資料表是 article 資料表，以三個 JOIN 子句分別表示這個資料表與其他資料表的資料關係。

在 FROM 和 JOIN 命令後面，指定每個資料表名稱的別名。每次查詢時會指定一個資料欄，這些別名是用來取代完整的資料表名稱。

5. WHERE 子句後面是指定我們要收集的文章編號。只有當 published 資料欄的值是 1，才會回傳。

```
section_c/c11/article.sql                                           SQL
① SELECT a.title, a.summary, a.content, a.created, a.category_id, a.member_id,
②        c.name       AS category,
③        CONCAT(m.forename, ' ', m.surname) AS author,
②        i.file       AS image_file,
②        i.alt        AS image_alt

   FROM article      AS a
   JOIN category     AS c   ON a.category_id = c.id
④  JOIN member       AS m   ON a.member_id   = m.id
   LEFT JOIN image   AS i   ON a.image_id    = i.id
⑤  WHERE a.id        = 22
     AND a.published = 1;
```

結果集

title	summary	content	created	category_id	member_id	category	author	image_file	image_alt
Polite…	Poster…	These…	2021-0…	1	1	Print	Ivy St…	polite-so…	Photogra…

1. 下方的 SQL 查詢是使用全部四個資料庫表格裡的資料，取得指定類別裡所有文章的摘要資訊。

SELECT 陳述式後面是加我們要從中取得資料的資料欄名稱。

2. 跟左頁的範例一樣，為結果集內新增的資料欄名稱（類別名稱、圖像檔名和替代文字）指定別名。

再次呼叫 CONCAT() 函式，串接作者的名字與姓氏。

3. JOIN 子句的內容跟左頁範例一樣。

4. WHERE 子句後面是指定我們要收集的文章所屬的類別編號，而且必須是已經發布的文章。然後依照文章編號，遞減排序查詢結果。

```
SQL                                        section_c/c11/article-list.sql
```

```sql
① SELECT a.id, a.title, a.summary, a.category_id, a.member_id,
        c.name        AS category,
②      CONCAT(m.forename, ' ', m.surname) AS author,
        i.file        AS image_file,
        i.alt         AS image_alt

        FROM article     AS a
③      JOIN category    AS c   ON a.category_id = c.id
        JOIN member      AS m   ON a.member_id   = m.id
        LEFT JOIN image  AS i   ON a.image_id    = i.id

        WHERE a.category_id = 1
④        AND a.published   = 1
        ORDER BY a.id DESC;
```

結果集

id	title	summary	category_id	member_id	category	author	image_file	image_alt
24	Travel Guide	Book de…	1	1	Print	Ivy Stone	feathervi…	Two page…
22	Polite Societ…	Poster…	1	1	Print	Ivy Stone	polite-so…	Photogra…
20	Chimney Busin…	Station…	1	2	Print	Luke Wood	chimney-c…	Business…
14	Milk Beach Al…	Packagi…	1	1	Print	Ivy Stone	milk-beac…	Vinyl LP…
12	The Ice Palace	Book co…	1	2	Print	Luke Wood	the-ice-p…	The Ice…
1	Systemic Broc…	Brochure…	1	2	Print	Luke Wood	systemic-…	Brochure…

試試看：每篇文章都選擇相同的資料，但利用不同的 WHERE 子句，選出一位網站會員寫的文章。

試試看：每篇文章都選擇相同的資料，但利用 LIMIT 子句，從資料庫取出最近發布的六篇文章（任何類別均可）。

試試看：每篇文章都選擇相同的資料，但利用 SQL 的 LIKE 子句，取得標題含有名詞 design 的文章相關資料。

新增資料到資料庫

SQL 的 INSERT INTO 命令是新增一列資料到資料表裡，一次只能加一個資料表。

INSERT INTO 命令是指示資料庫，將資料插入一個資料表裡。命令後面會加：

- 要加入資料的資料表名稱。

- 一組小括號，括號內是要加入資料的資料欄名稱。

VALUES 命令後面要接一組小括號，括號內是要加入資料欄的值。

這些值出現的順序必須跟資料欄指定的順序一樣。字串要放在引號內，數字則不需要。

在範例資料庫中，每個資料表的 id 欄都是主要索引鍵，所以每一列資料的 id 欄都需要唯一值。

為了確保 id 資料欄的值是唯一，我們會利用 MySQL 的「**自動遞增**」功能產生這個值。每當資料表新增一列，數字就會遞增 1，藉此確保資料欄產生的數字一定是唯一值。

因為這個值是由資料庫產生，所以每當資料表新增一列資料，我們不用指定資料欄名稱 id 或是資料值。

其他四個資料欄有**預設值**，意思是說新增一列資料時，我們不需要為這些資料欄指定值，分別是：

- article 資料表的資料欄 created：預設值是資料列新增到資料庫的日期和時間。

- article 資料表的資料欄 image_id：預設值是 NULL。沒有提供圖像時，這一欄就會儲存 NULL 值。

- article 資料表的資料欄 published：預設值是 0。這一欄的值如果沒有設為 1，表示文章尚未發布。

- member 資料表的資料欄 joined：預設值是資料列新增到資料庫的日期和時間。

section_c/c11/insert-1.sql

```sql
INSERT INTO category (name, description, navigation)
VALUES ('News', 'Latest news from Creative Folk', 0);
```

category

id	name	description	navigation
1	Print	Inspiring graphic design	1
2	Digital	Powerful pixels	1
3	Illustration	Hand-drawn visual storytelling	1
4	Photography	Capturing the moment	1
5	News	Latest news from Creative Folk	0

左側的 SQL 指令是將 News 這個類別新增到 category 資料表裡。

SQL 必須為資料欄 name、description 和 navigation 指定值，不用提供值給 id 欄，因為資料庫會利用「自動遞增」功能加入值。

左側的 category 資料表裡有特別標示出新增的資料列。

section_c/c11/insert-2.sql

```sql
INSERT INTO image (file, alt)
VALUES ('bicycle.jpg', 'Photo of bicycle'),
       ('ghost.png',   'Illustration of ghost'),
       ('stamp.jpg',   'Polite Society stamp');
```

image

id	file	alt
22	polite-society-posters.jpg	Photograph of three posters...
23	golden-brown.jpg	Photograph of the interior...
24	featherview.jpg	Two pages from a travel boo...
25	bicycle.jpg	Photo of bicycle
26	ghost.png	Illustration of ghost
27	stamp.jpg	Polite Society stamp

本章後續的其餘範例會移除這些範例額外增加的資料。

讀者執行所有範例的順序必須跟範例在本書出現的順序一樣，如果不依照這個順序，就會遇到錯誤。

左側範例是新增三列資料到 image 資料表，每一列資料是儲存不同圖像的詳細資訊。

SQL 必須為每一個圖像指定檔名和替代文字，不用提供值給 id 欄，因為資料庫會利用「自動遞增」功能加入值。

每一列要新增的值會放在一組小括號裡，跟一列資料加入資料庫裡的做法一樣。

每一組括號要以英文逗號隔開，最後一列資料後面要加分號（不是英文逗號）。

image 資料表裡有特別標示出新增的資料列。

如果發現 phpMyAdmin 只會顯示 25 列資料，請設定結果集上方的選項，就能顯示資料表內的所有資料。

為資料庫更新資料

SQL 的 UPDATE 命令能讓我們更新資料庫，SET 命令是指示要更新的資料欄及其更新值，WHERE 子句則是控制要更新資料表中的哪一列資料。

UPDATE 命令的作用是告訴資料庫我們想更新其中的資料，命令後面是加我們想要更新的資料表名稱。

UPDATE 命令後是接 SET 命令，用於指定我們想更新的資料欄以及更新值。我們只需要提供想更新的資料欄名稱和值，其他資料欄的值會保持不變。

WHERE 子句是用於指定要更新哪一列資料，用法跟從資料庫請求特定資料列一樣（如果沒有指定，資料表中的每一列都會更新。）

若有超過一列以上的資料符合搜尋條件，則符合條件的每一列都會更新為相同的值。如果需要同時更新多個表格的資料，SQL 陳述式會使用 JOIN 命令。

```
                          資料表                          資料欄          更新值
資料表 ⟶ UPDATE table
新的值 ⟶    SET column1 = 'value1', column2 = 'value2'
要更新的資料列 ⟶ WHERE column   = 'value';
                   搜尋條件：要更新的資料列
```

一次通常只會更新一列資料，在這種情況下，WHERE 子句會使用資料表的主要索引鍵，指定要更新哪一列資料。在範例資料庫中，每個資料表的主要索引鍵就是資料欄 id 的值。

利用搜尋條件從資料表中選出多個資料列，就能一次更新多列資料。例如，若要隱藏某一位作者寫的所有文章，可以將 published 這一欄的值更新為 0，搜尋條件則指定為該名作者的編號。

section_c/c11/update-1.sql

```sql
UPDATE category
   SET name = 'Blog', navigation = 1
 WHERE id = 5;
```

category

id	name	description	navigation
1	Print	Inspiring graphic design	1
2	Digital	Powerful pixels	1
3	Illustration	Hand-drawn visual storytelling	1
4	Photography	Capturing the moment	1
5	Blog	Latest news from Creative Folk	1

左側的 SQL 指令是要更新前一個範例中加入 category 資料表裡的資料列,而且只會更新這一列資料,因為 WHERE 子句指定類別 id 必須是 5。

範例中的指令會將資料欄 name 的值改為 Blog,以及將資料欄 navigation 的值改為 1。

可以看到左側的 category 資料表裡,有特別標示出更新後的資料列。

section_c/c11/update-2.sql

```sql
UPDATE category
   SET navigation = 0
 WHERE navigation = 1;
```

category

id	name	description	navigation
1	Print	Inspiring graphic design	0
2	Digital	Powerful pixels	0
3	Illustration	Hand-drawn visual storytelling	0
4	Photography	Capturing the moment	0
5	Blog	Latest news from Creative Folk	0

左側 SQL 指令會更新 category 資料表中的每一列資料,因為 navigation 這一欄的值都是 1(WHERE 子句指定任何資料列只要 navigation = 1 就符合條件)。

範例中的指令是將資料欄 navigation 的值改為 0,這樣所有文章類別都不會顯示在導覽列上。

有時我們雖然想提供一些功能,讓使用者能處理一個資料表中的多列資料,但這個範例特別強調一點,確定我們所寫的 SQL 指令只會更新我們想更新的資料列也很重要。

試試看: 在 phpMyAdmin 中使用 SQL 命令,重新顯示所有文章類別。

注意: 讀者**必須**打開文章類別的顯示設定,後續章節才能看到這些類別。

備份資料庫

由於 SQL 陳述式能更新資料庫內的多列資料,所以每次執行新的查詢之前,先建立資料庫備份會是比較好的做法。

萬一 SQL 查詢影響的資料範圍不小心超出預期,就可以利用備份資料,回溯到執行查詢前的原本資料。

phpMyAdmin 建立資料庫備份的步驟如下:

1. 選擇資料庫。

2. 點選 Export 分頁。

3. 使用現有的選項,然後按下 Go。會產生 SQL 檔,然後再存成文字檔,跟建立資料庫時使用的檔案一樣。

刪除資料庫內的資料

SQL 的 DELETE 命令能刪除資料表中一列或多列資料，FROM 指令是表明我們想刪除哪一個資料表的資料，WHERE 子句則是説明要刪除資料表中的哪一列（哪些）資料。

若要同時刪除資料表中的一列或多列資料，首先要使用 DELETE FROM 命令，後面加我們想要刪除資料的資料表名稱。

接著是利用搜尋條件，指定要刪除的資料列（如果沒有指定，就會刪除資料表中的每一列資料）。挑選資料列時，搜尋條件可以用主要索引鍵來指定資料欄。

如果有超過一列以上的資料符合 WHERE 子句，則符合條件的每一列都會刪除。

DELETE 命令無法單獨刪除資料庫內一個資料欄的值，替代做法是利用 UPDATE 命令，將該資料欄的值設定為 NULL。

```sql
DELETE FROM category
  WHERE id = 5;
```

category

id	name	description	navigation
1	Print	Inspiring graphic design	1
2	Digital	Powerful pixels	1
3	Illustration	Hand-drawn visual storytelling	1
4	Photography	Capturing the moment	1
5	Blog	Latest news from Creative Folk	1

```sql
DELETE FROM category
  WHERE navigation = 1;
```

category

id	name	description	navigation
1	Print	Inspiring graphic design	1
2	Digital	Powerful pixels	1
3	Illustration	Hand-drawn visual storytelling	1
4	Photography	Capturing the moment	1

左側 SQL 指令是刪除 category 資料表中，id 資料欄的值是 5 的資料列，這是我們在先前範例中加入的文章類別 Blog。

這個範例會刪除左側資料表中特別標註的資料列。

如果有超過一列以上的資料符合 WHERE 子句，則資料表中符合條件的所有資料列都會刪除。

請勿執行這個範例：

請小心使用 DELETE 命令，不要刪除超過預期的資料，這點非常重要。以左側的 SQL 查詢為例，會刪除網站導覽列使用的所有文章類別。

在執行新的 SQL 陳述式刪除資料庫內的資料時，請先建立資料庫備份，萬一 SQL 查詢執行的動作超出預期，可以確保手上有資料副本。

條件約束：唯一性

某些資料欄需要唯一值，例如，兩篇文章不能用同一個標題、兩個類別不能用相同的名稱，以及不能有兩個會員用同一個電子郵件位址。

如果某一個資料欄的值應該都是唯一，但該欄卻有兩個資料列的值一樣，這樣就是出現**重複項目**。

若要避免資料庫內同一個資料欄出現多列相同的值，可以指定 MySQL 套用**「唯一性」**這項**條件約束**（因為要限制該資料欄能出現的值，才能確保唯一性）。

「唯一性」這項條件約束只能在必要時刻使用，像是每次要新增資料或是更新現有資料時，資料庫就必須檢查該資料欄中的每一列，確定要加入或更新的值尚未存在。由於資料庫需要花更多力氣處理這個情況，所以會拖慢執行速度。

以下步驟是說明如何在 phpMyAdmin 裡，為類別名稱加入「唯一性」這項條件約束，確保不會出現兩個相同的類別名稱。

1. 選擇資料庫 phpbook-1，然後從左側選單中選取 category 資料表。
2. 選擇「Structure」分頁。
3. 下方資料表中的每一列都代表資料庫中的一個資料欄，從中找到表示 name 資料欄的那一列，點一下會出現更多下拉選單的項目。
4. 點選 Unique 這個連結。

如果 SQL 陳述式現在想要加入或更新一個類別，但使用跟現有類別一樣的名稱，資料庫就會產生錯誤，後續第 491 頁會學到如何處理這個情況。

本書範例資料庫中有三個資料表，每個表格裡都有一個資料欄需要套用「唯一性」這項條件約束，以確保其中的值都不一樣。

這些資料欄分別是：article 資料表的 title 欄、category 資料表的 name 欄和 member 資料表的 email 欄。

條件約束：外部索引鍵

當兩個資料表間互相建立關係時，以**外部索引鍵作為條件約束**，會檢查外部索引鍵的值在另一個資料表內是否為有效的主要索引鍵。

article 資料表中有三個資料欄使用外部索引鍵：

- category_id 欄：該篇文章屬於哪一個類別。
- member_id 欄：是哪個編號的會員寫了這篇文章。
- image_id：該篇文章使用了哪個編號的圖像。

article 資料表將「外部索引鍵」這項條件約束用於：

- 確保加入這些資料欄的值在相對應資料表中，都是主要索引鍵（如果不是，資料庫就會產生錯誤）。
- 若類別、會員或圖像的主要索引鍵是 article 資料表的外部索引鍵，能防止這些值被刪除。

若要對資料表中的某一欄加上「外部索引鍵」這項條件約束：

1. 選擇有外部索引鍵的資料表。
2. 勾選是外部索引鍵的資料欄。
3. 點擊「More」，再選取「Index」，就能為該資料欄加入索引值（此處設定的索引值是前面從資料表中選定的資料欄副本，目的是提高資料表搜尋資料的速度，但應該小心使用，因為這項操作會占用額外的空間，而且會拖慢資料庫的執行速度）。
4. 選擇「Relation view」。
5. 加入限制名稱。
6. 選擇用外部索引鍵的資料欄。
7. 選擇主要索引鍵的資料表和資料欄，然後按下「Save」（儲存，未顯示於下方截圖裡）。

本章重點回顧

結構化查詢語言

> 「結構化查詢語言」（SQL）的作用是跟資料庫溝通。

> SELECT 指令是指定要從資料庫收集哪些資料欄，再將收集到的資料加入結果集。

> CREATE、UPDATE 和 DELETE 命令是用於建立、更新或刪除資料列。

> FROM 子句是指定查詢要使用的資料表。

> WHERE 子句是指定查詢要用的資料列。

> JOIN 命令是描述多個資料表之間的關係。

> 作為主要索引鍵的資料欄具有唯一值，用以識別每一列資料，可以利用 MySQL 的「自動遞增」功能產生這個值。

> 作為外部索引鍵的資料欄是用於儲存另一個資料表的主要索引鍵，並且描述兩者之間的關係。

> 條件約束是避免資料庫出現重複的項目，確保外部索引鍵和另一個資料表的主要索引鍵保持一致。

12

獲取與顯示來自資料庫的資料

本章主旨是介紹如何利用 PHP 獲取來自資料庫的資料，然後將資料顯示於網頁。此外，還會介紹如何利用 PHP 檔案來顯示同一個網站上的多個網頁。

前一章的內容是介紹 SQL 查詢（向資料庫請求資料），以及資料庫如何將得到的請求資料集合成一個結果。本章接下來要介紹 PHP 如何利用 SQL 獲取資料庫內的資料，然後將資料儲存在變數裡讓網頁使用。為了達成這個目的，PHP 設計了一套內建類別，稱為 PHP **資料物件**（PHP Data Objects，**簡稱 PDO**）。

- 首先是利用 PDO 類別產生物件，用於管理資料庫連線。物件要向資料庫請求資料之前，必需先連結到資料庫，這種做法跟 FTP 程式與 FTP 伺服器連線一樣，如此才能取得伺服器上的檔案，同樣地，電子郵件程式也要先連接到郵件伺服器，才能取得電子郵件。

- 接著是利用 PDOStatement 類別產生物件，表示我們希望資料庫執行的 SQL 陳述式。呼叫 PDOStatement 物件的方法，執行物件表示的 SQL 陳述式，從資料庫產生的結果集收集資料。

本章大部分的內容會以陣列表示結果集內的每一列資料，然後儲存在變數裡給 PHP 網頁用。

當資料庫內儲存的資料是由網站訪客提供時，資料顯示於網頁之前必須先經過淨化，防止發生跨站腳本攻擊的風險（請見第 244 ～ 247 頁）。

本章最後會介紹 PHP 資料物件如何讓資料以物件使用而非陣列。

連接資料庫

為了尋找資料庫並且與資料庫連接，PHP 資料物件需要**資料來源名稱**（data source name，**簡稱 DSN**）作為變數，內含五個部分的資料。DSN 是利用內建的 PDO 類別，建立 PDO 物件。

建立 DSN 時，會分別將五個部分的資料儲存在變數裡，然後將這五個變數的資料合併在一起產生 DSN，再存成第六個變數（在以下例子中，變數名稱為 $dsn）。

$type 是儲存資料庫類型，這個值一定要設定，因為 PHP 資料物件能處理多種類型的資料庫。使用 MySQL 和 MariaDB 時，這個值要設定為 mysql。

$server 是儲存伺服器的主機名稱，資料庫是架設在這個伺服器上。這個值可以設定為：

- localhost：當資料庫跟網頁伺服器都架設在同一個伺服器上，例如，執行 MAMP 或 XAMPP 工具時。

- 伺服器的 IP 位址或網域名稱：如果資料庫跟網頁伺服器不是架設在同一個伺服器上。

$db 是儲存要連接的資料庫名稱。在這個部分的章節裡，本書使用的資料庫是「phpbook-1」。

$port 是儲存資料庫的通訊埠編號。MAMP 使用的通訊埠編號通常是 8889，XAMPP 則是 3306。

$charset 是儲存字元編碼，傳送資料給資料庫以及資料庫送回資料時都會用到這個編碼，這個值會設定為 utf8mb4。

使用這五個值產生 DSN，並且儲存在變數 $dsn（使用雙引號是為了確保變數名稱一定會置換為變數值，請見第 52 頁）撰寫 DSN 時，語法要非常精確，不能有多餘的空格或其他字元。

- 前置詞是 DSN 使用的資料庫類型，後面跟著冒號。

- 再來是四組名稱 / 值，每一組要以分號隔開。名稱後面會接符號 =，再加上要使用的值（每個值都已經儲存在剛剛產生的五個變數裡）。

```
$type    = 'mysql';       // 資料庫軟體的類型
$server  = 'localhost';   // 主機名稱
$db      = 'phpbook-1';   // 資料庫名稱
$port    = '8889';        // XAMPP 使用通訊埠編號 3006
$charset = 'utf8mb4';     // UTF-8 編碼是使用四個位元組資料
$dsn     = "$type:host=$server;dbname=$db;port=$port;charset=$charset";
```

前置詞　　　主機名稱　　　資料庫名稱　　　通訊埠編號　　　字元編碼

將 DSN 儲存在變數之後，再來就是建立 PDO 物件，用於管理 PHP 檔案內程式碼與資料庫之間的連線。

利用 PHP 內建的 PDO 類別來產生 PDO 物件，需要：

- DSN（請見左頁），才能找到 PDO 物件必須連線的資料庫。

- 使用者帳號的名稱和密碼，用以登入資料庫（建立使用者帳號的方法，請見第 394 ～ 395 頁）。

在下方程式碼裡，變數：

- $username 是儲存使用者帳號的名稱。

- $password 是儲存使用者帳號的密碼。

產生 PDO 物件時，還可以設定一些選項，控制 PDO 與資料庫的搭配方式。下方這些選項都會儲存在 $options 陣列。

1. PDO::ATTR_ERRMODE 選項：PDO 物件遇到錯誤時的處置方式。設定為 PDO::ERRMODE_EXCEPTION 表示發生錯誤時，PDO 會使用內建的 PDOException 類別，拋出例外情況物件。PHP 8 以前的所有版本都一定要設定這個選項（否則，PDO 不會產生任何錯誤），但從 PHP 8 開始，這個設定已經變成預設的錯誤模式，可以省略這項設定。

2. PDO::ATTR_DEFAULT_FETCH_MODE 選項：PDO 如何讓 PHP 程式碼使用結果集的每一列資料。設定為 PDO::FETCH_ASSOC，表示結果集中的每一列資料都要儲存為關聯式陣列。

3. PDO::ATTR_EMULATE_PREPARES 選項：設定要打開／關閉模擬模式（emulation mode）。本書設定為 false，是為了確保資料庫中所有的整數資料型態都一定會轉換成 PHP 程式碼用的 int 資料型態。這個選項若設定為 true，則每個值轉換時都會視為字串。

```
資料庫    ┌  $username = 'enter-your-username';
使用者    │
帳號     └  $password = 'enter-your-password';
            $options = [
    ①          PDO::ATTR_ERRMODE               => PDO::ERRMODE_EXCEPTION,
    ②          PDO::ATTR_DEFAULT_FETCH_MODE => PDO::FETCH_ASSOC,
    ③          PDO::ATTR_EMULATE_PREPARES    => false,
            ];
```

DSN、使用者帳號詳細資料和選項都儲存在變數之後，接下來就是利用建構函式來產生 PDO 物件，做法跟其他物件一樣。

這個範例的 PDO 物件是儲存在變數 $pdo。由於 PDO 屬於 PHP 內建類別，所以網頁不需要引入類別定義。

```
$pdo = new PDO($dsn, $username, $password, $options);
```

變數　　　類別名稱　　資料來源　　使用者名稱　　　密碼　　　　　選項
　　　　　　　　　　　名稱

注意：DSN 尋找與連接資料庫時需要的這五個值可以用加入 DSN 的方式，而非一開始就儲存到變數裡。

如果分開儲存在不同的變數裡，會比較方便編輯或更改這些值，而且比較不會引發錯誤，因為 DSN 需要非常精準的語法。

將資料庫連線存放在引入檔

動態資料庫網站上的多數網頁都要與資料庫連線，所以用來產生 PDO 物件（負責管理資料庫連線）的程式碼通常會儲存在引入檔案裡。

右頁的引入檔案會產生 PDO 物件，然後儲存在變數 $pdo，讓任何需要使用資料庫的網頁都可以引入這個檔案，使用儲存在變數 $pdo 裡的 PDO 物件。把這段程式碼放在引入檔案裡的好處是：

- 每個需要與資料庫連線的網頁，就不需要重複撰寫相同的程式碼。

- 若需要更新資料庫連線，只需要更新一個引入檔案，不需要更新每個與資料庫連線的網頁。

- 若同時擁有測試站與正式站，只要在一個檔案裡改變資料庫連線。

在本書提供下載的程式碼裡，本章 CMS 資料夾下的檔案 database-connection.php 會用在範例網站**和**本章的範例中，因此，讀者在執行範例前，必須先編輯這個檔案，才能使用資料庫（Section C 一開始有介紹過，而且前一章也有用過這個資料庫）。

請參見步驟 1 和步驟 2，更新要給資料庫使用的變數值，確認是否能連線到範例資料庫，然後試試看是否能載入範例網站的首頁。若 PDO 物件能連線到資料庫，就能看到這個範例網站，請花點時間瀏覽一下網站。

若 PDO 物件無法連線到資料庫，例外處理函式（請見第 371 頁）就會顯示錯誤訊息（若資料庫連線有問題，請參見右頁的「排除問題」說明）。

1. 儲存 DSN 的值（請參見前一頁的說明）。

2. 設定使用者帳號的名稱和密碼，才能使用變數儲存的資料庫，**一定**要先為資料庫產生這些值。

3. 設定選項是為了：確保 PHP 資料物件遇到任何錯誤時都會拋出例外情況；指示 PHP 資料物件取出結果集內的每一列資料，然後儲存為陣列；確定整數數字一定會以整數型態回傳（而非字串）。

4. 利用步驟 1 的資料，產生 DSN。

5. 在 try 區塊裡產生 PDO 物件，避免顯示出使用者帳號的詳細資訊（請見步驟 8）。

6. 產生 PDO 物件的同時，會嘗試與資料庫連線。若連線成功，會將 PDO 物件儲存在變數 $pdo。

7. 若 PDO 物件無法與資料庫連線，就會使用內建的 PDOException 類別，拋出例外情況。PHP 直譯器會接著執行 catch 區塊裡的程式碼。若執行 catch 區塊，例外情況物件就會儲存在變數 $e。

8. catch 區塊會重新拋出例外情況。這一點很重要，因為 PDO 物件如果無法與資料庫連線，網站就不會進行例外情況處理，錯誤訊息就會顯示資料庫的使用者名稱和密碼，這項技巧是防止使用者名稱與密碼外洩。

```php
<?php
$type     = 'mysql';                     // 資料庫的類型
$server   = 'localhost';                 // 架設資料庫的伺服器
$db       = 'phpbook-1';                 // 資料庫名稱
$port     = '8889';                      // MAMP 使用的通訊埠編號通常是 8889，XAMPP 則是 3306
$charset  = 'utf8mb4';                   // UTF-8 編碼是每個字元使用四個位元組資料

$username = 'enter-your-username';       // 此處是輸入你的使用者名稱
$password = 'enter-your-password';       // 此處是輸入你的密碼

$options = [                             // 設定 PDO 物件的使用選項
    PDO::ATTR_ERRMODE            => PDO::ERRMODE_EXCEPTION,
    PDO::ATTR_DEFAULT_FETCH_MODE => PDO::FETCH_ASSOC,
    PDO::ATTR_EMULATE_PREPARES   => false,
];                                                              // 設定 PDO 物件選項
// 請勿更動以下任何內容
$dsn = "$type:host=$server;dbname=$db;port=$port;charset=$charset"; // 產生 DSN
try {                                                          // 嘗試值行後續程式碼
    $pdo = new PDO($dsn, $username, $password, $options);      // 產生 PDO 物件
} catch (PDOException $e) {                                    // 若有拋出例外情況
    throw new PDOException($e->getMessage(), $e->getCode());   // 重新拋出例外情況
}
```

①②③④⑤⑥⑦⑧

RESULT

Travel Guide
Book design for series of travel guides
POSTED IN **PRINT** BY **IVY STONE**

Golden Brown
Photograph for interior design book
POSTED IN **PHOTOGRAPHY** BY **EMIKO ITO**

Polite Society Posters
Poster designs for a fashion label
POSTED IN **PRINT** BY **IVY STONE**

連接資料庫：

本書提供下載的程式碼裡，後續每個章節裡都有專屬的資料庫連線檔案。所以在執行該章節的範例之前，必須先更新這個檔案，程式碼才能與資料庫連線。

排除問題：

如果無法與資料庫連線，請將步驟 8 的程式碼置換成以下這一行，就會載入「排除問題」的檔案：

```
include 'database-troubleshooting.php';
```

正常執行後，再請置換回步驟 8 原本的程式碼（如上所示）。

如何讓單一 PHP 檔案顯示不同資料

動態資料庫網站會利用 SQL 查詢從資料庫收集資料，再使用這些資料產生我們看到的網頁。

我們在上一章已經看過 SQL 查詢能請求以下資料：

- 單獨項目（一篇文章或一位會員）。
- 一組相關項目（幾篇最新文章的摘要或一位會員寫過的所有文章）。

在本書範例網站上，檔案 article.php 會使用資料庫儲存的資料，顯示每一篇文章的網頁內容。該網頁會利用網址傳送查詢字串，指示 SQL 查詢要從資料庫取出哪一篇文章。article.php 網頁則是使用 PDO 物件來執行查詢，資料庫會產生結果集，以一列資料來表示該篇文章。這個資料會儲存在陣列裡，然後顯示在網頁上。

下方顯示的網站首頁（index.php）是利用 SQL 查詢，取得網站最近新增的六篇文章的詳細資料。當有文章新增到網站上，網站首頁就會從資料庫取出該篇新文章的詳細資料，顯示在首頁的最新文章上。

SQL 查詢請求一組相關項目時，例如，網站最近新增的六篇文章（或一位網站會員曾經寫過的每篇文章），資料庫產生的結果集就會具有多列資料，其中每一列資料會代表一篇文章，能以陣列表示，再將這些資料顯示在網頁上。

單一 PHP 檔案可以使用多個 SQL 查詢，從資料庫取得產生網頁需要的資訊。

文章類別網頁（category.php）是顯示網站上某個文章分類的詳細資料。首先是顯示類別名稱與說明，接著會顯示該類別裡所有文章的摘要。這個網頁使用了兩個 SQL 查詢：

1. 第一個 SQL 查詢用於取得該文章分類的名稱與說明（這個查詢產生的結果集只有一列資料）。

2. 第二個 SQL 查詢是取得該分類下的所有文章（這個查詢產生的結果集會有多列資料，每一列都代表一篇新文章）。若有新文章加入該分類，就會自動顯示在網頁上。

會員網頁（member.php）是用於顯示每一位會員的個人資料。首先是顯示會員個人基本資料（會員的名字、圖像和加入網站的日期），接著會顯示該會員發布過的所有文章的摘要。同樣地，這個網頁也需要兩個 SQL 查詢：

1. 第一個 SQL 查詢用於取得會員的名字、個人頭像和加入網站的日期（這個查詢產生的結果集只有一列資料）。

2. 第二個 SQL 查詢是取得會員寫過的所有文章（這個查詢產生的結果集會有多列資料，每一列都代表一篇新文章）。若有會員在網站上增加新文章，就會自動顯示在網頁上。

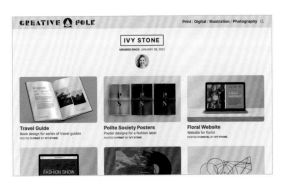

利用 SQL 查詢取得資料

執行 SQL 陳述式，資料庫會產生結果集，結果集中的每一列資料會以關聯式陣列表示。

下方的 SQL 查詢是取得網站會員的名字與姓氏，利用 WHERE 子句，請求 id 為 1 的會員資料。

```
SELECT forename, surname
  FROM member
 WHERE id = 1;
```

由於這項查詢只會請求**一位**網站會員的資料，所以結果集永遠不會有一列以上的資料。

結果集	
forename	surname
Ivy	Stone

從下方可以看到如何以關聯式陣列表示一列資料。結果集內的資料欄名稱會用來作為該陣列的鍵值，鍵值對應的值則是來自資料欄的值。

```
$member = [
    'forename' => 'Ivy',
    'surname'  => 'Stone',
];
```

下方的 SQL 查詢是取得網站每位會員的名字與姓氏。

```
SELECT forename, surname
  FROM member;
```

這項查詢產生的結果集會有多列資料。

結果集	
forename	surname
Ivy	Stone
Luke	Wood
Emiko	Ito

當 SQL 查詢產生的結果集具有多列資料時，會產生索引式陣列。這個索引式陣列中的每個值是一個關聯式陣列，每個關聯式陣列會表示一列結果集中的資料。

```
$members = [
    0 => ['forename' => 'Ivy',
          'surname'  => 'Stone',],
    1 => ['forename' => 'Luke',
          'surname'  => 'Wood',],
    2 => ['forename' => 'Emiko',
          'surname'  => 'Ito',],
];
```

PDO 物件的 query() 方法會執行 SQL 查詢，產生 PDOStatement 物件來表示資料庫產生的結果集，PDOStatement 物件的方法能從結果集中收集資料。

PDO 物件的 query() 方法只有一個參數，就是資料庫要執行的 SQL 查詢。

呼叫 query() 方法時，會執行 SQL 查詢，然後回傳 PDOStatement 物件，用於表示資料庫執行查詢後產生的結果集。

下方的 SQL 查詢是取得網站每位會員的名字與姓氏。

執行下方 PHP 陳述式後，PDO 物件會回傳 PDOStatement 物件，表示網站每位會員的名字與姓氏，這個物件會儲存在變數 $statement。

資料庫要執行的 **SQL** 查詢

```
$statement = $pdo->query("SELECT forename, surname FROM member");
```

PDOStatement　　PDO 物件　　　　　　　　　query() 方法
物件

PDOStatement 物件的 fetch() 方法是用於從結果集中收集單獨一列的資料。以關聯式陣列表示一列資料，儲存在變數裡，讓 PHP 網頁中其餘程式碼可以使用這一列資料。

若查詢產生多列資料，PDOStatement 物件的 fetchAll() 方法會從結果集中收集所有資料，儲存為索引式陣列。這個陣列中的每個元素會儲存一個關聯式陣列，表示結果集中的一列資料。

```
$member = $statement->fetch();
```

結果集陣列　　PDOStatement　　方法
　　　　　　　物件

```
$members = $statement->fetchAll();
```

結果集陣列　　PDOStatement　　方法
　　　　　　　物件

若查詢產生空的紀錄集，fetch() 方法會回傳 false 值。

若查詢產生空的紀錄集，fetchAll() 方法會回傳空陣列。

範例：取得資料庫內的一列資料

這個範例的目的是說明如何只用一個 PHP 檔案，顯示任何一位網站會員的資料。

1. 在網頁中引入檔案 database-connection.php，會產生管理資料庫連線的 PDO 物件，然後儲存到變數 $pdo。

2. 引入 functions.php 檔案，內有 html_escape() 函式的定義（請見第 247 頁），其作用是利用 htmlspecialchars() 函式將 HTML 的保留字元置換成字元實體，有助於防止跨站腳本攻擊（XSS）。

3. 將 SQL 陳述式儲存在變數 $sql，目的是取得 id 為 1 的會員名字與姓氏。

4. 呼叫 PDO 物件的 query() 方法，傳入儲存執行 SQL 陳述式的變數，作為這個方法的引數。query() 方法會執行 SQL 陳述式，回傳 PDOStatement 物件（用於儲存結果集），然後儲存在變數 $statement。

5. PDOStatement 物件的 fetch() 方法取得會員資料，儲存在關聯式陣列變數 $member。

```
section_c/c12/examples/query-one-row.php                    PHP

<?php
① require '../cms/includes/database-connection.php';
② require '../cms/includes/functions.php';
③ $sql       = "SELECT forename, surname
                   FROM member
                   WHERE id = 1;";
④ $statement = $pdo->query($sql);
⑤ $member    = $statement->fetch();
?>
<!DOCTYPE html>
<html> ...
  <body>
    <p>
⑥    <?= html_escape($member['forename']) ?>
⑦    <?= html_escape($member['surname']) ?>
    </p>
  </body>
</html>
```

```
                                                         RESULT


   Ivy Stone
```

6. 輸出會員名字時，使用 html_escape() 函式將會員名字裡的 HTML 保留字元置換成對應的字元實體。

7. 使用 html_escape() 函式輸出會員姓氏。

試試看：修改步驟 3 裡 SQL 的 WHERE 子句，取得 id 為 2 的會員，顯示不同的網站會員資料。

接著改成請求 id 為 4 的會員，因為資料庫裡面只有三個會員的資料，所以會顯示錯誤訊息。

範例：確認查詢是否有回傳資料

section_c/c12/examples/checking-for-data.php

```php
<?php
require '../cms/includes/database-connection.php';
require '../cms/includes/functions.php';
$sql       = "SELECT forename, surname
              FROM member
              WHERE id = 4;";
① $statement = $pdo->query($sql);
② $member    = $statement->fetch();
③ if (!$member) {
④     include 'page-not-found.php';
}
?>
<!DOCTYPE html>
<html> ...
  <body>
    <p>
      <?= html_escape($member['forename']) ?>
      <?= html_escape($member['surname']) ?>
    </p>
  </body>
</html>
```

RESULT

Sorry! We cannot find that page.

Try the home page or email us hello@eg.link

如果 SQL 查詢沒有找到符合條件的資料，會呼叫 PDOStatement 物件的 fetch() 方法，回傳 false 值。

若檔案想繼續顯示會員資料，PHP 直譯器會引發 Undefined index 錯誤，因為變數 $member 的值是 false，而非陣列。

為了避免發生這些錯誤，檔案可以檢查是否有找到資料。如果沒有找到，就告訴使用者沒有找到網頁。

1. SQL 查詢請求 id 為 4 的會員（資料庫沒有 id 為 4 的會員）。

2. 呼叫 fetch() 方法，回傳 false 值，儲存在變數 $member。

3. 繼續顯示資料前，if 陳述式會檢查 $member 的值是否為 false（使用 ! 運算子，請見第 54 頁）。若為 false，表示找不到該名會員的資料。

4. 網頁引入檔案 page-not-found.php，告訴使用者沒有找到網頁。

試試看：請將步驟 1 的 id 改成 2。

注意：page-not-found.php 檔案的作用跟第 378～ 379 頁一樣，但會多執行兩件工作。首先是，將 HTTP 回應碼設定為 404（請見第 242 頁）。

接著是在訊息表示沒有找到網頁之後，exit 命令會停止執行後續所有程式碼（包括這個檔案內的程式碼或是檔案引入的程式碼）。

範例：取得資料庫內的多列資料

這個範例的目的是說明如何只用一個 PHP 檔案，取得並且顯示網站所有會員的資料。若有新會員加入資料庫，該會員的詳細資料就會自動顯示在網頁上。

1. 網頁引入 database-connection.php，產生 PDO 物件，然後儲存在變數 $pdo。引入 functions.php，因為檔案內有 html_escape() 函式。

2. 將要執行的 SQL 陳述式儲存在變數 $sql，取得網站每位會員的名字與姓氏。

3. 呼叫 PDO 物件的 query() 方法，傳入方法的參數是要執行的 SQL 陳述式。query() 方法會執行 SQL 查詢，回傳 PDOStatement 物件（內含結果集），儲存在變數 $statement。

4. PDOStatement 物件的 fetchAll() 方法會從結果集中收集每一列資料，將回傳資料儲存為索引式陣列 $members。這個陣列中的每個元素代表結果集的一列資料，每個元素值是一個關聯式陣列，代表一位會員。

section_c/c12/examples/query-multiple-rows.php `PHP`

```php
<?php
require '../cms/includes/database-connection.php';
require '../cms/includes/functions.php';
$sql       = "SELECT forename, surname
                FROM member;";
$statement = $pdo->query($sql);
$members   = $statement->fetchAll();
?>
<!DOCTYPE html>
<html> ...
  <body>
    <?php foreach ($members as $member) { ?>
      <p>
        <?= html_escape($member['forename']) ?>
        <?= html_escape($member['surname']) ?>
      </p>
    <?php } ?>
  </body>
</html>
```

① require 行
② $sql 行
③ $statement 行
④ $members 行
⑤ foreach 行
⑥ html_escape 行

`RESULT`

Ivy Stone

Luke Wood

Emiko Ito

5. foreach 迴圈逐一處理索引式陣列 $members 裡面的元素，每次執行迴圈，會將表示一名網站會員的關聯式陣列儲存在變數 $member。

6. 顯示會員的名字與姓氏。

注意：若查詢沒有回傳任何資料，fetchAll() 會回傳空陣列，不會執行迴圈內的陳述式（如果執行，就會引發 Undefined index 錯誤）。

範例：迴圈一次
只會取出一列資料

section_c/c12/examples/query-multiple-rows-while-loop.php

```php
<?php
require '../cms/includes/database-connection.php';
require '../cms/includes/functions.php';
$sql      = "SELECT forename, surname
                FROM member;";
$statement = $pdo->query($sql);
?>
<!DOCTYPE html>
<html> ...
  <body>
    <?php while ($row = $statement->fetch()) { ?>
      <p>
        <?= html_escape($row['forename']) ?>
        <?= html_escape($row['surname']) ?>
      </p>
    <?php } ?>
  </body>
</html>
```

① require '../cms/includes/database-connection.php';
② $sql
③ $statement = $pdo->query($sql);
④ <?php while ($row = $statement->fetch()) { ?>
⑤ html_escape

RESULT

Ivy Stone

Luke Wood

Emiko Ito

注意：網站通常不應該在單一網頁上顯示太多資訊，應該將結果分散在好幾頁，但是，如果網頁必須處理大量的資料（超過一般網頁顯示的訊息量），更應該使用這個方法，避免用掉太多的記憶體。這是因為 fetchAll() 方法會收集所有的資料，存進 PHP 直譯器記憶體的一個陣列裡，但 while 迴圈一次只會從資料庫收集一列資料。

我們還可以使用 while 迴圈，指示 PDOStatement 物件一次只從資料庫收集一列資料，如左側範例所示。

1. 引入檔案 database-connection.php 和 functions.php。

2. 將要執行的 SQL 陳述式儲存在變數 $sql。

3. 呼叫 PDO 物件的 query() 方法，執行 SQL 陳述式，產生 PDOStatement 物件來表示結果集。

4. while 迴圈的條件式會呼叫 fetch() 方法，一次只會回傳結果集的一列資料。陣列變數 $row 會儲存一列資料，讓迴圈裡的陳述式用。

   迴圈執行完畢後，會再次呼叫 fetch() 方法，自動從結果集裡面取出下一列資料，然後儲存在變數 $row。當結果集內都沒有資料列時，fetch() 方法會回傳 false，停止執行迴圈。

5. 迴圈內部是輸出有會員名字的陣列內容。

在 SQL 查詢裡
使用會變動的資料

每次請求網頁時，SQL 查詢可以帶入不同的值，從資料庫取出不同的資料。在這種情況下，必須**先準備好** SQL 查詢陳述式，然後**執行**。

步驟一：準備

SQL 陳述式使用**占位符號**（placeholder）來表示每次執行 SQL 陳述式時都會變動的值。SQL 的占位符號作用跟變數一樣，但名稱開頭是冒號，而非 $ 符號。

當 SQL 查詢包含占位符號，會改呼叫 PDO 物件的 prepare() 方法，而非原本的 query() 方法。

prepare() 方法還會回傳 PDOStatement 物件，但此時的 PDOStatement 物件只會表示 SQL 陳述式（而非結果集）。

步驟二：執行

接下來是執行 SQL 陳述式，呼叫 PDOStatement 物件的 execute() 方法。這個方法需要一個陣列作為引數，陣列裡面是用來置換占位符號的值。

以關聯式陣列提供占位符號的名稱和要使用的值，其中：

- 陣列的**鍵值**是 SQL 查詢裡占位符號的名稱（前面可以加冒號，但不一定要加）。
- 鍵值對應的**值**是用來置換占位符號（這個值通常會儲存在變數裡）。

```
                                                                占位符號
$sql        = "SELECT forename, surname FROM member WHERE id = :id;";
$statement = $pdo->prepare($sql);
$statement->execute(['id' => $id]);
              占位符號的名稱      要使用的值
```

在上方的 SQL 查詢裡，占位符號是 :id，execute() 方法會以儲存在變數 $id 裡的值來置換 :id，程式設計人員稱此為**前置陳述式**（prepared statement）。

建立 SQL 陳述式時，**請勿**將查詢字串或表單的值加到一個字串裡（如下所示），這樣會將你的網站暴露給駭客，稱為 SQL **夾帶式攻擊**（SQL injection attack），前置陳述式會阻止這種風險發生。

```
(x) $sql = 'SELECT * FROM member WHERE id=' . $id;
(x) $sql = 'SELECT * FROM member WHERE id=' . $_GET['id'];
```

範例：讓同一個網頁顯示不同的資料

section_c/c12/examples/prepared-statement.php

```php
<?php
require '../cms/includes/database-connection.php';
require '../cms/includes/functions.php';
$id        = 1;
$sql       = "SELECT forename, surname
                FROM member
                WHERE id = :id;";
$statement = $pdo->prepare($sql);
$statement->execute(['id' => $id]);
$member    = $statement->fetch();
if (!$member) {
    include 'page-not-found.php';
}
?>
<!DOCTYPE html>
<html> ...
  <body>
    <p>
      <?= html_escape($member['forename']) ?>
      <?= html_escape($member['surname']) ?>
    </p>
  </body>
</html>
```

RESULT

Ivy Stone

1. 引入檔案 database-connection.php 和 functions.php。

2. 變數 $id 儲存整數 1，對應 SQL 查詢從資料庫取得的會員編號。

3. 將要執行的 SQL 陳述式儲存在變數 $sql，利用占位符號 :id 能更動這個部分的資料（取得會員編號）。

4. 呼叫 PDO 物件的 prepare() 方法，回傳表示查詢結果的 PDOStatement 物件，儲存在變數 $statement。

5. 呼叫 PDOStatement 物件的 execute() 方法，執行 SQL 查詢，然後產生結果集。引數是一個陣列，裡面存有占位符號的名稱和應該用來置換的值。

6. PDOStatement 物件的 fetch() 方法是用於從結果集中收集一列資料，然後儲存在關聯式陣列變數 $member。

7. 如果沒有回傳任何資料，會告知使用者沒有發現網頁。

試試看：請將步驟 2 中變數 $id 儲存的值改成數字 2。儲存檔案，然後重新整理網頁。

網頁上會顯示其他會員的資料。若 $id 設為 4，會顯示檔案 page-not-found.php。

SQL 查詢綁定變數值

PDOStatement 物件的 bindValue() 和 bindParam() 這兩個方法提供了另一種建立前置陳述式的方法，一樣能置換 SQL 查詢裡的占位符號。

利用 bindValue() 和 bindParam() 這兩個方法來置換 SQL 查詢裡的占位符號時，要在呼叫 PDOStatement 物件的 prepare() 方法和呼叫 execute() 方法之間呼叫這兩個方法。這兩個方法都有三個參數：

- 占位符號的名稱。
- 變數，這個變數的值會用來置換占位符號。
- 常數值，表示變數值是哪一種資料型態（若資料型態為字串，就不需要指定這個值）。

bindValue() 方法的第三個參數是指定變數值（用於置換 SQL 查詢裡的占位符號）的資料型態，這個參數使用的常數值如下表所示。

資料型態	常數值
String	PDO::PARAM_STR
Integer	PDO::PARAM_INT
Boolean	PDO::PARAM_BOOL

bindValue() 和 bindParam() 兩者之間的差異是 PHP 直譯器取得變數值的時間點，以及何時何時使用變數值置換 SQL 查詢裡的占位符號。

- bindValue()：PHP 直譯器是在呼叫 bindValue() 的時候取得變數值。
- bindParam()：PHP 直譯器則是在呼叫 execute() 的時候取得變數值。因此，如果在呼叫 bindParam() 和呼叫 execute() 兩個方法之間，變數值發生變動，就會使用更新過後的值。

在下方的陳述式裡，SQL 查詢中的占位符號 :id 會置換為變數 $id 儲存的值。

本書其餘部分的內容是使用前一頁介紹的技巧來綁定資料，因為不需要為每個變數值指定資料型態，而且使用更少的程式碼。

占位符號

```
$sql       = "SELECT * FROM member WHERE id = :id;";
$statement = connection->prepare($sql);
$statement->bindValue('id', $id, PDO::PARAM_INT);
```

占位符號　　變數　　　資料型態

範例：SQL 查詢綁定整數值

section_c/c12/examples/bind-value.php

```php
<?php
require '../cms/includes/database-connection.php';
require '../cms/includes/functions.php';
$id       = 1;
$sql      = "SELECT forename, surname
                FROM member
                WHERE id = :id;";
$statement = $pdo->prepare($sql);
$statement->bindValue('id', $id, PDO::PARAM_INT);
$statement->execute();
$member    = $statement->fetch();
if (!$member) {
    include 'page-not-found.php';
}
?>
<!DOCTYPE html>
<html> ...
  <body>
    <p>
      <?= html_escape($member['forename']) ?>
      <?= html_ escape($member['surname']) ?>
    </p>
  </body>
</html>
```

① `$statement->bindValue('id', $id, PDO::PARAM_INT);`
② `$statement->execute();`

RESULT

Ivy Stone

此處的範例結果看起來雖然跟前面的範例一樣，但是改用 **PDOStatement** 物件的 **bindValue()** 方法來置換 SQL 查詢裡的占位符號。

1. PDO 物件的 **prepare()** 方法呼叫完畢之後，會產生 **PDOStatement** 物件來表示 SQL 查詢，然後呼叫 **PDOStatement** 物件的 **bindValue()** 方法，置換 SQL 查詢裡的占位符號。這個方法會用到三個引數：

   - SQL 查詢中占位符號的名稱。
   - 變數名稱，儲存占位符號要用的值。
   - **PDO::PARAM_INT**，表示變數值是整數。

2. 呼叫 **PDOStatement** 物件的 **execute()** 方法，執行 SQL 查詢。這個方法不需要任何引數，因為 SQL 查詢中的占位符號已經置換成變數值。

試試看：請將步驟 2 中變數 $id 儲存的值改成數字 2。儲存檔案，然後重新整理網頁，網頁上就會顯示其他會員的資料。若 $id 設為 4，則會引入檔案 page-not-found.php。

在單一 PHP 檔案顯示多個網頁

在單一 PHP 檔案中顯示網站上的多個網頁時，將查詢字串加在網址結尾，作用是告訴 PHP 檔案需要從資料庫中收集那些資料。

PHP 網頁能從查詢字串中擷取值，然後將值用在 SQL 查詢裡，藉此指定要從資料庫中取出什麼資料。

以下連結是指向 member.php，其查詢字串裡有名稱 id 和值 1，這個值是對應 member 資料表裡的 id 欄。

```
<a href="member.php?id=1">Ivy Stone</a>
```

member.php 這個網頁使用了 PHP 內建的 filter_input() 函式，從查詢字串中擷取值。由於資料庫中的 id 欄全都是整數，所以函式會使用整數篩選器，將回傳值存在變數 $id：

- 若回傳值為整數，$id 會儲存這個整數。
- 若回傳值不是整數，$id 會儲存 false。
- 若查詢字串中沒有 id，$id 會儲存 null。

接下來是以 if 陳述式確認，$id 儲存的內容是否為 false 或 null（因為查詢字串中沒有使用有效的整數值）。如果是，則網頁無法從資料庫取得會員資料，會引入 page-not-found.php，這個檔案裡有：

- 傳送 HTTP 回應碼 404。
- 告訴網站訪客沒有找到網頁。
- 使用 exit 命令停止執行後續所有程式碼。

```
$id = filter_input(INPUT_GET, 'id', FILTER_VALIDATE_INT);
if (!$id) {
    include 'page-not-found.php';
}
```

若查詢字串內**確實**包含有效的整數，網頁就會繼續嘗試從資料庫取出資料，儲存在變數 $member，然後以第二個 if 陳述式檢查，是否沒有找到會員資料。如果沒有找到，就引入 page-not-found.php，然後停止執行後續的網頁。

只有成功從資料庫取出會員資料時，才會繼續顯示其餘的網頁內容。要顯示不同的網站會員資料，查詢字串裡就要有那些會員資料列的 id（存在於資料庫的 members 資料表）。

範例：利用查詢字串
顯示正確的網頁

```php
<?php
require '../cms/includes/database-connection.php';
require '../cms/includes/functions.php';

$id = filter_input(INPUT_GET, 'id', FILTER_VALIDATE_INT);
if (!$id) {                              // 如果編號不存在
    include 'page-not-found.php';        // 沒有找到網頁
}

$sql       = "SELECT forename, surname
                 FROM member
                WHERE id = :id;";        // SQL 查詢
$statement = $pdo->prepare($sql);        // 前置陳述式
$statement->execute([':id' => $id]);     // 執行
$member    = $statement->fetch();        // 取得資料

if (!$member) {                          // 如果沒有資料
    include 'page-not-found.php';        // 沒有找到網頁
}
?>
<!DOCTYPE html>
<html> ...
  <body>
    <p>
      <?= html_escape($member['forename']) ?>
      <?= html_escape($member['surname']) ?>
    </p>
  </body>
</html>
```

① ② ③ ④ ⑤ ⑥ ⑦

RESULT

Ivy Stone

此處的範例程式是延伸前面的範例，利用查詢字串告訴網頁要顯示的會員編號。

1. PHP 內建的 `filter_input()` 函式，從查詢字串中擷取會員編號。若回傳值為整數，`$id` 會儲存這個數字，否則就儲存 `false`；若資料遺失，則儲存 `null`。

2. if 陳述式檢查 `$id` 值是否為 `false` 或 `null`。

3. 如果是，會引入 page-not-found.php，因為查詢字串裡沒有會員編號，無法指定要顯示哪一個會員。

4. 若網頁繼續執行，在查詢字串中為會員編號指定一個整數，則網頁會嘗試從資料庫中取得會員資料。

5. 另一個 if 陳述式會檢查 `$member` 的值是否為 `false`。

6. 如果是，表示沒有找到會員，會引入 page_not_found.php。

7. 若否，則以會員資料產生 HTML 網頁。

試試看：將查詢字串中的數字改成 4，會顯示找不到網頁。

在 HTML 網頁中
顯示資料庫內的資料

首先，從資料庫取得資料，儲存在變數裡，然後使用變數裡的資料來產生 HTML 網頁。

為了提升程式碼的易讀性，PHP 檔案中的程式碼間要有清楚的界線，分為：

- 負責從資料庫取得資料的程式碼。
- 負責產生 HTML 網頁的程式碼。

右頁網頁程式碼以虛線示意分界，檔案中用於產生 HTML 網頁的部分要盡可能少放 PHP 程式碼，以下介紹三種最常用到的程式碼。

函式

函式通常是用來確保正確的資料格式。許多網頁會利用 `html_escape()` 函式，將 HTML 保留字元置換成字元實體，防止跨站腳本攻擊。

從右頁程式碼中可以看到本章的「functions.php」檔案裡有另一個函式，其作用是確保資料庫產生的日期格式一致，而且大家都可以看得懂。

首先，利用 PHP 內建的 `strtotime()` 函式，將資料庫儲存的日期和時間轉換成 Unix 時間戳記。再利用 PHP 內建的 `date()` 函式，轉換成人可以閱讀的格式。

```
function format_date(string $string): string
{
    $date = strtotime($string);
    return date('F d, Y', $date);
}
```

條件陳述式

條件陳述式能確認資料庫回傳的資料，用這些資料決定 HTML 程式碼要顯示什麼內容。例如，假設使用者沒有上傳個人頭像，則資料庫會回傳 NULL，作為個人圖像的檔案名稱。

利用空值合成運算子，判斷是否要顯示個人圖像；若有提供圖片就顯示，沒有提供就顯示替代圖像。

```
html_escape($member['picture'] ?? 'blank.png');
```

迴圈

我們已經在好幾個例子裡看過，迴圈通常是用於資料庫回傳的結果集，逐一處理其中的每一列資料。

右頁程式碼利用 `foreach` 迴圈，重複執行相同的陳述式，顯示資料庫回傳的每位網站會員的詳細資訊。

範例：將網頁使用的資料格式化

section_c/c12/examples/formatting-data-in-html.php

```php
<?php
require '../cms/includes/database-connection.php';    // 產生PDO物件
require '../cms/includes/functions.php';              // 函式
$sql       = "SELECT id, forename, surname, joined, picture FROM member;"; // SQL
$statement = $pdo->query($sql);                       // 執行查詢
$members   = $statement->fetchAll();                  // 取得資料
?>
<!DOCTYPE html> ...
<body> ...
<?php foreach ($members as $member) { ?>
  <div class="member-summary">
    <img src="../cms/uploads/<?= html_escape($member['picture'] ?? 'blank.png') ?>"
         alt="<?= html_escape($member['forename']) ?>" class="profile">
    <h2><?= html_escape($member['forename'] . ' ' . $member['surname']) ?></h2>
    <p>Member since:<br><?= format_date($member['joined']) ?></p>
  </div>
<?php } ?> ...
</body>
```

① ② ③ ④

RESULT

 Ivy Stone
Member since:
January 26, 2021

 Luke Wood
Member since:
January 26, 2021

 Emiko Ito
Member since:
February 12, 2021

---

1. 這個範例網頁匯集了網站每位會員的資料。

2. 利用 foreach 迴圈，重複執行同一組陳述式，顯示每位網站會員的詳細資訊。

3. 利用空值合成運算子，確認會員是否有提供個人圖片。若有提供，就將檔案名稱放進 `<img>` 標籤內；沒有提供的話，則顯示替代圖像檔案 blank.png。

4. 利用 format_date() 函式，將會員加入網站的日期格式化。

迴圈會針對每位網站會員，重複執行相同的陳述式。

讓函式執行 SQL 陳述式

讓 PDO 物件執行 SQL 查詢，然後回傳結果集，這些操作需要寫兩個或三個陳述式。撰寫一個使用者自行定義的函式，能讓我們一次到位。

在 SQL 查詢沒有使用參數的情況下，PDO 物件的 query() 方法會執行 SQL 查詢，回傳 PDOStatement 物件來表示結果集：

$statement = $pdo->query($sql);

當 SQL 查詢使用參數時，必須呼叫 PDO 物件的 prepare() 方法，產生 PDOStatement 物件來表示 SQL 查詢。然後呼叫 PDOStatement 物件的 execute() 方法，執行 SQL 查詢。

$statement = $pdo->prepare($sql);
$statement->execute($sql);

執行完這些步驟後，PDOStatement 物件的方法必須從結果集中收集資料。

這個函式有以下三個參數：

- $pdo 是 PDO 物件，用於管理資料庫連線。
- $sql 是函式要執行的 SQL 查詢。
- $arguments 是一個陣列，內有 SQL 參數名稱及其置換值；請注意，這個參數如果沒有提供引數值，預設值是 null。

函式的作用是檢查是否有提供引數：

- 如果沒有，函式會執行 query() 方法，回傳已經產生的 PDOStatement 物件。
- 若有提供，函式會呼叫 prepare() 方法，產生 PDOStatement 物件；呼叫 execute() 方法，執行 SQL 查詢，最後會回傳 PDOStatement 物件。

```php
function pdo(PDO $pdo, string $sql, array $arguments = null)
{
    if (!$arguments) {
        return $pdo->query($sql);
    }
    $statement = $pdo->prepare($sql);
    $statement->execute($arguments);
    return $statement;
}
```

呼叫使用者自行定義的 pdo() 函式，利用**方法鏈**這項技巧，執行 SQL 查詢並且以單行陳述式回傳資料。

產生 PDOStatement 物件而且執行完 SQL 陳述式後，會呼叫以下其中一個方法，取得結果集中的資料，然後儲存在變數裡：

- fetch()：只會取得一列資料。
- fetchAll()：取得多列資料。
- fetchColumn()：只能取得一個資料欄內的某個值。

函式或方法回傳物件時，**方法鏈**（method chaining）能讓我們在同一個陳述式內，呼叫這個回傳物件擁有的方法。

請見以下範例，陳述式呼叫 pdo() 函式後，會回傳 PDOStatement 物件。在函式呼叫後接物件運算子，呼叫函式回傳的 PDOStatement 物件擁有的方法。

函式回傳的
PDOStatement 物件

以物件擁有的方法回傳
PDOStatement 物件的資料

```
$members = pdo($pdo, $sql)->fetchAll();
$member  = pdo($pdo, $sql, $arguments)->fetch();
```

函式回傳的
PDOStatement 物件

以物件擁有的方法回傳
PDOStatement 物件的資料

本章的引入檔案「functions.php」中已經加入 pdo() 函式的定義，適用本章及本書其餘部分的內容。

後續第 14 章會學到另一個技巧，利用使用者自行定義的類別來產生物件，用以取得和改變資料庫內儲存的資料。

提供引數給 PDOStatement 物件的 execute() 方法時，可以提供關聯式陣列，陣列中的鍵值要跟 SQL 陳述式中的參數名稱一樣（如同先前所介紹的）；或是提供索引式陣列，陣列中資料值的順序要跟 SQL 陳述式裡占位符號出現的順序一樣。

範例：自訂 PDO 函式（無參數）

這個範例的目的是說明在 SQL 查詢沒有參數的情況下，pdo() 函式（前一頁定義）如何取得資料庫內的資料。

1. 引入 database-connection. php 檔案，會產生 PDO 物件，儲存在變數 $pdo。

2. 引入 functions.php 檔案，內含 pdo() 函式的定義（如前一頁所示）。

3. SQL 查詢取得每位會員的名字和姓氏，然後儲存在變數 $sql。

4. 以兩個引數呼叫 pdo() 函式：

- 步驟 1 產生的 PDO 物件。
- 步驟 3 執行 SQL 查詢後儲存的變數 $sql。

這個函式會回傳 PDOStatement 物件，利用同一個陳述式呼叫物件的 fetchAll() 方法，取得結果集的所有資料，這些資料會儲存在陣列變數 $members 裡。

5. 利用 foreach 迴圈，顯示 $members 陣列裡儲存的資料。

section_c/c12/examples/pdo-function-no-parameters.php `PHP`

```php
<?php
① require '../cms/includes/database-connection.php';
② require '../cms/includes/functions.php';
③ $sql = "SELECT forename, surname
           FROM member;";
④ $members = pdo($pdo, $sql)->fetchAll();
?>
<!DOCTYPE html>
<html> ...
  <body>
⑤   <?php foreach ($members as $member) { ?>
      <p>
        <?= html_escape($member['forename']) ?>
        <?= html_escape($member['surname']) ?>
      </p>
    <?php } ?>
  </body>
</html>
```

`RESULT`

Ivy Stone

Luke Wood

Emiko Ito

試試看：更新步驟 3 的 SQL 陳述式，取得會員的電子郵件位址和名字。在步驟 5 已經顯示的會員名字後，額外顯示電子郵件位址。

範例：自訂 PDO 函式（有參數）

section_c/c12/examples/pdo-function-with-parameters.php?id=1

```php
<?php
require '../cms/includes/database-connection.php';
require '../cms/includes/functions.php';
$id = filter_input(INPUT_GET, 'id', FILTER_VALIDATE_INT);
if (!$id) {
    include 'page-not-found.php';
}

$sql = "SELECT forename, surname
        FROM member
        WHERE id = :id;";
$member = pdo($pdo, $sql, ['id' => $id])->fetch();

if (!$member) {
    include 'page-not-found.php';
}
?> ...
    <p>
        <?= html_escape($member['forename']) ?>
        <?= html_escape($member['surname']) ?>
    </p>
```

① ② ③ ④

RESULT

Ivy Stone

試試看：將步驟 3 中作為第三個參數的關聯式陣列，置換成放在中括號內的變數 $id：

```
$member = pdo($pdo, $sql, [$id]);
```

這種做法會讓第三個參數變成索引式陣列（而非原本的關聯式陣列）。若改用這項技巧，陣列裡的值就必須跟 SQL 陳述式裡占位符號出現的順序一樣。

這個範例的目的是說明在 SQL 查詢有參數的情況下，pdo() 函式（如第 456 頁所定義）如何取得資料庫內的資料。

1. 查詢字串內含顯示需要的會員編號。

2. SQL 查詢取得會員名字與姓氏，會員編號以占位符號 :id 表示。

3. 以三個引數呼叫 pdo() 函式：
   - 檔案 database-connection.php 產生的 PDO 物件。
   - 步驟 2 執行 SQL 查詢後儲存的變數 $sql。
   - 關聯式陣列，內有 SQL 占位符號的名稱以及要使用的值。

注意：此處使用的陣列是在引數**內**產生，而非事先儲存於變數內：

```
['id' => $id]
```

這個函式會回傳 PDOStatement 物件。在同一個陳述式內使用 fetch() 方法，取得單列資料（由 SQL 查詢產生），然後儲存在變數 $member。

4. 將 $member 儲存的資料輸出到網頁上。

利用少數幾個 PHP 檔案就能支撐整個網站

本章接下來會以 12 頁篇幅，介紹如何利用四個 PHP 檔案，讓範例網站顯示超過 50 個以上的網頁。

這四個檔案的程式碼都分為兩個部分：

- 第一部分的程式碼是從資料庫取得資料，然後儲存在變數裡。
- 第二部分的程式碼則是利用這些變數儲存的資料，產生 HTML 網頁，然後發送回去給網站訪客。

讀者可以將這些檔案視為樣板，每次請求其中一個檔案時，就會從資料庫收集不同的資料，將資料插入 HTML 網頁裡的相關部分，再將這個網頁發送給網站訪客的瀏覽器。

每個網頁會用到四個引入檔案：

- `database-connection.php`：負責產生 PDO 物件，用於管理資料庫連線。
- `functions.php`：存放函式，作用是取得資料庫內的資料，同時又能將資料格式化。
- `header.php`：內含每個網頁都需要的標頭，以及產生導覽列。
- `footer.php`：內含每個網頁都需要的頁腳。

INDEX.PHP

右側顯示的網站首頁是網站上最近發布的六篇文章的摘要。

每當有新文章儲存到資料庫裡，就會自動更新這個網頁，顯示該篇新文章的詳細資料（最舊的六篇文章就不再顯示）。

HTML 網頁的結構雖然永遠一樣，但可以顯示不一樣的資料庫內容。

CATEGORY.PHP

這個檔案能顯示任何一種文章類別的標題和說明，下方是在這個分類裡發布的每篇文章的摘要。HTML 網頁的結構雖然永遠一樣，但可以顯示不一樣的資料內容。

接在網址後面的查詢字串內有類別編號，用於從資料庫取得該類別下的內容，然後顯示在網頁上，例如：

`category.php?id=1`

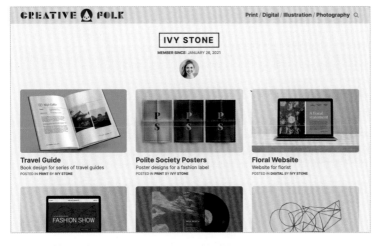

MEMBER.PHP

會員檔案是用於顯示網站上每位會員的個人基本資料，下方是該會員寫過的文章摘要。

接在網址後面的查詢字串內有會員編號，用於從資料庫取得該會員的資料，然後顯示在網頁上，例如：

`member.php?id=1`

ARTICLE.PHP

這個檔案是用於顯示任何一篇文章的資料內容，每篇文章包含的圖像、類別；標題、日期、內容和作者都會編排在相同的位置，但可以顯示不一樣的資料內容。

接在網址後面的查詢字串內有文章編號，用於從資料庫取得該篇文章的資料，然後顯示在網頁上，例如：

`article.php?id=1`

標頭與頁腳檔案

每個網頁上的標題都一樣,因此,我們應該在每個網頁裡引入檔案 header.php,而非在每個檔案裡重複撰寫這段程式碼。

為什麼要先看標頭檔?這一點很重要,因為網頁引入這個檔案**之前**,必須先將四個資料儲存在變數裡(如下表所示)。

前兩項資訊是用在 HTML 的 `<title>` 和 `<meta>` 說明元素裡。

後兩個變數則是用於產生導覽列,前者是一個陣列,用於顯示所有文章類別;後者是用來特別標示出網站訪客正在瀏覽的那個文章類別。

變數	變數值
$title	這個值會顯示在 HTML 網頁的 `<title>` 元素裡。
$description	這個值會顯示在 HTML 網頁的 `<meta>` 說明標籤裡。
$navigation	這個陣列負責儲存各種類別的名稱和編號,文章類別名稱會出現在導覽列上。
$section	若網頁是顯示某個文章類別,這個值會儲存訪客要檢視的那個類別編號。 若網頁是顯示文章內容,這個值會儲存文章所屬的類別編號。 這些值能讓導覽列特別標示出訪客正在瀏覽的文章類別。 若是其他網頁,這個變數會儲存空白字串。

1. 在 `<title>` 元素裡顯示變數 $title 的內容。

2. 在 `<meta>` 說明標籤裡顯示變數 $description 的內容。

3. foreach 迴圈會逐一處理陣列 $navigation 中的每個類別。

每次執行迴圈,會將存有類別編號和名稱的關聯式陣列儲存在變數 $link。

4. 產生連結,指向 category.php。查詢字串含有類別編號,用於指示檔案 category.php 要顯示哪一個文章類別。

5. 利用三元運算子判斷是否應該特別標示這個類別。

條件式會檢查 $section 的值跟迴圈目前處理的類別編號是否相同,如果兩邊的值一樣,會將 `class="on"` 和 `aria-current="page"` 加入連結的內容裡,表示訪客目前正在瀏覽這個類別。

6. 連結會顯示類別名稱。

7. 在各個類別網頁的連結後面,加上搜尋網頁的連結。

8. footer.php 內只有一個 PHP 陳述式,作用是顯示網站版權宣告,後面加上當前的年分。

9. site.js 內的 JavaScript 程式碼是用於提供網站的回應式導覽列。

PHP section_c/c12/cms/includes/header.php

```
  <!DOCTYPE html>
  <html lang="en-US">
    <head>
      <meta charset="UTF-8">
      <meta name="viewport" content="width=device-width, initial-scale=1">
①     <title><?= html_escape($title) ?></title>
②     <meta name="description" content="<?= html_escape($description) ?>">
      <link rel="stylesheet" type="text/css" href="css/styles.css">
      <link rel="preconnect" href="https://fonts.gstatic.com">
      <link rel="stylesheet"
        href="https://fonts.googleapis.com/css2?family=Inter:wght@400;700&display=swap">
      <link rel="shortcut icon" type="image/png" href="img/favicon.ico">
    </head>
    <body>
      <header>
        <div class="container">
          <a class="skip-link" href="#content">Skip to content</a>
          <div class="logo">
            <a href="index.php"><img src="img/logo.png" alt="Creative Folk"></a>
          </div>
          <nav role="navigation">
            <button id="toggle-navigation" aria-expanded="false">
              <span class="icon-menu"></span><span class="hidden">Menu</span>
            </button>
            <ul id="menu">
③             <?php foreach ($navigation as $link) { ?>
④             <li><a href="category.php?id=<?= $link['id'] ?>"
⑤               <?= ($section == $link['id'] ) ? 'class="on" aria-current="page"' : '' ?>>
⑥               <?= html_escape($link['name']) ?>
              </a></li>
              <?php } ?>
              <li><a href="search.php">
⑦               <span class="icon-search"></span><span class="search-text">Search</span>
              </a></li>
            </ul>
          </nav>
        </div><!-- /.container -->
      </header>
```

PHP section_c/c12/cms/includes/footer.php

```
⑧     <footer><div class="container">&copy; Creative Folk <?= date('Y');?></div></footer>
    </body>
⑨   <script src="js/site.js"></script>
  </html>
```

網站首頁

網站首頁（index.php）會顯示最近上傳到網頁的六篇文章的摘要。網頁一開始會先收集產生 HTML 網頁需要的資料，儲存在相關變數裡。

1. 啟用嚴格資料型態，確保呼叫函式時能使用正確的資料型態（請見第 126 ～ 127 頁）。

2. 引入 database-connection.php，產生管理資料庫連線用的 PDO 物件，然後儲存到變數 $pdo。

3. 引入 functions.php，定義 pdo() 和其他協助網頁顯示資料格式化的函式。

4. 變數 $sql 儲存 SQL 陳述式，用於取得網站最近新增的文章摘要。

5. 利用 pdo() 函式，執行 SQL 查詢。回傳表示結果集的 PDOStatement 物件，然後以 PDOStatement 物件的 fetchAll() 方法取得所有文章摘要，儲存於陣列變數 $articles。

接下來的五個步驟是取得 header.php 檔案使用的資料，然後儲存在相關變數裡。

6. 在變數 $sql 儲存 SQL 陳述式，用於取得類別（會出現在導覽列）的編號與名稱。

7. 執行查詢，將結果儲存在變數 $navigation。

8. 若使用者正在瀏覽某個類別或某篇文章的網頁，變數 $section 會保存使用者所在部分的編號。首頁不屬於某個文章分類，所以這個變數值會儲存空白字串。

9. 變數 $title 儲存 <title> 元素使用的文字。

10. 變數 $description 儲存 <meta> 說明標籤裡顯示的文字。

檔案其餘部分的內容（也就是虛線以下的部分）只會利用 PHP 來顯示變數內儲存的資料，將負責取得資料的 PHP 程式碼跟發送回去給瀏覽器的 HTML 程式碼分開。

11. 引入 header.php 檔案（如前一頁所示），顯示步驟 6 到 10 收集並且儲存在變數裡的資料。

12. foreach 迴圈會逐一處理陣列 $articles（步驟 5 產生）中的每個元素，顯示文章摘要。每次執行迴圈，會將單篇文章摘要的資料儲存在變數 $article。

13. 產生指向 article.php 網頁的連結，會顯示網站上任何一篇文章的內容。查詢字串會儲存要顯示的文章編號。

14. 顯示文章使用的圖像。若該篇文章沒有提供圖像，會顯示替代圖像（使用技巧的說明請見第 455 頁）。

15. 若有提供替代文字，alt 屬性會顯示文字；若無，則屬性值會空白。

16. 在 <h2> 元素內顯示標題。

17. 顯示文章摘要。

18. 產生指向 category.php 檔案的連結。將類別編號加入查詢字串，在連結內顯示文章類別的名稱。

19. 產生指向 member.php 檔案的連結。將撰寫該篇文章的會員編號加入查詢字串，如此才能指向會員的個人資料網頁，將撰寫該篇文章的會員名字作為連結顯示的文字。

20. 在網頁內引入 footer.php 檔案（如前一頁所示）。

```php
<?php
declare(strict_types = 1);                              // 使用嚴格資料型態
require 'includes/database-connection.php';             // 產生 PDO 物件
require 'includes/functions.php';                       // 引入函式

$sql = "SELECT a.id, a.title, a.summary, a.category_id, a.member_id,
                c.name AS category,
                CONCAT(m.forename, ' ', m.surname) AS author,
                i.file    AS image_file,
                i.alt     AS image_alt
          FROM article     AS a
          JOIN category    AS c ON a.category_id = c.id
          JOIN member      AS m ON a.member_id   = m.id
          LEFT JOIN image AS i ON a.image_id     = i.id
         WHERE a.published = 1
      ORDER BY a.id DESC
         LIMIT 6;";                                      // 執行 SQL 陳述式以取得最新文章
$articles = pdo($pdo, $sql)->fetchAll();                // 取得文章摘要

$sql = "SELECT id, name FROM category WHERE navigation = 1;";// 執行SQL陳述式以取得文章類別
$navigation  = pdo($pdo, $sql)->fetchAll();             // 取得要顯示在導覽列上的文章類別

$section     = '';                                      // 目前瀏覽的文章類別
$title       = 'Creative Folk';                         // HTML <title> 顯示的內容
$description = 'A collective of creatives for hire';    // <Meta> 說明標籤顯示的內容
?>
<?php include 'includes/header.php'; ?>
  <main class="container grid" id="content">
    <?php foreach ($articles as $article) { ?>
      <article class="summary">
        <a href="article.php?id=<?= $article['id'] ?>">
          <img src="uploads/<?= html_escape($article['image_file'] ?? 'blank.png') ?>"
               alt="<?= html_escape($article['image_alt']) ?>">
          <h2><?= html_escape($article['title']) ?></h2>
          <p><?= html_escape($article['summary']) ?></p>
        </a>
        <p class="credit">
          Posted in <a href="category.php?id=<?= $article['category_id'] ?>">
          <?= html_escape($article['category']) ?></a>
          by <a href="member.php?id=<?= $article['member_id'] ?>">
          <?= html_escape($article['author']) ?></a>
        </p>
      </article>
    <?php } ?>
  </main>
<?php include 'includes/footer.php'; ?>
```

文章類別網頁

category.php 檔案能顯示單篇文章類別的名稱和說明，後面跟著在這個分類裡發布的文章摘要。

1. 啟用嚴格資料型態，確保呼叫函式時能使用正確的資料型態。

2. 網頁引入檔案 database-connection.php 和 functions.php。

3. filter_input() 函式會尋找查詢字串內的名稱 id，檢查它的值是否為整數。若為整數，變數 $id 會儲存該數字；若否，則儲存 false；若查詢字串中沒有值，會儲存 null。

4. 若查詢字串中無有效整數，會引入 page-not-found.php（以 exit 命令結束，停止執行後續所有程式碼）。

5. 以 SQL 查詢取得指定類別的編號、名稱和說明，然後儲存在變數 $sql。

6. 利用 pdo() 函式執行查詢，以 PDOStatement 物件的 fetch() 方法取得資料，然後儲存在變數 $category。

7. 若資料庫內沒有發現查詢指定的類別，網頁會引入 page-not-found.php 並且停止執行。

8. 若網頁繼續執行，變數 $sql 會儲存 SQL 陳述式，取得選取類別下的文章摘要。

9. 執行查詢，然後以 PDOStatement 物件的 fetchAll() 方法取得文章摘要，儲存於陣列變數 $articles。

10. 在變數 $sql 儲存 SQL 陳述式，用於取得類別（會出現在導覽列）的編號與名稱。

11. 執行查詢後，會回傳 fetchAll() 方法獲取的資料，然後儲存在變數 $navigation。

12. 將類別編號儲存在變數 $section，用於特別標示出導覽列上的類別。

13. 以變數 $title 儲存文章類別的名稱，會顯示在 <title> 元素裡。

14. 以變數 $description 儲存類別說明，使用於 <meta> 說明標籤裡。

網頁需要的所有資料都儲存在相關變數後，虛線以下的其餘檔案內容是產生發送回去給瀏覽器的 HTML 網頁。

15. 網頁引入 header.php 檔案。

16. 在 <h1> 元素中顯示類別名稱。

17. 在 <p> 元素內顯示類別說明（位於類別名稱下方）。

18. foreach 迴圈會逐一處理陣列中的每個元素（儲存在步驟 9 的變數 $articles），這個陣列是儲存該類別下的所有文章的摘要。每次執行迴圈，變數 $article 會儲存不同文章的摘要。

19. 此處顯示文章摘要的程式碼，跟網站首頁用來顯示文章摘要的程式碼一樣（請參見前一頁的內容）。

若該類別下尚未加入任何文章，變數 $articles 會儲存空白陣列，這是因為 SQL 查詢沒有找到符合條件的資料，PDOStatement 物件的 fetchAll() 方法會回傳空陣列。

此時若 foreach 迴圈企圖處理這個空白陣列，迴圈內的陳述式不會執行。也就是說，如果 SQL 查詢沒有回傳資料，該網頁就不會顯示 Undefined index 錯誤。

20. 網頁引入 footer.php 檔案。

```php
<?php
declare(strict_types = 1);                                  // 使用嚴格資料型態
require 'includes/database-connection.php';                 // 產生 PDO 物件
require 'includes/functions.php';                           // 引入函式
$id = filter_input(INPUT_GET, 'id', FILTER_VALIDATE_INT);   // 驗證 id 值
if (!$id) {                                                 // 若無有效的 id 值
    include 'page-not-found.php';                           // 沒有找到網頁
}
$sql = "SELECT id, name, description FROM category WHERE id=:id;"; // SQL 陳述式
$category = pdo($pdo, $sql, [$id])->fetch();                // 取得文章類別的資料
if (!$category) {                                           // 如果沒有找到文章類別
    include 'page-not-found.php';                           // 沒有找到網頁
}

$sql = "SELECT a.id, a.title, a.summary, a.category_id, a.member_id,
               c.name AS category,
               CONCAT(m.forename, ' ', m.surname) AS author,
               i.file AS image_file,
               i.alt  AS image_alt
        FROM article     AS a
        JOIN category     AS c   ON a.category_id = c.id
        JOIN member       AS m   ON a.member_id   = m.id
        LEFT JOIN image AS i   ON a.image_id    = i.id
        WHERE a.category_id = :id AND a.published = 1
        ORDER BY a.id DESC;";                               // SQL 陳述式
$articles = pdo($pdo, $sql, [$id])->fetchAll();             // 取得文章

$sql = "SELECT id, name FROM category WHERE navigation = 1;"; // 行SQL 陳述式以取得文章類別
$navigation = pdo($pdo, $sql)->fetchAll();                  // 取得要顯示在導覽列上的文章類別
$section     = $category['id'];                             // 目前瀏覽的文章類別
$title       = $category['name'];                           // HTML <title> 顯示的內容
$description = $category['description'];                    // <Meta> 說明標籤顯示的內容
?>
<?php include 'includes/header.php'; ?>
<main class="container" id="content">
  <section class="header">
    <h1><?= html_escape($category['name']) ?></h1>
    <p><?= html_escape($category['description']) ?></p>
  </section>
  <section class="grid">
<?php foreach ($articles as $article) { ?>
<!-- 顯示文章摘要的程式碼同第 465 頁所示 -->
<?php } ?>
  </section>
</main>
<?php include 'includes/footer.php'; ?>
```

文章網頁

article.php 檔案是用於顯示網站上每篇文章的內容，查詢字串會儲存網頁要顯示的該篇文章的編號。跟其他網頁一樣，這個檔案一開始也是先從資料庫匯集資料，儲存在相關變數裡。

1. 啟用嚴格資料型態，網頁引入必要檔案、database-connection.php 和 functions.php。

2. filter_input() 函式會尋找查詢字串內的名稱 id，檢查它的值是否為整數。若為整數，變數 $id 會儲存該數字；若否，則儲存 false；若查詢字串中沒有值，會儲存 null。

3. 若查詢字串中無有效整數，會引入 page-not-found.php（以 exit 命令結束，停止執行後續所有程式碼）。

4. 在變數 $sql 儲存 SQL 陳述式，用於取得文章資料。

5. 利用 pdo() 函式執行 SQL 查詢，再使用 fetch() 方法收集文章資料，然後儲存在變數 $article。

6. 若資料庫內沒有找到查詢指定的文章，網頁會引入 page-not-found.php 並且停止執行。

7. 如果網頁繼續執行，會在變數 $sql 儲存 SQL 陳述式，用於取得出導覽列的類別資料。

8. 執行查詢後，會回傳 fetchAll() 方法獲取的資料，然後儲存在變數 $navigation。

9. $section 儲存文章所屬的類別編號，讓導覽列能特別標示出這個類別。

10. 變數 $title 儲存文章標題。

11. 變數 $description 儲存文章摘要。

網頁需要的所有資料都儲存在相關變數後，虛線以下的其餘檔案內容是產生發送回去給瀏覽器的 HTML 網頁。

12. 網頁引入 header.php 檔案。

13. 若該篇文章有上傳圖像，其檔案名稱會寫到 <img> 標籤的 src 屬性裡；若該篇文章沒有上傳圖像，會顯示替代圖像。

14. 若有為圖像提供替代文字，文字會顯示在 <img> 標籤的 alt 屬性裡；若無，則屬性會顯示空白。

15. 在 <h1> 元素內顯示文章標題。

16. 顯示該篇文章的建立日期，利用 format_date() 函式（請見第 454 頁），確保日期格式一致。

17. 顯示文章的內容。

18. 產生指向 category.php 檔案的連結。將文章所屬的類別編號加入查詢字串，顯示該類別的網頁內容。

19. 將類別名稱作為連結的文字。

20. 產生指向 member.php 檔案的連結。將撰寫該篇文章的會員編號加入查詢字串，如此才能顯示該會員的個人資料網頁。

21. 將撰寫該篇文章的會員名字作為連結文字。

22. 網頁引入 footer.php 檔案。

```php
<?php
declare(strict_types = 1);                                      // 使用嚴格資料型態
require 'includes/database-connection.php';                     // 產生 PDO 物件
require 'includes/functions.php';                               // 引入函式
$id = filter_input(INPUT_GET, 'id', FILTER_VALIDATE_INT);       // 驗證 id 值
if (!$id) {                                                     // 若無有效的 id 值
    include 'page-not-found.php';                               // 沒有找到網頁
}
$sql = "SELECT a.title, a.summary, a.content, a.created, a.category_id, a.member_id,
               c.name       AS category,
               CONCAT(m.forename, ' ', m.surname) AS author,
               i.file AS image_file, i.alt  AS image_alt
          FROM article    AS a
          JOIN category    AS c  ON a.category_id = c.id
          JOIN member      AS m  ON a.member_id   = m.id
          LEFT JOIN image  AS i  ON a.image_id    = i.id
          WHERE a.id = :id  AND a.published = 1;";             // SQL 陳述式
$article = $article = pdo($pdo, $sql, [$id])->fetch();         // 取得文章資料
if (!$article) {                                               // 如果沒有找到文章
    include 'page-not-found.php';                              // 沒有找到網頁
}
$sql = "SELECT id, name FROM category WHERE navigation = 1;";// 執行 SQL 陳述式以取得文章類別
$navigation  = pdo($pdo, $sql)->fetchAll();                    // 取得要顯示在導覽列上的文章類別
$section     = $article['category_id'];                        // 目前瀏覽的文章類別
$title       = $article['title'];                              // HTML <title> 顯示的內容
$description = $article['summary'];                            // <meta> 說明標籤顯示的內容
?>
<?php include 'includes/header.php'; ?>
  <main class="article container">
    <section class="image">
      <img src="uploads/<?= html_escape($article['image_file'] ?? 'blank.png') ?>"
           alt="<?= html_escape($article['image_alt']) ?>">
    </section>
    <section class="text">
      <h1><?= html_escape($article['title']) ?></h1>
      <div class="date"><?= format_date($article['created']) ?></div>
      <div class="content"><?= html_escape($article['content']) ?></div>
      <p class="credit">
        Posted in <a href="category.php?id=<?= $article['category_id'] ?>">
        <?= html_escape($article['category']) ?></a>
        by <a href="member.php?id=<?= $article['member_id'] ?>">
          <?= html_escape($article['author']) ?></a>
      </p>
    </section>
  </main>
<?php include 'includes/footer.php'; ?>
```

獲取與顯示來自資料庫的資料

會員網頁

member.php 檔案是顯示各別會員的詳細資料，以及會員寫過的文章摘要。查詢字串會儲存網頁要顯示的會員編號。

1. 啟用嚴格資料型態，網頁引入必要檔案、database-connection.php 和 functions.php。

2. filter_input() 函式會尋找查詢字串內的名稱 id，檢查它的值是否為整數。若為整數，變數 $id 會儲存該數字；若否，則儲存 false；若查詢字串中沒有值，會儲存 null。

3. 若查詢字串中無有效整數，會引入 page-not-found.php（以 exit 命令結束，停止執行後續所有程式碼）。

4. 在變數 $sql 儲存 SQL 陳述式，用於取得會員資料。

5. 利用 pdo() 函式執行 SQL 查詢，再使用 fetch() 方法取得會員資料，然後儲存在變數 $member。

6. 若資料庫內沒有找到查詢指定的會員，網頁會引入 page-not-found.php 並且停止執行網頁。

7. 如果網頁繼續執行，會在變數 $sql 儲存 SQL 陳述式，用於取得會員寫過的文章摘要。

8. 執行查詢後，會回傳 fetchAll() 方法獲取的資料，然後儲存在變數 $articles。

9. 變數 $sql 儲存 SQL 陳述式，用於取得導覽列需要的類別資料。

10. 執行查詢後，會回傳 fetchAll() 方法獲取的資料，然後儲存在變數 $navigation。

11. 由於會員網頁不屬於某個文章分類，所以變數 $section 會儲存空白字串。

12. 變數 $title 儲存會員名字，顯示於網頁標題。

13. 變數 $description 儲存會員名字加文字 Creative Folk，使用於 <meta> 說明標籤裡。

從資料庫匯集所有必要資料而且都儲存在相關變數後，虛線以下的其餘檔案內容是產生發送回去給瀏覽器的 HTML 網頁。

14. 網頁引入 header.php 檔案。

15. 在 <h1> 元素內顯示會員的名字與姓氏。

16. 利用 format_date() 函式顯示會員加入網站的日期，確保日期格式一致。

17. 若使用者有上傳個人頭像，其檔案名稱會寫到 <img> 標籤的 src 屬性裡；若沒有上傳圖像，則會顯示替代圖像。

18. 在 <img> 標籤的 alt 屬性裡顯示會員名字。

19. foreach 迴圈會逐一處理陣列 $articles（步驟 7 產生）的每個元素，儲存會員寫過的文章的詳細資料。

20. 此處顯示文章摘要的程式碼，跟網站首頁用來顯示文章摘要的程式碼一樣（如同第 465 頁所示）。

若該作者尚未寫過任何一篇文章，迴圈內的陳述式不會執行。

21. 網頁引入 footer.php 檔案。

```php
<?php
declare(strict_types = 1);                                    // 使用嚴格資料型態
require 'includes/database-connection.php';                   // 產生 PDO 物件
require 'includes/functions.php';                             // 引入函式
$id = filter_input(INPUT_GET, 'id', FILTER_VALIDATE_INT);     // 驗證 id 值
if (!$id) {                                                   // 若無有效的 id 值
    include 'page-not-found.php';                             // 沒有找到網頁
}
$sql = "SELECT forename, surname, joined, picture FROM member WHERE id = :id;"; // SQL
$member = pdo($pdo, $sql, [$id])->fetch();                    // 取得會員資料
if (!$member) {                                               // 若為空陣列
    include 'page-not-found.php';                             // 沒有找到網頁
}
$sql = "SELECT a.id, a.title, a.summary, a.category_id, a.member_id,
                c.name      AS category,
                CONCAT(m.forename, ' ', m.surname) AS author,
                i.file      AS image_file,
                i.alt       AS image_alt
          FROM article    AS a
          JOIN category   AS c    ON a.category_id = c.id
          JOIN member     AS m    ON a.member_id   = m.id
          LEFT JOIN image AS i    ON a.image_id    = i.id
         WHERE a.member_id = :id AND a.published   = 1
         ORDER BY a.id DESC;";                                // SQL
$articles = pdo($pdo, $sql, [$id])->fetchAll();              // 會員寫的文章
$sql = "SELECT id, name FROM category WHERE navigation = 1;"; // 執行SQL陳述式以取得文章類別
$navigation = pdo($pdo, $sql)->fetchAll();                   // 取得文章類別
$section     = '';                                           // 目前瀏覽的文章類別
$title       = $member['forename'] . ' ' . $member['surname']; // HTML <title> 顯示的內容
$description = $title . ' on Creative Folk';                 // <meta> 說明標籤的內容
?>
<?php include 'includes/header.php'; ?>
  <main class="container" id="content">
    <section class="header">
      <h1><?= html_escape($member['forename'] . ' ' . $member['surname']) ?></h1>
      <p class="member"><b>Member since:</b> <?= format_date($member['joined']) ?></p>
      <img src="uploads/<?= html_escape($member['picture'] ?? 'blank.png') ?>"
           alt="<?= html_escape($member['forename']) ?>" class="profile"><br>
    </section>
    <section class="grid">
    <?php foreach ($articles as $article) { ?>
    <!-- 顯示文章摘要的程式碼同第 465 頁所示 -->
    <?php } ?>
    </section>
  </main>
<?php include 'includes/footer.php'; ?>
```

建立搜尋網頁

搜尋網頁這個範例是介紹如何利用 SQL，搜尋資料庫內的資料，以及當資料庫查詢回傳大量的資料列時，如何利用分頁這項技巧，在多個網頁上顯示搜尋結果。

網站訪客在搜尋框裡輸入關鍵詞並且送出表單後，資料庫會在 article 資料表的 title、summary 和 description 欄裡尋找該關鍵詞。如果有在這些資料欄內找到要搜尋的關鍵詞，該篇文章的摘要就會加入結果集，網站訪客會看到是哪些文章符合查詢。

搜尋網頁會執行兩項 SQL 查詢：

● 一項查詢是計算符合條件的結果筆數。

● 另一項查詢是取得這些文章的摘要細節。

請見以下範例，這個 SQL 查詢會計算含有搜尋關鍵詞的文章篇數。

在查詢過程中，搜尋關鍵詞重複出現了三次；第一次是檢查 title 欄，再來是檢查 summary 欄，最後是檢查 content 欄。SQL 查詢裡不能重複使用同一個占位符號，所以搜尋每個資料欄時要用不同的占位符號名稱（:term1、:term2 和 :term3）。

```
SELECT COUNT(title)
  FROM article
 WHERE title   LIKE :term1
    OR summary LIKE :term2
    OR content LIKE :term3
   AND published = 1;
```

這個範例網頁每切換一頁會顯示三個搜尋結果，目的是示範當資料庫找到大量符合條件的結果時，該如何處理：

● 每一頁都只顯示這些結果的一小部分。

● 在結果下方加上數個連結，讓網站訪客透過連結請求下一組（或前一組）符合條件的結果。

這項技巧稱為「分頁」（pagination），因為是將結果拆分到多個網頁裡。顯示搜尋結果的每個分頁都會有指向自己的連結，產生這個連結需要查詢字串裡的三組名稱／值，搜尋網頁才知道要從資料庫取出哪些文章，然後顯示給使用者：

● term 是儲存搜尋關鍵詞。

● show 是指每個分頁要顯示多少個結果。

● from 表示前面已經顯示過多少個結果。

將 show 的值搭配 SQL LIMIT 子句，資料庫回傳的文章篇數正好是分頁要顯示的結果筆數。

將 from 的值搭配 SQL OFFSET 子句，是告訴資料庫只有先找到指定筆數的結果，才能開始將後續搜尋到的結果加入結果集。

```
 LIMIT :show
OFFSET :from
```

design   **Search**

MATCHES FOUND: 10

Travel Guide
Book design for series of travel guides
POSTED IN **PRINT** BY **IVY STONE**

Golden Brown
Photograph for interior design book
POSTED IN **PHOTOGRAPHY** BY **EMIKO ITO**

Polite Society Posters
Poster designs for a fashion label
POSTED IN **PRINT** BY **IVY STONE**

```
                              FROM   SHOW          PAGE
search.php?term=design       (  0  ÷  3  )  +  1  =  1
search.php?term=design&show=3&from=3   (  3  ÷  3  )  +  1  =  2
search.php?term=design&show=3&from=6   (  6  ÷  3  )  +  1  =  3
search.php?term=design&show=3&from=9   (  9  ÷  3  )  +  1  =  4
```

產生分頁連結時，搜尋網頁需要三項資料，每一項都會儲存在一個變數裡：

- $count 是符合查詢條件的結果筆數。
- $show 是每個分頁要顯示的結果筆數。
- $from 是指要先跳過幾筆結果，才將符合的結果加入結果集。

顯示結果時，計算分頁數的方法是將 $count 除以 $show（也就是將符合結果的總筆數除以每個分頁要顯示的結果筆數）。上方範例共有 10 筆結果符合，每個分頁要顯示 3 筆結果，所以（10 ÷ 3 = 3.3333），再利用 PHP 內建的 ceil() 函式，將這個數字無條件進入，就能取得顯示結果需要的分頁數。

判斷使用者目前瀏覽的分頁時，要將 $from 除以 $show（要跳過的結果筆數除以每個分頁要顯示的結果筆數），再加 1。判斷目前瀏覽分頁的計算方式，請見右上範例。

```
$current_page = ceil($from / $show) + 1;
```

利用 for 迴圈來產生各個分頁的連結。先將計數器的值設為 1，然後檢查計數器的值是否小於分頁總數；若小於，就為該分頁加一個連結，計數器的值加 1。繼續執行迴圈，直到計數器的值到達顯示結果需要的分頁數。

```
for ($i = 1; $i <= $total_pages; $i++) {
  // 顯示其他連結
}
```

範例：搜尋網頁

使用者在網頁 search.php 上方的表單輸入搜尋關鍵詞，送出表單後，搜尋關鍵詞會發送回去給同一個頁面，然後找出符合關鍵詞的文章並且顯示搜尋結果。

1. 啟用嚴格資料型態，網頁引入必要檔案、database-connection.php 和 functions.php。

2. filter_input() 函式從查詢字串中擷取出三個值，然後儲存在以下變數裡：

- $term 是儲存搜尋關鍵詞。
- $show 取得每個分頁要顯示的結果筆數（如果沒有指定值，預設值為 3）。
- $from 取得要跳過的結果筆數（如果沒有指定值，預設值為 0）。

3. 為產生 HTML 網頁的需求，設定兩個變數的初始值，但只有搜尋關鍵詞存在才會指定值（$count 初始值為 0，$articles 初始值為空陣列）。

4. if 陳述式會檢查 $term 是否儲存搜尋關鍵詞，只有在搜尋關鍵詞存在的情況下，網頁下一部分的內容才會執行，嘗試在資料庫內找出符合關鍵詞的結果。

5. $arguments 陣列是儲存 SQL 查詢使用的三個占位符號的名稱及其要置換的值。每個占位符號都會置換為相同的搜尋關鍵詞，這是因為 SQL 查詢不能使用重複的占位符號名稱。

在搜尋關鍵詞前後加上萬用字元符號 %，即使字元出現在搜尋關鍵詞的其中一側，SQL 查詢也能找到符合的結果。

6. 第一個 SQL 查詢是計算 article 資料表（title、summary 或 content 資料欄）內有多少篇文章含有搜尋關鍵詞。

7. 利用 pdo() 函式，執行 SQL 查詢使用者提供的搜尋關鍵詞，然後使用 PDOStatement 物件的 fetchColumn() 方法，取得符合搜尋關鍵詞的文章篇數。顧名思義，fetchColumn() 方法的作用是從結果集的資料欄內單獨取出一個值，這個回傳值會儲存在變數 $count。

8. if 陳述式會檢查是否有找到符合的結果。若有找到，就匯集文章摘要；若無，則不需要繼續收集。

9. $arguments 陣列再多加兩個元素，用於第二個 SQL 查詢：

- show 是每個分頁要顯示的結果筆數。
- from 是要跳過的結果筆數（步驟 2 已經將這兩個元素儲存在變數裡）。

10. 第二個 SQL 查詢是取得符合關鍵詞的文章摘要，儲存在變數 $sql，之後會顯示在這個網頁裡。

11. 利用 WHERE 子句，在 article 資料表（title、summary 或 content 資料欄）內尋找含有搜尋關鍵詞的文章。

12. 利用 ORDER BY 子句，依照文章編號遞減排序，所以最新的文章會排在第一篇。

13. LIMIT 子句是將加入結果集的結果筆數，限制為每個分頁要顯示的搜尋結果筆數。

14. OFFSET 子句是控制資料加進結果集前，要先跳過多少筆符合結果的資料。

15. 執行 SQL 陳述式，帶入更新後的 $arguments 陣列，然後呼叫 PDOStatement 物件的 fetchAll() 方法，取得所有符合關鍵詞的文章摘要，儲存在變數 $articles。

```php
<?php
declare(strict_types = 1);                              // 使用嚴格資料型態
require 'includes/database-connection.php';             // 產生 PDO 物件
require 'includes/functions.php';                       // 引入函式


$term  = filter_input(INPUT_GET, 'term');               // 取得搜尋關鍵詞
$show  = filter_input(INPUT_GET, 'show', FILTER_VALIDATE_INT) ?? 3; // 搭配 Limit 子句使用
$from  = filter_input(INPUT_GET, 'from', FILTER_VALIDATE_INT) ?? 0; // 搭配 Offset 子句使用
$count = 0;                                              // 設定變數 count 值為 0
$articles = [];                                          // 設定變數 articles 為空白陣列

if ($term) {                                            // 若有提供搜尋關鍵詞
    $arguments['term1'] = '%$term%';                    // 將搜尋關鍵詞儲存在陣列
    $arguments['term2'] = '%$term%';                    // 設定三次占位符號
    $arguments['term3'] = '%$term%';                    // 因為 SQL 不能重複使用占位符號


    $sql = "SELECT COUNT(title) FROM article
            WHERE title    LIKE :term1
               OR summary LIKE :term2
               OR content LIKE :term3
               AND published = 1;";                     // 計算有多少篇文章符合搜尋關鍵詞
    $count = pdo($pdo, $sql, $arguments)->fetchColumn(); // 回傳結果筆數
    if ($count > 0) {                                   // 若有文章符合搜尋關鍵詞
        $arguments['show'] = $show;                     // 將查詢用的值加入分頁陣列
        $arguments['from'] = $from;                     // 將查詢用的值加入分頁陣列
        $sql = "SELECT a.id, a.title, a.summary, a.category_id, a.member_id,
                       c.name      AS category,
                       CONCAT(m.forename, ' ', m.surname) AS author,
                       i.file      AS image_file,
                       i.alt       AS image_alt
                  FROM article    AS a
                  JOIN category    AS c   ON a.category_id = c.id
                  JOIN member      AS m   ON a.member_id   = m.id
                  LEFT JOIN image  AS i   ON a.image_id    = i.id
                 WHERE a.title    LIKE :term1
                    OR a.summary LIKE :term2
                    OR a.content LIKE :term3
                   AND a.published = 1
              ORDER BY a.id DESC
                 LIMIT :show
                OFFSET :from;";                         // 搜尋符合關鍵詞的文章
        $articles = pdo($pdo, $sql, $arguments)->fetchAll(); // 執行查詢和取得結果
    }
}
```

獲取與顯示來自資料庫的資料

範例：搜尋網頁（續）

接下來，搜尋網頁會繼續計算產生分頁連結時需要的值。

1. 若 $count 儲存的數字大於 $show 的值，就需要計算給分頁連結用的值。

2. 顯示結果需要的分頁總數，計算如下：
   - $count 除以 $show。
   - 利用 PHP 內建的 ceil() 函式，無條件進入。

3. 判斷使用者目前瀏覽的分頁（儲存在變數 $current_page），計算如下：
   - 將 $from 的值除以 $show 的值。
   - 利用 PHP 內建的 ceil() 函式，無條件進入。
   - 數字加 1。

4. 變數 $sql 儲存 SQL 陳述式，用於取得導覽列顯示類別時需要的資料。

5. 執行查詢後，fetchAll() 方法會取得文章類別資料，儲存在變數 $navigation。

6. 由於搜尋網頁不屬於某個文章分類，所以變數 $section 會儲存空白字串。

7. 變數 $title 儲存網頁標題，由文字 Search results for 和搜尋關鍵詞組成（「header.php」已經先進行過脫淨處理）

8. 變數 $description 儲存 <meta> 說明標籤的內容檔案。

剩餘的內容會產生 HTML 網頁，然後發送回去給瀏覽器。

9. 搜尋表單將資料送回搜尋網頁。

10. 使用者輸入搜尋關鍵詞後，會先經過脫淨處理，再顯示於搜尋網頁的 <input> 標籤裡。

11. 若變數 $term 的值存在，會顯示符合比對的文章篇數。

12. 使用 foreach 迴圈，顯示文章摘要（跟先前範例寫過的程式碼一樣，請見第 465 頁）。

13. if 陳述式會檢查變數 $count 儲存的數字是否大於 $show，如果大於，就顯示分頁連結。

14. 加入 <nav> 和 <ul> 兩個元素，用於儲存分頁連結，每個連結都具有 <li> 元素。

15. 使用 for 迴圈，產生各個分頁的連結，括號內包含三個表達式：
    - $i = 1 是產生計數器變數 $i，設定初始值為 1。
    - $i <= $total_page 是條件式，判斷是否要執行迴圈內的程式碼。若計數器的值小於顯示搜尋結果需要的總分頁數，會執行後續的程式碼區塊。
    - $i++ 遞增計數器的值，每執行一次迴圈就加 1。

16. 迴圈內部是為每個分頁產生連結。<href> 屬性利用查詢字串（內含三個查詢值），指示 search.php 要顯示哪些搜尋結果：
    - term 是搜尋關鍵詞。
    - show 是每個分頁要顯示的結果筆數。
    - from 是要跳過的結果筆數例如：
      分頁 1：$i 的值是 1，所以（1-1）* 3，會跳過 0 筆結果。
      分頁 2：$i 的值是 2，所以（2-1）* 3，會跳過 3 筆結果。
      分頁 3：$i 的值是 3，所以（3-1）* 3，會跳過 6 筆結果。

17. 當計數器的值等於變數 $current_page 的值，會特別表示這個連結是目前瀏覽的結果分頁。為此，要加入 class 屬性，指定屬性值為 active；加入 aria-current 屬性，指定屬性值為 true。

18. 連結內部的計數器值會用來作為連結文字，表示分頁數字。執行迴圈，直到計數器的值等於 $total_pages 的值。

```php
①  if ($count > $show) {                                    // 若結果數大於分頁顯示數
②      $total_pages  = ceil($count / $show);                // 計算分頁總數
③      $current_page = ceil($from / $show) + 1;             // 計算目前瀏覽分頁
    }
④  $sql = "SELECT id, name FROM category WHERE navigation = 1;"; // 執行 SQL 陳述式以取得文章類別
⑤  $navigation  = pdo($pdo, $sql)->fetchAll();              // 取得要顯示在導覽列上的文章類別

⑥  $section      = '';                                     // 目前瀏覽的文章類別
⑦  $title        = 'Search results for ' . $term;          // HTML <title> 顯示的內容
⑧  $description  = $title . ' on Creative Folk';           // <meta> 說明標籤顯示的內容
?>
<?php include 'includes/header.php'; ?>
  <main class="container" id="content">
    <section class="header">
⑨      <form action="search.php" method="get" class="form-search">
        <label for="search"><span>Search for: </span></label>
⑩      <input type="text" name="term" value="<?= html_escape($term) ?>"
               id="search" placeholder="Enter search term"
        /><input type="submit" value="Search" class="btn" />
      </form>
⑪      <?php if ($term) { ?><p><b>Matches found:</b> <?= $count ?></p><?php } ?>
    </section>

    <section class="grid">
⑫      <?php foreach ($articles as $article) { ?>
        <!-- 顯示文章摘要的程式碼同第 465 頁所示 -->
        <?php } ?>
    </section>

⑬      <?php if ($count > $show) { ?>
⑭      <nav class="pagination" role="navigation" aria-label="Pagination navigation">
        <ul>
⑮      <?php for ($i = 1; $i <= $total_pages; $i++) { ?>
          <li>
⑯          <a href="?term=<?= $term ?>&show=<?= $show ?>&from=<?= (($i - 1) * $show) ?>"
⑰            class="btn <?= ($i == $current_page) ? 'active" aria-current="true' : '' ?>">
⑱            <?= $i ?>
          </a>
          </li>
        <?php } ?>
        </ul>
      </nav>
      <?php } ?>
    </main>
<?php include 'includes/footer.php'; ?>
```

將取得的資料存入物件

PHP 資料物件（PDO）也能以物件取代陣列，表示結果集內的每一列資料。利用 PDO 的 Fetch 模式，指定資料的表示方法。

PDOStatement 物件回傳結果集內的每一列資料時，可以用 Fetch 模式控制要以下列哪種型態表示：

- 關聯式陣列，以結果集內每個資料欄的名稱作為陣列內的鍵值。

- 物件，以結果集內每個資料欄的名稱作為物件的屬性。

在本章先前看過的檔案 database-connection.php 裡（請見第 439 頁），$options 陣列預設的 Fetch 模式是將回傳的每一列資料儲存為關聯式陣列。

預設 Fetch 模式時，使用 PDO::FETCH_OBJ，就能將回傳的每一列資料儲存為物件（而非陣列）。

陣列 ⟶ PDO::ATTR_DEFAULT_FETCH_MODE => PDO::FETCH_ASSOC;
物件 ⟶ PDO::ATTR_DEFAULT_FETCH_MODE => PDO::FETCH_OBJ;

每個 PDOStatement 物件還有支援另一個 setFetchMode() 方法，用於單獨設定每個 PDOStatement 物件的 Fetch 模式，而且可以覆蓋預設的 Fetch 模式。

execute() 方法執行後才能呼叫 setFetchMode() 方法，這個方法只會用到一個參數，就是我們要使用的 Fetch 模式。下方陳述式是指定結果集的每一列資料要以物件回傳。

$statement->setFetchMode(PDO::FETCH_OBJ);

PDOStatement 物件　　設定 FETCH 模式　　以物件型態取出每一列資料

Fetch 模式也能指定為引數，傳入 fetch() 和 fetchAll() 方法。利用 fetchAll() 方法取出結果集內的多列資料時，會將每個物件單獨存成索引式陣列裡的一個元素。

利用**標準類別**（standard class）產生的物件會是一個空白物件（因為沒有屬性或方法），類別名稱是「stdClass」。稍後第 480 頁的範例會介紹，如何利用現有類別，將資料加入物件裡。

$statement->fetch(PDO::FETCH_OBJ);

PDOStatement 物件　　取出資料　　以物件型態取出每一列資料

範例：設定 FETCH 模式以取得物件

section_c/c12/examples/fetching-data-as-objects.php

```php
<?php
require '../cms/includes/database-connection.php';
require '../cms/includes/functions.php';
$sql = "SELECT id, forename, surname
        FROM member;";                    // SQL 陳述式
$statement = $pdo->query($sql);           // 執行
$statement->setFetchMode(PDO::FETCH_OBJ); // Fetch 模式
$members    = $statement->fetchAll();     // Get data
?>
<!DOCTYPE html>
<html> ...
  <body>
    <?php foreach ($members as $member) { ?>
      <p>
        <?= html_escape($member->forename) ?>
        <?= html_escape($member->surname) ?>
      </p>
    <?php } ?>
  </body>
</html>
```

RESULT

Ivy Stone

Luke Wood

Emiko Ito

試試看：在步驟 2 的陳述式中多加一個請求，連同會員的電子郵件位址一起查詢，然後在步驟 7 顯示。

試試看：將步驟 7 的陳述式換成 `<?php var_dump($member) ?>`，看看每一列資料產生的物件內容。

這個範例的作用是以物件屬性，表示結果集內的每一列資料。

1. 引入檔案 database-connection.php 和 functions.php。

2. 以變數 $sql 儲存 SQL 查詢。

3. 呼叫 PDO 物件的 query() 方法，執行 SQL 查詢。回傳 PDOStatement 物件，表示 SQL 查詢的陳述式及其產生的結果集。

4. 呼叫 PDOStatement 物件的 setFetchMode() 方法，傳入引數 PDO::FETCH_OBJ，指定結果集的每一列資料要以物件回傳。

5. PDOStatement 物件的 fetchAll() 方法會從結果集取得每一列資料，然後回傳索引式陣列，陣列中的每個元素值都是一個物件，代表一列資料。

6. 利用 foreach 迴圈，逐一處理陣列中的每個元素。

7. 利用存有會員名字和姓氏的物件，使用物件屬性來顯示會員姓名。

利用類別將取得的資料存入物件

PDO 物件回傳結果集的每一列資料時，可以儲存到使用者自訂類別產生的物件裡。以該自訂類別產生的物件，會自動取得所有類別定義的方法。

將結果集的每一列資料加入現有類別定義產生的物件時，要使用 PDOStatement 物件的 setFetchMode() 方法，這個方法有兩個參數：

- PDO::FETCH_CLASS：指定 Fetch 模式。
- 要使用的類別名稱。

類別名稱要放在單引號裡，呼叫 setFetchMode() 方法之前，網頁必須先引入類別定義。

請見右頁，範例中使用類別定義產生物件，用以表示網站會員。類別定義於檔案 Member.php，這個檔案儲存在「classes」資料夾下。

這個自訂物件的屬性名稱跟資料庫 member 資料表裡的兩個資料欄名稱一樣。

- 當結果集的資料欄名稱跟類別的屬性名稱一樣時，該屬性值會指定為資料欄的值。
- 若結果集的資料欄名稱跟類別的屬性名稱不一樣，物件會新增一個屬性，屬性名稱為該資料欄的名稱。

PDO 物件利用自訂類別產生的任何物件，還會擁有該類別定義的所有方法。

利用 fetchAll() 方法取出結果集內的多列資料時，每個物件都是不同的元素，會儲存在索引式陣列裡。

$statement->setFetchMode(PDO::FETCH_CLASS, 'Member');

| PDOStatement 物件 | 設定 FETCH 模式 | 將取得的資料存入現有類別 | 類別名稱 |

以命名類別產生物件時，在呼叫類別的 __construct() 方法前（請見第 160 頁），要先指定物件屬性的值，否則會導致意外結果。

範例：利用現有類別產生物件

PHP section_c/c12/examples/classes/Member.php

```php
<?php
class Member
{
  public $forename;
  public $surname;
  public function getFullName(): string
  {
    return $this->forename . ' ' . $this->surname;
  }
}
```
① (annotation for Member class)

PHP section_c/c12/examples/fetching-data-into-class.php

```php
<?php
require '../cms/includes/database-connection.php';
require '../cms/includes/functions.php';
require 'classes/Member.php';
$sql = "SELECT forename, surname
          FROM member
         WHERE id = 1;";
$statement = $pdo->query($sql);
$statement->setFetchMode(PDO::FETCH_CLASS, 'Member');
$member = $statement->fetch();
?>
<!DOCTYPE html>
<html> ...
  <p><?= html_escape($member->getFullName()) ?></p> ...
</html>
```
② ③ ④ ⑤ ⑥ ⑦ (annotations)

RESULT

Ivy Stone

1. 定義 Member 類別有兩個屬性和一個方法。

2. 引入 database-connection.php、functions.php 和 Member.php。

3. 以變數 $sql 儲存 SQL 查詢。

4. PDO 物件的 query() 方法會執行 SQL 查詢，產生 PDOStatement 物件來表示結果集。

5. 呼叫 PDOStatement 物件的 setFetchMode() 方法：
   - PDO::FETCH_CLASS：指示 PDO 物件將資料加入現有類別產生的物件。
   - Member：用於產生物件的類別名稱。

6. PDOStatement 物件的 fetch() 方法會從結果集取得一列資料，然後將回傳的物件儲存在變數 $member。

7. 呼叫物件的 getFullName() 方法，取得會員全名。

試試看：將步驟 6 的陳述式換成 `<?php var_dump($member) ?>`，看看產生的會員物件內容。

本章重點回顧

獲取與顯示來自資料庫的資料

> PDO 物件用於表示和管理資料庫連線。

> PDOStatement 物件用於表示 SQL 陳述式及其產生的結果集，以關聯式陣列或物件回傳每一列資料。

> 當結果集有多列資料時，每一列資料會儲存為索引式陣列中的元素。

> 查詢字串可以用來指定網頁要從資料庫收集哪些資料。

> SQL 陳述式使用占位符號來表示每次請求網頁時都會變動的值。

> 資料庫內任何由網站訪客產生的資料都一定要先做脫淨處理，才能顯示在網頁上。

13

為資料庫更新資料

網站可以提供工具讓使用者新增資料到資料庫，以及
更新或刪除資料庫內儲存的現有資料。

為了達成這個目的，PHP 網頁需要完成以下工作：

1. 收集資料：第六章已經介紹過如何從表單和網址取得資料。

2. 驗證資料：第六章還介紹過如何檢查是否已經提供必要的資料，以及資料格式
是否有效，若發生錯誤，會向使用者顯示訊息。

3. 更新資料庫：第 11 章已經介紹過 SQL 陳述式，用於產生、更新或刪除資料庫內
的資料。第 12 章則是介紹如何利用 PHP 資料物件來執行 SQL 陳述式。

4. 提供回饋：以訊息告訴使用者操作是否成功。

大致上我們已經了解如何完成上述這些工作，因此，本章的焦點會放在如何控制其中
每項工作執行的時機。陳述式執行的順序稱為**控制流**，本章會用一連串的 if 陳述式來
告訴 PHP 何時要執行每一項工作。例如，如果使用者提供了無效的資料，此時產生或
執行 SQL 指令來更新資料庫，就變得毫無意義。同樣地，若資料庫內容更改成功，我
們也只需要顯示成功的訊息。

本章還會帶讀者學習如何利用所謂的**交易**（transaction），執行一連串相關的 SQL 陳述
式，而且如何在所有 SQL 陳述式都成功執行的情況下，才儲存修改的內容（只要其中
一個陳述式失敗，資料庫就不會儲存所有的修改內容）。

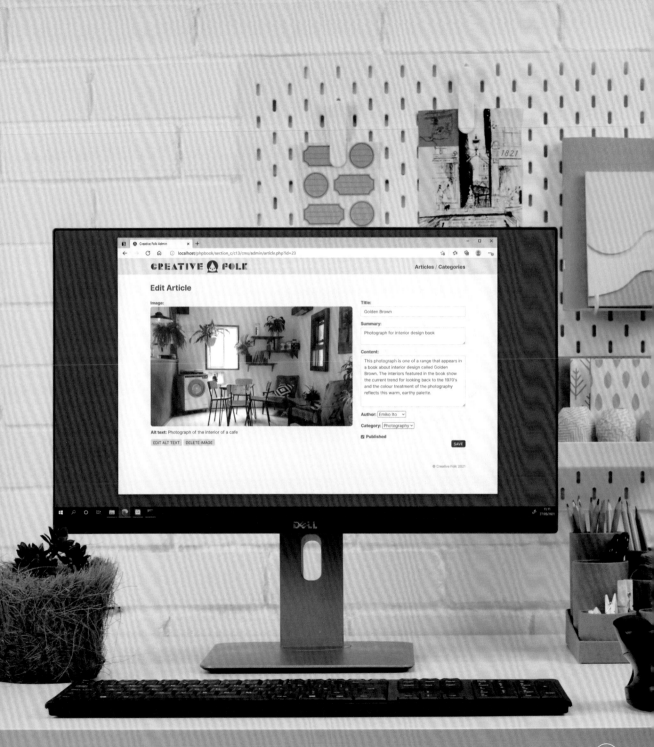

新增資料到資料表

使用 SQL 的 INSERT 命令，可以新增一列資料到資料表；INSERT 命令一次只能對一個資料表新增一列資料。

1. 下方 SQL 陳述式是新增一個文章類別到 category 資料表裡，陳述式內有參數對應資料欄 name、description 和 navigation（id 資料欄的值是由資料值產生）。

2. 每個資料欄的值是以關聯式陣列提供，SQL 陳述式內的每個參數正巧是陣列裡的一個元素。這個陣列絕對不能放任何多餘的元素，否則會引發錯誤。

3. PDO 物件的 prepare() 方法需要 SQL 陳述式作為引數，才能產生 PDOStatement 物件。然後呼叫 PDOStatement 物件的 execute() 方法，使用陣列內的值來執行 SQL 查詢。

①
```
$sql = "INSERT INTO category (name, description, navigation)
        VALUES (:name, :description, :navigation);";
```

②
```
$category = ['name']        = 'News';
$category = ['description'] = 'News about Creative Folk';
$category = ['navigation']  = 1;
```

③
```
$statement = $pdo->prepare($sql);
$statement->execute($category);
```

右表特別標示出新增的資料列。自動遞增功能指定 id 資料欄的值為 5。範例網站若發生問題，PDO 物件會拋出例外情況，由預設的例外處理函式進行處理。

category			
id	name	description	navigation
1	Print	Inspiring graphic design	1
2	Digital	Powerful pixels	1
3	Illustration	Hand-drawn visual storytelling	1
4	Photography	Capturing the moment	1
5	News	News about Creative Folk	1

為資料表更新資料

使用 SQL 的 UPDATE 命令，可以更新資料庫內現有資料表的內容。
UPDATE 命令搭配 JOIN 子句一起使用，可以更新多個資料表。

1. 下方 SQL 陳述式是更新現有文章類別的內容。陳述式內前三個參數是用於更新資料欄 name、description 和 navigation，WHERE 子句後的參數是用於指定更新資料列的編號。

2. 用於置換參數的資料會以陣列提供，SQL 陳述式內的每個參數正巧對應陣列裡的一個元素。這個陣列絕對不能放任何多餘的元素，因為會引發錯誤。

3. 下方陳述式的執行方式跟帶有參數的 SQL 查詢一樣，以使用者自訂的 pdo() 函式（請參見第 456 頁），執行 SQL 陳述式。本章後續內容都會使用這個方法。

```
①  $sql = "UPDATE category
              SET name        = :name,
                  description = :description,
                  navigation  = :navigation
            WHERE id = :id;";

②  $category = ['id']          = 5;
   $category = ['name']        = 'News';
   $category = ['description'] = 'Updates from Creative Folk';
   $category = ['navigation']  = 0;

③  pdo($pdo, $sql, $category);
```

category			
id	name	description	navigation
1	Print	Inspiring graphic design	1
2	Digital	Powerful pixels	1
3	Illustration	Hand-drawn visual storytelling	1
4	Photography	Capturing the moment	1
5	News	Updates from Creative Folk	0

左表中第五個類別的內容已經更新。

注意：如果有超過一列以上的資料符合 WHERE 子句指定的搜尋條件，SQL 的 UPDATE 命令會更新所有符合條件的資料列。

刪除資料表的資料

SQL 的 DELETE 命令能刪除資料表中的資料列，搜尋條件會限制要刪除哪幾列資料。搭配 JOIN 子句一起使用，能刪除多個資料表的資料。

1. 下方 SQL 陳述式使用 DELETE 命令，後面接 FROM 子句和資料表名稱（之後要從中刪除資料列）。

2. 接著以搜尋條件指定要刪除資料表中的哪幾列資料。下方陳述式利用 id 欄的值，指定要刪除的資料列。

3. 將要刪除的資料列編號儲存在變數 $id，再以引數內產生的索引式陣列，提供編號給 pdo() 函式使用。

```
① $sql = "DELETE FROM category
②          WHERE id = :id;";

③ $id = 5;
   pdo($pdo, $sql, [$id]);
```

右表中第五個類別的內容已經從資料表刪除。

注意：如果有超過一列以上的資料符合 WHERE 子句指定的搜尋條件，SQL 的 DELETE 命令會刪除所有符合條件的資料列。

category

id	name	description	navigation
1	Print	Inspiring graphic design	1
2	Digital	Powerful pixels	1
3	Illustration	Hand-drawn visual storytelling	1
4	Photography	Capturing the moment	1

取得新增資料列的編號

當資料庫內表格的 id 欄的值會自動遞增，資料表新增一列資料時，PDO 物件的 lastInsertId() 方法能取出資料庫為新的資料列所產生的編號。

在範例網站的每個資料表裡，第一欄的名稱都是 id，擁有主要索引鍵，是資料表裡每一列資料的唯一識別碼。當資料表新增一列資料時，MySQL 的自動遞增功能就會為新增的那一列資料產生 id 欄的值。

SQL 陳述式執行完畢，在資料表插入一列新資料後，利用 PDO 物件的 lastInsertId() 方法，就能取得 MySQL 為 id 欄產生的值。以變數儲存這個值，之後能用在程式碼裡。

同時建立一篇新文章和上傳圖像時，就會看到這項技巧的用法。

- 首先，將圖像加入 image 資料表。

- 利用 lastInsertId() 方法取得新增圖像的編號。

- 最後是在 article 資料表新增一篇文章，因為 article 資料表的 image_id 欄是使用新圖像的編號。

下方陳述式是先呼叫 pdo() 函式，在資料庫裡新增一列資料後，才呼叫 lastInsertId() 方法。

```
pdo($pdo, $sql, $arguments);
$new_id = $pdo->lastInsertId();
```

找出有多少列資料發生異動

SQL 陳述式使用 UPDATE 或 DELETE 命令時，會同時對多列資料造成異動。PDOStatement 物件的 rowCount() 方法能回傳造成異動的資料列數。

執行 UPDATE 或 DELETE 命令時，可以完全不更動資料庫內的資料列，也可以只更動一列或是多列資料，一切都取決於有多少列資料符合 WHERE 子句的搜尋條件。

執行下方查詢時，若 category 資料表的類別 id 裡沒有值是 100，資料庫就不會刪除任何內容：

```
DELETE FROM category
 WHERE id = 100;
```

執行下方查詢時，可能不會更動資料庫內的資料列，也可能只更動一列或多列資料，一切都取決於有多少列資料的 navigation 欄的值是 0。

```
UPDATE category
   SET navigation = 1
 WHERE navigation = 0;
```

呼叫 PDOStatement 物件的 execute() 方法，若成功執行 SQL 陳述式會回傳 true，若否，則回傳 false。但從這些範例可以看到，這個方法不會告訴我們資料庫是否有任何資料列發生異動。

為了判斷 SQL 陳述式執行完畢後有多少列資料發生異動，PDOStatement 物件提供了一個方法 rowCount()，回傳發生異動的資料列數。

呼叫 rowCount() 方法的陳述式會接在執行 execute() 方法後面，其回傳值可以儲存在變數。

如果利用上一章定義的 pdo() 函式來執行 SQL 陳述式，可以在同一個陳述式裡呼叫 pdo() 函式和 rowCount() 方法（利用方法鏈技巧）。

```
$sql = "UPDATE category
           SET navigation = 1
         WHERE navigation = 0;";
$result = $pdo($pdo, $sql)->rowCount();
```

避免資料欄出現重複值

某些資料欄需要唯一值。在範例網站上，兩篇文章不能用同一個標題、兩個類別不能用相同的名稱，以及不能有兩個會員用同一個電子郵件位址。

在以下資料庫的資料欄加入「條件約束：唯一性」（請見第 430 頁），確保這些資料欄內不會有兩列資料出現相同的值：

- article 資料表的 title 欄。
- category 資料表的 name 欄。
- member 資料表的 email 欄。

當上述這些資料表新增一列資料（或是更新現有資料列），若上述這些資料欄裡已經有其他資料列具有相同的值，PDO 物件會拋出例外情況物件，因為無法儲存資料（會打破唯一性這項條件約束）。

PDO 物件利用 PDOException 類別，產生 PDOException 物件，做法雖然跟第 368 頁介紹過的例外情況物件一樣，但有包含其他 PDO 物件特有的資料。下方範例程式說明，若遇到 SQL 陳述式可能會打破唯一性這項條件約束時，該如何處理。

1. try 區塊的程式碼會在資料表新增一列資料或是更新現有資料。

2. try 區塊執行程式碼時，若 PDO 物件拋出例外情況，會執行後續的 catch 區塊，以變數 $e 儲存例外情況物件。

3. PDOException 物件具有 errorInfo 屬性，屬性值是索引式陣列，陣列內是錯誤相關資料；其中陣列內的第二個元素是錯誤代碼，完整的錯誤代碼清單請見：http://notes.re/PDO/error-codes。若錯誤代碼是 1062，表示「條件約束：唯一性」阻止儲存資料，並且告知使用者，這個值已被使用。

4. 若出現其他錯誤代碼，會以 throw 關鍵字重新拋出例外情況（請見第 369 頁），由預設的例外處理函式進行處理。

```
① try {
       pdo($pdo, $sql, $args);
② } catch (PDOException $e) {
③     if ($e->errorInfo[1] === 1062) {
           // 告訴使用者這個值已被使用
④     } else {
           throw $e;
       }
   }
```

建立網頁來編輯資料庫內的資料

看完 PDO 物件如何新增、更新和刪除資料庫內的資料後，本章其餘部分的內容會介紹如何建立管理網頁和表單，讓使用者透過這些介面去更動已經儲存在資料庫內的資料。

此處會建立六個管理頁面，讓使用者透過頁面來產生、更新和刪除文章類別與文章。

這些管理頁面的的程式碼都放在「admin」資料夾下，開始看程式碼之前，請先試試看是否能以瀏覽器開啟。

categories.php
這個頁面會列出所有文章類別，還有幾個功能連結，用於建立、更新和刪除文章類別。

articles.php
這個頁面會列出所有文章，提供功能連結，讓所有網站擁有者可以建立、新增和刪除文章。

這些建立或編輯類別的功能連結是指向 category.php。

- 建立新類別時不需要查詢字串。

- 編輯現有類別時，查詢字串的內容包含名稱 id 和值，就是使用者要編輯的類別編號，例如，category.php?id=2。

刪除類別的功能連結是指向頁面 category-delete.php，查詢字串的內容包含使用者要刪除的類別編號。

這些建立或編輯文章的功能連結是指向 article.php。

- 建立新文章時不需要查詢字串。

- 編輯現有文章時，查詢字串的內容包含名稱 id 和值，就是使用者要編輯的文章編號，例如，article.php?id=2。

刪除類別的功能連結是指向頁面 article-delete.php，查詢字串的內容包含使用者要刪除的文章編號。

category.php
這個頁面會提供表單，讓使用者建立新的類別或更新現有類別。

article.php
這個頁面會提供表單，讓使用者建立新的文章或更新現有文章。

使用者提交表單後，會驗證資料：

- 若資料有效，這個頁面會更新資料庫內容，然後將使用者傳送回 categories.php 頁面。查詢字串會傳送訊息，所以類別頁面會顯示資料已儲存。

- 若資料無效，會重新顯示表單，並且在需要更正的表單欄位下顯示訊息。

使用者提交表單後，會驗證資料：

- 若資料有效，這個頁面會更新資料庫內容，然後將使用者傳送回 articles.php 頁面。查詢字串會傳送訊息，所以文章頁面會顯示資料已儲存。

- 若資料無效，會重新顯示表單，並且在需要更新的表單欄位下顯示訊息。

category-delete.php
這個頁面是請求使用者確認，是否要刪除某個類別。

article-delete.php
這個頁面是請求使用者確認，是否要刪除某篇文章。

若使用者按下「confirm」（確定）按鈕，這個頁面會刪除該類別，然後將使用者傳送回 categories.php 頁面。查詢字串會傳送訊息讓類別頁面顯示，通知使用者該類別已經刪除。

若使用者按下「confirm」（確定）按鈕，這個頁面會刪除該篇文章，然後將使用者傳送回 articles.php 頁面。查詢字串會傳送訊息讓文章頁面顯示，通知使用者該篇文章已經刪除。

範例：建立、更新與刪除文章類別

categories.php 這個頁面提供的功能連結是用於建立、更新和刪除文章類別。

1. 啟用嚴格資料型態以及引入兩個檔案：database-connection.php 負責產生 PDO 物件，functions.php 內有使用者自訂函式，包含 pdo() 函式、日期格式化的函式和一個新函式（用於步驟 15～19）。

2. 若查詢字串內有成功的訊息，就儲存在變數 $success；若否，則 $success 會儲存 null 值。

3. 若查詢字串內有失敗的訊息，就儲存在變數 $failure；若否，則 $failure 會儲存 null 值。

4. 變數 $sql 儲存 SQL 查詢，用以取得資料庫儲存的每個文章類別的相關資料。

5. 利用 pdo() 函式執行查詢，以 PDOStatement 物件的 fetchAll() 方法取得類別資料，然後儲存在變數 $categories。

6. 管理頁面引入標頭檔案。

7. 若查詢字串內含有成功或失敗的訊息，就會顯示在網頁裡。

8. 增加功能連結，用於建立新的文章類別。若指向 category.php 的連結沒有包含查詢字串，category.php 頁面就知道要建立一個新類別。

9. 在網頁新增表格，第一列是三個資料欄的標題：name、edit 和 delete。

10. 利用 foreach 迴圈，顯示現有文章類別的相關資料，以及編輯或刪除類別的功能連結。

11. 表格第一欄是顯示類別名稱。

12. 接著產生指向 category.php 頁面的連結。查詢字串含有類別編號，所以載入 category.php 頁面後，使用者就能編輯該類別的細節，例如，`<a href="category.php?id=1">`

13. 產生指向 category-delete.php 頁面的連結，讓使用者刪除資料庫內的某個類別。查詢字串會儲存類別編號。

14. 管理頁面引入頁腳檔案。

15. 這是 functions.php 增加的新函式，功能是將使用者重新導向其他頁面。可以在網頁的查詢字串中加入成功或失敗的訊息，隨網頁一起傳送給使用者。這個新函式有三個參數：

- 傳送給使用者的檔案名稱。
- 選擇性陣列，用於產生查詢字串。
- 選擇性 HTTP 回應碼（預設值是 302）。

16. 產生變數 $qs，用於儲存查詢字串，以三元運算子指定變數值。若 $parameters 具有陣列，變數 $qs 的值會加入問號，然後由 PHP 內建的 http_build_query() 函式根據陣列內的值，產生查詢字串。陣列內每個元素的鍵值會成為查詢字串內的名稱，指定給名稱的值會加在等號後面（還會移除不能出現在網址內的字元，請見第 280 頁）。

17. 在頁面網址結尾加上變數 $qs 的值，然後發送給使用者。

18. 呼叫 PHP 內建的 header() 函式，將網站訪客重新導向新頁面。第一個引數是告訴瀏覽器要請求的網頁，第二個引數則是 HTTP 回應碼。

19. exit 命令停止執行後續所有程式碼。

```php
<?php
declare(strict_types = 1);                                  // 使用嚴格資料型態
include '../includes/database-connection.php';              // 資料庫連線
include '../includes/functions.php';                        // 引入函式

$success = $_GET['success'] ?? null;                        // 確認查詢字串內是否有成功的訊息
$failure = $_GET['failure'] ?? null;                        // 確認查詢字串內是否有失敗的訊息

$sql = "SELECT id, name, navigation FROM category;";        // 執行 SQL 陳述式以取得所有文章類別
$categories = pdo($pdo, $sql)->fetchAll();                  // 取得文章類別
?>
<?php include '../includes/admin-header.php' ?>
<main class="container" id="content">
  <section class="header">
    <h1>Categories</h1>
    <?php if ($success) { ?><div class="alert alert-success"><?= $success ?></div><?php } ?>
    <?php if ($failure) { ?><div class="alert alert-danger"><?= $failure ?></div><?php } ?>
    <p><a href="category.php" class="btn btn-primary">Add new category</a></p>
  </section>

  <table class="categories">
    <tr><th>Name</th><th class="edit">Edit</th><th class="delete">Delete</th></tr>
    <?php foreach ($categories as $category) { ?>
      <tr>
        <td><?= html_escape($category['name']) ?></td>
        <td><a href="category.php?id=<?= $category['id'] ?>"
               class="btn btn-primary">Edit</a></td>
        <td><a href="category-delete.php?id=<?= $category['id'] ?>"
               class="btn btn-danger">Delete</a></td>
      </tr>
    <?php } ?>
  </table>
</main>
<?php include '../includes/admin-footer.php'; ?>
```

```php
function redirect(string $location, array $parameters = [], $response_code = 302)
{
    $qs = $parameters ? '?' . http_build_query($parameters) : '';   // 建立查詢字串
    $location = $location . $qs;                                     // 建立新的路徑
    header('Location: ' . $location, $response_code);               // 重新導向新頁面
    exit;                                                           // 停止執行
}
```

產生和更新資料

用於產生或更新文章和類別的程式碼，分為四個部分。每個部分都會使用一組 if 陳述式，判斷要執行哪一段程式碼。

PART A：設定網頁

首先是檢查網頁要產生或更新資料，為此，網頁會確認查詢字串是否內含名稱 id 及其值是否為整數。

- N：網頁在資料庫產生一列新資料，然後 PHP 直譯器跳到 Part B。

- Y：網頁會企圖編輯現有的資料列，但必須先載入資料才能編輯。

若資料庫沒有回傳使用者要編輯的資料，就會告知使用者沒有找到該篇文章或該項類別。

PART B：取得與驗證使用者資料

網頁接下來會檢查表單是否已經提交出去。

- N：跳到 Part D。

- Y：必須收集表單資料並且加以驗證。

網頁收到資料後會產生陣列，以資料中的每個部分作為陣列中的各個元素。利用第 6 章介紹的函式驗證資料，指定元素的值。若資料：

- 有效：陣列元素會儲存空白字串。

- 無效：陣列會儲存錯誤訊息，表示希望從控制表單中取得什麼資料。

然後將陣列裡的值合併成一個字串。

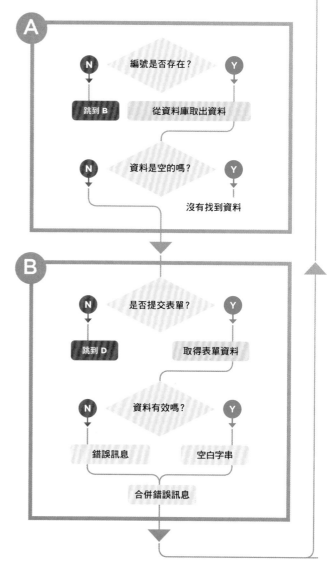

這些流程圖是幫助我們說明，在不同情況下要執行哪些程式碼。瀏覽程式碼的同時，可以回頭參考這些流程圖。

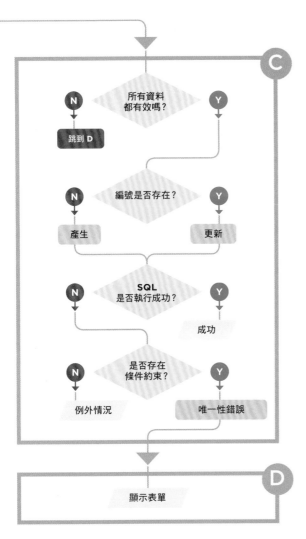

PART C：儲存使用者資料

這個部分的網頁程式碼會檢查所有資料是否有效。

- N：跳到 Part D。
- Y：繼續執行 Part C 的程式碼。

然後確認查詢字串是否內含編號：

- N：以 SQL 產生一篇新文章或一項新類別。
- Y：以 SQL 更新現有文章或類別。

接下來是確認 SQL 是否執行成功：

- N：確認是否拋出某種例外情況。
- Y：對使用者顯示成功的訊息。

若拋出例外情況，檢查是否由唯一性這項條件約束所引起：

- N：重新拋出例外情況。
- Y：顯示訊息，說明發生的問題。

PART D：顯示表單

然後，網頁會顯示表單：

- 若網頁沒有收到編號，使用者也未提交表單，會顯示空白表單。
- 若編號存在但使用者未提交表單，則表單會顯示準備要編輯的現有資料。
- 若表單已經提交出去但資料無效，表單會顯示使用者提供的資料，附加錯誤訊息，告知使用者如何更正資料。

取得和與驗證類別資料

接下來會以六頁篇幅說明「category.php」。首先會看到 Parts A 和 B 的程式碼（說明請見前頁），Part A 負責設定網頁，判斷要產生新類別或是更新現有類別。

1. 啟用嚴格資料型態和引入必要檔案，需要引入 database-connection.php、functions.php 和 validate.php（內含驗證函式，請參見第 6 章）。

2. 若網頁企圖編輯現有類別，網址會帶有查詢字串，內含名稱 id 以及要編輯的類別編號值。

利用 PHP 內建的 filter_input() 函式，檢查類別編號是否存在，以及其類別編號值是否為整數。以變數 $id 儲存：

- 若編號存在，會儲存整數。
- 若整數無效，會儲存 false。
- 若查詢字串中沒有名稱 id，會儲存 null。

3. 宣告陣列變數 $category，用以儲存該項文章類別的細節。產生新類別時，若表單沒有顯示任何值，則會設定陣列初始值，之後用於顯示在 Part D 的表單（請見第 503 頁）。

4. $errors 陣列初始化，設定每個元素的初始值為空白字串（因為尚未發現錯誤）。這些值會顯示在 Part D 裡面的每個表單控制項後面（請見第 503 頁）。

5. if 陳述式檢查：查詢字串內含的類別編號是否為有效整數。

6. 若為有效整數，SQL 陳述式會向資料庫取得使用者想要編輯的類別資料，然後儲存在變數 $sql。

7. 利用 pdo() 函式執行查詢，再使用 fetch() 方法收集類別資料，然後以變數 $category 儲存函式回傳的陣列（覆寫步驟 3 產生的值）。

8. 若查詢字串內含類別編號，但資料庫卻沒有找到編號一致的類別時，變數 $category 會儲存 false，然後繼續執行後續的程式碼。

9. redirect() 函式（請見第 495 頁）將使用者重新導向 categories.php 頁面。函式裡的第二個引數是陣列，用於顯示失敗訊息，告知使用者：資料庫內沒有找到指定的類別。

Part B 負責收集表單資料，並且加以驗證。

10. if 陳述式會檢查表單是否已經提交出去。

11. 若已提交，就以陣列變數 $category 儲存表單內的值（步驟 4 產生的陣列）。**注意**：若有勾選核取方框，導覽列的設定選項只會傳送給伺服器；這個選項是設定導覽列是否要顯示類別名稱。因此，利用 PHP 內建函式 isset()，檢查表單控制項的值是否已經送出，再以相等運算子 == 檢查這個值是否為 1。若為 1，導覽列鍵值會儲存為 1；若否，則儲存為 0。

12. 利用引入檔案 validate.php 內含的 is_text() 函式，驗證表單提供的類別名稱和說明。若無效，$errors 陣列會儲存錯誤訊息。

13. 合併 $errors 陣列裡的值，然後將結果儲存在變數 $invalid。

下一頁會看到，網頁如何決定是否要將資料儲存到資料庫裡。

```php
<?php
// Part A: Setup
declare(strict_types = 1);                                    // 使用嚴格資料型態
include '../includes/database-connection.php';                // 資料庫連線
include '../includes/functions.php';                          // 引入函式
include '../includes/validate.php';                           // 引入驗證函式


// 變數初始化
$id = filter_input(INPUT_GET, 'id', FILTER_VALIDATE_INT);     // 取得 id 並且驗證
$category = [
    'id'          => $id,
    'name'        => '',
    'description' => '',
    'navigation'  => false,
];                                                            // $category 陣列初始化
$errors = [
    'warning'     => '',
    'name'        => '',
    'description' => '',
];                                                            // $errors 陣列初始化


// 若 id 存在，網頁會取出目前的類別，進行編輯
if ($id) {                                                    // 若取得 id
    $sql = "SELECT id, name, description, navigation
              FROM category
             WHERE id = :id;";                                // SQL 陳述式
    $category = pdo($pdo, $sql, [$id])->fetch();              // 取得文章類別的資料
    if (!$category) {                                         // 如果沒有找到該類別
        redirect('categories.php', ['failure' => 'Category not found']); // 顯示錯誤訊息
    }
}


// Part B：取得與驗證資料
if ($_SERVER['REQUEST_METHOD'] == 'POST') {                   // 若表單已經提交
    $category['name']        = $_POST['name'];               // 取得類別名稱
    $category['description'] = $_POST['description'];         // 取得類別說明
    $category['navigation']  = (isset($_POST['navigation'])
        and ($_POST['navigation'] == 1)) ? 1 : 0;            // 取得導覽列的設定選項


    // 檢查所有資料是否有效，若無效，則產生錯誤訊息
    $errors['name'] = (is_text($category['name'], 1, 24))
        ? '' : 'Name should be 1-24 characters.';            // 驗證類別名稱
    $errors['description'] = (is_text($category['description'], 1, 254))
        ? '' : 'Description should be 1-254 characters.';    // 驗證類別說明


    $invalid = implode($errors);                             // 合併錯誤訊息
```

儲存類別資料

「category.php」頁面程式碼的 Part C 是負責判斷資料庫是否要儲存資料，若要儲存，再判斷是要新增類別還是要更新現有類別。

1. if 陳述式會檢查 $invalid 是否包含文字，若有包含，條件式會判斷為 true，表示使用者需要更正錯誤，後續程式碼區塊會將警告訊息儲存在 $errors 陣列。

2. 否則，就表示資料有效，可以進行處理。

3. 將 $category 陣列裡的資料複製到引數 $arguments，會這麼做的原因是：

- pdo() 函式執行 SQL 陳述式時，會使用 $category 陣列儲存的值來置換占位符號。
- 但 SQL 陳述式不一定需要 $category 陣列裡儲存的所有元素，而且若不移除其中某些元素，pdo() 函式就不會執行（請見步驟 9）。

4. 若變數 $id 內含數字（會視為 true），就表示網頁要更新現有類別。

5. 以變數 $sql 儲存 SQL 陳述式，用以更新類別。陳述式以 UPDATE 命令開頭，後面是要更新的資料表名稱。

6. SET 子句後面是要更新的資料欄名稱及占位符號，這些資料欄的值之後會取代占位符號。

7. WHERE 子句表示 category 資料表裡的資料列編號需要更新。

8. 若變數 $id 的值不是數字，表示網頁要在資料庫裡新增類別。

9. PHP 內建的 unset() 函式會從 $arguments 陣列裡，移除儲存文章編號的元素。這是因為我們拿資料陣列裡儲存的值，置換 SQL 陳述式裡占位符號的值，但這個資料陣列不能包含其他多餘的元素。

10. 以變數 $sql 儲存 SQL 陳述式，用以新增類別。這個陳述式的開頭為：

- INSERT 命令，可以新增一列資料到資料表。
- INTO 後面是資料表名稱，之後會將資料新增到這個資料表。
- 括號裡的資料欄名稱，之後會指定值。

11. VALUES 命令後面是占位符號的名稱，用於代表要新增的值，一樣是寫在一組括號裡。

12. try 區塊執行 SQL 陳述式，由於類別名稱具有唯一性這項條件約束，若使用者提供的類別名稱已經被使用，就會拋出例外情況。

13. pdo() 函式執行 SQL 陳述式。

14. 如果 try 區塊繼續執行程式碼，而且成功執行 SQL 陳述式，就會呼叫 redirect() 函式（請見第 495 頁）。第一個引數表示要將使用者重新導向 categories.php 頁面，第二個引數是陣列，表示已經儲存類別：
['success'=> 'Category saved']

redirect() 函式會接受這些資料，然後告知瀏覽器，請求以下網頁：category.php?success=Category%20saved

```php
        // Part C:檢查資料是否有效,若有效就更新資料庫
①    if ($invalid) {                                  // 若資料無效
        $errors['warning'] = 'Please correct errors';  // 產生錯誤訊息
②    } else {                                         // 否則
③        $arguments = $category;                      // 設定 SQL 需要的引數陣列
④        if ($id) {                                   // 若 id 存在
⑤            $sql = "UPDATE category
⑥                    SET name = :name, description = :description,
                        navigation = :navigation
⑦                    WHERE id = :id;";                // SQL 陳述式會更新類別資料
⑧        } else {                                     // 若 id 不存在
⑨            unset($arguments['id']);                 // 移除類別陣列裡的 id
⑩            $sql = "INSERT INTO category (name, description, navigation)
⑪                    VALUES (:name, :description, :navigation);"; // 產生類別
        }

        // 執行 SQL 之後會發生三種情況:
        // 儲存類別、該類別名稱已被使用或是因為其他原因而拋出例外情況
⑫        try {                                        // 從 try 區塊開始執行 SQL
⑬            pdo($pdo, $sql, $arguments);             // 執行 SQL
⑭            redirect('categories.php', ['success' => 'Category saved']); // 重新導向
⑮        } catch (PDOException $e) {                  // 若 PDO 物件拋出例外情況
⑯            if ($e->errorInfo[1] === 1062) {         // 若錯誤是由項目重複所引起
⑰                $errors['warning'] = 'Category name already in use'; // 儲存錯誤訊息
⑱            } else {                                 // 其他例外情況產生的錯誤
                throw $e;                             // 重新拋出例外情況
            }
        }
    }
}
?>
```

類別儲存之後,會將網站訪客重新導向 categories.php 這個頁面,防止使用者再次提交資料或是重新整理網頁。

15. 若無法儲存類別資料,會拋出例外情況,PHP 直譯器會繼續執行 catch 區塊裡的程式碼。catch 區塊的目的是檢查,是否因為類別名稱不是唯一而拋出例外情況,區塊內的例外情況物件會儲存在變數 $e。

16. if 陳述式的條件式會檢查:例外情況物件的 errorInfo 屬性是否具有索引式陣列。以鍵值為 1 的陣列元素儲存錯誤代碼,若錯誤代碼是 1062,表示「條件約束:唯一性」遭到破壞,這個類別名稱已被使用。

17. $errors 陣列會儲存錯誤訊息,告知使用者這個類別名稱已被使用。

18. 若例外情況物件有其他不同的錯誤代碼,會重新拋出例外情況,由預設的例外處理函式進行處理。

表單：產生或編輯類別資料

Part D 的流程包含對網站訪客顯示表單，讓訪客產生或編輯類別資訊。不管使用者要產生或編輯類別，都會顯示相同的表單。

1. 起始標籤 `<form>` 的 `action` 屬性會指向同一個頁面 `category.php`。查詢字串內含鍵值 `id`，其對應的資料值是儲存在 `$id` 屬性的值。若類別已經產生，這個值會儲存類別編號；若否，則儲存 `null`。經由 HTTP POST 發送表單。

2. 若表單發送出去之後，發現資料無效或是類別名稱已被使用，`$errors` 陣列會將錯誤訊息儲存為陣列值，其對應的鍵值是 `warning`。此處的 `if` 陳述式會檢查錯誤訊息是否存在。

3. 若錯誤訊息存在，會顯示在表單上。

4. 文字輸入控制項是讓使用者輸入或更新類別名稱。若已提供類別名稱，就顯示成文字輸入控制項裡 `value` 屬性的值。`html_escape()` 函式是確保這個值裡面的任何 HTML 保留字元，都會置換成對應的字元實體，以防止發生跨站腳本攻擊的風險。

初次載入頁面，準備產生新類別時，使用者不會提供任何類別資料。這突顯出 Part A 為 `$category` 陣列設定初始值的重要性（指定鍵值及其對應值為空白字串），如此一來，網頁才有值可以顯示在表單控制項裡。

5. Part A 也有替 `$errors` 陣列設定初始值，為每個文字輸入控制項儲存一個元素。若表單已經提交出去但發現類別名稱無效，鍵值 `name` 對應的值會包含錯誤訊息，用以說明問題，並且顯示在文字輸入控制項。

若使用者未提交表單，或是沒有發生錯誤，會儲存空白字串（Part A 設定過的初始值），一樣會顯示在文字輸入控制項裡。（若 Part A 沒有為 `$errors` 陣列初始化，嘗試顯示錯誤訊息時，就會導致 Undefined index 錯誤。）

6. `<textarea>` 控制項的作用是讓使用者提供類別說明。若已經提供值，就會顯示在起始和結尾標籤之間。

7. 若驗證類別說明時發生問題，錯誤訊息會顯示在控制項下方。

8. 以核取方塊表示，導覽列上是否要顯示類別名稱。

9. 以三元運算子檢查，導覽列選項的設定值是否為 1。如果是，就為核取方塊增加 `checked` 屬性，表示選取這項屬性，否則就顯示空白字串來代替。

10. 在表單最後加上提交表單的功能按鈕。

```php
<?php include 'includes/admin-header.php'; ?>
  <main class="container admin" id="content">
    <form action="category.php?id=<?= $id ?>" method="post" class="narrow">

      <h2>Edit Category</h2>
      <?php if ($errors['warning']) { ?>
        <div class="alert alert-danger"><?= $errors['warning'] ?></div>
      <?php } ?>

      <div class="form-group">
        <label for="name">Name: </label>
        <input type="text" name="name" id="name"
               value="<?= html_escape($category['name']) ?>" class="form-control">
        <span class="errors"><?= $errors['name'] ?></span>
      </div>

      <div class="form-group">
        <label for="description">Description: </label>
        <textarea name="description" id="description" class="form-control">
          <?= html_escape($category['description']) ?></textarea>
        <span class="errors"><?= $errors['description'] ?></span>
      </div>

      <div class="form-check">
        <input type="checkbox" name="navigation" id="navigation"
               value="1" class="form-check-input"
               <?= ($category['navigation'] === 1) ? 'checked' : '' ?>>
        <label class="form-check-label" for="navigation">Navigation</label>
      </div>

      <input type="submit" value="save" class="btn btn-primary btn-save">

    </form>
  </main>
<?php include 'includes/admin-footer.php'; ?>
```

刪除類別

使用者點擊網頁上的功能連結，想要刪除某個類別，此時，網頁會從資料庫取出類別名稱，然後顯示給使用者看，要求他們確認是不是真的想刪除這個類別（防止某個人因為不小心點到連結而刪除某個類別）。

若使用者確定要刪除該類別，網頁會重新載入並且嘗試刪除類別。若成功刪除，網頁會將使用者傳送到 categories.php 並且顯示訊息，表示已刪除類別。

1. 啟用嚴格資料型態和引入必要檔案。

2. filter_input() 函式會確認查詢字串內的名稱 id。若值存在而且是有效整數，就儲存在變數 $id；若值為無效整數，$id 會儲存 false；若值根本不存在，則 $id 會儲存 null。

3. 變數 $category 之後會用來儲存類別名稱，先設定初始值為空白字串。

4. if 陳述式會檢查變數 $id 的值是否**不為** true（若步驟 2 已設定為 false 或 null），若判斷為 true，會將使用者傳送到 categories.php 並且顯示訊息，表示沒有找到該類別。

5. 如果網頁繼續執行，變數 $sql 會儲存 SQL 查詢，用於取得類別名稱。

6. 利用 pdo() 函式執行 SQL 查詢，以 fetchColumn() 方法取得類別名稱。若有找到，會將類別名稱儲存在 $category；如果沒有找到，fetchColumn() 方法會回傳 false。

7. if 陳述式會檢查變數 $category 的值是否為 false，若判斷為 true，會將使用者傳送到 categories.php 並且顯示訊息，表示沒有找到該類別。

8. 如果表單已經提交出去……

9. 建立 try 區塊，用以刪除類別。

10. 以變數 $sql 儲存 SQL 陳述式，用以刪除類別。

11. 利用 pdo() 函式，刪除類別。

12. 若執行 SQL 陳述式時正確無誤，redirect() 函式會將使用者傳送到 categories.php 並且顯示訊息，確認類別已刪除。

13. 執行 SQL 陳述式時，若拋出例外情況，會執行 catch 區塊。

14. 若錯誤代碼為 1451，表示「條件約束：完整性」阻止刪除類別（因為該類別內還有文章）。

15. 在這個情況裡，redirect() 函式會將使用者傳送到 categories.php 並且顯示失敗訊息，告知使用者該類別裡還有文章，必須先移除或刪除。

16. 否則會重新拋出例外情況，由預設的例外處理函式進行處理。

17. 利用表單顯示類別名稱，要求使用者確認，是否真的要刪除該類別。標籤 <form> 的 action 屬性是將表單提交給 category-delete.php，查詢字串會儲存要刪除的類別編號。

18. 顯示要刪除的類別名稱。

19. 利用提交表單的功能按鈕，要求使用者確認，是否真的要刪除該類別。

```php
<?php
declare(strict_types = 1);                              // 使用嚴格資料型態
include '../includes/database-connection.php';          // 資料庫連線
include '../includes/functions.php';                    // 引入函式

$id = filter_input(INPUT_GET, 'id', FILTER_VALIDATE_INT); // 取得與驗證 id
$category = '';                                          // 變數 $category 初始化

if (!$id) {                                              // 若無有效的 id 值
    redirect('categories.php', ['failure' => 'Category not found']);// 重新導向+顯示錯誤訊息
}

$sql = "SELECT name FROM category WHERE id = :id;";      // 執行 SQL 陳述式以取得類別名稱
$category = pdo($pdo, $sql, [$id])->fetchColumn();       // 取得類別名稱
if (!$category) {                                        // 如果沒有找到該類別
    redirect('categories.php', ['failure' => 'Category not found']);// 重新導向+顯示錯誤訊息
}

if ($_SERVER['REQUEST_METHOD'] == 'POST') {             // 若表單已經提交
    try {                                               // 試圖刪除資料
        $sql = "DELETE FROM category WHERE id = :id;";  // 執行 SQL 陳述式以刪除類別
        pdo($pdo, $sql, [$id]);                         // 刪除類別
        redirect('categories.php', ['success' => 'Category deleted']); // 重新導向
    } catch (PDOException $e) {                          // 攔截例外情況
        if ($e->errorInfo[1] === 1451) {                // 若存在條件約束：完整性
            redirect('categories.php', ['failure' => 'Category contains articles that
            must be moved or deleted before you can delete it']); // 重新導向
        } else {                                        // 否則
            throw $e;                                   // 重新拋出例外情況
        }
    }
}?>
<?php include 'includes/admin-header.php'; ?>

  <main class="container admin" id="content">
    <h2>Delete Category</h2>
    <form action="category-delete.php?id=<?= $id ?>" method="POST" class="narrow">
      <p>Click confirm to delete the category <?= html_escape($category) ?></p>
      <input type="submit" name="delete" value="confirm" class="btn btn-primary">
      <a href="categories.php" class="btn btn-danger">cancel</a>
    </form>
  </main>

<?php include 'includes/admin-footer.php'; ?>
```

產生和編輯文章

檔案 article.php 的作用是產生和編輯文章，跟 category.php 的控制流非常類似，但必須收集更多資料，還要讓使用者上傳圖像，所以會提升複雜度。

檔案 article.php 能讓使用者：

- 產生或編輯一篇文章的文字。
- 上傳文章使用的圖像。

這個檔案比 category.php 更複雜，因為：

- 每篇文章要儲存更多資料，所以也會收集和驗證更多資料。
- 文章資料會跟其他資料表的資料綁在一起（文章所屬類別及撰寫文章的會員）。
- 使用者可以選擇性上傳給文章使用的圖像，以及提供說明圖像的替代文字。

為了將文章及其使用的圖像儲存在資料庫裡，PHP 程式碼必須處理 article 和 image 這兩個資料表。

因為 SQL 一次只能對一個資料表插入一列新資料，所以 SQL 陳述式會利用**交易**（transaction）來產生和編輯一篇文章。

「交易」的作用是讓資料庫檢查，一組 SQL 陳述式產生的變動是否執行成功，唯有當所有變動都執行成功，資料庫才會儲存這些變動。就算交易中只有一個 SQL 陳述式發生問題，所有的變動也都不會儲存。

跟先前看過的內容一樣，控制流的作用是判斷要執行哪些陳述式。加入上傳圖像的能力後，會讓控制流變得更複雜。想像一下，有位使用者已經上傳一篇文章及其圖像，現在他們可能想編輯這些資料以及：

- 更新文章內容，但圖像保持不變，這只會更新 article 資料表。
- 更新文章和圖像，包含要先從 image 和 article 資料表，刪除舊的圖像檔案及相關資料，再上傳新的圖像檔案，然後以新資料更新 image 和 article 這兩個資料表。
- 只更改圖像替代文字，其餘保持不變，這表示只會更新 image 資料表。

在單一頁面上提供使用者更多選擇時，控制流就會變得更複雜，也更難理解程式碼。

為了避免控制流變得過於複雜，我們可以限制使用者在單一頁面上能執行的操作數。例如，使用者上傳新的圖像前，必須先把舊的圖像刪除，以及單獨跳出其他頁面，讓使用者編輯圖像替代文字。

產生一篇新文章時，使用者可以同時提供圖像和文字。

注意： 多數瀏覽器不會讓伺服器端的程式碼加入 HTML 檔案上傳控制項，因此，若文章已經提交出去但沒有通過驗證，使用者會需要重新選擇圖像。

當使用者必須重新上傳圖像時，也會迫使他們重新輸入圖像替代文字。

更新文章時：

- 若使用者尚未上傳圖像，會顯示部分表單（如上所示），讓使用者上傳圖像。

- 若使用者已上傳圖像，就會顯示圖像及其替代文字，而非表單。

圖像上傳完畢後，下方會出現兩個功能連結，讓使用者：

- 編輯替代文字。

- 刪除圖像（及替代文字）。

本書提供下載的程式碼裡也包含 articles.php，這個頁面會列出所有文章，其運作原理跟 categories.php 一樣（請見第 494 ～ 495 頁）。

接下來兩頁會介紹 article.php 內使用的交易。

再以八頁篇幅來說明 article.php 的運作方式（包含 230 行以上的程式碼）。

交易：多個 SQL 陳述式

交易是用於組合一組 SQL 陳述式。若所有陳述式都執行成功，所有變動才會儲存到資料庫裡；只要其中一個陳述式執行失敗，所有變動都不會儲存。

完成某些工作時，我們會需要一個以上的 SQL 陳述式，例如，上傳文章需要的圖像時，PHP 程式碼必須：

- 將圖像資料加入 image 資料表。
- 取得資料庫為該圖像產生的編號（使用自動遞增功能產生）。
- 將新圖像的編號加到 article 資料表的 image_id 欄。

此外，由於資料庫一次只能對一個資料表新增資料，所以每新增一篇文章，就必須分別使用 SQL 陳述式，對 image 和 article 資料表新增資料。

執行這些 SQL 陳述式時，其中每一個陳述式都稱為一項**操作**（operation）。交易表示一項工作可能牽涉到多個資料庫操作。

將多項操作結合成一個交易，PHP 資料物件能透過這項機制，檢查交易中所有 SQL 陳述式是否都成功執行：

- 如果所有陳述式都沒有引發例外情況，所有變動都會**儲存**到資料庫裡。
- 若執行任何一個陳述式時有遇到問題，PHP 資料物件會拋出例外情況。PHP 程式碼會指示 PHP 資料物件，確保所有變動都不會儲存到資料庫裡，這項機制稱為交易「**回溯**」（rolling back）。

利用 try 和 catch 區塊來執行交易。

- try 區塊內的程式碼是我們想要執行的工作。
- catch 區塊內的程式碼是用於處理 try 區塊拋出的例外情況。

try 區塊內的陳述式會指示 PHP 資料物件：

- 啟動交易。
- 各別執行所有組成交易的 SQL 陳述式。
- 將所有變動提交給資料庫。

只要執行任何一個陳述式時有產生例外情況，PHP 直譯器就會立即執行後續 catch 區塊內的程式碼。catch 區塊必須：

- 利用 PHP 資料物件，確定資料庫會回溯任何執行過的變動，讓資料庫內的資料跟交易啟動前一樣。
- 重新拋出例外情況，讓預設的例外處理函式攔截。

這套流程確保所有 SQL 陳述式都會成功執行，或是當 try 區塊引發例外情況時，所有變動都不會儲存。

PDO 物件提供了三種方法：啟動交易、提交變動給資料庫和回溯，以及回溯所有變動，讓資料庫內的資料跟執行變動前一樣。

交易會用到 PDO 物件提供的三種方法，如右表所示。

前兩個方法是在 try 區塊裡使用，第三個則是用於 catch 區塊。

方法	說明
beginTransaction()	啟動交易
commit()	將所有變動儲存到資料庫
rollBack()	復原交易所執行的變動

1. try 區塊的程式碼是執行交易內的所有 SQL 陳述式。

2. 第一個陳述式是呼叫 PDO 物件提供的 beginTransaction() 方法，作用是啟動交易。

3. 接下來的程式碼是執行交易涉及的 SQL 陳述式。

4. try 區塊內的最後一個陳述式是呼叫 PDO 物件提供的 commit() 方法，作用是儲存變動。

5. 執行任何 SQL 陳述式的時候若拋出例外情況，會停止執行 try 區塊內的程式碼，改由後續 catch 區塊內的程式碼來處理例外情況。

6. 呼叫 PDO 物件提供的 rollBack() 方法，確保 try 區塊內執行過的變動都不會儲存到資料庫。

7. 重新拋出例外情況物件，讓預設的例外處理函式進行處理。

```
① try {
②     $pdo->beginTransaction();
③     // 此處是執行 SQL 陳述式
④     $pdo->commit();
⑤ } catch (PDOException $e) {
⑥     $pdo->rollBack();
⑦     throw $e;
   }
```

文章：設定網頁
（PART A）

article.php 頁面使用的控制流跟 category.php 非常類似。若查詢字串：

- 內含名稱 id，其對應值會是使用者想要編輯的文章編號。

- 不含名稱 id，表示頁面會產生一篇新文章。

1. 宣告嚴格資料型態和引入必要檔案。

2. 以變數 $uploads 儲存上傳資料夾的路徑（請見第 306 頁），變數 $file_types 儲存允許使用的圖像類型，變數 $file_exts 儲存允許使用的檔案副檔名，變數 $max_size 則是儲存檔案大小的上限。

3. filter_input() 函式會確認查詢字串是否內含名稱 id，若內含有效整數，就儲存在變數 $id；若內含無效資料值，變數 $id 會儲存 false；若值根本不存在，則 $id 會儲存 null。

4. 為了檢查圖像檔案是否已經上傳，網頁會嘗試取得檔案的暫存位置，然後儲存在變數 $temp。使用空值合成運算子判斷，若圖像已上傳，變數 $temp 會儲存空白字串。

5. 變數 $destination 初始化。若圖像已經上傳，就會將這個變數值更新為儲存圖像的路徑。

6. 宣告陣列變數 $article，並且設定初始值。在使用者準備要產生一篇新文章，但尚未提供任何值的情況下，Part D 的表單可以先顯示這些預設值。為了將範例程式碼容納在右頁的篇幅裡，每一行程式碼宣告了兩個陣列元素，但是在本書提供下載的程式碼裡，每個陣列元素都是從新的一行開始。

7. 宣告陣列變數 $errors，設定初始值為空白字串，每個表單控制項後面會顯示這些陣列值。

8. if 陳述式會確認查詢字串是否提供編號，若有提供編號，網頁必須從資料庫取出文章資料，讓使用者可以編輯文章。

9. 以變數 $sql 儲存 SQL 查詢，用於取得文章資料。

10. 利用 pdo() 函式執行 SQL 陳述式，再使用 PDOStatement 物件的 fetch() 方法收集文章資料。這個方法回傳的值會覆寫 $article 陣列（步驟 6 產生）儲存的資料。如果沒有找到該篇文章，$article 會儲存 false。

11. 若變數 $article 儲存的值是 false，會將使用者重新導向 articles.php 頁面，並且顯示失敗訊息，說明沒有找到該篇文章。

12. 若該篇文章有儲存圖像，$article 陣列的 image_file 元素會有值，變數 $saved_image 的值會指定為 true；若該篇文章沒有圖像，變數值會指定為 false。

13. 從資料庫擷取出所有作者和類別。用於產生下拉選單，讓使用者可以選擇作者和文章類別，以及驗證使用者選取的值。先以變數 $sql 儲存 SQL 查詢，用以取得每位會員的編號、名字和姓氏。

14. 利用 pdo() 函式執行查詢，再使用 PDOStatement 物件的 fetchAll() 方法收集查詢結果，然後儲存在變數 $authors。（回傳索引式陣列，陣列中的每個元素值是關聯式陣列，儲存會員詳細資料。）

15. 變數 $sql 儲存 SQL 查詢，用以取得所有文章類別的編號與名稱。

16. 利用 pdo() 函式執行查詢，以 PDOStatement 物件的 fetchAll() 方法取得類別資料，然後儲存在變數 $categories。

```php
<?php
// Part A: Setup
declare(strict_types = 1);                                    // 使用嚴格資料型態
include '../includes/database-connection.php';               // 資料庫連線
include '../includes/functions.php';                         // 函式
include '../includes/validate.php';                          // 驗證函式
$uploads = dirname(__DIR__, 1) . DIRECTORY_SEPARATOR . 'uploads' . DIRECTORY_SEPARATOR;
$file_types = ['image/jpeg', 'image/png', 'image/gif',];     // 允許使用的圖像類型
$file_exts  = ['jpg', 'jpeg', 'png', 'gif',];                // 允許使用的副檔名
$max_size   = 5242880;                                        // 檔案大小的上限
// 為 PHP 程式碼需要的變數初始化
$id          = filter_input(INPUT_GET, 'id', FILTER_VALIDATE_INT); // 取得 id + 驗證
$temp        = $_FILES['image']['tmp_name'] ?? '';           // 暫存圖像
$destination = '';                                            // 檔案儲存位置
// 為 HTML 網頁需要的變數初始化
$article = [
    'id'          => $id,  'title'       => '',
    'summary'     => '',   'content'     => '',
    'member_id'   => 0,    'category_id' => 0,
    'image_id'    => null, 'published'   => false,
    'image_file'  => '',   'image_alt'   => '',
];                                                            // 文章資料
$errors  = [
    'warning' => '', 'title'   => '', 'summary'    => '', 'content'   => '',
    'author'  => '', 'category' => '', 'image_file' => '', 'image_alt' => '',
];                                                            // 錯誤訊息
// 若 id 存在，網頁會取得目前的文章資料，進行編輯
if ($id) {                                                    // 若 id 存在
    $sql     = "SELECT a.id, a.title, a.summary, a.content,
                       a.category_id, a.member_id, a.image_id, a.published,
                       i.file    AS image_file,
                       i.alt     AS image_alt
                FROM article    AS a
                LEFT JOIN image AS i ON a.image_id = i.id
                WHERE a.id = :id;";                           // 執行 SQL 陳述式以取得文章
    $article = pdo($pdo, $sql, [$id])->fetch();               // 取得文章資料
    if (!$article) {                                          // 若文章不存在
        redirect('articles.php', ['failure' => 'Article not found']); // 重新導向
    }
}
$saved_image = $article['image_file'] ? true : false;         // 圖像是否已經上傳
// 取得所有會員和類別
$sql         = "SELECT id, forename, surname FROM member;";  // 執行 SQL 陳述式以取得所有會員
$authors     = pdo($pdo, $sql)->fetchAll();                  // 執行 SQL 陳述式以取得所有會員
$sql         = "SELECT id, name FROM category;";             // 執行 SQL 陳述式以取得所有文章類別
$categories  = pdo($pdo, $sql)->fetchAll();                  // 取得所有文章類別
```

為資料庫更新資料 （511）

文章：取得與驗證資料
（PART B）

這兩頁是介紹 Part B 的程式碼，用於取得和驗證使用者發送的資料。

1. if 陳述式會檢查表單是否已經提交出去。

2. 將 image_file 元素加入 $errors 陣列，再利用三元運算子指定元素的值。如果圖像檔案因為超過 php.ini 或 .htaccess 檔設定的檔案大小上限而無法上傳時，該元素會儲存錯誤訊息，否則就是儲存空白字串。

3. if 陳述式會檢查檔案是否正確上傳無誤，若無錯誤發生，表示檔案通過驗證。

4. 由於圖像已經上傳，收集到的圖像替代文字會儲存到 $article 陣列。

5. 若圖像的媒體類型符合允許使用的檔案類型（請見前一頁步驟 2 的設定），$errors 陣列的 image_file 元素值會指定為空白字串；若否，則指定為錯誤訊息。

6. 若檔案的副檔名允許使用（請見前一頁步驟 2 的設定），$errors 陣列的 image_file 元素值會指定為空白字串；若否，則指定為錯誤訊息。

7. 若檔案大小超過上限（請見前一頁步驟 2 的設定），image_file 元素值會儲存訊息，表示檔案過大。

8. 在 $errors 陣列裡加入鍵值 image_alt。若圖像替代文字的長度落在 1～254 個字元，這個鍵值的對應值會儲存空白字串，否則就是儲存錯誤訊息。

9. if 陳述式會檢查 $errors 陣列的 image_file 和 image_alt 這兩個鍵值是否為空值，若為空值，就會處理圖像。

10. create_filename() 函式（定義在「functions.php」，請見第 296～297 頁）的作用是將檔案名稱移除不需要的字元，確保檔案名稱具有唯一性。檔名會儲存在 $article 陣列的 image_file 鍵值裡。

11. 以變數 $desination 儲存圖像的上傳路徑，路徑產生方式是合併上傳資料夾的路徑（儲存於變數 $uploads，請見前一頁步驟 2）和前一個步驟產生的檔案名稱。

12. 從表單收集文章資料。若使用者更新了某篇文章，這些從表單收集來的值會覆寫現有的值（前一頁步驟 9 到 10 從資料庫收集的值）。

13. 發布文章的選項是核取方塊。若有勾選，選項值會指定為 1；如果沒有勾選，選項值會指定為 0，這個值只會傳送給伺服器。這是因為資料庫是儲存 0 和 1，分別表示布林值的 true 和 false。

14. 以第 6 章建立的函式來驗證每個部分的文字。若資料有效，陣列元素會儲存空白字串；否則就會儲存錯誤訊息，顯示於表單控制項。

15. validate.php 檔案裡已經加入 is_member_id() 和 is_category_id() 這兩個函式，作用是逐一處理前一頁步驟 13 到 16 收集到的會員和類別陣列，檢查陣列提供的值是否有效。

16. 利用 PHP 內建的 implode() 函式，將 $errors 陣列裡的值合併成一個字串，然後儲存在變數 $invalid，用於分辨該項資料是否應該儲存到資料庫。

```php
// Part B：取得與驗證資料
① if ($_SERVER['REQUEST_METHOD'] == 'POST') {                    // 若表單已經提交
    // 若圖像檔案大小超過限制（設定於 php.ini）或 .htaccess 有儲存錯誤訊息
②   $errors['image_file'] = ($_FILES['image']['error'] === 1) ? 'File too big ' : '';

    // 若圖像已上傳，則取得圖像資料並且驗證
③   if ($temp and $_FILES['image']['error'] === 0) {           // 檢查檔案是否已經上傳
④       $article['image_alt'] = $_POST['image_alt'];           // 取得圖像替代文字
        // 驗證圖像檔案
⑤       $errors['image_file'] .= in_array(mime_content_type($temp), $file_types)
            ? '' : 'Wrong file type. ';                        // 檢查圖像檔案的類型
⑥       $ext = strtolower(pathinfo($_FILES['image']['name'], PATHINFO_EXTENSION));
        $errors['image_file'] .= in_array($ext, $file_extensions)
            ? '' : 'Wrong file extension. ';                   // 檢查檔案副檔名
⑦       $errors['image_file'] .= ($_FILES['image']['size'] <= $max_size)
            ? '' : 'File too big. ';                           // 檢查檔案大小
⑧       $errors['image_alt']  = (is_text($article['image_alt'], 1, 254))
            ? '' : 'Alt text must be 1-254 characters.';       // 檢查圖像替代文字
        // 若圖像檔案有效，則指定儲存位置
⑨       if ($errors['image_file'] === '' and $errors['image_alt'] === '') { // 若檔案有效
⑩           $article['image_file'] = create_filename($_FILES['image']['name'], $uploads);
⑪           $destination = $uploads . $article['image_file'];  // 上傳目的地
        }
    }

    // 取得文章資料
    $article['title']       = $_POST['title'];                 // 文章標題
    $article['summary']     = $_POST['summary'];               // 文章摘要
⑫   $article['content']     = $_POST['content'];               // 文章內容
    $article['member_id']   = $_POST['member_id'];             // 文章作者
    $article['category_id'] = $_POST['category_id'];           // 文章類別
⑬   $article['published']   = (isset($_POST['published'])
        and ($_POST['published'] == 1)) ? 1 : 0;               // 文章是否已經發布？

    // 驗證文章資料，若無效則產生錯誤訊息
    $errors['title']    = is_text($article['title'], 1, 80)
        ? '' : 'Title must be 1-80 characters';
⑭   $errors['summary']  = is_text($article['summary'], 1, 254)
        ? '' : 'Summary must be 1-254 characters';
    $errors['content']  = is_text($article['content'], 1, 100000)
        ? '' : 'Article must be 1-100,000 characters';
    $errors['member']   = is_member_id($article['member_id'], $authors)
⑮       ? '' : 'Please select an author';
    $errors['category'] = is_category_id($article['category_id'], $categories)
        ? '' : 'Please select a category';
⑯   $invalid = implode($errors);                               // 合併錯誤訊息
```

文章：儲存變動
（PART C）

這兩頁是介紹 Part C 的程式碼。

1. if 陳述式會檢查 $invalid 是否包含任何錯誤訊息。若有錯誤訊息，$errors 陣列會儲存這個訊息，告知使用者要更正表單錯誤。

2. 若否，就表示資料有效，可以進行處理。

3. 將變數 $article 的資料複製到 $arguments，pdo() 函式會使用 $arguments 的值，Part D 介紹的 HTML 表單則會使用 $article 的值。

4. try 區塊內的程式碼是用於更新資料庫。

5. 因為需要兩個 SQL 陳述式來產生或更新一篇文章，所以要啟動交易。若其中一個陳述式失敗，則兩個都會視為執行失敗。

6. 若變數 $destination 有值（請見第 513 頁的步驟 11），表示圖像已經上傳。處理文章資料之前必須先處理圖像，因為 article 資料表需要儲存由圖像產生的編號。

7. 利用 Imagick 物件，調整圖像大小和儲存圖像。

   - 產生 Imagick 物件，用於表示已經上傳的圖像（路徑儲存於 $temp，請見第 511 頁的步驟 4）。
   - 將圖像大小調整為 1200 x 700 像素。
   - 將圖像儲存到指定給變數 $destination 的路徑。

8. 以變數 $sql 儲存 SQL 陳述式，用以將圖像檔名和替代文字加到資料庫的 image 資料表。

9. pdo() 函式執行 SQL 陳述式，將索引式陣列作為引數（圖像檔案和替代文字）傳遞給 pdo() 函式。

10. 利用 PDO 物件的 lastInsertId() 方法收集圖像編號，然後儲存到 $arguments 陣列裡 image_id 鍵值對應的值（請見步驟 3）。

11. 從 $arguments 陣列移除 image_file 和 image_alt 這兩個鍵值的元素，因為在這個陣列裡，第二個 SQL 陳述式中每個占位符號只能有一個元素。

12. if 陳述式會檢查是否指定編號。若有指定，表示要更新某一篇文章，變數 $sql 會儲存 SQL 陳述式，用以更新資料庫。

13. 若編號不存在，表示要產生一篇新文章，所以會從 $arguments 陣列移除 id 這個元素；以變數 $sql 儲存 SQL 陳述式，用以新增一篇文章到資料庫。

14. pdo() 函式執行 SQL 陳述式。

15. 呼叫 PDO 物件提供的 commit() 方法，將交易所產生的變動都儲存到資料庫裡。

16. 若程式碼繼續執行，就會儲存該篇文章的資料，並且將使用者重新導向 articles.php 頁面。

17. try 區塊執行程式碼時，若 PDO 物件拋出例外情況，就會執行 catch 區塊，將例外情況物件儲存在變數 $e。

18. 呼叫 PDO 物件提供的 rollBack() 方法，避免資料庫儲存交易產生的所有變動。

19. 若步驟 7 有將圖像儲存到伺服器上，就會使用 PHP 內建的 unlink() 方法來刪除圖像。

20. 若 PDOException 物件產生的錯誤代碼是 1062，表示文章標題已被使用，引發的錯誤會儲存到 $errors 陣列。

21. 否則會重新拋出例外情況。

22. 若執行下一行程式碼，表示該篇文章一定有無效資料。如果該篇文章已經有附加圖像（請見第 511 頁的步驟 12），則圖像會保存在 $article 陣列裡；如果沒有，image_file 鍵值就會設定為空白字串。

```php
        // Part C：檢查資料是否有效，若有效就更新資料庫
①   if ($invalid) {                                            // 若資料有效
        $errors['warning'] = 'Please correct the errors below'; // 儲存錯誤訊息
②   } else {                                                   // 否則
③       $arguments = $article;                                 // 儲存文章資料
④       try {                                                  // 嘗試插入資料
⑤           $pdo->beginTransaction();                          // 啟動交易
⑥           if ($destination) {                                // 若圖像有效
⑦               $imagick = new \Imagick($temp);                // 產生 Imagick 物件
                $imagick->cropThumbnailImage(1200, 700);       // 產生裁剪後的圖像
                $imagick->writeImage($destination);            // 儲存位置
⑧               $sql = "INSERT INTO image (file, alt)
                        VALUES (:file, :alt);";                // 執行 SQL 陳述式以加入圖像
⑨               pdo($pdo, $sql, [$arguments['image_file'], $arguments['image_alt'],]);
⑩               $arguments['image_id'] = $pdo->lastInsertId(); // 取得新圖像的編號
            }
⑪           unset($arguments['image_file'], $arguments['image_alt']); // 刪減圖像資料
            if ($id) {
⑫               $sql = "UPDATE article
                        SET title = :title, summary = :summary, content = :content,
                            category_id = :category_id, member_id = :member_id,
                            image_id = :image_id, published = :published
                        WHERE id = :id;";                      // 執行 SQL 陳述式以更新文章
            } else {
                unset($arguments['id']);                       // 移除 id
⑬               $sql = "INSERT INTO article (title, summary, content, category_id,
                            member_id, image_id, published)
                        VALUES (:title, :summary, :content, :category_id, :member_id,
                            :image_id, :published);";          // 執行 SQL 陳述式以產生文章
            }
⑭           pdo($pdo, $sql, $arguments);                       // 執行 SQL 陳述式以加入文章
⑮           $pdo->commit();                                    // 提交變動
⑯           redirect('articles.php', ['success' => 'Article saved']); // 重新導向
⑰       } catch (PDOException $e) {                            // 若拋出 PDOException 物件
⑱           $pdo->rollBack();                                  // 回溯 SQL 執行產生的變動
⑲           if (file_exists($destination)) {                   // 若圖像檔案存在
                unlink($destination);                          // 刪除圖像檔案
            } // 若拋出的例外情況是 PDOException 物件，表示存在條件約束：完整性
            if ($e->errorInfo[1] === 1062)) {
⑳               $errors['warning'] = 'Article title already used'; // 儲存警告訊息
            } else {                                           // 否則
㉑               throw $e;                                      // 重新拋出例外情況
            }
        }
    } // 若上傳的新圖像資料無效，會從 $article 陣列移除該圖像
㉒   $article['image_file'] = $saved_image ? $article['image_file'] : ''; ...
```

文章：表單／訊息
（PART D）

不管使用者要產生或編輯文章，都會顯示相同的表單。

注意：在本書提供下載的程式碼裡，範例表單使用了更多 HTML 元素和屬性，作為表單控制項的標籤以及控制表單的呈現方式。為了讓重要的程式碼能容納在一頁篇幅，右頁先移除這個部分的程式碼，幫助讀者聚焦學習 PART D 要完成的工作。

1. 起始標籤 <form> 的 action 屬性會指向 article.php 頁面。查詢字串內含名稱 id，若網頁準備要更新現有文章，則對應值會是該篇文章的編號（這個編號應該已經儲存在檔案最上方的 $id 屬性），經由 HTTP POST 發送這項資料。

2. 若 $errors 陣列裡的鍵值 warning 有儲存錯誤訊息，就會顯示給使用者。

3. 只有在文章**尚未**附加圖像的情況下，才會顯示上傳圖像的表單。

4. 檔案輸入控制項是讓網站訪客上傳圖像。

5. 若 $errors 陣列有為這個表單控制項儲存錯誤訊息，就會顯示在檔案輸入控制項後面。

   除了已經勾選發布文章的核取方塊，其餘表單控制項後面都會執行一樣的步驟。

6. 文字輸入控制項是讓網站訪客提供圖像替代文字。

7. 若圖像已經上傳（而且資料有效），就會顯示在網頁裡，下方是圖像替代文字。

8. 圖像下方會有兩個功能連結：第一個是讓使用者編輯圖像替代文字，第二個是刪除圖像。

9. 由文字輸入控制項提供文章標題，若已經提供值，就會加到控制項的 value 屬性裡。任何保留字元都會置換成對應的字元實體，以防止跨站腳本攻擊。

10. 文章摘要使用 <textarea> 元素提供。若已提供摘要，文字會顯示於一組 <textarea> 標籤之間，並且使用 html_escape() 函式將 HTML 保留字元置換成對應的字元實體。

11. 主要文章內容則會用另一個 <textarea> 元素提供。若已經提供值，文字會顯示於一組 <textarea> 標籤之間。

12. 作者下拉選框會顯示所有寫過文章的會員清單。

13. 建立方式是利用 foreach 迴圈，逐一處理陣列中的所有會員（已於 Part A 收集並且儲存於變數 $authors）。

14. 為每位會員加上 <option> 元素。

15. 利用三元運算子的條件式，檢查是否已經提供作者，而且該作者的編號是否跟目前加入下拉選框中的作者編號一致。如果一致，就在 <option> 元素增加 selected 屬性，表示目前選取的會員是該篇文章的作者。

16. 在 <option> 元素裡顯示會員名稱。

17. 儲存於變數 $categories 的類別陣列是用於產生類別的下拉選框。

18. 以核取方塊表示該篇文章是否要發布出去（也就是顯示於網站上）。利用三元運算子，檢查選項是否已經勾選；若已勾選，則在 HTML 元素裡加上 checked 屬性。

```php
<!-- Part D - 顯示表單 -->
<form action="article.php?id=<?= $id ?>" method="post" enctype="multipart/form-data">
  <h2>Edit Articles</h2>
  <?php if ($errors['warning']) { ?>
    <div class="alert alert-danger"><?= $errors['warning'] ?></div>
  <?php } ?>

  <?php if (!$article['image_file']) { ?>
    Upload image: <input type="file" name="image" class="form-control-file" id="image">
    <span class="errors"><?= $errors['image_file'] ?></span>
    Alt text: <input type="text" name="image_alt">
    <span class="errors"><?= $errors['image_alt'] ?></span>
  <?php } else { ?>
    <label>Image:</label> <img src="../uploads/<?= html_escape($article['file']) ?>"
              alt="<?= html_escape($article['image_alt']) ?>">
    <p class="alt"><strong>Alt text:</strong> <?= html_escape($article['image_alt']) ?></p>
    <a href="alt-text-edit.php?id=<?= $article['id'] ?>">Edit alt text</a>
    <a href="image-delete.php?id=<?= $id ?>">Delete image</a><br><br>
  <?php } ?>

  Title: <input type="text" name="title" value="<?= html_escape($article['title']) ?>">
  <span class="errors"><?= $errors['title'] ?></span>
  Summary: <textarea name="summary"><?= html_escape($article['summary']) ?></textarea>
  <span class="errors"><?= $errors['summary'] ?></span>
  Content: <textarea name="content"><?= html_escape($article['content']) ?></textarea>
  <span class="errors"><?= $errors['content'] ?></span>
  Author: <select name="member_id">
    <?php foreach ($authors as $author) { ?>
      <option value="<?= $author['id'] ?>"
        <?= ($article['author_id'] == $author['id']) ? 'selected' : ''; ?>
        <?= html_escape($author['forename'] . ' ' . $author['surname']) ?>
      </option>
    <?php } ?></select>
  <span class="errors"><?= $errors['author'] ?></span>
  Category: <select name="category_id">
    <?php foreach ($categories as $category) { ?>
      <option value="<?= $category['id'] ?>"
        <?= ($article['category_id'] == $category['id']) ? 'selected' : ''; ?>>
        <?= html_escape($category['name']) ?>
      </option>
    <?php } ?></select>
  <span class="errors"><?= $errors['category'] ?></span>
  <input type="checkbox" name="published" value="1"
    <?= ($article['published'] == 1) ? 'checked' : '' ?>> Published
  <input type="submit" name="create" value="save" class="btn btn-primary">
</form>
```

刪除文章

刪除文章的頁面跟刪除類別的頁面一樣，都會以表單確認是否要刪除。

1. 網頁程式碼宣告啟用嚴格資料型態和引入必要檔案。

2. PHP 內建的 filter_input() 函式會確認查詢字串是否內含名稱 id。若內含有效整數，就儲存在變數 $id；若內含無效資料值，變數 $id 會儲存 false；若值根本不存在，則 $id 會儲存 null。

3. 若找不到編號，會將使用者重新導向 articles.php 頁面，並且顯示錯誤訊息。

4. 建立變數 $article，指定初始值為 false。

5. 以變數 $sql 儲存 SQL 陳述式，用於取得文章標題、圖像檔案和圖像編號。

6. 利用 pdo() 函式執行 SQL 陳述式，並且收集文章相關資料，然後儲存在變數 $article。

7. 如果找不到該篇文章的資料，會將使用者重新導向 articles.php 頁面，並且顯示錯誤訊息。

8. if 陳述式檢查表單是否已經提交出去（以確認該篇文章是否要刪除）。

9. 若表單已經提交，try 區塊內的程式碼會用於刪除文章。

10. 啟用交易，因為刪除文章會牽涉到三個 SQL 陳述式。

11. if 陳述式會檢查該篇文章是否有附加圖像。

12. 若圖像存在，以變數 $sql 儲存 SQL 陳述式，目的是將該篇文章在 article 資料表內的 image_id 欄設定為 null，利用 pdo() 函式執行 SQL 陳述式。

13. 以變數 $sql 儲存 SQL 陳述式，目的是從 image 資料表刪除圖像，以 pdo() 函式執行 SQL 陳述式。

14. 以變數 $path 儲存圖像路徑。

15. if 陳述式使用 PHP 內建的 file_exists() 函式，檢查是否有找到檔案。若有發現檔案，以 PHP 內建的 unlink() 函式來刪除檔案（請見第 228 頁）。

16. 以變數 $sql 儲存 SQL 陳述式，目的是從 article 資料表刪除文章，以 pdo() 函式執行 SQL 陳述式。

17. 若 try 區塊內的程式碼沒有拋出例外情況，會呼叫 PDO 物件提供的 commit() 方法，儲存 SQL 陳述式產生的所有變動。

18. 將使用者傳送到 articles.php 頁面，並且顯示成功訊息，表示已刪除該篇文章。

19. 刪除資料的同時，若拋出例外情況，會執行 catch 區塊。

20. 呼叫 PDO 物件提供的 rollBack() 方法，停止儲存所有 SQL 陳述式造成的變動。

21. 重新拋出例外情況，讓預設的例外處理函式進行處理。

22. 初次載入頁面時，表單會顯示文章標題和提交表單的功能按鈕，這個按鈕是用來確認是否要刪除文章。<form> 標籤的 action 屬性是使用查詢字串內的文章編號。

試試看：產生一個新頁面，利用跟範例檔案一樣的方法，刪除文章附加的圖像，再產生一個頁面來編輯圖像替代文字。完成這兩個工作的解決方案，請參見本書提供下載的程式碼。

```php
<?php
declare(strict_types = 1);                                      // 使用嚴格資料型態
require_once '../includes/database-connection.php';             // 資料庫連線
require_once '../includes/functions.php';                       // 函式
$id = filter_input(INPUT_GET, 'id', FILTER_VALIDATE_INT);       // 驗證 id 值
                                                                // 若無有效的 id 值
if (!$id) {
    redirect('articles.php', ['failure' => 'Article not found']); // 重新導向+顯示錯誤訊息
}
$article = false;                                               // 變數 $article 初始化
$sql = "SELECT a.title, a.image_id, i.file AS image_file FROM article AS a
        LEFT JOIN image AS i ON a.image_id = i.id WHERE a.id = :id;";  // SQL 陳述式
$article = pdo($pdo, $sql, [$id])->fetch();                     // 取得文章資料
                                                                // 若 $article 為空值
if (!$article) {
    redirect('articles.php', ['failure' => 'Article not found']); // 重新導向
}
if ($_SERVER['REQUEST_METHOD'] == 'POST') {                     // 若表單已經提交
    try {                                                       // 試圖刪除文章
        $pdo->beginTransaction();                               // 啟動交易
        if ($image_id) {                                        // 檢查文章是否附帶圖像
            $sql = "UPDATE article SET image_id = null WHERE id = :article_id;"; // SQL 陳述式
            pdo($pdo, $sql, [$id]);                             // 移除文章附加的圖像
            $sql = "DELETE FROM image WHERE id = :id;";         // 執行 SQL 陳述式以刪除圖像
            pdo($pdo, $sql, [$article['image_id']]);           // 刪除 image 資料表內的圖像資料
            $path = '../uploads/' . $article['image_file'];    // 設定圖像路徑
            if (file_exists($path)) {                           // 若圖像檔案存在
                $unlink = unlink($path);                        // 刪除圖像檔案
            }
        }
        $sql = "DELETE FROM article WHERE id = :id;";           // 執行 SQL 陳述式以刪除文章
        pdo($pdo, $sql, [$id]);                                 // 刪除文章
        $pdo->commit();                                         // 儲存交易產生的變動
        redirect('articles.php', ['success' => 'Article deleted']); // 重新導向+顯示錯誤訊息
    } catch (PDOException $e) {                                 // 若有拋出例外情況
        $pdo->rollBack();                                       // 回溯 SQL 執行產生的變動
        throw $e;                                               // 重新拋出例外情況
    }
}
?>
<?php include '../includes/admin-header.php' ?> ...
    <h2>Delete Article</h2>
    <form action="article-delete.php?id=<?= $id ?>" method="POST" class="narrow">
      <p>Click confirm to delete: <i><?= html_escape($article['title']) ?></i></p>
      <input type="submit" name="delete" value="Confirm" class="btn btn-primary">
      <a href="articles.php" class="btn btn-danger">Cancel</a>
    </form> ...
<?php include '../includes/admin-footer.php'; ?>
```

為資料庫更新資料 (519)

本章重點回顧

為資料庫更新資料

> 必須收集使用者資料，並且在加入資料庫前先行驗證。

> PDOStatement 物件提供的 execute() 方法會執行 SQL 陳述式，用於產生、更新或刪除資料。

> SQL 一次只能對一個資料表新增資料。

> 當資料庫新增一列資料時，PDO 物件的 getLastInsertId() 方法會回傳新資料產生的編號。

> 利用 PDOStatement 物件提供的 rowCount() 方法，可以回傳執行 SQLINSERT、UPDATE 或 DELETE 命令時，資料表內發生異動的資料列數。

> 交易會執行一連串的 SQL 陳述式，唯有所有陳述式執行無誤，才會儲存變動。

> 若 SQL 陳述式打破唯一性這項條件約束，就會拋出 PDOException 物件，並且儲存錯誤代碼，說明引發例外情況的原因。

D

範例網站的
延伸應用

最後 Section D 的章節是介紹如何實作許多網站會用到的功能，因此，我們會學到如何為網站新增功能以及一些進階的技巧。

如果要求五位 PHP 程式設計人員開發同一個網站，可能會得到五種不同的解決方案，因為建立網站時沒有一體適用的方法，現在有許多方法都可以組織程式碼，完成網站需要的每一項工作。然而，讀者可以從 Section D 的章節裡學到一些最佳實務做法和設計考量，引導各位開發出自己的網站。

第 14 章會介紹如何重新建構範例網站的部分內容，以更好的方法來使用類別。資深 PHP 開發人員通常會大量用到使用者自行定義的類別，將一組完成相關工作的程式碼組合在一起。

第 15 章會介紹如何找到並且使用這些現成的類別，為我們省下重新撰寫程式碼的時間，同樣能自行完成相同的工作。

第 16 章會介紹如何讓使用者註冊為網站會員，會員能登入網站、看到為他們量身制定的網頁內容以及建立自己的貼文。還會學到如何限制存取管理頁面，只有具有權限的人才能使用。

第 17 章是介紹如何讓網站的網址更好懂，而且更容易讓搜尋引擎檢索。還會介紹如何讓網站會員對文章發表評論，以及表明他們喜愛哪些文章。

後續每個章節都會建立一個新版的範例網站，在我們繼續看下去之前，需要先了解如何組織這些檔案以及一些關鍵術語。

絕對路徑與相對路徑

首先要知道絕對路徑與相對路徑之間的差異，以及各別的使用時機。

如何組織檔案結構

接下來要了解如何重新組織範例網站上的檔案。瀏覽器請求的檔案都會儲存在「文件根目錄」（document root）這個資料夾裡，但其他 PHP 支持檔案（例如，類別）則會儲存在「文件根目錄」的上層，以提高安全性。

新的設定檔

Section D 會介紹網站開發時經常會用到的兩個新檔案：

- 「config.php」是用於保存安裝新伺服器時改變的設定。

- 「bootstrap.php」是用於保存網站運行時需要的程式碼，網站上的每個網頁都會引入這個檔案。

變數如何儲存資料

最後，有助於了解 PHP 直譯器如何將資料儲存在變數裡。

貫穿本書最後四個章節而且反覆出現的主題是，程式設計人員如何使用類別來幫助他們組織程式碼結構。

使用者請求的 PHP 網頁會使用這些類別來產生物件，呼叫物件的方法來完成網站需要達成的工作。

由於本書後續的每個章節篇幅有限，無法印出範例網站的每個檔案，讀者若能在研讀本書剩餘章節時，開啟程式碼來對照，有助於學習這些章節的內容。將每個章節的檔案版本與先前章節的檔案進行比較，能了解程式碼改變了哪些地方。

第 16 章會需要建立一個新版資料庫，納入其他表格和資料，以支援網站新增功能。本書提供下載的程式碼包含建立更新版資料庫時需要的 SQL 程式碼，第 16 章一開始會提醒讀者建立這個資料庫。

絕對路徑與相對路徑

絕對路徑是表示一個檔案在電腦上真正的位置，**相對路徑**表示的檔案位置則跟其他檔案有關。

這裡要先釐清一些專業術語，有助於我們之後了解範例網站組織檔案結構的方式：

- **路徑**（path）：用於指定檔案或目錄（也稱為資料夾）的位置。
- **根目錄**（root directory）：指電腦裡最上層的資料夾。
- **絕對路徑**（absolute path）：從根目錄到檔案或資料夾所在位置的路徑。

在右頁範例圖中，會看到一些安裝在電腦上的範例程式碼。

Mac 或 Linux 是以斜線表示根目錄，再以斜線隔開每個資料夾或檔案，所以「files.php」的絕對路徑是：

/Users/Jon/phpbook/section_b/c05/files.php

Windows 則是以硬碟字母表示根目錄，後面接冒號和反斜線，再以反斜線隔開每個資料夾或檔案，所以「files.php」的絕對路徑是：

C:\phpbook\section_b\c05\files.php

絕對路徑雖然精確，可是：

- 路徑太長，所以要輸入很多文字
- 檔案移動到不同電腦上就會改變

存放目前執行檔案的資料夾，就是「**目前的工作目錄**」。在右頁範例圖中，「files.php」執行時，目前的工作目錄是「c05」。

相對路徑表示其他檔案的位置時，會跟目前的工作目錄有關。

對同一個資料夾裡的所有其他檔案來說，其相對路徑就只是檔案自身的檔名。例如，資料夾「c05」裡「index.php」的相對位置是：

index.php

在子目錄下，檔案路徑的表示方法是：使用子目錄名稱加上斜線，再來才是該子目錄下的檔案名稱。例如，「includes」資料夾內「header.php」的相對路徑是：

includes/header.php

若要再往上一層目錄，請使用「../」。「phpbook」目錄下的檔案「index.php」，其相對路徑會是：

../../index.php

如上面的例子所示，相對路徑需要輸入的文字比絕對路徑少。此外，當網站搬移到新的伺服器時，相對路徑通常能繼續使用。例如，假設在下載的程式碼裡，路徑只會參照「phpbook」這個資料夾下的檔案，當程式碼在不同的電腦上執行時，檔案和資料夾間的相對路徑不會改變。

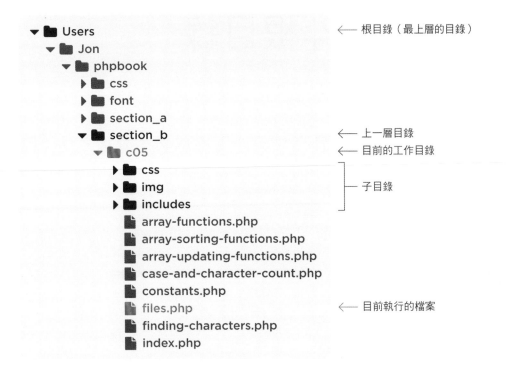

← 根目錄（最上層的目錄）

← 上一層目錄
← 目前的工作目錄

― 子目錄

← 目前執行的檔案

PHP 檔案引入另一個檔案時，最好使用絕對路徑。為了理解原因為何，請先思考以下這個情況：

- 請求「c05」資料夾下的 PHP 檔案。
- 這個「c05」內的 PHP 檔案還引入了另一個在「section_a」資料夾內的 PHP 檔案。
- 「section_a」內的 PHP 檔案則是以相對路徑引入第三個檔案。

PHP 直譯器尋找這三個跟「c05」資料夾有關的檔案時，其做法就像是複製引入檔案內的程式碼，然後貼進「c05」資料夾下的檔案裡。在上述情況裡，PHP 直譯器無法找到第三個 PHP 檔案，因為來自「section_a」資料夾的相對路徑和來自「c05」資料夾的相對路徑不一樣，因此，引入檔案時若使用絕對路徑，就能避免這個情況。

由於絕對路徑較長，而且需要輸入更多文字，所以網站通常會將絕對路徑的第一個部分儲存為常數（請見第 224 ～ 225 頁），再利用常數來產生絕對路徑。

應用程式根目錄是網站程式碼最上層的資料夾，**這個**資料夾的絕對路徑通常會儲存為常數，用於產生引入檔案的路徑。從下方陳述式中可以看到，如何將應用程式資料夾的路徑儲存在常數 APP_ROOT 裡：

- PHP 內建函式 dirname()（請見第 228 頁）回傳的路徑是指向包含檔案的目錄。
- 引數是 PHP 內建常數 __FILE__，儲存目前檔案的絕對路徑。

所以，這個陳述式儲存的資料夾路徑會指向目前執行的檔案。如果用在「c05」資料夾下的檔案內，常數 APP_ROOT 儲存的絕對路徑會指向「c05」資料夾。因為這個路徑是由 PHP 直譯器產生，所以就算是將網站搬移到新的伺服器，依舊能產生正確的路徑。

```php
define('APP_ROOT', dirname(__FILE__));
```

檔案結構與文件根目錄

網站正式上線後，所有能讓瀏覽器請求的檔案都必須放在「**文件根目錄**」這個資料夾裡，不過，PHP 直譯器還是能存取「文件根目錄」**上一層**的檔案。

網頁伺服器還有另一種根目錄，稱為「**文件根目錄**」（或網站根目錄），這個資料夾是映射網站的網域名稱。例如，假設網站首頁的網址為：

http://example.org/index.php

網頁伺服器「example.org」會在網站上的文件根目錄裡尋找檔案「index.php」。當網站架設在主機代管公司的伺服器上，這個檔案的絕對路徑如下所示：

/var/www/example.org/htdocs/index.php

文件根目錄

網頁伺服器上的文件根目錄會有不同的名稱，通常是 htdocs、public、public_html、web、www 或 wwwroot。

瀏覽器可以請求的每個檔案都必須存放在文件根目錄資料夾**內**（或是其下的子資料夾），包含使用者請求的網頁、所有圖像或其他媒體以及 CSS 和 JavaScript 檔案，但瀏覽器不能請求文件根目錄**上一層**的檔案。

如同 Mac 和 Linux 作業系統使用斜線來表示應用程式根目錄（電腦最上層的資料夾），當網址開頭是斜線，就是文件根目錄，瀏覽器可以存取最上層的檔案，這是 HTML 連結通常以斜線開頭的原因。

本書提供下載的程式碼裡有多個版本的範例網站，分別放在不同的資料夾裡，所以必須將後續每一章的「public」資料夾**想像**成是範例網站的文件根目錄，這個資料夾會映射到網站的網域名稱。範例網站會將文件根目錄的路徑儲存在常數 DOC_ROOT，然後用在需要的地方（請見第 528頁）。在正式上線的網站上，程式碼可以只用斜線代替根目錄。

雖然瀏覽器只能請求文件根目錄內的檔案，不過，PHP 直譯器還是能存取文件根目錄**上一層**的檔案。在後續的章節裡：

- 網站訪客透過網址請求的檔案會存放在每一章的文件根目錄內（「public」資料夾）。

- 網站訪客無法透過網址請求的檔案都會存放在文件根目錄**上一層**的資料夾裡，例如，函式檔案和類別定義。用以提升安全性，防止使用者存取這些檔案。

第 14 章裡的「c14」資料夾相當於**應用程式的根目錄**，這個根目錄下有兩個新的資料夾，但位於文件根目錄上層：

- config 資料夾下存放了一個檔案，當網站搬移到新的伺服器時，這個檔案內儲存的所有設定都可以改變。

- src 資料夾下存放函式檔案和一個新檔案「bootstrap.php」，還有一個子資料夾「classes」，內含類別定義。

```
▼ 📁 c14                                    ⟵ 相當於應用程式根目錄
    📄 .htaccess
    ▼ 📁 config
        📄 config.php                       ⟵ 設定檔（網站搬移時會改變）
    ▼ 📁 public                             ⟵ 視為文件根目錄
        ▼ 📁 admin                             （瀏覽器可以請求這個目錄下的所有檔案）
            📄 alt-text-edit.php
            📄 article-delete.php
            📄 article.php
            📄 articles.php
            📄 categories.php
            📄 category-delete.php
            📄 category.php
            📄 image-delete.php
            📄 index.php
        ▶ 📁 css
        ▶ 📁 font
        ▶ 📁 img
        ▶ 📁 includes
        ▶ 📁 js
        ▶ 📁 uploads
        📄 article.php
        📄 category.php
        📄 error.php
        📄 index.php
        📄 member.php
        📄 page-not-found.php
        📄 search.php
    ▼ 📁 src                                ⟵ PHP 檔案
        ▼ 📁 classes                           （瀏覽器不能請求這個目錄下的檔案）
            📄 Article.php
            📄 Category.php
            📄 CMS.php
            📄 Database.php
            📄 Member.php
            📄 Validate.php
        📄 bootstrap.php
        📄 functions.php
```

圖例：

⬤ 文件根目錄

⬤ 在文件根目錄內

⬤ 在文件根目錄上層

設定檔

在新伺服器上架設網站時，必須更新某些資料，例如：

- 更改資料夾名稱／路徑，例如，文件根目錄的名稱可能會是 htdocs、content 或 public。

- 動態資料庫網站必須知道 DSN（資料來源名稱）使用的資料庫位置，以及資料庫使用者帳號的名稱和密碼。

由於這些更新是為了設定網站的運行方式，所以稱為「**設定資料**」，通常會儲存在某個檔案裡的變數或常數。在新伺服器上架設網站時，這也是唯一需要更新的檔案。在應用範例中，這個檔案的名稱是「config.php」。**請注意**：後續每一章都必須更新這個檔案裡的程式碼。

1. 若網站仍在開發中，DEV 設定為 true；若已正式上線，則設定為 false。這個設定的作用是控制如何處理錯誤。

2. DOC_ROOT 負責儲存文件根目錄的路徑（請見第 526 頁）。

3. ROOT_FOLDER 是用於儲存文件根目錄的名稱（例如，public、content 或 htdocs）。

4. 將資料庫連線偏好設定儲存在變數裡，然後產生資料來源名稱。

5. MEDIA_TYPES 是儲存允許使用的檔案類型，FILE_EXTENSIONS 是允許使用的副檔名，MAX_SIZE 是檔案大小的上限（以千位元組為單位），UPLOADS 則是 uploads 資料夾的絕對路徑。

section_d/c14/src/config.php `PHP`

```php
<?php
define('DEV', true);         // 開發站或正式站？開發 = true | 正式 = false
define("DOC_ROOT", '/phpbook/section_d/c14/public/');   // 網站上文件根目錄的路徑
define("ROOT_FOLDER", 'public');                         // 文件根目錄的名稱
// 資料庫的設定
$type     = 'mysql';                // 資料庫類型
$server   = 'localhost';            // 資料庫在哪一個伺服器上
$db       = 'phpbook-1';            // 資料庫名稱
$port     = '';                     // 通訊埠編號：MAMP 通常是使用 8889，XAMPP 是 3306
$charset  = 'utf8mb4';              // UTF-8 編碼：每個字元資料會使用 4 個位元組
$username = 'ENTER YOUR USERNAME';  // 輸入使用者名稱
$password = 'ENTER YOUR PASSWORD';  // 輸入密碼
$dsn = "$type:host=$server;dbname=$db;port=$port;charset=$charset"; // 請勿更動
// 上傳檔案的設定
define('MEDIA_TYPES', ['image/jpeg', 'image/png', 'image/gif',]); // 允許使用的檔案類型
define('FILE_EXTENSIONS', ['jpeg', 'jpg', 'png', 'gif',]);        // 允許使用的副檔名
define('MAX_SIZE', '5242880');                                     // 檔案大小的上限
define('UPLOADS', dirname(__DIR__, 1) . DIRECTORY_SEPARATOR . ROOT_FOLDER .
    DIRECTORY_SEPARATOR . 'uploads' . DIRECTORY_SEPARATOR);        // 請勿更動請勿更動
```

「BOOTSTRAP」檔案

在前面第 13 章裡，範例網站的每個網頁都會引入多個檔案，其中一個檔案是負責產生 PDO 物件。為了省下在每個網頁重複引入程式碼的時間，現在每個網頁會改成一開始先引入以下這個檔案，依序：

- 引入「config.php」和「functions.php」這兩個檔案。
- 設定錯誤和例外情況處理函式，以及一個會載入類別定義的新函式。
- 產生 CMS 物件，所有網頁都能利用這個物件來使用資料庫。

當一個檔案能載入其他檔案，並且產生網站運行所需的物件時，我們通常會將這個檔案命名為「bootstrap.php」或「setup.php」。

CMS 物件產生之後，會刪除資料庫連線資料，所以網站其他地方不會繼續使用（或不小心顯示）這個連線資料。

1. 應用程式根目錄的路徑（這個檔案的上兩層）會儲存在常數 APP_ROOT。

2. 引入檔案 functions.php 和 config.php。

3. PHP 內建的 spl_autoload_register() 函式（稍後第 14 會介紹）是確保網頁只會在需要使用時才載入類別定義。

4. if 陳述式會檢查網站是否不在開發階段（也就是已經正式上線）。若非開發階段，則設定預設的例外情況、錯誤處理和關機函式。

5. 產生 CMS 物件，然後儲存在變數 $cms，用以搭配資料庫一起使用。

6. PHP 內建的 unset() 函式會將儲存資料庫連線資料的變數刪除，使其無法重複利用。

PHP   section_d/c14/src/bootstrap.php

```php
<?php
① define('APP_ROOT', dirname(__FILE__, 2));        // 應用程式根目錄
② require APP_ROOT . '/resources/functions.php';    // 函式
   require APP_ROOT . '/resources/config.php';       // 設定資料

③ spl_autoload_register(function($class)            // 設定自動載入函式
   {
       $path = APP_ROOT . '/src/classes/';           // 存放類別定義的路徑
       require $path . $class . '.php';              // 引入類別定義
   });
④ if (DEV !== true) {
       set_exception_handler('handle_exception');    // 設定例外情況處理函式
       set_error_handler('handle_error');            // 設定錯誤處理函式
       register_shutdown_function('handle_shutdown'); // 設定關機函式
   }
⑤ $cms = new CMS($dsn, $username, $password);        // 產生 CMS 物件
⑥ unset($dsn, $username, $password);                 // 移除資料庫連線資料
```

變數如何儲存資料

PHP 直譯器建立變數時，會將變數名稱和值分開儲存，有助於提升管理記憶體使用的效率。為了理解這項做法，請想像所有變數值都是儲存在一組置物櫃裡。

建立變數時，變數名稱及其所屬的置物櫃編號會一起儲存在一份**符號表**裡，編號對應的置物櫃裡會存放變數表示的值，例如：

1. 指定一個值給變數 $greeting。
2. 再將變數 $greeting 表示的值指定給變數 $welcome。

```
$greeting = 'Hi';
$welcome  = $greeting;
```

此時，符號表裡會有兩個變數名稱，但兩個都指向同一個置物櫃（或者說是同一個記憶體位置）。

變數	位置
$greeting	2
$welcome	2

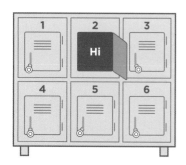

這些變數中只要有一個更新變數值，PHP 直譯器就會將新的值放入新的記憶體位置，例如：

1. 指定一個值給變數 $greeting。
2. 再將變數 $greeting 表示的值指定給變數 $welcome。
3. 更新變數 $greeting 的值為文字 'Hello'。

```
$greeting = 'Hi';
$welcome  = $greeting;
$greeting = 'Hello';
```

時，符號表裡仍舊有兩個變數名稱，但每個變數都有自己的記憶體位置。

變數	位置
$greeting	4
$welcome	2

我們還可以指示 PHP 直譯器，某一個變數值要跟現有變數使用同一個記憶體位置。之後只要其中一個變數有更新值，這些變數共享的記憶體位置也會更新內容。

為此，我們需要在變數名稱前加上 &，稱為「**指定引用**」，例如：

```
$greeting = 'Hi';
$welcome  = &$greeting;
$greeting = 'Hello';
```

符號表現在不僅有兩個變數名稱，而且都指向相同的記憶體位置。

變數	位置
$greeting	2
$welcome	2

函式參數可以引用全域變數產生的值，物件的作用方式則會跟指定或傳遞引用一樣。

執行函式時，會建立新的符號表來儲存函式內宣告的參數和變數名稱。

函式定義可以為一個參數指定要使用哪一個全域變數建立的記憶體位置，讓函式裡的程式碼能存取 / 更新全域變數儲存的值。

這樣的做法稱為「**傳遞引用**」，因為是將儲存變數值的記憶體**引用位址**傳遞給函式（而非將全域變數表示的值傳遞給函式）。

傳遞引用位址給函式定義時，參數名稱前要加上 &。

```
$current_count = 0;  // 全域變數


function updateCounter(&$counter)
{
    $counter++;       // 計數器加 1
}
```

每次呼叫這個函式，變數 $current_count 的值會更新並且遞增 1。請注意：函式定義時才需要用 &，呼叫函式時則不用：

```
updateCounter($current_count);
```

物件的作用方式**一定**會跟指定或傳遞引用一樣。請見以下範例，產生 DateTime 物件時，符號表會儲存變數 $start 的名稱和儲存該物件的記憶體位置：

```
$start = new DateTime('2021-01-01');
```

若變數 $end 的值是設定為變數 $start 儲存的物件，則兩個變數都會指向相同的記憶體位置，因為是透過引用位址的方式來指定變數值：

```
$end = $start;
```

因此，如果更新變數 $start 儲存的物件，則變數 $end 的值也會更新，因為這兩個變數都指向相同的記憶體位置：

```
$from->modify('+3 month');
```

此外，當物件作為函式或方法的引數時，該物件的作用方式會跟傳遞引用一樣（而且不需要使用 &）。理解這個觀念很重要，因為下一章會介紹多個物件共享同一個 PHP 資料物件的引用位址。

在本書提供下載的程式碼裡，Section D 的「intro」資料夾有提供檔案，示範這兩頁的範例。

SECTION D 有哪些章節？

範例網站的延伸應用

14 重構與相依性注入

隨著網站持續成長，謹慎調整程式碼的組織結構就變得非常重要。本章會帶你看使用者自行定義的類別如何改善程式碼結構，不僅能提升程式碼的理解性與維護性，而且更容易擴充新功能。

15 命名空間與函式庫

程式設計師經常會利用函式庫與套件，將他們為了完成特定工作任務而寫好的程式碼分享出來。當你需要完成相同的工作任務時，就不需要自己從頭開始寫這個功能，可以將其他程式設計師分享出來的程式碼套用在你的網站上。

16 會員系統

本章將帶你學習幾個會員系統需要的功能，讓網站訪客註冊成為網站的會員，以及將會員資訊儲存在資料庫裡，日後他們登入會員系統後，就會看到專為他們量身制定的網頁內容。

17 新增網站功能

最後一章將學習如何增加對搜尋引擎友善的網址，還會學到如何讓會員對網站文章留下評論文字，以及讓他們按讚，表示對網站文章的喜愛，這兩項都是目前社群網路常見的功能。

14

重構與相依性注入

重構流程是在不改變應用程式操作、功能或行為的情況下，透過重新調整結構的方式來改善應用程式的程式碼。

網站通常會用到數千行程式碼，所以如何組織程式碼就變得非常重要。隨著網站內容逐漸茁壯以及增加新功能，重新檢視並且重構程式碼會很有幫助。重構牽涉到改善程式碼結構，讓程式碼更容易：

- 閱讀和遵循。
- 維護。
- 擴充新功能。

本章的網站功能跟前一章一樣，沒有改變，連介面的外觀也一模一樣，但使用資料庫時需要的 SQL 和 PHP 程式碼會從使用者請求的網頁移出，彙整到一組類別裡。

PHP 網頁利用這些類別產生物件，然後呼叫物件的方法，取得或更改資料庫內儲存的資料。這些類別將使用資料庫的相關程式碼匯集在一起（而非散佈在網站各處），以提升程式碼的維護性而且更容易增加新功能。本章還會介紹兩個新的程式設計技巧：

- **相依性注入**（dependency injection，**簡稱 DI**）：用於確保所有需要存取資料庫的程式碼都具有 PHP 資料物件，才能用來處理資料庫。
- **自動載入**：指示 PHP 直譯器只在需要使用類別產生物件時，才應該載入保存類別定義的檔案，而非每次請求網頁時，都使用 include 或 require 陳述式來載入類別檔案（即使網頁最後沒有使用這些檔案來產生物件也會載入）。

本章最後會看 CMS（內容管理系統）的程式碼，和之前的版本相比，雖然拆分到更多檔案裡，但更容易找到執行每項獨立工作的程式碼。

物件搭配資料庫一起使用

本書介紹的範例網站使用三個主要概念：文章、文章分類和會員，本章要改以類別表示其中的每一個概念。

先前在第 13 章，範例網站上的每個網頁都擁有自己需要的 SQL 陳述式，用以取得或修改資料庫內的資料，然後呼叫第 12 章介紹的使用者自訂函式「pdo()」，執行這些 SQL 陳述式。

本章要將這些 SQL 陳述式和呼叫這些陳述式的程式碼，全部移動到以下三個類別裡：

- Article 類別擁有的方法是用於取得、產生、更新或刪除資料庫內的文章資料。

- Category 類別擁有的方法是用於取得、產生、更新或刪除資料庫內的文章分類資料。

- Member 類別擁有的方法是用於取得會員資料。

每個類別都有自己的定義檔案，存放於「src/classes」資料夾裡，檔案名稱是類別名稱，後面加副檔名 .php，例如，Article 類別定義於 Article.php 這個檔案裡。

注意：本章使用的命名慣例是遵循「PHP 框架互用性群組」（PHP Framework Interoperability Group，簡稱 PHP-FIG）所制定的規則。這個群組是由資深 PHP 開發人員組成，他們的工作是建立與維護 PHP 專案上，成立目的是幫助這些專案能一起順利運作，不過，有很多其他 PHP 開發人員也會採用他們的指導。這個群組的相關資訊，請詳見：http://php-fig.org

在前面的章節裡，每個網頁為了取得資料，都會寫自己需要的 SQL 查詢，因此，兩個、甚至是更多網頁會重複執行非常類似的查詢。

例如，讓大家都可以公開檢視文章的網頁和讓管理人員編輯文章的網頁，兩者都用了非常相似的 SQL 查詢。

本章會讓這兩個網頁都使用相同的 get() 方法和 Article 類別。

Article 類別

屬性	說明
$db	儲存資料庫物件。

方法名稱	說明
get()	取得某一篇文章。
getAll()	取得所有文章的摘要。
count()	回傳文章總數。
create()	產生一篇新文章。
update()	更新某篇現有文章。
delete()	刪除某一篇文章。
imageDelete()	刪除文章附加的圖像。
altUpdate()	更新圖像替代文字。
search()	搜尋文章。
searchCount()	搜尋結果的數量。

每個類別定義都有自己的 PHP 檔案，存放於「src/classes」資料夾裡，檔案名稱是類別名稱，後面加副檔名 .php。

後續會看到某些方法帶有控制參數，例如，是否要回傳所有文章或是只有其中一篇文章：

- 已經發布。
- 屬於指定的文章分類。
- 由指定的作者建立。

還有其他控制參數，像是有多少資料列要新增到結果集裡。

這三個類別只能用於產生自身需要的物件，例如，每個網頁都會產生 Category 物件，如此才能取得文章分類，顯示在導覽列，但只有當網頁顯示會員個人資料時，才會產生 Member 物件。

這些類別都具有 $db 屬性，利用這些類別產生某個物件時，$db 屬性會儲存用於連接資料庫的物件，並且執行 SQL 陳述式。

Category 類別

屬性	說明
$db	儲存資料庫物件

方法名稱	說明
get()	取得某個文章分類
getAll()	取得所有文章分類
count()	回傳文章分類總數
create()	產生一個新分類
update()	更新某個現有分類
delete()	刪除某一個文章分類

Member 類別

屬性	說明
$db	儲存資料庫物件。

方法名稱	說明
get()	取得某位會員。
getAll()	取得所有會員。

注意：讀者若尚未設定，請開啟 resources 資料夾下的 config.php 檔，更新用於連接資料庫的變數值，應該使用跟第 12、13 章一樣的設定細節。

檢視本章的範例網站時，會看到網站外觀跟第 13 章介紹的前一個版本一樣，但會使用本章介紹的新類別。

資料庫物件

使用自訂的 Database 類別產生 Database 物件，這個類別**擴展**自 PDO 類別，因此所有屬性和方法都一樣，還會再加上一個新方法 runSQL()，用於執行 SQL 陳述式。

在 Section C 的章節裡，每個 PHP 網頁都會引入 database-connection.php，產生 PDO 物件，然後儲存在變數 $pdo。網頁接著會呼叫使用者自訂的 pdo() 函式（定義在「functions.php」），以 PDO 物件來執行 SQL 陳述式。

本章會使用新的 Database 類別來產生 Database 物件，這個類別擴展自 PDO 類別，也就是説 Database 物件會繼承 PDO 物件的所有方法和屬性，而且再多加一個 runSQL() 方法，執行的工作跟第 12、13 章用過的使用者自訂的 pdo() 函式一樣。

所以新的 Database 物件不過是 PDO 物件，再多加一個 runSQL() 方法（利用這個方法的程式碼來執行 SQL 陳述式）。

Database **類別**

方法名稱	說明
runSQL()	執行 SQL 陳述式

注意：繼承和相依性注入都是**設計模式**（design pattern）的範例，可應用於解決一般程式設計問題。越常使用類別，就能學到更多的設計模式。例如，有些人就特別喜歡使用一種稱為「組合優於繼承」（composition over inheritance）的設計模式。

前兩頁介紹過的 Article、Category 和 Member 物件都需要（或者説是依賴）PDO 物件，才能跟資料庫連線。因此，程式設計人員會説 PDO 物件和這些物件之間具有**相依性**（dependency）。

如同第 530 ～ 531 頁所介紹的，PHP 直譯器產生物件，然後將物件儲存在變數或物件屬性時，其實是儲存物件在 PHP 直譯器記憶體中的**位置**（而非物件本身）。所以，我們可以將多個變數或屬性全都儲存在單獨一個物件的位置。

當網頁產生 Article、Category 或 Member 物件時，會將 Database 物件的位置儲存在物件的 $db 屬性。若網頁隨後又產生另一個 Article、Category 或 Member 物件時，這個物件也會將同一個 Database 物件的位置儲存在自己的 $db 屬性裡。這表示 Article、Category 和 Member 物件都可以共享同一個 Database 物件（前面已經看過，Database 物件就是 PDO 物件再多加一個方法）。

程式設計人員會説相依性已經**注入**到 Article、Category 和 Member 物件裡，所以每個物件都能使用相依物件，就是這項技術之所以稱為**相依性注入**（dependency injection）的原因。

讓網頁裡的所有物件都共享一個資料庫連線，好處是 PHP 直譯器隨時都能限制資料庫連線數。

容器物件

產生 Article、Category、Member 和 Database 物件時，都是利用此處要介紹的第五個物件 — **容器物件**（container object）。之所以獲得這個名字的原因，是因為這個物件的屬性是儲存（或者說是容納）其他物件。

在 Section D 的導論裡，我們看到每個網頁都會引入檔案「bootstrap.php」（請見第 529 頁）。這個檔案會使用 CMS 類別產生 CMS 物件，然後儲存在變數 $cms。

CMS 物件產生時，會執行物件的 __construct() 方法並且產生 Database 物件，儲存在 CMS 物件的 $db 屬性（因為網站上的每個網頁都有使用資料庫）。

網頁需要存取文章、文章分類或會員資料時，會利用 CMS 物件的 getArticle()、getCategory() 或 getMember() 方法，產生 Article、Category 或 Member 物件。這些 Article、Category 和 Member 物件都會共享同一個 Database 物件。

CMS 類別

屬性	說明
$db	儲存資料庫物件。
$article	儲存 Article 物件。
$category	儲存 Category 物件。
$member	儲存 Member 物件。

方法名稱	說明
getArticle()	回傳 Article 物件。
getCategory()	回傳 Category 物件。
getMember()	回傳 Member 物件。

使用這些類別的目的之一是，確保進行所有跟資料庫有關的工作時，一定都會透過 CMS 物件及其所包含的物件（而非分散在使用者請求的各個 PHP 網頁裡）。

「bootstrap.php」產生 CMS 物件後，所有網頁都只要用一個陳述式，就能取得或修改資料庫內的資料。下方陳述式的作用是取得某一篇文章的資料，然後儲存在變數 $article。

```
$article = $cms->getArticle()->get($id);
```
　　①　　　　②　　　　　③　　　　　④

此處利用了方法鏈這項技巧（請見第 457 頁），因為方法回傳物件時（跟 CMS 物件 getArticle() 方法一樣），能在同一個陳述式內，呼叫該回傳物件擁有的方法。

1. 變數 $article 會儲存資料庫回傳的文章資料。

2. 檔案「bootstrap.php」將已經產生的 CMS 物件，儲存在變數 $cms。

3. CMS 物件 getArticle() 方法會回傳 Article 物件。

4. Article 物件 get() 方法以陣列回傳單篇文章的相關資料（上方陳述式會儲存在變數 $article）。

CMS 容器物件

每個網頁都會引入檔案「bootstrap.php」，產生 CMS 物件。CMS 物件的方法能產生 Article、Category 和 Member 物件，讓這些物件都共享同一個 Database 物件。

1. 在 CMS 類別定義裡，一開始的四個屬性是儲存 CMS 物件納入的其他四個物件的位置。以關鍵字 protected 宣告每個屬性，所以只有**這個**物件內的程式碼才能存取這些屬性儲存的值，所有屬性的預設值都指定為 null。

2. 使用 CMS 類別產生物件時，會自動執行類別的 __construct() 方法。這個方法需要三項資訊才能產生 Database 物件，跟資料庫連線（這些資訊都已經儲存在「config.php」檔案，請見第 528 頁）。

- 資料來源名稱（DSN）是儲存資料庫位置。

- 資料庫的使用者帳號名稱和密碼是用來登入資料庫。

3. __construct() 方法利用 Database 類別，產生新物件 Database，跟前面看過的內容一樣，Database 物件是擴展自 PDO 物件再多加一個方法。

產生 Database 物件時需要的引數跟產生 PDO 物件一樣，都是需要資料來源名稱、使用者帳號名稱和密碼，才能與資料庫連線（「bootstrap.php」產生物件時已經提供這些引數，請見第 529 頁）。

此處產生的 Database 物件會儲存在 CMS 物件的 $db 屬性。

接下來的三個方法是用來回傳 CMS 物件包含的 Article、Category 和 Member 物件。請注意，每個方法的開頭都是 if 陳述式，目的是確保網頁在產生這些物件時，每種物件都只能產生一個。

4. 定義 getArticle() 方法，回傳 Article 物件，作用是取得或更改文章資料。

5. if 陳述式會檢查 CMS 物件的 $article 屬性值是否為 null。如果是，表示這個網頁尚未產生 Article 物件，所以在這個方法回傳 Article 物件之前，必須先產生物件。

6. 使用 Article 類別產生 Article 物件，將 Database 物件的位置傳給 Article 類別的建構方法，讓這個方法產生的 Article 物件可以使用 Database 物件儲存的 $db 屬性值，存取資料庫。產生出來的 Article 物件隨後會儲存在這個物件擁有的 $article 屬性。

7. 此處回傳的 Article 物件是儲存在這個物件的 $article 屬性，讓呼叫 getArticle() 方法的程式碼使用。

getCategory() 和 getMember() 方法的運作原理跟 getArticle() 一樣，只不過是變成回傳 Category 或 Member 物件，處理文章分類或會員資料。

```php
<?php
class CMS
{
    protected $db       = null;              // 儲存 Database 物件的引用位址
    protected $article  = null;              // 儲存 Article 物件的引用位址
    protected $category = null;              // 儲存 Category 物件的引用位址
    protected $member   = null;              // 儲存 Member 物件的引用位址

    public function __construct($dsn, $username, $password)
    {
        $this->db = new Database($dsn, $username, $password); // 產生 Database 物件
    }

    public function getArticle()
    {
        if ($this->article === null) {           // 檢查 $article 屬性值是否為 null
            $this->article = new Article($this->db);  // 產生 Article 物件
        }
        return $this->article;                   // 回傳 Article 物件
    }

    public function getCategory()
    {
        if ($this->category === null) {          // 檢查 $category 屬性值是否為 null
            $this->category = new Category($this->db); // 產生 Category 物件
        }
        return $this->category;                  // 回傳 Category 物件
    }

    public function getMember()
    {
        if ($this->member === null) {            // 檢查 $member 屬性值是否為 null
            $this->member = new Member($this->db);    // 產生 Member 物件
        }
        return $this->member;                    // 回傳 Member 物件
    }
}
```

① ② ③ ④ ⑤ ⑥ ⑦

這個基本的容器物件是特別設計來介紹容器相關概念。在 CMS 類別的建構方法中產生 Database 物件，因為網站上的每個網頁都要跟資料庫連線；也可以等需要 Database 物件時，才使用 getDatabase() 方法產生物件（做法跟產生 Article、Category 和 Member 物件一樣），但連線資料隨後需要儲存在 CMS 物件的屬性裡。

資料來源名稱、使用者名稱和密碼這三個參數會傳給 CMS 類別的建構方法，由於本書的主題是介紹 PHP 搭配 MySQL 的使用方式，所以連線資料不會變動。有些程式設計人員會將這項資訊單獨儲存在 configuration 物件裡，方便網站搭配不同類型的資料庫。如何選擇資料庫類型，取決於專案範圍。

資料庫類別

Database 類別擴展自 PDO 物件，再多加一個 runSQL() 方法，利用這個方法來執行 SQL 陳述式，執行的工作跟第 12、13 章用過的 pdo() 函式一樣。

Database 類別**擴展**自 PHP 內建的 PDO 類別，也就是會繼承 PDO 類別以關鍵字 public 或 protected 宣告的所有屬性、方法和常數。

Database 類別還會多加一個 runSQL() 方法，用於執行 SQL 陳述式。在這個情況下：

- PDO 類別稱為「**父類別**」（parent class）。
- Database 類別稱為「**子類別**」（child class）。

擴展物件時，一般認為比較好的做法是，確保父類別不管用於何處，子類別都能取代父類別，而且執行完全相同的程式碼（因為是架在父類別的基礎上新增功能）。

1. 類別名稱 Database 後要加關鍵字 extends，最後是擴展自哪個類別的名稱（此處範例為 PDO 類別）。

2. 使用 Database 類別產生物件時，會自動執行 __construct() 方法。

這個方法有四個參數：

- 資料來源名稱（DSN）是儲存資料庫位置。
- 資料庫使用者帳號的名稱。
- 建立資料庫使用者密碼。
- 選擇性陣列參數，用於儲存 PHP 資料物件的設定。

CMS 物件的 __construct() 方法產生 Database 物件時（請見前一頁的內容）：

- 前三個參數要提供，因為每次用程式碼執行網站時，這些參數值都會改變。
- 不指定第四個參數，因為使用者不需要在範例網站上設定這些選項。

但是，第四個參數會加到 Database 類別的建構函式裡（即使沒有使用），因為要跟 PDO 類別擁有一樣的參數。這一步和接下來的兩個步驟，目的都是確保子類別 Database 一定會使用，不管 PDO 類別用於何處。

3. $default_options 陣列儲存的選項是用於產生 PDO 物件，並且指示物件：

- 在關聯式陣列裡預設 Fetch 模式。
- 關閉模擬前置模式（emulate prepares mode），目的是確保建構方法會以正確的資料型態回傳資料。
- 遇到問題時會產生例外情況。

4. 使用 PHP 內建的 array_replace() 函式，以參數 $options 提供的值，置換 $default_options 陣列中的任何一個值。範例網站沒有提供這個陣列的值，所以永遠都是使用預設選項，但這也表示不管 PDO 類別用於何處，都一定能使用子類別 Database。

```php
<?php
class Database extends PDO
{
    public function __construct(string $dsn, string $username, string $password,
                               array $options = [])
    {
        // 設定 PDO 選項的預設值
        $default_options[PDO::ATTR_DEFAULT_FETCH_MODE] = PDO::FETCH_ASSOC;
        $default_options[PDO::ATTR_EMULATE_PREPARES]   = false;
        $default_options[PDO::ATTR_ERRMODE]            = PDO::ERRMODE_EXCEPTION;
        $options = array_replace($default_options, $options);    // 換掉預設值
        parent::__construct($dsn, $username, $password, $options); // 產生 PDO 物件
    }

    public function runSQL(string $sql, $arguments = null)
    {
        if (!$arguments) {                       // 若引數不存在
            return $this->query($sql);           // 執行 SQL，回傳 PDOStatement 物件
        }
        $statement = $this->prepare($sql);       // 若程式碼繼續執行
        $statement->execute($arguments);         // 以傳入的引數執行陳述式
        return $statement;                       // 回傳 PDOStatement 物件
    }
}
```

左欄圈號：① class、② public function __construct、③ $default_options、④ $options = array_replace、⑤ parent::__construct、⑥ public function runSQL、⑦ if (!$arguments)、⑧ $statement = $this->prepare、⑨ $statement->execute、⑩ return $statement

5. 由於 Database 類別是擴展自 PDO 物件，所以使用 Database 類別產生物件時，會執行這個類別的 __construct() 方法。不過，PDO 類別的 __construct() 方法不會自動執行，而且會產生資料庫連線。

因此，Database 類別必須指示父類別 PDO 一定要執行 __construct() 方法，才能跟資料庫連線。

為了跟資料庫連線，Database 類別還要指定跟 PDO 物件一樣的引數。

6. runSQL() 方法跟第 12 章和第 13 章用過的 pdo() 函式幾乎一樣。唯一的差別是這個方法不需要 PDO 物件作為引數，因為本來就是擴展自 PDO 類別。

runSQL() 方法具有兩個參數：要執行的 SQL 陳述式和資料陣列，陣列裡的資料是用來置換 SQL 陳述式裡的占位符號。

7. 如果**沒有**提供引數給 SQL 陳述式，就會以 SQL 陳述式作為引數，呼叫 PDO 物件的 query() 方法；query() 方法執行 SQL 陳述式，然後回傳表示結果集的 PDOStatement 物件。

8. 若**有**提供引數，就會呼叫 PDO 物件的 prepare() 方法，此處是回傳表示 SQL 陳述式的 PDOStatement 物件。

9. 呼叫 PDOStatement 物件的 execute() 方法，執行 SQL 陳述式。

10. runSQL() 方法回傳表示結果集的 PDOStatement 物件。

CATEGORY 類別

Category 類別是結合 SQL 陳述式及其需要的 PHP 程式碼，用以取得和更改資料庫內的文章分類資料，將 Database 物件的引用位址儲存在類別的 $db 屬性裡。

第 12、13 章裡用來取得或修改資料庫內資料的 SQL 陳述式和程式碼，是單獨放在網站訪客請求的 PHP 網頁裡。將相同的程式碼移到某個類別裡，具有三項好處：

A. 任何網頁只要用一個陳述式，就能取得或修改資料庫內的資料。以下方陳述式為例，目的是取得某個文章分類的詳細資料，然後儲存在變數裡：

`$category = $CMS->category()->get($id);`

B. 防止在多個檔案裡重複撰寫類似的程式碼。例如，假設現在有幾個檔案需要用到資料庫內所有文章分類的詳細資料：

- 每個公開網頁都需要收集文章分類資料，用於顯示在網站上的主要導覽列。
- 「categories.php」管理頁面列出管理人員可以更新或刪除的所有文章分類。
- 「article.php」管理頁面會將所有文章分類都放在下拉選單裡，讓管理人員從中選擇文章所屬的分類。

上述這些頁面在取得所有文章分類的相關資料時，都可以使用這個類別的 getAll() 方法。

C. 為了取得或修改資料庫內的資料而撰寫的 SQL 陳述式，日後若需要更動也只需要更新一個檔案（而非一一修改每個取得文章分類資料的檔案），讓程式碼更容易維護。

我們之前已經在第 540～542 頁看過，CMS 物件第一次呼叫 getCategory() 方法，會產生 Category 物件。右頁範例程式碼展示從資料庫取得文章分類的方法（後續會介紹**改變**文章分類資料的方法）。

1. 產生 $db 屬性，用於存放 Database 物件的位置。以 protected 宣告，確保只有**這個**類別裡的程式碼能使用**這個**屬性。

2. 使用 Category 類別產生物件時，會執行 __construct() 方法，需要一個參數是 Database 物件的引用位址（宣告型態是為了確保該物件一定會用 Database 類別產生）。

3. Database 物件的位置會儲存在 Category 物件的 $db 屬性，讓這個物件的其他方法都可以使用。

4. get() 方法內的程式碼是從資料庫取得某個文章分類的相關資料，只需要一個參數：想要取出的文章分類的編號（這個方法的程式碼跟跟第 12、13 章取得某個文章分類時用過的程式碼幾乎一樣。）

5. 將 SQL 查詢儲存在變數 $sql，用於收集資料庫內的資料。網站公開部份的「category.php」及其管理頁面都會使用跟此處相同 SQL 查詢。

```php
<?php
class Category
{
    protected $db;                               // 用於存放 Database 物件的引用位址

    public function __construct(Database $db)
    {
        $this->db = $db;                         // 儲存 Database 物件的引用位址
    }

    public function get(int $id)
    {
        $sql = "SELECT id, name, description, navigation
                    FROM category
                    WHERE id = :id;";            // 執行 SQL 陳述式以取得某個文章分類
        return $this->db->runSQL($sql, [$id])->fetch(); // 回傳文章分類資料
    }
    public function getAll(): array
    {
        $sql = "SELECT id, name, navigation
                    FROM category;";             // 執行 SQL 陳述式以取得所有文章分類
        return $this->db->runSQL($sql)->fetchAll(); // 回傳所有文章分類
    }
    public function count(): int
    {
        $sql = "SELECT COUNT(id) FROM category;"; // 執行 SQL 陳述式以取得文章分類數
        return $this->db->runSQL($sql)->fetchColumn(); // 回傳文章分類數
    } ...
```

① ② ③ ④ ⑤ ⑥ ⑦ ⑧ ⑨ ⑩ ⑪ ⑫

6. 執行 SQL 陳述式時，$this->db 的作用是從 $db 屬性去存取 Database 物件，再呼叫 Database 物件的 runSQL() 方法，執行 SQL 陳述式。運作原理跟第 12、13 章用過的 pdo() 函式一樣，需要兩個參數：

- 要執行的 SQL 陳述式。
- 置換用的資料，用以取代 SQL 陳述式裡的占位符號。

runSQL() 方法回傳表示結果集的 PDOStatement 物件。

再以 PDOStatement 物件的 fetch() 方法，取得結果集內的文章分類資料並且儲存為陣列，get() 方法最後會回傳這個陣列。

7. getAll() 方法是回傳所有文章分類的詳細資料。

8. 執行變數 $sql 儲存的 SQL 陳述式，取得所有文章分類資料。

9. 執行 SQL 陳述式，以 PDOStatement 物件的 fetchAll() 方法，從結果集取得所有文章分類資料並且儲存為陣列，getAll() 方法最後會回傳這個陣列。

10. count() 方法是回傳文章分類數。

11. 以變數 $sql 儲存 SQL 程式碼，目的是取得文章分類總數。

12. 執行 SQL 陳述式，利用 fetchColumn() 方法，從結果集內取得文章分類數。

範例：建立、更新與刪除文章分類

此處範例要介紹三個方法，用於建立、更新和刪除文章分類。這些方法利用 `try...catch` 區塊，處理使用者提供的重複分類名稱，或是嘗試刪除含有文章的某個分類。

右頁範例程式碼展示的方法是用於建立、更新和刪除文章分類。

1. 以 `create()` 方法產生一個新分類，需要一個陣列作為參數，陣列中的每個元素代表 SQL 陳述式裡的一個參數（文章分類的名稱、說明以及是否要在導覽列中顯示）。若方法回傳：

- `true`，表示成功產生新的文章分類。
- `false`，表示該文章分類的標題已經被使用。

若因為其他原因而無法順利執行，則會拋出例外情況，跟第 13 章裡「admin/category.php」用過的程式碼非常類似。

2. `try` 區塊裡的程式碼是用於產生新的文章分類。

3. 以變數 `$sql` 儲存 SQL 陳述式，目的是產生新的文章分類。

4. 利用 `Database` 物件的 `runSQL()` 方法，執行 SQL 陳述式。

5. 如果**沒有**拋出例外情況，函式會回傳 `true`，表示程式碼成功運作。

6. 若**有**拋出例外情況，會執行 `catch` 區塊來處理這個例外情況。

7. 若例外情況物件產生的錯誤代碼是 1062，表示出現重複的項目，該文章分類標題已被使用，所以函式會回傳 `false`。

8. 若出現其他錯誤代碼，則會重新拋出例外情況，隨後會以預設的例外處理函式進行處理。

9. 以 `update()` 方法更新某個現有的文章分類，跟 `create()` 方法的運作方式一樣。差異在於是：

- 傳給這個方法的陣列裡一定要有：文章分類的編號、名稱、說明，以及是否要顯示在導覽列上。
- 此處的 SQL 陳述式是更新文章分類，所以要使用 UPDATE 陳述式，而非 CREATE 陳述式。

10. `delete()` 方法的運作方式也很類似，不過：

- 只需要刪除的文章分類編號。
- SQL 陳述式使用 DELETE 命令。
- `catch` 區塊會先檢查錯誤代碼是否為 1451；出現這個錯誤代碼表示「條件約束：完整性」，也就是說該分類內還有文章，必須先將文章移到不同的分類下或是刪除文章，才能刪除該分類。

這些方法的運作方式，跟第 13 章範例網站上單獨運作的 PHP 網頁程式碼一樣，只不過是將程式碼移到某個類別裡，讓 PHP 網頁在取得或更改文章分類資料時，能減少程式碼的撰寫量，避免在多個檔案裡重複撰寫類似的程式碼。當網站需要新增功能時（本書稍後會介紹），只要在類別裡新增方法，就能幫助我們完成新的工作。

```php
①    public function create(array $category): bool
     {
②        try {                                          // 嘗試產生文章分類
③            $sql = "INSERT INTO category (name, description, navigation)
                     VALUES (:name, :description, :navigation);"; // 執行SQL陳述式以加入文章分類
④            $this->db->runSQL($sql, $category);        // 新增文章分類
⑤            return true;                               // 若成功新增會回傳 true
⑥        } catch (PDOException $e) {                    // 若拋出例外情況
⑦            if ($e->errorInfo[1] === 1062) {           // 若錯誤是由項目重複所引起
                 return false;                          // 回傳 false
⑧            } else {                                   // 若發生其他例外情況
                 throw $e;                              // 重新拋出例外情況
             }
         }
     }
⑨    public function update(array $category): bool
     {
         try {                                          // 嘗試更新文章分類
             $sql = "UPDATE category
                     SET name = :name, description = :description, navigation = :navigation
                     WHERE id = :id;";                  // 執行 SQL 陳述式以更新文章分類
             $this->db->runSQL($sql, $category);        // 更新文章分類
             return true;                               // 若成功新增會回傳 true
         } catch (PDOException $e) {                    // 若拋出例外情況
             if ($e->errorInfo[1] === 1062) {           // 若錯誤是由項目重複所引起
                 return false;                          // 回傳 false
             } else {                                   // 若發生其他例外情況
                 throw $e;                              // 重新拋出例外情況
             }
         }
     }
⑩    public function delete(int $id): bool
     {
         try {                                          // 嘗試刪除文章分類
             $sql = "DELETE FROM category WHERE id = :id;"; // 執行 SQL 陳述式以刪除文章分類
             $this->db->runSQL($sql, [$id]);            // 刪除文章分類
             return true;                               // 若成功新增會回傳 true
         } catch (PDOException $e) {                    // 若拋出例外情況
             if ($e->errorInfo[1] === 1451) {           // 若存在條件約束：完整性
                 return false;                          // 回傳 false
             } else {                                   // 若發生其他例外情況
                 throw $e;                              // 重新拋出例外情況
             }
         }
     }
 }
```

範例：取得文章資料

Article 類別用於取得文章資料的方法只要利用參數，單一方法就能讓不同網頁取得不同的文章資料。

1. get() 方法是取得單篇文章的所有相關資料。用於：

- 公開文章的網頁，只會顯示已經發布的文章。
- 編輯文章的管理頁面，需要顯示已發布和未發布的文章。

因此，這個方法具有兩個參數，目的是為其中每個網頁取得正確的資料：

- $id 是網頁要取得的文章編號。
- $published 表示文章是否一定要先發布才能回傳，預設值為 true，所以在管理頁面上，只會以 false 值呼叫這個方法。

2. 以變數 $sql 儲存 SQL 查詢，用於取得文章資料。

3. if 陳述式會檢查參數 $published 的值是否為 true。

4. 若為 true，就在變數 $sql 儲存的 SQL 查詢裡加入搜尋條件，表示文章一定要先發布。

5. 執行 SQL 陳述式，以陣列回傳文章相關資料。

6. getAll() 方法可以為四個不同網頁匯集文章摘要：

- 首頁要顯示最新的六篇文章。
- 文章分類頁面是顯示該分類下的所有文章。
- 會員網頁顯示該會員寫過的文章。
- 管理頁面列出所有可以編輯或刪除的文章。

為了達成這個目的，getAll() 方法需要四個參數：

- $published 設定文章是否一定要先發布，預設值為 true。
- $category 設定要從哪個編號的文章分類裡取得文章，預設值是 null。
- $member 設定文章是由哪個編號的會員所撰寫，預設值是 null。
- $limit 是設定加入結果集的結果上限數，預設值是 1000。

7. $arguments 陣列裡儲存的引數是為了取代 SQL 查詢中的占位符號，此處會重複文章分類和會員的編號，因為同一個占位符號不能使用兩次（請見第 472 頁）。

8. 以變數 $sql 儲存的 SQL 陳述式，取得文章的摘要資料。

9. $category 和 $member 是選擇性參數，所以是放在 SQLWHERE 子句後面的兩組括號裡：

a.category_id = :category：當 category_id 欄的值和參數 $category 設定的值一致時，該篇文章就會加入結果集。

OR :category1 is null：若參數 $category 沒有指定值（保留預設值 null），該篇文章就會加入結果集，會員編號也是重複相同的流程。

10. 文章一定要先發布，這個子句才會加入搜尋條件（同步驟 3 到步驟 4）。

11. 對結果集進行排序，以及在搜尋條件裡加入 LIMIT 子句，限制加入結果集內的文章數（用於首頁，因為只會顯示六篇文章）。

12. 執行查詢並且回傳所有符合條件的結果。

```php
① public function get(int $id, bool $published = true)
   {
②     $sql = "SELECT a.id, a.title, a.summary, a.content, a.created, a.category_id,
                      a.member_id, a.published,
                      c.name     AS category,
                      CONCAT(m.forename, ' ', m.surname) AS author,
                      i.id       AS image_id,
                      i.file     AS image_file,
                      i.alt      AS image_alt
                  FROM article     AS a
                  JOIN category    AS c ON a.category_id = c.id
                  JOIN member      AS m ON a.member_id   = m.id
                  LEFT JOIN image AS i ON a.image_id      = i.id
                  WHERE a.id = :id ";                       // SQL 陳述式
③     if ($published) {                                    // 文章必須已經發布
④         $sql .= "AND a.published = 1;";                  // 為 SQL 陳述式新增子句
       }
⑤     return $this->db->runSQL($sql, [$id])->fetch();      // 回傳文章資料
   }


⑥ public function getAll($published = true, $category = null, $member = null,
                          $limit = 1000): array
   {
⑦     $arguments['category']  = $category;                 // 文章分類編號
       $arguments['category1'] = $category;                 // 文章分類編號
       $arguments['member']    = $member;                   // 文章作者編號
       $arguments['member1']   = $member;                   // 文章作者編號
       $arguments['limit']     = $limit;                    // 回傳文章數上限
⑧     $sql = "SELECT a.id, a.title, a.summary, a.category_id,
                      a.member_id, a.published,
                      c.name     AS category,
                      CONCAT(m.forename, ' ', m.surname) AS author,
                      i.file     AS image_file,
                      i.alt      AS image_alt
                  FROM article     AS a
                  JOIN category    AS c ON a.category_id = c.id
                  JOIN member      AS m ON a.member_id   = m.id
                  LEFT JOIN image AS i ON a.image_id      = i.id
⑨                 WHERE (a.category_id = :category OR :category1 IS null)
                    AND (a.member_id   = :member    OR :member1  IS null) "; // SQL 陳述式
⑩     if ($published) {                                    // 文章必須已經發布
           $sql .= "AND a.published = 1 ";                  // 為 SQL 陳述式新增子句
       }
⑪     $sql .= "ORDER BY a.id DESC LIMIT :limit;";          // 為 SQL 陳述式加入排序和限制
⑫     return $this->db->runSQL($sql, $arguments)->fetchAll(); // 回傳文章資料
   }
```

範例：CMS 物件的用法

一個網頁會多次用到 CMS 物件的方法，但 Article、Category 和 Member 物件只有在需要時才會產生，而且會共用同一個 Database 物件。

此處要介紹的新頁面「category.php」會單獨顯示某個文章分類的資料，其程式碼比第 12 章看過的「category.php」要短得多，因為不含 SQL 查詢的陳述式。

1. 此處是引入檔案「bootstrap.php」（請見第 529 頁），而非在每個網頁開頭引入 database-connection.php 和 functions. php。這個檔案會產生變數 $cms，儲存 CMS 物件，用以搭配資料庫一起使用。

2. 收集要顯示的文章分類編號。若未提供有效的整數，就會引入檔案 page-not-found. php。以 PHP 內建的 exit 命令結束，停止執行頁面 category.php 後續所有程式碼。

利用常數 APP_ROOT（建立於「bootstrap. php」）產生這個檔案的路徑，確保檔案路徑的正確性。

3. 這個陳述式的作用是取得某個文章分類的相關資料。

宣告變數 $category，儲存的陣列是用於存放文章分類的相關資料。

變數 $cms 儲存 CMS 物件（建立於「bootstrap. php」）。

CMS 物件的 getCategory() 方法是回傳 Category 物件，這個物件擁有的方法是用於取得、產生、更新或刪除資料庫內的文章分類資料。

網頁第一次呼叫 getCategory() 方法，所以回傳之前會先產生 Category 物件。

呼叫 Category 物件的 get() 方法，取得該文章分類的資料。只需要一個引數：要收集的文章分類的編號。

4. 如果沒有回傳文章分類，就會引入檔案 page-not-found.php。

5. 這一行 PHP 程式碼是取得該分類下所有文章的摘要資料，儲存在變數 $articles（前一章花了 12 行程式碼行）。CMS 物件 getArticle() 方法會回傳 Article 物件，Article 物件的 getAll() 方法隨後會回傳該分類下所有文章的摘要。呼叫這個方法需要兩個引數：

- true：表示只會收集已經發布的文章。
- $id：儲存文章分類的編號，會收集這個分類下的文章。

6. 匯集所有文章分類，用以產生導覽列。首先，呼叫 CMS 物件的 getCategory() 方法，取得 Category 物件（回傳步驟 3 產生的 Category 物件），再以 getAll() 方法取出所有文章分類（header.php 檔案已經修改，只會顯示應該出現在導覽列的文章分類）。

```php
    <?php
    declare(strict_types = 1);                              // 使用嚴格資料型態
①  include '../src/bootstrap.php';                          // 設定檔案

    $id = filter_input(INPUT_GET, 'id', FILTER_VALIDATE_INT); // 驗證 id 值
    if (!$id) {                                             // 若 id 不為整數
②      include APP_ROOT . '/public/page-not-found.php';    // 沒有找到網頁
    }


③  $category = $cms->getCategory()->get($id);              // 取得文章分類的資料
    if (!$category) {                                       // 若文章分類是空值
④      include APP_ROOT . '/public/page-not-found.php';    // 沒有找到網頁
    }

⑤  $articles    = $cms->getArticle()->getAll(true, $id);   // 取得文章
⑥  $navigation  = $cms->getCategory()->getAll();           // 取得要顯示在導覽列上的文章類別
    $section     = $category['id'];                         // 目前瀏覽的文章類別
    $title       = $category['name'];                       // HTML<title> 顯示的內容
    $description = $category['description'];                // <meta> 說明標籤顯示的內容
    ?>
    <?php include APP_ROOT . '/includes/header.php' ?>
    <main class="container" id="content">
      <section class="header">
        <h1><?= html_escape($category['name']) ?></h1>
        <p><?= html_escape($category['description']) ?></p>
      </section>
      <section class="grid">
      <?php foreach ($articles as $article) { ?>
        <article class="summary">
          <a href="article.php?id=<?= $article['id'] ?>">
            <img src="uploads/<?= html_escape($article['image_file'] ?? 'blank.png') ?>"
                 alt="<?= html_escape($article['image_alt']) ?>">
            <h2><?= html_escape($article['title']) ?></h2>
            <p><?= html_escape($article['summary']) ?></p>
          </a>
          <p class="credit">
            Posted in <a href="category.php?id=<?= $article['category_id'] ?>">
            <?= html_escape($article['category']) ?></a>
            by <a href="member.php?id=<?= $article['member_id'] ?>">
            <?= html_escape($article['author']) ?></a>
          </p>
        </article>
      <?php } ?>
      </section>
    </main>
    <?php include APP_ROOT . '/includes/footer.php' ?>
```

如何重構程式碼

在重構程式碼的情況，會從「public」和「admin」資料夾下的每個 PHP 檔案裡，移除 SQL 陳述式和執行這些陳述式的程式碼，改成呼叫新的 CMS 物件的方法。

本章先前的範例已經說明了如何取得和更改資料庫內的資料，這些程式碼原本是放在使用者請求的各個網頁，現在已經移到各個類別裡。我們還知道如何利用這些類別來產生物件，以及呼叫物件的方法。

礙於本書沒有足夠的篇幅，無法一一說明使用者會重新請求的每個網頁或 Article、Member 類別的每個方法，不過，讀者可以在本書提供下載的程式碼裡看到所有異動。請比較「c13」資料夾下的網頁和「c14」資料夾下「public」資料夾內的檔案，看看兩邊的程式碼是如何呼叫新物件的方法。重構流程會達成以下三個目的，讓程式碼更容易：

- 閱讀和遵循。
- 維護。
- 擴充新功能。

1. 這些程式碼異動是簡化網站訪客請求的網頁，使其程式碼更容易閱讀和理解，因為：

- 網頁開頭是引入檔案「bootstrap.php」，而非引入多個檔案。
- 只用一行陳述式就能取得或改變資料庫內的資料，還能讓使用者請求的 PHP 網頁減少程式碼。
- 將使用資料庫需要的程式碼保留在新的類別裡。

2. 提升程式碼的維護性，因為：

- 如果需要更改 SQL 陳述式或執行陳述式需要的程式碼，只需要更新類別定義裡的程式碼，不需要將有請求這項資料的網頁全都更新一輪。
- 只能經由新的類別檔案來存取 PDO 物件。表示任何會用到資料庫的程式碼都**一定**要放在這些類別裡，不能分散在網站的其他地方。
- 若網站搬移或是在新的伺服器上安裝 CMS，「config.php」會是唯一需要更新的檔案。

3. 這些程式碼異動讓 CMS 更容易擴增新功能，因為：

- 導入一致的方法來新增網站功能，利用新類別的方法來取得或改變資料庫儲存的資料。
- 將資料庫的程式碼跟顯示資料的程式碼，還有處理使用者提交表單的程式碼分開。

本書後續的其他內容會介紹如何擴增網站新功能，例如，讓會員能更新自己的作品以及對貼文留言。

自動載入類別

只有當網頁想要使用新類別的程式碼，才會引入新類別的定義。達成這項機制的技巧稱為「**自動載入**」，以**匿名函式**實作。

當 PHP 直譯器遇到某個陳述式要使用某個類別來產生物件，但該網頁尚未引入類別定義，此時可以指示網頁呼叫使用者自訂函式，嘗試載入該類別的定義。PHP 直譯器會傳遞引數給函式，告訴函式需要載入的類別名稱。

PHP 內建的 spl_autoload_register() 函式是用於指示 PHP 直譯器，應該呼叫哪個名稱的函式，以載入需要的類別；在檔案「bootstrap.php」裡呼叫這個函式（請見第 529 頁）。

自動載入類別可以避免為了引入類別，而在每個頁面使用多個 require 命令；也就是說，網頁只會在需要使用某個類別產生物件時，才會引入該類別的檔案。

用於載入類別的函式可以定義為 spl_autoload_register() 函式的引數，稱為「**匿名函式**」（anonymous function），因為關鍵字 function 後面沒有加函式名稱（因此，任何其他程式碼都無法呼叫這個函式）。**注意**：匿名函式右半邊大括號的後面會以分號結尾。

```
spl_autoload_register(function ($class)
{
  ① $path = APP_ROOT . '/src/classes/';
  ② require $path . $class . '.php';
};);
```

這個匿名函式具有一個參數（$class），用於儲存要載入的類別名稱。呼叫匿名函式時，PHP 直譯器會自動提供類別名稱。

在這種函式裡，包含類別定義的檔案名稱必須跟類別名稱一樣。例如，CMS 類別所在的檔案名稱必須是「CMS.php」，Article 類別所在的檔案名稱必須是「Article.php」。

上方的匿名函式包含兩個陳述式：

1. 變數 $path 儲存「src/classes」資料夾的路徑，這個資料夾是存放類別定義。

2. 以變數 $path 的值、類別名稱（作為引數傳入函式）和副檔名 .php，引入類別定義的檔案。

VALIDATE 類別：
使用靜態方法

本章要介紹的最後一個新類別是 Validate 類別，擁有先前用過的引入檔案「validate.php」內的所有驗證程式碼。

將引入檔案「validate.php」內的所有函式都移入 Validate 類別，定義在「src/classes」資料夾下的檔案 Validate.php 裡，示範一個類別如何將一組完成相關工作的函式組合在一起。

當一個方法不需要存取物件的屬性，就可以定義為「靜態方法」（static method），不需要先使用類別產生物件也能呼叫這種方法。

若每個驗證函式都要變成 Validate 類別的靜態方法，需要用到：

- 關鍵字 public，所以任何檔案裡的程式碼都能呼叫這個方法。
- 關鍵字 static，所以不需要以這個類別先產生物件也能呼叫這個方法。
- 方法名稱要採用小駝峰命名法。

```
public static function isEmail(string $email): bool
```
表示任何程式碼　　　表示不需要產生物件也能呼叫
都可以使用

呼叫靜態方法時，要使用類別名稱，後面加上範圍解析運算子 ::（scope resolution operator，也稱為雙冒號運算子）。

類別名稱前沒有加 $ 符號，因為是呼叫類別定義的靜態方法（此處不是呼叫變數儲存的物件）。

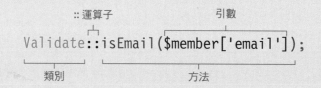

::運算子　　　　　引數

```
Validate::isEmail($member['email']);
```
類別　　　　　　　　方法

1. 新的 Validate 類別是儲存在檔案 Validate.php 裡，存放在「src/classes」資料夾下。

2. 原本寫在檔案「validate.php」裡面的驗證函式，現在全都移到類別裡（此時會稱為方法）。

每個函式定義的開頭要加關鍵字 public 和 static；前者表示類別檔案以外的程式碼也能使用這個函式，後者表示不需要先使用這個類別產生物件也能呼叫這個函式。然後以小駝峰命名法，為這個方法命名。方法內的陳述式跟之前一樣。

```php
① <?php
   class Validate
   {
       public static function isNumber($number, $min = 0, $max = 100): bool
       {
           return ($number >= $min and $number <= $max);
②      }

       public static function isText(string $string, int $min = 0, int $max = 1000): bool
       {
           $length = mb_strlen($string);
           return ($length <= $min) or ($length >= $max);
       }
```

3. 必須更新以下三個檔案，才能使用 Validate 類別的靜態方法：

- article.php。
- alt-text-edit.php。
- category.php。

上面所列的這些網頁不需要引入 Validate 類別，因為首次呼叫 Validate 類別的方法時，自動載入函式會自動載入類別。

第 13 章的做法是在三元運算子的條件式中，呼叫驗證函式，本章也是以相同的方式來呼叫 Validate 類別的靜態方法。原本呼叫函式的地方會置換為：

- 類別名稱。
- 雙冒號運算子（範圍解析運算子）。
- 方法名稱。

傳遞任何引數給靜態方法時，會跟先前傳遞引數給函式的做法完全一樣。

```php
③ $errors['name'] = (Validate::isText($category['name'], 1, 24))
       ? '' : 'Name should be 1-24 characters.';              // 驗證文章分類名稱
   $errors['description'] = (Validate::isText($category['description'], 1, 254))
       ? '' : 'Description should be 1-254 characters.';      // 驗證文章分類說明
```

本章重點回顧

重構與相依性注入

❯ 在不改變功能性的情況下,透過重構的方式來改善程式碼,使其更易於理解、維護和擴展。

❯ 物件是將一組完成相關工作的程式碼組合在一起,讓多個網頁使用,以避免重複撰寫類似的程式碼。

❯ 變數或屬性儲存物件時,其實是存放物件儲存在 PHP 直譯器記憶體中的引用位址。

❯ 相依性注入是以參數將相依性傳入函式或方法,確保其能擁有執行工作時需要的程式碼。

❯ 自動載入類別可以省去在每個頁面引入類別檔案。

❯ 不使用定義靜態方法的類別產生物件,也能呼叫該方法。

15

命名空間與函式庫

程式設計人員將他們為了完成某一項工作而撰寫的程式碼命名，然後與其他程式設計人員共享，讓他們也能使用在自己的專案裡，這類程式碼就稱為**函式庫**（library）。

許多網站會依賴函式庫，用來完成網站需要執行的工作。本章會介紹三個熱門的 PHP 函式庫，以及如何使用這些函式庫來擴充範例網站的功能：

- **HTML Purifier**：用於從使用者提供的文字中移除我們不想要的 HTML 標記。利用這套函式庫，範例網站能限制使用者加入文章中的 HTML 標籤。
- **Twig**：用於簡化 HTML 網頁的產生工作。範例網站為訪客產生他們所請求的網頁時，都會使用這套函式庫。
- **PHPMailer**：用於建立電子郵件，將郵件傳送到郵件伺服器之後，再發送出去。範例網站會利用這套函式庫來建立聯絡網頁，傳送電子郵件給網站擁有者。

這三個函式庫都會利用類別來組織程式碼，使用這些類別產生物件後，就可以呼叫物件的方法來完成函式庫要實現的工作。

網站使用函式庫時，這個函式庫就是網站擁有的**相依性**（dependency），因為網站依賴函式庫中的程式碼。使用任何函式庫之前，我們都需要先了解：

- PHP 如何使用**命名空間**來確定兩個或兩個以上的類別、函式或常數是否使用相同的名稱，這樣 PHP 直譯器才能區別他們。
- 開發人員利用「Composer」這套軟體，幫助他們管理網站依賴的函式庫（稱為**相依性管理工具**）。
- 專門設計給「Composer」這套軟體使用的函式庫，其指定名稱就是**套件**。

建立命名空間

命名空間的作用是讓 PHP 直譯器區分兩個共用同一個名稱的類別、函式或常數，跟檔案路徑的做法非常相似。

當網站使用某個函式庫內的類別、函式、變數或常數，而且名稱跟我們程式碼裡的類別、函式、變數或常數相同，此時就會引發**命名衝突**（naming collision）。例如，若 PHP 檔案企圖使用兩個名稱相同的類別定義，當網頁引入第二個類別定義時，PHP 直譯器會產生嚴重錯誤，表示該類別名稱已被使用。

為了避免命名衝突，函式庫通常會在某個命名空間裡建立，表示函式庫裡面的程式碼都屬於這個命名空間。許多程式設計人員也會在開發新網站或應用程式的時候，建立專屬的命名空間。

為了表示該程式碼是屬於某個命名空間，我們要在 PHP 檔案開頭**宣告命名空間**，由關鍵字 `namespace` 加命名空間組成。所有宣告在這個檔案裡的類別、函式和常數，都會存在於這個命名空間裡。

為了理解命名空間的運作原理，請思考一下電腦利用資料夾組織檔案的方式 ...... 同一個資料夾無法容納兩個名稱相同的檔案，但其子資料夾內可以有相同名稱的檔案。例如，以下三個資料夾內都可以有檔案名稱是「accounts.xlsx」：

```
C:\Documents\accounts.xlsx
C:\Documents\work\accounts.xlsx
C:\Documents\personal\accounts.xlsx
```

PHP 內建類別、函式和常數，以及所有未指定命名空間的使用者自訂類別、函式、變數和常數，都存在於**全域命名空間**（global namespace），就像是電腦的根目錄。

程式設計人員建立命名空間，就像是在全域命名空間裡建立一個資料夾，讓 PHP 直譯器區分兩個或多個共用相同名稱的類別、函式或常數。

命名空間就像檔案路徑，根據「PHP 框架互用性群組」（簡稱 PHP-FIG）提出的指導原則，建議組成規則：

- 程式碼作者，通常稱為供應商。
- 應用程式或是所屬專案的名稱。

由以上範例，可以看到本書範例應用程式「CMS」的命名空間組成是：

- 供應商名稱是「PhpBook」。
- 應用程式或專案名稱是「CMS」。

PHP 框架互用性群組建議類別名稱和命名空間要使用大駝峰命名法（UpperCamelCase），表示名稱開頭的第一個字母要大寫，而且若包含多個單字，每個新單字開頭的第一個字母也要大寫。

範例應用程式「CMS」使用的使用者自訂類別，分屬三個不同的命名空間。所有類別都會使用供應商名稱「PhpBook」，但會改變應用程式／專案名稱：

- PhpBook\CMS 的程式碼是用於 CMS 的功能。

- PhpBook\Validate 的程式碼是用於驗證。

- PhpBook\Email 的程式碼是用於新類別，協助建立與發送電子郵件（請見第 598 頁的介紹）。

「CMS」的類別共用相同的專案名稱（屬於同一個命名空間），但「Validate」和「Email」的類別有指定自己的專案名稱（兩者命名空間不同），所以能用在其他 PHP 專案裡（不只用 CMS）。在本章提供下載的程式碼裡：

- 每個類別定義的第一行都已經加上命名空間。

- 類別定義檔案已經都移到跟命名空間所屬專案名稱一樣的資料夾。

命名空間	檔案路徑	類別用途
PhpBook\CMS	src\classes\CMS\CMS.php	CMS 容器物件。
PhpBook\CMS	src\classes\CMS\Database.php	透過 PDO 存取資料庫。
PhpBook\CMS	src\classes\CMS\Article.php	取得／更改文章資料。
PhpBook\CMS	src\classes\CMS\Category.php	取得／更改文章分類資料。
PhpBook\CMS	src\classes\CMS\Member.php	取得／更改會員資料。
PhpBook\Email	src\classes\Email\Email.php	建立與發送郵件電子郵件。
PhpBook\Validate	src\classes\Validate\Validate.php	驗證函式，用於驗證表單。

在上一章，「bootstrap.php」使用了 PHP 內建的 spl_autoload_register() 函式，需要使用類別產生物件時，這個函式會自動載入類別檔案。

不過，本章用的「bootstrap.php」已經將該函式移除，後續第 571 頁會介紹，本章使用不同的技巧來載入類別檔案。

使用命名空間裡的程式碼

若要使用命名空間內的類別、函式或常數，必須在類別、函式或常數的名稱前面指定命名空間，作用跟前置詞一樣。

PHP 網頁若想使用命名空間內的程式碼，要採用**完全限定**命名空間，其組成包含：

- 一個反斜線，表示全域命名空間，其作用就像檔案路徑開頭的斜線是表示根目錄。
- 類別所屬的命名空間。
- 類別、函式或常數的名稱。

以下這行程式碼取自「bootstrap.php」，其作用是利用命名空間 PhpBook\CMS 裡的 CMS 類別來產生 CMS 物件。如果命名空間沒有使用前置詞（如以下所示），PHP 直譯器會在全域命名空間裡面尋找該類別、函式或常數，而非在已經加入的命名空間裡尋找，所以最後當然無法找到。

```
$cms = new \PhpBook\CMS\CMS($dsn, $username, $password);
```

全域命名空間　　　命名空間　　　類別名稱

CMS 物件產生 Database 物件時，要在完全限定的命名空間下產生。開頭的 \ 表示全域命名空間，後面是 PhpBook\CMS 和類別名稱。

也可以採用以下這種寫法，只寫類別名稱，因為 PHP 直譯器會在跟 CMS 物件一樣的命名空間裡尋找 Database 類別（兩者都存在於命名空間「PhpBook\CMS」）。

```
\PhpBook\CMS\Database($dsn, $username, $password);
```

完全限定命名　類別名稱
空間

```
Database($dsn, $username, $password);
```

類別名稱

由於 Database 物件所屬的命名空間是「PhpBook\CMS」，所以任何 PHP 內建類別、函式或常數如果要在這個類別裡使用，名稱前面一定要用反斜線 \，才能表示他們是存在於全域命名空間（請見右頁範例）。否則，PHP 直譯器會在同一個命名空間裡尋找，而且，最後當然是找不到。

在命名空間「PhpBook\CMS」裡，使用 PDO 常數設定 PDO 選項，或是指定 PDOException 類別的名稱，用以攔截 Article 和 Category 類別裡的 PDO 例外情況，這些常數或類別名稱前面都要加 \，用以告訴 PHP 直譯器他們是存在於全域命名空間。

範例：在 CMS 類別裡
使用命名空間

首先看到的部份，是「bootstrap.php」檔案產生每個網頁都要使用的 CMS 物件。

1. 在用來產生物件的 CMS 類別名稱前面，加上完全限定的命名空間。

```php
...
$cms = new \PhpBook\CMS\CMS($dsn, $username, $password);  // 產生 CMS 物件
```
① (對應 `$cms` 那一行)

下方是 Database 類別開頭的程式碼，一開始是宣告命名空間。由於 PDO 類別和 Database 類別不是在同一個命名空間裡，所以 PDO 前面要加反斜線，表示 PDO 類別是存在於全域命名空間。

1. 宣告命名空間。

2. 在 PDO 類別的名稱前加上反斜線。

3. 在 PDO 常數前加上反斜線。

```php
<?php
namespace PhpBook\CMS;                                   // 宣告命名空間

class Database extends \PDO
{
    protected $pdo = null;                              // 儲存 PDO 物件的引用位址

    public function __construct(string $dsn, string $username, string $password,
        array $options = [])
    {
        $default_options[\PDO::ATTR_DEFAULT_FETCH_MODE] = \PDO::FETCH_ASSOC;
        $default_options[\PDO::ATTR_EMULATE_PREPARES]   = false;
        $default_options[\PDO::ATTR_ERRMODE]            = \PDO::ERRMODE_EXCEPTION;
        $options = array_replace($default_options, $options);
        parent::__construct($dsn, $username, $password, $options); // 產生 PDO 物件
    }...
```
① (對應 `namespace PhpBook\CMS;` 那一行)
② (對應 `class Database extends \PDO` 那一行)
③ (對應三行 `$default_options`)

匯入程式碼到命名空間

為了省下每次使用類別時，都要輸入完全限定命名空間的時間，我們可以將類別匯入目前的命名空間（其餘網頁也採用這種做法）。

以 Validate 類別為例，說明何時會想將類別匯入另一個命名空間。例如，驗證表單資料時，會多次呼叫這個類別的方法。

為了呼叫這些方法，我們會重複在類別名稱和方法名稱前，輸入完全限定命名空間（:: 運算子表示這是靜態方法）。

或是將 Validate 類別匯入目前的命名空間。為此，我們要在檔案一開始的地方，加入關鍵字 use、命名空間和類別名稱。

這個類別現在已經匯入當前使用的命名空間裡，我們只要使用類別名稱，後面再加方法名稱，就可以呼叫這個類別的方法。

```
use \PhpBook\Validate\Validate;
```
　　　　命名空間　　　類別

然而，如果目前使用的命名空間裡已經存在 Validate 類別，就會引發命名衝突。若要避開這個情況，可以加上**別名**，作為匯入類別的代稱。

之後在產生物件或呼叫類別的方法時，可以用別名取代類別原本的名稱。若要產生別名，做法是在匯入類別時，加入關鍵字 as 以及提供要使用的別名。

```
use \PhpBook\Validate\Validate as FormValidate;
```
　　　　命名空間　　　類別　　　別名

範例：在目前使用的命名空間裡匯入一個類別

1. 在 Validate 類別檔案一開始的地方，加入命名空間 PhpBook\Validate。

2. 在「article.php」頁面裡（這個頁面是用於產生和編輯文章），use 陳述式將 Validate 類別匯入目前的命名空間。

3. 使用類別名稱加方法名稱，呼叫 Validate 類別的方法。這個寫法跟先前第 14 章裡面的版本完全一樣，因為這個類別的名稱及其所屬的方法都已經匯入目前的命名空間（此處範例是全域命名空間）。

PHP   c15/src/classes/Validate/Validate.php

```php
<?php
namespace PhpBook\Validate;                        // 產生命名空間

class Validate
{...
```

PHP   c15/pubic/admin/article.php

```php
<?php
// Part A: Setup
declare(strict_types = 1);                         // 使用嚴格資料型態
use PhpBook\Validate\Validate;                     // 匯入類別

include '../../src/bootstrap.php';                 // 引入設定檔案
...

    // 檢查所有資料是否有效，若無效，則產生錯誤訊息
    $errors['title']    = Validate::isText($article['title'], 1, 80)
        ? '' : 'Title should be 1 - 80 characters.';        // 驗證文章標題
    $errors['summary']  = Validate::isText($article['summary'], 1, 254)
        ? '' : 'Summary should be 1 - 254 characters.';     // 驗證文章摘要
    $errors['content']  = Validate::isText($article['content'], 1, 100000)
        ? '' : 'Content should be 1 - 100,000 characters.'; // 驗證文章內容
    $errors['member']   = Validate::isMemberId($article['member_id'], $authors)
        ? '' : 'Not a valid author';                        // 驗證文章作者
    $errors['category'] = Validate::isCategoryId($article['category_id'], $categories)
        ? '' : 'Not a valid category';                      // 驗證文章分類
```

函式庫的用法

函式庫是讓開發人員使用他們自己或其他程式設計人員已經寫好的程式碼來完成工作。「Composer」這套工具是協助開發人員管理網站運行時需要的函式庫。

當我們需要完成相同的工作時,使用其他程式設計人員已經寫好的函式庫,就不需要自己從頭開始寫程式碼。

許多函式庫提供了一個或多個類別,這些類別產生的物件能表示函式庫提供的功能。例如,PHP 內建的 PDO 類別,讓 PHP 搭配資料庫一起使用,或是 PHP 內建的 DateTime 類別,能用於表示日期和時間,我們可以利用這些類別來完成常見的工作。

程式設計人員使用函式庫時,幾乎不會去了解函式庫裡的 PHP 程式碼是如何達成工作,因為他們只需要學習:

- 函式庫能做什麼。
- 如何在網頁裡引入函式庫,讓網頁使用。
- 如何產生物件,讓物件實作函式庫提供的功能。
- 如何呼叫物件擁有的方法或是設定物件屬性,執行需要完成的工作。

跟多數軟體一樣,函式庫也會定期更新(甚至是完全重寫)。每個版本可能會新增功能,或是修正函式庫分享出去之後發現的錯誤。

函式庫更新後,會指定新的版號:

- 主版本會使用整數:v1、v2、v3 等等。當函式庫有重大更新時,有使用函式庫的 PHP 網頁,可能會需要修改程式碼。
- 次要更新或釋出次要版本,通常是小規模更新或修正錯誤,會在主版號後使用小數點和第二、第三個數字:v2.1、v2.1.1、v2.1.2、v2.3 等等,多半不會影響到函式庫的使用方式。

開發人員必須小心謹慎地管理任何網站使用的函式庫:

- 使用錯誤版本的函式庫會破壞網站。
- 若發現函式庫存在錯誤或安全性風險,就必須更新函式庫(否則,網站也會有這些錯誤和安全性漏洞)。

要確保網站已安裝必要的函式庫,而且擁有正確的版本,在以往會是相當複雜的工作,但現在已經有一套工具「Composer」來幫助我們簡化這項流程。

注意:有些函式庫會使用其他函式庫的程式碼,所以程式設計人員會說這些函式庫**依賴**其他已經安裝的函式庫。

使用「COMPOSER」和套件

專門設計給「Composer」這套軟體使用的函式庫，就稱為套件。「Packagist.org」這個網站會列出「Composer」可以使用的套件。

開發人員在電腦上執行「Composer」這套軟體，可以管理函式庫和記錄網站設計搭配的每個函式庫及其使用的版本。

函式庫若要跟「Composer」搭配使用，函式庫的作者必須將函式庫的所有程式碼和檔案「composer.json」，全部放在同一個資料夾裡。這個檔案是為了告訴「Composer」跟函式庫及其目前版本有關的資訊。

資料夾內的函式庫和檔案「composer.json」，統稱為**套件**（package）。

產出函式庫的人可以在這個網站「http://packagist.org」上列出套件，跟搜尋引擎一樣，這個網站協助開發人員找到對他們有用的函式庫，可以說「Packagist」這個網站是**套件資料庫**。

當某個函式庫釋出新版本，作者會更新「composer.json」這個檔案，「Composer」會知道**這個**套件有一個不同版本的函式庫。隨後會更新「Packagist」網站，顯示函式庫有新版本。

開發人員利用「Composer」下載網站依賴的函式庫，或是更新這些函式庫的版本時，「Composer」會：

- 下載有函式庫的套件。套件不是儲存在「Packagist」網站上，通常是存放在專門託管原始程式碼的網站上，例如，GitHub 或 Bitbucket。

- 下載套件依賴的其他函式庫（如果尚未安裝）。

- 在網站根目錄下加入一組文字檔，這些檔案是專門用來協助追蹤網站依賴的套件，以及記錄網站需要的函式庫版本。

在先前的章節裡，我們看到 PHP 內建的 spl_autoload_register() 函式如何自動載入類別檔案，讓我們不必在網頁使用類別產生物件前，先手動引入類別定義的檔案。後續第 571 頁會看到，「Composer」為所有利用這項工具安裝的套件，產生自動載入類別定義的檔案。

注意：本章提供下載的程式碼裡已經有本章會用到的函式庫，這些函式庫一定會在下載的程式碼裡，範例網站才能運作。

「Composer」是以 PHP 語言撰寫，利用開發人員電腦上的網頁伺服器來請求套件，並且產生文字檔案，記錄網站需要而且正在使用的套件版本。

「PACKAGIST」網站：
套件目錄

「Packagist」這個網站會列出「Composer」可以使用的套件，協助程式設計人員找到可以在專案裡使用的套件。

「Packagist」的運作方式跟搜尋引擎一樣，讀者可以輸入套件名稱，或是跟想要完成的工作有關的專業術語（例如，「validation」），「Packagist」就會列出名稱或說明符合這個專業術語的套件。

右圖是「HTML Purifier」函式庫的套件，這個頁面顯示：

1. 套件的名稱。

2. 安裝套件的指示。

3. 套件作用的相關資訊。

4. 已安裝次數。

5. 已知道的問題和錯誤。

6. 套件的最新版本。

7. 釋出日期。

8. 先前的套件版本。

選擇某個套件之前，建議先確認該套件是否有定期維護。因此，請在「Packagist」網站上查看：

- 該函式庫上一次更新的日期。

- 該函式庫已經更新多少版本。

- 該函式庫現存有多少開放議題未解決。

如果該函式庫有很多問題未解決，或是近期都沒有更新，很有可能開發人員已經停止開發這個函式庫。任何網站只要有使用套件來執行工作（而非使用自己寫的程式碼），就會帶來風險。

安裝「COMPOSER」和套件

「Composer」必須安裝在開發機上，這套工具沒有搭載圖形化使用者介面，只能透過命令列執行。

安裝「Composer」的讀者，請前往「Composer」官網下載：https://getcomposer.org/download/。

安裝「Composer」的過程中，讀者若需要協助，請見：http://notes.re/installing_composer。

「Composer」安裝完畢後，請開啟電腦上的終端機（Mac）或命令列（Windows），切換到網站的根目錄。讀者若不熟悉這些操作，基本指令說明請見：http://notes.re/command-line。

切換到網站根目錄後，請在命令列輸入單字「Composer」，然後按下「return」或「Enter」鍵，就會列出「Composer」接受的選項和命令。

```
Last login: Wed Nov  6 18:11:54 on ttys000

The default interactive shell is now zsh.
To update your account to use zsh, please run `chsh -s /bin/zsh`.
For more details, please visit https://support.apple.com/kb/HT208050.
Jons-MacBook-Pro:~ Jon$ composer
  _____
 / ____/___  ____ ___  ____  ____  _____  _____
/ /   / __ \/ __ `__ \/ __ \/ __ \/ ___/ _ \/ ___/
Composer version 1.9.1 2019-11-01 17:20:17

Usage:
  command [options] [arguments]

Options:
  -h, --help                     Display this help message
  -q, --quiet                    Do not output any message
  -V, --version                  Display this application version
      --ansi                     Force ANSI output
      --no-ansi                  Disable ANSI output
  -n, --no-interaction           Do not ask any interactive question
      --profile                  Display timing and memory usage information
      --no-plugins               Whether to disable plugins.
  -d, --working-dir=WORKING-DIR  If specified, use the given directory as working directory.
      --no-cache                 Prevent use of the cache
  -v|vv|vvv, --verbose           Increase the verbosity of messages: 1 for normal output, 2 for more

Available commands:
  about                Shows the short information about Composer.
  archive              Creates an archive of this composer package.
  browse               Opens the package's repository URL or homepage in your browser.
  check-platform-reqs  Check that platform requirements are satisfied.
  clear-cache          Clears composer's internal package cache.
  clearcache           Clears composer's internal package cache.
  config               Sets config options.
  create-project       Creates new project from a package into given directory.
  depends              Shows which packages cause the given package to be installed.
  diagnose             Diagnoses the system to identify common errors.
```

如果想在專案裡使用某個套件，請在「Packagist」網站上搜尋該套件的頁面。套件名稱由兩部分組成，而且會以斜線隔開：該套件的作者和專案名稱（兩者有可能相同）下方是「HTML Purifier」這個套件的名稱。

下一步是找到該套件的安裝指示，顯示在套件名稱下方（請見左頁的步驟 2）。若要告訴「Composer」網站依賴「HTML Purifier」，要輸入命令：

```
composer require ezyang/htmlpurifier
```

- composer 是告訴電腦要執行「Composer」這套工具。

- require 表示該專案需要使用某個套件。

- 「套件名稱」是指定這個專案要下載的套件。

開啟命令列，並且切換到網站根目錄後，請輸入「Packagist」提供的指令，然後按下「return」或「Enter」鍵。「Composer」會將套件的最新版本下載到網站根目錄的資料夾裡（請見下一頁）。

專案需要多個套件時，請對每個套件重複上述的安裝步驟。

利用「COMPOSER」管理套件

以「Composer」安裝網站依存的套件時，這套工具會在根目錄下產生一組檔案和資料夾，幫忙追蹤和管理套件版本。

以 require 命令取得網站需要的第一個套件時，「Composer」會在網站的根目錄下加入一連串的檔案和資料夾。如右側截圖所示，檔案和資料夾的說明請見下表。如果繼續安裝其他套件，「Composer」會更新這些檔案和資料夾。

檔案／資料夾	用途
composer.json	這個檔案內有 PHP 專案依存的詳細套件資料。
composer.lock	這個檔案內有套件版本資料以及套件從何處下載。
vendor/	這個資料夾位於根目錄下，用於存放套件。
vendor/autoload.php	網頁要引入這個檔案，才會自動載入套件內的類別。
vendor/composer/	「Composer」自動載入類別時，會用到這個資料夾下的檔案。

若要一口氣更新網站使用的所有套件，請打開命令列，切換到專案的根目錄，然後輸入以下命令：

composer update

- composer 是告訴電腦要執行「Composer」這套工具。
- update 是指示「Composer」要更新套件。

「Composer」會針對目前已經安裝的套件檢查最新版本，然後以更新的版本來取代現有的套件。「Composer」還會更新自己產生的檔案，包含 composer.lock，這個檔案記錄了網站使用的套件版本。

所有套件都更新完畢後，我們必須在網站上線前，對網站進行全面測試，因為套件提供的更新有時會破壞網站。

如果一次只想更新一個套件，請在 update 指令後加上指定的套件名稱。下方這行指令只會更新「HTML Purifier」這一個套件：

composer update ezyang/htmlpurifier

如果網站不需要使用某個套件，請使用 remove 命令，後面加上不再使用的套件名稱。移除「vendor」資料夾下的套件檔案，以及更新「Composer」產生的其他檔案：

composer remove ezyang/htmlpurifier

如果某個套件需要其他套件的程式碼，「Composer」會連那個套件一起下載。例如，「Twig」套件（請見第 576 頁）需要「symfony」資料夾內的套件，所以下載「Twig」套件的同時也會下載這些套件。

「Composer」會產生 autoload.php，這個檔案會自動載入任何「Composer」安裝好的套件內的類別。編輯這個檔案，還可以自動載入「src/classes」資料夾下的使用者自訂類別。

我們在第 14 章學過自動載入，「Composer」會產生 autoload.php，自動載入已安裝套件內的類別。「bootstrap.php」檔案裡已經引入這個檔案：

require APP_ROOT . '/vendor/autoload.php';

也可以手動將程式碼加入「composer.json」，讓「Composer」自動載入我們自訂的類別，以「bootstrap.php」檔案裡的匿名函式來取代原本呼叫的 spl_autoload_register() 函式。下方灰色部分是「composer.json」檔案裡的程式碼，這是本章以「Composer」加入套件時產生的檔案。加入綠色部分的程式碼是要求「Composer」自動載入使用者自訂類別。

```
{
    "require": {
        "ezyang/htmlpurifier": "^4.12",
        "twig/twig": "^3.0",
        "phpmailer/phpmailer": "^6.1"
    },
    "autoload": {
        "psr-4": {
            "PhpBook\\": "src/classes/"
        }
    }
}
```

「composer.json」檔案修改之後，必須切換到專案的根目錄，然後輸入以下命令，才能重建自動載入器：

composer dump-autoload

「composer.json」是以 JavaScript 物件表示法撰寫（JavaScript Object Notation，簡稱 JSON）若要利用這項技巧，自動載入自己寫的類別，必須遵守 PHP 框架互用性群組制定的一套指導原則「PSR-4」。Section D 章節裡的類別都有遵守這些指導原則。

為了直接執行本章的範例，提供下載的程式碼一定會在「vendor」資料夾裡放必要的套件。（每一章的資料夾裡也會有「composer.json」和「composer.lock」這兩個檔案。）

請讀者自己試試，看看「Composer」如何下載套件以及產生其他檔案和資料夾：

1. 在電腦上建立新的資料夾。

2. 開啟資料夾視窗。

3. 開啟命令列。

4. 在命令列下指令，切換到新建的資料夾。

5. 輸入 composer 命令，啟動「Composer」。

6. 在「Packagist」網站上找出想要安裝的套件。

7. 在命令列輸入套件的 install 命令。例如，以下這三行命令是載入本章使用的套件：

composer install ezyang/htmlpurifier
composer install twig/twig
composer install phpmailer/phpmailer

下載每個套件時，檔案和資料夾會出現在上方步驟裡以命令列建立和切換過去的資料夾。

HTML PURIFIER 函式庫：允許使用 HTML 內容

「HTML Purifier」函式庫能移除會引發跨站腳本攻擊的程式碼。利用這個函式庫，可以讓網站訪客建立含有某些 HTML 的內容，又能移除任何潛在的危險標記。

到目前為止，本書介紹的「CMS」範例在遇到網頁要顯示使用者提供的文字時，都是以脫淨處理來防止跨站腳本攻擊（請見第 244 ～ 247 頁）。這項處理包含以字元實體取代 HTML 的五個保留字元，表示使用者不能產生含有 HTML 標記的內容。

在這一節的內容裡，我們會學到如何讓一篇文章含有基本的 HTML 標籤和屬性，讓「CMS」範例網頁中的文字含有段落、粗體和斜體文字、連結以及圖像。

要移除可能會引發跨站腳本攻擊的標記，其所需要的程式碼非常複雜。因此，與其自己嘗試撰寫程式碼，我們可以利用「**HTML Purifie**」這個套件，只要兩行程式碼，我們就能完成這項工作。

「HTML Purifier」套件放在本章提供下載的程式碼資料夾「vendor」，在「composer.json」檔案裡列為必要套件。這個套件在「Packagist」網站上的名稱是：ezyang\htmlpurifier

「HTML Purifier」必須執行的工作是移除不想要的標記，由於這項工作相當複雜，所以只會在儲存文章時，才用來移除可能引發危險的 HTML 標記（而非每次顯示文章時都會使用）。這樣能節省資源，因為檢視文章的次數通常遠超過產生或編輯文章的次數。

下方是管理頁面部分的「article.php」，這個頁面可以產生或編輯文章，在一個陽春的視覺編輯器裡撰寫文章內容，這個編輯器是以 JavaScript 的 **TinyMCE** 函式庫產生，以下圖所示的編輯器取代 HTML <textarea> 元素。

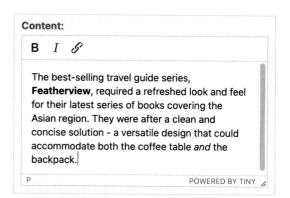

表單提交出去之後，在文章儲存到資料庫前，「HTML Purifier」會移除文章內容裡可能引發跨站腳本攻擊的標記。

隨後在網頁裡顯示文章時，就不需要再進行脫淨處理，文章內含有的任何 HTML 都可以安全顯示。

PHP 內建的 strip_tags() 函式可以移除文字內的 HTML 標籤，但不一定能移除屬性，所以無法防止跨站腳本攻擊。

為了移除可能會引發跨站腳本攻擊的標記，首先要使用 HTMLPurifier 類別產生 HTMLPurifier 物件，再呼叫 purify() 方法。

1. PHP 檔案接收含有 HTML 標記的文字後，會使用 HTMLPurifier 類別產生 HTMLPurifier 物件。「HTML Purifier」函式庫沒有自己的命名空間，所以是寫在全域命名空間裡。在下方程式碼裡，HTMLPurifier 物件是儲存在變數 $purifier。

2. 呼叫 HTMLPurifier 物件的 purify() 方法。這個方法只有一個引數，就是要進行脫淨處理的字串（因為可能含有危險標記），移除任何會構成跨站腳本攻擊的標記，以及任何 XHTML 1.0 不支援的標籤或屬性，然後回傳已經去除這些標記的文字。

```
① $purifier = new HTMLPurifier();
② $text = $purifier->purify($text);
```

HTMLPurifier 物件的 config 屬性儲存另一個物件，用來設定 HTMLPurifier 物件如何運作的控制選項。例如，指定哪些標籤和屬性可以存在，其他沒有獲得允許的標籤和屬性都會移除。

「HTML Purifier」物件產生完畢後，可以使用物件的 set() 方法，改變 configuration 物件的設定，這個方法有兩個引數：

- 想要更新的屬性。
- 想要使用的屬性值。

例如，HTML.Allowed 屬性是指定哪些 HTML 標籤和屬性允許使用。

允許出現在文字裡的標籤會指定為一串標籤名稱清單，其中每個標籤會以英文逗號隔開（去除標籤的角括號）。例如，若允許使用這些標籤：<p>、
、<a> 和 <img>， 則 HTML.Allowed 屬性的值會是：

p,br,a,img

若允許某個元素使用某些屬性，要在元素名稱後面加中括號，括號裡放允許使用的屬性。如果允許使用的屬性不只一個，就要以 | 字元隔開每個屬性。例如，若允許 <a> 和 <img> 標籤使用這些屬性：<a href=""> 和 <img alt="" src="">，則 HTML.Allowed 屬性的值會是：

p,br,a[href],img[src|alt]

```
$purifier->config->set('HTML.Allowed', 'p,br,a[href],img[src|alt]');
```

範例：在 CMS 加入 HTML PURIFIER

為了讓使用者在文章內容裡加入基本的 HTML 標記，必須更新管理頁面部分的「article.php」。

1. 管理頁面部分的「article.php」是用於產生或編輯文章。表單提交出去後，就會從表單收集文章資料，請見第 13 章介紹的內容。

2. 文章內容收集之後，會使用 HTMLPurifier 類別產生 HTMLPurifier 物件。

HTMLPurifier 類別不需要完全限定命名空間，因為是屬於全域命名空間（不是自己的命名空間）。

「Composer」產生自動載入檔案（「bootstrap.php」檔案會引入這個檔案），確保產生物件時，網頁一定會自動引入必要的類別定義。

3. 更新 HTMLPurifierconfiguration 物件的 HTML.Allowed 屬性，設定哪些標籤和屬性允許出現在標記裡。

4. 呼叫 HTMLPurifier 物件的 purify() 方法，將文章內容移除步驟 3 指定以外的所有標籤和屬性。

5. 由於文章內容已經進行過脫淨處理，之後在網頁顯示時就不需要再做這項處理，因為不會再有跨站腳本攻擊的風險。

注意：在本書提供下載的程式碼裡，「article.php」沒有 HTML 標記，因為是使用 Twig 樣板（請見第 576 頁）。

6. 網頁使用一個陽春的視覺編輯器，讓使用者產生和編輯文章的主要文字內容，這個編輯器還有按鈕，可以設定粗體或斜體文字以及加入連結。在「templates/admin/layout.html」檔案中，以 JavaScript 的「TinyMCE」函式庫產生這個編輯器。

讀者必須先在開發商的官網註冊，才能使用免費版的編輯器：https://tiny.cloud（如果沒有建立帳號就使用編輯器，網頁會顯示訊息，表示這個產品未註冊）。

HTML <script> 標籤是載入 TinyMCE 編輯器。這個標籤應該要置換為註冊「TinyMCE」之後提供的內容，因為含有「API 金鑰」；「API 金鑰」是用來識別我們註冊的帳號，要填在 *no-api-key* 的位置。

7. 利用「layout.html」樣板（請見第 577 頁）控制所有管理頁面的外觀。JavaScript 的 if 陳述式會檢查當前的網頁裡，是否有元素的 id 屬性值為 article-content（<textarea> 元素的 id 屬性值是文章內容）。

8. 若符合條件，「TinyMCE」函式庫的 init() 函式會以編輯器取代 <textarea> 元素。

9. 此處設定許多控制選項，例如，編輯器外觀、工具列上要出現哪些功能和按鈕。讀者若想進一步了解這些選項，請見「TinyMCE」的官方網站。

```php
...
if ($_SERVER['REQUEST_METHOD'] == 'POST') {                          // 表單已經提交
    $article['title']       = $_POST['title'];                      // 取得文章標題
    $article['summary']     = $_POST['summary'];                    // 取得文章摘要
    $article['content']     = $_POST['content'];                    // 取得文章內容
    $article['member_id']   = $_POST['member_id'];                  // 取得會員編號
    $article['category_id'] = $_POST['category_id'];                // 取得文章分類的編號
    $article['image_id']    = $article['image_id'] ?? null;         // 圖像所屬的文章編號
    $article['published']   = (isset($_POST['published'])) ? 1 : 0; // 取得導覽列的設定選項

    $purifier = new HTMLPurifier();                                 // 產生 Purifier 物件
    $purifier->config->set('HTML.Allowed', 'p,br,strong,em,a[href],img[src|alt]'); // 標籤
    $article['content'] = $purifier->purify($article['content']);   // 脫淨文章內容
... }
    <!-- 注意：本章後面的內容會將這個表單移到新的檔案裡，從這個檔案裡移除 -->
    <div class="form-group">
      <label for="content">Content: </label>
      <textarea name="content" id="article-content" class="form-control">
        <?= $article['content'] ?>
      </textarea>
      <span class="errors"><?= $errors['content'] ?></span>
    </div>
```

① ② ③ ④ ⑤

```twig
    ...
    <script src="https://cdn.tiny.cloud/1/no-api-key/tinymce/5/tinymce.min.js"
                referrerpolicy="origin"></script>
    <script>
      if (document.getElementById('article-content')){
        tinymce.init({
          menubar: false,
          selector: '#article-content',
          toolbar: 'bold italic link',
          plugins: 'link',
          target_list: false,
          link_title: false
        });
      }
    </script>
  </body>
</html>
```

⑥ ⑦ ⑧ ⑨

隨後在第 585 和 593 頁會看到，如何更新網站上「public」路徑下的樣板 article.html，讓文章內容不必再對標記進行脫淨處理（因為已經利用「HTML Purifier」套件做過處理，可以安全使用）。

TWIG：樣板引擎

樣板引擎會將兩個部分的程式碼分開：負責取得和處理資料的 PHP 程式碼和負責產生發送給瀏覽器的 HTML 網頁，本書使用的樣板引擎是「Twig」。

截至目前為止，本書介紹的每個 PHP 網頁程式碼都有兩個部分：

- 第一個部分是 PHP 程式碼，用於取得和處理資料。這個部分的程式碼會將需要顯示給網站訪客看的資料，儲存在變數裡，之後才能顯示在第二個部分的網頁裡。

- 第二個部分的程式碼是產生 HTML 網頁，然後發送給網站訪客。這個部分會使用先前已經儲存在第一部分的變數值。

網站使用樣板引擎時，負責取得和處理資料的 PHP 程式碼會保留在相同的檔案裡，但第二部分負責產生 HTML 網頁給網站訪客看的程式碼，則會移到一組稱為**樣板**的檔案裡。

程式設計人員會說這是將以下兩個部分的程式碼分開：

- **應用程式**：PHP 程式碼，負責執行網站需要完成的工作。

- **呈現**：這部分的程式碼是產生 HTML 網頁給網站訪客看。

對於由不同開發人員負責開發的網站，特別喜歡這種將程式碼區分開來的做法：

- **後端**：在伺服器上執行的 PHP 程式碼。

- **前端**：在瀏覽器中顯示的程式碼。

這是因為兩邊不需要理解彼此的程式碼，所以不太會造成相互破壞的情況。

「Twig」樣板顯示資料時，不是使用 PHP 程式碼，而是用命令組合更少的不同語法，許多人認為相較於 PHP 語言，前端開發人員更容易學習這種語法。例如，輸出變數 $title 的內容時，PHP 語言的寫法是：

```
<p><?= htmlspecialchars($title); ?><p>
```

「Twig」樣板的語法是：

```
<p>{{ title }}<p>
```

兩組大括號的作用是告訴「Twig」樣板：顯示變數 title 儲存的值。

注意：「Twig」樣板的變數名稱前不需要加 $。

使用「Twig」樣板引擎還能提升網站安全性，因為：

- 「Twig」會自動將 HTML 保留字元置換成字元實體，以消除發生跨站腳本攻擊的風險。每當網頁需要顯示使用者產生的值，就不用靠前端開發人員是不是記得使用 html_escape() 函式。

- 會略過樣板中所有 PHP 程式碼，所以不會發生前端開發人員不小心將不安全的 PHP 程式碼加入樣板的風險。

利用**繼承**（inheritance）這項技巧，樣板可以分享程式碼；繼承是另一種讓我們引入檔案的不同做法，好處是起始和結尾標籤會存在同一個檔案裡，不會拆散到多個檔案裡。

在前面的章節裡，每個網頁使用的標頭和頁腳是分別儲存在兩個引入檔案裡，這表示起始和結尾標籤會分散在不同的檔案。

每個網頁都會引入這兩個檔案，檔案裡的程式碼會複製到網頁裡 include 或 require 陳述式的位置。

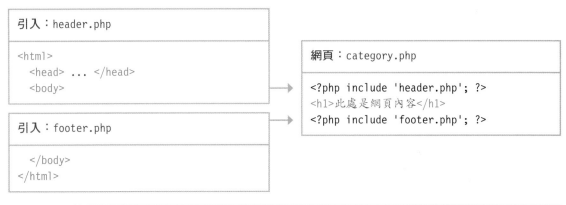

引入：`header.php`

```html
<html>
  <head> ... </head>
  <body>
```

引入：`footer.php`

```html
  </body>
</html>
```

網頁：`category.php`

```php
<?php include 'header.php'; ?>
<h1>此處是網頁內容</h1>
<?php include 'footer.php'; ?>
```

「Twig」樣板是每個網頁顯示的所有程式碼都使用同一個**父樣板**（parent template），方便編輯程式碼，因為起始和結尾標籤都在同一個檔案裡。**子樣板**（child template）能覆寫父檔案裡面的**程式碼區塊**。

子樣板是**擴展**父樣板裡的程式碼，以父樣板的程式碼為基礎，覆寫父樣板裡已經命名的程式碼區塊。下方範例是覆寫 content 區塊裡的程式碼。

父樣板：`layout.html`

```html
<html>
  <head> ... </head>
  <body>
    {% block content %}
    <h1>此處是網頁內容</h1>
    {% endblock %}
  </body>
</html>
```

子樣板：`category.html`

```twig
{% extends 'layout.html' %}

{% block content %}
<h1>這裡的內容會取代
    layout.html 檔案裡 content 區塊
    的所有內容。</h1>
{% endblock %}
```

使用 TWIG 物件以套用樣板

樣板引擎收到 PHP 網頁儲存在變數裡的資料後，把資料加到樣板裡的正確位置，然後產生 HTML 網頁，最後再把網頁發送給瀏覽器，這個過程就稱為「**套用**」樣板。

目前有好幾個以 PHP 語言撰寫而成的樣板引擎，本書使用的是 Twig 樣板，套件名稱是：Twig\Twig，放在本章提供下載的程式碼資料夾「vendor」、「c15」資料夾下的檔案 composer.json 指定其為必要套件。

每個使用 Twig 樣板的網頁都一定會從 Twig 函式庫產生兩個物件。

1. Twig\Loader\FilesystemLoader 類別是產生**載入器**物件，用於載入樣板檔案，需要用到樣板所在資料夾的路徑。

2. Twig\Environment 類別會產生 Twig **環境**物件，把資料加到樣板裡的正確位置，需要使用 Twig 載入器物件來載入樣板。

```
① $loader = new Twig\Loader\FilesystemLoader(APP_ROOT . '/templates');
② $twig   = new Twig\Environment($loader);
```

指向樣板的路徑

載入器物件

下一步是 Twig 環境物件的 render() 方法載入樣板，產生 HTML 網頁。利用 PHP 內建的 echo 命令，將 render() 方法回傳的 HTML 內容顯示在網頁上。

render() 方法有兩個參數：

- 顯示網頁時要使用的樣板。
- 要插入網頁的資料。

```
echo $twig->render('member.html', $data);
```

發送 HTML 網頁給瀏覽器　　　　使用的樣板　　　樣板需要的資料

背後的運作原理是，Twig 載入樣板檔案，將 Twig 命令轉換成 PHP 程式碼。

PHP 直譯器隨後會執行 PHP 程式碼，輸出 HTML 網頁，然後發送給網站訪客。

「TWIG」樣板的設定選項

跟許多函式庫一樣，「Twig」也有選項可以控制樣板的運作方式。以陣列儲存這些選項，「Twig」樣板產生環境物件時，會提供這個陣列作為引數（做法跟產生 PDO 物件一樣）。

下方程式碼宣告了一個變數 $twig_options，用於儲存陣列；這個陣列有兩個鍵值，是控制「Twig」環境物件作用方式的選項。

每個鍵值的對應值是選項的設定內容，之後產生「Twig」環境物件時，$twig_options 陣列會作為第二個引數。

```
$twig_options['cache'] = APP_ROOT . '/templates/cache';
$twig_options['debug'] = DEV;

$loader = new Twig\Loader\FilesystemLoader(APP_ROOT . '/templates');
$twig   = new Twig\Environment($loader, $twig_options);
```

載入器物件　　　　　環境選項

快取

背後的運作原理是，「Twig」將 Twig 命令轉換成 PHP 程式碼，讓 PHP 直譯器執行。這份 PHP 程式碼可以**暫存**為伺服器上的檔案，這樣每次請求網頁時，就不用再重新產生一份程式碼。不僅能加快樣板載入的速度，還能節省伺服器資源。

若要打開快取功能，cache 選項需要設定檔案儲存位置的絕對路徑，上方程式碼是設定在第一個選項裡。在預設環境下，「Twig」不會開啟快取。

除錯

當網站還在開發中，debug 選項是允許樣本在網頁裡顯示除錯資料。常數 DEV（設定在「config.php」裡，請見第 528 頁）是用於設定 debug 選項的值。

嚴格變數

如果「Twig」樣板使用的變數不是定義在 PHP 網頁裡，「Twig」會產生變數，將變數值指定為 null。若樣板企圖使用未產生的變數，就會通知「Twig」環境物件拋出例外情況。為此，需要在 $twig_options 陣列裡加入鍵值 strict_variables，指定其對應值為 true。

全域變數和擴展

「Twig」樣板裡若含有 PHP 程式碼,這些程式碼不會執行,但 Twig 的擴展有擴充功能和全域變數,可以讓所有樣板使用。

當大部分的樣板都需要使用某個值,就會使用全域變數,例如,在「config.php」建立常數 DOC_ROOT,讓 PHP 網頁能為瀏覽器請求的圖像、風格表單、腳本和其他檔案,產生正確的路徑。

「Twig」樣板無法存取 PHP 常數,但這些常數可以儲存為「Twig」的**全域變數**,讓所有「Twig」樣板使用這些常數值。產生全域變數時,要呼叫「Twig」環境物件的 addGlobal() 方法,這個方法有兩個引數:變數名稱和變數值。

```
$twig->addGlobal('doc_root', DOC_ROOT);
```
全域變數名稱　　　　變數值

由於「Twig」樣板無法使用 PHP 程式碼,所以不能利用 var_dump() 函式來檢查變數變數的值或資料型態。「Twig」具有「debug」擴展,讓「Twig」樣板使用 dump() 方法來完成這項工作。

下方程式碼將「debug」擴展實作為物件,若常數 DEV 的值是 true,會呼叫「Twig」環境物件的 addExtension() 方法來加入擴展,引數是新產生的 DebugExtension 物件。

```
if (DEV){
    $twig->addExtension(new \Twig\Extension\DebugExtension());
}
```
命名空間類別

跟 PHP 的 var_dump() 函式一樣,「Twig」的 dump() 函式也需要一個引數,就是變數名稱(這個變數存有我們想看到的內容)。

若有開啟 debug 選項(請見前一頁的說明),dump() 函式只會顯示變數儲存的內容。

範例：利用 BOOTSTRAP.PHP 產生 TWIG 物件

因為網站的每個頁面都要使用「Twig」樣板，所以「bootstrap.php」檔案會產生 Twig 載入器和環境物件。

1. 「Composer」在「vendor」資料夾下產生檔案「autoload.php」，自動載入已安裝套件內的類別。

2. cache 選項通知「Twig」，暫存已經產生的 PHP 檔案給每個樣板使用。

3. 若常數 DEV 的值是 true，debug 選項會開啟「Twig」的除錯模式。

4. 產生 Twig 載入器物件，需要用到樣板檔案所在資料夾的路徑。

5. 產生 Twig 環境物件，儲存在變數 $twig，所有網頁都可以使用這個變數（跟 CMS 物件的變數 $cms 一樣）。建構方法需要兩個引數：

- 載入器物件，用於載入樣板檔案。
- 陣列，儲存環境物件的設定選項（儲存在 $twig_options）。

6. 增加一個 Twig 全域變數 doc_root，存放文件根目錄的路徑。

7. if 陳述式會檢查常數 DEV 的值是否為 true。

8. 若為 true，載入「debug」擴展，讓樣板可以使用 dump() 函式。

```
PHP                                                    c15/src/bootstrap.php

    <?php
    define("APP_ROOT", dirname(__FILE__, 2));          // 根目錄

    require APP_ROOT . '/config/config.php';           // 設定資料
    require APP_ROOT . '/src/functions.php';           // 函式
(1) require APP_ROOT . '/vendor/autoload.php';         // 自動載入類別

    ...

(2) $twig_options['cache'] = APP_ROOT . '/var/cache';  // Twig 的快取資料夾路徑
(3) $twig_options['debug'] = DEV;                      // 若為開發模式，會開啟除錯選項

(4) $loader = new Twig\Loader\FilesystemLoader([APP_ROOT . '/templates']); // Twig 載入器
(5) $twig   = new Twig\Environment($loader, $twig_options); // Twig 執行環境
(6) $twig->addGlobal('doc_root', DOC_ROOT);            // 文件根目錄
(7) if (DEV === true) {                                // 若為開發模式
(8)     $twig->addExtension(new \Twig\Extension\DebugExtension()); // 加入 debug 擴展
    }
```

更新 PHP 網頁

網站訪客請求的 PHP 網頁會從資料庫取得資料，將資料儲存在陣列，再加入 Twig 樣板裡，然後使用 render() 方法，產生網站訪客要看的 HTML 網頁。

PHP 網頁收集、處理資料，然後將資料儲存在變數裡的做法，和前一章網頁的第一部分非常類似。

第一個差異是，隨後要顯示在樣板裡的資料是儲存在關聯式陣列，而非各別單獨的變數。

例如，文章分類頁面從資料庫收集以下資料，然後儲存在陣列裡：

- 所有文章分類的清單，用於產生導覽列。
- 目前選取的文章分類名稱和說明。
- 該分類下所有文章的摘要資料。
- 文章分類的編號，導覽列會特別標示出這個分類。

```
索引式陣列   ⟶  $data['navigation'] = $cms->getCategory()->getAll();
關聯式陣列   ⟶  $data['category']   = $cms->getCategory()->get($id);
索引式陣列   ⟶  $data['articles']   = $cms->getArticle()->getAll(true, $id);
整數        ⟶  $data['section']    = $category['id'];
```

將網頁需要的資料儲存到陣列之後，接著是呼叫 Twig 環境物件的 render() 方法。

render() 方法的作用是將陣列裡的資料加到樣板檔案裡，再利用 PHP 內建的 echo 命令，將 render() 方法回傳的 HTML 網頁發送給瀏覽器。

```
echo $twig->render('category.html', $data);
```

發送 HTML 網頁給瀏覽器　　　樣板需要的資料　　使用的樣板

請見右頁，會看到兩個已經更新過的 PHP 檔案，如何將之後網頁要顯示資料儲存在 $data 陣列。

相較於先前含有 HTML 標記的寫法，這兩個網頁的程式碼現在要精簡得多。

範例：PHP 檔案
如何取得和套用資料

「public」資料夾下的 PHP 檔案開頭的陳述式都跟第 14 章的版本一樣，接著會：

1. 利用 CMS 物件的方法，從資料庫收集資料，然後儲存在 $data 陣列。

2. Twig 環境物件的 render() 方法會將 $data 陣列儲存的資料移入樣板。

再利用 echo 命令，將 render() 方法回傳的 HTML 網頁發送給瀏覽器。

PHP   c15/public/index.php

```php
<?php
declare(strict_types = 1);                              // 使用嚴格資料型態
require_once '../src/bootstrap.php';                    // 設定檔案

$data['articles']   = $cms->getArticle()->getAll(true, null, null, 6); // 近期新增文章的摘要
$data['navigation'] = $cms->getCategory()->getAll();   // 所有文章類別

echo $twig->render('index.html', $data);               // 套用樣板
```

PHP   c15/public/article.php

```php
<?php
declare(strict_types = 1);                              // 使用嚴格資料型態
require_once '../src/bootstrap.php';                    // 設定檔案

$id = filter_input(INPUT_GET, 'id', FILTER_VALIDATE_INT); // 驗證 id 值
if (!$id) {                                             // 若無有效的 id 值
    include APP_ROOT . '/public/page-not-found.php';    // 沒有找到網頁
}
$article = $cms->getArticle()->get($id);               // 取得文章資料
if (!$article) {                                        // 若文章陣列是空的
    include APP_ROOT . '/public/page-not-found.php';    // 沒有找到網頁
}

$data['navigation'] = $cms->getCategory()->getAll();   // 取得文章分類
$data['article']    = $article;                        // 文章
$data['section']    = $article['category_id'];         // 目前瀏覽的文章分類

echo $twig->render('article.html', $data);             // 套用樣板
```

在 TWIG 樣板內存取資料

樣板將 $data 陣列中的每個元素，都視為樣板能使用的獨立變數，「Twig」樣板的變數名稱前不需要加 $。

假設 PHP 網頁產生以下這個關聯式陣列，陣列裡有三個元素：

```
$data['name']    = 'Ivy Stone';
$data['joined']  = '2021-01-26 12:04:23';
$data['picture'] = 'ivy.jpg';
```

「Twig」樣板將 $data 陣列中的每個元素都視為**獨立**變數，陣列裡的每個鍵值就是變數名稱（請記住，Twig 變數名稱前不需要加符號 $）：

- name。
- joined。
- picture。

如果其中一個元素的值是陣列（而非純量值）：

```
$data['category']['name'] = 'Illustration';
$data['category']['description'] =
    'Hand-drawn visual storytelling';
$data['category']['published'] = true;
```

「Twig」樣板會將這個元素視為變數 category，變數值是一個陣列。若要取得這個陣列中的某個元素值，寫法是使用變數名稱（此處是 category）加上英文句點和鍵值名稱（name、description 或 published）：

- category.name。
- category.description。
- category.published。

若 $data 陣列裡的某個元素是儲存物件，使用跟上述一樣的語法，就能存取物件的屬性值。

若樣板使用的變數不是 $data 陣列產生的變數，在預設情況下，「Twig」會將這個變數視為已經建立並且指定變數值為 null，不會引發錯誤「Undefined variable」（變數未定義）。

這種做法非常有用，因為樣板不需要為可能沒有建立的變數提供替代值。不過，若有必要，可以關閉這個選項。

在 TWIG 樣板內顯示資料

Twig 樣板檔案是由 HTML 標籤和 Twig 命令組成，兩組大括號 {{ }} 是指示 Twig 輸出內容。

在 Twig 樣板裡顯示變數儲存的值，要將變數名稱寫在一組大括號裡。

若變數值含有 HTML 保留字元，「Twig」會自動進行脫淨處理。

```
<h1>{{ category.name }}</h1>
<p>{{ category.description }}</p>
```

「Twig」支援一組**篩選器**，能處理變數儲存的資料。例如，若想避免資料進行脫淨處理，就要使用「raw」篩選器，這個篩選器會用在含有安全 HTML 的文章內容（因為已經先利用「HTML Purifier」移除不安全的標記）。篩選器的用法是在變數名稱後加 | 字元和篩選器名稱。

```
<p>{{ article.content|raw }}</p>
```

若篩選器需要資料來完成工作，可以在篩選器名稱後面加上小括號，在括號裡指定資料（跟函式一樣）。例如，「date」篩選器的作用是將日期格式化：

- 這個篩選器使用的日期格式跟 PHP 內建的 `strtotime()` 函式一樣（請見第 316 ～ 317 頁）。
- 日期格式化時使用的值跟 PHP 內建的 `date()` 函式一樣（請見第 316 ～ 317 頁）。

```
<p>{{ article.created|date('M d Y') }}</p>
```

因為「Twig」可以格式化日期，所以以「functions.php」已經移除 format_date() 函式。

「e」篩選器是對內容進行脫淨處理，讓網頁可以安全顯示。括弧內的參數是告訴篩選器，資料要用在何處。這點非常重要，因為 HTML、CSS、JavaScript 和 URL 各自擁有不同的保留字元，因此，在不同的背景環境下使用資料，必須對不同的字元進行脫淨處理。

```
<p>{{ article.summary|e('html_attr') }}</p>
```

參數值	背景環境
html	HTML 主體內容
html_attr	HTML 屬性值
css	CSS（階層式樣式表）
js	JavaScript
url	文字，組成網址的一部分

這裡只有介紹「CMS」範例中使用的「raw」、「date」和「e」篩選器，「Twig」其實還有其他篩選器，可以對數字、時間和貨幣格式化，改變字串文字的大小寫，以及對陣列值進行排序、合併或拆解。

在 TWIG 樣板內使用條件式

使用一組大括號和百分比符號，建立起始標籤 {% 和結尾標籤 %}，目的是告訴「Twig」何時需要執行一項動作，例如，條件式或迴圈。

if 陳述式會檢查條件式的結果是否為 true，如果是，就會繼續執行後續的程式碼，直到遇到結束標籤 {% endif %} 為止。

如果條件式產生的值是 false，會跳過程式碼，直到遇到結束標籤 {% endif %} 為止。Twig 樣板使用的運算子跟 PHP 的運算子一樣。

```
{% if published == true %}
  <h1>{{ category.name }}<h1>
{% endif %}
```

當條件式只有一個變數名稱，「Twig」會檢查變數值是否會視為 true（在自動改動型態後，請見第 60 ～ 61 頁）。

```
{% if published %}
  <h1>{{ category.name }}</h1>
{% endif %}
```

利用 and 和 or 可以合併多個條件式。

```
{% if time > 6 and time < 12 %}
  <p>Good morning.</p>
{% endif %}
```

「Twig」還支援 else 和 elseif 結構，以及三元運算子和空值合成運算子。

```
{% if time > 6 and time < 12 %}
  <p>Good morning.</p>
{% elseif time >= 12 < 5 %}
  <p>Good afternoon.</p>
{% else %}
  <p>Welcome.</p>
{% endif %}
```

在 TWIG 樣板內使用迴圈

「Twig」的 for 迴圈能逐一處理陣列裡的每個元素，或物件裡的每個屬性，作用等同於 PHP 的 foreach 迴圈。

「Twig」的 for 迴圈等同 PHP 的 foreach 迴圈，能逐一處理陣列裡的元素，每次執行迴圈時，都會重複迴圈內的陳述式。迴圈的結束標籤為 {% endfor %}。

起始標籤以關鍵字 for 開頭，後面是變數，這個變數用於儲存迴圈目前處理的項目；接著是關鍵字 in 和變數，這個變數是儲存要逐一處理的陣列或物件。

```
{% for article in articles %}
  <h2>{{ article.title }}</h2>
  <p>{{ article.summary }}</p>
{% endfor %}
```

若要以固定次數執行迴圈，使用的語法稍有不同。起始標籤以關鍵字 for 開頭，然後：

- 以「Twig」變數 i 作為計數器，這個變數會用在迴圈裡。

- 後面是關鍵字 in。

- 接著是 1.. 和變數，這個變數是儲存迴圈要執行的次數。

假設變數 count 的值是 5，要執行 5 次迴圈。迴圈第一次執行時，計數器變數 i 的值是 1；下一次執行迴圈時，值會儲存為 2；持續執行，直到變數 i 的值到 5 為止。

下方程式碼以搜尋樣板示範這種迴圈的用法，搜尋結果會以分頁顯示。

```
{% for i in 1..count %}
  <a href="?page={{ i }}">{{ i }}</a>
{% endfor %}
```

如何建立樣板檔案結構

網站上每個網頁都會出現的程式碼應該納入一個**父樣板**裡，**子樣板**能覆寫父樣板使用的**程式區塊**。

網站使用「Twig」樣板時，應該會有一個**父樣板**，內含每個網頁都會用到的程式碼，就像前面章節用過的標頭和頁腳檔案裡的程式碼。

樣板會定義**程式區塊**。父樣板的程式區塊是配置其他頁面可以覆寫的部分，用以顯示不同的資料。

以下是程式區塊的起始標籤，指定這個區塊的名稱：

`{% block block-name %}`

以下是程式區塊的結尾標籤：

`{% endblock %}`

右側範例網頁是父樣板「layout.html」，內含網站上每個頁面都會出現的程式碼，分為三個區塊：

- title（標題）：顯示網頁 `<title>` 標籤裡的文字（若子樣板沒有以新的值覆寫，就會使用原本在區塊裡的文字）。
- content（內容）：這個區域是顯示每個網頁的主要內容。這個區塊沒有預設內容，所以，如果子樣板沒有包含內容區塊，這個位置就不會顯示任何東西。
- footer（頁腳）：網站頁腳，顯示版權和當前的年分。

父樣板： `layout.html`

```
<!DOCTYPE html>
<html>
  <head>
    <title>
      {% block title %}
      Creative Folk
      {% endblock %}
    </title>
  </head>
  <body>
    {% block content %}{% endblock %}
    <footer>
      {% block footer %}
      &copy; Creative Folk
      {{ 'now'|date('Y') }}
      {% endblock %}
    </footer>
  </body>
</html>
```

子樣板可以用來表示網站各個單獨頁面，繼承父樣板的程式碼，以及提供資料來覆寫父樣板裡命名區塊的內容。

網站訪客請求的每種類型的網頁都有自己的**子樣板**（**擴展**自父樣板），像是首頁、文章分類、文章、會員和搜尋等等頁面。extends 標籤是指定擴展的父樣板名稱：

```
{% extends 'parent-template.html' %}
```

子樣板裡 block 標籤之間的任何內容，會覆寫父樣板裡相對應程式區塊裡的內容。

左側範例網頁是子樣板「category.html」，擴展自「layout.html」，分為兩個程式區塊：

- title（標題）：取代父樣板裡 title 區塊的內容。
- content（內容）：取代父樣板裡 content 區塊的內容。

子樣板沒有 footer 區塊，所以這個頁面會顯示父樣板 footer 區塊內的版權訊息。

在這個子樣板的 content 區塊裡，放在一組大括號內的 include() 函式是用於引入其他樣板檔案。這個範例樣板會顯示一組文章摘要：

```
{{ include('article-summaries.html') }}
```

這些父樣板、子樣板和引入檔案都可以存取 $data 陣列產生的變數。

子樣板：`category.html`

```
{% extends 'layout.html' %}

{% block title %}
{{ category.name }}
{% endblock %}

{% block content %}
<h1>{{ category.name }}</h1>
<p>{{ category.description }}</p>

{{ include('article-summaries.html') }}
{% endblock %}
```

範例：用於顯示文章分類的父樣板和子樣板

下方的子樣板「category. html」是用於顯示任何一個文章分類的詳細資料，繼承右頁父樣板「layout.html」裡的所有標記。

1. extends 標籤表示這個子樣板是繼承「layout. html」的程式碼。

2. 這個子樣板裡的 title 區塊會取代父樣板 title 區塊的內容，會顯示文章分類名稱，然後是一串單字 'on Creative Folk'。

3. 這個子樣板裡的 description 區塊會取代父樣板 description 區塊的內容，用於顯示文章分類說明（寫在 \<meta\> 說明標籤的 value 屬性內）。使用「e()」篩選器，對屬性使用的內容進行脫淨處理。

4. 這個子樣板裡的 content 區塊會取代父樣板 content 區塊的內容。

5. 在 \<h1\> 元素內顯示文章分類的名稱。

6. 接著是在 \<p\> 元素內顯示文章分類的說明。

7. 以 include 標籤引入樣板，顯示該分類下的文章摘要。

「article-summaries.html」樣板（請見第 592 頁）內的迴圈會逐一處理 articles 陣列內的摘要，顯示這些文章的摘要資料。

8. 結束 content 區塊。

```
c15/templates/category.html                                                    TWIG
```

```
① {% extends 'layout.html' %}
② {% block title %}{{ category.name }} on Creative Folk{% endblock %}
③ {% block description %}{{ category.description|e('html_attr') }}{% endblock %}

④ {% block content %}
   <main class="container" id="content">
     <section class="header">
⑤     <h1>{{ category.name }}</h1>
⑥     <p>{{ category.description }}</p>
     </section>
     <section class="grid">
⑦     {{ include('article-summaries.html') }}
     </section>
   </main>
⑧ {% endblock %}
```

「Twig」樣板可以使用任何一種檔案副檔名，不過，若使用副檔名「.html」，程式碼編輯器會知道檔案內含 HTML 程式碼。

程式碼編輯器隨後會特別標示出程式碼的部分，就像 HTML 一樣，可能還會提供一些功能，例如，特別標示出錯誤。

父樣板是保存每個網頁都會用
到的程式碼。

具 有 三 個 區 塊：title、
description 和 content。

還會循環處理所有文章分類資
料，產生主導覽列。

TWIG　　　　　　　　　　　　　　　　　　　　　　　　　c15/templates/layout.html

```twig
<!DOCTYPE html>
<html lang="en-US">
  <head> ...
    <title>{% block title %}Creative Folk{% endblock %}</title>
    <meta name="description" value="{% block description %}Hire ceatives{% endblock %}">
    <link rel="stylesheet" type="text/css" href="{{ doc_root }}css/styles.css"> ...
  </head>
  <body>
    <header>
      <div class="container">
        <a class="skip-link" href="#content">Skip to content</a>
        <div class="logo"><a href="{{ doc_root }}index.php">
          <img src="{{ doc_root }}img/logo.png" alt="Creative Folk">
        </a></div>
        <nav>
          <button id="toggle-navigation" aria-expanded="false">
            <span class="icon-menu"></span><span class="hidden">Menu</span>
          </button>
          <ul id="menu">
            {% for link in navigation %}
            {% if (link.navigation == 1) %}
              <li><a href="{{ doc_root }}category.php?id={{ link.id }}"
              {% if (section == link.id) %} class="on"{% endif %}>
                {{ link.name }}</a></li>
            {% endif %}
            {% endfor %}
            <li><a href="{{ doc_root }}search.php">
              <span class="icon-search"></span><span class="search-text">Search</span>
            </a></li>
          </ul>
        </nav>
      </div>
    </header>
    {% block content %}{% endblock %}
    <footer>
      <div class="container">
        <a href="{{ doc_root }}contact.php">Contact Us</a>
        <span class="copyright">&copy; Creative Folk {{ 'now'|date('Y') }}</span>
      </div>
    </footer>
    <script src="{{ doc_root }}js/site.js"></script>
  </body>
</html>
```

範例：文章摘要樣板

「article-summaries.html」樣板的作用是顯示數篇文章的摘要，作為首頁、文章分類、會員和搜尋等等頁面的樣板。

1. for 迴圈逐一處理陣列變數 articles 內儲存的文章摘要。執行迴圈時，以變數 $article 儲存每篇文章。

2. 產生指向該篇文章的連結。

3. 「Twig」if 陳述式會檢查該篇文章是否有附加圖像。

4. 若圖像存在，則在 <img> 標籤裡顯示圖像和替代文字。

5. 若圖像不存在，執行「Twig」{% else %} 標籤後面的替代程式碼。

6. 顯示替代圖像。

7. {% endif %} 標籤是 if 陳述式的結束標記。

8. 在 <h2> 元素內顯示文章標題。

9. 顯示文章摘要。

10. 產生連結，指向該篇文章所屬的分類頁面。

11. 產生連結，指向該篇文章的作者頁面。

12. {% endfor %} 是迴圈結束標籤。

c15/templates/article-summaries.html `TWIG`

```twig
① {% for article in articles %}
   <article class="summary">
②    <a href="{{ doc_root }}article.php?id={{ article.id }}">
③      {% if article.image_file %}
④        <img src="{{ doc_root }}uploads/{{ article.image_file }}"
               alt="{{ article.image_alt }}">
⑤      {% else %}
⑥        <img src="{{ doc_root }}uploads/blank.png" alt="">
⑦      {% endif %}
⑧      <h2>{{ article.title }}</h2>
⑨      <p>{{ article.summary }}</p>
     </a>
     <p class="credit">
⑩      Posted in <a href="{{ doc_root }}category.php?id={{ article.category_id }}">
          {{ article.category }}</a>
⑪      by <a href="{{ doc_root }}member.php?id={{ article.member_id }}">
          {{ article.author }}</a>
     </p>
   </article>
⑫ {% endfor %}
```

範例：文章樣板

1. 子樣板的作用是顯示單篇文章，extends 標籤表示這個子樣板是繼承「layout.html」的程式碼。

2. title 區塊的程式碼是在 `<title>` 元素內顯示文章標題。

3. description 區塊負責儲存文章摘要，「e」篩選器是對 HTML 屬性使用的文字進行脫淨處理。

4. content 區塊負責顯示文章的完整細節。

5. 若該篇文章有附加圖像，就會顯示；若無，則顯示替代圖像 `blank.png`。

6. 重新顯示文章標題。

7. 使用「date」篩選器，將撰寫文章的日期格式化。

8. 在顯示文章內容時搭配使用「raw」篩選器，目的是讓「Twig」樣板不要進行脫淨處理；因為文章內容雖然可能含有 HTML 標記，但已經用「HTML Purifier」處理過，可以安全顯示。

9. 產生連結，指向該篇文章所屬的分類頁面，後面的連結是指向作者頁面。

TWIG　　　　　　　　　　　　　　　　　　　c15/templates/article.html

```
① {% extends 'layout.html' %}
② {% block title %}{{ article.title }}{% endblock %}
③ {% block description %}{{ article.summary|e('html_attr') }}{% endblock %}
④ {% block content %}
  <main class="article container" id="content">
    <section class="image">
      {% if article.image_file %}
        <img src="{{ doc_root }}uploads/{{ article.image_file }}"
            alt="{{ article.image_alt }}">
⑤      {% else %}
        <img src="{{ doc_root }}uploads/blank.png" alt="">
      {% endif %}
    </section>
    <section class="text">
⑥    <h2>{{ article.title }}</h2>
⑦    <div class="date">{{ article.created|date('F d, Y') }}</div>
⑧    <div class="content">{{ article.content|raw }}</div>
      <p class="credit">
        Posted in <a href="{{ doc_root }}category.php?id={{ article.category_id }}">
        {{ article.category }}</a>
⑨      by <a href="{{ doc_root }}member.php?id={{ article.member_id }}">
        {{ article.author }}</a></p>
    </section>
  </main>
  {% endblock %}
```

利用「PHPMAILER」套件發送電子郵件

網站經常會發送單封電子郵件，這種行為稱為「**交易電子郵件**」（transactional email）。例如，重設密碼頁面會以電子郵件發送一個連結給使用者，讓他們重設密碼；或是透過連絡表單，發送訊息給網站擁有者。

當我們從電腦或行動裝置發送電子郵件，需要提供收件人的電子郵件位址、郵件主旨和訊息內容。電子郵件程式隨後會將電子郵件發送給 SMTP 伺服器，再由伺服器發送電子郵件給收件人。

設定電子郵件程式使用新的電子郵件位址時，需要告訴電子郵件程式如何連接到 SMTP 伺服器。為了連接 SMTP 伺服器，通常會需要以下這幾個詳細資訊：

- **主機名稱**：用以識別 SMTP 伺服器，就像網域名稱是用來識別網頁伺服器。
- **通訊埠編號**：讓同一台電腦上的不同程式可以共享同一個網際網路的對外連線（請見 http://notes.re/php/ports）。
- 登入用的**使用者帳號名稱和密碼**。
- **安全性設定**：指定發送使用者名稱和密碼時要用哪種安全方式。

網站需要發送電子郵件時，一樣需要執行以下這兩個相同的步驟：

1. 連接負責發送電子郵件的 SMTP 伺服器。
2. 產生電子郵件，將郵件傳送給 SMTP 伺服器。

完成上述這兩項工作的程式碼非常複雜。因此，與其自己重頭開始寫程式碼來產生和發送電子郵件，範例網站選擇採用「**PHPMailer**」套件。許多熱門的開放原始碼專案都採用了這個套件，包括 WordPress、Joomla 和 Drupal。

「PHPMailer」套件放在本章提供下載的程式碼資料夾「vendor」，在「composer.json」檔案裡列為必要套件。這個套件在「Packagist」網站上的名稱是：phpmailer\phpmailer

網頁伺服器雖然可以執行自己的 SMTP 伺服器，但通常會利用專業公司提供的 SMTP 伺服器，因為：

- 從自家網頁伺服器發送過多的電子郵件時，會導致電子郵件服務將自家網域名稱列為黑名單或是被當成垃圾郵件。
- 郵件發送成功率更高。

提供發送交易電子郵件服務的公司清單，請見：http://notes.re/transactional-emails。

若想使用這些公司的服務，必須先註冊，才能測試發送電子郵件的代碼。

SMTP 伺服器的連接設定

執行 CMS 程式碼的每個網站在連接 SMTP 伺服器時，需要不同的詳細資訊；因此，這些資訊歸類為設定資料，儲存在檔案「config. php」。

使用 CMS 程式碼的每個網站在連接 SMTP 伺服器時，需要不同的設定，就像每個網站連接資料庫時，也需要不同的詳細資料。

連接 SMTP 伺服器時需要的詳細資料連同網站擁有者的電子郵件位址，會一起儲存在檔案「config.php」內的關聯式陣列裡。

```
PHP                                             c15/config/config.php
① $email_config = [
②     'server'       => 'smtp.YOUR-SERVER.com',
③     'port'         => 'YOUR-PORT-NUMBER',
④     'username'     => 'YOUR-USERNAME-HERE',
       'password'     => 'YOUR-PASSWORD-HERE',
⑤     'security'     => 'tls',
⑥     'admin_email'  => 'YOUR-EMAIL-HERE',
⑦     'debug'        => (DEV) ? 2 : 0,
];
```

首先是，儲存 SMTP 伺服器的連接資料：

1. 以陣列變數 $email_config 儲存發送電子郵件的設定。

2. server 是儲存 SMTP 伺服器的主機名稱。

3. port 是儲存 SMTP 伺服器使用的通訊埠編號。

4. username 和 password 是儲存登入 SMTP 伺服器的詳細資料。

5. security 是儲存發送資料時要使用的安全方法。這個值通常會指定為 tls，表示傳輸層安全性協定（Transport Layer Security，請見第 185 頁）。

再來是加入其他兩個需要的值：

6. admin_email 是網站擁有者的電子郵件位址。本章介紹的連絡表單的訊息會發送給這個電子郵件位址（請見第 598 ～ 601 頁），下一章介紹網站發送其他電子郵件時，這個電子郵件位址會變成**寄件人**。

7. debug 是開啟／關閉除錯訊息，以常數 DEV 的值來決定，若設定為：

- 2：表示開發站，可以顯示網頁伺服器發送的電子郵件和 SMTP 伺服器的回應。

- 0：表示網站已經正式上線，停用除錯訊息（這些訊息會顯示 SMTP 帳號的資料）。

產生和發送電子郵件

先以 PHPMailer 類別產生物件，告訴這個物件要如何連接 SMTP 伺服器，然後產生與發送電子郵件。

以 PHPMailer 類別產生 PHPMailer 物件，做法跟產生其他物件一樣。物件的命名空間：PHPMailer\PHPMailer，產生物件時，必須使用這個命名空間。

產生 PHPMailer 物件，以布林值 true 作為引數，目的是告訴 PHPMailer 物件，產生或發送電子郵件時，若遇到問題就拋出例外情況。

PHPMailer 物件產生之後，可以利用以下列出的兩個方法和八個屬性來設定物件，讓物件知道**這個**網站要如何發送電子郵件。

這些設定類似電子郵件程式在使用新的電子郵件帳號時所作的設定，網站每次發送交易電子郵件時，這些設定都會保持不變。

屬性 / 方法	說明
isSMTP()	這個方法是指定 SMTP 伺服器，用於發送電子郵件。
Host	這個屬性是儲存 SMTP 伺服器的主機位址。
SMTPAuth	這個屬性是啟用 SMTP 認證；設定為 true，因為登入 SMTP 伺服器時需要使用者名稱和密碼。
Username	這個屬性是儲存登入 SMTP 伺服器的使用者帳號名稱
Password	這個屬性是儲存登入 SMTP 伺服器的使用者密碼。
Port	這個屬性是儲存 SMTP 伺服器使用的通訊埠編號。
SMTPSecure	這個屬性是儲存使用的加密種類，通常設定為 tls。
SMTPDebug	SMTPDebug 這個屬性是告知 PHPMailer 物件，是否要顯示除錯資訊。
isHTML()	這個方法是告知 PHPMailer 物件，電子郵件可能含有 HTML 內容。
CharSet	這個屬性是設定電子郵件使用的字元編碼；若設定不正確，收件人的電子郵件程式可能無法正確顯示文字。

產生 PHPMailer 物件和完成設定之後，就可以產生和發送電子郵件。產生電子郵件然後傳送給 SMTP 伺服器的過程中，需要呼叫 PHPMailer 物件的三個方法以及設定三個屬性。

下表中前五列的屬性和方法，等同於在電子郵件程式裡寫一封新郵件。網站每次發送電子郵件時，都可以改變這些屬性和方法使用的值。最後一個方法等同按下送出郵件的按鈕和發送電子郵件。

屬性 / 方法	說明
setFrom()	這個方法是設定電子郵件的寄件人位址。
addAddress()	這個方法是設定電子郵件的收件人位址，增加其他電子郵件位址時會重新呼叫這個方法。
Subject	這個屬性是儲存郵件主旨。
Body	這個屬性是儲存電子郵件使用的 HTML 內文。
AltBody	這個屬性是儲存純文字版的電子郵件內容（不含 HTML 標記）。
send()	這個方法是連接 SMTP 伺服器，並且將郵件傳送給伺服器。

產生 PHPMailer 物件，告知物件如何連接 SMTP 伺服器，然後產生與發送電子郵件，光是這些工作就至少需要 18 行程式碼。

由於網站通常會有好幾個頁面需要發送交易電子郵件，與其在每個頁面重複撰寫這些程式碼，我們要讓網站將所有重複的程式碼儲存到一個新的使用者自訂類別 Email（請見下一頁）。

所有需要發送電子郵件的頁面，都能使用下方這兩個陳述式來完成工作。

1. 下方第一行是利用使用者自訂的 Email 類別來產生物件，儲存在變數 $email，將物件需要的設定資料傳送給建構方法。

2. 下方第二行是呼叫 Email 物件的 sendEmail() 方法，用以產生與發送電子郵件。

```
① $email = new Email($email_config);
② $email->sendEmail($from, $to, $subject, $message);
```

下一頁會介紹這個新的使用者自訂類別 Email，具有以下兩個方法。

接下來兩頁介紹的範例，會說明如何使用這個自訂類別。

方法	說明
__construct(*$email_config*)	產生 PHPMailer 物件，儲存在 PHPMailer 屬性，設定 PHPMailer 物件如何連接 SMTP 伺服器。
	這些陳述式寫在 __construct() 方法裡，PHP 頁面每次需要發送電子郵件時都會保持不變。
sendEmail(*$from, $to, $subject, $message*)	產生電子郵件，將郵件傳送給 SMTP 伺服器。
	發送電子郵件時會呼叫這個方法，每次呼叫這個方法時，會帶入不同的引數值。

範例：利用自訂類別來產生與發送郵件電子郵件

這個範例是利用 Email 類別，讓網頁發送電子郵件。這個類別的程式碼會建立 PHPMailer 物件、產生電子郵件，然後將郵件傳送給 SMTP 伺服器，讓伺服器發送。

1. 指定類別的命名空間：PhpBook\Email

2. $phpmailer 屬性儲存 PHPMailer 物件，以 protected 宣告，所以只有這個類別裡的程式碼能使用這個屬性。

3. __construct() 方法需要一個參數 $email_config，儲存設定資料。網頁每次發送電子郵件時，這個方法都必須完成下列工作：

- 產生 PHPMailer 物件。
- 設定物件如何連接 SMTP 伺服器。
- 設定字元編碼和電子郵件類型。

4. 產生 PHPMailer 物件，儲存在 Email 物件的 $phpmailer 屬性。傳入引數 true，目的是告訴 PHPMailer 物件，產生或發送電子郵件時，若遇到問題就拋出例外情況。

5. 呼叫 PHPMailer 物件的 isSMTP() 方法，表示電子郵件會經由 SMTP 伺服器發送。

6. SMTPAuth 屬性設定為 true，表示登入 SMTP 伺服器時需要使用者名稱和密碼。

7. 利用 $email_config 陣列裡的值（產生物件時傳入建構方法），設定連接 SMTP 伺服器需要的資料。

8. 告知 PHPMailer 物件：字元編碼是 UTF-8，發送 HTML 格式的電子郵件。

9. sendEmail() 方法的作用是產生與發送單封電子郵件。這個方法有四個參數，每次使用物件發送電子郵件時，會改變這些參數資料。

- $from：儲存電子郵件的寄件人。
- $to：儲存收件人的電子郵件位址。
- $subject：儲存郵件主旨。
- $message：儲存要發送的訊息。

回傳 true，表示成功產生郵件並且發送出去。

10. 以 setFrom() 方法設定郵件寄件人的電子郵件位址。

11. 以 addAddress() 方法設定郵件收件人的電子郵件位址。

12. 以 Subject 屬性設定電子郵件的主旨。

13. 以 Body 屬性設定電子郵件的內文。HTML 格式的電子郵件開頭由一些基本的 HTML 標籤組成，後面接參數 $message 的值，然後是 HTML 結尾標籤。

14. AltBody 屬性是設定純文字版的電子郵件內容，利用 PHP 內建的 strip_tags() 函式，移除訊息內的標記（請見右頁說明）。

15. 利用 send() 方法將郵件傳送給 SMTP 伺服器。

16. sendEmail() 方法回傳 true，表示成功產生電子郵件，並且傳送給 SMTP 伺服器（若無法順利執行，會拋出例外情況）。

隨後會介紹如何利用這個類別來發送電子郵件。網頁利用 Email 類別產生物件與發送電子郵件後，重新呼叫 sendEmail() 方法，又可以繼續發送電子郵件。

```php
<?php
namespace PhpBook\Email;                                    // 宣告命名空間

class Email {

    protected $phpmailer;                                   // PHPMailer 物件

    public function __construct($email_config)
    {
        $this->phpmailer = new \PHPMailer\PHPMailer\PHPMailer(true); // 產生 PHPMailer 物件
        $this->phpmailer->isSMTP();                         // 利用 SMTP 伺服器
        $this->phpmailer->SMTPAuth   = true;                // 需要認證
        $this->phpmailer->Host       = $email_config['server'];   // 伺服器位址
        $this->phpmailer->SMTPSecure = $email_config['security']; // 安全性類型
        $this->phpmailer->Port       = $email_config['port'];     // 通訊埠
        $this->phpmailer->Username   = $email_config['username']; // 使用者名稱
        $this->phpmailer->Password   = $email_config['password']; // 密碼
        $this->phpmailer->SMTPDebug  = $email_config['debug'];    // 除錯用的方法
        $this->phpmailer->CharSet    = 'UTF-8';             // 字元編碼
        $this->phpmailer->isHTML(true);                     // 設定為 HTML 格式的電子郵件
    }

    public function sendEmail($from, $to, $subject, $message): bool
    {
        $this->phpmailer->setFrom($from);                   // 寄件人的電子郵件位址
        $this->phpmailer->addAddress($to);                  // 收件人的電子郵件位址
        $this->phpmailer->Subject = $subject;               // 電子郵件主旨
        $this->phpmailer->Body    = '<!DOCTYPE html><html lang="en-us"><body>'
          . $message .'</body></html>';                     // 電子郵件內文
        $this->phpmailer->AltBody = strip_tags($message);   // 設定主體為純文字
        $this->phpmailer->send();                           // 發送電子郵件
        return true;                                        // 回傳 true
    }
}
```

發送 HTML 格式的電子郵件時，會隨 HTML 版本一起發送純文字版本的郵件內容。產生這種版本的郵件內容很重要，因為垃圾郵件過濾器喜歡檢查純文字版的郵件，而且有些人會使用純文字閱讀器來檢視郵件內容。

PHP 內建的 strip_tags() 函式是專門設計來移除 HTML 標記內的標籤，函式參數是一個含有標記的字串，回傳已經移除標籤的字串；也可以利用「HTML Purifier」，移除電子郵件內容的標記。

範例：Email 類別的使用方法

新增「contact.php」（請見右頁程式碼），這個頁面裡的表單可以發送電子郵件給網站擁有者。這個聯絡頁面發送電子郵件時，會利用 Email 類別產生物件，然後以四個參數呼叫物件的 sendEmail() 方法：電子郵件的寄件人、收件人、主旨和訊息內容。

1. use 命令是將 Validate 類別的程式碼匯入目前的命名空間。

2. 如果表單已經提交出去，將收集到的電子郵件位址和訊息儲存在變數裡。

3. 利用 Validate 類別，驗證表單提供的值。合併陣列裡的錯誤訊息，然後儲存在變數 $invalid。

4. 若資料無效，$errors 陣列會儲存錯誤訊息。

5. 否則，網頁會嘗試發送電子郵件。

6. 以變數 $subject 儲存電子郵件的主旨。

7. 利用 Email 類別產生 Email 物件。

8. 呼叫 Email 物件的 sendEmail() 方法，用以產生與發送電子郵件，這個方法有四個引數：
   - 寄件人的電子郵件位址。
   - 收件人的電子郵件位址。
   - 主旨。
   - 郵件訊息。

9. 如果沒有拋出例外情況，變數 $success 會儲存成功訊息，顯示給使用者。

10. 以 $data 陣列儲存網頁需要的資料，再利用 Twig 的 render() 方法，產生 HTML 網頁。

---

c15/templates/contact.html   **TWIG**

```twig
{% extends 'layout.html' %}
{% block content %}
<main class="container" id="content">
  <section class="heading"><h1>Contact Us</h1></section>
  <form method="post" action="contact.php" class="form-contact">
    {% if errors.warning %}<div class="alert-danger">{{ errors.warning }}</div>{% endif %}
    {% if success %}<div class="alert-success">{{ success }}</div>{% endif %}
    <label for="email">Email: </label>
    <input type="text" name="email" id="email" value="{{ from }}" class="form-control">
    <span class="errors">{{ errors.email }}</span><br>
    <label for="message">Message: </label><br>
    <textarea id="message" name="message" class="form-control">{{ message }}</textarea>
    <span class="errors">{{ errors.message }}</span><br>
    <input type="submit" value="Submit Message" class="btn">
  </form>
</main>
{% endblock %}
```

```php
<?php
declare(strict_types = 1);                              // 使用嚴格資料型態
use PhpBook\Validate\Validate;                          // 匯入 Validate 類別
include '../src/bootstrap.php';                         // 設定檔案
$from    = '';                                          // 設定 $from 初始值
$message = '';                                          // 訊息
$errors  = [];                                          // 存放錯誤訊息的陣列
$success = '';                                          // 成功訊息

if ($_SERVER['REQUEST_METHOD'] == 'POST') {             // 若表單已經提交
    $from              = $_POST['email'];               // 電子郵件位址
    $message           = $_POST['message'];             // 訊息
    $errors['email']   = Validate::IsEmail($from)       ? '' : 'Email not valid';
    $errors['message'] = Validate::IsText($message, 1, 1000) ? '' : 'Please enter a
        message up to 1000 characters';
    $invalid = implode($errors);                        // 合併任何錯誤訊息
    if ($invalid) {                                     // 如果有錯誤存在
        $errors['warning'] = 'Please correct the errors'; // 警告訊息
    } else {                                            // 否則會嘗試發送郵件
        $subject = "Contact form message from " . $from; // 產生訊息本體
        $email   = new \PhpBook\Email\Email($email_config); // 產生 email 物件
        $email->sendEmail($email_config['admin_email'], $email_config['admin_email'],
            $subject, $message);                        // 發送郵件
        $success = 'Your message has been sent';        // 成功訊息
    }
}
$data['navigation'] = $cms->getCategory()->getAll();    // 導覽列上的所有文章分類
// 如果使用者已經提交表單，才會產生以下的陣列值
$data['from']    = $from;                               // 寄件人電子郵件
$data['message'] = $message;                            // 訊息
$data['errors']  = $errors;                             // 錯誤訊息
$data['success'] = $success;                            // 成功訊息
echo $twig->render('contact.html', $data);              // 套用樣板
```

① ② ③ ④ ⑤ ⑥ ⑦ ⑧ ⑨ ⑩

注意：如果檔案 config.php 裡的常數 DEV 設定為 true（請見第 595 頁的步驟 7），PHPMailer 會產生一長串的除錯訊息，顯示在標頭和表單上方。

當常數 DEV 設定為 false，就會隱藏除錯訊息。

RESULT

本章重點回顧

命名空間與函式庫

> 命名空間的作用是確定兩個或兩個以上的類別、函式或常數是否共用相同的名稱，這樣 PHP 直譯器才能區別他們。

> 函式庫和套件是讓我們可以使用其他程式設計人員寫好的程式碼來完成工作。

> 「Composer」這套軟體是幫助我們管理網站使用的套件。

> 「Packagist.org」這個網站會列出 Composer 可以使用的套件。

> 網頁使用套件時，「Composer」這套軟體會產生自動載入器，引入套件需要的類別檔案。

> 利用「HTML Purifier」套件，移除可能會引發跨站腳本攻擊的標記。

> Twig 是一種樣板引擎，目的是將 PHP 程式碼和樣板分開；前者負責取得與處理資料，後者則是負責控制資料的顯示方式。

> 「PHPMailer」套件是利用 PHP 產生電子郵件，然後傳送給 SMTP 伺服器。

16

會員系統

本章會介紹如何讓網站訪客註冊成為網站會員，會員登入後，能看到專為他們顯示的個人化頁面。

會員註冊網站時通常必須提供：

- **識別碼**：用於識別使用者身分，例如，電子郵件位址或使用者名稱，而且，每一位網站會員都必須有自己的唯一識別碼。
- **密碼**：用於確認使用者是否為他們所宣稱的身分，而且，使用者是唯一應該知道密碼的人。

這些會員資料會儲存在資料庫裡。在本書的範例網站中，會員登入之後，可以：

- 檢視只有會員才能看到的網頁內容。
- 建立與編輯會員自己的個人資料頁面。
- 上傳會員自己的作品。

為了學習如何做到這些功能，本章內容會分為三大部分：

- **網站註冊**：如何收集識別每一位網站會員的必須資訊，並且將這些資訊儲存在資料庫裡。
- **登入個人化頁面**：如何讓會員登入網站、產生為會員量身制定的網頁內容，以及如何建立會員專屬頁面。
- **在使用者未登入的情況下更新資料庫**：如何在使用者未登入的情況下更新資料庫，例如，當使用者需要更新密碼時，這會牽涉到解決一組新的安全要求。

更新資料庫

最後兩章要為範例網站的資料庫多加三個資料表，以及在幾個現有資料表裡新增資料欄。

請依照第 392 頁的說明步驟，利用「PHPMyAdmin」：

- 建立一個新的資料庫「phpbook-2」。
- 在新建的資料庫裡建立資料表，將檔案「phpbook-2.sql」（請見本章提供的下載程式碼）的資料匯入資料表內。

資料庫新建完畢後，一起來看看 phpMyAdmin 工具裡的資料出現什麼變化。首先是三個新的資料表，token 資料表要等到本章最後的內容才會介紹，comment 和 likes 這兩個資料表則會在下一章介紹。

article、category 和 member 資料表也有新增資料欄。member 資料表是新增 role 資料欄，本章隨後會介紹；article 資料表新增的 seo_title 欄和 category 資料表新增的 seo_name 欄，則要等到下一章才介紹。

在 phpMyAdmin 工具裡看完資料庫出現的變化後，請開啟本章的檔案「config.php」，在程式碼裡加入新資料庫的連線設定。跟前幾章的設定內容相比，唯一的差異是新資料庫的名稱（phpbook-2）。

在個人電腦上執行本章的範例程式碼之後，請使用每個網頁右上角都會出現的註冊連結，建立自己的帳號。註冊完畢後，請登入這個版本的網站，應該會看到：

- 更多會員以及會員的作品。
- 只有在登入網站後才能使用管理頁面（允許檢視頁面）。

本章內容結束前，讀者會從範例程式碼中學到，如何讓使用者註冊、登入、上傳作品以及請求重設密碼的連結。

注意：本章提供下載的程式碼裡，有幾個檔案沒有在書中提到，因為本書其他範例已經說明過這幾個檔案執行的工作。

例如，允許會員上傳作品的頁面跟讓管理人員產生文章的頁面一樣，兩者之間的主要差異在於，會員必須上傳圖像，而且會員寫的文章會自動發布。同樣地，會員編輯個人資料的頁面跟管理人員編輯分類頁面的運作方式一樣。

註冊使用者

網站訪客必須填寫註冊表單，才能成為該網站的會員，會員的詳細資訊會儲存在資料庫的 member 資料表。

「register.php」頁面利用上圖所示的表單，讓網站訪客註冊為網站會員。

表單提交出去後，利用第 14 章學到的技巧，先驗證表單資料，然後呼叫 Member 類別的新方法 create()，將資料加入 member 資料表。

談到註冊，此處要介紹兩個新觀念：

- **角色**（Role）：控制網站使用者的權限能執行哪些工作。
- **密碼雜湊**（Password hash）：這是由網站儲存，而非會員註冊時輸入的實際密碼。

角色

網站經常會讓不同的會員分別看到不同的網頁內容，以及執行不同的工作。**角色**是用來定義某一位會員可以執行哪些工作。範例網站將使用者區分為：

- **訪客**（visitor）：尚未登入網站的不明人士，只能瀏覽網站上的作品。
- **會員**（member）：已經在網站上註冊並且登入網站的人，可以編輯自己的會員個人資料、上傳新作品以及編輯現有作品。
- **停權會員**（suspended member）：已經註冊的會員，但帳號遭到停權，暫時不能使用網站，這些會員會被禁止登入網站。
- **管理者**（admin）：網站擁有者或是幫忙處理網站工作的人，這些人可以檢視管理頁面、建立分類、刪除作品以及更新使用者角色。

member 資料表新增的 role 資料欄就是儲存每位會員的角色，這個資料欄的值有 member、suspended 或 admin（此處的欄位值不會儲存成「visitor」，因為這些人尚未登入網站）。

注意：使用者在範例網站註冊後，其角色會設定為「admin」（管理者），這是為了讓讀者可以使用管理頁面，不需要再手動更改資料庫內的角色。在正式站上，新會員的預設角色會設定為「member」，管理人員可以幫他們變更角色。

密碼雜湊

基於安全性理由，網站不能儲存會員的密碼，而是儲存加密版的密碼，稱為「**hash**」（雜湊），「hash」無法透過解密的程序變回原本的文字。

會員是唯一應該知道自己密碼的人，網站雖然可以檢查會員的密碼，但不應該將密碼儲存在資料庫裡。

會員登入網站時，演算法（一組規則）會將密碼加密成 **hash**，讓密碼看起來像是一組隨機的文數字字元，資料庫會儲存 hash 來代替密碼。

輸入：密碼

會員輸入密碼時，雜湊函式會將密碼轉換成「hash」：

```
ivy@eg.link
BlueRothkoBath23!          GO
```

「hash」值無法轉換回原本的密碼，所以就算有人能存取資料庫，也無法取得會員密碼。不僅是保護自己的網站，也保護會員，他們可能在其他網站也使用相同的密碼。

不管密碼具有多少字元，轉換過的「hash」值都會具有相同的字元數（本書是 60 個字元），所以「hash」不會提供密碼長度的線索。

PHP 有提供內建函式來產生「hash」。每次利用函式將密碼轉換成「hash」，會產生同一組字元。

註冊過的會員登入網站時，他們輸入的密碼會重新透過雜湊演算法執行。如果算出來的值跟資料庫裡儲存的「hash」值一致，表示使用者提供了正確的密碼。

結果：HASH 值

資料庫是儲存「hash」，而非儲存真正的密碼：

email	password
ivy@eg.link	$2y$10$XTeGk6Z7XG1Gs 26.MVvCIOANsdgFjZOYE MDWYlmlca4cOKyMwjufi

為了提升「hash」（雜湊）的安全性，PHP 在密碼裡另外加入一組字母，稱為「**salt**」（鹽值）。使用者重新登入網站時，PHP 會：

- 從已經儲存的「hash」值裡偵測出「鹽值」。
- 為使用者登入的密碼產生「hash」值。
- 在新密碼的「hash」值裡加入鹽值。
- 比較已經儲存的值和新的值。

若兩者一致，表示使用者提供了正確的密碼。

產生與檢查密碼「HASH」值

PHP 內建的 password_hash() 函式能從密碼產生「hash」值，PHP 內建的 password_verify() 函式則是用於檢查，以訪客提供的密碼產生出來「hash」值是否跟已經儲存的「hash」值一樣。

PHP 內建的 password_hash() 函式是接受密碼，然後回傳「hash」值。這個函式有三個參數：

- 經過雜湊處理的密碼。
- 函式使用的雜湊演算法名稱。
- 選項陣列，用於儲存演算法設定（本書範例網站沒有設定任何選項）。

「PHP.net」網站有指定一組常數，用於指定程式碼要使用的雜湊演算法名稱，請見：http://notes.re/php/pwd_hash/。範例網站使用的名稱是「PASSWORD_DEFAULT」，表示要使用 PHP 內建的雜湊演算法。本文撰寫之際，PHP 是用「bcrypt」演算法，但之後若有更強大的演算法出現，隨時可能會改變。

$$password\_hash(\$password,\ \$algorithm[,\ \$options]);$$

密碼　　　演算法　　　選項

PHP 內建的 password_verify() 函式是接受使用者提供的密碼，產生「hash」值，再比較函式產生的「hash」值和已經儲存的「hash」值。如果兩者一致，表示使用者提供了正確的密碼。password_verify() 函式有兩個參數：

- 會員剛剛提供的密碼。
- 先前已經儲存的會員「hash」值。

這個函式不需要指定演算法名稱，或是產生「hash」值使用的鹽值，因為 password_verify() 函式會自己從已經儲存的「hash」值裡面偵測出這些設定。這個函式會回傳：

- true，表示兩者的「hash」值一致。
- false，表示兩者的「hash」值不同。

$$password\_verify(\$password,\ \$hash);$$

使用者輸入的　　　資料庫儲存的「HASH」值
密碼

範例：註冊新會員（PART 1）

註冊頁面的運作方式就像是管理頁面將資料加入資料庫。使用者提交表單後，會驗證表單資料，若資料有效，Member 類別的新方法會將會員加入資料庫。

「register.php」檔案的程式碼是讓訪客註冊成為網站會員（這個頁面顯示於瀏覽器的畫面，請見第 607 頁）。訪客填完表單後，若提供的資料有效，Member 物件的 create() 方法就會將會員加入資料庫（隨後第 612 頁會介紹）；若提供的資料無效，會改顯示錯誤訊息給訪客。

1. 啟用嚴格資料型態，以及匯入 Validate 類別的命名空間，這樣在目前的網頁裡使用時就不需要輸入命名空間的全名。

2. 網頁引入 bootstrap.php 檔案。

3. 設定 $member 和 $errors 陣列的初始值為空白陣列，隨後會將這兩個陣列加入「Twig」樣板使用的 $data 陣列（請見步驟 12），即使這兩個陣列在步驟 4 到 11 沒有加入任何資料也不會出錯。

4. if 陳述式會檢查表單是否已經提交出去。

5. 若已提交，會收集表單資料。在「確認密碼」輸入框裡面的值會單獨儲存在其他變數，因為這個值不會加到資料庫（這個值只是用來確認使用者是否輸入兩次相同的密碼）。

6. 資料經過驗證後，若發現資料無效，$errors 陣列會儲存錯誤訊息。本章 Validate 類別支援兩個新方法，用於檢查電子郵件位址是否有效，以及密碼是否滿足最低要求。

7. 將 $errors 陣列裡全部的值合併成一個字串 $invalid。

8. if 陳述式會檢查 $invalid 是否包含任何文字。如果沒有，表示資料有效；若有文字，表示 $errors 陣列至少有一個錯誤訊息。

9. 若資料有效，會呼叫 Member 物件的 create() 方法，在資料庫加入會員（後續第 612 頁會介紹這個方法）。若成功新增會員，create() 方法會回傳 true；如果電子郵件位址已被使用，則會回傳 false（或是發生任何其他問題，就會拋出例外情況）。這個方法的回傳值會儲存在變數 $result。

10. if 陳述式會檢查 $result 的值是否為 false。若為 false，表示 $errors 陣列的 email 鍵值有儲存訊息，會告知使用者電子郵件位址已被使用。

11. 否則就將使用者加入資料庫（步驟 9），然後重新導向登入頁面，以查詢字串發送成功訊息。

12. 將「Twig」樣板需要顯示的資料儲存到 $data 陣列。

13. 呼叫 Twig 環境物件的 render() 方法，產生 HTML 網頁，然後發送回去給瀏覽器，套用「register.html」樣板。

```php
    <?php
①  declare(strict_types = 1);                           // 使用嚴格資料型態
    use PhpBook\Validate\Validate;                       // 匯入 Validate 類別

②  include '../src/bootstrap.php';                       // 設定檔案
    $member = [];                                        // 會員資料陣列初始化
③  $errors = [];                                         // 錯誤訊息陣列初始化

④  if ($_SERVER['REQUEST_METHOD'] == 'POST') {           // 若表單已經提交
        // 取得表單資料
        $member['forename'] = $_POST['forename'];        // 取得名字
        $member['surname']  = $_POST['surname'];         // 取得姓氏
⑤      $member['email']    = $_POST['email'];            // 取得電子郵件
        $member['password'] = $_POST['password'];        // 取得密碼
        $confirm            = $_POST['confirm'];         // 取得確認用密碼


        // 驗證表單資料
        $errors['forename'] = Validate::isText($member['forename'], 1, 254)
            ? '' : 'Forename must be 1-254 characters';
        $errors['surname']  = Validate::isText($member['surname'], 1, 254)
            ? '' : 'Surname must be 1-254 characters';
        $errors['email']    = Validate::isEmail($member['email'])
            ? '' : 'Please enter a valid email';
⑥      $errors['password'] = Validate::isPassword($member['password'])
            ? '' : 'Passwords must be at least 8 characters and have:<br>
                    A lowercase letter<br>An uppercase letter<br>A number
                    <br>And a special character';
        $errors['confirm']  = ($member['password'] = $confirm)
            ? '' : 'Passwords do not match';
⑦      $invalid            = implode($errors);           // 合併錯誤訊息

⑧      if (!$invalid) {                                  // 如果沒有錯誤存在
⑨          $result = $cms->getMember()->create($member); // 建立會員
            if ($result === false) {                     // 如果新增會員的結果是 false
⑩              $errors['email'] = 'Email address already used'; // 儲存警告訊息
                                                         // 否則就將使用者傳送到登入頁面
⑪          } else {
                redirect('login.php', ['success' => 'Thanks for joining! Please log in.']);
            }
        }
    }

    $data['navigation'] = $cms->getCategory()->getAll(); // 導覽列上的所有文章分類
⑫  $data['member']     = $member;                        // 取得會員資料
    $data['errors']     = $errors;                        // 錯誤訊息

⑬  echo $twig->render('register.html', $data);           // 套用樣板
```

範例：註冊新會員（PART 2）

右頁上半部的程式碼是利用「Twig」樣板，顯示註冊會員的表單。在下載的程式碼裡，表單具有更多 HTML 元素和屬性，用以控制表單的呈現方式；不過，此處的表單移除了部分程式碼，是為了讓讀者聚焦於表單功能以及讓程式碼能容納於一頁的篇幅裡。

1. 這個範例樣板是擴展自「layout.html」，為 title 和 description 程式區塊提供新內容。（這些程式區塊會覆寫「layout.html」樣板裡 <title> 和 <meta> 標籤提供的預設文字，請見第 591 頁。）

2. content 程式區塊是儲存註冊表單。

3. 表單會提交給同一個 PHP 網頁。

4. 若表單資料無效，會將警告訊息顯示給訪客。

5. 顯示表單控制項。

若表單提交出後發現資料無效，表單能使用以下兩個陣列的資料：

- member 陣列：使用者提供的資料，用於填入表單控制項，讓訪客不需要重新輸入所有表單資料。

- errors 陣列：針對每個沒有通過驗證的表單控制項，儲存對應的錯誤訊息，這些訊息會顯示在表單控制項後面。

檔案「register.php」上方的程式碼（前一頁的步驟 3），已經先將這兩個陣列初始化為空白陣列。

Member 類別的 create() 方法是將會員加入資料庫，做法跟產生文章分類一樣（請見第 498 ～ 503 頁）。若成功加入會員，這個方法會回傳 true；若電子郵件位址已被使用，會回傳 false。

6. create() 接受一個陣列參數：內含會員資料，回傳布林值。

7. password_hash() 函式是以「hash」值置換使用者提供的密碼。

8. try 區塊內的程式碼是將會員資料加入資料庫。

9. 這個 SQL INSERT 陳述式是將名字、姓氏、電子郵件和「hash」值，加入資料庫的 member 資料表（資料庫產生 id、joined 和 role 資料欄的值）。

10. 執行 SQL 陳述式。

11. 如果繼續執行這個方法的程式碼，表示 SQL 陳述式執行成功，所以這個方法會回傳 true。

12. 若 PHP 資料物件遇到問題，就會拋出例外情況，執行 catch 區塊裡的程式碼。

13. 如果錯誤代碼是 1062，表示這個電子郵件位址已經存在資料庫裡，加入資料會破壞「條件約束：唯一性」，所以函式會回傳 false。

14. 否則就以關鍵字 throw 重新拋出例外情況，讓預設的例外處理函式進行處理。

```twig
{% extends 'layout.html' %}
{% block title %}Register{% endblock %}
{% block description %}Register for Creative Folk{% endblock %}
{% block content %}
<main class="container" id="content">
  <section class="header"><h1>Register</h1></section>
  <form method="post" action="register.php" class="form-membership">
    {% if errors %}<div class="alert alert-danger">Please correct errors</div>{% endif %}
    <label for="forename">Forename: </label>
    <input type="text" name="forename" value="{{ member.forename }}" id="forename">
    <div class="errors">{{ errors.forename }}</div>
    <label for="surname">Surname: </label>
    <input type="text" name="surname" value="{{ member.surname }}" id="surname">
    <div class="errors">{{ errors.surname }}</div>
    <label for="email">Email address: </label>
    <input type="email" name="email" value="{{ member.email }}" id="email">
    <div class="errors">{{ errors.email }}</div>
    <label for="password">Password: </label>
    <input type="password" name="password" id="password">
    <div class="errors">{{ errors.password }}</div>
    <label for="confirm">Confirm password: </label>
    <input type="password" name="confirm" id="confirm">
    <div class="errors">{{ errors.confirm }}</div>
    <input type="submit" class="btn btn-primary" value="Register">
  </form>
</main>
{% endblock %}
```

```php
public function create(array $member): bool
{
    $member['password'] = password_hash($member['password'], PASSWORD_DEFAULT); // hash 值
    try {                                                          // 嘗試加入會員
        $sql = "INSERT INTO member (forename, surname, email, password)
                VALUES (:forename, :surname, :email, :password);"; // 以 SQL 陳述式加入會員
        $this->db->runSQL($sql, $member);                          // 執行 SQL 陳述式
        return true;                                               // 回傳 true
    } catch (\PDOException $e) {              // 若拋出 PDOException 物件
        if ($e->errorInfo[1] === 1062) {     // 如果錯誤是由項目重複所引起
            return false;                    // 回傳 false，表示電子郵件重複
        }                                    // 否則
        throw $e;                            // 重新拋出例外情況
    }
}
```

登入與個人化頁面

會員回到網站要重新登入時，會要求他們提供電子郵件位址以**識別**會員身分，提供密碼以**驗證**是否為會員所宣稱的身分。

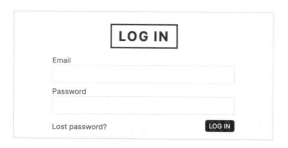

「login.php」是讓會員登入用的頁面。登入表單送出後，Member 類別的新方法 login() 會在資料庫的 member 資料表裡，尋找會員的電子郵件位址，取得會員的詳細資料，包括密碼的「hash」值。

如果使用者登入時提供的密碼產生的「hash」值，跟資料庫內儲存的「hash」值一樣，網站會認為會員就是他們所宣稱的身分，讓他們登入網站。

會員登入網站後，網站會做兩個重要的動作：

- **產生 Session**：在會員訪問網站期間，儲存會員相關的重要資料以及會員已經登入網站。
- **個人化頁面**：針對會員提供個人相關資訊。

SESSION

會員登入之後，會針對每位會員建立 Session。會員訪問網站期間，每次請求其他網頁時，網站會以 Session 來識別會員身分。Session 會儲存會員編號、名字和角色，因為導覽列會用這些資料：

- 加入個人資料頁面的連結，這個連結會使用查詢字串內的會員編號。
- 顯示會員名字，作為連結文字。
- 若會員角色是「admin」，會加入管理頁面的連結。

為了建立導覽列，每個網頁都需要使用 Session，所以要建立新的 Session 類別（請見第 620 ～ 621 頁），協助我們處理超全域性陣列 $_SESSION 裡的資料：

- 如果使用者已經登入，會在 Session 物件的屬性裡加入使用者的 Session 資料。
- 若使用者尚未登入，這些屬性值會自動指定為預設值。

Session 類別還支援其他方法，可以產生、更新和刪除 Session。這個類別彙整了處理 Session 的程式碼，減少每個頁面需要撰寫的程式碼。Session 物件是在「bootstrap.php」檔案裡產生，「Twig」全域變數也能使用，因此，所有樣板都能使用 Session 資料。

會員登入之後，網站會根據資料庫儲存的使用者資訊，為使用者產生量身制定的網頁內容。

個人化

當網站能識別各別會員的身分後，就能根據使用者偏好和個人基本資料，提供客製化的網頁內容。

左頁的內容已經説明，當使用者登入網站後，導覽列如何顯示個人資料頁面的連結，若使用者為網站管理人員，導覽列還會顯示管理頁面的連結。

除此之外，當使用者瀏覽「member.php」頁面，還會顯示功能連結，讓使用者新增或編輯自己的作品，以及更新個人資料（如右側內容所示）。

「member.php」檔案還可以用來顯示每位網站會員的詳細資料和作品，但只有當會員已經登入而且檢視自己的個人資料頁面時，才會額外顯示這些功能連結。

產生個人化頁面還能保障管理頁面的安全性，因為應該**只有**管理人員能檢視這些頁面，目前的設定是任何人都能檢視這些管理頁面。

為了保障管理頁面的安全性，「functions.php」檔案會加入一個新函式 is_admin()。每個管理頁面一開始都會呼叫這個函式。如果使用者尚未登入**而且**不是網站管理人員，就不能檢視管理頁面。

本書提供下載的程式碼裡有以下這些檔案，本章沒有印出這些檔案的程式碼，是因為做法跟我們已經看過的幾個檔案一樣：

- 「work.php」：讓使用者上傳與編輯自己的作品，運作方式跟第 14 章的「article.php」一樣（除了需要圖像以及 published 會設定為 true）。

- 「profile-edit.php」是讓使用者編輯自己的個人資料，運作方式跟管理人員編輯分類頁面一樣。

- 「profile-pic-delete.php」是刪除個人頭像，跟檔案「image-delete.php」刪除文章圖像的做法一樣。

- 「profile-pic-upload.php」是讓使用者上傳新的個人頭像，使用的技巧跟「article.php」上傳圖像時的做法一樣。

範例：會員登入（PART 1）

會員返回網站時，會顯示登入頁面讓他們登入。如果會員提供正確的詳細資料，網站會建立新的 Session，儲存會員這次訪問網站期間的詳細資訊。

「login.php」是讓會員登入用的頁面。

1. 啟用嚴格資料型態，匯入 Validate 類別的命名空間，以及引入「bootstrap.php」。

2. 變數 $email 和陣列 $errors 初始化，隨後步驟 15 產生「Twig」樣板需要的 $data 陣列時，會用到這兩個資料。

3. 若查詢字串內有出現名字 success，就將對應的值儲存在變數 $success。（有新的使用者註冊時，就會將這項資料加入查詢字串。）

4. if 陳述式會檢查表單是否已經提交出去。

5. 若表單已經提交，就會從超全域性陣列 $_POST 裡，收集電子郵件位址和密碼，分別儲存在變數 $email 和 $password。

6. 驗證電子郵件位址和密碼。若資料無效，會在 $errors 陣列裡相對應的鍵值中儲存錯誤訊息。

7. 利用 PHP 內建的 implode() 函式，將 $errors 陣列裡的值合併成一個字串，儲存在變數 $invalid。

8. if 陳述式會檢查 $invalid 是否包含任何錯誤訊息。

9. 若有錯誤訊息，表示 $errors 陣列的 message 鍵值有儲存訊息，告知使用者重新登入。

10. 否則就表示登入資料有效……

11. 呼叫 Member 類別的 login() 方法（請見第 618 ～ 619 頁）。檢查使用者提供的電子郵件位址是否存在於資料庫內，以及密碼是否正確。若使用者提供正確的詳細資料，這個方法會以陣列回傳會員資料；若否，則回傳 false。回傳值會存在變數 $member。

利用 if... elseif 陳述式來處理檢查的結果：

12. 如果變數 $member 有會員資料**而且**會員角色是 suspended（停權），則 $errors 陣列會儲存訊息，表示該帳號已經停權。

13. 如果變數 $member 有值，表示會員已經成功登入。

14. 使用新建的 Session 物件，呼叫物件的 create() 方法，為該網站訪客產生 Session（隨後第 620 ～ 621 頁會介紹）。

15. 使用者登入後，網站會將他們重新導向自己的個人資料頁面（後面其他網頁就不會執行）。從此刻開始，導覽列會：

- 將原本的登入連結換成登出連結。

- 加入會員個人資料頁面的連結。

- 如果會員身分是管理者，還會加上管理頁面的連結。

16. 否則，如果沒有找到會員資料，$errors 陣列會儲存訊息，告知使用者重新嘗試登入。

17. 以 $data 陣列儲存樣板需要的資料，再利用 Twig 的 render() 方法來產生網頁。

```php
<?php
declare(strict_types = 1);                                  // 使用嚴格資料型態
use PhpBook\Validate\Validate;                              // 匯入 Validate 類別

include '../src/bootstrap.php';                             // 設定檔案


$email   = '';                                             // 變數 $email 初始化
$errors  = [];                                             // 陣列 $errors 初始化
$success = $_GET['success'] ?? null;                       // 取得成功訊息

if ($_SERVER['REQUEST_METHOD'] == 'POST') {                // 若表單已經提交
    $email    = $_POST['email'];                           // 取得電子郵件位址
    $password = $_POST['password'];                        // 取得密碼
    $errors['email']    = Validate::isEmail($email)
        ? '' : 'Please enter a valid email address';       // 驗證電子郵件
    $errors['password'] = Validate::isPassword($password)
        ? '' : 'Passwords must be at least 8 characters and have:<br>
                A lowercase letter<br>An uppercase letter<br>A number<br>
                And another character';                    // 驗證密碼
    $invalid = implode($errors);                           // 合併錯誤訊息

    if ($invalid) {                                        // 若資料無效
        $errors['message'] = 'Please try again.';          // 儲存錯誤訊息
    } else {                                               // 若資料有效
        $member = $cms->getMember()->login($email, $password); // 取得會員資料
        if ($member and $member['role'] == 'suspended') {  // 如果會員已停權
            $errors['message'] = 'Account suspended';      // 儲存錯誤訊息
        } elseif ($member) {                               // 否則就是會員
            $cms->getSession()->create($member);           // 產生 Session
            redirect('member.php', ['id' => $member['id'],]); // 重新導向會員個人資料頁面
        } else {                                           // 否則
            $errors['message'] = 'Please try again.';      // 儲存錯誤訊息
        }
    }
}

$data['navigation'] = $cms->getCategory()->getAll();       // 取得要顯示在導覽列上的文章類別
$data['success']    = $success;                            // 成功訊息
$data['email']      = $email;                              // 若登入失敗,顯示電子郵件位址
$data['errors']     = $errors;                             // 陣列 $errors
echo $twig->render('login.html', $data);                   // 套用樣板
```

①②③④⑤⑥⑦⑧⑨⑩⑪⑫⑬⑭⑮⑯⑰

注意:顯示錯誤訊息時,不能說「某個電子郵件位址正確,但密碼錯誤」,這會證實該電子郵件位址已經在網站註冊。

試試看:讀者之後用過第 620 ~ 621 頁介紹的 Session 物件後,請回到這個範例,試著在步驟 2 到步驟 3 之間多加一個 if 陳述式,檢查會員是否已經登入。若已登入,請將他們重新導向會員網頁。

範例：會員登入（PART 2）

右頁第一部份的程式碼是「Twig」樣板，用於顯示登入表單。在下載的程式碼裡，表單具有更多 HTML 元素和屬性，用以控制表單的呈現方式；不過，此處的表單移除了部分程式碼，是為了讓讀者聚焦於表單功能以及讓程式碼能容納於一頁的篇幅裡。

1. 這個範例樣板是擴展自「layout.html」，為 title 和 description 程式區塊提供新內容。

2. content 程式區塊是儲存登入表單。

3. 表單會提交給同一個 PHP 網頁。

4. 若 success 有值（不是 null），表示有新的使用者註冊，會顯示成功註冊的訊息。

5. 若 errors 陣列有值，會顯示鍵值 warning 對應的值。

6. 這個表單可以輸入電子郵件和密碼。若 $errors 陣列內有錯誤訊息，這些資料會顯示在相對應的表單控制項後面（密碼錯誤的訊息使用了「Twig」提供的「raw」篩選器，因為訊息內容用了 HTML 標記，請見前一頁的步驟 7）。

第二部分的程式碼是 Member 類別的新方法 login()，用於檢查電子郵件和密碼是否正確。如果正確，就回傳會員的詳細資料；若否，則回傳 false。

7. login() 方法需要電子郵件位址和密碼作為參數。

8. 以變數 $sql 儲存 SQL 查詢，利用電子郵件位址取得會員資料。

9. 執行 SQL 陳述式，將資料儲存在變數 $member。

10. 如果沒有找到會員資料，login() 方法會回傳 false。

11. 如果繼續執行這個方法的程式碼，表示有找到會員資料。接著以 PHP 內建的 password_verify() 函式，從會員登入時提供的密碼來產生「hash」值，檢查跟資料庫內的「hash」值是否一致。如果一致就回傳 true，否則就回傳 false，將結果儲存在變數 $authenticated。

12. 以三元運算子檢查變數 $authenticated 儲存的值是否為 true。如果是，這個方法會回傳 $member 陣列；若否，則回傳 false。

最後一部分的程式碼是「bootstrap.php」，內含設定每個網頁的程式碼。之前我們已經看過，會員登入網站時，網站會將他們的編號、名字、姓氏和角色都儲存在 Session 資料裡，因為每個網站都需要使用 Session 資料，才能產生導覽列。如同我們在第 9 章看過的內容，網站使用 Session 時，每個網站都必須：

- 呼叫 PHP 內建的 session_start() 函式。
- 使用 Session 資料前，一定要先確認超全域性陣列 $_SESSION 裡面，是否有網頁想要存取的資料；如果沒有，就會引發 Undefined index 錯誤。

利用新的 Session 類別（請見下一頁），在「bootstrap.php」檔案裡產生 Session 物件（每個頁面都會引入這個檔案），就不需要在每個頁面重複撰寫這些程式碼。這段程式碼是放在類別的 __construct() 方法，產生物件時就會執行這個方法。若使用者已經登入，會從超全域性陣列 $_SESSION 裡取出使用者資料，儲存在 Session 物件的屬性裡。

13. 在「bootstrap.php」檔案裡產生 Session 物件。

14. 將 Session 物件的屬性儲存在「Twig」全域變數，讓所有樣板都能使用這些屬性。

```twig
{% extends 'layout.html' %}
{% block title %}Log In{% endblock %}
{% block description %}Log in to your Creative Folk account{% endblock %}
{% block content %}
<main class="container" id="content">
  <form method="post" action="login.php" class="form-membership">
    <section class="header"><h1>Log in:</h1></section>
    {% if success %}<div class="alert alert-success">{{ success }}</div>{% endif %}
    {% if errors %}<div class="alert alert-danger">{{ errors.message }}</div>{% endif %}

    <label for="email">Email: </label>
    <input type="text" name="email" id="email" value="{{ email }}" class="form-control">
    <div class="errors">{{ errors.email }}</div>
    <label for="password">Password: </label>
    <input type="password" name="password" id="password" class="form-control">
    <div class="errors">{{ errors.password|raw }}</div>
    <input type="submit" class="btn btn-primary" value="Log in"><br>
    <p><a href="password-lost.php">Lost password?</a></p>
  </form>
</main>
{% endblock %}
```

```php
public function login(string $email, string $password)
{
    $sql = "SELECT id, forename, surname, joined, email, password, picture, role
            FROM member
            WHERE email = :email;";                              // 執行 SQL 陳述式以取得會員資料
    $member = $this->db->runSQL($sql, [$email])->fetch();        // 執行 SQL 陳述式
    if (!$member) {                                              // 如果沒有找到會員資料
        return false;                                            // 回傳 false
    }                                                            // 否則
    $authenticated = password_verify($password, $member['password']); // 密碼是否一致？
    return ($authenticated ? $member : false);                   // 回傳會員資料或 false
}
```

```php
$loader = new Twig\Loader\FilesystemLoader(APP_ROOT . '/templates'); // Twig 載入器
$twig   = new Twig\Environment($loader, $twig_options);  // Twig 執行環境
$twig->addGlobal('doc_root', DOC_ROOT);                  // 文件根目錄
$session = $cms->getSession();                           // 產生 Session
$twig->addGlobal('session', $session);                   // 將 Session 儲存到 Twig 全域變數
```

範例：利用 SESSION 儲存使用者資料

網站上每個頁面都會用到的標頭，必須知道使用者是否已經登入網站。

- 若已登入，標頭會使用查詢字串內的會員名字和會員編號，加入會員頁面的連結，其中會員名字會作為連結用的文字。

- 若未登入，標頭包含的連結會指向「login.php」和「register.php」這兩個頁面。

如果已經登入的使用者是網站管理者，標頭還會顯示管理頁面的連結。

為了產生這些連結，每個頁面都必須知道會員的編號、名字和角色，因此，我們要將這些資訊儲存在 Session。

前一頁已經介紹過，網站上每個頁面都會引入「bootstrap.php」這個檔案，由這個檔案利用使用者自訂的 Session 類別（如右頁所示）產生物件。利用 Session 類別，將產生、使用、更新和刪除 Session 的程式碼彙整在同一處。這個類別有三個屬性：

- id 儲存會員編號。

- forename 儲存會員名字。

- role 儲存會員角色。

產生物件時，類別的 _ _construct() 方法會：

- 呼叫 session_start() 函式。

- 檢查 Session 是否存有這個會員的詳細資料。若資料存在，這些值就會儲存在物件的屬性裡；如果沒有，就為物件的屬性指定預設值。

1. 宣告這個類別所屬的命名空間。

2. 類別名稱是 Session。

3. 宣告三個屬性，分別儲存會員編號、名字和角色。

4. 使用 Session 類別產生 Session 物件時，會自動執行 _ _construct() 方法。

5. 呼叫 PHP 內建的 session_start() 函式，啟用 Session 以及更新現有 Session。

6. 若超全域性陣列 $_SESSION 裡有鍵值 id、forename 和 role，就將其對應值分別儲存在 Session 物件的屬性裡；如果沒有，這些屬性會儲存預設值。

7. 使用者登入時，呼叫 create() 方法，需要存有會員資料的陣列作為參數。

8. PHP 內建的 session_regenerate_id() 函式（請見第 340 頁）負責更新 Session 檔案和 Cookie 使用的 Session ID。

9. 將會員編號、名字和角色加入超全域性陣列 $_SESSION。

10. 以 update() 方法呼叫 create() 方法（步驟 7）。因為產生或更新 Session 需要相同的程式碼，所以不應該重複撰寫。update() 方法就是 create() 方法的**別名**，利用這個替代名稱，我們可以呼叫 create() 方法內的陳述式。

11. 使用者點擊導覽列上的登出連結時，就會呼叫 delete() 方法，負責結束 Session（其運作原理請見第 343 頁）。

```php
<?php
namespace PhpBook\CMS;                                   // 宣告命名空間

class Session
{                                                       // 定義 Session 類別
    public $id;                                          // 儲存會員編號
    public $forename;                                    // 儲存會員名字
    public $role;                                        // 儲存會員角色

    public function __construct()
    {                                                    // 產生 Session 物件時執行
        session_start();                                 // 啟動 / 重啟 Session
        $this->id       = $_SESSION['id'] ?? 0;          // 設定 Session 物件的 id 屬性
        $this->forename = $_SESSION['forename'] ?? '';   // 設定 Session 物件的 forename 屬性
        $this->role     = $_SESSION['role'] ?? 'public'; // 設定 Session 物件的 role 屬性
    }

    // 產生新的 Session，也能用於更新現有的 Session
    public function create($member)
    {
        session_regenerate_id(true);                     // 更新 Session 編號
        $_SESSION['id']       = $member['id'];           // 將會員編號加入 Session
        $_SESSION['forename'] = $member['forename'];     // 將會員名字加入 Session
        $_SESSION['role']     = $member['role'];         // 將角色加入 Session
    }

    // 更新現有 Session，這是 create() 方法的別名
    public function update($member)
    {
        $this->create($member);
    }

    // 刪除現有 Session
    public function delete()
    {
        $_SESSION = [];                                  // 清空超全域性陣列 $_SESSION
        $param    = session_get_cookie_params();         // 取得 Session Cookie 參數
        setcookie(session_name(), '', time() - 2400, $param['path'], $param['domain'],
            $param['secure'], $param['httponly']);       // 清除 Session Cookie
        session_destroy();                               // 消滅 Session
    }
}
```

範例：導覽列個人化

將「bootstrap.php」檔案產生的 Session 物件儲存在「Twig」全域變數，所有樣板都能使用 Session 物件的屬性。在下方「layout.html」樣板裡：

1. if 陳述式會檢查 Session 物件的 id 屬性值是否為 0（表示使用者**尚未**登入）。

2. 若使用者尚未登入，樣板會顯示登入與註冊的連結。

3. 否則就表示會員已經登入。

4. 產生連結，指向會員個人資料頁面，連結文字會顯示為會員名字。

5. if 陳述式會檢查 Session 物件的 role 屬性值是否為 admin。如果是，就會顯示管理頁面的連結。

6. 指向「logout.php」頁面的連結是讓使用者登出網站。（下載程式碼裡的「logout.php」檔案，只有呼叫 Session 物件的 delete() 方法，然後將使用者重新導向首頁。）

---

c16/templates/layout.html `TWIG`

```
① {% if session.id == 0 %}
②   <a href="login.php" class="nav-item nav-link">Log in</a> /
    <a href="register.php" class="nav-item nav-link">Register</a>
③ {% else %}
④   <a href="member.php?id={{ session.id }}">{{ session.forename }}</a> /
    {% if session.role == 'admin' %}
⑤     <a href="admin/index.php">Admin</a> /
    {% endif %}
⑥     <a href="logout.php">Logout</a>
    {% endif %}
```

`RESULT`

Log in / Register

Print / **Digital** / **Illustration** / **Photography** 🔍

Ivy / **Admin** / **Logout**

Print / **Digital** / **Illustration** / **Photography** 🔍

範例：在會員個人資料頁面加上功能選項

「member.php」檔案是用來顯示網站會員的個人資料以及作品摘要。如果會員已經登入網站而且檢視自己的個人資料，該頁面會顯示功能連結，讓使用者更新自己的個人資料與新增作品。

1. 「member.html」樣板裡的「Twig」if 陳述式負責檢查：儲存在 Session 裡的會員編號跟已經顯示的作品擁有的會員編號是否相同。若兩者一致，個人資料頁面會顯示新的功能連結。

2. 「article-summaries.html」樣板裡的「Twig」if 陳述式負責檢查：檢視該頁面的會員編號跟撰寫該篇文章的會員編號是否相同。如果相同，該篇文章會加入編輯功能的連結。

下載程式碼提供的「work.php」檔案，是讓使用者上傳作品。做法類似管理部分用的「article.php」，但必須有圖像，該會員是作者，而且沒有發布選項。

```twig
{% if session.id == member.id %}
<nav class="member-options">
  <a href="work.php" class="btn btn-primary">Add work</a>
  <a href="member-edit-profile.php" class="btn btn-primary">Edit profile</a>
  <a href="member-edit-picture.php" class="btn btn-primary">Profile picture</a>
</nav>
{% endif %}
```
①

```twig
{% if session.id == article.member_id %}
  <a href="work.php?id={{ article.id }}" class="btn btn-primary">Edit</a>
{% endif %}
```
②

RESULT

編輯個人資料的頁面，以及上傳或刪除個人頭像的頁面，都放在本書提供下載的程式碼裡。讀者可以試著寫寫看以下的頁面，測試你所學到的技能：

- 編輯個人資料的頁面，做法跟編輯文章分類的程式碼一樣。

- 新增／刪除個人圖像的程式碼，做法跟新增或刪除文章附加圖像的程式碼一樣。

範例：限制使用管理頁面

在前一章的範例，任何人都可以使用網站的管理頁面，本章範例則是只有 admin 角色才能使用這些管理頁面。

1. 每個管理頁面引入「bootstrap.php」檔案後，就會呼叫新函式 is_admin()，這個函式需要會員擁有的角色身分作為引數（會員尚未登入網站時，Session 物件會將 role 屬性設定為 public）。

2. 將 is_admin() 函式的定義加入「functions. php」。

3. if 陳述式會檢查角色的身分是否**不是** admin。

4. 如果不是，會將使用者傳送到首頁（將使用者傳送到首頁而非「login.php」，是為了防止非網站管理者的人猜出管理頁面的網址）。

5. 使用 exit 命令，讓呼叫這個函式的頁面停止執行後續所有程式碼。

（若使用者是管理人員，會繼續執行其他頁面。）

---

c16/public/admin/article.php · **PHP**

```php
<?php
// Part A: Setup
declare(strict_types = 1);              // 使用嚴格資料型態
use PhpBook\Validate;                   // 匯入 Validate 類別的命名空間

include '../../src/bootstrap.php';      // 引入設定檔案
is_admin($session->role);               // 檢查會員是否為管理者
```
① is_admin($session->role);

---

c16/src/functions.php · **PHP**

```php
function is_admin($role)
{
    if ($role !== 'admin') {            // 如果角色不是 admin
        header('Location: ' . DOC_ROOT); // 將使用者傳送到首頁
        exit;                           // 停止執行程式碼
    }
}
```
② function is_admin($role)
③ if ($role !== 'admin') {
④ header('Location: ' . DOC_ROOT);
⑤ exit;

在使用者執行資料庫更新的工作前，通常會要求使用者先登入網站。截至目前為止的內容，都會要求使用者必須先登入才能進行操作。

只有非常少數的情況，我們才會讓使用者在沒有登入網站的情況下更新資料庫，但需要其他安全措施，接下來會談到這個部分。

以電子郵件提供連結，
更新資料庫與「TOKEN」

網站有時會允許使用者在未登入的情況下更新資料庫，此時，使用者通常會收到含有連結（例如，重設密碼的連結）的電子郵件。這種連結是利用所謂的「**token**」（憑證）來辨識使用者的身分。

萬一使用者忘記密碼，當然就無法登入網站重新設定，所以網站需要提供另一種安全方式，讓使用者更新密碼。

其中一種解決方案，就是以電子郵件傳送某個網頁連結給使用者，讓使用者可以更新密碼。因為這個連結是發送給使用者提供的電子郵件位址，所以應該只有使用者本人能使用這個連結。

這個連結在識別使用者身分時，不應使用會員的電子郵件位址或 member 資料表 id 欄的值，因為駭客可能會利用這個網頁連結，猜出其他會員的電子郵件位址或編號，藉機重設這些使用者的密碼，然後登入他們的帳號。因此，我們要改用其他做法，當使用者要求重設密碼時，會產生「token」作為使用者的身分識別。「token」是一組隨機字元，具有唯一性而且無法輕易猜出，例如：

```
0d9781153ed42ea7d72b4a4963dbd4f7fbc1d09bca10
a8faae55d5dd66441521881a4e51eb17cd62596b156f
11218d31436e5ae3381bcb50acbf31dd2c5cd197
```

「token」會：

● 儲存到資料庫的新表格 token。

● 作為使用者的身分識別。

當使用者點擊含有「token」的連結時，網站會在資料庫的 token 資料表裡搜尋（請見第 626 頁），判斷這是為哪個會員產生的「token」。

接下來幾頁的內容，會説明如何使用「token」，協助會員重設密碼。首先是讓會員在「password-lost.php」頁面裡，輸入他們的電子郵件。

表單提交後，網站會檢查是否有使用者提供過這個電子郵件位址。如果有，會在資料庫的 token 資料表新增一個「token」，以電子郵件發送「password-reset.php」頁面的連結，讓使用者更新密碼。連結內的「token」，是為了識別現在是哪一位會員想要更新密碼。

使用者更新密碼時，會呼叫 Member 類別的新方法 passwordUpdate() 來更新密碼。

在資料庫儲存「TOKEN」

此處要利用新類別 Token 來產生 Token 物件，物件產生的「token」會儲存在資料庫的 token 資料表，回傳產生「token」的會員編號。

這個新的 token 資料表至少要儲存「token」以及是哪個會員編號產生「token」。為了提高安全性，每個「token」還要儲存：

- **到期時間**：這是為了避免「token」在預計使用的時間後仍然有效，範例網站是設定為「token」產生之後的四小時內。
- **用途**：網站會將「token」用於好幾種工作上，儲存用途是讓網站檢查，「token」是否有用在預期的目的上。

另一個使用「token」的常見原因是在使用者註冊網站時，網站會透過電子郵件發送連結給使用者，使用者登入網站前，必須先點擊該連結，藉此確認使用者提供的電子郵件位址是否正確。

此處要利用 Token 類別來產生 Token 物件，這個類別有兩個方法：

- create()：產生新「token」，然後儲存到資料庫。
- getMemberId()：檢查「token」是否**尚未**過期以及用途是否正確，如果是，就會回傳產生「token」的會員編號。

本書範例是利用 CMS 物件的新方法 getToken()，產生 token 物件，然後儲存在 CMS 物件的 token 屬性（跟產生 Article、Category 和 Member 物件的做法一樣）。

token			
token	member_id	expires	purpose
a730730065407fa0a0508cc7f06930ed962...	4	2021-03-08 14:04:01	password_reset
4fbb47d3ebd4c0f3269ef669e4123cc8a2d...	12	2021-03-08 14:05:09	password_reset
ba5fde0992dfc85b39397bf4df89ecaa25d...	9	2021-03-08 14:05:38	password_reset

右側的「token」是由 64 個隨機字元組成，利用以下兩個 PHP 內建方法產生：

- random_bytes()：產生由隨機位元組構成的字串，參數是要回傳的位元組數。
- bin2hex()：將二進位資料轉換成 16 進位。

產生 64 個隨機位元組

```
bin2hex(random_bytes(64));
```

將二進位轉換成 16 進位

```php
<?php
namespace PhpBook\CMS;                          // 宣告命名空間
class Token
{
    protected $db;                              // 儲存 Database 物件的引用位址

    public function __construct(Database $db)
    {
        $this->db = $db;                        // 將 Database 物件儲存在 $db 屬性
    }
    public function create(int $id, string $purpose): string
    {
        $arguments['token']     = bin2hex(random_bytes(64));              // Token
        $arguments['expires']   = date('Y-m-d H:i:s', strtotime('+4 hours'));// token 到期日
        $arguments['member_id'] = $id;                                   // 會員編號
        $arguments['purpose']   = $purpose;                              // token 用途
        $sql = "INSERT INTO token (token, member_id, expires, purpose)
                VALUES (:token, :member_id, :expires, :purpose);";   // SQL 陳述式
        $this->db->runSQL($sql, $arguments);                         // 執行 SQL 陳述式
        return $arguments['token'];                                  // 回傳 token
    }
    public function getMemberId(string $token, string $purpose)
    {
        $arguments = ['token' => $token, 'purpose' => $purpose,];    // token 及其用途
        $sql = "SELECT member_id FROM token WHERE token = :token
                AND purpose = :purpose AND expires > NOW();";// 執行SQL陳述式以取得會員編號
        return $this->db->runSQL($sql, $arguments)->fetchColumn();// 回傳會員編號或 false
    }
}
```

① ② ③ ④ ⑤ ⑥ ⑦ ⑧ ⑨ ⑩ ⑪ ⑫

1. 這個物件需要搭配資料庫一起使用，所以 __construct() 方法會將 Database 物件的引用位址儲存在 $db 屬性裡。

2. create() 方法是用於產生新「token」，然後儲存到資料庫的 token 資料表。

3. 產生出來的「token」會儲存在 $arguments 陣列，準備加入 SQL 陳述式。

4. $arguments 陣列加入「token」到期的日期和時間（此處範例是產生之後的四小時內）。

5. 在 $arguments 陣列裡加入會員編號和用途。

6. 以變數 $sql 儲存 SQL 陳述式，目的是將「token」加入資料庫。

7. 執行 SQL 陳述式。

8. create() 方法回傳新的「token」。

9. getMemberId() 方法檢查「token」是否有效，如果有效就回傳會員編號，若否則回傳 false。

10. 在陣列裡儲存「token」及其用途。

11. SQL 查詢從 token 資料表內，嘗試找出一列資料含有指定的「token」和用途，而且「token」尚未到期。若有找到符合條件的資料列，就會取得會員編號。

12. 執行 SQL 陳述式。若資料列符合條件，回傳會員編號；若否，則回傳 false。

範例：請求重設密碼

「password-lost.php」頁面（請見右頁）顯示的表單是讓使用者輸入電子郵件位址，以及請求密碼更新連結。送出表單後，網站會：

- 檢查使用者是否為會員以及取得會員編號。
- 為會員產生「token」，讓他們重設密碼，將「token」儲存到資料庫。
- 產生並且發送電子郵件給會員，內含重設密碼的網頁連結。

1. 啟用嚴格資料型態，匯入 Validate 類別，引入「bootstrap.php」檔案，為「Twig」頁面使用的兩個變數初始化。

2. if 陳述式檢查表單是否已經發送出去。

3. 若已發送，會收集表單裡的電子郵件位址，並且加以驗證。若電子郵件有效，變數 $error 會儲存空白字串；如果無效，會儲存驗證錯誤的訊息。

4. if 陳述式會檢查變數 $error 是否為空白字串。

5. 如果是，會呼叫 Member 類別的新方法 getIdByEmail()（請見下方程式碼），傳入電子郵件位址作為引數。嘗試從資料庫裡找出電子郵件位址，若有找到符合的電子郵件，就會回傳會員編號；若否，則回傳 false。這個方法的回傳值會存在變數 $id。

6. 利用另一個 if 陳述式檢查是否找到會員編號。

7. 若有找到，會呼叫 Token 物件的 create() 方法，為會員產生「token」，將「token」的用途設定為 password_reset。回傳新的「token」，儲存在變數 $token。

8. 產生指向「password-reset.php」頁面的連結，在查詢字串裡放新的「token」。為了產生這個連結，網站需要知道網域名稱，儲存在新的常數 DOMAIN（宣告於「config.php」）。如果尚未設定，請開啟檔案「config.php」，將主機名稱（請見第 190 頁）加到這個常數。

9. 產生電子郵件的主旨和主要內文。

10. 利用 Email 類別（請見第 598 ～ 599 頁）產生新的 Email 物件，然後發送電子郵件。若成功發送，變數 $sent 會儲存 true。

11. 以 $data 陣列儲存 Twig 樣板需要的資訊，再呼叫 Twig 的 render() 方法。

12. 「password-lost.html」樣板會產生表單（請見右頁第二部分的程式碼）。「Twig」if 陳述式會檢查變數 sent 的值是否為 false。如果是 false，會顯示表單，讓使用者請求重設密碼的連結；如果不是 false，會顯示訊息，告知使用者重設密碼的指示已經透過電子郵件發送給他們。

c16/src/classes/CMS/Member.php `PHP`

```php
public function getIdByEmail(string $email)
{
    $sql = "SELECT id FROM member
            WHERE email = :email;";                       // 執行 SQL 查詢以取得會員編號
    return $this->db->runSQL($sql, [$email])->fetchColumn(); // 執行 SQL 陳述式+回傳會員編號
}
```

```php
<?php
declare(strict_types = 1);                          // 使用嚴格資料型態
use PhpBook\Validate\Validate;                      // 匯入 Validate 類別的命名空間
include '../src/bootstrap.php';                     // 設定檔案
$error = false;                                     // 錯誤訊息
$sent  = false;                                     // 電子郵件是否已經發送

if ($_SERVER['REQUEST_METHOD'] == 'POST') {         // 若表單已經提交
    $email = $_POST['email'];                                   // 取得電子郵件
    $error = Validate::isEmail($email) ? '' : 'Please enter your email'; // 驗證
    if ($error === '') {                                        // 若電子郵件有效
        $id = $cms->getMember()->getIdByEmail($email);          // 取得會員編號
        if ($id) {                                              // 如果有找到會員編號
            $token = $cms->getToken()->create($id, 'password_reset');   // 產生 token
            $link  = DOMAIN . DOC_ROOT . 'password-reset.php?token=' . $token; // 產生連結
            $subject = 'Reset Password Link';                   // 產生郵件主旨和主要內文
            $body  = 'To reset password click: <a href="' . $link . '">' . $link . '</a>';
            $mail  = new \PhpBook\Email\Email($email_config);   // Email 物件
            $sent  = $mail->sendEmail($mail_config['admin_email'], $email,
                $subject, $body);                               // 發送電子郵件
        }
    }
}
$data['navigation'] = $cms->getCategory()->getAll();    // 導覽列要顯示的分類資料
$data['error']      = $error;                           // 驗證錯誤
$data['sent']       = $sent;                            // 是否已經發送電子郵件

echo $twig->render('password-lost.html', $data);        // 套用樣板
```

```twig
{% extends 'layout.html' %}
{% block title %}Password Reset{% endblock %}
{% block content %}...
  {% if sent == false %}
  <form method="post" action="password-lost.php" class="form-membership"> ...
    <label for="email">Enter your email address: </label>
    <input type="text" name="email" id="email" class="form-control"><br>
    <input type="submit" name="submit" value="Send email to reset password" class="btn">
    <span class="errors">{{ error }}</span><br>
  </form>
  {% else %}
  <p>If your address is registered, we will email instructions to reset your password.</p>
  {% endif %}...
{% endblock %}
```

範例：重設密碼

使用者開啟遺失密碼的電子郵件，點擊其中的連結時，會被傳送到「password-reset.php」（請見右頁）。如果查詢字串裡有找到有效的「token」，就會顯示表單，讓使用者更新他們的密碼。

1. 若查詢字串內有「token」，會儲存在變數 $token；如果沒有，會將使用者傳送到「login.php」。

2. 呼叫 Token 物件的 getMemberId() 方法，取出會員編號；若有找到編號，就儲存在變數 $id。

3. 如果沒有回傳會員編號，會將使用者傳送到「login.php」；若有回傳編號，就會顯示表單或是處理表單。

4. if 陳述式會檢查表單是否已經提交出去。

5. 若已提交，會取得（和確認）密碼。

6. 驗證兩個輸入框的值是否確定有符合密碼的要求，以及兩個密碼是否相同。任何錯誤都會儲存在變數 $errors。

7. 將任何錯誤合併成一個字串，儲存在 $invalid。

8. 若有發現任何錯誤，錯誤訊息會儲存在 $errors 陣列的 message 鍵值。

9. 否則，會呼叫 Member 類別的新方法 passwordUpdate() 來更新會員的密碼（如下所示）。

10. 收集會員資料。

11. 使用會員資料來產生和發送電子郵件給會員，告知會員密碼已經更新。

12. 將會員重新導向登入頁面，顯示成功訊息，告知會員密碼已經更新。

13. 將 Twig 樣板需要的資訊儲存在 $data 陣列。

14. 「password-reset.html」樣板會產生表單，檔案請見本書提供下載的程式碼。

15. Member 類別的新方法 passwordUpdate()（如下所示），需要會員編號及其新密碼作為參數。

16. 產生新密碼的「hash」值。

17. SQL 陳述式更新會員的密碼「hash」值，函式回傳 true。

c16/src/classes/CMS/Member.php　　　　　　　　　　　　　　　　　　　`PHP`

```
⑮  public function passwordUpdate(int $id, string $password): bool
    {
⑯      $hash = password_hash($password, PASSWORD_DEFAULT);          // 密碼雜湊
        $sql = 'UPDATE member
                    SET password = :password
⑰              WHERE id = :id;';                                    // 執行 SQL 陳述式以更新密碼
        $this->db->runSQL($sql, ['id' => $id, 'password' => $hash,]); // 執行 SQL 陳述式
        return true;                                                // 回傳 true
    }
```

```php
<?php
declare(strict_types = 1);                              // 使用嚴格資料型態
use PhpBook\Validate\Validate;                          // 匯入類別

include '../src/bootstrap.php';                         // 設定檔案
$errors = [];                                           // 陣列初始化

$token = $_GET['token'] ?? '';                          // 取得 token
if (!$token) {                                          // 如果沒有回傳 token
    redirect('login.php');                              // 重新導向登入頁面
}
$id = $cms->getToken()->getMemberId($token, 'password_reset');  // 取得會員編號
if (!$id) {                                             // 如果編號不存在
    redirect('login.php', ['warning' => 'Link expired, try again.',]); // 重新導向登入頁面
}

if ($_SERVER['REQUEST_METHOD'] == 'POST') {             // 若表單已經提交
    $password = $_POST['password'];                     // 取得新密碼
    $confirm  = $_POST['confirm'];                      // 取得確認用密碼
    // 驗證密碼並且檢查是否一致
    $errors['password'] = Validate::isPassword($password)
        ? '' : 'Passwords must be at least 8 characters and have:<br>
                A lowercase letter<br>An uppercase letter<br>A number
                <br>And a special character';          // 密碼無效
    $errors['confirm']  = ($password === $confirm)
        ? '' : 'Passwords do not match';               // 密碼不一致
    $invalid = implode($errors);                        // 合併錯誤訊息

    if ($invalid) {                                     // 如果密碼無效
        $errors['message'] = 'Please enter a valid password.'; // 儲存錯誤訊息
    } else {                                            // 否則
        $cms->getMember()->passwordUpdate($id, $password); // 更新密碼
        $member  = $cms->getMember()->get($id);        // 取得會員詳細資料
        $subject = 'Password Updated';                 // 產生電子郵件的主旨和主要內文
        $body    = 'Your password was updated on ' . date('Y-m-d H:i:s') .
            ' - if you did not reset the password, email ' . $email_config['admin_email'];
        $email   = new \PhpBook\Email\Email($email_config);  // 產生 Email 物件
        $email->sendEmail($email_config['admin_email'], $member['email'], $subject, $body);
        redirect('login.php, ['success' => 'Password updated']); // 重新導向登入頁面
    }
}

$data['navigation'] = $cms->getCategory()->getAll();   // 導覽列上的所有文章分類
$data['errors']     = $errors;                         // 錯誤訊息陣列
$data['token']      = $token;                          // Token
echo $twig->render('password-reset.html', $data);      // 套用樣板
```

本章重點回顧

會員系統

❯ 會員註冊網站時，必須提供唯一識別碼（例如，電子郵件位址）和密碼，用以確認會員是否為他們所宣稱的身分。

❯ 會員拜訪網站期間，會員相關資訊會儲存在資料庫裡。

❯ 會員返回網站並且登入時，Session 會記下會員該次登入的資訊，在該次拜訪期間，儲存會員的相關資料。

❯ 資料庫是儲存會員密碼的「hash」值，而非會員真正的密碼。

❯ 「角色」是決定會員能在網站上做什麼。

❯ 「token」不用包含個人資料（例如，電子郵件或編號），就可以識別使用者身分。

❯ 當網站允許使用者在未登入的情況下更新資料庫時，就要使用「token」。

17

新增網站功能

本章會介紹如何新增網站功能，改變網址讓搜尋引擎更容易索引網站，以及讓使用者對文章按讚和發表評論。

搜尋引擎友善網址有助於搜尋引擎最佳化（search engine optimisation，簡稱 SEO），因為網址中會使用關鍵字，例如，文章標題或類別名稱。

例如，將這篇文章的網址：`https://eg.link/article.php?id=24`
修改成含有文章標題：`https://eg.link/article/24/travel-guide`

學會如何將範例網站的網址改成這個新結構之後，本章第二部分的內容是新增兩個功能，讓已登入網站的會員可以：

- 對一項作品**按讚**（就像 Facebook、Instagram 和 Twitter 會員可以對其他會員寫的貼文按讚一樣）。
- 對一項作品**留言**，發表自己的意見和回饋。

本章會新增的網站功能包括：

- 列出使用者能使用的功能。
- 判斷哪些資料需要儲存在資料庫裡。
- 在 PHP 程式碼和樣板中實作功能。

最後這個部分學到的技巧也能應用於開發新網站。

搜尋引擎友善網址

在網址裡加入描述網頁內容的單字，有助於搜尋引擎最佳化（SEO），讓這些網頁在搜尋引擎眼中更加顯眼，也能讓網址更好懂。

截至目前為止，範例網站上每個頁面的網址都是執行 PHP 檔案的路徑。如果網頁需要從資料庫取出資料，就要在查詢字串裡指定資料編號。

多數網站會使用更具有描述性、搜尋引擎友善的網址，而非檔案路徑。當網站訪客請求這些具有描述性的網址，網站會將網址轉換成檔案路徑，**並且**通知那個檔案應該顯示什麼資料，這項技巧稱為「**重改網址**」（URL rewriting）。

想要寫出搜尋引擎友善網址，有好幾種做法。請見下表，在前幾章使用的舊網址旁，是本章根據搜尋引擎友善格式改寫的新網址。

新的搜尋引擎友善網址包含三個部分，每個部分都會以斜線字元 / 隔開：

1. 兩邊網址的開頭都一樣，都是檔案路徑，但新網址會去掉檔案副檔名「**.php**」。現在去掉副檔名之後的檔案名稱適用於搜尋引擎友善網址，因為有描述網頁的用途。

2. 接著是，如果舊網址有包含查詢字串，字串內有準備要從資料庫取出資料的編號，新的寫法是在斜線後面加上準備要從資料庫取出資料的編號。

3. 文章和分類頁面加入搜尋引擎友善名稱，有助於搜尋引擎索引出這些頁面：
   - 文章頁面會使用文章標題。
   - 分類頁面會使用分類名稱。

舊網址	新網址
https://localhost/register.php	https://localhost/register
https://localhost/login.php	https://localhost/login
https://localhost/category.php?id=2	https://localhost/category/2/digital
https://localhost/category.php?id=4	https://localhost/category/4/photography
https://localhost/article.php?id=19	https://localhost/article/19/forecast
https://localhost/article.php?id=24	https://localhost/article/24/travel-guide
https://localhost/member.php?id=2	https://localhost/member/2
https://localhost/admin/article.php?id=24	https://localhost/admin/article/24

由於新的網址不再包含檔案路徑，因此，PHP 網頁的每項請求都會發送給「index.php」，這個檔案接收到搜尋引擎友善網址後，會以斜線拆開每個部分，然後單獨儲存為陣列裡的某個元素。對於訪客公開請求的網頁，陣列會儲存以下幾個部分：

1. 應該用於處理請求的檔案。
2. 資料庫內的資料編號（如果有用到）。
3. 搜尋引擎友善術語（如果有加）。

「index.php」接著會取出陣列裡第一個元素的值，然後加上檔案副檔名「.php」，複製舊網址使用的檔案名稱。

「index.php」隨後會引入這個檔案，用於處理請求。下表説明：

- 路徑：網址的一部分，放在主機名稱後面。
- 陣列：在拆解路徑時產生。
- 説明：陣列中每個部分的用途。

路徑	陣列的每個部分	
register	`$parts[0] = 'register';`	產生只有一個元素的陣列。 表示檔案「index.php」應該引入「register.php」這個頁面，讓新的使用者註冊。

category/2/digital	`$parts[0] = 'category';`
	`$parts[1] = '2';`
	`$parts[2] = 'digital';`
		產生有三個元素的陣列：
		● 引入檔案「category.php」。
		● 分類編號是 2。
		● 分類名稱是 'digital'（有利於搜尋引擎最佳化）。

article/15/seascape	`$parts[0] = 'article';`
	`$parts[1] = '15';`
	`$parts[2] = 'seascape';`
		產生有三個元素的陣列：
		● 引入檔案「article.php」。
		● 文章編號是 15。
		● 文章標題是 'seascape'（有利於搜尋引擎最佳化）。

管理頁面不應該讓搜尋引擎索引，所以管理頁面的網址結尾不能使用搜尋引擎友善術語。以斜線拆解管理頁面網址的每個部分，然後轉換成陣列，其中的元素有：

1. 指定這個頁面是 admin。
2. 指出哪個檔案應該處理請求。
3. 儲存該頁面要使用的資料編號（如果需要）。

「index.php」產生陣列之後，會檢查第一個元素的值是不是 admin。如果是，就會請求管理頁面，引入檔案路徑的產生方式不同，是將下列元素合併在一起：

- 陣列第一個元素的值。
- 斜線 /。
- 陣列第二個元素的值。
- 檔案副檔名 .php。

路徑	陣列的每個部分	

admin/article/15	`$parts[0] = 'admin';`
	`$parts[1] = 'article';`
	`$parts[2] = '15';`
		這個陣列指定：
		● 引入 PHP 檔案「admin/article.php」。
		● 使用的文章編號是 15。

admin/category/1	`$parts[0] = 'admin';`
	`$parts[1] = 'category';`
	`$parts[2] = '1';`
		這個陣列指定：
		● 引入 PHP 檔案「admin/category.php」。
		● 使用的分類編號是 1。

注意：網址不能包含空白和幾個具有特殊意義的字元，例如：/ ? : ; @ = & " < > # % { } | \ ^ ~ [ ] `

文章標題或分類名稱必須先移除這些字元，才能使用在網址裡，新的值會儲存在資料庫。

更新檔案結構

「index.php」檔案是唯一還留在文件根目錄下的 PHP 檔案,「index. php」處理網址時引入的所有的 PHP 網頁,都已經移到文件根目錄上層的「src/pages」目錄。

本章使用的新的檔案結構,請見下圖。

所有的 PHP 網頁都已經移出「public」目錄(也就是文件根目錄),轉而移入「src/pages」目錄。

「public」資料夾出現兩個新檔案:

- 「.htaccess」:內含將所有請求導向「index. php」的規則(這個檔案是 Apache 網頁伺服器的設定檔)。

- 「index.php」:負責處理網址以及從「src/ pages」資料夾引入相關的 PHP 網頁。

```
▼ 📁 c17                          ⟵ 相當於應用程式根目錄
    📄 .htaccess                  ⟵ 重改網址用的規則
    ▶ 📁 config                   ⟵ 文件根目錄資料夾
    ▼ 📁 public
        ▶ 📁 css
        ▶ 📁 font
        ▶ 📁 img
        ▶ 📁 js
        ▶ 📁 uploads
        📄 index.php              ⟵ 處理網址和引入相關網頁
    ▼ 📁 src
        ▶ 📁 classes
        ▶ 📁 pages                ⟵ PHP 網頁
        📄 bootstrap.php
        📄 functions.php
    ▶ 📁 templates
    ▶ 📁 var
    ▶ 📁 vendor
    📄 composer.lock
    📄 composer.json
```

圖例:
- ⬤ 文件根目錄
- ◗ 在文件根目錄內
- ⬤ 在文件根目錄上層

實作搜尋引擎友善網址

新增功能時，必須思考：要儲存什麼資料、程式碼如何實作這項功能，以及該如何更新介面。為了加入搜尋引擎友善網址，我們必須解決以下這些議題。

要儲存什麼資料以及如何儲存

產生或更新某篇文章、某個文章分類時，也會產生該篇文章、文章分類的搜尋引擎友善名稱，並且儲存在資料庫。

這些名稱會儲存在 article 資料表的 seo_title 欄和 category 資料表的 seo_name 欄。下方是更新過的 category 資料表。

category				
id	name	description	navigation	seo_name
1	Print	Inspiring graphic design	1	print
2	Digital	Powerful pixels	1	digital
3	Illustration	Hand-drawn visual storytelling	1	illustration

程式碼如何實作新功能

由於搜尋引擎友善網址不會使用 PHP 檔案路徑，所以文件根目錄下新的「.htaccess」檔裡面的規則，是通知網頁伺服器將所有 PHP 網頁的請求都發送給「index.php」。

「index.php」隨即處理請求的網址：

- 從資料庫取得所有需要資料的編號，將編號儲存在變數裡。
- 引入正確的 PHP 檔案，處理網頁的請求。

新增或編輯文章、文章分類時：

- 新增的 create_seo_name() 函式會產生搜尋引擎友善名稱。
- Article 和 Category 類別現有的方法會負責將這些新名稱儲存到資料庫。

從資料庫取得文章和文章分類資料後，會回傳搜尋引擎友善名稱，然後傳送給「Twig」樣板，產生新的連結。

更新介面

「Twig」樣板裡的所有連結都需要更新，加上他們新增的搜尋引擎友善名稱。

以下是某篇文章的網頁連結，使用該篇文章的編號，後面是搜尋引擎友善標題。

```
<a href="article/{{ article.id }}/{{ article.seo_title }}">
```

重改網址

Apache 網頁伺服器有內建重改網址引擎。利用規則判斷，請求某個網址的時候，何時應該轉換成請求其他不同的網址。

搜尋引擎友善網址只會用在網站訪客請求**網頁**的情況，例如，文章、文章分類和會員頁面，不會用在其他網址保持不變的檔案，例如，圖像、CSS、JavaScript 或 前 端 檔 案。因 此，要 在 Apache 網頁伺服器的重改網址引擎上設定：

- 圖像、CSS、JavaScript 和前端檔案的提供方式跟以前一樣，因為這些檔案的網址沒變。

- 將所有其他請求都發送給「index.php」檔。

「index.php」檔會處理網址，隨後引入相關檔案。

前面章節已經看過（請見第 196 ～ 199 頁）「.htaccess」檔是控制 Apache 網頁伺服器的偏好設定（包含重改網址引擎）。「c17」資料夾下有「.htaccess」檔（還有設定字元編碼和檔案上傳大小的上限），重改網址引擎的控制規則也加在這個檔案。

1. 開啟重改網址引擎。

重改網址引擎的指令分為兩個部分：

- **條件**：指定何時套用規則的情況。
- **規則**：說明滿足條件時會發生什麼。

2. 條件是指：若請求的檔案**不存在**伺服器上，就處理下一條規則：

- 用於引入圖像、CSS、JavaScript 和前端檔案的網址，指定為這些檔案的在伺服器上的位置（所以後續其他規則都**不會**執行）。
- 搜尋引擎友善網址不會指向伺服器上的檔案（所以**會**執行後續其他規則）。

3. 規則指出：由位於文件根目錄下的「index.php」檔來處理請求。

```
c17/public/.htaccess                                    PHP

    ...
①  RewriteEngine On
②  RewriteCond %{REQUEST_FILENAME} !-f
③  RewriteRule . public/index.php
```

「.htaccess」檔可以存放多個條件，滿足該條件才會執行後面的規則。

這個檔案還針對重改網址提供其他強大的工具，但礙於篇幅有限，無法全部納入本書內容。

更新網址

搜尋引擎友善網址連結其他網頁、圖像、CSS、JavaScript 和前端檔案時，其位置都是相對於文件根目錄。通常會使用斜線 / 表示，但本書範例網站必須使用常數。

在前幾章的內容裡，連結到網站其他網頁、圖像、CSS、JavaScript 和前端檔案時，使用的網址都是相對於目前的 PHP 網頁。新的搜尋引擎友善網址則是讓網頁看起來像是分散在不同的資料夾。例如，以下這兩個網址指向的資料夾似乎不存在：

/category/1/print
/article/22/polite-society-posters

因此，必須更新所有相對連結，讓路徑相對於網站的文件根目錄，而非當前的網頁。

網站通常會以斜線 / 表示文件根目錄的路徑，但由於本書提供下載的程式碼裡有好幾個版本的範例網站，所以從第 14 章開始，每一章程式碼底下的 public 資料夾，會視為文件根目錄的資料夾。範例網站上**所有**相對連結的開頭，都會使用這個指向 public 資料夾的路徑。

儲存這個路徑的常數是宣告在「config.php」檔。「bootstrap.php」將這個常數加入「Twig」全域變數，命名為 doc_root，讓所有樣板使用。從以下樣板程式碼，可以看到網頁連結（已經有搜尋引擎友善標題）和圖像路徑的開頭都已經變成這個常數。

TWIG `c17/templates/article-summaries.html`

```twig
{% for article in articles %}
<article class="summary">
<a href="{{ doc_root }}article/{{ article.id }}/{{ article.seo_title }}">
  {% if article.image_file %}
  <img src="{{ doc_root }}uploads/{{ article.image_file }}" alt="{{ article.image_alt }}">
  {% else %}
  <img src="{{ doc_root }}uploads/blank.png" alt="">
  {% endif %}

...

  {% if session.id == article.member_id %}
    <a href="{{ doc_root }}work/{{ article.id }}" class="btn btn-primary">Edit</a>
  {% endif %}</article>
{% endfor %}
```

處理請求

圖像、CSS、JavaScript 或前端檔案以外的請求，都會發送給「index.php」檔，這個檔案負責將網址轉換成陣列，然後引入正確的 PHP 檔案來處理請求。

1. 「index.php」檔引入「bootstrap.php」，避免所有 PHP 網頁都要重複撰寫這行陳述式。

接下來是將請求的網址轉換成網址。

2. 從 PHP 的超全域性陣列 $_SERVER 裡取出請求的路徑（主機名稱後面的部分網址），全部轉換成小寫，儲存在變數 $path。

3. 變數儲存的路徑會移除到本章 public 資料夾為止的部分路徑（也就**是**範例使用的文件根目錄）。在本章範例中，會移除「phpbook/section_d/c17/public/」（這是因為下載程式碼包含多個網站版本，才需要這個步驟）。

4. 利用 PHP 內建的 explode() 函式，以斜線分割路徑，將拆分出來的每個部份單獨儲存為 $parts 陣列裡的某個元素。

先前在第 637 頁已經看過，請求公開網頁時，陣列的第一個元素是指要使用哪個檔案。如果是管理頁面，第一個元素值會是 admin，第二個元素值才是要使用的檔案。例如：

路徑	陣列的每個部分
article/15/seascape	$parts[0] = 'article'; $parts[1] = '15'; $parts[2] = 'seascape';
admin/article/15	$parts[0] = 'admin'; $parts[1] = 'article'; $parts[2] = '15';

5. 檢查 $parts 陣列第一個元素的值，確認是請求公開網頁還是管理頁面。如果陣列第一個元素值**不是** admin，表示該次請求的頁面是大家都可以檢視的網頁。

6. $parts 陣列的第一個元素是決定要引入的檔案名稱，用於處理請求。例如，假設使用者請求某篇文章的頁面，這個值會是 article（如左下表格所示）。

如果使用者是請求首頁，這個陣列元素不會有值，變數 $page 會改存單字 index。

為了儲存這個值，此處要介紹一個三元運算子用的新縮寫，稱為「Elvis」運算子。

改寫以下程式碼：

$page = $parts[0] ? $parts[0] : 'index';

使用新的縮寫法：

$page = $parts[0] ?: 'index';

如果 $parts[0] 有值，會將這個值儲存在變數 $page；如果沒有值，$page 的儲存值是單字 index。

7. 陣列的第二個元素如果有值，會是網頁要使用的資料編號。如果陣列第二個元素裡有編號存在，會儲存在變數 $id；否則，$id 會儲存 null。

8. 如果使用者是請求管理頁面，$parts 陣列的第一個元素值會是單字 admin，第二個元素值才是網頁名稱。

```php
<?php
(1) include '../src/bootstrap.php';                                  // 設定檔案

(2) $path  = mb_strtolower($_SERVER['REQUEST_URI']);                 // 取得路徑，轉換成小寫
(3) $path  = substr($path, strlen(DOC_ROOT));                        // 移除到 DOC_ROOT 為止的路徑
(4) $parts = explode('/', $path);                                    // 拆分每個斜線部分的內容，存入陣列

(5) if ($parts[0] != 'admin') {                                      // 如果不是請求管理頁面
(6)     $page = $parts[0] ?: 'index';                                // 網頁名稱或使用單字 index
(7)     $id   = $parts[1] ?? null;                                   // 取得編號或使用 null
(8) } else {                                                         // 如果是請求管理頁面
(9)     $page = 'admin/' . ($parts[1] ?? '');                        // 網頁名稱
(10)    $id   = $parts[2] ?? null;                                   // 取得編號
}
(11) $id = filter_var($id, FILTER_VALIDATE_INT);                     // 驗證 id 值

(12) $php_page = APP_ROOT . '/src/pages/' . $page . '.php';          // PHP 網頁路徑
(13) if (!file_exists($php_page)) {                                  // 如果網頁不存在
(14)     $php_page = APP_ROOT . '/src/pages/page-not-found.php';     // 沒有找到要引入的頁面
}
(15) include $php_page;                                              // 引入 PHP 檔案
```

9. 變數 $page 建立路徑，指向預定要處理請求的檔案，以字串 admin/ 後面接網頁名稱（如果網址結尾是「admin」，後面沒有指定網頁，表示 parts[1] 沒有值，所以空值合成運算子會以空白字串取代這個值）。

10. 如果網址有編號存在，會儲存在變數 $id；否則，$id 會儲存 null。

11. 利用 PHP 內建的 filter_var() 函式，檢查變數 $id 的儲存值是否為整數。為了避免每個要使用編號的 PHP 網頁都要重複撰寫這行陳述式（檢查變數 $id 的值是否為整數）。這個網頁現時有三個變數：

- $parts：儲存網址各個組成部分的陣列。
- $page：網頁名稱（如果是管理頁面，網頁名稱前會加「admin/」）。
- $id：編號（如果網址裡有指定編號）。

12. 指向網頁（負責處理請求）的路徑會儲存在變數 $php_page，產生這個連結需合併以下的值：

- 常數 APP_ROOT 的值（建立於「bootstrap.php」）。
- 路徑，指向 PHP 網頁目錄「src/pages」。
- 變數 $page 的值。
- 檔案副檔名 .php。

13. PHP 內建的 file_exists() 函式，檢查指向 PHP 檔案的路徑（步驟 12 產生），跟伺服器上實際存在的檔案是否**不一致**。

14. 如果不一致，$php_page 儲存的值會更新為指向「page-not-found.php」檔的路徑。這個檔案的結尾是 exit 命令，會停止執行後續所有的程式碼。

15. 如果這個 PHP 頁面繼續執行，會引入 $php_page 儲存的 PHP 檔案。這些 PHP 頁面引入之後，執行方式就跟網址請求這些頁面時的做法一樣（因為就像是將程式碼複製貼上到 PHPinclude 指令的位置）。

產生 SEO 名稱

產生或更新文章、文章分類時，新增的 create_seo_name() 函式會為文章或分類產生搜尋引擎友善名稱。

由於網址不能包含空白和某些具有特殊意義的字元（例如，/ ? = & #），所以我們在「functions.php」新增 create_seo_name() 函式，從文章標題和分類名稱產生搜尋引擎友善名稱，而且只包含大小寫英文字母 A 到 z、數字 0 到 9 和破折號。

PHP 內建的 transliterator_transliterate() 函式還會嘗試以效果最接近的 ASCII 字元（根據語音相似性），取代非 ASCII 的字元。例如，「Über」會改成「Uber」、「École」會改成「Ecole」。Apache 網頁伺服器需要安裝擴展才能處理「字母轉寫」（transliteration），所以下方程式碼會利用 PHP 內建的 function_exists() 函式，在呼叫函式前，先檢查該函式是否存在。如果函式可以使用，才會執行工作。讀者若想進一步了解「字母轉寫」，請參見：http://notes.re/php/transliteration

1. create_seo_name() 函式接受一個字串作為參數，回傳搜尋引擎友善版文字。

2. 將回傳文字轉換成小寫。

3. 移除文字頭尾的空白字元。

4. 以 PHP 內建 function_exists() 函式檢查，是否能使用 transliterator_transliterate() 函式。如果可以使用，就會呼叫這個函式，以效果最接近的 ASCII 字元取代非 ASCII 的字元。

5. preg_replace() 是以破折號取代空白字元。

6. 移除 -、A-z 或 0-9 以外的任何字元。

7. 回傳更新後的文章或分類名稱。

c17/src/functions.php `PHP`

```php
function create_seo_name(string $text): string
{
    $text = strtolower($text);                      // 將文字轉換成小寫
    $text = trim($text);                            // 移除文字頭尾的空白字元
    if (function_exists('transliterator_transliterate')) { // 若有安裝字母轉寫用的函式
        $text = transliterator_transliterate('Latin-ASCII', $text); // 進行字母轉寫
    }
    $text = preg_replace('/ /', '-', $text);        // 置換成破折號
    $text = preg_replace('/[^-A-z0-9]+/', '', $text); // 移除破折號、A-z 或 0-9 以外的字元
    return $text;                                   // 回傳 SEO 名稱
}
```

儲存 SEO 名稱

產生或更新文章、文章分類時，呼叫 create_seo_name() 函式，函式回傳的名稱隨後會傳送給負責更新資料庫的方法。

1. 產生或更新文章分類時，「category.php」（現在移到「src/pages/admin」）會呼叫 create_seo_name() 函式，傳入分類名稱作為引數。

函式回傳的搜尋引擎友善名稱會儲存在分類資料陣列裡，這個陣列隨後會傳送給 Category 物件的 create() 或 update() 方法。

PHP   c17/src/pages/admin/category.php

```php
$category['name']        = $_POST['name'];                          // 取得分類名稱
$category['description'] = $_POST['description'];                   // 取得分類說明
$category['navigation']  = (isset($_POST['navigation'])) ? 1 : 0;  // 取得導覽列的設定選項
$category['seo_name']    = create_seo_name($category['name']);     // 搜尋引擎友善名稱
```
① 指向 `$category['seo_name']` 那一行

2. 呼叫 Category 物件的 create() 或 update() 方法時，$category 陣列會新增元素，用於儲存搜尋引擎友善名稱。

3. 更新 SQL 陳述式的 INSERT 和 UPDATE 子句，用於儲存函式產生出來的搜尋引擎友善名稱。

文章產生 SEO 名稱的流程也是一樣：

- 在 admin/article.php 和 work.php 這兩個檔案的 $article 陣列裡，加入鍵值 seo_title。
- 呼叫 Article 類別的 create() 或 update() 方法，將搜尋引擎友善標題儲存到資料庫。

PHP   c17/src/classes/CMS/Category.php

```php
public function create(array $category): bool
{
    try {                                              // 嘗試產生 SEO 名稱
        $sql = "INSERT INTO category (name, description, navigation, seo_name)
                VALUES (:name, :description, :navigation, :seo_name);"; // SQL 陳述式
    ...
```
② 指向 `public function create` 那一行
③ 指向 `$sql = "INSERT INTO` 那一行
④ 指向 `VALUES (` 那一行

注意：資料庫裡 seo_name 和 seo_title 這兩個資料欄具有「條件約束：唯一性」（跟 name 和 title 資料欄一樣），以確保每個 SEO 名稱都是唯一。

用於儲存搜尋引擎友善名稱的程式碼也是放在第 16 章，如果執行那一章的程式碼產生異動，這能確保資料庫會儲存 SEO 名稱。

範例：使用搜尋引擎友善名稱來顯示網頁

文章和分類頁面在網址內使用搜尋引擎友善名稱，這些網頁在顯示之前，會先檢查搜尋引擎友善名稱是否正確。

第一部分的程式碼是更新 Article 和 Category 這兩個類別的 get() 和 getAll() 方法，才能從資料庫取出搜尋引擎友善名稱。

1. 在 Category 類別的 get() 方法裡，SQL 陳述式會請求 seo_name 欄的資料。

接著是，**所有**移到「src/pages」資料夾的 PHP 檔案會移除下列兩項工作，因為這些工作現在已經轉由「index.php」執行：

- 引入「bootstrap.php」檔。
- 從查詢字串取出編號並且加以驗證。

然後，在「article.php」和「category.php」這兩個檔案裡新增一項工作：檢查搜尋引擎友善名稱是否正確，因為**可能**會出現多個不同標題的連結都指向同一篇文章，例如：

✔ http://eg.link/article/24/travel-guide
✘ http://eg.link/article/24/japan-guide
✘ http://eg.link/article/24/guide-book

上方這些網址，每一個都有網站用來取得網頁資料需要的資訊（具有要引入的網頁類型和一個編號），然而，搜尋引擎可能會將這些不同的網頁都視為重複的內容，而且會以此作為懲罰網站的某種理由。如果有其他網站拼錯連結的文字而指向這些網頁，或是連結產生之後，文章標題改變了，都有可能造成這種情況。

因此，「article.php」和「category.php」這兩個頁面都會檢查網址裡搜尋引擎友善部分的內容（儲存在「index.php」檔的 $parts 陣列），跟資料庫裡的搜尋引擎友善名稱是否一致。如果不一致，會將使用者重新導向正確的網址。

2. if 陳述式會檢查網址裡的搜尋引擎友善名稱（「index.php」檔裡 $parts 陣列的第三個元素值），跟資料庫裡的搜尋引擎友善名稱是否一致（在比較之前，這兩個值都會先轉換成小寫）。

3. 如果兩者不一致，redirect() 函式會使用網址裡正確的搜尋引擎友善名稱，將網站訪客傳送到相同的網頁。最後需要更新每個樣板裡的每個連結，才能使用搜尋引擎友善網址。

4. 路徑組成有：

- 指向網站文件根目錄的路徑（通常會以 / 表示，但因為本書提供下載的程式碼具有多個版本的網站，所以路徑會指向本章的 public 資料夾）。
- PHP 網頁名稱（去掉檔案副檔名 .php）。
- 文章或分類的編號。
- 如果連結是指向文章或文章分類，就會是 SEO 名稱。

5. 圖像檔案路徑還需要包含指向文件根目錄的路徑（請見第 641 頁）。

```php
public function get(int $id)
{
    $sql = "SELECT id, name, description, navigation, seo_name
            FROM category
            WHERE id = :id;";                    // 執行 SQL 陳述式以取得某個文章分類
    return $this->db->runSQL($sql, [$id])->fetch();  // 回傳文章分類資料
}
```

① (位於左側)

```php
<?php
declare(strict_types = 1);                       // 使用嚴格資料型態

if (!$id) {                                        // 若無有效的 id 值
    include APP_ROOT . '/src/pages/page-not-found.php';  // 沒有找到網頁
}

$category = $cms->getCategory()->get($id);         // 取得文章分類的資料
if (!$category) {                                  // 若文章分類是空值
    include APP_ROOT . '/src/pages/page-not-found.php';  // 沒有找到網頁
}

if (mb_strtolower($parts[2]) != mb_strtolower($category['seo_name'])) {  // SEO 名稱錯誤
    redirect('category/' . $id . '/' . $category['seo_name'], [], 301);  // 重新導向
}

$data['navigation'] = $cms->getCategory()->getAll();  // 取得要顯示在導覽列上的文章類別
$data['category']   = $category;                      // 目前瀏覽的文章分類
$data['articles']   = $cms->getArticle()->getAll(true, $id);  // 取得文章
$data['section']    = $category['id'];                // 導覽列要顯示的文章分類編號
```

② ③ ④ (位於左側)

```twig
<a href="{{ doc_root }}article/{{ article.id }}/{{ article.seo_title }}">
  {% if article.image_file %}
    <img src="{{ doc_root }}uploads/{{ article.image_file }}"
      alt="{{ article.image_alt }}">
  {% else %}
    <img src="{{ doc_root }}uploads/blank.png" alt="">
  {% endif %}
  ...
```

④ ⑤ ⑤ (位於左側)

規劃新功能

新增一項功能時，首先要弄清楚這項功能是要讓使用者做什麼。這個步驟能讓我們日後在實作功能時，更容易寫出程式碼。

在我們開始動手為網站新功能寫程式之前，應該先定義清楚使用者能做什麼。幫助我們釐清要如何拆解工作任務。

以本章為例，所有列出文章摘要的網頁，網頁上的每篇文章都會顯示有多少會員按過讚以及該篇文章的留言數。

文章頁面會在標題下方顯示讚數和留言數，完整評論則會顯示在圖像下方。此外，如果會員已經登入：

- 愛心圖示會搭配功能連結：喜歡 / 不喜歡該篇文章。

- 顯示表單：可以對該篇文章發表評論（否則會告知會員，要先登入才能留言）。

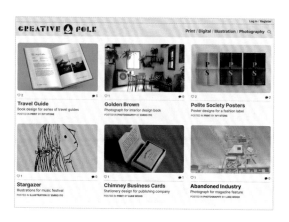 

一旦我們知道新功能是要讓使用者做什麼，接下來就是：

1. 弄清楚哪些資料要儲存在資料庫裡。

2. 為了從資料庫取出資料或儲存資料到資料庫，需要撰寫或更新哪些方法。

3. 為執行新工作所需而建立或更新 PHP 網頁，確保樣板能取得完成工作需要的資料。

4. 建立或更新樣板，讓網站訪客能透過樣板與這些新功能互動。

決定要儲存什麼資料以及如何儲存

首先要決定使用者需要看到什麼資料，以及資料庫是否必須儲存任何新資料。

為了顯示讚數，資料庫必須儲存：

- 喜歡該篇文章的使用者（一定會儲存在 member 資料表）。
- 使用者喜歡的文章（新資料）。

為了顯示評論，資料庫必須儲存：

- 留下評論的使用者（member 資料表）。
- 評論內容（新資料）。
- 留下評論的日期和時間（新資料）。

接著是決定如何將新資料儲存到資料庫裡。

建立類別與方法來擷取和儲存資料

知道哪些資料要儲存在資料庫後，就需要寫類別和方法，幫助我們取得、產生、更新和刪除資料。為了實作按讚和評論這兩項功能，我們需要兩個新類別：

- Like 類別：負責取得、增加和移除讚數。
- Comment 類別：負責取得和新增使用者的評論。

現有的 Article 類別也要更新 get() 和 getAll() 這兩個方法，才能回傳每篇文章的總讚數和評論數。

更新 PHP 網頁

再來是，弄清楚實作新功能時，是否需要更新現有的 PHP 檔案或產生新的檔案。

例如，需要使用新的檔案來儲存網站訪客對某篇文章的喜歡或不喜歡。

更新樣板檔案

最後是更新樣板，用於產生 HTML 網頁，然後發送回去給瀏覽器。

「article-summaries.html」樣板用於顯示每篇文章有多少讚數和評論數。

A. 如果新資料是跟某些內容相關的其他資料，而且現有資料表可以表示（例如，文章或會員），就加入那個資料表。

B. 如果新資料是表示一個全新的概念或物件，就產生新的資料表來表示。例如，文章評論會儲存在新的 comment 資料表。

C. 如果新資料是描述資料庫內現有概念之間的關係，就要使用**連結**資料表。實作按讚功能時，由於資料庫已經有會員**和**文章的相關資料，所以連結資料表裡面只要儲存會員編號和會員喜歡的文章編號。

LIKE 類別

方法名稱	說明
get()	確認使用者是否對該篇文章按過讚。
create()	將一個「讚」加到資料庫。
delete()	從資料庫移除一個「讚」。

COMMENT 類別

方法名稱	說明
getAll()	取得該篇文章的評論數。
create()	將評論加到資料庫。

現有的「article.php」頁面也需要檢查：

- 使用者是否已經登入；若已登入，使用者對該篇文章按過讚嗎？
- 評論是否已經提交；若已提交，就要驗證評論內容，然後儲存到資料庫裡。

article.html 樣板是用於顯示總讚數、總評論數以及完整的評論內容。若使用者已經登入網站，會加上功能連結，讓使用者對該篇文章表達喜歡或不喜歡，還會顯示表單，讓使用者提交評論。

儲存評論

新的 comment 資料表負責儲存每個評論的內容，以及該評論是由哪個編號的會員所留。

新的 comment 資料表具有下列資料欄（如下表所示）：

- id：由 MySQL 的自動遞增功能產生。
- comment：對某篇文章的評論。
- posted：評論的儲存日期和時間（也就是資料庫把評論加入資料表的時間）。
- article_id：文章編號。
- member_id：是哪個編號的會員寫了這篇文章。

article_id 和 member_id 資料欄都使用了「條件約束：外部索引鍵」（請見第 431 頁），以確保該篇評論儲存有效的文章編號和會員編號。

注意：改變資料庫內容前，一定要記得產生資料庫備份（請見第 427 頁）。這個步驟很重要，因為新增功能時，有可能意外覆寫或刪除了不應該這麼做的資料。

comment			
id comment	posted	article_id	member_id
1 Love this, totally makes me want to...	2019-03-14 17:45:13	24	1
2 I bought one of these guides for NYC...	2019-03-14 17:45:15	24	6
3 Another great piece of work Ivy,...	2019-03-14 17:53:52	3	4

右側兩個 SQL 查詢分別用於計算一篇文章所獲得的總評論數和總讚數。

顯示文章摘要和單篇文章時，都會用到這兩個查詢。

用於儲存讚數的新資料表，如右頁所示。

計算總評論數：
```
SELECT COUNT(id)
  FROM comments
 WHERE comments.article_id = article.id
```

計算總讚數：
```
SELECT COUNT(article_id)
  FROM likes
 WHERE likes.article_id = article.id
```

儲存「讚」

資料庫現在已經有表示文章和會員的資料表，接下來要新增的資料表是 likes，用於記錄每位會員喜歡的文章。

若想記錄每位會員喜歡的每篇文章，資料庫只要儲存各別會員和他們喜歡的文章之間的關係（因為資料庫已經有會員和文章相關資料）。利用所謂的**連結資料表**（link table，因為是連結兩個資料表內的資料），描述兩者之間的關係，具有以下資料欄：

* article_id：會員喜歡哪個編號的文章。

* member_id：是哪個編號的會員喜歡這篇文章。

此處用的連結資料表名稱是 likes，如下方表格所示（之所以用複數「likes」而非單數「like」，是因為 SQL 有關鍵字 LIKE，請見第 404 頁）。

article_id 和 member_id 資料欄都使用了「條件約束：外部索引鍵」（請見第 431 頁），以確保該篇評論儲存有效的文章編號和會員編號。

每一位會員對每一篇文章都只能按一次讚，所以要利用 phpMyAdmin 加入「**複合式主鍵**」（composite primary key）。避免資料表發生兩列資料跟其他任何一列資料，儲存同一組合的 article_id 和 member_id。做法類似 member 資料表不允許兩位會員使用相同的電子郵件位址。

「複合式主鍵」的產生方法，請見：
http://notes.re/php/composite-key。

likes

article_id	member_id
1	1
2	1
1	2

member

id	forename	surname	email	password	joined	picture
1	Ivy	Stone	ivy@eg.link	0086...	2019-01-01...	ivy.jpg
2	Luke	Wood	luke@eg.link	DFCD...	2019-01-02...	*NULL*
3	Emiko	Ito	emi@eg.link	G4A8...	2019-01-02...	emi.jpg

article

id	title	summary	content	created	category_id	member_id	image_id	published	seo_title
1	PS Poster	Poster	Parts...	2019	2	2	1	1	ps-poster
2	Systemic	Leaflet	Design...	2019	2	1	2	1	systemic
3	AQ Website	New site	A new...	2019	1	1	3	1	aq-web

範例：顯示文章摘要與
文章獲得的讚數和評論數

更新原本收集文章資料的 SQL 查詢，讓這個查詢還能多收集每一篇文章的總讚數和評論數。為了計算這些資料的總數，需要在主查詢裡多加兩個**子查詢**。

Article 類別的 getAll() 方法是利用 SQL 查詢，取得一組文章的摘要資料，首頁、文章分類、會員和搜尋頁面都有用到這個方法。

為了收集每篇文章獲得的總讚數和評論數，右頁的範例程式碼會在 getAll() 方法現在使用的 SQL 查詢裡，多加兩個**子查詢**。

子查詢是額外附加的查詢，在另一個查詢內執行。右頁程式碼特別標示出相對於原本 SQL 查詢有異動的部分。

每次執行主要查詢，選取一篇文章摘要加入結果集的時候，會執行以下兩個子查詢：

- 第一個子查詢是計算該篇文章的讚數。
- 第二個子查詢是計算該篇文章擁有的評論數。

子查詢使用的語法跟其他 SQL 查詢一樣，但是要放在一組小括號裡。每個子查詢只會回傳一個值，小括號後面的別名是指定查詢結果集用的資料欄名稱。

Article 類別的 get() 方法也加了兩個一樣的子查詢，請見本書提供下載的程式碼。

注意：為了讓這個範例程式碼可以容納在一頁裡，$arguments 陣列是以縮寫法產生，這個方法可以讓我們用一行陳述式，指定相同的值給兩個鍵值。

1. 第一個子查詢是取得 likes 資料表的讚數。由於這些子查詢是取出每一篇文章的附加資料，所以是放在 SELECT 指令後面。

結尾小括號後面的別名，表示結果集裡面儲存讚數的資料欄名稱是 likes。

2. 第二個子查詢是收集一篇文章的評論數，跟第一個子查詢一樣，也是放在小括號裡。

括號後面的別名，是指定該篇文章的評論數要加到 comments 資料欄裡。

3. 「article-summaries.html」樣板是用於顯示文章摘要，網站首頁、文章分類、會員和搜尋頁面都會用到這個樣板，這個樣板更新後，可以多顯示文章的讚數和評論數，這兩個新資料會顯示在文章標題上方。

雖然網站首頁、文章分類、會員和搜尋頁面都會取得文章摘要，但這些頁面放在「src/pages」目錄下的 PHP 檔案不需要更新，因為只要更新類別裡的 SQL 陳述式，就能取得文章資料。這些資料隨後會加到結果集的陣列裡，這個陣列已經傳送給 Twig 樣板。

```php
public function getAll($published = true, $category = null, $member = null,
                       $limit = 1000): array
    {
    $arguments['category'] = $arguments['category1'] = $category;  // 文章分類編號
    $arguments['member']   = $arguments['member1']   = $member;    // 文章作者編號
    $arguments['limit']    = $limit;                               // 回傳文章數上限

    $sql = "SELECT a.id, a.title, a.summary, a.created, a.category_id,
               a.member_id, a.published, a.seo_title,
               c.name     AS category,
               c.seo_name AS seo_category,
               m.forename, m.surname,
               CONCAT(m.forename, ' ', m.surname) AS author,
               i.file     AS image_file,
               i.alt      AS image_alt,
               (SELECT COUNT(article_id)
                  FROM likes
                WHERE likes.article_id = a.id) AS likes,
               (SELECT COUNT(article_id)
                  FROM comment
                WHERE comment.article_id = a.id) AS comments

               FROM article       AS a
               JOIN category      AS c   ON a.category_id = c.id
               JOIN member        AS m   ON a.member_id   = m.id
               LEFT JOIN image    AS i   ON a.image_id    = i.id

               WHERE (a.category_id = :category OR :category1 is null)
                 AND (a.member_id   = :member   OR :member1   is null) "; // SQL 陳述式
    if ($published == true) {                          // 若引數 published 的值為 true
        $sql .= "AND a.published = 1 ";                // 只取出已經發布的文章
    }
    $sql .= "ORDER BY a.id DESC
               LIMIT :limit;";                         // 增加更多子句

        return $this->db->runSQL($sql, $arguments)->fetchAll(); // 回傳資料
}
```

① (行標記，對應 likes 子查詢)
② (行標記，對應 comments 子查詢)

```twig
<div class="social">
<div class="like-count"><span class="icon-heart-empty"></span> {{ article.likes }}</div>
<div class="comment-count"><span class="icon-comment"></span> {{ article.comments }}</div>
</div>
<h2>{{ article.title }}</h2>
```

③ (行標記，對應 social div 區塊)

範例：增加和移除「讚」

若使用者已經登入網站，文章頁面上的「like」圖示會具有功能連結。圖示連結的檔案會檢查使用者是否對該篇文章按過讚，如果尚未按過，就會加一個讚；若已按過，就會移除一個讚。為此，這個範例會呼叫 Like 類別的方法。

若使用者已經登入網站，文章頁面上的愛心圖示會放在連結裡，如下所示：

`<a href="/like/24"> ... </a>`

這個連結的 URL 開頭是 like，再來是文章編號。點擊這個連結時，「index.php」會引入新檔案「like.php」，這個檔案的內容有：

1. if 陳述式的條件會檢查：
- 文章編號是否**不存在**，或是
- 使用者是否**尚未**登入（若未登入，Session 物件的 id 屬性值為 0）。

2. 若這兩個條件式的判斷結果都是 true，表示訪客不應該檢視這個頁面，網站會將訪客傳送到程式碼預設的頁面，表示未找到訪客要看的頁面。否則 ⋯⋯

3. 以新物件 Like 的 get() 方法，檢查該會員是否喜歡這篇文章。需要知道文章編號和會員編號，再以索引式陣列將這兩個值傳送給 get() 方法，這個方法的回傳結果會儲存在變數 $liked（0 表示沒有按過讚，1 表示按過讚）。

4. 若使用者已經對該篇文章按過讚，會呼叫 Like 物件的 delete() 方法，從資料庫的 likes 資料表刪除這個項目。

5. 否則，表示使用者尚未按過讚，會呼叫 Like 類別的 create() 方法，為該篇文章加個讚。

6. 將使用者傳送回文章頁面。

當會員對一篇文章表示喜歡 / 不喜歡，新類別 Like 會更新資料庫。這個類別具有三個方法：

- get() 檢查使用者是否對該篇文章按過讚。
- create() 在資料庫加一個讚。
- delete() 從資料庫刪除一個讚。

上述每個方法都需要兩個資料，再以索引式陣列將資料值傳送給每個方法。

- 文章編號。
- 會員編號。

Like 類別類似 Article、Category 和 Member 類別。由 CMS 物件的新方法 getLike() 產生 Like 物件，將 Database 物件的引用位址儲存在 $db 屬性。

7. get() 方法是利用 SQL 的 COUNT() 方法，檢查 likes 資料表中有幾列資料符合指定的文章編號和會員編號，這個方法會回傳計算出來的數字。

由於這個資料表使用了複合式主鍵，只會回傳 1，表示使用者對該篇文章按過讚，0 表示使用者尚未按過讚。

8. create() 方法是在 likes 資料表新增一列資料，加入文章編號和會員編號。

9. delete() 方法會根據指定的文章和會員，從 likes 資料表移除該列資料。

```php
<?php
declare(strict_types = 1);                            // 使用嚴格資料型態

if (!$id or $session->id == 0) {                      // 若無有效的 id 值
    include APP_ROOT . '/src/pages/page-not-found.php'; // 沒有找到網頁
}

$liked = $cms->getLike()->get([$id, $session->id]);   // 會員是否對文章按過讚
if ($liked) {                                          // 若已按過讚
    $cms->getLike()->delete([$id, $session->id]);     // 移除讚
} else {                                               // 否則
    $cms->getLike()->create([$id, $session->id]);     // 新增一個讚
}
redirect('article/' . $id . '/' . $parts[2] . '/');   // 重新導向文章頁面
```

```php
...
public function get(array $like): bool
{
    $sql = "SELECT COUNT(*)
                FROM likes
               WHERE article_id = :id
                 AND member_id = :member_id;";         // SQL 陳述式
    return $this->db->runSQL($sql, $like)->fetchColumn(); // 執行 SQL 陳述式，回傳 1 或 0
}

public function create(array $like): bool
{
    $sql = "INSERT INTO likes (article_id, member_id)
            VALUES (:article_id, :member_id);";        // SQL 陳述式
    $this->db->runSQL($sql, $like);                    // 執行 SQL 陳述式
    return true;                                        // 回傳 true
}

public function delete(array $like): bool
{
    $sql = "DELETE FROM likes
                WHERE article_id = :article_id
                  AND member_id = :member_id;";        // SQL 陳述式
    $this->db->runSQL($sql, $like);                    // 執行 SQL 陳述式
    return true;                                        // 回傳 true
}
```

範例：對文章加入評論

如果使用者已經登入，圖片和任何現有評論下方，會顯示表單讓使用者提交評論。新類別 Comment 提供的方法，可以從資料庫的 comment 資料表取出評論，或是將評論加入資料表。

新類別 Comment 具有兩個方法：

- getAll() 取得某一篇文章的所有評論。
- create() 在 comment 資料表加入評論。

1. getAll() 方法是取得某一篇文章的所有評論，以及發表每個評論的會員名字和個人頭像。

這個方法只有一個引數：要取得評論的文章編號。

為了取得留下評論的會員名字和圖片，這個方法裡的 SQL 陳述式在下列兩個資料欄間進行合併查詢：

- comment 資料表的 member_id 欄。
- member 資料表的 id 欄。

2. create() 方法是在資料庫的 comment 資料表新增評論。這個方法需要三個資料，以索引式陣列將資料值傳入方法：

- 評論。
- 文章編號。
- 該評論是由哪個編號的會員所留。

由資料庫的自動遞增功能，產生 comment 資料表第一欄的編號。資料庫還會將評論的儲存日期和時間，加入資料表的 posted 資料欄。

更新「article.php」，讓這個頁面顯示當前文章擁有的評論，以及儲存任何新增的評論。

3. if 陳述式會檢查該次請求是否為 POST（表示評論表單已經提交）。

4. 若已提交，會收集評論文字。

5. 產生新物件 HTMLPurifier，從評論中移除不想要的標記。

6. 設定選項，允許使用
、<b>、<i> 和 <a> 元素。

7. 呼叫 purify() 方法，從評論中移除設定以外的所有其他 HTML 標籤。

8. 若評論字元數介於 1 到 2000 之間，變數 $error 儲存空白字串；否則，$error 會儲存錯誤訊息。

9. 如果沒有發生錯誤，變數 $arguments 陣列會儲存評論內容、文章編號和會員編號。

10. 呼叫 Comment 物件的 create() 方法，將評論資料儲存到資料庫。

11. 重新載入文章頁面，顯示評論內容。

12. 呼叫 Comment 物件的 getAll() 方法，取得這篇文章的所有評論內容，這些內容已經先加到給 Twig 樣板使用的 $data 陣列。

```php
public function getAll(int $id): array
{
    $sql = "SELECT c.id, c.comment, c.posted,
            CONCAT(m.forename, ' ', m.surname) AS author, m.picture
             FROM comment AS c
             JOIN member  AS m ON c.member_id = m.id
             WHERE c.article_id = :id;";                // SQL 陳述式
    return $this->db->runSQL($sql, ['id' => $id])->fetchAll();  // 執行查詢
}

public function create(array $comment): bool
{
    $sql = "INSERT INTO comment (comment, article_id, member_id)
            VALUES (:comment, :article_id, :member_id);";  // SQL 陳述式
    $this->db->runSQL($sql, $comment);                      // 執行查詢
    return true;
}
```

① getAll
② create

```php
<?php ...
if ($_SERVER['REQUEST_METHOD'] == 'POST') {                // 若表單已經提交
    $comment  = $_POST['comment'];                         // 取得評論
    $purifier = new HTMLPurifier();                        // 產生 HTMLPurifier 物件
    $purifier->config->set('HTML.Allowed', 'br,b,i,a[href]'); // 設定允許使用的標籤
    $comment  = $purifier->purify($comment);               // 脫淨評論

    $error    = Validate::isText($comment, 1, 2000)
        ? '' : 'Your comment must be between 1 and 2000 characters.
                It can contain <b>, <i>, <a>, and <br> tags.'; // 驗證評論
    if ($error === '') {                                   // 如果沒有錯誤存在就儲存資料
        $arguments = [$comment, $article['id'], $cms->getSession()->id,]; // 引數
        $cms->getComment()->create($arguments);            // 產生評論
        redirect($path);                                   // 重新載入頁面
    }
}

$data['navigation'] = $cms->getCategory()->getAll();       // 取得文章分類
$data['article']    = $article;                            // 該篇文章的資料
$data['section']    = $article['category_id'];             // 目前瀏覽的文章分類
$data['comments']   = $cms->getComment()->getAll($id);     // 取得評論
if ($cms->getSession()->id > 0) {                          // 如果使用者已經登入
    $data['liked']  = $cms->getLike()->get([$id, $cms->getSession()->id]); // 使用者按過讚嗎?
    $data['error']  = $error ?? null;                      // 評論發生錯誤
}
```

③ ④ ⑤ ⑥ ⑦ ⑧ ⑨ ⑩ ⑪ ⑫

範例：更新文章頁面樣板

需要更新「article.html」樣板，顯示「article.php」頁面已經收集到的新資料。若會員已經登入，還會顯示功能連結，讓會員對文章按讚，以及顯示表單，讓會員對文章發表評論。

「article.html」樣板是用於顯示文章，右頁是程式碼異動的部分。首先是處理對文章按讚的選項。

1. if 陳述式會檢查 Session 物件的 id 屬性值是否為 0（表示訪客**尚未**登入）。

2. 若訪客尚未登入網站，會在空心的愛心圖示周圍加上登入頁面的連結。

3. 否則，表示訪客已經登入網站，會產生功能連結指向處理按讚的頁面（包含文章編號）。點擊這個連結，按讚功能頁面會增加或刪除這個會員的讚。

4. 以另一個 if 陳述式檢查變數 liked 的值，確認網站訪客是否對該篇文章按過讚。

5. 若已按過，會顯示實心的愛心圖示。

6. 若未按過，會顯示中空的愛心圖示。

7. 結束步驟 4 的 if 區塊。

8. 結束步驟 1 的 if 區塊。

9. 愛心圖示旁邊會顯示這篇文章獲得的總讚數。

接下來是顯示評論。

10. 顯示該篇文章的評論數。

11. 建立迴圈，逐一處理 comments 陣列（在前一頁步驟 12 產生）儲存的所有評論。陣列中若存在任何評論：

12. 顯示撰寫評論的會員個人頭像，以會員名字作為圖像替代文字。

13. 在會員頭像旁邊顯示會員的名字。

14. 顯示評論的儲存日期和時間。套用 Twig 樣板的 date() 篩選器，讓日期和時間的顯示格式跟網站其他日期一樣。

15. 顯示評論。Twig 樣板的「raw」篩選器是避免標記被去除，因為評論在儲存之前，已經先經由 HTMLPurifier 物件進行過脫淨處理。

16. 重複執行迴圈，處理完陣列中的每個評論後，以「Twig」{% endfor %} 標籤結束迴圈。

17. 若使用者已經登入，Session 物件的 id 屬性值會大於 0。

18. 若訪客已經登入網站，會顯示表單，讓他們提交新的評論。

19. 否則，會顯示訊息給訪客，表示他們必須先登入才能寫評論。

```
...
<div class="social">
  <div class="like-count">
①    {% if session.id == 0 %}
②      <a href="{{ doc_root }}login/"><span class="icon-heart-empty"></span></a>
③    {% else %}
       <a href="{{ doc_root }}like/{{ article.id }}">
④      {% if liked %}
⑤        <span class="icon-heart"></span></a>
⑥      {% else %}
         <span class="icon-heart-empty"></span>
⑦      {% endif %}
       </a>
⑧    {% endif %}
⑨    {{ article.likes }}
  </div>
⑩  <div class="comment-count">
     <span class="icon-comment"></span> {{ article.comments }}
   </div>
</div>

...

<section class="comments">
  <h2>Comments</h2>
⑪  {% for comment in comments %}
   <div class="comment">
⑫    <img src="{{ doc_root }}uploads/{{ comment.picture }}" alt="{{ comment.author }}" />
⑬    <b>{{ comment.author }}</b><br>
⑭    {{ comment.posted|date('H:i a - F d, Y') }}<br>
⑮    <p>{{ comment.comment|raw }}</p>
   </div>
⑯  {% endfor %}

⑰  {% if session.id > 0 %}
   <form action="" method="post">
     <label for="comment">Add comment: </label>
     <textarea name="comment" id="comment" class="form-control"></textarea>
⑱    {% if error == true %}<div class="error">{{ error }}</div>{% endif %}
     <br><input type="submit" value="Save comment" class="btn btn-primary">
   </form>
   {% else %}
⑲  <p>You must <a href="{{ doc_root }}login">log in to make a comment</a>.</p>
   {% endif %}
</section>
```

本章重點回顧

新增網站功能

> 搜尋引擎友善網址有助於搜尋引擎索引網頁、讓網址更好懂，也更能說明網頁。

> Apache 網頁伺服器的重改網址引擎會檢查所有請求，根據設定的規則，將其中某些請求發送到其他網頁。

> 開始動手為網站新功能寫程式之前，應該先具體指出使用者能做什麼。

> 弄清楚所有新資料要如何儲存。如果是新的概念，就產生新的資料表；如果是附加在現有概念上的其他資料，就加入現有資料表；若是表達兩個觀念之間的關係，就使用連結資料表。

> 子查詢是套在另一個 SQL 查詢裡。

> 在測試伺服器上測試新功能（而非在正式上線的伺服器）。

> 測試伺服器要使用資料庫副本，釋出新功能之前，要先備份正式站使用的資料庫。

下一步

恭喜各位讀者終於來到本書的結尾，透過本書了解如何以 PHP 建立基本的動態資料庫網站後，接下來就是根據各位想利用 PHP 達成的目的，選擇進一步學習的內容。

了解如何利用 PHP 建立動態資料庫網站後，各位讀者可以嘗試將本書學到的程式碼延伸應用到其他方面，例如：

- 建立會員目錄，然後應用網頁列出文章清單的做法，改成顯示所有會員。
- 新增網頁，顯示每位會員按過讚的文章。
- 為使用者建立私訊系統，訊息運作方式類似評論，但只有收到訊息的使用者才能看到內容。
- 在所有列出文章的網頁設置分頁，做法跟搜尋網頁一樣。

各位讀者還能以本書的程式碼作為基礎，建立不同類型的網站。建立網站時，請嘗試加入資料庫表格和類別，對網站涵蓋的內容建立模式。例如，音樂性網站的內容會呈現不同藝術家與音樂類別、和園藝有關的網站內容會包含各種不同種類的植物及其照顧方式，烹飪網站則會顯示不同的食譜及其需要的食材。

此外，還能了解如何讓其他軟體（例如，在行動裝置上執行的應用程式）透過所謂的**應用程式介面（API）**，存取和更新資料庫內儲存的資料。

PHP 程式設計人員撰寫網站程式時，一般不可能從無到有，通常會使用框架或其他 CMS 系統來建立網站。然而，各位在使用這些資源之前，必須先了解建立動態資料庫網站的基礎知識（如本書所介紹的內容）。

框架

使用 PHP 建立網站與開發應用程式時，框架提供的程式碼是幫助我們完成經常需要處理的工作任務。推薦各位研究看看以下這兩個目前最受歡迎的的框架：

- **Symfony**：https://symfony.com
- **Laravel**：https://laravel.com

內容管理

內容管理系統是幫助開發人員節省時間，不必從頭開始撰寫網站程式，以下三個是目前最熱門的 CMS 應用程式：

- **WordPress**：https://wordpress.org
- **Drupal**：https://drupal.org
- **Joomla**：https://joomla.org

這些應用程式不僅可以讓我們自訂網站外觀，還能透過撰寫 WordPress 外掛程式、Drupal 模組或 Joomla 擴充套件來新增功能。（許多程式設計人員會彼此分享這些外掛程式、模組和擴充套件。）

索引

C

Cache (Twig)（Twig/ 暫存）579

catch（攔截）368-75, 438-39

Certificates（憑證）185，另請參見「*HTTPS*」

ceil()（ceil() 函式）216-17

Character encoding（字元編碼）186-7, 436

Child template（子樣板）577

class（類別）154

Classes（類別）144, 151-76, 536-55

  Class files（類別檔案）170

  Definition（定義）151, 154-55

  Getter / Setter（getter/setter 方法）164

  Methods（方法）144, 158-59

  Properties（屬性）144, 156-57

  Visibility keywords private / public / protected（關鍵字 public/protected）164

CMS (Content Management System，內容管理系統）384

COALESCE() (SQL)（SQL/COALESCE() 函式）420

Code block（程式碼區塊）72-73, 108

Comments (code)（程式碼註解）26-27

Comments (by users)（使用者留言）634, 648-59

commit() (PDO)（PDO/commit() 方法）509, 514-14, 518-19

Comparison operators（比較運算子）49, 54-55

Composer（函式庫管理工具）538, 567-71

Composite primary key（複合式主鍵）651

Compound data types（複合資料型態）37, 150

CONCAT() (SQL)（SQL/CONCAT() 函式）420

Concatenation operator（串連運算子）48-49, 52

Conditional statements（條件陳述式）70-80

Conditions in Twig（Twig/ 條件式）586

Configuration file（設定檔）523, 528, 595

Connect to database（資料庫連線）438-39

const()（const() 函式）224-25

Constants（常數）224-5, 525, 528-29

Constraint (database)（資料庫 / 條件約束）430-31, 491, 500-01, 504-05

__construct()（建構方法 __construct()）160-63

Constructor（建構函式）160-63

Constructor property promotion（拔擢建構函式屬性）161

Container object（Container 物件）539

Contexts（背景環境）280, 585

Control flow（控制流）68, 484, 496-97

Control structures（控制結構）68-102

Cookies (Cookie）332-37

  $_COOKIES（$_COOKIES）334-37

  Creating（產生 Cookie）334-35

  Introduction（Cookie 簡介）332-33

  Updating（更新 Cookie）336-37

count() (PHP array)（PHP 陣列 /count() 函式）218-19

COUNT() (SQL)（SQL/COUNT() 函式）408, 472

Counter (loops)（計數器 / 迴圈）81-82, 84, 86-87

Create database（建立資料庫）392

Create database data（為資料庫建立資料），另請參見「*INSERT*」

Create email（建立電子郵件）596-99

Crop image（裁剪圖像）300-01, 306-07

Curly braces（大括號）72-73, 108, 585

Current working directory（目前的工作目錄）524-25

Custom error pages（常見的錯誤網頁）354-55

D

Data types（資料型態）30, 35, 60-61, 388，另請參見 *Array*、*Boolean*、*Float*、*Integer*、*Object*、*String*

Database（資料庫）

  Auto increment（自動遞增）387, 424, 489

  Backup（備份）427

E

P

PHP & MYSQL：網頁伺服器程式開發之道

作　　者：Jon Duckett
譯　　者：黃詩涵
企劃編輯：蔡彤孟
文字編輯：詹祐甯
設計裝幀：張寶莉
發 行 人：廖文良

發 行 所：碁峰資訊股份有限公司
地　　址：台北市南港區三重路 66 號 7 樓之 6
電　　話：(02)2788-2408
傳　　真：(02)8192-4433
網　　站：www.gotop.com.tw
書　　號：ACL060800
版　　次：2023 年 07 月初版
建議售價：NT$980

國家圖書館出版品預行編目資料

PHP & MYSQL：網頁伺服器程式開發之道 / Jon Duckett 原著；
　黃詩涵譯. -- 初版. -- 臺北市：碁峰資訊, 2023.07
　　面；　公分
　譯自：PHP & MySQL: server-side web development.
　ISBN 978-626-324-555-6(平裝)
　1.CST：PHP(電腦程式語言)　2.CST：SQL(電腦程式語言)
3.CST：網頁設計　4.CST：資料庫管理系統
312.754　　　　　　　　　　　　　　　　　　112010978

讀者服務

● 感謝您購買碁峰圖書，如果您對本書的內容或表達上有不清楚的地方或其他建議，請至碁峰網站：「聯絡我們」\「圖書問題」留下您所購買之書籍及問題。(請註明購買書籍之書號及書名，以及問題頁數，以便能儘快為您處理)
http://www.gotop.com.tw

● 售後服務僅限書籍本身內容，若是軟、硬體問題，請您直接與軟體廠商聯絡。

● 若於購買書籍後發現有破損、缺頁、裝訂錯誤之問題，請直接將書寄回更換，並註明您的姓名、連絡電話及地址，將有專人與您連絡補寄商品。